Georg Liebetrau

Die Feinplanung von DV-Systemen

Aus dem Programm
Management und EDV

Qualitätsoptimierung der Software-Entwicklung
Das Capability Maturity Model (CMM)
von Georg Erwin Thaller

Modernes Projektmanagement
Eine Anleitung zur effektiven Unterstützung der Planung, Durchführung und Steuerung von Projekten
von Erik Wischnewski

Telekommunikation mit dem PC
Ein praxisorientierter Leitfaden für den Einsatz des Personal Computers in modernen Telekommunikationsnetzen
von A. Darimont

Die Feinplanung von DV-Systemen
Ein Handbuch für detailgerechtes Arbeiten in DV-Projekten
von Georg Liebetrau

CICS - Eine praxisorientierte Einführung
von T. Kregeloh und S. Schönleber

Die Netzwerkarchitektur SNA
Eine praxisorientierte Einführung in die Systems Network Architecture der IBM
von H. Schröer und T. Stalke

Offene Systeme
Ein grundlegendes Handbuch für das praktische DV-Management
von Tom Wheeler

Objektorientierte Anwendungsentwicklung
Konzepte, Strategien, Erfahrungen
von Klaus Kilberth, Guido Gryczan und Heinz Züllighoven unter Mitarbeit von Dirk Bäumer, Reinhard Budde, Klaus Hasbron-Blume, Karl-Heinz Sylla und Volker Weimer

Vieweg

Georg Liebetrau

Die Feinplanung von DV-Systemen

Ein Handbuch für detailgerechtes Arbeiten in DV-Projekten

vieweg

Softcover reprint of the hardcover 1st edition 1994
Der Verlag Vieweg ist ein Unternehmen der Verlagsgruppe Bertelsmann International.

Gedruckt auf säurefreiem Papier

ISBN-13: 978-3-322-83070-8 e-ISBN-13: 978-3-322-83069-2
DOI: 10.1007/978-3-322-83069-2

Vorwort

Man darf sich nicht täuschen: Computer für die Lösung ernsthafter Aufgaben einzusetzen, ist kein Kinderspiel. Wer ein Informatikprojekt durchführen will, muß vieles planen. Nichts darf vergessen werden und alles soll zu dem Zeitpunkt verfügbar sein, in dem es gebraucht wird. Überdies muß die Planung in die Tiefe gehen, bis zu den kleinen Einzelheiten.

Die Feinplanung steht natürlich nicht am Anfang eines Projektes, sie wird vorbereitet. Bei der Vorbereitung des Computereinsatzes geht man in Phasen vor. Zuerst erstellt man eine Vorstudie und ein Grobkonzept. Man erkennt, was man will und benötigt; man wählt Hardware und Software aus und bestellt sie. Doch dann setzt die Kleinarbeit ein, die hier als Feinplanung beschrieben wird. Im Mittelpunkt stehen dabei Datenstrukturen und Programmvorgaben, aber vieles kommt noch hinzu: die ganze Arbeitsumgebung des geplanten Systems und die Verbindung der Abläufe menschlicher und maschineller Arbeit. Jedes Detail verlangt Überlegungen und einen Entscheid, der dokumentiert werden muß. Das Ergebnis ist das Feinkonzept.

In diesem Buch gebe ich eine Anleitung für die Feinplanung. Ich wende mich an Projektleiter, an Informatiker und Benutzer, die in Projekten mitarbeiten, an Manager, die über Projekte entscheiden und an Studenten, die lernen wollen, wie die Praxis eines Informatikprojektes aussieht. Ich habe alles beschrieben, *was* getan werden soll, und bei vielem auch, *wie* es gemacht werden könnte.

Beim Schreiben bin ich mit meiner persönlichen Meinung an die Probleme herangegangen. Die dargestellten Verfahren sind einfach und erprobt. Ich habe das verstreute Material der Ideen und Methoden für Informatikprojekte geordnet und ergänzt. Um aus dem Werk ein brauchbares Handbuch zu machen, habe ich folgenden Weg eingeschlagen:

- Der Stoff ist in vierundzwanzig Kapitel unterteilt. Ihre Reihenfolge folgt ungefähr dem zeitlichen Ablauf der Arbeiten in der Feinplanung. Jedes Kapitel behandelt ein begrenztes Thema, das man als eine Studieneinheit betrachten sollte. Am Ende der Kapitel stehen Merksätze, die den Inhalt zusammenfassen. Auch die Ergebnisse der Arbeiten, die im betreffenden Kapitel beschrieben wurden, sind angegeben.
- Der Text wird mit Bildern, Beispielen und Mustern anschaulich gemacht. Die meisten davon kann man als Vorlagen verwenden. Um die Vorlagen leicht aufzufinden, sind sie im Anhang 1 verzeichnet.
- Eine Fallstudie in Fortsetzungen ergänzt als spezielles Anwendungsbeispiel die einzelnen Kapitel. In ihr zeige ich am Vorgehen in einer Scheinfirma, wie man die Anleitungen dieses Buches in die Praxis umsetzt.
- Eine umfangreiche Checkliste im Anhang 2 gibt die Möglichkeit, sich eine persönliche Checkliste für das Projekt anzufertigen. Sie kann vor allem dem Projektleiter und den Leitern von Arbeitsgruppen nützen.

- Literaturangaben am Ende der einzelnen Kapitel und im Anhang 3 sollen dem Leser dazu dienen, Themen von besonderem Interesse weiter vertiefen zu können. Die Literaturverzeichnisse am Ende der Kapitel bringen nur die Namen der Verfasser und die Titel ihrer Werke. Im Anhang 3 findet man dazu die detaillierten Angaben, alphabetisch nach Verfassernamen geordnet.
- Im Glossarium (Anhang 4) sind Begriffe definiert, die im Text vorkommen und den Leser hier schnell orientieren. Das Inhaltsverzeichnis und das Sachwortverzeichnis (Anhang 5) sind umfassend und führen rasch zum gesuchten Thema oder Stichwort.

Ein Thema wird nicht explizit behandelt: wie man Software entwickelt. Alle Betroffenen wissen sehr gut, daß uns der kometenhafte Aufstieg des Computers in eine tiefe Softwarekrise geführt hat. Der Perfektion der Hardware steht eine Unzulänglichkeit der Software gegenüber, die unbegreiflich ist. Software ist teuer und nie ohne Fehler, Standardsoftware ist weit von Standards entfernt. Dieses Buch kann die Softwarekrise nicht beheben. Es kann aber bewirken, daß man ein Informatikprojekt als ganzes so gut anpackt und löst, wie das heute eben möglich ist.

Ich habe mich an den Grundsatz gehalten, die Tätigkeiten der Feinplanung in Informatikprojekten allgemeingültig darzustellen, unabhängig von bestimmten Produkten und Umgebungen. Man ist in der Praxis in vielem unabhängig davon, welchen Computertyp und welches Betriebssystem man einsetzen wird, welche Programmiersprache verwendet werden soll, wie groß das System sein wird, welche Anwendungen vorgesehen sind und in welcher Umgebung man sich befindet. Immer wieder sind recht ähnliche Aufgaben zu lösen. Bei einfachen Projekten ist manches entbehrlich, bei komplexen Projekten geht manches tiefer – das wird der Projektleiter erkennen und sein Vorgehen entsprechend anpassen.

Eine Planung muß vor allem adäquat sein! Mein Ziel war es, dem Leser die Sicherheit zu vermitteln, daß nichts Wichtiges vergessen oder zu spät angepackt wird. In kleinen Projekten kann einiges davon entbehrlich sein. Außerdem wollte ich zeigen, daß man viele Aufgaben mit recht einfachen und durchsichtigen Verfahren lösen kann. Der Inhalt des Buches soll jedem Beteiligten die nötige Ruhe geben, mit Überlegung und Sicherheit zu handeln.

Ich darf das Vorwort nicht abschließen, ohne allen herzlich zu danken, die meine Arbeit gefördert haben: meiner Frau Eva für ihre Hilfe und Rücksicht, meinem Sohn Anton für viele sachliche und sprachliche Ratschläge und für die schöne typographische Gestaltung, meinen Gefährten in vielen Projekten für ihre fachliche Unterstützung und besonders auch dem Lektorat für Informatik vom Verlag Vieweg, das mir mit seinen Erfahrungen und Anregungen sehr geholfen und dieses Buch herausgebracht hat.

Seuzach/Schweiz, Januar 1994 *Georg Liebetrau*

Inhaltsverzeichnis

1. Einleitung: Aller Anfang ist leicht

Die Programmierer glauben, daß die Anwender wissen, was sie brauchen. Die Anwender glauben, daß die Programmierer wissen, was die Anwender brauchen.

In jedem Informatikprojekt kommt eine Zeit der Entspannung, wenn am Ende der Grobkonzeptphase die große Entscheidung gefallen ist. Dann weiß man, welche Hardware in Zukunft eingesetzt werden soll, die Standardsoftware ist bestimmt, das Softwarehaus für die maßgeschneiderten Programme hat versprochen, sein Bestes zu geben, alle Verträge sind unterzeichnet. Die Fachleute im Betrieb sind mit der gewählten Lösung einverstanden. Sie glauben fest, daß die heutigen Schwachstellen verschwinden werden. Ähnlich ist die Lage im Softwarehaus: Man hat den schönen Auftrag erhalten und sieht die Zukunft in bunten Farben. Das Pflichtenheft war umfangreich, dafür nahezu vollständig. Der Terminplan ist knapp, aber realistisch – und in der Feinplanung wird nicht mehr allzuviel zu tun sein. Man hat ja auch einige Monate Zeit dazu. Jetzt nehmen zunächst einmal alle Beteiligten ihre Ferien.

Ein Monat später: Die Auftragsbestätigungen sind eingetroffen, aber sonst ist nichts geschehen. Doch jetzt soll ohne Zögern mit der Feinplanung begonnen werden. Nur wenige wissen ungefähr, was jetzt gemacht werden soll. Viele wissen es nicht. Die Programmierer glauben, daß die Anwender wissen, was sie brauchen. Die Anwender glauben, daß die Programmierer wissen, was die Anwender brauchen. Und außerdem ist es jetzt nicht mehr so wie früher – jetzt hat man CASE (Computer Aided Software Engineering). Da führt ja alles zwangsläufig zum Guten. Spätestens wenn der Termin für die Feinplanung abgelaufen ist und noch vieles fehlt, kommt der Tag des jähen Erwachens, an dem den Beteiligten der Schreck in die Glieder fährt.

Über Aufgabe und Inhalt der Feinplanung von Informatikprojekten gibt es genügend Literatur, aber sie ist auf Hunderte von Quellen verteilt. Oft enthalten sie umfangreiche Theorien und sagen wenig über die Praxis aus. Im vorliegenden Buch soll alles Wichtige für die Feinplanung behandelt werden, aber nicht mehr. Der Inhalt soll so vollständig sein, daß nichts Wesentliches in einem Informatik- oder Softwareprojekt vergessen werden kann, sei es klein (1 Mannjahr), mittel (10 Mannjahre) oder groß (50 Mannjahre).

Der Inhalt der Feinplanung

Alle Vorarbeiten bis zum zentralen Entscheid für eine Informatiklösung und bis zur Vertragsunterzeichnung für Hardware und Software sind das Fundament eines Informatikprojektes. Diese Vorarbeiten werden in einer Vorstudie und in einer Grobkonzeption geleistet. Auf diesen Grundmauern errichtet die Feinplanung die Säulen für das geplante Gebäude. Das Ergebnis der Feinplanung ist das Feinkonzept, dessen Inhalt sich auf eine einfache Formel bringen läßt:

$$\boxed{F = D + P + O}$$

oder in Worten: »Feinkonzept ist gleich Datenkonzept plus Programmvorgaben plus Rahmen- und Ablauforganisation.« Das ist nichts Neues. Es geht jetzt aber darum, vorhandenes Wissen zweckmäßig zu bündeln, darzustellen und zu vermitteln.

Was ist ein System?

Wenn von »EDV-Systemen« oder allgemein von »Systemen« gesprochen werden soll, so muß zum Begriff »System« einiges gesagt werden, was als Grundlage für das Verständnis dieses Buches nützlich ist.

Unter einem System soll eine *Menge von Elementen* verstanden werden, die gegenüber ihrer *Umgebung* abgegrenzt ist. Die einzelnen Elemente stehen in bestimmten Beziehungen zueinander. (Der Ausdruck »Element« für die Teile eines Systems ist gebräuchlich, aber nicht sehr glücklich. Besser wäre »Teil«, »Glied« oder »Komponente«, denn unter einem »Element« versteht man im Sprachgebrauch meist etwas Unteilbares - eine Eigenschaft, die auf die Elemente eines Systems durchaus nicht zutreffen muß.)

Durch zweckmäßiges Unterteilen oder Zusammenfügen von Systemen können kleinere (Untersysteme, *Subsysteme*) oder größere Systeme (Übersysteme, *Supersysteme*) gebildet werden. Beispiel: Die Hardware bildet ein Subsystem eines EDV-Systems, die Software ein weiteres. Ein Handelsunternehmen stellt gegenüber seinem EDV-System ein Supersystem dar.

Ein EDV-System ist gegenüber seiner Umgebung deutlich abgegrenzt. Es besteht aus einzelnen Funktionseinheiten (oder Subsystemen), die sich in der Gestalt verschiedener Schränke im Computerraum oder als Bildschirmgeräte auf den Schreibtischen der Benutzer präsentieren. Die Funktionseinheiten lassen sich weiter unterteilen in Werke, Glieder, Bestandteile. Alle diese Objekte werden als Elemente bezeichnet, welche Hierarchiestufe sie auch immer einnehmen. Die Menge der Elemente in einem System läßt sich also hierarchisch unterteilen. Dies ist nicht von allzugroßer Bedeutung. Wesentlich ist, daß unter einem System eine abgegrenzte Anordnung von irgendwelchen Gebilden verstanden wird, die aufeinander einwirken, sei es direkt oder indirekt.

In der Systemtheorie werden drei Arten von Systemen unterschieden: soziale Systeme, konkrete Systeme und abstrakte Systeme. *Soziale Systeme* enthalten (unter anderem) Menschen als Elemente. (Beispiele: Bundestag, Kindergarten, Familie.) *Konkrete Systeme* bestehen (vor allem) aus gegenständlichen Objekten. (Beispiele: Dampflokomotive, Kücheneinrichtung, Rasenmäher.) In *abstrakten Systemen* sind die Elemente Begriffe, die durch ideelle Bindungen (Axiome, Gesetze, Vermutungen) verknüpft werden. (Beispiele: Zahlensysteme, Computerprogramme, Sprachen.) Es ist üblich, daß diese Arten in größeren Systemen nie rein, sondern gemischt auftreten. Ein praktisch eingesetztes EDV-System enthält konkrete, abstrakte und soziale Subsysteme. Man bezeichnet EDV-Systeme (etwas unpräzis) manchmal als *sozio-technische* Systeme.

Ein System mit seinen Subsystemen und Elementen ist etwas anderes als die *Dokumentation* des Systems, seiner Subsysteme und Elemente. Die technische Zeichnung einer Leiterplatte ist die Dokumentation eines konkreten Systems, eine Programmliste ist die Dokumentation eines abstrakten Systems, ein Familienpaß ist die Dokumentation eines sozialen Systems.

Systeme haben relevante Eigenschaften, deren Ausprägungen zu einem bestimmten Zeitpunkt den *Systemzustand* bestimmen. Relevante Eigenschaften sind diejenigen, die in ihrer Gesamtheit den Systemzustand eindeutig beschreiben. (Beispiel: Relevante Eigenschaften des Systems »Automobil« können sein: Drehzahl des Motors, Stellung des Zündschlosses, Bremsdruck, Drehzahl der Vorderräder.) Der Übergang eines Systems von einem Systemzustand in einen anderen erfolgt in einem Vorgang, den man *Prozeß* nennt.

Ein System hat im allgemeinen eine *Umgebung*, mit der es über Schnittstellen in

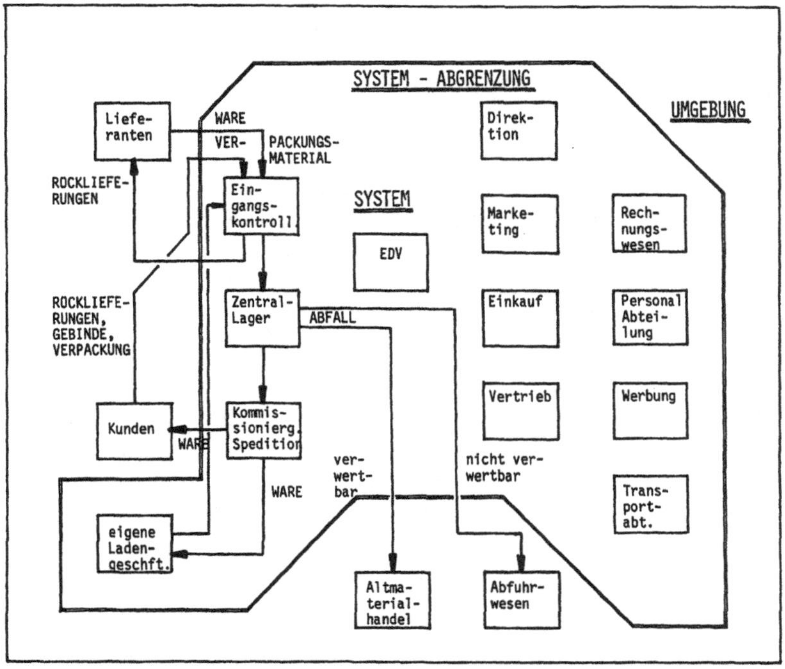

1.1 *Ein Handelsbetrieb als System: Die Systemabgrenzung trennt die Elemente des Systems von seiner Umgebung. Die Verbindungslinien (Pfeile) geben den Materialfluß an. Zusätzlich verbindet der Informationsfluß alle gezeichneten Elemente.*

Verbindung stehen kann (*offenes System*) oder auch nicht (*geschlossenes System*). (Dazu zwei Beispiele: Das Telefonnetz der Stadt Berlin ist ein offenes System; es hat Verbindungen zu anderen Telefonnetzen. Das elektrische Netz eines Automobils ist ein geschlossenes System; es hat im normalen Betrieb keine Verbindung zur Umgebung.) Als Umgebung eines Systems bezeichnet man eine Menge von Systemen oder Elementen mit relevanten Eigenschaften, die jedoch nicht zum betrachteten System gehören. Welche das sind, bestimmt die *Systemabgrenzung*. Für die Praxis der Feinplanung ist diese Systemabgrenzung recht wichtig. Sie bestimmt, welche Betriebsfunktionen durch die EDV bearbeitet (»automatisiert«) werden sollen und welche nicht. Davon abhängig sind Umfang, Schwierigkeit, Aufwand, Termine und Kosten des behandelten Projekts.

Das Bild 1.1 zeigt die Anwendung des Systembegriffs auf ein Handelsunternehmen. Hier können die oben erklärten Bezeichnungen aufgesucht und praktisch interpretiert werden.

Bei der Entwicklung eines Systems, also bevor es tatsächlich existiert, stehen seine Eigenschaften mehr oder weniger vollständig »auf dem Papier«. Diese Darstellung oder Entwurfsdokumentation nennt man *Spezifikation*. Die Summe aller Spezifikationen der Datenordnung, der Software eines Informatiksystems, der damit verbundenen betrieblichen Organisation und der Infrastruktur ist das EDV-Feinkonzept.

Von Datenbild zu Datenbild

Die Menge der Daten in einem EDV-System kann als Abbildung eines Systems der Wirklichkeit angesehen werden. Im Computer ist ein *Datenmodell* angelegt, dessen Zustände sich im Ablauf der Zeit ändern. Dies entspricht den Änderungen der Zustände im realen System. Jeden Zustand des Datenmodells kann man als *Datenbild* bezeichnen. Die Datenbilder können ganz oder teilweise auf Bildschirmen dargestellt werden.

Wird das Lager eines Handelsunternehmens mit EDV verwaltet, so stellen die zuletzt gespeicherten Daten ein Bild des aktuellen Lagerbestandes dar. Wenn der Lagerverwalter wissen will, wieviel von einem bestimmten Artikel in seinem Lager vorhanden ist, so geht er nicht mehr in die Lagerhalle, um zu zählen, sondern er sieht sich die Daten auf seinem Bildschirm an. Er befragt die Abbildung. (Das ist an sich nichts Neues: Vor der EDV hatte der Lagerverwalter eine Kartei.) Werden Artikel vom Lager ausgeliefert, führt man die Daten im Computer nach, damit die Abbildung wieder der Wirklichkeit entspricht. Das heißt: Das reale System (Lager) geht im Betriebsgeschehen (Auslieferung) vom Systemzustand 1 (größerer Lagerbestand) durch einen Prozeß (Entnahme von Artikeln) in einen Systemzustand 2 (kleinerer Lagerbestand) über. Die Nachbildung der Zustandsänderung im Datenmodell erfolgt mit zeitlicher Verzögerung. Siehe dazu auch Bild 1.2.

Die Datenverarbeitung im oben geschilderten Bereich ist demnach ein Nachführen der Abbildungen und – das ist jetzt neu gegenüber der Kartei – ihre nahezu mühelose Auswertung. Die Datenverarbeitung besteht aus einer immer wiederkehrenden Folge:

Datenbild – Bearbeitung – Datenbild – usw.

Dazu kommen die Abfragen der Datenbilder (Auskünfte, Auswertungen), die letztlich das Ziel der hier angewandten Informatik darstellen. Dies gilt für die Anwendungen im kommerziellen und administrativen Bereich. Computer in Wissenschaft und Technik haben zum Teil andere Aufgaben, indem sie nicht allein Bilder der Wirklichkeit reproduzieren, sondern auch Bilder einer fiktiven Welt, die unter Umständen realisiert werden könnte. Simulationen, Prognosen und Vorausberechnungen sind damit gemeint.

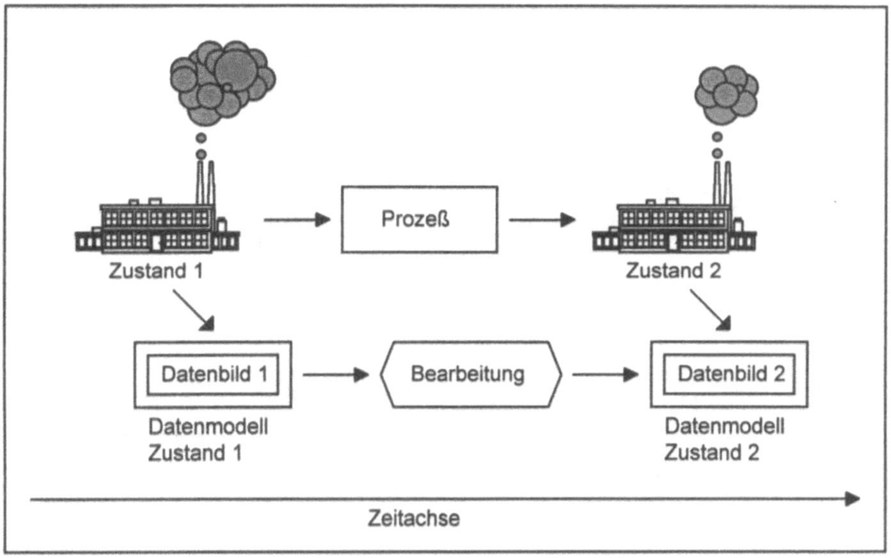

1.2 *Reales System und Datenmodell: Das reale System geht von einem Systemzustand 1 durch einen Prozeß in einen Systemzustand 2 über. Die Nachbildung der Zustandsänderung im Datenmodell erfolgt mit zeitlicher Verzögerung.*

Historische Daten

Ein großer Unterschied in Aufwand und Kosten besteht darin, ob als Datenbild jeweils nur die letzte Momentaufnahme oder ein ganzer Film der Geschichte aufbewahrt werden soll. Welche Adresse der Kunde Josef Meier vor fünf Jahren gehabt hat, ist meist uninteressant. Ebenso ist es für den Computer im ABS-System des Peugeot 409 gleichgültig, wie schnell sich das linke Vorderrad vor drei Minuten gedreht hat. In solchen Fällen genügt die Erfassung und Speicherung des aktuellen Wertes.

Ganz anders aber verhält es sich mit Daten, die ein Betriebsgeschehen beschreiben, zum Beispiel mit Wareneingängen und -ausgängen oder mit Ausgaben und Einnahmen im Handelsbetrieb. Da wünscht das Finanzamt auch noch nach zehn

Jahren, die Daten zu sehen. Dies führt zu den großen Datenbeständen im kommerziellen Bereich, zur steten Freude der Hersteller von Magnetbändern. Die Ansprüche an die Programmierung, um die Daten jederzeit finden, holen und auf den Bildschirm bringen zu können, sind beachtenswert.

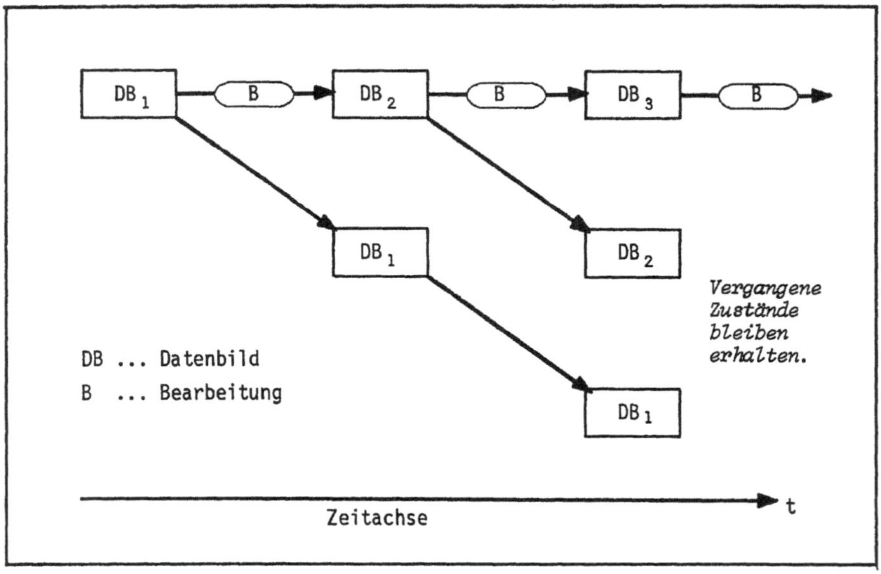

1.3 Ein Datenbild ist der Zustand des Datenmodells zu einer bestimmten Zeit, es ist die Abbildung irgendeiner Realität. Die Datenverarbeitung verwandelt ein Datenbild in ein anderes Datenbild. Sollen auch die vergangenen Zustände des realen Systems als Abbildungen festgehalten werden, nimmt der Umfang der Datenbestände lawinenhaft zu. Die Informatik stellt Methoden zur Verfügung, um die Größe der Datenbestände in rationellen Grenzen zu halten.

Das Datenmodell

Der Datenbankspezialist Max Vetter hat es als »Jahrhundert-Problem der Informatik« bezeichnet zu wissen, welche Daten man gespeichert hat und wie man sie findet. Die Lösung heißt: Ordnung!

Kein Fahrradfabrikant (und sei er auch nur Inhaber eines Einmann-Unternehmens) wird die Einzelteile (»Elemente«) seines Produktes (Schrauben, Muttern, Speichen, Felgen, Naben, Lenker, Glocken usw.) in rein zufälliger Unordnung in sein Lager werfen und sie dort jahrelang ungeordnet liegen lassen. Er wird beim Bau der Fahrräder nicht stundenlang das zusammensuchen, was er braucht. Dann könnte er viele Teile, deren er gemäß Stückliste bedarf, gar nicht finden und müßte sie teuer per Expreß nachbestellen. Doch ein entsprechendes Vorgehen ist in der Datenverarbeitung mancher Unternehmen jeder Größe an der Tagesordnung. Hunderte von Dateien werden von Hunderten von Programmen durchsucht und bearbeitet und liefern zum Teil richtige Ergebnisse, zum Teil falsche, zum Teil gar keine. Zum Glück kennt niemand die Kosten solcher Praktiken.

Das Datenmodell ist die Grundlage der betrieblichen Informatik!

Wozu soll diese kritische Betrachtung dienen? Sie soll folgendes Axiom einleiten: Das Datenmodell ist ein System, das den logischen Datenbestand abbildet, der wiederum ein Abbild des realen Systems darstellt. Das Datenmodell ist demnach das Bild eines Bildes, also ein recht abstraktes Gebilde. Doch es kommt noch besser: Das Datenmodell muß entworfen werden, es braucht eine Entwurfsdokumentation, diese heißt *Datenkonzept*. Das Datenkonzept ist der Kern der meisten Informatik-Feinkonzepte und seine Erstellung ist die wichtigste Aufgabe bei dessen Erarbeitung. Ohne Datenkonzept darf eine Programmspezifikation nicht einmal begonnen, geschweige denn ausgearbeitet werden. In den Kapiteln 6 bis 8 wird zu diesem Thema alles Nötige ausgeführt.

Das Ausgangsmaterial einer Verarbeitung sind Informationen (Daten und ihre Bedeutungen), das Ziel der Verarbeitung sind wieder Informationen (Daten und ihre Bedeutungen), die Verarbeitung selbst führt von einem zum anderen und ist in vielen Fällen eigentlich »weniger wichtig«. Ob eine Verarbeitung schnell ist oder nicht, ob sie elegant ist oder nicht, ob sie »modern« ist oder nicht, ob sie viel oder wenig Speicher braucht, all dies ist wenig wichtig. Das einzige, was für die Verarbeitung zählt: Sie muß richtig sein. Das Ergebnis einer Verarbeitung ist ein Datenbild, und für dieses gibt es nur eine einzige korrekte Ausprägung. Für die Verarbeitung, die zu diesem Datenbild führt, gibt es jedoch eine beliebig große Anzahl von Möglichkeiten. Daraus ergibt sich der folgende Grundsatz:

Im Feinkonzept sind Daten wichtiger als Funktionen!

Zu diesem Satz müssen allerdings Einschränkungen angebracht werden. Er gilt für die Mehrzahl aller Computeranwendungen, aber nicht für alle. Es ist nach Anwendungsarten zu unterscheiden:

- Bei fast allen Computeranwendungen im kommerziellen und administrativen Bereich stehen die Daten im Vordergrund, ebenso bei einem größeren Teil der technischen Anwendungen. Das ist das Gebiet der »echten Datenverarbeitung«: Daten werden eingegeben, gespeichert, verändert, gesucht, gefunden, angezeigt und ausgedruckt. Es wird viel gesucht und verschoben, aber wenig gerechnet. (Beispiel: Adreßverwaltung). Wenn in den Ausführungen dieses Buches die Daten mit ihren Eigenschaften, Strukturen und Ordnungen immer wieder eingehend betrachtet werden, ist an derartige Anwendungen der Informatik gedacht.
- Für einen Teil der Anwendungen in Technik und Wissenschaft sind aber die Da-

ten weniger wichtig als die Prozeduren und Funktionen. Wenn anspruchsvolle Rechenabläufe abzuwickeln sind, erfordern diese in erster Linie Beachtung und die Datenordnung tritt zurück. Hier ist der Computer vor allem »Rechner« und weniger »Datenverarbeitungsmaschine«. (Beispiel: Berechnung der ersten 5000 Stellen der Ludolphschen Zahl π).
- Ein dritte Anwendungsart findet der Computer beim Einsatz zur Lenkung von Prozessen im technischen Bereich. Hier sind weder Daten, noch Funktionen die Hauptsache, sondern Ereignisse. Auf diese muß der Computer richtig reagieren. (Beispiel: Wenn bei einer Heizungsregelung die Wassertemperatur unter eine bestimmte Marke sinkt, ist der Ölbrenner einzuschalten.)

Es ist festzuhalten, daß beim größten Teil aller Anwendungen die Daten das Wichtigste sind. In der Ausbildung des Informatikers kann das anders sein. Dort steht unwillkürlich die Funktion im Vordergrund, denn profunde Programmierkenntnisse sind eine Voraussetzung für den Beruf des Informatikers. In der Praxis tritt die »Eleganz« der Programmierung hinter die Kulissen; den Benutzer interessiert sie direkt überhaupt nicht. Wichtig sind ihm richtige Ergebnisse, sauber dargestellt und schnell verfügbar.

Werkzeuge im Software-Engineering

Ein Teil der Arbeit in der Feinplanung gehört zum Bereich »Software-Engineering«, und darum wird sie auch von CASE betroffen, das am Anfang dieses Kapitels schon erwähnt wurde. Hinter der Bezeichnung CASE schart sich eine Vielzahl von Hilfsmitteln, die unter Verwendung von Computern das Erstellen von Programmen (Analyse, Entwurf, Codierung) erleichtern wollen und dies zum Teil auch tun. Im Kapitel 23 wird alles heute Wissenswerte zu CASE gesagt. Es stellt sich die Frage: Wenn man diese oft sehr nützlichen Verfahren und Methoden einsetzt – braucht man dann überhaupt noch ein Feinkonzept und wozu soll das vorliegende Buch dienen? Der Schweizer Informatiker Helmut Sandmayr hat eine sehr anschauliche Antwort auf diese Fragen formuliert, sie sei im folgenden sinngemäß wiedergegeben.

»Der Prozeß der Softwareentwicklung soll automatisiert oder, etwas bescheidener ausgedrückt, durch Rechner unterstützt werden. Die Erfahrung zeigt, daß man nur Abläufe automatisieren kann, die man beherrscht. Ein geordneter Entwicklungsablauf ist eine Voraussetzung für den wirksamen Einsatz von rechnergestützten Hilfsmitteln. Umgebungen, in denen geordnete Abläufe und ein methodisches Vorgehen in der Softwareentwicklung noch nicht etabliert sind, haben ein Problem beim Einsatz von CASE: Was soll denn durch Rechner unterstützt werden? Es ist ein gefährlicher Trugschluß anzunehmen, daß durch die Einführung von CASE ein geordneter Entwicklungsablauf entsteht. Ein Textsystem macht noch nicht den Schriftsteller, eine Motorsäge noch nicht den Holzfäller aus.«[1]

Die Motorsäge und das Holzfällen sind zwei verschiedene Dinge. Genau so ver-

---

1 Quelle: SANDMAYR, H.: Nutzen und Grenzen von CASE. Bulletin SEV/VSE 80(1989)17, Zürich, 1989.

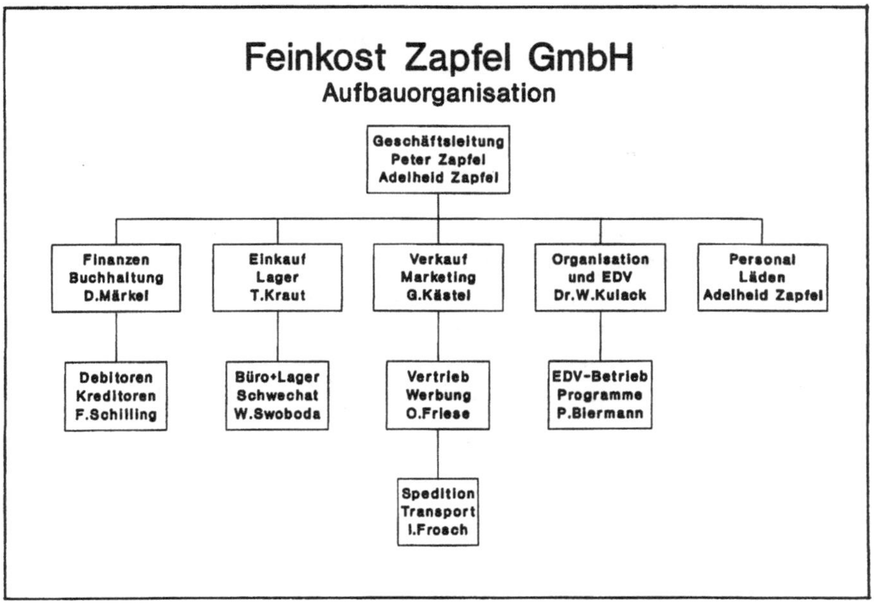

1.4 Fallstudie IGEL: Organisationsschema der Feinkost Zapfel GmbH.

hält sich CASE zur Softwareentwicklung. Vermischen wir die beiden Gebiete, so können wir sagen, das Feinkonzept sei eine detaillierte Anleitung zum Holzfällen und dieses Buch enthielte dazu die Sammlung der Ratschläge eines alten Holzfällers, die helfen soll, schwere Arbeit unfallfrei zu einem guten Ende zu führen.

Fallstudie IGEL: Einführung

Schon im Vorwort wurde gesagt, daß sich eine Fallstudie als roter Faden durch das ganze Buch ziehen soll. Gegen Ende jedes Kapitels wird die Theorie in der Praxis angewandt, allerdings nur auf dem Papier. In einer Scheinfirma wird Schritt für Schritt ein Informatik-Feinkonzept erarbeitet, so daß am Ende des Buches ein vollständiges Beispiel vorliegt. Von diesem kann dann in der Realität vieles abgeschaut und angepaßt verwendet werden.

Das Unternehmen, für das ein Feinkonzept entwickelt werden soll, ist ein Handelsunternehmen der Lebensmittelbranche, die »Feinkost Zapfel GmbH« in Essen-Kupferdreh. (Die Kurzbezeichnung der Firma ist F*Z*G.) Peter Zapfel hat als erfahrener und finanziell gut situierter Kaufmann sein Unternehmen im Ruhrgebiet vor fünfzehn Jahren gegründet. Seine Geschäftsidee war und blieb, eine Reihe von Spezialitäten im Nahrungsmittel- und Getränkesektor aus Österreich zu importieren und als Versandhaus in Deutschland zu vertreiben. Dieses Programm erwies sich als erfolgreich. Der Versandhandel hat sich ausgedehnt und reicht heute weit über die Landesgrenzen hinaus, bis nach Nord- und Südamerika und in den Fernen

Osten. Zum Versandgeschäft kamen Selbstbedienungsläden hinzu, die in zwölf großen Städten das vollständige Sortiment der Spezialitäten anbieten.

Seit einem Jahr besteht eine Niederlassung in Wien-Schwechat, die die gesamte Eingangskontrolle der Waren von den österreichischen Lieferanten besorgt. Die eintreffenden Waren werden dort nach der Kontrolle gesammelt und einerseits mit eigenen Güterwagen via ÖBB und DB nach Essen spediert, andererseits direkt per Luftfracht in etwa 40 Länder versandt.

Der Hauptsitz des Unternehmens befindet sich nach wie vor in Essen-Kupferdreh. In einem eigenen Verwaltungsgebäude mit Lagerhalle und Geleiseanschluß sind die Geschäftsleitung, die Stabsabteilungen (darunter »Organisation und EDV«), die Linienabteilungen und das Zentrallager untergebracht. Von hier aus erfolgt die Belieferung der Kunden in Deutschland und der eigenen Selbstbedienungsläden. Das Bild 1.4 zeigt die Aufbauorganisation, das Bild 1.5 den Materialfluß in der F*Z*G.

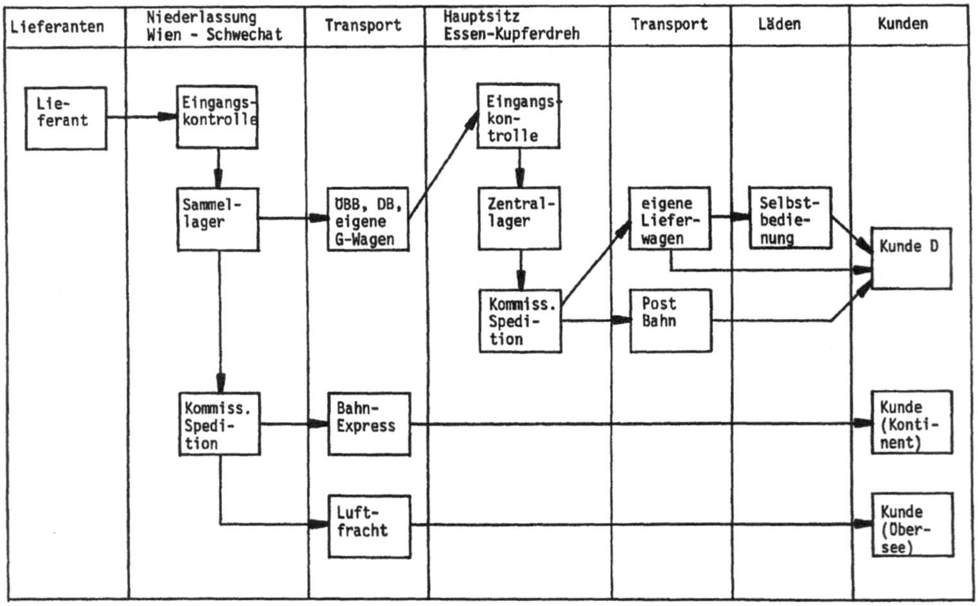

*1.5 Fallstudie IGEL: Materialfluß der F*Z*G (vereinfacht).*

Das Unternehmen hatte im letzten Jahr einen Umsatz von rund 120 Millionen DM, erzielte einen Gewinn von etwa 10 Millionen DM und beschäftigte 206 Mitarbeiter.

Die Administration ist weitgehend rationalisiert. Die Hilfsmittel der Informatik werden aber in den nächsten Jahren modernen Anforderungen nicht genügen. Derzeit stehen im Einsatz:

- System »Buchhaltung«, ein Dialogsystem mit acht Bildschirm-Arbeitsplätzen,
- System »Vertrieb« mit zwei Bildschirm-Arbeitsplätzen und Lochkarten,
- System »Lager« mit einer Eingabestation und reiner Stapelverarbeitung,
- Verarbeitung »Personal und Lohn« in einem externen Rechenzentrum in Essen,

- sieben Personal Computer in der Geschäftsleitung, im Marketing, im Zentrallager, im Einkauf Kupferdreh und im Einkauf Schwechat.
- Die Daten von Wien nach Essen und umgekehrt werden per Fax übermittelt.

Obwohl Dialoganlagen vorhanden sind, werden über 80% der Verarbeitungen im Stapelbetrieb abgewickelt. Zwischen den verschiedenen Systemen bestehen keine direkten Verbindungen. Die meisten Applikationen sind Insellösungen, da ein großer Teil der Software von außen angekauft wurde und von vier verschiedenen Softwarehäusern und zwei Anwendern (einer Dampfbäckerei und einem Fuhrunternehmen) stammt. Eine neue Lösung wurde notwendig, beschlossen und bestellt. Weitere Einzelheiten werden im nächsten Kapitel berichtet.

Merksätze

- Ziel der Feinplanung ist die Spezifikation des Datenmodells, der Programmvorgaben, der Rahmenorganisation und der zukünftigen Ablauforganisation.
- Systeme: Ein System umfaßt eine Menge von Elementen, die gegenüber ihrer Umgebung abgegrenzt ist. Die einzelnen Elemente stehen in Beziehungen zueinander.
- Systeme haben relevante Eigenschaften, ihre Ausprägungen bestimmen den Systemzustand in einem bestimmten Zeitpunkt. Ein Systemzustand kann durch einen Prozeß verändert werden: Es entsteht ein neuer Systemzustand.
- Eine Dokumentation beschreibt ein System. Die Dokumentation und das darin beschriebene System sind zwei verschiedene Dinge.
- Ein offenes System steht mit seiner Umgebung über Schnittstellen in Verbindung. Ein geschlossenes System kommuniziert mit seiner Umgebung nicht.
- Als Spezifikation bezeichnet man eine Systemdokumentation, bevor das System real existiert. Die Summe der Spezifikationen des Datenmodells, der Anwendersoftware, der Rahmenorganisation und der Ablauforganisation ist das Informatik-Feinkonzept.
- In einem EDV-System bildet das Datenmodell ein reales System ab. Ein Datenbild ist ein ganz bestimmter Zustand des Datenmodells. Die Datenverarbeitung besteht aus der immer wiederkehrenden Folge Datenbild - Bearbeitung - Datenbild - Bearbeitung usw.
- »Jahrhundertproblem der Informatik«: Welche Daten hat man zur Verfügung? Wie findet man sie?
- Daten brauchen Ordnung. Ein Datenmodell ist die Grundlage dieser Ordnung. Das Datenmodell ist die Grundlage der betrieblichen Informatik.
- Im Feinkonzept für viele Anwendungsgebiete sind die Daten wichtiger als die Funktionen!
- Für die Software-Entwicklung gibt es viele Werkzeuge. Ihr Sammelbegriff ist: CASE. CASE verhält sich zur Software-Entwicklung wie die Motorsäge zum Holzfällen.

Ergebnisse

Dieses Kapitel hat grundlegende Betrachtungen zur Informatik wiedergegeben. Konkrete Aufgaben wurden noch nicht gestellt. Das Organisationsschema des Unternehmens (oder der betroffenen Abteilung) und die Darstellung des Materialflusses für die relevante Anwendung werden als Arbeitsunterlage bereitgestellt.

Literatur

DAENZER, W. F., HUBER, F. (Hrsg.): Systems Engineering.

ELZER, P. F.: Management von Softwareprojekten.

LUTZ, J. H., BURGHOLZER, P.: Systemplanung I, II.

WEDEKIND, H.: Systemanalyse.

2. Die Feinplanung: Glied einer Kette

Die Feinplanung ist Teil eines Vorgehens in Phasen. Ein Phasenkonzept entspricht einem Vorgehen »vom Groben zum Detail«. Es erleichtert die Bearbeitung von Projekten durch deren Aufteilung in einige logische Schritte.

Es ist seit biblischen Zeiten üblich, größere Projekte in einige oder viele Teilschritte aufzuteilen. Für Informatikprojekte hat sich dies von Anfang an eingebürgert. Das schrittweise Vorgehen ist in der EDV-Welt allgemein unter dem Begriff »Phasenkonzept« gebräuchlich. Die Feinplanung bildet eine dieser Phasen. Sie steht an zentraler Stelle und benötigt erheblichen Aufwand.

Das Phasenkonzept

Mit dem Vorgehensprinzip »Vom Groben zum Detail« hat sich eine Bearbeitungsmethode für Projekte durchgesetzt, die zuerst generelle Ziele für das Gesamtsystem und einen generellen Lösungsrahmen festlegt. Erst danach wird im Verlaufe des Projektes der Konkretisierungs- und Detaillierungsgrad stufenweise erhöht. Aus der Idee der stufenweisen Konkretisierung wurde in vielen verschiedenen Formen und mit vielen verschiedenen Bezeichnungen ein *Phasenkonzept für Informatikprojekte* entwickelt. Es wird in Varianten, die einander sehr ähnlich sehen, weltweit benützt.

Die Abbildung 2.1 zeigt in Form eines Diagrammes den Ablauf eines Informatikprojektes gemäß dem Phasenkonzept. In den letzten Jahren ist neu hinzugekommen, daß solche Projekte einer »Informatikstrategie« entsprechen sollen, die alle Aktivitäten eines Unternehmens in diesem Bereich grundsätzlich regelt und koordiniert. Grundsätzliche Fragen der EDV sollen von der Geschäftsleitung ein für allemal analysiert und entschieden werden. Die Entscheidungen werden dokumentiert und ergeben damit ein Grundsatzdokument, das die Informatikstrategie beschreibt. Diese muß natürlich einer allgemeinen Unternehmensstrategie untergeordnet sein. Das phasenweise Vorgehen bietet hauptsächlich folgende *Vorteile*:

1. Das Voranschreiten vom Groben zum Detail wird erzwungen.
2. Nach jeder Planungsphase kann neu entschieden werden, ob an dem Projekt in der eingeschlagenen Richtung weitergearbeitet werden soll oder nicht. Entscheide müssen nur für die unmittelbar folgende Phase getroffen werden und nicht für ein ganzes Projekt. Das Risiko einer Fehlentwicklung wird damit verringert.
3. Das Projekt wird in Teilstücke zerlegt, die einzeln leichter überschaubar und bearbeitbar sind.

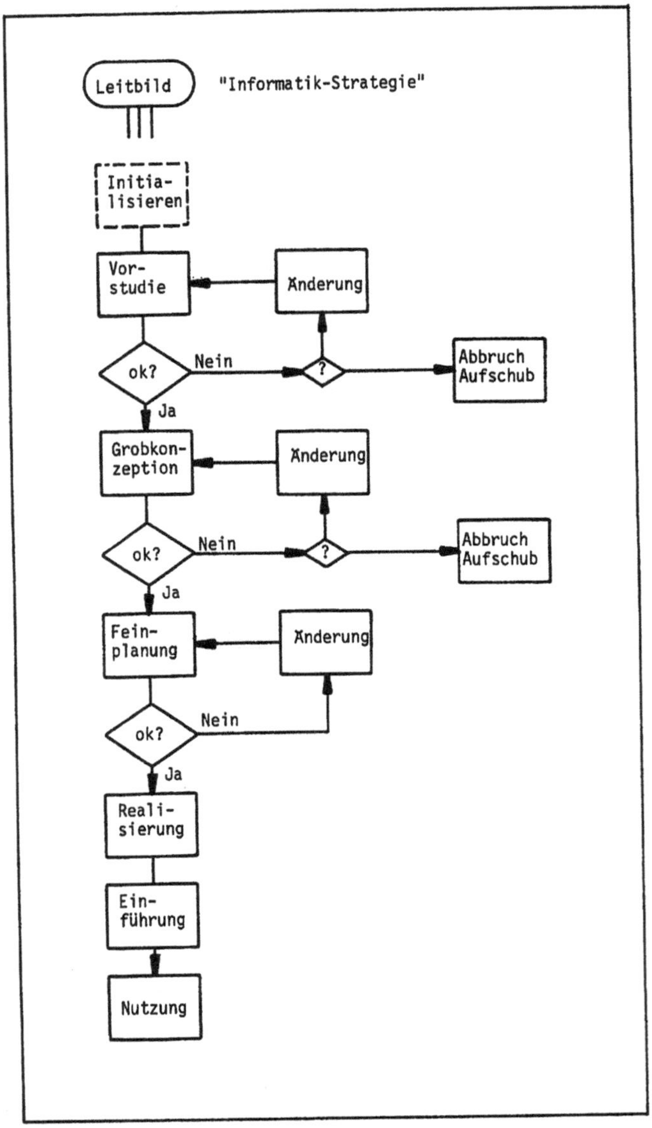

2.1 Phasenmodell für Informatikprojekte

Mit dem phasenweisen Vorgehen sind aber auch *Probleme* verbunden, die dem Projektfortschritt hinderlich sein können:

1. Der Auftraggeber oder Anwender bringt zu Beginn einem Projekt meist den größten Enthusiasmus entgegen, er ist ungeduldig und wünscht eine schnelle Realisierung. Das Phasenkonzept bremst seinen Tatendrang.
2. Detailwünsche können vergessen werden. Der Anwender schöpft seine Ideen aus

Details und bringt diese Ideen auch vor. Vom Planer wird er manchmal zurückgewiesen und auf später vertröstet. Das verdirbt den Willen des Anwenders zur Mitarbeit.
3. Schwierigkeiten werden bagatellisiert. Wenn in frühen Phasen grundsätzliche Probleme auftreten, werden sie gern zu Unrecht als Details bezeichnet und auf später vertagt.
4. Projekte sind in ihren Anfangsphasen zu wenig anschaulich. Ein Anwender kann sich oft erst dann zu einer Lösung äußern, wenn er sie vor sich sieht und mit ihr arbeitet. Aber seine Mitarbeit ist schon früher erwünscht: bei der Entwicklung der Lösung, spätestens in der Feinplanung.
5. Ein starres Planungsschema ist kontraproduktiv. Es ist falsch zu glauben, daß man eine Entwicklungsphase immer vollständig abschließen kann, bevor man mit der nächsten beginnt. Technische Probleme im Detail können wesentliche Entwurfsentscheidungen auf höherer Ebene hinfällig machen.

Als Resultat dieser Überlegungen sollte man wohl das phasenweise Vorgehen bejahen, sich jedoch nicht starr an das Schema klammern und auf keinen Fall den Verstand einer Doktrin unterordnen. Durch die Kombination von »Prototyping« mit dem Phasenmodell und durch den Einbau von Rückführungen im Phasenmodell (»Wasserfallmethode«) kann man geeignete Vorgehensweisen finden, die auch von der modernen Theorie unterstützt werden.[1]

Die einzelnen Phasen

Das gesamte Projekt ist der *Informatikstrategie* des Unternehmens unterzuordnen. Sie enthält Richtlinien für die Grundsatzfragen der Informatik in Form von Zielsetzungen und Maßnahmen und gibt unter anderem Antwort auf folgende Fragen: Soll die Informatik nur rationalisieren oder auch zur Wertschöpfung von Produkten oder Dienstleistungen beitragen? Wie soll sie gestaltet werden? Wie soll sie dimensioniert werden? Wo und wie wird die Software beschafft? Was wird automatisiert und was nicht (Systemabgrenzung)? Was darf die Informatik kosten?

Besteht in einem Unternehmen keine Informatikstrategie, so muß die Projektleitung als erstes mit der Geschäftsleitung die Grundsatzfragen klarstellen. Besteht eine Strategie und muß aus einem schwerwiegenden Grund während eines Projektes von ihr abgewichen werden, so ist der Sachverhalt frühzeitig mit der Geschäftsleitung zu besprechen und unter Umständen ist die Strategie abzuändern. Beim Einsatz einer sich schnell wandelnden Technologie ist ein solches Vorgehen durchaus nützlich oder sogar notwendig.

Die *Initialisierung* liegt zwischen der Idee, etwas zu unternehmen und dem Start eines Projektes. In dieser Vorphase wird ganz grob abgeklärt, ob es überhaupt einen Sinn hat, an ein neues Informatikprojekt heranzugehen. Während jeder Initialisierung wird ein bestehender Zustand beurteilt und mit einem wünschenswerten zukünftigen Zustand verglichen. Meist sind bestehende Mängel und Schwachstellen die

---

1 Für »Prototyping« und »Wasserfallmethode« siehe Glossarium.

Auslösung für ein Informatikprojekt. Es geht darum, die Schwachstellen zu benennen, die Randbedingungen festzuhalten und die Ziele für die erste formelle Projektphase zu formulieren. Als Ergebnis wird der Auftrag für eine Vorstudie schriftlich niedergelegt und eine ausgewählte Instanz (eigene Informatikabteilung oder externes Beratungsunternehmen) mit der Durchführung beauftragt.

In der *Vorstudie* werden die anfänglich noch unklaren Problemstellungen auf ihre Ursachen hin untersucht und daraus die ersten Ideen und Szenarien für eine neue Informatiklösung abgeleitet. Der zweckmäßige Umfang des Computereinsatzes wird abgesteckt und eine Abschätzung der Wirtschaftlichkeit wird vorgenommen. Das Kernstück der Vorstudie ist die Aufnahme des *Ist-Zustandes* mit seinen Schwächen und Stärken: die *Situationsanalyse*. Die in der Initialisierung genannten Ziele werden detailliert. Erste Lösungsansätze werden ausgearbeitet, wenn möglich in mehreren Varianten. Die Aktivitäten für die nächste Phase werden geplant. Das Ergebnis ist ein Schriftstück: der *Vorstudienbericht*. Dieser dient als Entscheidungsunterlage für oder gegen die Weiterführung des Projektes.

In der nächsten Phase, der *Grobkonzeption*, wird ein Gesamtkonzept erarbeitet, aufgrund dessen dann entschieden werden kann, ob das Projekt als Ganzes durchgeführt werden soll, oder ob es aufzuschieben oder abzubrechen ist. Für den Fall einer Weiterführung werden die Lösungsvarianten untersucht, eine von ihnen ausgewählt und ihre Durchführung eingeleitet. Auch in dieser Phase gibt es ein Kernstück: das *Sollkonzept*. Es enthält eine eingehende Beschreibung der gesamten, gesuchten Informatiklösung mit einem groben Datenmodell und einer Beschreibung der wichtigsten Transaktionen.

Ist das Sollkonzept erstellt, wird auf seiner Grundlage ein *Pflichtenheft* ausgearbeitet und an ausgewählte Lieferanten zur Ausarbeitung von Angeboten versandt. Die eintreffenden *Angebote* werden einer vergleichenden Bewertung, der sogenannten »Evaluation«, unterzogen. Das beste Angebot wird ermittelt und zur allfälligen Realisierung ausgewählt. Da nun die voraussehbaren Gesamtkosten ziemlich genau bekannt sind, wird eine *Wirtschaftlichkeitsrechnung* durchgeführt. Außerdem werden alle Konsequenzen bei einer Realisierung der gewählten Lösung in organisatorischer, ablauftechnischer, personeller, finanzieller und terminlicher Hinsicht analysiert. Das Ergebnis dieser Phase ist ein schriftlicher Bericht: das *Grobkonzept*, die wichtigste Entscheidungsgrundlage im gesamten Projekt.

Die schwerwiegende Entscheidung ist zu treffen: Wird das Projekt durchgeführt? Welche Variante wird gewählt? – Der letzte Zeitpunkt ist jetzt gekommen, in dem ein Informatikprojekt noch ohne allzu große finanzielle Verluste abgebrochen (oder aufgeschoben) werden kann. Wird für die Weiterführung des Projektes entschieden, müssen jetzt die *Vertragsverhandlungen* mit den ausgewählten Lieferanten durchgeführt werden. Erst wenn Übereinstimmung zwischen den Partnern erreicht ist, wird bestellt und damit die Phase Grobkonzeption abgeschlossen.

Bemerkung: In kleineren Projekten können die beiden Phasen »Vorstudie« und »Grobkonzeption« zu einer Phase vereinigt werden.

Nach der Entscheidung, daß das Projekt zu Ende geführt werden soll, und nach der

Unterzeichnung der Verträge mit den ausgewählten Lieferanten beginnt die Phase der *Feinplanung*, mit deren Einzelheiten sich dieses Buch beschäftigt. Das Ergebnis ist das »Informatik-Feinkonzept«, in größeren Projekten eine ganze Bibliothek von Schriftstücken. Dazu gehören:

- ein detailliertes Datenmodell,
- der Datenkatalog,
- das Programmverzeichnis mit Aufwandschätzung und Aufgabenverteilung,
- der Arbeitsplan mit Terminvorgaben,
- die Spezifikation für jedes einzelne Programm,
- Testvorgaben,
- die detaillierte Ablauforganisation,
- Normen,
- Bildschirmmasken,
- Listenbilder,
- Pläne zur Aufstellung der Hardware,
- Planung der Datenübertragung,
- Planung der Datenübernahme,
- Planung der Infrastruktur,
- Sicherheitskonzept
- und anderes mehr,

das in den nächsten Kapiteln im einzelnen behandelt wird. Das Feinkonzept muß nach Fertigstellung seiner wichtigsten Teile auszugsweise der Entscheidungsinstanz (Geschäftsleitung, Auftraggeber) präsentiert werden. Wenn jetzt noch etwas entschieden werden muß, geht es um die Auswahl einer Variante der Realisierung, um Änderungen von Prioritäten und Terminen, um die Arbeitsverteilung oder personelle Probleme. Es geht also um das »Wie« der Ausführung. Da der Vertragsabschluß vor Beginn dieser Phase erfolgt ist und umfassende Verpflichtungen eingegangen wurden, wäre ein Abbruch des Projektes an dieser Stelle mit bedeutenden finanziellen Einbußen verbunden.

Die nächste Phase ist die *Realisierung* mit Programmierung und Aufbau der Rahmenorganisation. In der *Programmierung* werden die individuellen Programme erstellt und die Programmanpassungen der Standardsoftware vorgenommen. Die Codierungen werden gemäß den Programmspezifikationen und die Testarbeiten gemäß den Testvorgaben ausgeführt. Oft wird in diesem Zeitraum auch die Hardware installiert. Fertiggestellte Programme werden dem Auftraggeber vorgeführt, die Benutzer werden geschult und beginnen mit dem System in einem Probebetrieb zu arbeiten. Schließlich erfolgt für jedes Programm eine *Abnahmeprüfung*. Der Anwender prüft die vorgelegte Software im Einsatz und unterzeichnet, sobald er dazu bereit ist, eine Abnahmeerklärung. Mit dieser bestätigt er, daß die Programme seinen Anforderungen entsprechen.

Während der Programmierung entsteht auch die *Programm-Dokumentation*. Sie besteht aus einer Systembeschreibung für die Informatiker und einer Benutzer- oder

Bedienungsanleitung für die Benutzer am Bildschirm oder für den Bediener an der Systemkonsole.

Die *Rahmenorganisation* hat den Zweck, alle personellen, materiellen und organisatorischen Voraussetzungen für die Übernahme und den Betrieb des neuen Systems zu schaffen. Dazu gehören bauliche Maßnahmen, Installationen, personelle Umgruppierungen, Fertigstellen von Anleitungen und Handbüchern, Schulung der Benutzer, Information aller Betriebsangehörigen und der in der Umgebung des Systems Betroffenen (zum Beispiel Kunden und Lieferanten), die Bereitstellung von Verbrauchsmaterial (Formulare, Datenträger, Büromaterial), das Realisieren der angeordneten Sicherheitsmaßnahmen. Kurz zusammengefaßt: Alles im Feinkonzept Geplante – auch was nicht zur Programmierung gehört – wird jetzt verwirklicht.

Danach folgt als nächste Phase die *Einführung*. Das neue System wird dem Anwender übergeben. Bevor er jedoch mit dem neuen System produktiv arbeiten kann, hat die *Datenübernahme* vom vorhergehenden System zu erfolgen. Diese Übernahme ist meist begleitet von einer Bereinigung und Ergänzung der Stammdaten, wobei die Anwender stark beansprucht werden. Außerdem sehen sich die Benutzer jetzt einem starken Lern- und Arbeitszwang ausgesetzt, da mit der Übernahme der neuen Lösung die Verantwortung für einen reibungslosen Betriebsablauf mit dem System auf ihnen lastet. Der Benutzer ist in dieser Phase auf eine gute und rasche Unterstützung durch Organisatoren und Programmierer angewiesen: Auskünfte und Ratschläge, beruhigender Zuspruch, Hilfeleistung bei Bedienungsschwierigkeiten, Programmanpassungen zur Fehlerbehebung oder »Kosmetik« werden in reichem Maß benötigt. Eine Zeit der Hektik mit Überstunden, Wochenendarbeit und Urlaubssperre läuft an – und geht vorbei!

Das Ergebnis dieser Phase kann sich sehen lassen: *Das neue System läuft!* Das Projektteam wird aufgelöst. Ein kleines *Fest* sollte jetzt nicht vergessen werden.

Das Informatikprojekt ist abgeschlossen. Jetzt folgt die jahrelange *Nutzung*. In ihrem ersten Teil, etwa ein Jahr nach der Einführung, sollte eine *Erfolgskontrolle* stattfinden: Funktioniert das neue System zur allgemeinen Zufriedenheit? Wie groß ist sein Bereitschaftsgrad? Wie gut ist die Wartung? Wurden die Vertragsbedingungen im allgemeinen eingehalten? Wurde der erwartete Nutzen tatsächlich erreicht? Wurden die Karteien aufgelöst? Wurde die Auftragsabwicklung beschleunigt? Wurden die Ladenhüter eliminiert? Werden auch Spitzenbelastungen ohne Überstunden bewältigt? Gibt es Beschwerden der Kunden, die der Informatik zuzuschreiben sind?

Solche Fragen müssen aus dem Grobkonzept abgeleitet, jetzt beantwortet und der Geschäftsleitung oder dem Auftraggeber präsentiert werden. Darüber hinaus ist die Aufgabenerfüllung und Funktionstüchtigkeit des Systems vom Anwender oder durch eine neutrale Stelle zu beurteilen. Daraus können sich korrigierende Maßnahmen ergeben. Die EDV-Leitung wird das System laufend überwachen hinsichtlich

- der Anlagen (Betrieb, Wartung, Erweiterung, Ersatz),
- der Benutzer (Ausbildung, Erfahrungsaustausch, Verbesserung bestehender Anwendungen, Implementierung neuer Anwendungen),

- der Software (Datenbankverwaltung, Verbesserungen im Betriebssystem, Programmwartung, Nachführen der Dokumentation u.a.m.).

Um diese laufenden Aufgaben nicht zu vernachlässigen, gehört zur erfolgreichen Nutzung jedes größeren Systems die Einrichtung einer zuverlässigen EDV-Administration. Es lohnt sich, hier einige Mittel zu investieren, denn die Lebensdauer neuer Informatiklösungen kann heute ohne weiteres zwei Jahrzehnte betragen.

Mit diesen Ausführungen wird erkenntlich, welche zentrale Stelle die Feinplanung einnimmt. Sie bestimmt mit ihrer besseren oder schlechteren Qualität die Güte und den Aufwand der nachfolgenden Phasen und stellt die Weiche dafür, ob der Güterzug der Realisierung über die kurvenreiche, steile Paßstrecke oder durch den Basistunnel fahren soll.

Da das Phasenmodell in verschiedenen Varianten praktiziert wird, existieren für die einzelnen Phasen verschiedene Bezeichnungen. Die Tabelle 2.2 gibt einen Überblick über diese und schließt auch die englischen Bezeichnungen ein.

Hier verwendet	Außerdem üblich	Englischer Ausdruck
Initialisierung	Voruntersuchung	Initial phase
Vorstudie	Voranalyse, Voruntersuchung, Anbieterauswahl	Preliminary study
Grobkonzeption	Konzept, Pflichtenheft und Evaluation, Organisationsuntersuchung und Systemkonzeption, Methoden und Verfahren	Project outline and evaluation
Feinplanung, Feinkonzeption	Detailkonzeption, Systemspezifikation, Benutzerspezifikation und Systemspezifikation, Detailstudie	The project in detail
Realisierung	Programmierung, Benutzerorganisation und Programmierung, Rahmenorganisation und Programmierung	Implementation, programming and overall organisation
Einführung	Implementation, Systemeinführung	Introducing the system
Nutzung		Using data processing

2.2 Bezeichnung der Phasen in verschiedenen Varianten des Phasenmodells

Fallstudie IGEL: Strategie und erste Phasen

Die Entwicklung von Umsatz und Gewinn der F*Z*G war in den letzten vier Jahren erfreulich, beide sind um ca. 50% angestiegen. Der Kundenkreis hat sich beachtlich vergrößert, und die Kunden sind anspruchsvoller geworden, was den Umsatz belebt hat. Auch etwa 200 Botschaften und Konsulate in aller Welt nehmen die Dienste der F*Z*G in Anspruch. Die Selbstbedienungsläden machen das Sortiment in den Großstädten und Ballungsgebieten bekannt und die firmeneigenen Lieferfahrzeuge mit der großen Aufschrift »Gutes aus Österreich« haben Werbewirkung. Es wird davon abgesehen, den Jahreskatalog als Poststreusendung in großer Stückzahl zu verteilen, er ist jedoch auf Anforderung und bei allen einschlägigen Messen und Ausstellungen erhältlich.

Seit etwa einem Jahr kommt in den Direktionssitzungen immer wieder das Thema »neue EDV« zur Sprache, besonders seitdem sich einige Abteilungsleiter eigene Personal Computer angeschafft haben und ihre Entscheide und Erfolge mit Säulen- und Kuchendiagrammen illustrieren. In mehreren informellen Gesprächen hat Herr Dr. Kulack den Firmeninhaber über das Wesen eines Phasenkonzeptes orientiert. Herr Zapfel hat diese Ausführungen immer mit Aufmerksamkeit verfolgt und fand es sehr sinnvoll, daß bei diesem Vorgehen der Entscheid immer nur für eine Etappe erfolgen muß.

Die Firmenleitung war sich bald einig, daß die Möglichkeit untersucht werden sollte, das gesamte EDV-System zu erneuern. Die vorhandenen EDV-Einrichtungen waren zwischen fünf und elf Jahre alt und entsprachen noch knapp den aktuellen Anforderungen. Das Rechnungswesen mit seinem Dialogcomputer war wohl noch ausbaufähig, die Lagerverwaltung hingegen eindeutig veraltet. Die Auftragsabwicklung (System »Vertrieb«) funktionierte dank dem persönlichen Einsatz ihres Leiters und seiner Mitarbeiter sehr zuverlässig, dort konnten jedoch durch moderne Hilfsmittel wesentliche Erleichterungen für die Arbeit erwartet werden. Bei steigendem Geschäftsvolumen würden alle eingesetzten Systeme schnell die Grenze ihrer Speicher- und Leistungsfähigkeit erreicht haben – dann könnten auch Überstunden nicht mehr helfen.

Die Geschäftsleitung beschloß im Einvernehmen mit allen Abteilungsleitern, eine *Vorstudie* für ein neues F*Z*G-Informationssystem durchzuführen. Da Herr Dr. Kulack zu dieser Zeit mit einer Neuorganisation der Selbstbedienungsläden und mit der Bereinigung des Artikelsortiments belastet war, wurde das Institut für Administration der FH Dillenburg (IFAD) zur Mitarbeit eingeladen. Das Institut beauftragte seine Mitarbeiterin, Frau Fink, dipl. Informatikerin, mit dieser Aufgabe und delegierte sie zur F*Z*G. Der Startschuß für das Projekt fiel. Es erhielt einen Namen und wurde IGEL (Integrierte Gesamt-EDV-Lösung) genannt. Für die ersten Phasen übernahm Frau Fink die Projektleitung. Sie arbeitete zusammen mit Dr. Kulack die Vorstudie aus.

Bei der Besprechung der Zielsetzungen mit der Geschäftsleitung stellte Frau Fink fest, daß eine *Informatikstrategie* wohl in den Köpfen der Verantwortlichen (in mehreren Varianten) existierte, jedoch nirgends schriftlich festgehalten war. In einem zweitägigen Workshop (Arbeitsort war das sehr angenehme Hotel »Scandinavia«, Teilnehmer waren Herr und Frau Zapfel, Herr Dr. Kulack und Frau Fink) wurden die Gedanken zur Strategie gegliedert und festgehalten. Frau Fink arbeitete darüber einen schriftlichen Bericht mit dem Titel »Informatikstrategie der F*Z*G« aus. Die-

F * Z * G
Direktion

Informatik - Strategie
(Auszug für das Projektteam IGEL)

1. Das EDV-System hat die Aufgabe, die rationelle Abwicklung unserer Handelstätigkeit zu ermöglichen, unserer Geschäftsleitung Entscheidungsunterlagen zur Verfügung zu stellen und unseren Kunden zusätzliche Dienstleistungen zu erbringen. Die EDV ist ein Stützpfeiler unseres Geschäftes.

2. In Zukunft soll ein einziges, voll integriertes EDV-System alle Bedürfnisse abdecken.

3. Das EDV-System wird im Hauptsitz Essen-Kupferdreh durch eigenes Personal betrieben.

4. Der Übergang zum neuen System vollzieht sich in mehreren Etappen. Die verschiedenen Anwendungsgebiete werden nach und nach, längstens innerhalb von fünf Jahren übernommen.

5. Als Anwendungs-Software wird soweit möglich Standard-Software eingesetzt. Anwendungs-Software, die individuell erstellt werden muß, wird von eigenem Personal mit allfälliger Unterstützung durch ein externes Softwarehaus realisiert.

6. Das EDV-System wird zentralisiert. Die Außenstellen werden mit Terminals angeschlossen.

7. Die Sicherheit des EDV-Systems ist besonders zu beachten.

8. Die jährlichen Kosten der EDV (inklusive Kosten für Personal, Infrastruktur und Betriebsmittel) dürfen 1,25% des Umsatzes im vorhergehenden Geschäftsjahr nicht überschreiten. Investitionen sind in 10 Jahren zu amortisieren, als Zinssatz sind 9% einzusetzen.

Kupferdreh, 23.4.1994 gez. P. Zapfel

*2.3 Fallstudie IGEL: Auszug aus der F*Z*G Informatikstrategie*

ser wurde von den Beteiligten genehmigt und vom Firmeninhaber in Kraft gesetzt. In Bild 2.3 ist das Wichtigste dieser Strategie als Auszug wiedergegeben.

Die Informatikstrategie bildete die Grundlage für das weitere Vorgehen im Projekt IGEL. Während der folgenden drei Monate wurde die Vorstudie ausgearbeitet.

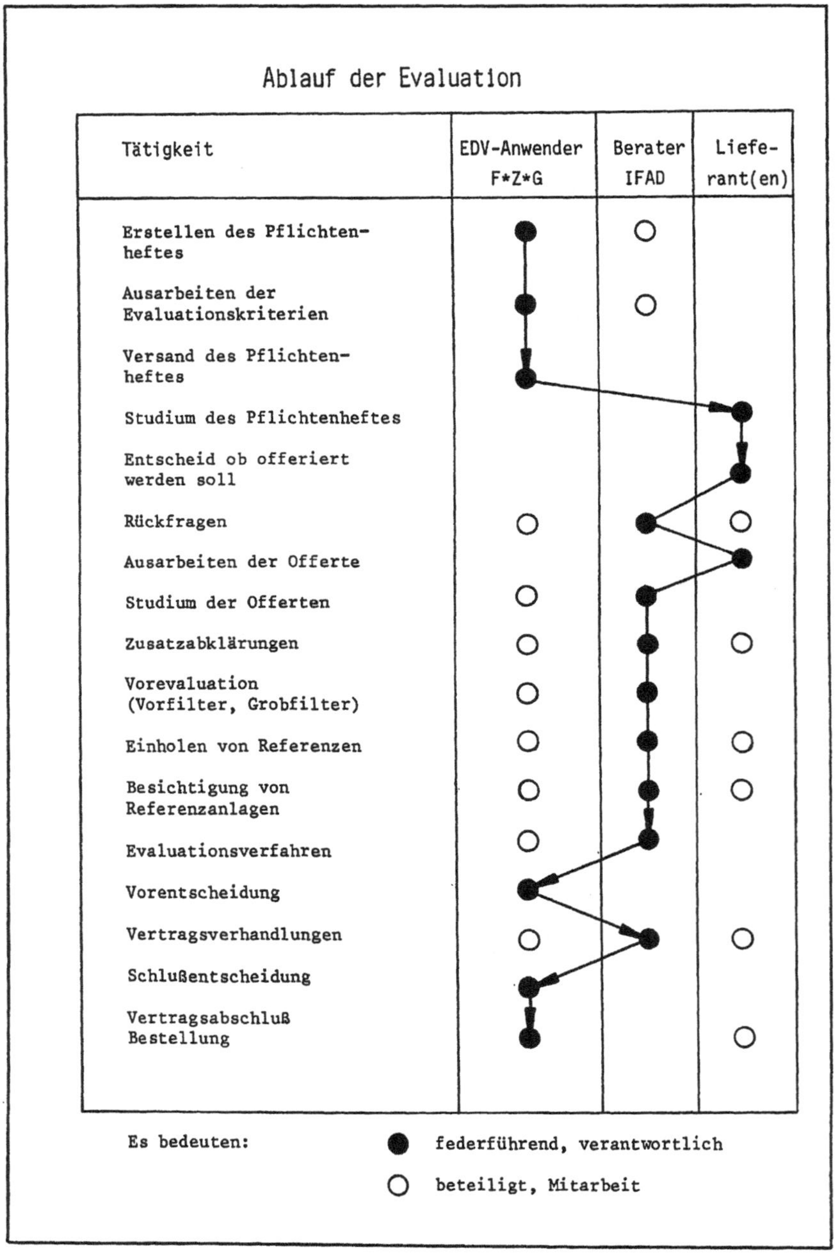

2.4 Fallstudie IGEL: Ablauf der Evaluation

Sie untersuchte vor allem den Ist-Zustand, der Herrn Dr. Kulack ja gut bekannt war. Frau Fink gelang es, eine ganze Reihe von Argumenten für eine Neuausstattung im EDV-Bereich zusammenzutragen. Ausschlaggebend für das Projekt waren letztlich zwei Gründe: Erstens bestand in der Auftragsabwicklung ein echter Engpaß, der unnötige Verzögerungen der Luftfrachtabfertigung ab Wien-Schwechat von drei bis fünf Tagen zur Folge hatte. Zweitens konnte der Magnetplattenspeicher des Systems »Vertrieb« nicht vergrößert werden und beschränkte die Anzahl bearbeitbarer Kunden auf 75.000. Derzeit werden in Deutschland ca. 30.000, im übrigen Europa etwa 25.000 und in Übersee etwa 15.000 Kunden beliefert.

Die Wirtschaftlichkeitsvorschau für den Einsatz eines neuen Gesamtsystems ergab jährliche EDV-Kosten (inklusive Personal und Infrastruktur) im Bereich von 0,8 bis 1,2 Mio. DM. Die bisherigen Kosten pro Jahr hatten 0,65 Mio. DM betragen. Andererseits war die Bewältigung von mehr Aufträgen unbedingt notwendig, sodaß die Geschäftsleitung der Weiterführung des Projektes IGEL zustimmte. Sie bewilligte eine Grobkonzeption mit Pflichtenheft und Evaluation und budgetierte dafür ausgabenwirksame Kosten in Höhe von DM 95.000.-.

Die Arbeiten der *Grobkonzeption* wurden aufgenommen. Als Projektleiterin wirkte wieder Frau Fink (IFAD). Sie wurde von Herrn Dr. Kulack sehr wirkungsvoll unterstützt, wobei in der Projektgruppe alle Abteilungsleiter und bei Bedarf auch ausgewählte Sachbearbeiter mitwirkten. Nach Abschluß des *Sollkonzeptes* wurde ein *Pflichtenheft* erstellt und an acht Hardware- und Softwarelieferanten versandt. Beim Institut für Administration, das als neutrale Stelle zusammen mit der F*Z*G die *Evaluation* durchführen sollte, gingen sieben Angebote ein. Die Evaluation wurde nach dem sogenannten »Mehrfilter-Verfahren« durchgeführt.[2] (In Abbildung 2.4 ist der Ablauf skizziert).

Die Evaluation ergab, daß drei Angebote mit den besten Lösungen nahezu gleichwertig waren. Die Geschäftsleitung entschied sich ohne Zögern für eines davon, da es von einem schon bisher sehr geschätzten Lieferanten kam.

Merksätze

- Die Informatik-Feinplanung ist als Glied einer Kette zu verstehen. Die Kette heißt: Phasenkonzept.
- Das Phasenkonzept zwingt zu einem Vorgehen »vom Groben zum Detail« und erleichtert die Bearbeitung von Projekten durch ihre Aufteilung in kleinere logische Schritte.
- Jedes Informatikprojekt soll einer Informatikstrategie entsprechen. Diese enthält die Grundsatzentscheide für die Informatik in einem Unternehmen.
- Eine Vorphase »Initialisierung« führt von der ersten Idee zur Ingangsetzung eines Informatikprojektes.
- Die »Vorstudie« enthält eine Situationsanalyse, das heißt eine Beschreibung des Ist-Zustandes mit seinen Schwächen und Stärken. Danach wird entschieden, ob das Projekt weiter bearbeitet werden soll.

---

2 siehe Glossarium

- In der »Grobkonzeption« wird ein Sollzustand (in Varianten) beschrieben, ein Pflichtenheft zusammengestellt, Angebote für Hardware und Software werden eingeholt, diese werden vergleichend bewertet (Evaluation), Lösungen werden ausgewählt, ihre Wirtschaftlichkeit wird bestimmt. Danach wird entschieden, ob das Projekt ausgeführt werden soll, und welche Lösung gewählt wird. Nach Vertragsverhandlungen erfolgen die Bestellungen.
- Die »Feinplanung« umfaßt alle planerischen Vorarbeiten für die spätere Realisierung. Die wichtigsten Ergebnisse sind das Datenmodell, die Programmspezifikationen, der Entwurf der Ablauforganisation und die Vorbereitung der Rahmenorganisation.
- In der Phase der »Realisierung« werden vor allem die Programme erstellt oder angepaßt. Die Rahmenorganisation wird gebildet (zum Beispiel: personelle Besetzungen, Einrichten der Infrastruktur, Installation der Hardware).
- Während der »Einführung« wird das neue System produktiv in Betrieb genommen. Zu Beginn muß die Datenübernahme vom abzulösenden System erfolgen und Zusatzdaten müssen erfaßt werden. Die ersten Wochen der Produktion bringen Hektik und Probleme.
- Schließlich ist das Projekt beendet. Es folgt die langjährige »Nutzung«. Etwa ein Jahr nach der Einführung sollte eine erste Erfolgskontrolle vorgenommen werden. Eine laufende Kontrolle der Aufgabenerfüllung ist empfehlenswert.

Ergebnisse

Der Überblick über ein vollständiges Phasenkonzept ist jetzt gegeben. Die Beteiligten wissen, welche Vorarbeiten abgeschlossen sein müssen, bevor mit der Feinplanung begonnen werden kann.

Literatur

BECKER, M., HABERFELLNER, R., LIEBETRAU, G.: EDV-Wissen für Anwender.

BOEHM, B. W.: Wirtschaftliche Software-Produktion.

GRUPP, B.: Methoden der Ist-Aufnahme und Problemanalyse.

3. Voraussetzungen, Tätigkeiten, Resultate

Jedes Informatik-Feinkonzept wird für eine bestimmte Umgebung entwickelt. Verschiedene Feinplanungen lassen sich aber oft formal auf einen gemeinsamen Nenner bringen.

Die Stellung der Feinplanung im Phasenkonzept wurde im vorhergehenden Kapitel dargestellt. Hier geht es nun darum, die Tätigkeiten der Feinplanung im einzelnen aufzuführen und die Schnittstellen zu definieren, die die Feinplanung in das Phasenkonzept einbetten, es einleiten und abschließen.

Verschiedene Umgebungen

Es muß beachtet werden, daß für eine Feinplanung in der Praxis verschiedene Umgebungen oder Ausgangssituationen zu berücksichtigen sind. Folgende Varianten sind üblich:

- Die Softwareentwicklung soll für einen oder bei einem Anwender erfolgen, der sein erstes EDV-System einsetzen wird. Dies ist heute ein seltener Fall.
- Die Softwareentwicklung soll für einen oder bei einem Anwender erfolgen, der von einem bestehenden, alten EDV-System auf ein neues übergehen will. Dies ist heute der übliche Fall.
- Der Anwender wird überwiegend Standardsoftware einsetzen und benötigt deren Anpassung an seine Bedürfnisse. Dies ist der übliche Fall in kleineren Unternehmen.
- Der Anwender wird überwiegend Individualsoftware einsetzen und will diese im eigenen Hause entwickeln. Dies kommt eher in großen Unternehmen vor oder in solchen, die spezielle Tätigkeiten ausüben.
- Der Anwender wird überwiegend Individualsoftware einsetzen und will diese von einem Softwarehaus entwickeln lassen. Dies ist in Unternehmen üblich, die spezielle Tätigkeiten ausüben und selbst wenig Informatiker beschäftigen.
- Ein Softwarehaus entwickelt Standardsoftware, um diese dann auf den Markt zu bringen.
- Ein Softwarehaus entwickelt im Auftrage eines Kunden Individualsoftware.

Die Betrachtung zeigt, daß einige verschiedene Umgebungen betrachtet werden sollen. Oft kommen diese verschiedenen Ausgangssituationen bei einem Anwender auch kombiniert vor: Ein Teil der Anwendungen war schon auf einem alten System implementiert und soll auf das neue System übertragen werden. Ein weiterer Teil der Anwendungen ist neu. Für gängige Anwendungen wird Standardsoftware beschafft und angepaßt. Spezielle Anwendungen werden individuell programmiert. Wenn in der Phase der Realisierung die eigenen Programmierer zu wenig Kapazität bieten, zieht man ein Softwarehaus zur Unterstützung hinzu. Eine derartige Kombination muß als Normalfall betrachtet werden!

Die verschiedenen Fälle bieten jedoch auch durch ihre Kombination eigentlich keine Erschwerung der Probleme. Es geht immer wieder darum, daß ein Team (bestehend aus Organisatoren, Analytikern, Programmierern und Benutzern) zusammenarbeitet, Anforderungen postuliert, eine Datenstruktur entwickelt, Programmfunktionen festlegt und dazu eine brauchbare Ablauforganisation plant. Mit einer zweckmäßigen Projektorganisation lassen sich die verschiedenen Fälle ohne große Mühe auf einen gemeinsamen Nenner bringen.

Verschiedene Anwendungsarten

Das Vorgehen in der Feinplanung hat sich auch danach zu richten, welcher Art die Anwendungen sind, die jetzt vorbereitet und geplant werden sollen. An und für sich bleiben alle Schritte bei den verschiedenen Anwendungsarten gleich, nur ihre Reihenfolge und Wichtigkeit sind unterschiedlich.

Bereits im ersten Kapitel wurde darauf hingewiesen, daß bei den administrativ-kommerziellen Anwendungen das Datenmodell die zentrale Stelle im Feinkonzept einnimmt. Andererseits sind bei einem Teil der wissenschaftlichen und technischen Anwendungen die Funktionen der Software wichtiger als das Datenmodell. An dritter Stelle stehen dann die Anwendungen in der Prozeßlenkung, wo die Ereignisse im Betriebsablauf den eigentlichen Schwerpunkt bilden.

In den beiden letzten Fällen muß das Datenmodell nicht für so wichtig genommen werden, wie das in diesem Buch zum Ausdruck kommt. Diese Fälle sind relativ selten, es sind Ausnahmen. Man kann solche Anwendungen nicht ohne Spezialisten realisieren und man tut das auch nicht. Bei der Vorbereitung von anspruchsvollen wissenschaftlichen Anwendungen, beim Einsatz von höheren mathematischen Methoden und Modellen, bei Planung und Entwurf von Prozeßregelungen müssen besondere Kenntnisse der behandelten Gebiete in die Projekte eingebracht werden. Trotzdem wird vieles nicht anders sein, als in Anwendungen, die alle kennen. Man wird das Interesse zuerst den Funktionen zuwenden. Aber dann wird man auch nicht ohne Ordnung bei den Daten auskommen und systematisch an die Entwicklung des Systems herangehen müssen. Deshalb ist das meiste, was im folgenden beschrieben wird, weithin gültig.

Die Arbeit im Softwarehaus

Wenn in einem Softwarehaus Standardsoftware entwickelt werden soll, ist zu empfehlen, diese Entwicklung zusammen mit einem oder mehreren branchenerfahrenen Anwendern durchzuführen. Sonst besteht die große Gefahr, daß man am Markt vorbei entwickelt! Die Praxis hält immer wieder Spezialanforderungen, Ausnahmen und Datenkombinationen bereit, auf die ein Informatiker von sich aus niemals kommen kann, wenn er seine Entwicklung abgeschieden im stillen Kämmerlein betreibt.

Hat ein Softwarehaus die Aufgabe, Individualsoftware zu erstellen, ist eine Zusammenarbeit mit dem Auftraggeber ohnehin zwingend. Hier besteht nur die Gefahr, daß die Zusammenarbeit zu locker erfolgt. Wenn das Softwarehaus zwischen der ersten Fassung der Anforderungen und der Abnahmeprüfung selten oder nie den Kontakt mit dem Anwender sucht, gibt es Schwierigkeiten! Solange nicht jedes Detail wirklich klar ist, sollen zwischen den Programmierern und den zukünftigen Benutzern zumindest 14täglich Besprechungen stattfinden. »Besprechung« heißt hier »persönliches Beisammensein« und nicht »Telefongespräch« mit den üblichen Mißverständnissen.

Betrachtet man die Umstände, wie sie hier beschrieben worden sind und wie sie sich in der Praxis immer wiederholen, so wird man erkennen, daß auch eine Programmentwicklung im Softwarehaus nicht sehr verschieden von einer Entwicklung beim Anwender ist. Es gibt also für die Feinplanung kaum große Unterschiede, in welcher Umgebung auch immer die Software entwickelt wird.

Voraussetzungen

Beim Beginn der Feinplanung sollen die folgenden Voraussetzungen gegeben sein:

- Es steht fest, welches Computersystem eingesetzt werden soll und wie die Konfiguration der Hardware aussieht. Damit sind auch die Speicherkapazitäten, die Verarbeitungsgeschwindigkeiten, die Datenübertragungsraten, das heißt alle technischen Spezifikationen bekannt und die Leistungen abschätzbar. Das ist für den Systementwurf grundlegend.
- Es ist bekannt, welches Betriebssystem eingesetzt wird. Das liefert weitere Grundlagen, da die Art der Datenbank, die Zugriffsmöglichkeiten, die Art und Weise der Datenübertragung, der Parallelverarbeitung und der Sicherheit davon abhängen. Außerdem ist damit gegeben, welche Aufgaben der Anwendungsprogrammierer im Detail übernehmen muß und welche Routinefunktionen ihm das Betriebssystem abnimmt.
- Es besteht Klarheit über die Beschaffung der Anwendersoftware: Standardsoftware und/oder Individualsoftware, die extern oder intern erstellt werden soll.
- Es ist bekannt, welche Programmiersprachen verwendet werden können. EDV-Systeme verfügen immer über mehrere Programmiersprachen (Compiler). Beim Einsatz von Standardsoftware ist es für den Anwender nicht sehr wichtig, in welcher Sprache sie geschrieben ist. Die Programme der Individualsoftware sollten jedoch alle in einer einzigen Sprache geschrieben sein, und diese sollte möglichst viele Annehmlichkeiten bieten.
- Die Programmierhilfsmittel (Utilities und Tools) sind bekannt. Man weiß also, welche Hilfe man von Softwarewerkzeugen erwarten kann: für die On line-Programmierung, für den Entwurf von Bildschirmmasken, für den Entwurf von Menüs und für anderes mehr. Das ist sowohl für die Ausarbeitung der Spezifika-

tionen wichtig (Was ist technisch überhaupt möglich?), als auch für die Abschätzung des Programmieraufwandes.
- Im Grobkonzept sind die Anforderungen des Anwenders an das neue System definiert. Dazu gehören:
  - die Anwendungsgebiete,
  - ein Datenmodell,
  - die wichtigsten Transaktionen,
  - die Mengen und Häufigkeiten,
  - Anforderungen an die Infrastruktur.
- Außerdem ist im Grobkonzept der weitere Projektverlauf geplant mit:
  - Prioritäten und Terminen,
  - Aufwand und Kosten,
  - vertraglicher Regelung der Softwareerstellung,
  - Vorschlag des Projektleiters,
  - personeller Aufgabenverteilung,
  - Zwischenlösungen und Sofortmaßnahmen.

Alle hier angeführten Voraussetzungen sind im Grobkonzept und allenfalls mit Änderungen und Zusätzen in den Vertragsbedingungen enthalten. Es ist Aufgabe des designierten Projektleiters, diese genau zu kennen und – in schwierigeren Fällen – nochmals übersichtlich schriftlich zusammenzustellen. Die nunmehr gültigen Ausgangsgrößen können ja aus den verschiedensten Gründen vom ursprünglichen Pflichtenheft abweichen.

Übersicht der Tätigkeiten

Während der Feinplanung ist die Reihe von Tätigkeiten auszuführen, der dieses Buch gewidmet ist. Charakteristisch für diese Phase ist, daß sie von allen Projektphasen die meisten Beteiligten beschäftigt:

- Die ***Anwender*** müssen in verschiedenen Arbeitsgruppen immer wieder ihre Anforderungen im einzelnen darlegen und Lösungsvorschläge beurteilen.
- Die ***Informatiker*** ermitteln alle Einzelheiten für die folgende Realisierung, unterbreiten Lösungsvorschläge und zeigen den Anwendern die Grenzen des Möglichen.
- Die ***Geschäftsleitung*** ist jetzt zwar zeitlich nicht stark vom Projekt beansprucht, muß sich aber für rasche Ad-hoc-Entscheidungen immer wieder mit Details auseinandersetzen.
- Und schließlich ist der ***Projektleiter*** jetzt pausenlos im Einsatz: Er initialisiert die einzelnen Tätigkeiten, koordiniert die Arbeiten verschiedener Teams, überwacht Budget und Termine, beruhigt die Ängstlichen, informiert die Wißbegierigen, bremst die Ungeduldigen, schlichtet Meinungsverschiedenheiten und sorgt für die Behebung von Pannen.

Im Balkendiagramm 3.1 sind die wichtigen Tätigkeiten in ihrer logischen Reihenfolge skizziert. Der Aufwand wurde mit einer mittleren Größenordnung angenommen. Für die Zeitachse kann kein absoluter Maßstab angegeben werden. Die gesamte Dauer einer Informatik-Feinplanung beträgt bei kleinen Projekten etwa sechs Wochen, bei mittelgroßen einige Monate, bei Großprojekten ein bis zwei Jahre. Dazu ist aber zu bemerken, daß größere Projekte meist in mehreren Etappen mit verschiedenen Prioritäten für die einzelnen Anwendungsgebiete abgewickelt werden. Es gibt dann breite Überlappungen der Phasen »Feinplanung« und »Realisierung«: Bei einigen Anwendungsgebieten wird das Projekt schon mehr oder weniger weit in der Realisierung fortgeschritten sein, während Anwendungen mit niedrigerer Priorität noch in der Feinplanung stecken.

Die erste und grundlegende Tätigkeit ist das *Einrichten der Projektorganisation.* Der Projektleiter wird definitiv ernannt und von der Geschäftsleitung mit Verantwortungen und Kompetenzen ausgestattet. Er bildet die weitere Aufbauorganisation für die Phase Feinplanung, beruft die richtigen Mitarbeiter in die Projektgruppe und in die verschiedenen Arbeitsgruppen. In einer ersten Sitzung regelt er die Arbeitsweise der Organisation mit Sitzungen, Dokumentationen, Kommunikationen und weiteres mehr. Er gibt Termine und Budget bekannt (und überwacht diese später). Näheres darüber ist im Kapitel 4 enthalten.

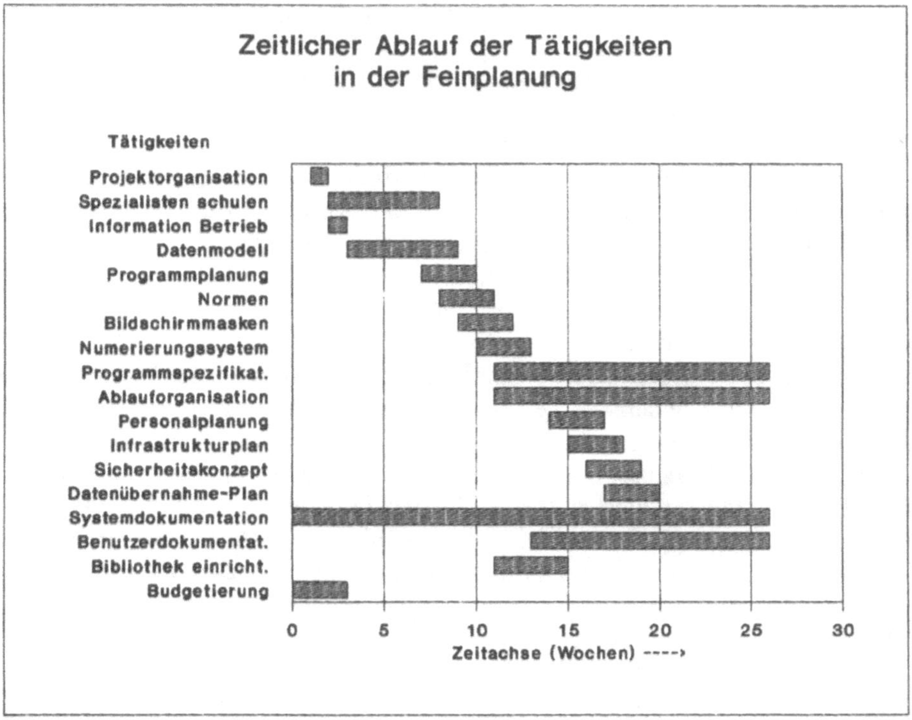

3.1 Logische Folge und zeitlicher Ablauf der Tätigkeiten während der Feinplanung

Sehr bald muß auch die *Schulung der Spezialisten* stattfinden. Die Informatiker im Projekt sind nicht allwissend. Sie müssen vielleicht ein für sie neues Hardwaresystem oder Betriebssystem lernen, sich mit neuer Datenbanksoftware vertraut machen oder eine neue Programmiersprache lernen. Diese Ausbildung hat auf die Person bezogen zu erfolgen, wobei Vorkenntnisse, Anforderungen und persönliche Wünsche zu berücksichtigen sind. Die Schulung erfolgt meistens bei den Lieferanten der Hardware oder Software und ist frühzeitig zu planen, damit terminliche Schwierigkeiten vermieden werden.

Jetzt soll auch eine *Information der betroffenen Belegschaft* stattfinden, bei freiwilliger Teilnahme der Interessierten. Dabei werden der Inhalt und Umfang des Projektes, der gegenwärtige Stand und die Terminplanung präsentiert. Die in den Arbeitsgruppen tätigen Mitarbeiter werden genannt und externe Hilfskräfte werden vorgestellt. Derartige Informationen, später dann mit Vorführungen des neuen Systems, sollen periodisch (mittelgroße Projekte: alle drei Monate) stattfinden und den jeweiligen Stand und Projektfortschritt, allenfalls auch auftretende Schwierigkeiten behandeln.

Die erste wichtige Arbeit der Informatiker im Projekt ist der *Entwurf des Datenmodells*. Von dieser Arbeit hängt einiges ab: Ein schwerer Fehler im Datenmodell verursacht später viel Mühe, Verdruß und hohe Kosten. Wenn das Datenmodell entworfen ist, wird es den Anwendern erklärt und von diesen beurteilt. Näheres darüber in den Kapiteln 6 bis 8.

Nun folgt die *Programmplanung und Aufwandschätzung* mit einem ersten Ansatz der Programmspezifikationen. Dabei wird zunächst jedes Anwendungsgebiet in handliche Module zerlegt, die einzeln und relativ unabhängig voneinander programmiert werden können. Dann werden die Module bestimmten Programmierern oder Programmierteams zugeteilt und dabei der Aufwand zur Realisierung abgeschätzt. Was das Programm tun soll, kann zunächst im Überblick dem Grobkonzept entnommen werden. Der Aufwand ist jeweils von der Leistung des Programmierers oder des Teams abhängig. Das entsprechende (nicht einfache) Vorgehen wird im Kapitel 9 beschrieben.

Nach diesen recht kreativen und ziemlich anspruchsvollen Tätigkeiten ist in den Projektgruppen auch Schematisches zu erledigen: die *Normung*, der Entwurf von *Bildschirmmasken* und *Listen*, die Festlegung von *Numerierungssystemen*, Verfahren für *Prüfziffern* und ähnliches. In den Kapiteln 13 bis 15 wird darüber berichtet.

Sind die Arbeiten bis hierher fortgeschritten (es sollte noch nicht mehr als die Hälfte der Zeit vergangen sein, die für die Feinplanung vorgesehen war) kann mit der Ausarbeitung der *Programmspezifikationen* begonnen werden. Dies ist eine Fortsetzung und Verfeinerung der Arbeiten, die bei der Programmplanung und Aufwandschätzung begonnen wurden. Im Kapitel 10 wird das Vorgehen näher beschrieben. Es geht jetzt darum, für jeden Ablauf die Ausgangsdaten, die Bearbeitung und die Ergebnisse festzulegen.

In unmittelbarem Zusammenhang mit den Programmspezifikationen steht die Planung der zukünftigen *Ablauforganisation* im Betrieb, auf die man die Funktionen der Programme abzustimmen hat. Diese Kombination von zwei anspruchsvollen Planungen ist meist nicht einfach. Ein logisch klares Datenmodell ist dafür eine Voraussetzung; es erleichtert die Arbeit.

Parallel zu den Programmspezifikationen wird die sogenannte *Rahmenorganisation* geplant. Zu ihr gehören:

- der ***Personaleinsatz*** (Wer benutzt und wer bedient das System? Wer sorgt für Nachschub von Verbrauchsmaterial? Wer transportiert Datenträger? Wer ist für die einzelnen Betriebsfunktionen verantwortlich?),
- die ***Infrastruktur*** (Maschinenräume, Energieversorgung, Klimatisierung, Datenleitungen und anderes mehr),
- das ***Sicherheitskonzept*** (Planung der nötigen Maßnahmen zur Verhinderung und zur Bewältigung von Schadenfällen),
- das Einrichten einer ***Bibliothek*** für die Dokumentation.

Eine besondere Aufgabe stellt die Planung der *Datenübernahme* dar. Sie setzt sich meist aus zwei Teilen zusammen: aus einer automatischen Übernahme von Datenbeständen des Vorgängersystems und aus der Neuerfassung von ergänzenden Daten. Für beide Teile sind geeignete Programme vorzubereiten, die die Übernahmearbeiten möglichst rationell ermöglichen.

Die Resultate

Die Resultate aller dieser Arbeiten bestehen aus Kenntnissen und Erkenntnissen der Beteiligten und aus sehr viel beschriebenem Papier. Dieses enthält die Dokumentation der Planungsarbeiten und stellt das *Informatik-Feinkonzept* dar. Es beschreibt:

- die Ausgangssituation,
- die Projektorganisation und ihre Tätigkeiten,
- das Datenmodell mit Datenkatalog,
- die Programmplanung mit Aufwandschätzung,
- die Normen,
- die Numerierungs- und Prüfziffernsysteme, sowie allgemein verwendete Algorithmen,
- die Programmspezifikationen für jedes einzelne Programm mit Prüfkriterien, Bildschirmmasken und Listenbildern sowie Ansätze für die Benutzerdokumentation,
- die Ablauforganisation mit Material- und Informationsflüssen, in zwei Formen: als grobe Übersichten und als Feinplanung mit allen Details,
- die Personalplanung für die Bedienung und Benutzung des Systems,
- die zukünftigen Infrastruktur,
- das Sicherheitskonzept,
- die Verfahren und Programme zur Datenübernahme,
- die Bibliotheksorganisation.

Ein weiteres Ergebnis sind vorbereitete *Bestellungen* für die Einrichtungen der Infrastruktur, *Anmeldungen* für den Datenfernübertragungsdienst der Post, *Stellenbeschreibungen* für den Personaltransfer und *Anstellungsverträge* im Falle des Einsatzes von zusätzlichem Personal.

Die meisten dieser Ergebnisse werden in den folgenden Kapiteln näher besprochen und in der Fallstudie anhand von Beispielen illustriert.

Fallstudie IGEL: Die Feinplanung am Start.

Die Geschäftsleitung der F*Z*G hat nach der Durchführung des Grobkonzeptes den entscheidenden Beschluß gefaßt, ihr Informatikprojekt weiterzuführen. Aufgrund der Evaluationsergebnisse wurde der Entscheid für ein bestimmtes Computersystem gefällt, ebenso wurde die Beschaffung der Software geregelt und beschlossen. Das beantragte Budget wurde genehmigt. Nun war der Zeitpunkt gekommen, mit der Phase »Feinplanung« zu beginnen. Der Abteilungsleiter »Organisation und EDV«, Herr Dr. Kulack, wurde von der Geschäftsleitung (Herr Peter Zapfel) zum Projektleiter für die Feinplanung IGEL ernannt. Herr Zapfel wünschte jedoch darüber hinaus ausdrücklich, in die Projektentwicklung einbezogen zu werden. Nur so könne er die Mitarbeiter genügend motivieren und die Kostensituation laufend beobachten. Die Verantwortung und die Kompetenz des Projektleiters wurde im schriftlichen Projektauftrag (siehe Bild 3.2) geregelt.

Daraufhin bereitete der Projektleiter die erste Projektsitzung vor und lud die Beteiligten dazu ein. Sein Schreiben ist im Bild 3.3 wiedergegeben.

F * Z * G
Direktion

Projekt-Auftrag

Projekt/Phase: IGEL, Feinplanung

Geht an: HH. Biermann, Friese, Frosch, Kästel, Kraut, Kulack, Märkel, Schilling, Swoboda.

1. Ziel:
Als Vorbereitung für die Realisierung unseres EDV-Projektes ist ein Feinkonzept zu entwikkeln. Es enthält das Datenmodell, die Programmspezifikationen und alle Planungen für Programmierung, Aufwand, Kosten, Ablauforganisation und Rahmenorganisation.

2. Projektorganisation:
Die Projektleitung übernimmt Hr. Dr. W. Kulack. Er ist beauftragt, die Aufbau- und Ablauforganisation für die neue Phase des Projektes zu etablieren. Die Geschäftsleitung und die zukünftigen Benutzer sind in die Projektorganisation einzubeziehen. Frau Fink (IFAD, Projektleiterin der Grobkonzeption) wird Hrn. Dr. Kulack in seinen Aufgaben unterstützen.

3. Termine:
Für die Feinkonzeption wurde eine Dauer von 26 Wochen geschätzt. Der Start wird am 12. Oktober 1994 erfolgen, sodaß die Fertigstellung spätestens am 30. April 1995 erwartet wird.

4. Kosten:
Die ausgabenwirksamen Kosten der Feinplanung sollen DM 450.000.– nicht übersteigen. In diesem Betrag sind die Kosten für die Standardsoftware nicht enthalten. Die Kosten der Feinplanung gehören zu den Investitionskosten für unser zukünftiges System. In der Abrechnung sind auch hier eine Amortisationsdauer von 10 Jahren und ein Jahreszins von 9% anzuwenden.

5. Form der Ergebnisse:
Die Ergebnisse der Feinplanung sind vom Projektteam als schriftlicher Bericht (Titel: IGEL Feinkonzept) vorzulegen. Das Feinkonzept wird gemeinsam vom Projektteam, von der Geschäftsleitung, von den Benutzervertretern und den zugezogenen Softwarelieferanten genehmigt und unterzeichnet.

6. Sonstiges
Der Erfolg des Projektes »IGEL« ist für die Zukunft unseres Geschäftes und aller Mitarbeiter sehr wichtig. Ich bitte Sie, auch in dieser Phase Ihr Bestes zu geben und unser Projekt zum Erfolg zu führen. Unsere volle Unterstützung ist selbstverständlich.

Kupferdreh, 14.9.1994
PZ/ge P. Zapfel

3.2 IGEL-Feinplanung: Projektauftrag

F * Z * G
Projekt IGEL
Dr.W.Kulack

Einladung

zur ersten Projektsitzung für das Projekt IGEL,
Phase Feinplanung.

Geht an: Frau A. Zapfel, Herrn P. Zapfel, Frau Fink (IFAD), Herren Märkel, Kraut, Kästel, Schilling, Friese, Biermann, Swoboda (Wien).

Ort und Zeit: Kupferdreh, Bürogebäude, Konferenzzimmer
der Direktion, Mittwoch 12.10.1994,
Beginn: 09.30 Uhr,
Ende spätestens: 17.15 Uhr.

Tagesthemen:

1. Entscheid der Direktion, Stand des Projektes (P. Zapfel)
2. Die Projektorganisation (Dr. Kulack)
3. Die Mitarbeit der Benutzer (Biermann)
4. Fragenbeantwortung, Diskussion, Verschiedenes

Wie Ihnen bereits bekannt ist, hat unsere Geschäftsleitung über die Weiterführung des EDV-Projektes IGEL entschieden und mit den ausgewählten Anbietern Lieferverträge abgeschlossen. Als nächster Schritt ist das EDV-Feinkonzept zu erarbeiten. Es umfaßt alle Vorbereitungen für die Programmierung der Anwendungsprogramme (Standardsoftware und Individualsoftware) sowie die Planung weiterer Realisierungsschritte.

Die Geschäftsleitung hat mich mit der Projektleitung in der nächsten Phase beauftragt. Zu meiner Unterstützung wird die Projektleiterin der Phase Grobkonzeption, Frau Fink von unserem Beratungsunternehmen IFAD in der Projektleitung mitarbeiten.

In der Anlage finden Sie einige Kopien aus dem Grobkonzept, die Sie als Vorbereitung zur Sitzung durchsehen wollen. Erläuterungen dazu wird Herr Zapfel als erstes Tagesthema präsentieren. An der Sitzung werden wir auch allfällige Fragen Ihrerseits beantworten.

Das Projekt kann nur gelingen, wenn auch in der neuen Phase Geschäftsleitung, zukünftige Anwender der Fachabteilungen und EDV-Spezialisten gut zusammenarbeiten und ihr Bestes geben. Ich freue mich darauf, die anstehenden Aufgaben mit Ihnen zu lösen.

Kupferdreh, 15.9.1994
KU/ge

Mit freundlichen Grüßen
gez. Kulack

3.3 IGEL-Feinplanung; Einladung zur 1.Projektsitzung

F * Z * G
Projekt IGEL

Anlage 1
Seite 1

Arbeitsgebiete und Softwarebeschaffung

Das Grobkonzept für das Projekt Igel sieht die Realisierung der unten aufgeführten Arbeitsgebiete vor. Für die einzelnen Arbeitsgebiete wurde auch über die Softwarebeschaffung entschieden. Da nicht alle Arbeitsgebiete mit Standard-Anwendungs-Software realisiert werden können, muß für einen Teil der Anwendungen Individual-Software erstellt werden.

1. Lösung mit Standard-Anwendungs-Software

Software-Lieferant: FICOSO AG
Danziger Platz 18-20
44263 Dortmund

Ansprechpartner: Herr Dr. Fritz Eisenbart
Leiter Marketing Ruhr

Arbeitsgebiete und Software-Produkte:

- *Rechnungswesen:* FICO 8-8-8
- *Einkauf:* EIKA 8-8-8, Version 3
- *Lager:* STORESY Lagerbewirtschaftungssystem
- *Personal:* PERSY 5 (mit Präsenzzeitkontrolle)

Für alle genannten Arbeitsgebiete werden bei den Standard-Programmen Parametrisierungen und Anpassungen notwendig sein. Diese werden vom Lieferanten ohne Mehrkosten realisiert und getestet. In unserem Hause ist Herr Dr. Kulack für die Definition der Anforderungen und für die Abnahmeprüfungen verantwortlich.

2. Lösung mit Individual-Software

Für die beiden unten angeführten Einsatzgebiete muß Individual-Software erstellt werden. Die Direktion hat Herrn Biermann zum Leiter der Analyse und Programmierung hiefür bestellt. Die Arbeiten werden von unseren eigenen Programmierern durchgeführt, die jedoch bei Bedarf von zwei oder drei Anwendungsprogrammierern der FICOSO AG unterstützt werden sollen.

- *Auftragsabwicklung:* Dieses Arbeitsgebiet zeigt eine in der Branche des Handels einmalige Ablauforganisation für die keine Standardlösung bekannt ist.

*3.4.1 Projekt IGEL, Auszug aus dem Grobkonzept: F*Z*G-Arbeitsgebiete und Software-Beschaffung. (Anlage 1, Seite 1).*

Anlage 1
Seite 2

- *Transportwesen:* Auch dafür müssen Individualprogramme erstellt werden, damit unsere Transportkosten durch den maximal möglichen Einsatz der eigenen Fahrzeuge so niedrig wie möglich gehalten werden. Besonderes Augenmerk ist auf die Verbindung zur Standard-Software der Lagerbewirtschaftung zu richten, da eine starke Verknüpfung besteht.

3. Datenbank

Der Datenbank-Entwurf wird von der Fa. FICOSO AG übernommen, da dies eine Voraussetzung für den Einsatz der Standard-Software ist. Für die notwendigen Erweiterungen zur Integration der Individual-Software ist Herr Biermann verantwortlich.

4. Systembetreuung

Als Systemprogrammierer setzt sich vorläufig Herr Biermann ein. Er wird diese Aufgabe jedoch sobald wie möglich abgeben.

5. Personelles

Herr Dr. Kulack wird ermächtigt, einen neuen Mitarbeiter oder eine neue Mitarbeiterin in seine Abteilung einzustellen, der/die für die Systemprogrammierung und den Betrieb der Datenbank ausgebildet und dann verantwortlich eingesetzt wird.

Essen-Kupferdreh, 15.8.1994

gez. P. Zapfel
gez. Kulack

*3.4.2 Projekt IGEL, Auszug aus dem Grobkonzept: F*Z*G-Arbeitsgebiete und Software-Beschaffung. (Anlage 1, Seite 2).*

F * Z * G
Projekt IGEL

Anlage 2

VERTRAULICH!

Mengen und Häufigkeiten

Als Grundlage für die Planung sind folgende Mengen und Häufigkeiten verbindlich anzunehmen:

Anzahl Kunden heute	70.000	Anzahl Kunden zukünftig	120.000
Anzahl Artikel	1.200	Anzahl Lieferanten	50
Anzahl Mitarbeiter	206		
Aufträge pro Jahr	300.000	Aufträge pro Arbeitstag	1.000
		Aufträge pro Spitzentag	1.800
Rechnungen/Monat	25.000	Auskünfte an Kunden/Tag	2.000
Kunden: Reklamationen, Mutationen/Tag	250	Einkauf: Auskünfte und Abfragen/Tag	300
		Anlieferungen/Tag	100
Transportgewicht Wien–Essen (t/Jahr)	5.500	Transportgewicht Luftfracht ab Schwechat (t/Jahr)	4.000
d. s. Güterwaggons	220		
d. h. Güterwaggons/Tag	1		
Anzahl eigene Güterwaggons	8	Anzahl eigene LKWs	21
Jahresumsatz (Mio. DM)	120	Jahresumsatz Läden (Mio. DM)	32
Jahresgewinn (Mio. DM)	10		
Umsatz je Direkt-Auftrag (DM)	315	Aufträge je Direktkunde pro Jahr	4
		Gewicht pro Auftrag (kg)	25
EDV-Kosten pro Jahr: bisher (Mio. DM)	0,65	zukünftig (Mio. DM)	0,8 bis 1,2

(Investitionen sind innerhalb von 10 Jahren zu amortisieren und mit 9% zu verzinsen.)

Projektleitung:

Essen-Kupferdreh, 2.2.1994
JF/ge

gez. Jaqueline Fink

3.5 Projekt IGEL, Auszug aus dem Grobkonzept: Mengen und Häufigkeiten (Anlage 2)

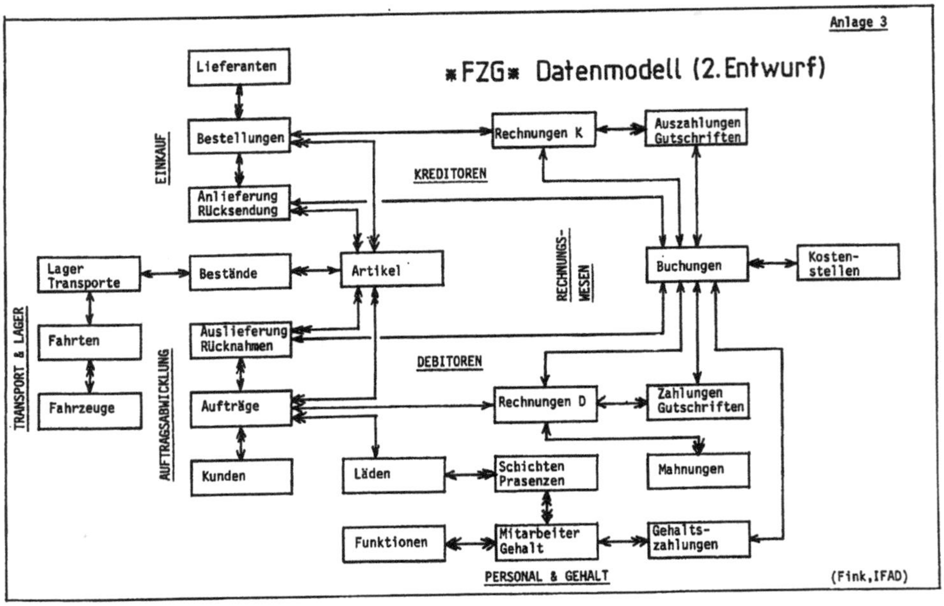

3.6 *Projekt IGEL, Auszug aus dem Grobkonzept: Datenmodell (2. Entwurf, grob), (Anlage 3)*

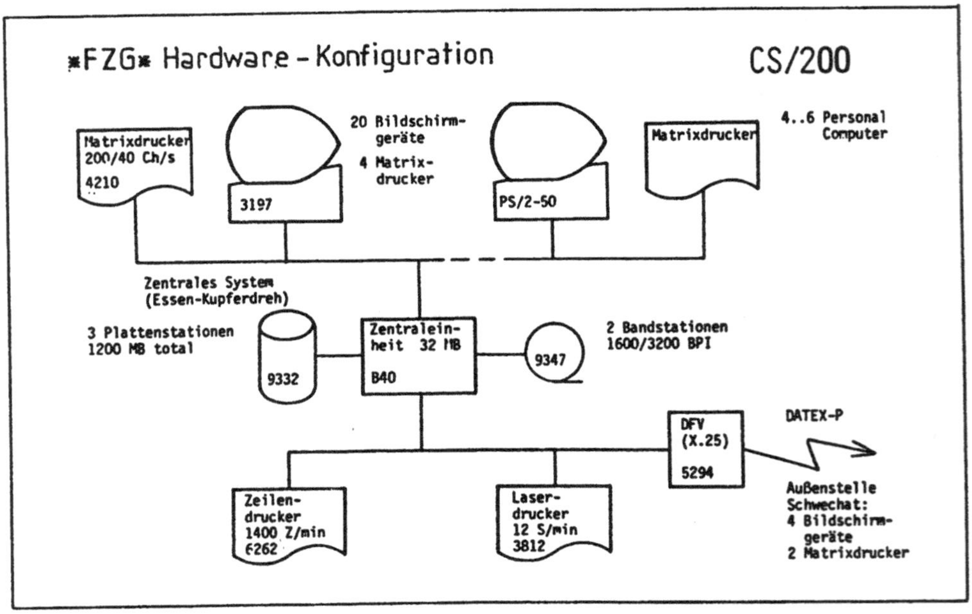

3.7 *Projekt IGEL, Auszug aus dem Grobkonzept: Konfiguration der bestellten Hardware (Anlage 4)*

F * Z * G
Projekt IGEL
Feinplanung

Anlage 5

Projektorganisation (Vorschlag)

Für die Feinplanung wird folgende Projektorganisation vorgechlagen:

Projektkommission:	Hr. P.Zapfel (Vorsitz), Frau Fink (IFAD) HH. Biermann, Dr. Eisenbart (FICOSO AG), Kulack.
Projektgruppe:	Hr. Kulack (Vorsitz), Frau Fink (IFAD, Stellvertreterin von Hrn. Kulack), Frau A. Zapfel (Personal, Läden), HH. Biermann (Analyse, Programmierung), Kästel (Auftragsabwicklung, Marketing), Kraut (Lager, Einkauf, Transport), Märkel (Rechnungswesen), Swoboda (FZG Wien, nach Bedarf), Trutschka (Chefprogrammierer FICOSO AG).

Arbeitsgruppen:

System und Datenbank:	Hr. Biermann (Vorsitz), Frau Fink, HH. Trutschka, Süßkind, Vredestein.
Rechnungswesen:	HH. Trutschka (Vorsitz), Biermann, Märkel, Schilling.
Einkauf:	HH. Trutschka (Vorsitz), Süßkind, Kraut, Swoboda (nach Bedarf).
Lager, Transport:	Hr. Vredestein (Vorsitz), Frau Fink, HH. Kraut, Swoboda (nach Bedarf), Trutschka, Frosch.
Auftragsabwicklung:	Hr. Biermann (Vorsitz), HH. Friese, Frosch, Kästel, Süßkind, Vredestein.
Personalwesen:	Hr. Dr. Eisenbart (FICOSO AG, Vorsitz), Frau A. Zapfel, Vredestein.

In den Arbeitsgruppen können weitere Damen und Herren aus dem Kreis der Benutzer beigezogen werden.

Kupferdreh, 15.9.1994 gez. Kulack
KU/ge

3.8 IGEL-Feinplanung: Vorschlag einer Projektorganisation

Merksätze

- Ein Informatik-Feinkonzept wird für eine ganz bestimmte Umgebung entwickelt. Es gibt verschiedene Arten von Umgebungen, je nachdem ob Standard- oder Individualsoftware eingesetzt werden soll, ob in einem Softwarehaus oder bei einem Anwender entwickelt wird.
- Die verschiedenen Fälle sind sich jedoch ähnlich: Ein Team von Fachleuten und Benutzern hat bestimmte Aufgaben zu lösen.
- Wird in einem Softwarehaus Standardsoftware entwickelt, sollen erfahrene Anwender des betroffenen Fachgebietes beigezogen werden.
- Bei Beginn der Feinplanung steht fest, welche Hardware und welche Betriebssoftware eingesetzt werden sollen. Die Anforderungen der Anwender sind bekannt. Es besteht Klarheit über die Beschaffung der Anwendersoftware. Der gesamte Projektverlauf ist grob geplant.
- Die wichtigsten Tätigkeiten während der Feinplanung sind:
  - Einrichten der Projektorganisation,
  - Schulung der Spezialisten,
  - Information der Belegschaft,
  - Entwurf des Datenmodells,
  - Programmplanung und Aufwandschätzung,
  - Normung,
  - Erstellen der Programmspezifikationen,
  - Planung der betrieblichen Ablauforganisation,
  - Planung der Rahmenorganisation (Personalplanung, Infrastruktur, Sicherheitskonzept, Bibliothek),
  - Planung der Datenübernahme.
- Das Resultat der Feinplanung ist das »Informatik-Feinkonzept«, die wohl geordnete schriftliche Aufzeichnung aller Pläne und Entwürfe.
- Weitere Ergebnisse sind vorbereitete Anstellungsverträge und Stellenbeschreibungen, Kursanmeldungen, Bestellungen für die Infrastruktur, Anmeldungen für die Datenfernübertragung und nicht zuletzt der beträchtlich vergrößerte Kenntnisstand aller beteiligten Personen.

Ergebnisse

Am Ende dieses Kapitels sind die Voraussetzungen für eine Feinplanung bekannt. Der Projektleiter und alle Beteiligten sind jetzt in der Lage zu überprüfen, ob tatsächlich mit dieser Phase begonnen werden kann. Ist das nicht der Fall, so kann man die Gründe dafür angeben und sagen, was zuvor noch getan werden muß.

Außerdem sind jetzt alle wichtigen Tätigkeiten zu überblicken, die während der Feinplanung bearbeitet werden müssen. Das ermöglicht eine erste, grobe Planung der Termine und des Personaleinsatzes in dieser Phase.

Als Drittes ist jetzt bekannt, was schließlich als Resultat ausgearbeitet werden muß: die gesamte Dokumentation »Feinkonzept« und einiges zusätzlich. Damit wissen die Verantwortlichen, welches Ziel ihnen gesetzt ist und sie können im Projekt immer den richtigen Kurs steuern.

Literatur:

WILLMER, H., BALZERT, H.: Fallstudie einer industriellen Software-Entwicklung.

HEINRICH, L. J., BURGHOLZER, P.: Systemplanung II.

DISSMANN, S., ZURWEHN, V.: Software-Praktikum.

FRÜHAUF, K., SANDMAYR, H., LUDEWIG, J.: Software-Projektmanagement und -Qualitätssicherung.

MCMENAMIN, ST. M., PALMER, J. F.: Strukturierte Systemanalyse.

WEITZEL, W.: Der Schlüssel zur Computer Orgware.

4. Projektorganisation

Die Projektorganisation umfaßt alle organisatorischen Maßnahmen und Tätigkeiten für die geordnete Abwicklung eines Projektes.

Unter dem Begriff »Projektorganisation« werden alle organisatorischen Maßnahmen und Tätigkeiten zusammengefaßt, die für die geordnete Abwicklung eines Projektes getroffen oder durchgeführt werden müssen. Bei der Projektorganisation für die Feinplanung geht es zunächst nicht um Inhalt und Ziel des Feinkonzeptes selbst, sondern um die Planung und Steuerung eines geordneten Arbeitsablaufes, um organisatorische Belange und Formalismen. Sie sollen den planmäßigen und koordinierten Einsatz der personellen, finanziellen und sachlichen Mittel sicherstellen. Die Projektorganisation stellt die Ordnung zur Verfügung, innerhalb der die Feinplanung ausgeführt wird.

Charakteristik des Teilprojektes »Feinplanung«

Wie andere Projekte ist auch dieses ein Vorhaben mit ganz bestimmten Charakteristiken:

- Das Projekt hat ein Ziel: Es sind alle Vorbereitungen zu treffen, damit mit der Programmierung und dem Aufbau der Rahmenorganisation begonnen werden kann.
- Im Projektteam arbeiten viele Personen mit: Organisatoren der Fachabteilungen (Anwender), zukünftige Benutzer, Informatik-Spezialisten (Analytiker, Programmierer), Mitarbeiter von Revisionsstellen, Sicherheitsbeauftragte, Datenschutzbeauftragte, Kommunikations-Spezialisten, Vertreter der Post, Vertreter von Behörden, Vertreter der Lieferanten und nach Bedarf andere mehr.
- Das Projektteam wird von einem verantwortlichen Projektleiter geführt. In manchen Projekten wird eine geteilte Projektleitung vorgesehen, wobei zwei Projektleiter eingesetzt werden. die ihre Aufgaben teilen.
- Das Projekt hat zeitlich einen Anfang (nach Abschluß der Lieferverträge) und ein Ende (Fertigstellung des Feinkonzeptes).
- Es hat für die Anwender den Charakter der Einmaligkeit und gehört nicht zu den Routinetätigkeiten.
- Das Projekt muß meist unterteilt werden, um bearbeitbar zu sein. Nur sehr kleine Projekte sind davon ausgenommen. Verschiedene Anwendungsgebiete (zum Beispiel Rechnungswesen, Lagerbewirtschaftung, Auftragsabwicklung) werden getrennt und zeitlich parallel von mehreren verschiedenen Arbeitsgruppen behandelt.

- Neben dem Projekt der Feinplanung können im selben Unternehmen gleichzeitig andere Arbeiten und Projekte ablaufen, die von denselben Personen betreut werden müssen. (Beispiele: Die laufende Verarbeitung mit der bestehenden EDV-Lösung muß betreut werden. Oder: Eine Vorstudie für ein zukünftiges automatisches Lagerhaus ist auszuarbeiten.) Hier sind die nötigen Grenzen zu ziehen.

Die Form der Projektorganisation

In der Praxis der Projektorganisation werden drei verschiedene Formen unterschieden:

- *Reine Projektorganisation.* Die beteiligten Mitarbeiter werden von allen übrigen Aufgaben befreit und widmen ihre Tätigkeit ausschließlich dem Projekt. Sie werden aus ihrer bisherigen Stelle in der Aufbauorganisation des Unternehmens gelöst oder neu für das Projekt angestellt. Der Projektleiter ist ihr Vorgesetzter in der Linie und in fachlichen Belangen. Er trägt die Verantwortung für die Sache, für die Termine und für die Kosten und hat deshalb die Kompetenz, alle nötigen Anordnungen zu treffen.
- *Einfluß-Projektorganisation.* Die Projektmitarbeiter behalten ihre bisherige Stelle in der Aufbauorganisation, sie verbleiben in ihren angestammten Abteilungen und widmen ihre ganze Arbeitszeit oder einen Teil davon dem Projekt. Das Projekt hat keinen Projektleiter, sondern lediglich einen *Projektkoordinator* ohne Weisungsbefugnis. Er hält den Projektablauf in geordneten Bahnen und fordert im Bedarfsfall von den Linieninstanzen die Anordnung von Maßnahmen. Der Projektkoordinator hat wenig Kompetenz und Verantwortung: Er hat das Recht, alle projektbezogenen Informationen zu erhalten. Er ist verpflichtet, Maßnahmen vorzuschlagen und ist verantwortlich dafür, daß diese Maßnahmen richtig sind.
- *Matrix-Projektorganisation.* Hier werden die beiden erstgenannten Organisationsformen kombiniert. Die Mitarbeiter verbleiben in der schon bestehenden Aufbauorganisation. Sie arbeiten mit einem größeren oder kleineren Anteil ihrer Arbeitszeit für das Projekt und sind in dieser Tätigkeit fachlich dem Projektleiter unterstellt. Diese Mitarbeiter dienen also zwei Herren: Das stellt eine gewisse Konfliktgefahr dar. Neben diesen Teilmitarbeitern können andere Mitarbeiter dem Projektleiter voll unterstellt sein. Der Projektleiter erhält die Kompetenz, über die dem Projekt zugeteilte Arbeitskapazität unbeschränkt zu verfügen und kann die volle Projektverantwortung übernehmen.

Mit Ausnahme von Sonderfällen ist die Projektorganisation für die Feinplanung immer die letztgenannte Matrix-Projektorganisation. In Sonderfällen ist der Einsatz einer »Task force« notwendig: Dies entspricht dann der »Reinen Projektorganisation«.

Bei der Einrichtung der Projektorganisation wird zuerst ein verantwortlicher *Projektleiter* ernannt. Es kommt vor, daß nicht einmal er sich ausschließlich den Aufgaben eines einzigen Projektes widmen kann. Es ist aber sicher wichtiger, daß hier eine Person mit fachlichen Qualitäten und Erfahrungen an die Spitze gestellt wird, als eine andere Person, die weniger qualifiziert, dafür aber voll verfügbar ist.

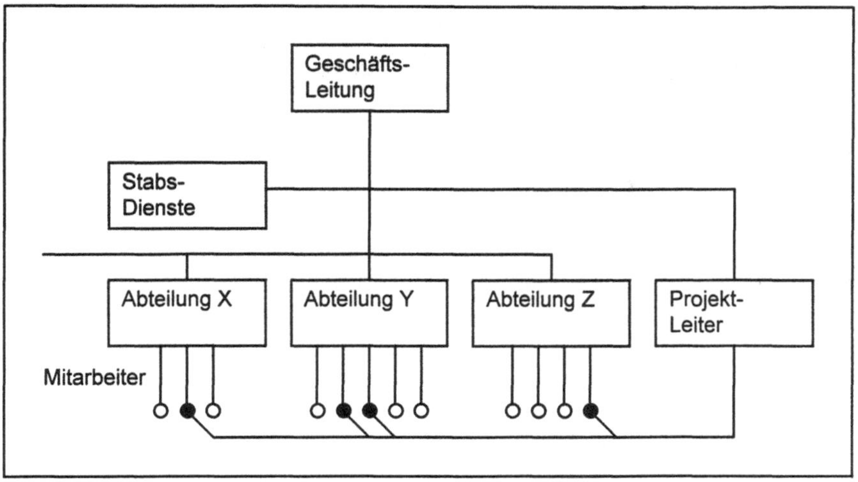

4.1 *Die Matrix-Projektorganisation ist die übliche Form der Aufbauorganisation für die Informatik-Feinplanung.*

Für die *Projektgruppe* werden die geeigneten Mitarbeiter aus den Fachbereichen ausgewählt, auch wenn sie nur teilweise im Projekt tätig sein können. Gleiches gilt für die Informatiker: Einige werden voll, andere nur zum Teil in der Feinplanung mitarbeiten. Bei externen Hilfskräften oder Spezialisten ist es ähnlich. Sie werden jetzt nach Bedarf mehr oder weniger beigezogen, um vielleicht erst später bei der Programmierung voll eingesetzt zu werden. Für das Projekt neu angestellte Mitarbeiter können dem Projektleiter direkt unterstellt werden. Dies gilt auch für externe Mitarbeiter während ihres Einsatzes für das Projekt.

Die Projektgruppe

Die Mitglieder der Projektgruppe sind Anwendervertreter oder Benutzer, Informatiker und sonstige Spezialisten.

- *Benutzer:* Sie kommen aus den verschiedenen Fachabteilungen, denen die EDV in Zukunft dienen soll. Auch Vertreter der Geschäftsleitung gehören dazu, damit die Belange der Managementinformation gewahrt werden. Aufgabe der Benutzer als Anwendervertreter ist es, ihre Anforderungen jetzt detailliert zu nennen, an der Entwicklung von Lösungen mitzuarbeiten, Lösungsvorschläge der Informatiker zu beurteilen, anwendungsspezifische Entwicklungsarbeiten zu übernehmen, Prüf- und Testkriterien anzugeben und das entstehende Feinkonzept zu prüfen, zu korrigieren und schließlich zu genehmigen.[1]
- *Informatiker:* Sie haben vor allem die Fachgebiete gründlich kennenzulernen, die sie direkt betreffen. Die Anforderungen der Benutzer sind zu prüfen, ihre Realisierbarkeit und Wünschbarkeit sind zu beurteilen, den Benutzern ist das unbe-

1 Zu den Begriffen »Anwender« und »Benutzer« siehe Glossarium.

dingt notwendige Informatik-Fachwissen zu vermitteln, Lösungsvorschläge sind auszuarbeiten und zu dokumentieren, der Realisierungsaufwand ist abzuschätzen, daraus resultierend ist ein Aufwands- und Terminplan zu erstellen, alle Vorarbeiten für die Realisierung sind zu koordinieren und der eigene Anteil daran ist zu erarbeiten. Das Arbeitsziel der Informatiker ist die Fertigstellung des Dokumentes »Informatik-Feinkonzept«, sie tragen die Verantwortung dafür.
- ***Weitere Spezialisten:*** In die Projektgruppe ist ein Vertreter der *Revisions- und Treuhandstelle* aufzunehmen, der die gesetzlichen Anforderungen an eine ordnungsgemäße Geschäftsführung vertritt und über ihre Erfüllung wacht. Ein Vertreter des *Betriebsrates* wird beigezogen, um die Wahrung der Rechte des Personals zu überwachen. Der *Datenschutzbeauftragte* des Unternehmens überwacht den Persönlichkeitsschutz im Zusammenhang mit personenbezogenen Daten. Der *Sicherheitsbeauftragte* wirkt im Projekt mit, um die nötigen Sicherheitsmaßnahmen zu planen und zu koordinieren. Vertreter der *Post* sind an der Vorbereitung der Datenfernübertragung beteiligt. Vertreter der *Hardware-* und *Software-Lieferanten* werden für Auskünfte und allgemein zur Unterstützung benötigt: Gute Vertreter bringen auch ungefragt Anregungen und Hinweise in das Projekt ein. Vertreter von *Bau- und Installations-Firmen* werden zur Planung der Infrastruktur unentbehrlich sein.

Die externen Spezialisten werden nicht ständig in der Projektgruppe mitarbeiten. Sie werden jedoch vom Projektleiter laufend über den Projektstand orientiert und bei Bedarf zu Projektsitzungen eingeladen. Von diesem Personenkreis darf erwartet werden, daß er sich über das Projekt ins Bild setzt, den Ablauf verfolgt, seine Meinungen, Bedingungen und Anforderungen äußert und diese in schriftlicher Form (als Mitteilung) der Projektgruppe zur Kenntnis bringt.

Arbeitsgruppen

Die Projektgruppe soll unterteilt werden, wenn mehrere Fachgebiete getrennt von einander bearbeitet werden können. Mit Ausnahme von Kleinprojekten ist dies immer der Fall. Man wählt dann zweckmäßigerweise eine Aufbauorganisation gemäß Bild 4.2.

Unter dem Projektleiter arbeitet die »Projektkerngruppe«. Ihr sind alle Aufgaben allgemeiner und grundsätzlicher Art sowie die Koordination der Arbeitsgruppen anvertraut. Darunter werden die »Arbeitsgruppen« gebildet. Sie fassen Benutzer und Informatiker zusammen, die ein bestimmtes Fachgebiet bearbeiten (zum Beispiel: Rechnungswesen, Lagerbewirtschaftung, Auftragsabwicklung). Eine Person kann Mitglied mehrerer Arbeitsgruppen und auch der Projektkerngruppe sein. Der Leiter einer Arbeitsgruppe ist immer Mitglied der Projektkerngruppe. Neben den fachlich orientierten Arbeitsgruppen wird auch die Bildung einer »Arbeitsgruppe Informatik« empfohlen. Sie beschäftigt sich mit den EDV-spezifischen Aufgaben, wie zum Beispiel mit dem Entwurf der Datenbank sowie mit maschinen- und programm-

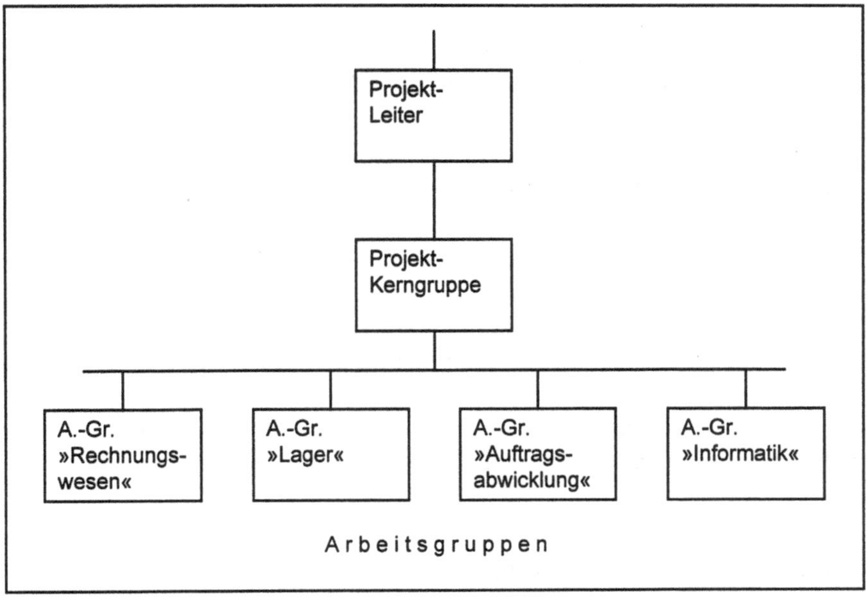

4.2 Die Stellung der Arbeitsgruppen in der Aufbauorganisation

technischen Problemen. Die Aufgaben der Arbeitsgruppen werden im Kapitel 5 näher beschrieben.

Der Projektleiter

Das Gelingen, die Dauer und die Kosten eines Projektes sind im weiten Maße von der Person des Projektleiters, von seinen persönlichen Fähigkeiten und seinem fachlichen Können abhängig. Er ist dafür verantwortlich, daß das Feinkonzept mit vertretbarem Aufwand zum geplanten Termin in hinreichender Qualität fertiggestellt wird. Das klingt relativ einfach, setzt aber Fähigkeiten voraus, die erheblichen Ansprüchen genügen müssen:

1. *Fachwissen:* Der Projektleiter muß gute bis umfassende Kenntnisse des Unternehmens und der wichtigsten Tätigkeitsgebiete haben, für die die EDV eingesetzt werden soll. Seine Informatikkenntnisse müssen dem neuesten Stand entsprechen. Er muß die Methoden des Projektmanagements kennen, Einblick in die Technik der Unternehmensführung haben sowie kaufmännisch und juristisch gebildet sein.
2. *Psychologisches Geschick:* Der Projektleiter muß in der Lage sein, ein Team von hochqualifizierten und nicht immer einfach zu behandelnden Mitarbeitern zu führen. Er muß deren Beziehungen untereinander und zur Umwelt moderieren. Dazu sind Einfühlungsvermögen, Überzeugungskraft, Verhandlungsgeschick und Toleranz erforderlich.

3. ***Organisatorische Begabung:*** Immer wieder stellen sich dem Projektleiter Aufgaben, deren Lösung in keinem Lehrbuch und in keiner Checkliste zu finden sind. Hier helfen dann nur systematisches Denken, der Blick für das Wesentliche und notfalls mutige Improvisation.

Ideale Projektleiter sind rar und manchmal überlastet. Es ist in größeren Projekten zweckmäßig, einem erfahrenen und kreativen Projektleiter für die administrativen Belange einen *Projektsekretär* zur Seite zu stellen. Hin und wieder setzt man auch *geteilte Projektleitungen* ein, wobei zwei Personen gemeinsam ein Projekt leiten und entweder mit einer perfekten Kommunikation reibungslos zusammenarbeiten oder ihre Kompetenzen klar und eindeutig trennen.

Oft tritt die Frage auf, ob ein externer Berater als Projektleiter eingesetzt werden kann. Dies ist wohl in den Phasen »Vorstudie«, »Grobkonzept« und später in der »Programmierung« möglich. Für die Feinplanung sollte der Projektleiter aber im Unternehmen selbst gefunden werden, da die Kenntnis der internen Strukturen und Personen wichtig ist.

Die Aufgaben des Projektleiters

Jeder Projektleiter hat im Ablauf eines bestimmten Projektes Hunderte von Einzelaufgaben zu erfüllen. Sie lassen sich zu Gruppen zusammenfassen:

1. ***Definieren der Projektziele:*** Dies wäre eigentlich Aufgabe derjenigen Instanz, die den Projektleiter ernennt und beauftragt. Aber häufig sind die Aufgabenstellungen bei der Einsetzung eines Projektleiters sehr allgemein und auch noch unvollständig. Besonders die Kompetenzen werden ungern spezifiziert. Deshalb muß der Projektleiter hier von allem Anfang an Klarheit schaffen, die Projektziele definieren und dementsprechend seine eigenen Verantwortungen und Kompetenzen zu Papier bringen und von der Geschäftsleitung bestätigen lassen.
2. ***Entwurf der Projekt-Aufbauorganisation:*** Als erstes strukturiert der Projektleiter die Aufbauorganistion, das heißt die Gruppen werden als Kästchen zu Papier gebracht und ihre hierarchischen Beziehungen festgelegt und gezeichnet. Dann nimmt er die personellen Zuteilungen vor und bestimmt, wer in den vorgesehenen Gruppen mitarbeitet. Das Ergebnis ist ein Organisationsschema gemäß Bild 4.3, ergänzt mit Namenseintragungen.
3. ***Tätigkeits- und Terminplanung:*** Mit geeigneten Hilfsmitteln, die später noch beschrieben werden, plant der Projektleiter Tätigkeiten und Solltermine.
4. ***Kostenplanung:*** Die Grundlage für die Kostenplanung bildet das Projektbudget. Dieses ist zu detaillieren und in Verbindung zum Tätigkeits- und Terminplan zu setzen. Es gibt an, welche finanziellen Mittel für welche Tätigkeiten und in welchen Zeitabschnitten benötigt werden bzw. verbraucht werden dürfen. (Budgetierung und Kostenkontrolle werden im Kapitel 22 eingehend behandelt. Ein einfaches Formular mit Beispiel für diese Aufgabe zeigt Bild 4.7 am Ende dieses Kapitels.)

5. ***Projektabwicklung:*** Die oben aufgeführten Tätigkeiten waren Planungsarbeiten. Während der Projektabwicklung sind die Pläne in die Tat umzusetzen. Nun führt der Projektleiter das gesamte Team. Er löst die einzelnen Tätigkeiten aus, überwacht ihre Durchführung, überwacht die Termine und die Kosten. Ständig bereitet er Entscheide vor, führt sie herbei oder trifft sie selbst. Er sorgt für einen reibungslosen Informationsaustausch in allen Richtungen. Der Projektleiter schlichtet Unstimmigkeiten und reagiert auf alle Probleme des Projekt-Alltags. Wenn nötig, informiert er seine übergeordnete Instanz und verlangt von ihr Entscheide. Besondere Aufmerksamkeit erfordern die Schnittstellen zwischen Teilprojekten, hier sind immer Probleme zu erwarten.

Der Projektleiter darf in seiner anspruchsvollen Aufgabe nicht allein gelassen werden. Er braucht persönliche Unterstützung von der Geschäftsleitung, gut qualifizierte Mitarbeiter in hinreichender Anzahl und zweckmäßige Sachmittel mit einem ausreichenden Budget. Seine Kompetenzen für den Einsatz von Personal und Sachmitteln müssen angemessen sein. Es ist nicht einfach, die beschriebenen Aufgaben klaglos zu erfüllen. Deshalb sind die hohen Ansprüche an die Fähigkeiten des Projektleiters, wie sie oben beschrieben worden sind, wohl begründet.

Die Projektkommission

Der Projektleiter der Feinplanung braucht eine Instanz, der er eindeutig unterstellt ist und die ihn auf höchster Ebene unterstützt, ihm wichtige Entscheide abnimmt und die nötigen Mittel beschafft. Diese Instanz ist die Projektkommission. Ihr gehört meist ein Mitglied der Geschäftsleitung (im Range eines Direktors) an sowie die Leiter der vom Projekt betroffenen Geschäftsbereiche. Falls erwünscht, können auch ein Vertreter des Betriebsrates und ein neutraler Informatikberater beigezogen werden. Die Projektkommission soll bei größeren Vorhaben drei bis fünf Mitglieder umfassen, eher weniger als mehr. Sie erhält monatlich einen kurzen Fortschrittsbericht des Projektleiters und tritt periodisch alle zwei oder drei Monate und in akuten Entscheidungssituationen auch ad hoc zu Sitzungen zusammen. Sie ist die Verbindung vom Projektleiter zur obersten Unternehmensführung.

Mit den Instanzen, die hier beschrieben wurden, ergibt sich eine vollständige Aufbauorganisation für das Projekt. Sie ist im Bild 4.3 dargestellt.

Projektmitarbeiter mit besonderen Aufgaben

In mittleren und großen Projekten können dem Projektleiter Hilfskräfte für Spezialaufgaben zur Verfügung gestellt werden, die ganz oder teilweise Aufgaben der Projektorganisation übernehmen. Es sind dies:

- *Projektsekretär.* Er entlastet den Projektleiter von administrativen Aufgaben und redigiert Protokolle und Berichte, bereitet Sitzungen vor, stellt die Unterlagen über Aufwand und Kosten zusammen, führt die Terminlisten und Planungsta-

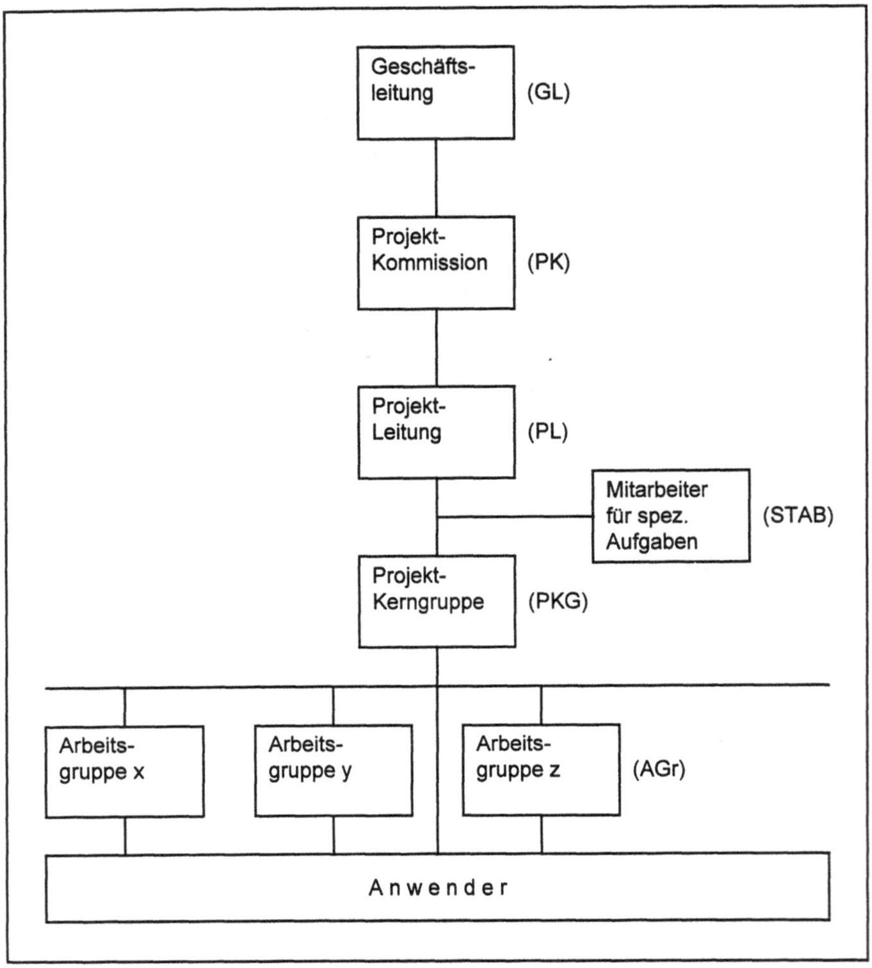

4.3 Vollständige Projekt-Aufbauorganisation für eine Informatik-Feinplanung

feln, teilt wenn nötig Arbeitsplätze und Maschinenzeiten zu. Er sorgt für alle materiellen Bedürfnisse als guter Geist des Projektes.

- ***Schreibkräfte.*** Bei der Feinplanung entstehen große Mengen beschriebenen Papiers. Das Schreibbüro sorgt dafür, daß alle entstehenden Schriftstücke und Dokumente schnell und möglichst fehlerfrei ins Reine geschrieben, kopiert und verteilt werden. Den Schreibkräften sind gute Hilfsmittel der Textverarbeitung und – wo vorhanden – der Büroautomation zur Verfügung zu stellen.
- ***Bibliothekar.*** Ein Mitarbeiter der Projektgruppe muß die Verantwortung für die Ordnung in der Projektdokumentation übernehmen. Diese Funktion besteht auch nach dem Abschluß der Feinplanung weiter.

- ***Datenverwalter.*** Dieser erhält Aufgaben im Zusammenhang mit den Datenbeständen des Unternehmens: Er trägt die Verantwortung für die Aktualität, die Richtigkeit und die Sicherheit der Daten. Weiters verwaltet er die Dokumentation der Daten, er ist mitbeteiligt am Data dictionary. Da in der Feinplanung das definitive Datenmodell und der Data dictionary entstehen, ist die Mitarbeit des Datenverwalters schon jetzt unentbehrlich.
- ***Chefprogrammierer.*** Ein erfahrenes Mitglied der Programmiergruppe, die später die Programme realisiert – am besten ein Chefprogrammierer – muß als Informatikspezialist in der Projekt-Kerngruppe mitarbeiten: Er verfaßt oder prüft die Aufwandschätzungen und wirkt als »Chefideologe« für die Belange der Informatik. Er leitet außerdem die Arbeitsgruppe »Informatik«, in der weitere Fachleute mitwirken. Seine Meinung und seine Vorschläge haben in der Projektleitung hohes Gewicht.

Der Projektablauf

Der Ablauf des Projektes »Informatik-Feinplanung« wird in drei Teilen vollzogen:

1. ***Planung:*** Die Arbeit wird vorbereitet. Ein Projektleiter wird eingesetzt. Die Projektgruppen werden gebildet (Aufbauorganisation). Die Ziele werden definiert. Die Arbeit in den einzelnen Gruppen wird geplant. Die einzelnen Tätigkeiten werden genannt und terminiert. Der Einsatz der Sachmittel und die Kosten werden geplant.
2. ***Lösung:*** Die Aufgaben werden bearbeitet und gelöst. Für eine reibungslose gegenseitige Information wird gesorgt. Periodisch erfolgen Standortbestimmungen bezüglich Arbeitsfortschritt, Qualität der Ergebnisse und Einhaltung der Termine und Kosten.
3. ***Übergabe:*** Am Ende der Feinplanung steht die Dokumentation der Ergebnisse und ihre Übergabe an die Verantwortlichen für die Realisierung. Das heißt: Das »Feinkonzept« wird fertiggestellt und denjenigen, die die Arbeit weiterführen (Programmierteam und andere), in geordneter Form übergeben.

Ablauforganisation

Die einzelnen Gruppen im Projekt arbeiten entsprechend einer einfachen Ablauforganisation. Jede Gruppe trifft sich periodisch zu *Arbeitssitzungen:* einmal pro Woche, vierzehntäglich oder nach Bedarf. Die Teammitglieder übernehmen an den Sitzungen bestimmte *Aufgaben*, die sie dann allein oder in Zweiergruppen bearbeiten und deren Lösung sie den anderen Teammitgliedern schriftlich mitteilen oder an einer Sitzung präsentieren.

Zu den Sitzungen der Projekt-Kerngruppe lädt der Projektleiter ein, zu den Sitzungen der Arbeitsgruppen deren Leiter. Dieselben Personen bereiten die Sitzungen vor, stellen eine Liste der Besprechungsthemen (»Traktandenliste«) auf und moderieren während der Sitzung die Besprechungen. Die Termine der Sitzungen sind auf einander so abzustimmen, daß keine Kollisionen für Mitarbeiter entstehen, die in mehreren Gruppen tätig sind.

Jede Sitzung beginnt mit der Diskussion und Genehmigung des Protokolls der letzten Sitzung und der Terminüberwachung. Dann erfolgt die Besprechung der fertiggestellten Arbeiten der Gruppenmitglieder. Die präsentierten Lösungen werden entweder genehmigt oder zum Studium und zur Stellungnahme allen oder einzelnen Gruppenmitgliedern weitergegeben. Sie können auch zur weiteren Bearbeitung und Ergänzung dem jeweiligen Sachbearbeiter zurückgereicht werden. Als nächster Punkt werden neue Aufgaben und Probleme diskutiert. Danach erfolgt die Aufgabenverteilung für die Sachbearbeitung bis zur nächsten Sitzung. Die Sitzung schließt mit dem Thema »Verschiedenes« und der Vereinbarung von Zeit und Ort der nächsten Sitzung.

Nach jeder Sitzung wird möglichst schnell ein Protokoll erstellt und jedem Mitglied der Gruppe und dem Projektleiter zugestellt. Der Inhalt des Protokolls wird weiter unten näher beschrieben.

Die *Sachbearbeitung* für die einzelnen Aufgaben zwischen den Sitzungen kann nicht nach festen Regeln erfolgen. Meist werden die Aufgaben im Alleingang der Mitarbeiter entsprechend ihrer persönlichen Arbeitstechnik gelöst. Es sind auch Zweiergruppen üblich: Zwei Mitarbeiter führen gemeinsam eine Aufgabe durch. Dies bewährt sich vor allem bei der Einführung weniger erfahrener oder neuer Mitarbeiter. – Die Beispiele für so zu erledigende »Hausaufgaben« sind vielfältig, hier seien zum besseren Verständnis einige genannt: Entwurf bestimmter Bildschirmmasken, Berechnung des Aufwandes für ein bestimmtes Programm, Ermitteln des Satzformates für den Zahlungsverkehr mit den Banken via Magnetband, Feststellen der Regeln für Prüfziffern bei der Post, Entwerfen des Textes für eine Mahnung, Entwurf eines bestimmten Arbeitsformulares.

Die Arbeitsmittel

Im Projektmanagement werden Werkzeuge benötigt: ein Personal Computer und ein Satz einfacher Formulare. Zu letzteren gehören:

- *Tätigkeitsliste* oder Pendenzenliste. Sie ist das wichtigste Arbeitsmittel für den Projektleiter und die Leiter der Arbeitsgruppen. Ein Muster zeigt Bild 4.4. In diese Liste werden an den Sitzungen der verschiedenen Gruppen alle Tätigkeiten und Arbeiten eingetragen, die zu erledigen sind. Für jede Tätigkeit wird ein Termin für die Fertigstellung und ein verantwortlicher Bearbeiter eingetragen. Hat dieser die Arbeit getan, so wird die Erledigung in der Tätigkeitsliste vermerkt. Die Tätigkeitsliste wird in jeder Sitzung besprochen, nachgeführt und den Gruppenmitgliedern und dem Projektleiter zugestellt.

»Firmen-Name«
»Projektname«
Arbeitsgruppe

Tätigkeitsliste Nr.

Autor:
Gruppe:
Datum:

Nr.	Datum	Tätigkeit	Bearbeiter	Termin	Erledigung
fortlaufend gemäß Norm	Datum der Auslösung (Sitzung, Entscheid)	Kurzbeschreibung der auszuführenden Tätigkeiten mit Aufgabe, Ziel und allfälligen Randbedingugen	verantwortliche Person	Datum	Datum und evtl. Bemerkungen

4.4 Die Tätigkeitsliste (auch: Pendenzenliste) enthält alle Tätigkeiten mit Solltermin und verantwortlichem Mitarbeiter

- ***Sitzungsprotokoll.*** Von den Sitzungen der Arbeitsgruppen, der Projektgruppe und der Projektkommission sollen Protokolle erstellt werden. Jedes Protokoll enthält am Titelblatt: Art der Sitzung, Datum, Uhrzeit von Beginn und Ende, Ort, Teilnehmerverzeichnis mit Angabe des Vorsitzenden und des Protokollführers, Themenverzeichnis (Traktanden), Verzeichnis der Beilagen, Verteiler. Der Inhalt ist so knapp wie nur irgend möglich zu halten. Es werden nur Ergebnisse (und nicht auch langatmige Diskussionen) protokolliert! Das Beispiel eines Sitzungsprotokolls zeigt Bild 4.6.
- ***Terminplan.*** Bei der Terminplanung muß zunächst entschieden werden, ob dafür die Netzplantechnik eingesetzt werden soll oder nicht. Es hat sich gezeigt, daß die Netzplantechnik nur in sehr großen Informatikprojekten dynamisch eingesetzt wird. Das heißt, daß nur dort einmal aufgestellte Netzpläne auch laufend nachgeführt und ausgewertet werden. In den vielen anderen Fällen wird mit Terminlisten, Balkendiagrammen und Planungstafeln gearbeitet. Hier soll das Arbeiten mit diesen einfacheren Hilfsmitteln angenommen werden. Bezüglich der Netzplantechnik sei auf die Literatur verwiesen (siehe Ende dieses Kapitels).

  Der Projektleiter trägt die Gesamtverantwortung für die Terminplanung und -überwachung. Er verwendet meist die oben beschriebenen Tätigkeitslisten zur Terminüberwachung, zusätzlich auch Balkendiagramme oder in größeren Projekten Planungstafeln. Selbstverständlich kann er Listen und Diagramme auch in einem Personal Computer abbilden und sich damit die Auswertung erleichtern.

Das Muster eines Balkendiagrammes, das im Personal Computer ausgewertet werden kann, zeigt Bild 4.5. Darin stellt jeder Balken eine Tätigkeit mit Anfang und Endtermin dar. Das aktuelle Datum ist durch eine vertikale »Heute«-Linie angegeben. Der Fortschritt in den einzelnen Tätigkeiten ist durch ausgefüllte Balken kenntlich gemacht. Wenn der Arbeitsfortschritt laufend erfaßt wird, kann der Projektleiter mit einem derartigen Diagramm den Terminstand stets klar erkennen.

- *Formular zur Budgetüberwachung.* Der Projektleiter benötigt ein Hilfsmittel, um Aufwand und Kosten laufend zu überblicken. In den EDV-Projekten mancher Unternehmen werden die internen Kosten nicht erfaßt und bedürfen keiner Rechtfertigung. In solchen Fällen hat dann der Projektleiter nur die externen, ausgabenwirksamen Kosten zu kontrollieren. In der Feinplanung sind dies vor allem Honorare an externe Berater und Informatiker (Analysten, Programmierer). In allen Fällen ist der Projektleiter monatlich über die dem Projekt belasteten Kosten ins Bild zu setzen, die er anhand einer Tabelle überwacht. Ein Muster dafür zeigt Bild 4.7.
- *Monatsbericht.* Der Projektleiter erstellt monatlich einen Kurzbericht (Idealfall: eine Seite) über den Projektfortschritt. Empfänger des Monatsberichtes ist die

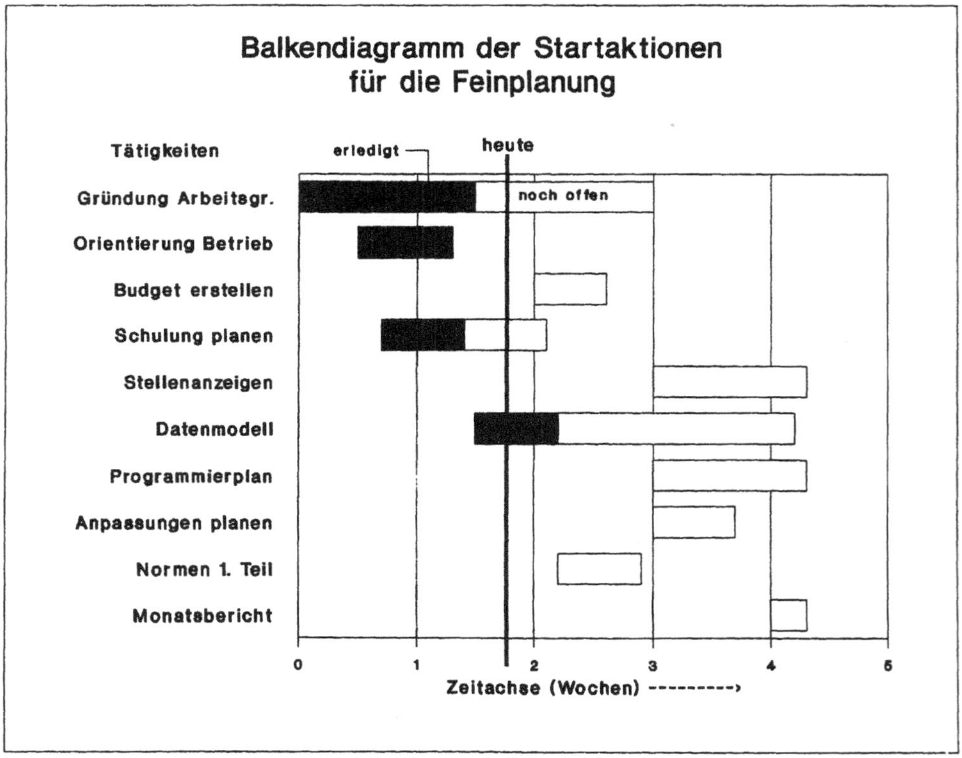

4.5 *Das Balkendiagramm ist ein einfaches Hilfsmittel für die Terminplanung und -überwachung.*

Projektkommission. Der Bericht soll auch zur Einsichtnahme für alle Projektmitarbeiter aufliegen oder verteilt werden. Das Muster eines solchen Monatsberichtes ist in der Fallstudie IGEL in Bild 4.8 wiedergegeben.

Dem Einsatz des ***Personal Computers*** in der Feinplanung wird in diesem Buch ein eigener Abschnitt im Kapitel 23 gewidmet. Seine Einsatzmöglichkeiten hier sind weit gespannt: Textsysteme (zum Erstellen der Dokumentation), Tabellenkalkulation (zur Terminüberwachung, Kapazitätsplanung, Budgetkontrolle), Dateiverwaltungen (für Data dictionary und Prototyping), Grafiksysteme (für Zeichnungen, Pläne, Darstellungen aller Art) und schließlich Spezialprogramme für Netzplantechnik, Aufwandprognosen und anderes mehr.

Ende und Übergang

Wenn alle Arbeiten der Feinplanung getan sind, ist es an der Zeit, die Arbeitsgruppen formell aufzulösen. Sie werden als Ganzes im weiteren Verlauf des Projektes nicht mehr gebraucht.

Die Projektorganisation der *Phase »Feinplanung«* wird schließlich übergeführt in diejenige der *Phase »Realisierung und Rahmenorganisation«*. Der Projektleiter kann wechseln. Die meisten Benutzer scheiden jetzt aus, dafür werden alle beteiligten Analysten und Programmierer Mitglieder der neuen Projektorganisation.

Fallstudie IGEL: Die Projektorganisation wird etabliert.

Die erste Projektsitzung wurde durchgeführt. Herr Peter Zapfel wiederholte und kommentierte den Entscheid der Direktion. Herr Swoboda dankte im Namen aller Beteiligten und wünschte in seiner frohgemuten Art dem Projekt »gute Gesundheit«.

Dr. Kulack stellte die Planung der Projektorganisation vor. Bei der Zusammensetzung der Projektkerngruppe meldete Herr Biermann Bedenken an: Sie habe einfach zu viele Mitglieder, da werde unnötiger Aufwand getrieben. Nach einer kleinen Diskussion wurde folgendes festgestellt und beschlossen: Frau Zapfel (Läden und Personal) und Herr Swoboda (Niederlassung Wien-Schwechat) werden lediglich korrespondierende Mitglieder der Kerngruppe. Sie erhalten alle Dokumente, nehmen aber an Sitzungen nur teil, wenn sie von den Themen direkt betroffen sind. Herr Märkel (Rechnungswesen) wird nicht Mitglied der Kerngruppe, da sein Anwendungsgebiet durch Standardsoftware ohne jede Anpassung realisiert werden soll. Außerdem fühlt er sich durch Herrn Trutschka (Chefprogrammierer der FICOSO) gut vertreten.

Die übrige Projektorganisation wurde nicht in Frage gestellt, worauf diese beschlossen und genehmigt wurde. Die Projektorganisation gemäß Beschluß ist im Bild 4.9 dargestellt.

Der weitere Verlauf der Sitzung entsprach den vorgeschlagenen Themen, er ist im Sitzungsprotokoll 4.6 wiedergegeben.

F * Z * G
Projekt IGEL
Feinplanung

Protokoll

der 1. Sitzung der Projekt-Kerngruppe

Datum, Zeit :	12.10.1994, 09.40 bis 12.15 Uhr und 14.05 bis 16.50 Uhr
Ort:	Kupferdreh, Konferenzzimmer Di
Anwesend:	Frau A. Zapfel, Frau Fink (IFAD, Protokoll) HH. P. Zapfel, Märkel, Kraut, Kästel, Schilling, Friese, Biermann, Swoboda, Kulack (Vorsitz), FICOSO: Dr. Eisenbart, Trutschka.
Themen:	1. Stand des Projektes 2. Projektorganisation 3. Mitarbeit der Benutzer 4. Verschiedenes

Zu Beginn wurden die Herren Dr. Eisenbart und Trutschka der Informatikfirma FICOSO vorgestellt. Dr. Eisenbart wird innerhalb der FICOSO Manager unseres Projektes, er wird auch in der Projektkommission mitarbeiten und die Arbeitsgruppe »Personalwesen« leiten. Herr Trutschka wird als Chefprogrammierer die Anpassungen der Standardsoftware in die Hand nehmen und Unterstützung in Datenbankfragen geben.

1. Stand des Projektes
Zunächst begründete Herr P. Zapfel den Entscheid der Direktion für die gewählte Lösung. Man habe sich nicht für die billigste, sondern für die beste Variante entschieden. Die Fa. FICOSO liefere als Generalunternehmer Hardware und Standardsoftware aus einer Hand, könne bewährte Spezialisten einsetzen und biete ein offenes Datenmodell an, in das die selbst zu entwickelnden Anwendungen integriert werden können. Die personellen, sachlichen und finanziellen Mittel sind sofort verfügbar. Mit der Feinkonzeption kann somit jetzt begonnen werden, man will diese Phase bis zum 30. April 1995 abschließen.

Herr Swoboda dankt im Namen aller Beteiligten für die Bewilligung des Projektes. Herr Biermann beantragt die Einstellung eines Systemprogrammierers so schnell wie möglich. Frau Fink führt aus, daß die Personalkosten für diese Stelle im vorläufigen Budget des Grobkonzeptes vorgesehen sind. Herr Zapfel genehmigt die Neuanstellung und beauftragt Herrn Dr. Kulack, einen geeigneten Spezialisten zu suchen und anzustellen, wenn möglich per 1.1.1995.

2. Projektorganisation
Herr Dr. Kulack erläutert die vorgesehene Aufbauorganisation für die Feinplanung. Um in der Projektkerngruppe nicht zu viele Mitglieder zu binden, wird gegenüber dem Vorschlag entschieden: Frau A. Zapfel und Herr Swoboda sind »korrespondierende« Mitglieder. Sie er-

4.6.1 Beispiel für ein Sitzungsprotokoll der Projektkerngruppe

halten alle schriftlichen Unterlagen, nehmen aber an den Sitzungen nur bei Bedarf teil. Herr Märkel ist nicht Mitglied der Kerngruppe, er wird von Herrn Trutschka (FICOSO) jedoch laufend orientiert. Der letztere vertritt auch die Anliegen des Rechnungswesens in der Gruppe. Das Organisationsschema wird neu erstellt und an alle am Projekt Beteiligten versandt.

Ablauforganisation: Sitzungen der Kerngruppe finden alle zwei Wochen am Freitag um 13.30 Uhr im Konferenzraum Di statt. Über jede Sitzung erstellt Frau Fink ein Protokoll. Weitere Hilfsmittel sind: Tätigkeitsliste (verantwortlich Dr. Kulack), Terminplan-Balkendiagramm (Frau Fink), Budget-Tabelle (Frau Fink). Die sachlichen Ergebnisse werden in Ordnern mit dem Titel IGEL-Feinkonzept festgehalten. Für Schreibarbeiten steht den Sachbearbeitern Frau Epting (Sekretariat Kulack) mit 75 % ihrer Arbeitszeit zur Verfügung. Sie übernimmt auch die Verteilung der Schriftstücke und sorgt für die geordnete Ablage. Alle Spesen und Arbeitszeiten für das Projekt IGEL-Feinkonzept sind der Kostenstelle E-500 zu belasten.

3. Die Mitarbeit der Benutzer

Herr Biermann führt aus, daß in den Arbeitsgruppen eine Reihe von Benutzern mitarbeiten wird. Die Auswahl werde in den nächsten Tagen getroffen, es werden sechs Arbeitsgruppen gebildet. Diese haben sehr wichtige Aufgaben: Sie müssen sicherstellen, daß das neue System tatsächlich den Anforderungen der Mitarbeiter entspricht. Andererseits können die Benutzer den EDV-Spezialisten viele Arbeiten abnehmen, was wiederum Vorteile mit sich bringt. Herr Biermann werde sich der mitarbeitenden Benutzer besonders annehmen und ihnen jede mögliche Hilfe bieten.

Herr Kraut befürchtet Unordnung im Betrieb, da nun manche Mitarbeiter zwei Herren dienen sollen: ihrer Abteilung für die Alltagsarbeit und dem Projektleiter für die Entwicklung. Er frage sich, wie da die Unterstellung geregelt werden könne. Herr Dr. Kulack beantwortet diesen berechtigten Einwand und gibt Erklärungen zur gewählten Matrix-Projektorganisation.

4. Fragenbeantwortung, Verschiedenes

Herr Swoboda frägt, was das alles koste. Herr Zapfel führt aus, daß man mit jährlichen Kosten von ca. 1,2 Mio. DM rechnen müsse, aber auch heute gebe man schon mehr als die Hälfte davon für die Informatik aus und habe doch eine Menge Unannehmlichkeiten.

Herr Friese erkundigt sich nach der Urlaubsplanung. Dr. Kulack bittet darum, von den betroffenen Mitarbeitern schon jetzt ihre Urlaubsanmeldung bis Mitte 1995 zu verlangen und diese dann mit ihm abzusprechen. Von 15. März bis 30. April 1995 sollten alle Beteiligten erreichbar sein.

Zum Abschluß dankten die Herren Zapfel und Kulack allen Anwesenden und wünschten einen guten Start.

Für das Protokoll:
gez. J. Fink

Essen, 18.10.1994

4.6.2 Beispiel für ein Sitzungsprotokoll der Projektkerngruppe

Die Budgetierung

Für die Feinplanung im Projekt IGEL stehen dem Projektleiter DM 450.000.– zur Verfügung, wobei nur ausgabenwirksame Kosten zu berücksichtigen sind. Herr P. Zapfel hat darauf verzichtet, die betriebsinternen Aufwendungen für dieses Projekt zu kontrollieren. Er ist der Auffassung, daß die Tätigkeit in einem Informatikprojekt einen Teil der normalen beruflichen Aufgaben der Mitarbeiter darstellt. Daher sind jetzt von Herrn Dr. Kulack nur die Ausgaben für die Tätigkeiten externer Mitarbeiter und für externe Dienstleistungen zu berücksichtigen. Dies führt zunächst zu folgender Zusammenstellung:

Kostenverteilung Feinplanung IGEL

Projektdauer: 26 Wochen

Honorar Frau Fink (IFAD)	(75 %)	DM 160.000.–
Honorar Dr. Eisenbart (FICOSO)	(10 %)	30.000.–
Honorar Hr. Trutschka (FICOSO)	(90 %)	180.000.–
Reisespesen Hr. Swoboda (Wien)		6.000.–
Schulung Dr. Kulack		9.000.–
Schulung Hr. Biermann		19.000.–
Schulung Hr. Süßkind		8.000.–
Schulung Hr. Vredestein		8.000.–
Diverses		30.000.–
Ausgabenwirksame Kosten		DM 450.000.–

Aufgrund dieser Kostenverteilung und des provisorischen Terminplanes konnte Herr Dr. Kulack das Projektbudget entwerfen. Es ist in Bild 4.7 dargestellt. Die Geschäftsleitung war mit dem Budget einverstanden; es stimmte mit dem Projektauftrag überein.

Der erste Monat des Projektes

Wie schon bekannt, wurde das Projekt »Feinplanung IGEL« mit der ersten Projektsitzung am 12.10.1994 gestartet. Im ersten Monat der Projektarbeit war die Projektleitung (Herr Dr. Kulack und Frau Fink) mit der Ingangsetzung wichtiger Tätigkeiten ausgelastet. Was war zu tun?

- Die *Projektorganisation* wurde vervollständigt: Die Arbeitsgruppen wurden gegründet und ihre Arbeit wurde eingeleitet.
- Eine *Orientierung* der gesamten Belegschaft wurde durchgeführt. Am Hauptsitz erfolgte dies durch eine Präsentation von Dr. Kulack, in Wien-Schwechat hielt Herr Swoboda seinen Mitarbeitern einen Vortrag über das Projekt, und das Personal der Läden wurde durch die Filialleiter informiert.
- Das *Projektbudget* wurde aufgestellt (siehe oben).
- Die *Schulung der Spezialisten* (Kulack, Biermann, Süßkind, Vredestein) wurde geplant und die Kursanmeldungen wurden vorgenommen. Auch Frau Fink meldete sich für zwei Kurse an.

F * Z * G
Projekt IGEL
Feinplanung

Kostenkontrolle

Monat und Kostenart	Budget		Eff. Kosten	
	DM	Summe	DM	Summe
Oktober 1994				
Externe Honorare September	20.000			
Reisespesen Swoboda	1.000			
Schulung	11.000			
Diverses	5.000	37.000		
November 1994				
Schulung	6.000			
Reisespesen Swoboda	1.000	7.000		
Dezember 1994				
Schulung	7.500			
Diverses im 4. Quartal	10.000	17.500		
Januar 1995				
Externe Honorare 4. Qu. 1994	140.000			
Reisespesen Swoboda	2.000	142.000		
Februar 1995				
Schulung	9.500	9.500		
März 1995				
Schulung	10.000			
Reisespesen Swoboda	1.000	11.000		
April 1995				
Externe Honorare 1. Quartal	160.000			
Reisespesen Swoboda	1.000			
Diverses im 1. Quartal	10.000	171.000		
Mai 1995				
Externe Honorare April	50.000			
Diverses April	5.000	55.000		
Zusammen		450.000		

Dr. Kulack
30.10.1994

4.7 Die Kostenkontrolle gehört zur Verantwortung des Projektleiters.

F * Z * G
Projekt IGEL
Feinkonzeption

An die Mitglieder der
Projektkommission:
P. Zapfel, Frau Fink,
Dr. Eisenbart, Biermann.

Monatsbericht 1

Zeitraum: 15.10. bis 15.11.1994

Der *Projektfortschritt* ist zufriedenstellend, eine Überschreitung von Terminen und Aufwand ist aus heutiger Sicht nicht zu erwarten.

Projektorganisation: Die Kerngruppe traf sich zu zwei Sitzungen, die vor allem das Thema »Arbeitsgruppen« behandelten. Alle sechs Arbeitsgruppen konnten gegründet werden. Mit Ausnahme der Gruppe »System und Datenbank« fanden die ersten Sitzungen mit Aufgabenverteilung statt.

Orientierung der Belegschaft: Diese ist an allen Standorten erfolgt. Das Personal in der Spedition und in den Läden war wenig interessiert (Teilnahme unter 40 %).

Das *Budget* für die Feinplanung wurde erstellt und liegt Ihnen bereits vor.

Die *Kursanmeldungen* für die Herren Biermann, Süßkind, Vredestein und für den Unterzeichneten wurden vorgenommen. Da zwei Kurse im geplanten Zeitraum in den Orten Bochum und Hannover bereits ausgebucht waren, werden die Herren Süßkind und Vredestein gemeinsam je eine Kurswoche in München und in Luxemburg verbringen.

Die *Personalsuche* nach einem Systemprogrammierer wurde eingeleitet. Die Stellenbeschreibung wurde von der Direktion genehmigt. Die Anzeigen in der »Frankfurter Allgemeinen« und in der »Computerwoche« sind erschienen. Frau Fink und Herr Trutschka werden zusätzlich bei ehemaligen Studienkollegen mögliche Bewerber suchen.

Unsere neuen *externen Mitarbeiter* wurden mit unserem Unternehmen bekannt gemacht. Sie haben unsere Spezialitäten schnell erfaßt. Lediglich unsere Fakturiermethode mit Verrechnung von Drittleistungen in währungsschwachen Ländern wird Herrn Trutschka noch einige Mühe machen.

Die Tätigkeit in den *Arbeitsgruppen* hat begonnen und hier zeigen sich erste *Probleme:* Die geringen Informatik-Kenntnisse mancher Benutzer führen oft zu endlosen Diskussionen und auch zu schwerwiegenden Mißverständnissen. Wir haben dies in der letzten Projektsitzung besprochen und werden einen Einführungskurs »Grundlagen der Informatik« (Dauer 4 Tage) für die Benutzer in unseren Arbeitsgruppen durchführen. Herr Biermann wird den Stoff vermitteln.

gez. Dr. Kulack
Projektleiter

4.8 Monatsbericht des Projektleiters

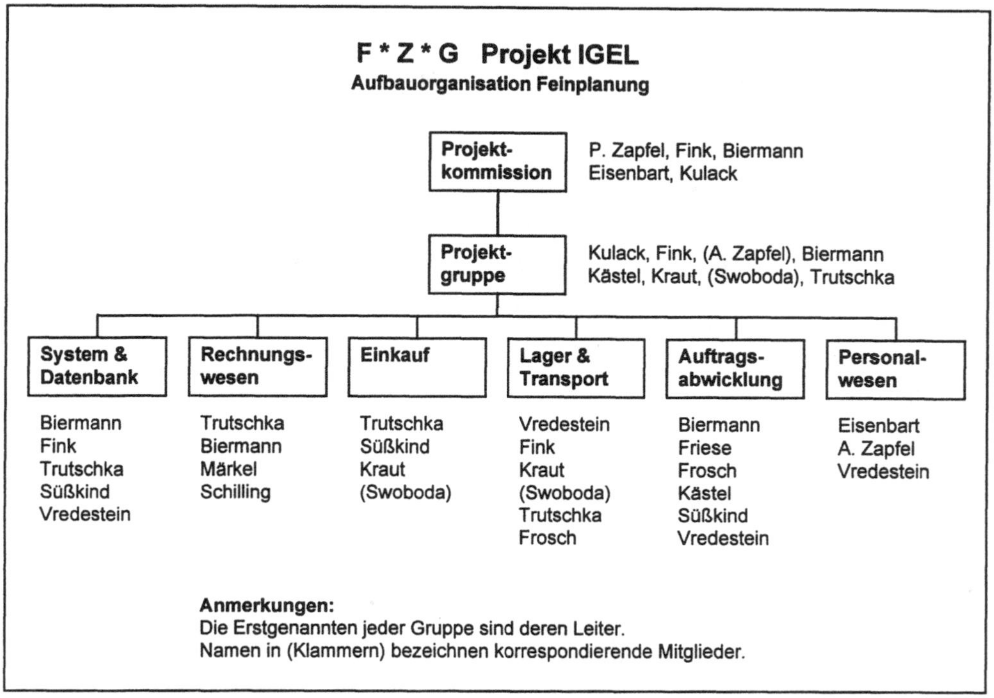

4.9 Aufbauorganisation im Projekt IGEL-Feinplanung

- Die *Personalsuche* für einen Systemprogrammierer wurde eingeleitet: Herr Dr. Kulack verfaßte ein Stellenprofil, besprach die Gehaltsmöglichkeiten und Arbeitsbedingungen mit der Personalchefin Frau Zapfel. Frau Fink entwarf eine Stellenanzeige, die dann in der »Frankfurter Allgemeinen« und in der »Computerwoche« erschien.
- Die externen Mitarbeiter wurden – soweit nötig – mit dem Betrieb bekannt gemacht. Herr Dr. Eisenbart und Herr Trutschka besuchten während zwei Tagen alle Abteilungen am Hauptsitz, wobei sie von den zuständigen Abteilungsleitern betreut wurden. Herr Trutschka beobachtete anschließend detailliert die Arbeit in der Buchhaltung, in der Fakturierung und im Einkauf. Für drei Tage reiste er auch nach Wien-Schwechat und studierte dort den Material- und Informationsfluß.
- Die Arbeitsgruppe »System und Datenbank« überarbeitete das *Datenmodell* und besprach dieses eingehend mit dem Datenbankspezialisten des Computerlieferanten.
- Dieselbe Arbeitsgruppe erarbeitete auch eine – gegenüber dem Grobkonzept verfeinerte – *Programmplanung*. Es wurde eine Liste aller im Hause zu schreibenden Programme erstellt und der Aufwand grob geschätzt. Auch die Verteilung der Arbeit auf die Programmierer wurde (provisorisch) vorgenommen.

- Eine ähnliche Planung wurde für die Durchführung der *Programmanpassungen* in der Standardsoftware von Herrn Trutschka verfaßt.
- In der Projektkerngruppe wurden die wichtigsten *Normen* festgelegt. Dies waren: Regeln für die Vergabe von Namen (für Dateien, für Felder, für Programme, für Bildschirmmasken), Regeln für das Erstellen der Dokumentation und der Hilfetexte, für einheitliche Programmbedienung, und anderes mehr.

Trotz der zahlreichen Aktivitäten in diesen ersten Wochen gab es keine nennenswerten Schwierigkeiten und Mitte November lieferte Dr. Kulack seinen ersten *Monatsbericht* (siehe Bild 4.8) an die Projektkommission ab. Dieser wurde mit Dank zur Kenntnis genommen, Herr Zapfel sprach seine Anerkennung aus, studierte das Projektbudget und nickte ernst. Dann ließ er Frau Fink einen Strauß gelber Rosen und Herrn Dr. Kulack einen Abreißkalender im Großformat besorgen und überreichen.

Die erste Hürde war genommen! Alle Beteiligten waren an der Arbeit, kannten das Ziel und ihre eigene Aufgabe, das Projekt »Feinplanung IGEL« war im Rollen.

Merksätze

- Die Projektorganisation umfaßt alle organisatorischen Maßnahmen und Tätigkeiten für die geordnete Abwicklung eines Projektes.
- Die Aufbauorganisation für eine Informatik-Feinplanung ist eine Matrix-Organisation. Viele Mitglieder des Projektteams widmen nur einen Teil ihrer Arbeitszeit dem Projekt.
- Das Projekt wird von einem Projektleiter geführt, der über Fachwissen, psychologisches Geschick und organisatorische Begabung verfügt.
- Der Projektleiter erhält von der Geschäftsleitung einen schriftlichen Auftrag, der seine Aufgaben, seine Kompetenzen und die zu erreichenden Ziele festhält.
- Die wichtigsten Aufgaben des Projektleiters sind: Strukturierung des Projektes, Bilden der Arbeitsgruppen, Formulieren der Aufgaben und Ziele, Planung und Überwachung der Termine und des Aufwandes, Kontrolle der Arbeitsqualität, Vorbereiten und Fällen von Entscheiden, Sicherstellen der Information nach allen Seiten, Überwachung und teilweise Erstellen der Dokumentation, Bearbeitung unerwarteter Probleme.
- Im Projektteam arbeiten Informatiker, zukünftige Benutzer und verschiedene Spezialisten zusammen. Sie werden in eine Projekt-Kerngruppe und in anwendungsbezogene Arbeitsgruppen eingebunden.
- Der Projektleiter ist direkt einer Projektkommission unterstellt, in der die Geschäftsleitung vertreten ist. Die Projektkommission hat Entscheidungs- und Überwachungsaufgaben.
- Als Arbeitshilfsmittel werden eingesetzt: Tätigkeitslisten, Protokolle, Terminpläne, Budgettabellen, Berichte. Personal Computer können ein nützliches Werkzeug sein.

Ergebnisse

Die Durchführung der Arbeiten, die in diesem Kapitel beschrieben wurden, bringt folgende Ergebnisse:

- Die Projektorganisation ist eingerichtet. Die Beteiligten haben ihre Arbeiten aufgenommen.
- Es wurden Spezialisten gefunden, die bei Bedarf zusätzlich im Projekt mitwirken (Revision, Betriebsrat, Datenschutz, Sicherheit, Post, Lieferanten, Bau- und Installationsfirmen).
- Eine erste Tätigkeits- und Terminplanung ist erfolgt.
- Die Kostenplanung für die Feinplanung wurde durchgeführt.
- Die Arbeitsmittel (Tätigkeitsliste, Struktur der Protokolle, Balkendiagramme, Personal Computer) stehen bereit.
- Die Belegschaft ist orientiert.
- Die Schulung der Spezialisten ist vorbereitet.
- Erste Normen sind beschlossen.
- Die Personalsuche hat begonnen.

Literatur

BERG, R. ET AL.: Netzplantechnik.

HARRISON, F. L.: Advanced Project Management.

MADAUSS, B.: Projekt-Management.

WARD, P. T.: System development without pain.

MERTENS, P. (HRSG.): Lexikon der Wirtschaftsinformatik.

DAENZER, W. (HRSG.): Systems Engineering.

BECKER, M. ET AL.: EDV-Wissen für Anwender.

5. Arbeitsgruppen: Einsatz der Benutzer

Arbeitsgruppen werden gebildet, wenn mehrere Fachgebiete getrennt von einander bearbeitet werden können. Sie eignen sich zur Einbindung der zukünftigen Benutzer in ein Informatikprojekt.

Die Feinplanung ist diejenige Phase, in der der Benutzer sagen muß, was er haben will. Jetzt soll er die Gelegenheit ergreifen, an den Voraussetzungen mitzuarbeiten, die ihm später die Arbeit ermöglichen und erleichtern sollen. Dazu braucht er Ausbildung und Hilfe. Informatiker und Benutzer sind bei der Entwicklung aufeinander angewiesen. Nur die Summe von Wissen und Erfahrung beider führt zu einer guten Lösung für den Computereinsatz.

Bei der Entwicklung müssen zweifellos Informatiker dabei sein: Spezialisten für das Betriebssystem, für die Datenübertragung, für die Programmierung, für die Hardware. Da die Lösungen »integriert« sein sollen, müssen andererseits zukünftige Benutzer als Spezialisten der vorgesehenen Anwendungen mitarbeiten. Die beiden Gruppen müssen zusammengespannt werden und sich verstehen, um miteinander arbeiten zu können. Der beste Weg führt da über die Zusammenarbeit in kleinen, anwendungsorientierten Arbeitsgruppen.

Warum Arbeitsgruppen?

Es ist einer Reihe von Zielsetzungen gedient, wenn anwendungsorientierte Arbeitsgruppen geschaffen werden:

- Die Arbeitsgruppe bindet den Benutzer in die Projektorganisation ein.
- Die Mitarbeit der Benutzer erfolgt in geordneten Bahnen unter Koordination der Projektleitung. Es wird einfacher, die Lösungen termingerecht und in einheitlicher Form fertigzustellen.
- Die Arbeitsgruppe ist die Verbindungsstelle zwischen den Benutzern als Fachspezialisten, die ihre Anforderungen formulieren, und den Informatikern, die die Möglichkeiten kennen.
- Die Informatiker lernen das Fachgebiet kennen. Die Benutzer vertiefen ihre Informatikkenntnisse.
- Die Informatiker lernen die Verständnisschwierigkeiten der Benutzer kennen – und umgekehrt. Es wird rasch eine gemeinsame Sprache gefunden.
- Der Benutzer erhält die Gewähr, daß er letzten Endes das bekommt, was er braucht. Wenn seine Wünsche nicht vollständig erfüllt werden können, so versteht er warum.

- Die Mitarbeit der Benutzer sichert Informatikprojekten eine gute Akzeptanz im ganzen Unternehmen.
- Die Mitarbeit der Benutzer erspart den Informatikern einige Arbeiten. Es wird später noch gezeigt, welche Arbeiten die Benutzer übernehmen können. Sie leisten wertvolle Hilfe und glätten die Belastungsspitzen der Informatiker.

Zu beachten bleibt, daß die Arbeitsgruppen nicht Insellösungen für ihre Anwendungen erarbeiten dürfen. Es muß schließlich eine integrierte Lösung für das Gesamtprojekt entstehen, die alle Arbeitsgruppen einbindet. Durch ein gemeinsames Datenmodell (eine gemeinsame Datenbank) und einheitliche Normen wird dies weitgehend abgesichert.

Drei Stufen der Benutzerarbeit

Der Einsatz der Benutzer in den Arbeitsgruppen soll sich in drei Stufen vollziehen: Ausbildung, Mitarbeit an der Lösung, Abnahme.

- ***1. Stufe: Ausbildung und Information.*** Der Benutzer erwirbt die nötigen Vorkenntnisse.
- ***2. Stufe: Mitarbeit an der Lösung.*** Ein Teil der Sachbearbeitung und der Gruppenarbeit wird vom Benutzer geleistet.
- ***3. Stufe: Abnahme, Genehmigung der Lösung.*** Wurde eine Lösung (Programmspezifikationen, Datenmodell, Rahmenorganisation und anderes mehr) von der Gruppe ausgearbeitet, so genehmigt sie der Benutzer.

Ausbildung und Information

Die Ausbildung soll dem Benutzer Grundkenntnisse der Informatik und spezielle Kenntnisse für die Arbeit in der Gruppe vermitteln. Außerdem soll er laufend Informationen über Inhalt, Stand und Besonderheiten des laufenden Projektes und der Arbeit in den anderen Gruppen erhalten.

Eine Schwierigkeit im gegenseitigen Verständnis zwischen Benutzern und Informatikern liegt in der Sprache. Der Informatiker verwendet in seinem beruflichen Alltag viele Fachausdrücke, die von Laien nur teilweise verstanden werden. Das gleiche gilt für einen Benutzer, der in einem Spezialfach tätig ist. Da eine gemeinsame Sprache innerhalb einer Arbeitsgruppe unerläßlich ist, müssen beide Teile einander entgegen kommen: Alle Spezialisten sollen sich möglichst allgemein verständlich ausdrücken. Die Gesprächspartner der anderen Seite müssen sich durch gezieltes Lernen bis zu einem gewissen Grad in die Gedankenwelt und Ausdrucksweise der Spezialisten einarbeiten.

Um eine gute Ausgangsbasis herzustellen, wird man die Mitglieder einer Arbeitsgruppe geschickt auswählen. Man wird solche Benutzer einbeziehen, die schon über einige Grundkenntnisse der Informatik verfügen oder sich zumindest dafür interessieren. Andererseits wird man den Informatikern solche Anwendungsgebiete zuteilen, in denen sie schon Kenntnisse und Erfahrungen haben. Falls erforderlich, wird man Benutzer, die in Arbeitsgruppen mitwirken sollen, vor oder zu Beginn der Feinplanung in einem Informatik-Grundkurs ausbilden lassen. Am besten geeignet wäre in diesem Fall ein Kurs beim Lieferanten der Hardware oder der Software in der Dauer von etwa einer Woche. Sind hingegen schon Informatikkenntnisse vorhanden, kann den Benutzern zur Auffrischung und Aktualisierung ihres Wissens das Studium geeigneter Literatur empfohlen werden. Auch ein Handbuch oder Lexikon der Informatik zum schnellen Nachschlagen soll zur Verfügung stehen.

Das Grundwissen muß bei allen Mitgliedern einer Arbeitsgruppe ergänzt werden durch zusätzliche Kenntnisse, welche folgendes umfassen sollen:

- Informatikstrategie des Unternehmens,
- Gesamtüberblick über das laufende Projekt (Umfang und Inhalt),
- Eigenschaften und Merkmale der ausgewählten Produkte (Hardware und Software),
- Struktur und Eigenschaften der geplanten Datenbank,
- Struktur der Datenfernübertragung (Kommunikationsnetz),
- Projektorganisation,
- Spezialwissen für die Sachbearbeitung für einzelne Mitarbeiter je nach Aufgabe:
  - Entwicklung von Programmspezifikationen,
  - Entwurf und Darstellung von Ablauforganisationen,
  - Erstellen eines Datenkataloges,
  - Entwerfen von Bildschirmmasken,
  - Entwerfen von Listen,
  - Vergabe von Zugriffsberechtigungen und anderes mehr.

Zusätzlich zu dieser Ausbildung ist es notwendig, die Mitglieder der Arbeitsgruppe laufend über den aktuellen Stand des Projektes, die Arbeit der anderen Gruppen und über neue Erkenntnisse bezüglich der gewählten Hardware und Software zu informieren.

Mitarbeit des Benutzers an der Lösung

Eine Voraussetzung für die Mitarbeit des Benutzers ist, daß er versteht, was ein Datenmodell ist und daß er das Datenmodell des Projektes so gut wie möglich kennt. Auch Zweck und Form des Datenkataloges müssen ihm weitgehend klar sein. Um diese Kenntnis zu festigen, muß der Informatiker alle Hebel ansetzen, die ihm zur Verfügung stehen und - das Datenmodell muß frühzeitig entworfen werden und damit definiert sein.

Es wurde schon gesagt, daß die produktive Mitarbeit der Benutzer den Informatikern Arbeit ersparen kann. Das Schwergewicht der Benutzerarbeit muß auf die Programmspezifikationen und die Ablauforganisation gerichtet sein. Für den Fall, daß Standardsoftware eingesetzt wird, bezieht sich dies auf die Spezifikation der Programmanpassungen oder -änderungen. Wird Individualsoftware entwickelt (und zwar gleichgültig ob im Hause oder extern), so kann die Mitarbeit wesentlich weiter gehen. Der Benutzer kann:

- die zu speichernden Daten spezifizieren,
- an den Normen mitarbeiten,
- Bildschirmmasken, Listen und Menüs für den Programmaufruf entwerfen,
- Zugriffsberechtigungen vorschlagen,
- die Aufstellung von Bildschirmgeräten und Druckern vorbereiten,
- die Periodizität von Stapelverarbeitungen planen.

Die hier erwähnten Arbeiten werden später noch beschrieben. Es ist allgemein zu beachten, daß von den Benutzern nicht zu viel verlangt werden darf. Sie sollen nur soweit eingesetzt werden, wie es ihre nach und nach wachsenden Informatikkenntnisse und ihre zeitliche Verfügbarkeit zulassen. Die Arbeit der Benutzer in den Arbeitsgruppen soll immer mit Hilfe und unter Führung der Informatiker getan werden. Diese sollen auch die Verantwortung für die Brauchbarkeit der erarbeiteten Lösungen übernehmen.

Die Bearbeitung der Aufgaben erfolgt einerseits gemeinsam in der Arbeitsgruppe, andererseits im Alleingang als Sachbearbeitung am individuellen Arbeitsplatz. Gemeinsam werden Aufgaben allgemeiner Art gelöst, die im grösseren Rahmen stehen: Arbeiten am Datenmodell, Verbindung zu anderen Anwendungen (Schnittstellenprobleme), Zusammenwirken mehrerer Programme, allgemeine Ablauforganisation, Verteilen von Zugriffsberechtigungen. Auch zu Ausbildungszwecken ist Gruppenarbeit zu empfehlen: So wird man etwa den ersten Bildschirmentwurf gemeinsam erarbeiten. Später werden das die einzelnen Mitglieder allein tun können. Aber grundsätzlich soll bei der Sachbearbeitung so viel wie möglich im Alleingang erledigt werden, um die meist knapp bemessene Durchlaufzeit möglichst gut auszunützen.

Abnahme, Genehmigung der Lösung

Am Ende der Arbeiten stehen in den einzelnen Arbeitsgruppen die relevanten Teile des Feinkonzeptes in schriftlicher Form zur Verfügung. Dazu gehören Teile des Datenmodells, Teile der Normen, Programmspezifikationen und Ablauforganisationen des behandelten Anwendungsgebietes, sowie Notizen zur Datenübernahme. Die Arbeitsgruppe ist die erste und wichtigste Instanz zur Verabschiedung dieser Ergebnisse, wobei die Benutzer die Genehmigung als Anwender dazu erteilen, während die Informatiker bestätigen, daß die Lösung EDV-gerecht konzipiert wurde.

Es kann der Fall sein, daß in diesem Zeitpunkt keine einstimmige Meinung in der Arbeitsgruppe herrscht und Gegensätze zwischen den einzelnen Mitgliedern bestehen. In solchen Fällen kann die Projektkerngruppe Hilfestellung geben, allenfalls auch die Arbeitsgruppe »System und Datenbank«. Letzten Endes ist es dann Sache der Projektkommission, einen Entscheid zu treffen.

Aufbauorganisation

Die Stellung der Arbeitsgruppen in der Projektorganisation wurde im vorhergehenden Kapitel skizziert und in den Bildern 4.2, 4.3 und 4.9 dargestellt. Hier noch einige ergänzende Hinweise zum inneren Aufbau einer Arbeitsgruppe:

- Die Arbeitsgruppe wird von einem verantwortlichen Leiter geführt, der offiziell als solcher eingesetzt ist.
- Die Anzahl der Mitglieder soll vier bis sechs Personen betragen. Von den Mitgliedern sollen mindestens zwei Informatiker und zwei Benutzer sein. Eine Mehrheit der Benutzer ist empfehlenswert.
- Die gemeinsame Aufgabe der Gruppe soll klar definiert sein. Sie muß allen Mitgliedern bekannt sein und diese sollen sich mit ihr identifizieren.

Ablauforganisation, Hilfsmittel, Dokumentation

Die Tätigkeit der Arbeitsgruppen besteht aus Arbeitssitzungen und den individuellen Sachbearbeitungen zwischen diesen. Protokolle oder Notizen und Tätigkeitslisten sind die wichtigsten Hilfsmittel. Wichtig ist, daß im Verlauf der Arbeit schrittweise die Dokumentation (Datenkatalog, definitives Datenmodell, Programmspezifikationen) entsteht. Es wäre falsch, während der Feinplanung nur mündlich Probleme zu lösen und die Lösungen gar nicht oder bestenfalls ungeordnet und unvollständig auf Notizzetteln festzuhalten. Denn dann steht am Ende der Phase lediglich ein Berg ungeordneter Gedanken zur Verfügung, aus dem in kürzester Zeit ein schriftliches Feinkonzept entstehen soll. Ein Vorgehen dieser Art endet unerfreulich mit Terminverzögerungen.

> *Das Feinkonzept muß schrittweise und fortlaufend im Verlauf der ganzen Phase erstellt, das heißt formuliert und geschrieben werden.*

Es ist ohne weiteres möglich, in den Arbeitsgruppen auf die Erstellung von Sitzungsprotokollen zu verzichten, wenn das Feinkonzept als schriftliches Dokument in nahezu endgültiger Form mit den Ergebnissen der Arbeiten Schritt hält. In diesem Fall sei dem Gruppenleiter empfohlen, zusätzlich ein stichwortartiges *Tagebuch* zu führen, das den Arbeitsablauf zeitlich protokolliert.

Der Projektleiter ist vom Leiter der Arbeitsgruppe über den Arbeitsfortschritt laufend zu informieren. Das geschieht durch Übergabe von Kopien der Ergebnisse.

Wer hat die *Dokumentation* zu erstellen? Häufig wird diese Aufgabe vom Gruppenleiter selbst übernommen. Er kann sie jedoch einem schreibgewandten Mitglied der Arbeitsgruppe übergeben. Empfohlen sei, die schriftlichen Arbeiten durch eine einzige Person in der Arbeitsgruppe auszuführen. Auf diese Art werden bessere Kontinuität, Einheitlichkeit und Übersichtlichkeit erreicht.

Regeln für die Gruppenarbeit: Es ist zweckmäßig, für die Gruppenarbeit einige einfache Regeln aufzustellen. Sie befassen sich mit Arbeitszeiten, Terminen, Arbeitsorten, Arbeitsmethoden, Form der Dokumentation, Informationsflüssen und allenfalls weiteren Themen. Es bleibt zu überlegen, welche Arten von Arbeiten besser einzeln allein und welche besser in der Gruppe erledigt werden. Für die Sachbearbeitung mit vielen Details, die mit dem Zusammentragen von Unterlagen verbunden ist, ist Einzelarbeit vorzuziehen. Hingegen sollen übergeordnete Tätigkeiten und kreative Lösungen eher in der Gruppe bearbeitet werden.

Wie oft sollen in einer Arbeitsgruppe gemeinsame Sitzungen stattfinden? Je nach der Selbständigkeit der Teilnehmer ist eine Sitzung pro Woche oder eine Sitzung pro zwei Wochen zu empfehlen. Dies gilt im normalen Arbeitsablauf. In Krisensituationen (die auch in der Phase der Feinplanung möglich sind, zum Beispiel bei schwerwiegenden Terminüberschreitungen) muß die Periodizität viel kürzer sein.

Es ist auch zu bedenken, daß manche Personen Mitglieder mehrerer Gruppen sein können: Gruppenleiter gehören mindestens ihrer Arbeitsgruppe und der Kerngruppe an. Außerdem muß es dem Projektleiter möglich sein, nach Belieben an jeder Sitzung teilzunehmen. Deshalb sind die Sitzungstermine so aufeinander abzustimmen, daß nie zwei Sitzungen gleichzeitig stattfinden.

Probleme der Gruppenarbeit

Die Arbeit im Team bringt große Vorteile und ist für die Feinplanung unerläßlich. Aber sie hat auch ihre Probleme und Tücken:

- Das Hauptproblem ist immer noch das *Dokumentieren*. Die beste Lösung ist wertlos, wenn sie nirgends auf dem Papier steht.
- Die Gruppenarbeit wird sehr erschwert durch die weit verbreitete Eigenschaft *nicht zuhören zu können*. Hier muß der Gruppenleiter durch beispielhaftes Verhalten den Weg weisen.
- Keine Arbeitsgruppe ist homogen: Einzelne Mitglieder vertreten *verschiedene soziale Rollen*. Es gibt Anführer, Ideologen, stille Mitdenker, Außenseiter. Manche denken vor allem an die Aufgabe, anderen ist das Zwischenmenschliche wichtiger. Für den Erfolg der gemeinsamen Arbeit ist es wichtig, daß die Mitglieder die Eigenarten ihrer Kollegen akzeptieren und sich darauf einstellen.
- Es kommt vor, daß Diskussionen und Überlegungen nicht sachbezogen, sondern *personenbezogen* geführt werden. Man debattiert darüber, wer recht hat und nicht darüber, welche Idee die beste ist. Personen, die keinen Widerspruch vertragen, sind für die Führungsaufgabe als Gruppenleiter ungeeignet.
- Manche Benutzer *übertreiben* ihre Mitarbeit. So gehen sie darüber hinaus, zu sagen, was sie brauchen, und teilen dem Informatiker mit, ***wie*** er die Aufgabe lösen soll. Besonders Besitzer von privaten Personal Computern, die schon etwas Erfahrung haben, meinen es da manchmal zu gut. Dem Informatiker sei in einem solchen Fall ein geduldiges und »kollegiales« Verhalten empfohlen.
- Andere Benutzer wiederum *lehnen* jede *Unterstützung teilweise oder ganz ab*. Sie übernehmen Aufgaben nicht oder sind – auch tolerant betrachtet – unzuverlässig. Solche Personen sollen die Arbeitsgruppe verlassen.

Die angedeuteten Schwierigkeiten lassen sich überwinden. Wenn die Probleme nüchtern und methodisch angepackt werden und die Gruppenmitglieder ein klares Vorgehenskonzept erkennen, wird die Arbeit erleichtert. Sind einmal die ersten

Etappen der gemeinsamen Arbeit bewältigt, so vereinfachen sich die gruppeninternen Probleme nach und nach von selbst.

Im vorangehenden Kapitel wurde die Matrixorganisation besprochen. Es ist zu berücksichtigen, daß die Benutzer und Mitglieder einer Arbeitsgruppe außerhalb des Projektes durch ihre Facharbeit stark belastet sein können. Darauf muß vor allem bei der Verteilung von Aufgaben der Sachbearbeitung Rücksicht genommen werden.

Die Benutzer arbeiten in der Arbeitsgruppe als Vertreter ihrer Fachabteilung, sie sind die Botschafter des Anwenders. Sie haben die Interessen ihrer Fachabteilung im Informatikprojekt zu vertreten und die Verbindung in beiden Richtungen herzustellen. Auf jeden Fall sollten Mitglieder von Arbeitsgruppen ihre Linienvorgesetzten über ihre Arbeit im Projekt laufend orientieren und stets mit deren Einverständnis handeln.

Der Informatiker in der Arbeitsgruppe

Für den Informatiker als Gegenpol zum Benutzer ist die Zusammenarbeit in der Arbeitsgruppe fruchtbar und unentbehrlich. Hier kann er die Programmspezifikationen im direkten Kontakt erarbeiten, auftretende Fragen sofort beantworten lassen, die Benutzerwünsche und auch die geheimen Ängste kennenlernen. Daß der Benutzer dem Informatiker Arbeit abnehmen kann, ist ein wichtiger Vorteil. Um diese Hilfe vorzubereiten, soll der Informatiker den nötigen Ausbildungsaufwand nicht scheuen. Die wichtigsten Aufgaben sind:

- In der Regel leitet ein Informatiker die Arbeitsgruppe. Er sorgt für einen geordneten, projektbezogenen Arbeitsablauf und informiert nach unten und oben.
- Die Informatiker sorgen für die Ausbildung und Information der Benutzer in EDV-Belangen. Sie legen im besonderen Wert auf Verständnis für das Datenmodell und den Datenkatalog.
- Sie sind darum bemüht, von den Benutzern möglichst viel über das Anwendungsgebiet zu erfahren und zu lernen.
- Sie stellen sicher, daß die Anforderungen der Benutzer vollständig erfaßt und daß die Lösungen EDV-gerecht entwickelt werden.
- Die Informatiker sorgen für die laufende schriftliche Dokumentation der Arbeitsergebnisse.
- Sie sorgen dafür, daß die Normen des Projektes eingehalten werden.
- Die Informatiker sollten sich dessen bewußt sein, daß sie es sind, die eine Dienstleistung zu erbringen haben.

Die Erfahrung bestätigt den großen Nutzen einer regelmäßigen und intensiven Zusammenarbeit der Informatiker mit den Benutzern. Diese erleichtert die Realisierung erheblich, hat positiven Einfluß auf die Zielerfüllung in der Nutzungsphase und vereinfacht schließlich auch die Programmpflege und -wartung, da der Benutzer dann kompetent mitwirken kann.

Die Einbeziehung des Benutzers in ein Projekt, das im eigenen Hause des Anwenders entwickelt wird, ist in der Regel einfach und unumstritten. Ein besonderes Augenmerk auf diese Mitwirkung müssen jedoch auch Softwarehäuser richten, die Standardsoftware entwickeln oder Programmieraufträge ausführen: Der Kontakt mit dem zukünftigen Benutzer sei auch hier so intensiv, wie nur möglich!

Am Ziel

Wenn die Detailspezifikationen größtenteils feststehen, ist es an der Zeit, die Arbeitsgruppen aufzulösen. Der für eine bestimmte Anwendung vorgesehen Programmierer kennt dann seinen Ansprechpartner in der Fachabteilung und kann bei Bedarf aktuelle Fragen im direkten Gespräch abklären. Auf diese Weise wird vermieden, daß Unbeteiligte Zeit verlieren.

Zum Abschluß sollten die Mitarbeiter der abgeschlossenen Phase noch erfahren, wie es weitergeht:

- Das Projekt tritt in die Phase der Realisierung. Auch in dieser Phase werden die Benutzer bei Bedarf laufend, jedoch einzeln beigezogen.
- Auch während der Einführung sind noch Änderungen und Anpassungen an Benutzerwünsche möglich. Der Aufwand für ihre Realisierung ist dann aber größer.
- Die Benutzer werden für die Arbeit mit jeder Anwendung eine persönliche Anleitung erhalten.
- Eine Bedienungsanleitung in schriftlicher Form (meist auch als Hilfetext am Bildschirm) wird den Benutzern zur Verfügung gestellt werden.

Für die Zusammenarbeit ist von Bedeutung, daß der Informatiker die auftretenden Probleme nicht nur durch seine digitale und relationale Brille sieht, sondern diese auch mit dem Handwerkerblick des zukünftigen Benutzers betrachtet.

Fallstudie IGEL: Arbeitsgruppen

Im ersten Monat der Feinplanung wurden in der F*Z*G die vorgesehenen Arbeitsgruppen (AGr) gebildet, die rasch ihre Arbeit aufnahmen. Im folgenden werden ihre Aufgaben kurz umschrieben.

- *AGr Rechnungswesen:* In dieser Arbeitsgruppe wurde der Einsatz von Standardsoftware der FICOSO AG vorbereitet. Deshalb übernahm ein Chefprogrammierer des Softwarehauses (J. Trutschka) die Leitung der Gruppe. Man hatte die Absicht, das Programmpaket *FICO 8-8-8* für das Rechnungswesen unverändert ohne Anpassungen zu übernehmen und einzuführen. Die Gruppe mußte deshalb die Überprüfung und Anpassung der Ablauforganisation, den Entwurf neuer Formulare, die Anpassung der Konti, Kostenstellen, Kostenarten und Kostenträger und die Parametrisierung der Standardprogramme bearbeiten.
- *AGr Einkauf:* Auch in dieser Arbeitsgruppe mußte der Einsatz von Standardsoftware vorbereitet werden, es handelte sich um das Einkaufssystem der FICOSO AG mit dem Namen *EIKA 8-8-8*. Es sollte die Version 3 zum Einsatz kommen, die die Möglichkeit bot, Einkäufe international abzuwickeln. (Die F*Z*G

tätigt den größten Teil ihrer Einkäufe in Österreich). Diese Version 3 war noch nicht fertiggestellt und gab der F*Z*G deshalb Gelegenheit, eigene Anforderungen bis zu einer gewissen Grenze ohne Mehrkosten realisieren zu lassen. Auch diese Arbeitsgruppe leitete Herr J. Trutschka (FICOSO AG). Er war als Vertreter seiner Firma an der Mitwirkung der Benutzer sehr interessiert.

- ***AGr Lager und Transport:*** Diese Gruppe leitete Herr Vredestein, ein Programmierer der F*Z*G, der auch bisher die Datenverarbeitung der Lagerverwaltung (eine Stapelverarbeitung aus den 70er Jahren) betreut hatte. Die neue Software sollte sich aus zwei Komponenten zusammensetzen: Die Lagerbewirtschaftung war durch das Standardpaket *STORESY* zu bearbeiten. Für das Transportwesen mußten hingegen Individualprogramme erstellt werden, die sowohl den speziellen Transportbedingungen des Hauses entsprachen, als auch mit dem Lagerbewirtschaftungssystem zusammen funktionieren und außerdem die zentrale Datenbank benützen sollten. Hier ergaben sich eine ganze Reihe von Konzeptionsarbeiten, weshalb diese Gruppe personell stark dotiert wurde. So arbeiteten hier außer dem Gruppenleiter auch noch Frau Fink und Herr Trutschka als Informatiker mit. Die Benutzer waren durch den Abteilungsleiter »Einkauf und Lager« (Kraut), durch den Werkmeister »Spedition und Transport« (Frosch) und durch den Leiter der »Außenstelle Schwechat« (Swoboda) vertreten. (Die Außenstelle Schwechat gibt für die Luftfracht- und Bahntransporte den Takt an.) Die eingesetzten Kadermitarbeiter standen für rasche Entscheide sofort zur Verfügung und setzten bei Bedarf für größere Sachbearbeitungen auch ihre Stellvertreter ein.
- ***AGr Auftragsabwicklung:*** In dieser Arbeitsgruppe sollte die Software für die Auftragsabwicklung entworfen werden. Dabei handelte es sich um eine individuelle Programmierung durch eigene Informatiker der F*Z*G; es konnte keine Standardsoftware eingesetzt werden. Deshalb fand man in hier die gesamte Informatiktruppe der F*Z*G im Einsatz: der Programmierchef Biermann war Gruppenleiter, zwei Programmierer aus den eigenen Reihen (Süßkind und Vredestein) hatten ihn zu unterstützen. Auch die Benutzer waren voll vertreten: Der Abteilungsleiter »Verkauf und Marketing« (Kästel), der Gruppenleiter »Vertrieb und Werbung« (Friese) und der Werkmeister »Spedition und Transport« (Frosch) waren bereit, sich persönlich der Entwicklung »ihrer« Software anzunehmen.
- ***AGr Personalwesen:*** Hier waren die Verhältnisse ähnlich wie beim Rechnungswesen. Es sollte die Standard-Software der FICOSO AG, ein Personalinformationssystem mit integrierter Präsenzzeitkontrolle namens *PERSY 5*, ohne Änderungen und Anpassungen eingesetzt werden. Die Gruppe wurde von Dr. Eisenbart der FICOSO geleitet, Frau Adelheid Zapfel hatte die Benutzerseite zu vertreten und Herr Vredestein, Programmierer der F*Z*G, wurde für die Sachbearbeitung zur Verfügung gestellt. Die Aufgaben dieser Arbeitsgruppe umfaßten wiederum die Parametrisierung des einzusetzenden Programmpakets und die Anpassung der Ablauforganisation. Dies hat relativ viel Arbeit verursacht, da die Stempelkarten der Mitarbeiter und Mitarbeiterinnen durch Plastikkarten mit eingebautem Chip (sogenannte »Badges«) ersetzt werden sollten. Diese Karten öffne-

F * Z * G
Projekt IGEL
AGr AUFAB

Geht an: Dr.Kulack,
Frau Fink,
Teilnehmer.

Protokoll

der 2. Sitzung der Arbeitsgruppe Auftragsabwicklung

Datum, Zeit:	26.10.1994, 13.30 bis 17.10 Uhr
Ort:	Kupferdreh, Besprechungszimmer Erdgeschoß
Anwesend:	HH. Biermann (Vorsitz), Friese, Frosch, Kästel, Süßkind (Protokoll), Vredestein.

1. Unterstellung, Matrixorganisation: Herr Biermann erläutert die Matrixorganisation und erklärt, daß die Herren Friese, Frosch und Kästel natürlich weiterhin ihren bisherigen Vorgesetzten administrativ und fachlich unterstellt sind. Als Ausnahme gilt, daß sie während ihrer Tätigkeit im Projekt IGEL (Friese 50 %, Frosch 20 %, Kästel 40 % der Arbeitszeit) Herrn Biermann fachlich unterstellt sind.

2. Zusammenarbeit mit anderen Gruppen: Die Verbindung zur Projektgruppe und zu den anderen Arbeitsgruppen wird von Herrn Biermann wahrgenommen. Auch hier sind Ausnahmen zwanglos möglich: Über formlose Kontakte ist jedoch eine Aktennotiz zu verfassen und in der nächsten Sitzung vorzulegen.

3. Besprechung der Datenbank: Anhand des Datenmodells für die F*Z*G (2. Entwurf) erläutert Hr. Biermann diejenigen Dateien, die uns in der Arbeitsgruppe besonders interessieren: *Artikel, Bestände, Auslieferungen, Aufträge, Kunden, Läden*. Eine primäre Aufgabe ist der Entwurf dieser Dateien. Bei den Dateien *Artikel* und *Bestände* bestehen Schnittstellen zu den Arbeitsgruppen *Einkauf* und *Lager*. Eine weitere Schnittstelle stellt die Datei *Aufträge* zum *Rechnungswesen* (Debitoren) dar. (Siehe Anlage 3 der Einladung vom 15.9.1994)

4. Hausaufgaben: Die Herren Friese, Frosch und Kästel erstellen einen ersten Entwurf der oben genannten Dateien. Herr Biermann überprüft das Datenmodell mit Herrn Trutschka. Herr Süßkind beschafft Unterlagen zur Dateieinteilung bei der Fa. Julius Meinl in Wien.

5. Verschiedenes: Nächste Sitzung am Donnerstag, 3.11.1994, 9.00 Uhr im selben Raum. Herr Kästel kann wegen einer Dienstreise nach Budapest nicht teilnehmen.

gez. Süßkind
27.10.1994

5.1 Sitzungsprotokoll der Arbeitsgruppe »Auftragsabwicklung«

ten die Türen und gestatteten damit den Zutritt zu den Arbeitsstätten, und sie dienten auch der Erfassung der Anwesenheiten. Dadurch wurden einerseits bauliche Maßnahmen (Eingangstüren), andererseits auch organisatorische Maßnahmen (Datensammlung und -übermittlung, Schulung) in der Zentrale, in den Läden und in der Außenstelle erforderlich.

- *AGr System & Datenbank:* Diese Gruppe stand unter der Leitung des Herrn Biermann, Gruppenleiters »EDV-Betrieb und Programmierung«. Alle für das Projekt verfügbaren Informatiker gehörten ihr an und bearbeiteten die fachtechnischen EDV-Aufgaben. Ihr wichtigstes Thema zu Beginn war die Analyse des Datenmodells, das die FICOSO AG für ihre Standardsoftware verwenden wollte. Da ja in der F*Z*G für einige Anwendungen individuelle Programme erstellt werden mußten, war es notwendig, dieses Datenmodell entsprechend zu erweitern. Den definitiven Entwurf der Datenbank übernahm Herr Trutschka (FICOSO AG) als Spezialaufgabe.

  Die Arbeitsgruppe hatte außerdem möglichst schnell allgemein verbindliche Normen herauszugeben, den Programmieraufwand zu schätzen, die Arbeiten zu terminieren, kurzum: sich allen EDV-bezogenen Entwicklungsarbeiten zu widmen, die nicht Sache einer bestimmten Anwendung allein waren.

Die Arbeit der Arbeitsgruppen begann sich einzuspielen. Es wurde eine Einteilung getroffen, um Überschneidungen der Sitzungen verschiedener Gruppen zu vermeiden. Folgender Plan wurde entwickelt:

Arbeitsgruppe:	**Sitzungstermin:**
Projekt-Kerngruppe	1. und 3. Freitag im Monat, 13.30 Uhr
System & Datenbank	2. und 4. Freitag im Monat, 13.30 Uhr
Rechnungswesen	2. und 4. Montag im Monat, 07.00 Uhr
Einkauf	2. und 4. Montag im Monat, 13.30 Uhr
Lager & Transport	Dienstag, 07.00 Uhr
Auftragsabwicklung	Donnerstag, 09.00 Uhr
Personalwesen	1. und 3. Montag im Monat, 13.30 Uhr

In den Arbeitsgruppen »Rechnungswesen« und »Lager & Transport« kam es in den beiden ersten Gruppensitzungen zu erregten Debatten und langen Diskussionen. Besonders die Herren Märkel und Schilling von der Benutzerseite erhoben Einspruch gegen die Numerierungssysteme der Konten und Kostenarten. Ähnlich verhielt sich Herr Kraut, der sich in scharfen Worten gegen die neue fünfstellige Artikelnummer aussprach. Die Abschaffung sprechender Nummern bereitete ganz allgemein Mißbehagen. Dieses dehnte sich dann auf das einheitliche Datenmodell der FICOSO aus. Schließlich verlangten die Benutzer sogar, von einer gemeinsamen Datenbank Abstand zu nehmen und jedem Anwendungsgebiet wie bisher seine eigenen Dateien zur Verfügung zu stellen.

Alle Benutzer in den Arbeitsgruppen und die Programmierer der F*Z*G reisten Ende Oktober nach Hannover zu einem viertägigen Kurs der FICOSO AG, wo die

Herren Dr. Eisenbart und Trutschka ganz besonders auf die Vorteile der Datenbank des Systems CS/200 und auf das FICOSO-Datenmodell für den Handel eingingen. Das verbesserte das Verständnis für die erwähnten Probleme, insbesondere für das gewählte Numerierungssystem. Lediglich Herr Märkel nahm das Gehörte unter Protest zur Kenntnis. Er war jedoch damit einverstanden, das neue Numerierungssystem auch in seinem Bereich einzuführen, wenn die Geschäftsleitung ihm dies befehle.

Nach der zweiten Sitzung der Arbeitsgruppen schienen die Wogen weithin geglättet. Die Projektarbeit war nicht mehr etwas Neues, das die Benutzer fürchteten, sondern sie war ein normaler Bestandteil des beruflichen Alltags geworden. Die Sitzungen wurden programmgemäß abgehalten, das einheitliche Vorgehen hatte sich bewährt, die Ergebnisse wurden schriftlich festgehalten, Lösungen wurden gemeinsam gesucht und gefunden, eine gegenseitige Hilfsbereitschaft entwickelte sich. Dies war vor allem dem Einsatz von Herrn Biermann zu danken, der für alle Sorgen Verständnis hatte, überall hilfreich einsprang und es ausgezeichnet verstand, aufgeregte Benutzer zu beruhigen. Der Projektleiter Dr. Kulack war mit der Entwicklung zufrieden, was er auch in seinem ersten Monatsbericht (siehe Bild 4.8) zum Ausdruck brachte.

Merksätze

- Arbeitsgruppen werden dann gebildet, wenn mehrere Fachgebiete getrennt von einander bearbeitet werden können.
- Arbeitsgruppen sind auch gut dazu geeignet, die zukünftigen Benutzer in ein Informatikprojekt einzubinden. In kleinen Gruppen wird die Zusammenarbeit von Benutzern und Informatikern erleichtert.
- Die Mitarbeit der Benutzer ist für diese selbst von Vorteil, für den Informatiker schlechthin unentbehrlich. Der Benutzer kann definieren, was er braucht. Der Informatiker erfährt, was er tun muß.
- Die Benutzer werden für ihre Mitarbeit zunächst ausgebildet und dann laufend informiert. Sie arbeiten an Spezifikationen und Lösungen mit. Schließlich nehmen sie die Lösung ab: Sie bestätigen deren Brauchbarkeit.
- Die wichtigste Mitarbeit der Benutzer erfolgt beim Erstellen der Programmspezifikationen, beim Entwurf der zukünftigen Ablauforganisation, beim Erstellen des Datenkataloges, beim Entwurf von Bildschirmmasken und Listenbildern, bei der Vergabe von Zugriffsberechtigungen. Damit übernehmen sie Arbeiten, die sonst die Informatiker stark belasten würden.
- Wichtig ist die Dokumentation der geleisteten Arbeit: Das Feinkonzept muß schrittweise und fortlaufend im Verlauf der ganzen Phase *Feinplanung* erstellt, das heißt formuliert und geschrieben werden.
- Die Gruppenarbeit beschleunigt durch die Kumulation des Wissens von Benutzern und Informatikern den Projektfortschritt und erhöht die Qualität der Resultate.
- In der Gruppenarbeit entstehen jedoch auch Probleme, im wesentlichen durch

persönliche Schwächen. Weit verbreitet ist die Eigenschaft, nicht zuhören zu können. Oder es wird darüber debattiert, wer recht hat, und nicht darüber, welche Idee die beste ist. Im Lauf der Zeit pflegen sich die Schwierigkeiten zu glätten, wenn intelligente Personen zusammenarbeiten.

- Die Benutzer dürfen durch die Projektarbeit nicht überlastet werden, sie haben auch den Alltag in ihrer Fachabteilung zu bewältigen.
- Keine Arbeitsgruppe darf isoliert arbeiten, denn sie entwickelt den Teil eines Gesamtkonzepts. Der Gruppenleiter hat für die Verbindung nach allen Seiten zu sorgen.

Ergebnisse

Allgemeine Ergebnisse der Arbeit in den Arbeitsgruppen mit Beizug der zukünftigen Benutzer stellen sich schon nach den ersten Sitzungen ein:

- Die Mitglieder der Arbeitsgruppen kennen die Vorteile und Probleme der Gruppenarbeit.
- Die Zusammenarbeit der Informatiker mit den Benutzern ist eingeführt. Die Ablauforganisation funktioniert.
- Die Benutzer sind ausgebildet.
- Die Informatiker kennen die Benutzer und verstehen deren Anwendungen und Anforderungen.
- Die Benutzer haben begonnen, den Informatikern Arbeit abzunehmen. Sie wissen was und wie sie helfen können.
- Alle sind bereit, gemeinsam laufend die Dokumentation, das Feinkonzept zu erstellen.

Literatur

GLASL, F.: Organisationsentwicklung.

DAMODERAN, L. ET AL.: Designing Systems for People.

HANSEN, H. R.: Wirtschaftsinformatik I.

6. Vom Datenchaos zur Datenbank

Um Daten zu ordnen, wird ein konzeptionelles Schema benötigt. Das Entity-Relationship-Modell ist dafür geeignet.

Informationssysteme haben die Aufgabe, die Realität einer begrenzten Welt mit einem definierten Genauigkeitsgrad und mit einer bestimmten, kleinen Verzögerung abzubilden. Mit Hilfe der Abbildung können sodann Einsichten gewonnen und Tätigkeiten vollzogen werden. Das wäre aufwendiger oder gar unmöglich, müßte die reale Welt als unmittelbare Grundlage verwendet werden. Zum Aufbau der Abbildungen dienen Daten, die Eigenschaften der realen Objekte und ihre gegenseitigen Beziehungen beschreiben. Die Objekte werden auch durch Daten identifiziert.

Die Einführung der automatisierten Informationsverarbeitung machte sehr schnell bewußt, wie ungeordnet das Informationsgut überall vorliegt. Betrachtet man nur ein kleines Unternehmen mit einigen wenigen Beschäftigten, so finden sich oft etliche unkoordinierte Informationssysteme nebeneinander. Manche Datenbestände zeigen wohl einige Ordnungsansätze, wenn man sie als Inseln betrachtet. Im ganzen erscheinen sie aber als Durcheinander. Da gibt es alle denkbaren Datenträger: Disketten und Magnetplatten, Magnetbänder und Datenkassetten, Bücher und sogenannte Ordner, Planungstafeln und Listen, Karteien und Notizzettel. Die Datenbestände werden mehrfach geführt, allgemein oder privat verwaltet, sie sind unvollständig und voller Fehler. Das ist die offenbar gegebene Realität, sie läßt sich nur mit Mühe verändern.

Die ideale Datenbasis

Man steht vor folgendem Ist-Zustand: Chaos der Daten mit Mehrfachspeicherung, Unvollständigkeit, Fehlern. In Teilbereichen sind Ordnungsansätze vorhanden. Welche Daten gespeichert sind und wo sie sich befinden, ist nur zum Teil bekannt. Das Feststellen eines Faktums ist mühselig und zeitraubend.

Dem gegenüber steht ein ideales Ziel: Alle Objekte und Fakten sind vollständig, fehlerfrei und nur ein einziges Mal gespeichert. Veränderungen der Realität werden verzögerungslos abgebildet. Es ist vollständig bekannt, welche Daten vorhanden sind und wo sie sich befinden. Der Zugriff, das Feststellen eines Faktums ist mühelos und gelingt sehr schnell. All dies könnte eine »ideale Datenbasis« ermöglichen. Sie wird aber immer nur als Vision existieren.

Was kann bei der Einführung eines neuen Informationssystems eigentlich erreicht werden? Stets stehen nur begrenzte Mittel zur Verfügung. Zeitliche, personelle, finanzielle und intellektuelle Einschränkungen müssen hingenommen werden.

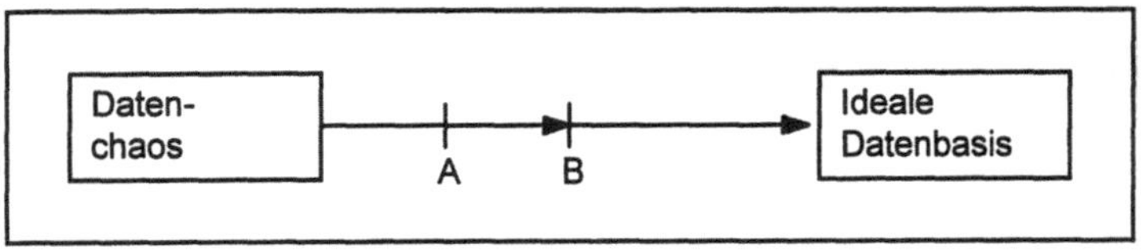

6.1 Ordnen führt von A nach B

Deshalb kann man nur einen Teil des Datensystems ein kleines Stück in Richtung zur idealen Datenbasis (von links nach rechts, von A nach B in Bild 6.1) verschieben, oder besser gesagt: zerren. Dies hat natürlich nur dann Sinn, wenn dadurch ein nützlicher Zweck erreicht wird. Es müssen gewisse Erkenntnisse oder Tätigkeiten ermöglicht oder erleichtert werden. Sobald im Datenbestand dann eine höhere Ebene der Ordnung erreicht ist, muß mit Eifer daran gearbeitet werden, in dieser Ebene zu bleiben. Im anderen Falle kommt eine bösartige Schwerkraft zum Zug, die den Datenbestand schnell wieder zurück in Richtung Chaos verschiebt.

Feinplanung und Datenstruktur

In der Feinplanung besteht die Aufgabe, die Daten eines begrenzten Systems in eine gehobene Ordnung zu führen und Vorsorge zu treffen, daß sie dort auch bleiben. Erst dadurch werden die Daten für die geforderten Funktionen zu brauchbaren Informationen. Es ist also folgendes gefordert:

- Von den möglichen Daten ist eine begrenzte Auswahl zu treffen.
- Die Bedeutung der Daten muß definiert werden.
- Die Speicherung der Daten muß vorbereitet werden und ihre Adressen müssen definiert werden.
- Die Daten werden erfaßt oder übertragen, und gespeichert.
- Die laufende Anpassung der Daten an die Realität ist sicherzustellen.
- Datenfehler sind möglichst zu vermeiden. Treten Fehler auf, müssen sie erkannt und korrigiert werden können.

Dies sind die Grundlagen für die Verwaltung jedes Datenbestandes und sei er noch so klein. Man denke als Beispiel an sein eigenes, persönliches Telefonbüchlein.

Wenn im Informatikbereich ein Datenbestand und seine Verwendung konzipiert werden, folgt man den oben angeführten Grundsätzen. Man nennt den Vorgang, eine Ordnung für Daten aufzustellen, Datenmodellierung.

Datenmodellierung: Entity-Relationship

Der erste Schritt auf dem Weg zur Ordnung ist der *Entwurf eines Schemas*, nach dem die Daten eines (begrenzten und vereinfachten) Systems geordnet werden sollen, damit sie als Abbild oder Modell brauchbar sind. Wenn die Daten geordnet sind, lassen sie sich in eine Datenbank einbringen. Das Schema soll dazu dienen, einen Ausschnitt der betrieblichen Realität in eine Datenstruktur abzubilden. Die Erstellung des Schemas wird durch eine Modellvorstellung vereinfacht.

Ein gut geeigneter Modelltyp ist das *Entity-Relationship-Modell*, das 1976 von P. P. S. Chen vorgeschlagen wurde. Es kennt zwei Elemente: Entitäten (Entities), das sind Objekte oder Gegenstände, und die Beziehungen zwischen ihnen, die Relationships.

Eine *Entität* (ein Objekt) ist abgrenzbar und gehört einem begrenzten System (einer Miniwelt) an. Eine Entität kann ein reales Objekt oder eine gedankliche Abstraktion sein. Gleichartige Entitäten werden zu einem *Entitätstyp* verallgemeinert. Ein Entitätstyp wird durch die Zuordnung von *Attributen* (Entity properties), das sind ausgewählte Eigenschaften, im Detail beschrieben. Wird ein Entitätstyp durch konkrete Entitäten besetzt, so ergibt sich eine *Entitätsmenge* (oder ein Entity-Set). Die Zuordnung von Attributen zu einem Entitätstyp ist zwingend. Den Inhalt der Attribute bezeichnet man als deren *Ausprägung*. Beispiele für Entitätstypen sind: Mitarbeiter, Lieferanten, Artikel. Beispiele für Entitäten sind: Mitarbeiter Rolf Huber, Lieferant Ericsson, Artikel Kochbutter. Beispiele von Attributen von Entitätstypen sind Haarfarbe, Bankkonto, Kilopreis. Beispiele für die Ausprägung von Attributen sind: blond, 84-2015-8, DM 2.50.

Eine Beziehung *(Relationship)* ist eine Verknüpfung von zwei oder mehreren Entitäten. Sie gibt an, welche Beziehung zwischen den verknüpften Objekten besteht. Eine Beziehung kann durch die Zuordnung von Attributen detailliert beschrieben werden, jedoch ist die Zuordnung von Attributen nicht zwingend. Beispiele für Beziehungen sind: »arbeitet mit bei«, »ist Angehöriger von«, »liefert«. Die erstgenannte Beziehung könnte die Entitätsmengen »Mitarbeiter« und »Projekte« miteinander verknüpfen, was schließlich zur Information führen könnte: »Unser Mitarbeiter Herr Rolf Huber (mit blondem Haar) arbeitet (als Anstreicher während drei Tagen) mit im Projekt *Einrichtung Messekoje*«. »Mit blondem Haar« wäre dabei eine Ausprägung des Attributes Haarfarbe der Entität Mitarbeiter Rolf Huber. »Als Anstreicher« und »während drei Tagen« wären die Ausprägungen der Attribute Funktion und Zeitdauer der Beziehung »arbeitet mit bei«. Sind Beziehungen mit Attributen ausgestattet, ergibt sich eine *Beziehungsmenge.*

Es sei vorweggenommen, daß in einer relationalen Datenbank sowohl Entitäten, als auch Beziehungen als *Relationen*, das heißt als *Tabellen* dargestellt werden können. Relationen und Relationships sollen nicht verwechselt werden! Relationen sind die Tabellen einer relationalen Datenbank; man könnte auch sagen: ihre Dateien. Hingegen sind Relationships die Beziehungen zwischen Entitäten, also die Beziehungen zwischen den einzelnen Objekten im Datenmodell. Sowohl Entitäten (Objekte), als auch Relationships (Beziehungen) können in der relationalen Datenbank in Tabellen (Relationen, Dateien) dargestellt werden! Relationale Datenbanken werden später noch eingehend erläutert.

Die Beziehungen zwischen zwei Entitätsmengen können einfacher oder komplizierter sein. Zur näheren Erklärung sollen zwei *Entitätsmengen EM1 und EM2* betrachtet werde. Um die Beziehung zwischen ihnen zu beschreiben, geht man von *gerichteten Assoziationen (EM1,EM2)* aus. Eine Assoziation ergibt sich daraus, daß man definiert, wieviele Entitäten aus EM2 einer Entität in EM1 zugeordnet werden können. Hier unterscheidet man meist vier Typen, sie sind in Bild 6.2 angegeben.

Assoziationstyp (EM1,EM2):	Jeder Entität aus EM1 sind Entitäten aus EM2 zugeordnet:
1 (einfach)	genau eine
c (konditionell)	keine oder eine
m (multipel)	eine oder mehrere
mc (multipel-konditionell)	keine, eine oder mehrere

6.2 Die vier Typen gerichteter Assoziationen

Um eine vollständige Beziehung (Relationship) zwischen zwei Entitätsmengen zu typisieren, muß man die Assoziation (EM1,EM2) mit ihrer Gegenassoziation (EM2, EM1) kombinieren. Aus den vier Typen von Assoziationen ergeben sich 16 mögliche Arten von Beziehungen, von denen zehn unter sich verschieden sind, wenn man Symmetrien vernachlässigt. C. A. Zehnder gibt dazu das in Bild 6.3 dargestellte Beispiel.

Darstellung von Beziehungen:

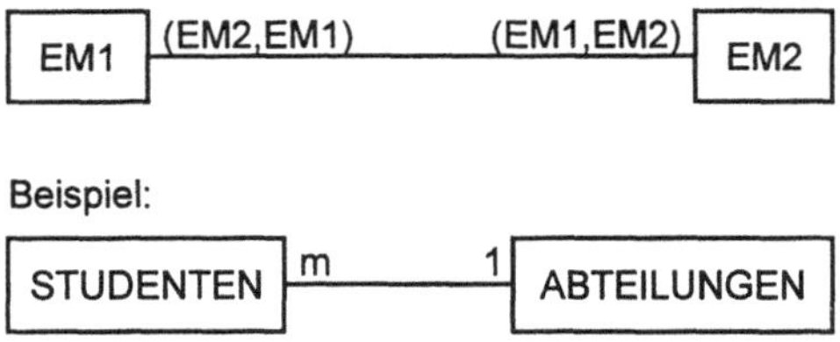

Beispiele von Beziehungen:

Entitätsmenge 1	Entitätsmenge 2	Beziehungstyp	Beziehung
rechte Schuhe	linke Schuhe	1 – 1	Paare
Abteilungen	Personal	c – 1	Abteilungsleiter
Personal	Abteilungen	m – 1	Zugehörigkeit
Kinder	Ehepaar	mc – 1	Familienzugehör.
Frauen	Männer	c – c	Heirat
Personen	Parteien	m – c	Mitgliedschaft
Projekte	Projekte	mc – c	ist Unterprojekt
Standorte	Standorte	m – m	Distanz
Vorlesungen	Studenten	mc – m	Einschreibung
Personen	Personen	mc – mc	Freundschaften

6.3 Darstellung und Beispiele von Beziehungen (nach C. A. Zehnder)

Darstellung des Entity-Relationship-Modells

In der neueren Fachliteratur hat es sich eingebürgert, Entitätsmengen als Rechtecke, Relationship-Typen als Rhomben und Attribute als Ellipsen darzustellen. Wie eine allgemeine m:n-Beziehung zwischen »Bestellungen« und »Artikeln« aussieht, zeigt Bild 6.4.

1)

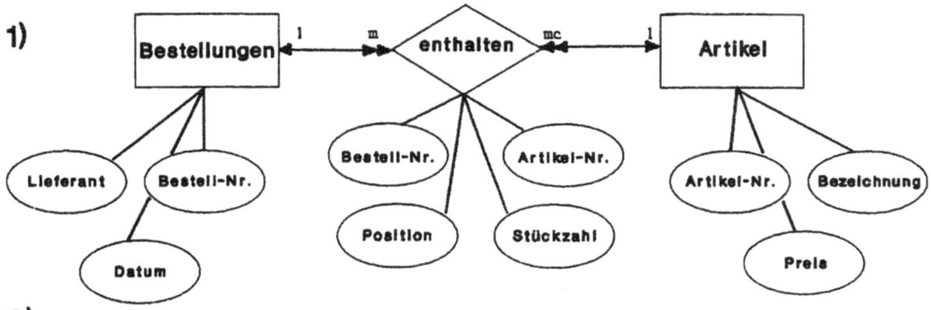

2)

Bestellungen		
BestNr	Datum	Lieferant
.	.	.
0011	3.4.1994	Mautner
0012	3.4.1994	Inzers
0013	4.4.1994	Hornig
.	.	.

enthalten			
BestNr	Pos	ArtNr	Stück
.	.	.	.
0011	01	1620	60
0012	01	0360	12
0012	02	0504	100
0012	03	1100	100
0013	01	1401	400
.	.	.	.

Artikel		
ArtNr	Bezeichnung	Preis
.	.	.
0360	Gulasch 3 D.	6,00
.	.	.
0504	Powidl 2 kg	9,20
1100	Ribisel 6 G.	16,80
.	.	.
1401	Kaffee Turk	14,50
1620	Krenkonserve	3,50
.	.	.

3)

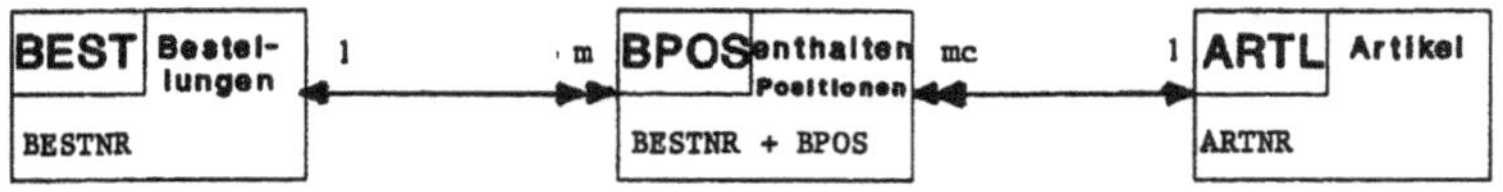

6.4 Die Beziehungen zwischen Bestellungen und Artikeln im Entity-Relationship-Schema (1) und im relationalen Datenmodell (2). Die letzte Variante (3) zeigt die vereinfachte, allgemein übliche Form für das relationale Modell.

Oben wurde gesagt, daß Entitäten Attribute (das sind ihre Eigenschaften) haben *müssen*, die Beziehungen hingegen Attribute haben können. Letzteres ist also nicht zwingend. Jede Entitätsmenge stellt man im relationalen Datenmodell als Tabelle (oder Relation) dar. Die Beziehungen muß man als Tabellen nur dann darstellen, wenn sie Assoziationen vom Typ m oder mc auf beiden Seiten wiedergeben oder wenn sie mit Attributen ausgestattet sind. Das heißt mit anderen Worten: Beziehungen ohne Attribute und solche mit Assoziationen vom Typ 1 oder c brauchen keine eigene Tabelle. Dies vereinfacht das Modell.

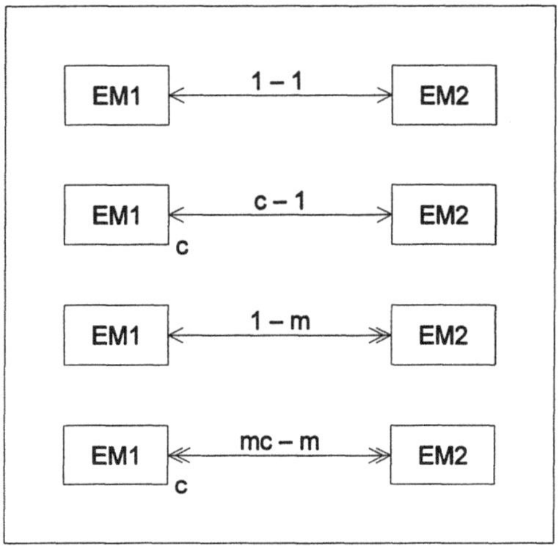

6.5 *Beispiele für die vereinfachte Darstellung von Beziehungen im Relationenmodell. Ist eine Assoziation konditionell, wird dies durch ein c angegeben.*

Beim Zeichnen der Modelle im praktischen Gebrauch verwendet man für Relationen rechteckige Kästchen und für die Beziehungen zwischen ihnen Pfeile. Mehrfachpfeile geben an, um welche Art der Beziehung es sich handelt (siehe Bild 6.5).

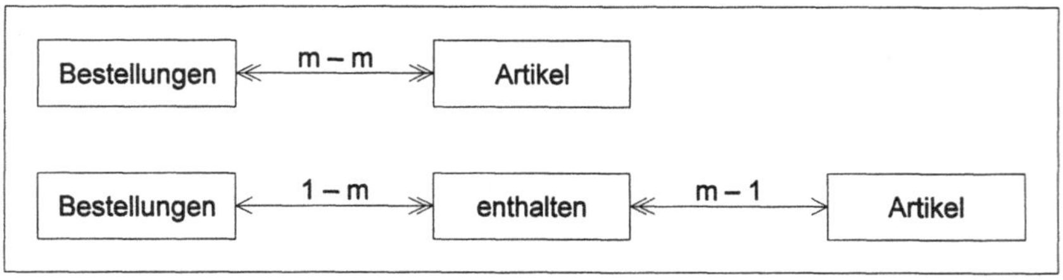

6.6 *Jede Bestellung umfaßt mehrere Artikel. Jeder Artikel kommt in mehreren Bestellungen vor. Dies ist zunächst eine m–m-Beziehung. Sie muß geteilt werden, will man sie im relationalen Modell realisieren.*

Stellt man ein Relationenmodell auf, so können (es sei wiederholt) die ersten beiden Beziehungen ohne Tabelle für die Relationship realisiert werden, wenn diese keine

Attribute (Eigenschaften) aufweisen. Die m–m-Beziehung läßt sich aber auf jeden Fall nur durch eine dritte Relation verwirklichen. Aus m–m wird dann 1–m und m–1, wie Bild 6.6 verdeutlichen soll.

Datenbanken und ihre Arten

Die Datenbank ist ein Behälter, in den die Daten gelegt werden und der ihnen mit vielen Schubladen und Fächern die gewollte Ordnung aufzwingt. Fächer und Schubladen erinnern zu sehr an die Möbelbranche, der Informatiker spricht lieber von Strukturen. Datenbanken und Datenmodelle können verschieden strukturiert sein. Am Anfang stand die hierarchische Struktur (oder hierarchische Datenbank). Sie erwies sich bald einmal als unzulänglich, da in der Informatik Söhne ohne weiteres mehrere Väter haben können und nicht nur umgekehrt. Man erfand die Netzwerkdatenbank, die zwei Jahrzehnte das Feld beherrschte und gut war. Aber das Gute mußte wieder einmal dem Besseren weichen, das Kompliziertere dem Einfachen. So steht heute die relationale Datenbank im Vordergrund. Im akademischen Bereich stehen schon einige neue Sterne am Horizont: hierarchisch geschachtelte Relationsmodelle, semantische und objektorientierte Modelle, rekursiv geschachtelte Relationen. Im folgenden wird das einfache Relationenmodell allein behandelt. Für Leser mit historischen oder futuristischen Interessen wird weiterführende Literatur am Schluß des Kapitels angegeben.

Behalten wir das Ziel im Auge: Gesucht wird ein Datenmodell, das im Hinblick auf seinen Verwendungszweck alle Objekte mit ihren Eigenschaften und Zusammenhängen abbildet und diese einfach und schnell auffinden und verändern läßt. Diese Forderung schließt ein, daß jedes Faktum (Tatsache, Eigenschaft) nur einmal festgehalten wird: Redundanzfreiheit ist gefordert.

Es sei vorweg genommen: Relationale Datenbanken in der dritten Normalform erfüllen die Anforderungen und sind heute (und für die meisten Anwendungen vermutlich auch in Zukunft) der ideale Ansatz.

Ideal und Wirklichkeit

Nun ist noch zu unterscheiden zwischen dem idealen Datenbankkonzept und seiner physischen Realisierung. Hierarchische Datenbanken lassen sich in einem Computer ziemlich einfach realisieren. Man kann die dort verwendeten Baumstrukturen sequentiell bearbeiten, was auf jeden Fall schnell geht. Bei Netzwerkdatenbanken ist das schwieriger, der Benutzer merkt es an längeren Antwortzeiten. Und bei relationalen Datenbanken ist dies noch um eine Größenordnung umständlicher und langwieriger, die Anzahl von Plattenzugriffen wird schnell recht hoch. Deshalb ist auch heute hier noch eine Grenze gezogen: Bei großen Datenbeständen werden relationale Datenbanken teurer als andere, da man sehr schnelle Maschinen einsetzen muß, um kurze Antwortzeiten einzuhalten. Jedoch sind relationale Datenmodelle mit so vielen Vorteilen ausgezeichnet, daß man heute kaum noch auf sie verzichtet. Ihr wichtigster Vorteil: Sie sind klar und einfach.

Es wird jedoch immer wieder vorkommen, daß man aus irgendwelchen Gründen das ideale Datenmodell nicht physisch verwirklichen kann. So ist zum Beispiel die absolute Redundanzfreiheit oft nicht einzuhalten - womit auch die dritte Normalform der relationalen Datenbank zu Fall kommt. Aber auch dann sollte man auf die ideale Datenbank nicht verzichten und zwei Dinge zu Papier bringen: einmal das ideale Datenmodell und zum zweiten - davon abgeleitet - das realisierbare Datenmodell. Das letztere enthält erzwungene Abstriche und entspricht den tatsächlich eingesetzten Hilfsmitteln (Hardware, Software). Am idealen Datenmodell können dann trotzdem Überlegungen im Entwurfstadium (auch bei Erweiterungen oder Änderungen der Anwendungen) gemacht werden. Außerdem kann es als Leitbild für zukünftige Verbesserungen dienen.

Die Eigenschaften relationaler Datenbanken

Das Relationenmodell ist ein einfaches und leicht verständliches Modell für Datenbanken. Es beruht auf der uralten Anwendung von Tabellen. Durch die mathematische Theorie sind Relationen seit langem erschlossen. Ihre Verwendung in der Informatik ist vor allem das Verdienst des Amerikaners E. F. Codd, der sich seit 1970 für das Relationenmodell eingesetzt hat.

Im Relationenmodell werden die Daten in sogenannten »flachen Tabellen« dargestellt. Durch das Vergleichen von Daten können die nötigen Beziehungen zwischen verschiedenen Tabellen hergestellt werden. Als wesentliche Eigenschaften relationaler Datenbanken können genannt werden:

- einfache Speicherung,
- alle Beziehungen sind (implizit) realisierbar,
- Abfragen können umständlich sein.

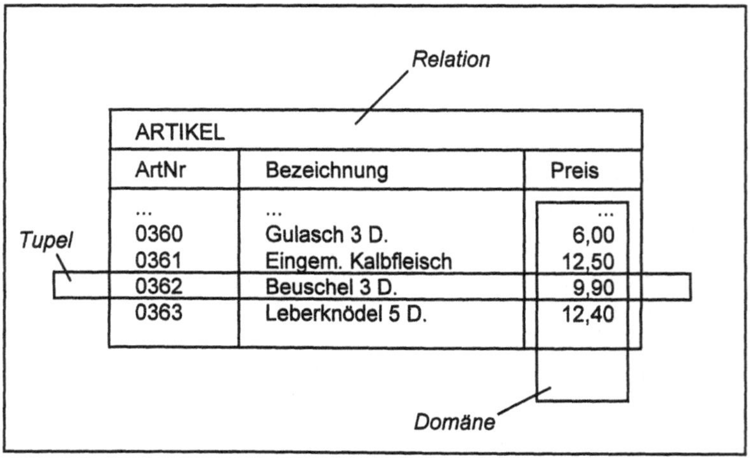

6.7 Begriffe relationaler Datenbanken

Die verwendeten Tabellen (Relationen) haben folgende Merkmale:

- Sie haben Spalten und Zeilen,
- jede Spalte hat einen eindeutigen Namen,
- die Spalten sind homogen, das heißt ihre Werte gehören zur gleichen Sorte,
- die Zeilen sind voneinander verschieden,
- jede Eintragung in die Tabelle ist ein Datenfeldwert,
- Zeilen oder Spalten können in beliebiger Reihenfolge betrachtet werden.

Aus obigem wird man rasch schließen, daß Tabellen den herkömmlichen Dateien ähneln, wobei die Zeilen den Datensätzen entsprechen. Allerdings können Dateien nur »je Datensatz«, also zeilenweise betrachtet werden.

Das Bild 6.7 zeigt eine einfache Relation und die für Relationen verwendeten Begriffe:

- Jede Tabelle wird als *Relation* bezeichnet.
- Zeilen heißen *Tupel.*
- Spalten heißen *Domänen.*
- Ein eindeutiger *Primärschlüssel* identifiziert die Tupel. Statt Primärschlüssel ist

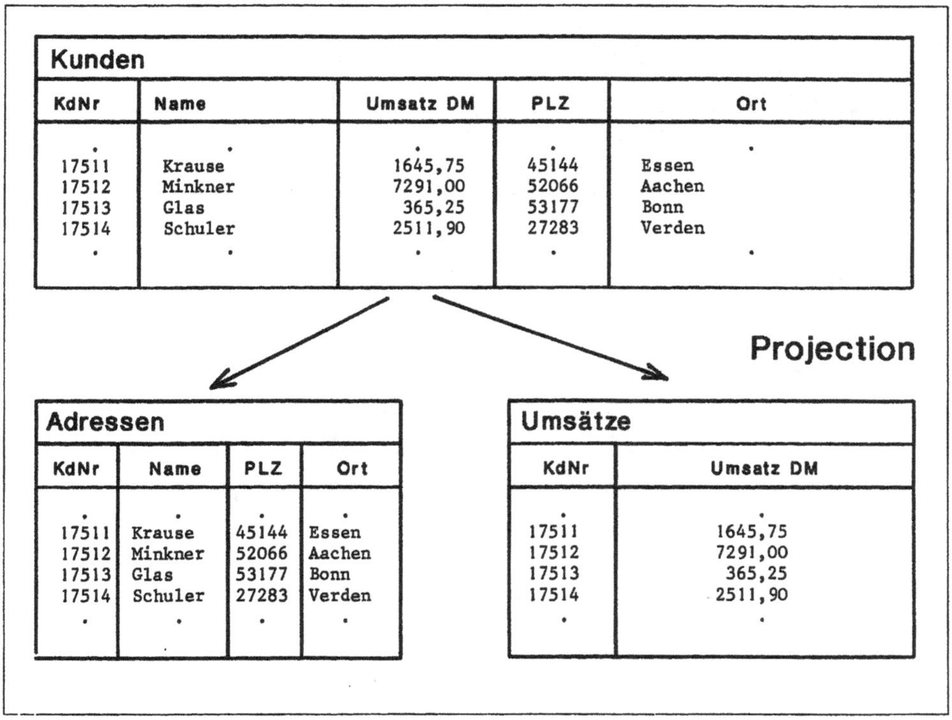

6.8 *Eine Relation KUNDEN wird durch Projektion in zwei Relationen aufgeteilt.*

auch die Bezeichnung *Identifikationsschlüssel* in Gebrauch. Dieser kann aus einem Attribut (Datenfeld) bestehen, oder aus mehreren Attributen zusammengesetzt werden. Alle anderen Datenfelder können als *Sekundärschlüssel* betrachtet werden. Diese sind nicht eindeutig. Sie dienen der Definition von Zusammenhängen und der Auswahl.

Die Tabellen können sehr viele Spalten haben. Verschiedene Benutzer einer Datenbank benützen unterschiedliche Mengen von Daten und unterschiedliche Beziehungen zwischen diesen. Deshalb muß es möglich sein, je nach Benützer ganz bestimmte Untermengen von Spalten einer Tabelle herauszuziehen und mit diesen kleinere Tabellen zu bilden. Das Bild 6.8 zeigt eine *Projektion*, die dies bewirkt. Verschiedene Benutzer können also ganz verschiedene Betrachtungsweisen auf Relationen anwenden: Man bezeichnet die individuelle Betrachtungsweise als *Benutzersicht*. Aber nicht nur durch die Auswahl der Spalten entstehen individuelle Benutzersichten, sondern auch durch Auswahl von Zeilen. So interessiert sich der Verkaufsleiter für ein bestimmtes Gebiet etwa nur für Zeilen (oder Datensätze) von Kunden, bei denen die Postleitzahl der Adresse mit der Ziffer 8 beginnt.

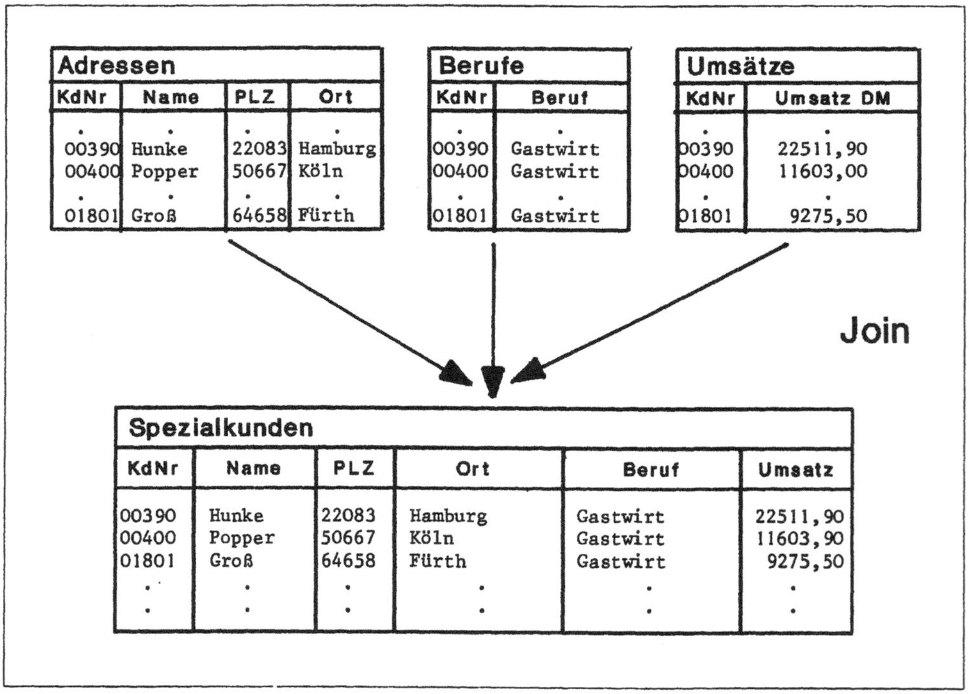

6.9 Aus den Relationen ADRESSEN, BERUFE und UMSÄTZE wird durch die Operation JOIN ein Zusammenfügen der entsprechenden Daten bewirkt. Eine neue Relation SPEZIALKUNDEN wird erstellt.

Andere Benutzer werden den Wunsch haben, Daten aus verschiedenen Tabellen miteinander zu kombinieren. Auch das muß möglich sein. Ein Beispiel dafür ist in Bild 6.9 dargestellt. Die Operation, mit der die Kombination von Relationen bewerkstelligt wird, bezeichnet man als *Join*.

Relationale Datenbanken bestehen entsprechend dem bereits Gesagten aus einer Menge zweidimensionaler Tabellen und den nötigen Operationen um im wesentlichen zwei Funktionen ausführen zu können:

- Spaltenauswahl oder »Projektion« und
- Verbinden von Tabellen oder »Join«.

Daß relationale Datenbanken so weite Verbreitung gefunden haben und heute für die meisten Anwendungsgebiete als ideales Datenmodell angesehen werden, verdanken sie einer Reihe von Vorteilen:

- Sie sind einfach, das heißt leicht zu verstehen und leicht zu benützen.
- Sie sind datenunabhängig und flexibel. Relationen können geteilt oder zusammengefügt werden. Neue Datenfelder können hinzukommen. Neue Relationen können eingeführt werden. Dies alles bedingt keine oder nur einfache Änderungen in den Anwendungsprogrammen.
- Zur Implementierung sind flache Dateien, wie sie hier als Relationen vorliegen, ohne Schwierigkeiten zu speichern.
- Der Datenschutz läßt sich recht gut bewerkstelligen. Man erteilt bestimmten Personen das Zugriffsrecht auf bestimmte Relationen.
- Für die Architekten relationaler Datenbanken steht eine vollständige Theorie (Relationenkalkül, Relationenalgebra) zur Verfügung.

Es gibt auch einige Nachteile, die anzugeben sind:

- Das Relationenmodell ist in der Praxis bei sehr großen Datenbeständen nicht überall eingeführt, Betriebserfahrungen sind heute noch rar.
- Da Zugriffe relativ langsam und umständlich erfolgen, muß man schnelle und nicht ganz billige Maschinen einsetzen.
- Es ist manchmal nicht zu umgehen, daß in der Praxis Redundanz in Kauf genommen werden muß.
- Die Datenbank kann widersprüchliche Abhängigkeiten enthalten.

Schlüssel und hierarchische Beziehungen

Entitäten hängen oft hierarchisch von einander ab, wie zum Beispiel Bestellpositionen vom Bestellungskopf oder Straßen von Orten. Zur Erläuterung sind im Bild 6.10 drei Relationen dargestellt.

- ***Abhängigkeiten:*** Die Relation STRASSEN ist von der Relation ORTE hierarchisch abhängig: Jede Straße gehört zu einem bestimmten Ort. Andererseits gehören zu jedem Ort keine, eine oder mehrere Straßen. Die Relation ORTE ist von keiner anderen Relation abhängig. Ebenso steht die Relation BAUZONEN ohne hierarchische Abhängigkeit im Modell.

- *Identifikationsschlüssel:* Jedes Tupel in den Relationen (oder jeder Datensatz in den Dateien) enthält einen Identifikationsschlüssel (auch Primärschlüssel). Die Entitätsmenge ORTE benützt als Identifikationsschlüssel das Attribut »Ortenummer« (OrtNr). Die Entitätsmenge BAUZONEN benützt als Identifikationsschlüssel das Attribut »Bauzonennummer« (Zone).
- *Identifikationsschlüssel bei hierarchischer Abhängigkeit:* Die Entitätsmenge STRASSEN ist der Entitätsmenge ORTE hierarchisch untergeordnet und benützt als Identifikationsschlüssel eine Zusammensetzung von zwei Attributen, nämlich »Ortenummer« und »Straßennummer« (OrtNr+StrNr). Die Ortenummer ist dabei der Straßennummer übergeordnet. Auf diese Art wird die hierarchische Abhängigkeit einfach dargestellt. Alle hierarchisch abhängigen Relationen sind daran zu erkennen, daß sich ihre Identifikationsschlüssel aus mehreren Attributen zusammensetzen.
- *Sekundärschlüssel:* In Bild 6.10 ist in der Entitätsmenge STRASSEN ein Attribut »Bauzonennummer« (Zone) enthalten. Es dient als Sekundärschlüssel zur Verbindung mit der Relation BAUZONEN, die die Zonenbezeichnung liefern kann.

Orte

OrtNr	PLZ	Ortsname
.	.	.
.	.	.
3678	78126	Königsfeld
3679	79856	Hinterzarten
3680	63571	Gelnhausen
.	.	.
.	.	.

Strassen

OrtNr	StrNr	Straßenname	Zone
.	.	.	.
.	.	.	.
3679	0001	Adlerschanze	01
3679	0002	Bahnhofweg	05
3679	0003	Erlenbrucherstr	04
3679	0004	Rathhausstraße	05
.	.	.	.

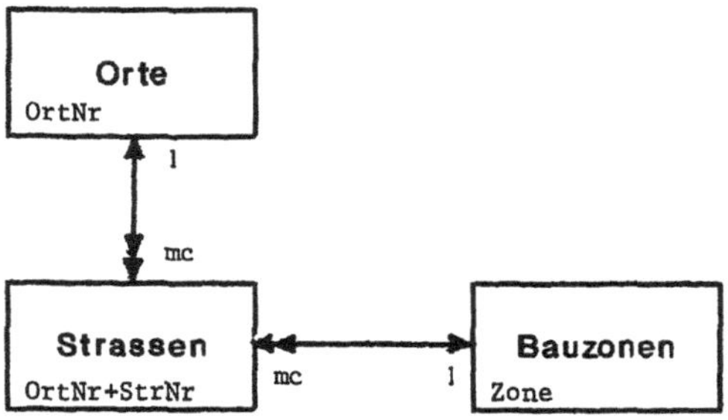

Bauzonen

Zone	Bezeichnung
01	Landwirtschaft
02	Ruhezone
03	Wohnzone 1
04	Wohnzone 2
05	Gewerbezone
06	Industriezone
07	Transitzone

6.10 Hierarchische Abhängigkeiten von Relationen haben Auswirkungen auf den Identifikationsschlüssel. Man erkennt abhängige Relationen daran, daß sich ihr Identifikationsschlüssel aus mehreren Attributen zusammensetzt.

Normalformen der relationalen Datenbank

Beim Entwurf einer relationalen Datenbank unterwirft man die Datensammlung, d.h. die gesammelten Datenbestände, einem Normalisierungsprozeß. Dieser führt die Datenbestände als Relationen von einer ungeordneten Form bis zur sogenannten »dritten Normalform«. Hier die Definitionen nach C. A. Zehnder:

- Eine Relation befindet sich in *1. Normalform* (NF1), wenn keines ihrer Attribute Attributswerte aufweist, die ihrerseits Mengen sind. (Ein Datenelement darf in einem einzigen Datensatz nicht mehrmals vorkommen.)
- Eine Relation ist in *2. Normalform* (NF2), wenn sie in 1. Normalform ist und jedes nicht zum Identifikationsschlüssel gehörige Attribut voll von diesem abhängig ist. Der Identifikationsschlüssel ist ein Attribut oder eine Attributskombination, sodaß gilt: Jedes Attribut einer Relation ist vom Identifikationsschlüssel funktional abhängig und kein Attribut aus dem Identifikationsschlüssel ist von den übrigen Attributen des Identifikationsschlüssel funktional abhängig. (Kein Datenelement darf nur von einem Teil des Schlüssels abhängig sein.)
- Eine Relation befindet sich in der *3. Normalform* (NF3), wenn sie in 2. Normalform ist und kein Attribut, das nicht zum Identifikationsschlüssel gehört, transitiv von diesem abhängt. (Kein Datenelement darf nur indirekt vom Schlüssel abhängig sein.)

Die Beispiele im nächsten Kapitel werden diese Definitionen in Anwendungen anschaulich machen. Der Begriff des Identifikationsschlüssels entspricht dem früher erwähnten Primärschlüssel, er kann allerdings aus einer Kombination mehrerer Attribute bestehen. Siehe dazu auch Bild 6.4.

In den meisten Fällen genügt die Normalisierung bis zur 3. Normalform für den Entwurf eines Datenmodells. Es bleibt zu erwähnen, daß trotzdem die Möglichkeit von Redundanzen über mehrere Relationen hinweg besteht. Dies ist dann der Fall, wenn eine Entität in mehr als einer Relation beschrieben wird. Solchen Sonderfällen kann man durch Zusammenlegungen von Relationen oder mit übergeordneten Entitätsmengen beikommen. Im nächsten Kapitel wird unter dem Stichwort Optimierung mehr darüber gesagt.

Aller guten Dinge sind drei

Wenn man Datenbanken ganz allgemein betrachtet, zeigt sich, daß sie immer aus einer größeren Anzahl von Dateien (oder Relationen) bestehen, die wiederum eine sehr große Anzahl von Datensätzen (oder Tupel) enthalten. Die Anzahl von Datensätzen kann in die Millionen gehen. Damit man mit diesen Daten arbeiten kann, benötigt man Software. Außerdem ist immer gewünscht, die gespeicherten Daten einfach abfragen oder manipulieren zu können – ohne dafür spezielle Programme zu schreiben. Auch dazu ist wieder Software erforderlich. Daraus ergibt sich, daß Datenbanken aus drei Komponenten bestehen:

- Die *Datenbasis* ist die Menge der gespeicherten Daten.
- Das *Datenverwaltungsprogramm* ist ein Softwarepaket, das denjenigen Funktionen dient, die zur Benützung und Ordnung der Datenbasis erforderlich sind. Dazu gehören Suchen, Lesen, Schreiben, Löschen und anderes mehr.
- Die *Datenmanipulationssprache* wird auch durch ein Softwareprodukt realisiert. Sie gestattet Abfragen oder Änderungen der Datenbasis »ohne Programmierung« durch Eingabe einiger Befehle oder Anweisungen, meist an einer Bildschirmstation. Das bekannteste Beispiel dafür ist *SQL (Structured Query Language)*. Um die Möglichkeiten solcher Sprachen auszunützen, sind Programmierkenntnisse zwar entbehrlich, jedoch muß der Benutzer über die angesprochene Datenbank gut Bescheid wissen.

Verteilte Datenbanksysteme

In herkömmlichen Informationssystemen ist die Datenspeicherung und -verwaltung physisch zentralisiert. Diese Lösung ist hinreichend für viele Unternehmensstrukturen. Der Zugriff zu den Datenbeständen von Außenstellen erfolgt mit Datenfernübertragung. Die Situation wird jedoch bei großen Unternehmen mit geographisch weiträumiger Aufteilung in manchen Fällen problematisch. Die Datenfernübertragung ist teuer und nicht ausnehmend schnell. Dies führt zur Idee, die Datenbestände nicht zentral zu führen, sondern sie lokal zu verteilen.

Wenn man die Struktur eines Informationssystems einer dezentralen Unternehmensstruktur anpaßt, so verteilt man die Datenbestände nach bestimmten Kriterien auf die lokalen Organisationen. Trotzdem muß eine firmenumfassende Gesamtsicht gewahrt werden – dies bezeichnet man als »logische Zentralisierung«. Das physische Mittel zur Realisierung ist die »verteilte Datenbank«.

Verteilte Datenbanksysteme bestehen aus Knoten und Verbindungen zwischen diesen. Die Knoten werden von Computern mit ihren Datenspeichern gebildet, sie liegen in den verschiedenen geographischen Orten des Informationssystems. Die Verbindungen werden durch Kanäle der Datenfernverarbeitung realisiert. Die Hardware für derartige Systeme steht heute in beliebiger Auswahl zur Verfügung. An kostengünstigen Übertragungskanälen mit hoher Leistung mangelt es. Die Hauptprobleme liegen jedoch auf der Seite der Systemarchitektur und der entsprechenden Software.

Ein verteiltes Datenbanksystem ist demnach auf mehrere Computer verteilt, die über beliebige Entfernungen hinweg miteinander kommunizieren. Die Datenbasis (das sind die Datenbestände) wird aufgeteilt und in mehreren Computern gespeichert. In jedem Computer ist ein Verwaltungssystem vorhanden, das mit den Verwaltungssystemen der anderen Computer zusammenarbeitet. In homogenen Systemen sollen nur gleichartige Hardware und Software in den Knoten vorhanden sein und zusammenarbeiten. Es sind jedoch auch heterogene Systeme denkbar, bei denen ganz verschiedenartige Hardware und Software miteinander wirken.

Für den Informatiker ergeben sich hieraus Aufgaben höchster Komplexität. Ein brauchbarer Lösungsansatz ist die Mehrfachspeicherung von Teilen der Datenbank in einigen Knoten, wobei sichergestellt wird, daß die einzelnen Kopien einander nahezu immer gleichen. In solchen Systemen spricht man von »replizierten Daten«. Dem Benutzer erscheinen verteilte Datenbanksysteme wie ein zentrales System. Es ergeben sich einige Vorteile:

- Niedrige Übertragungskosten und -zeiten durch Optimierung der Datenfernübertragung.
- Erhöhte Leistung: Durch die Vielzahl an Computern wird bis zu einem gewissen Grad eine Parallelverarbeitung der Datenbank möglich. Dies verkürzt die Antwortzeiten.
- Durch die Verteilung auf mehrere Computer werden Zuverlässigkeit und Verfügbarkeit erhöht.
- Erhöhte Flexibilität: Es bietet wenig Schwierigkeiten, ein bestehendes System gekoppelter Computer zu erweitern, wenn es einmal läuft. Die Erweiterung eines zentralen Systems kann hingegen einen gänzlichen Austausch bedingen.
- Lokale Autonomie: Die lokalen Organisationen kontrollieren ihre Daten unmittelbar.

Die zu erwartenden Schwierigkeiten sind nicht gering:

- Die Bearbeitung von Anfragen soll mit möglichst wenig Datenübertragungen erfolgen.
- Die Atomizität der Transaktionen muß sichergestellt werden. Das heißt: Es darf nicht vorkommen, daß eine Transaktion abgebrochen wird, wenn sie eine Buchung X im Knoten A durchgeführt hat, aber die zwingend dazugehörige Buchung Y im Knoten B nicht zustande kam. Hier muß ein Prinzip »alles oder gar nichts« realisiert werden.
- Gleichzeitig ablaufende Transaktionen mit den gleichen Daten müssen korrekt abgearbeitet werden.
- Bei Systemen mit replizierten Daten müssen die Kopien übereinstimmen, zumindest zur Zeit, wo auf sie zugegriffen wird.

Mitte der 90er Jahre ist die Entwicklung verteilter Datenbanken soweit gediehen, daß der Zugriff von Arbeitsplatzrechnern (Personal Computer oder Work Stations) auf zentrale Datenbestände möglich ist, die als Teilkopien auch im Arbeitsplatzrechner abgelegt werden. Außerdem sind Datenbanken erhältlich mit Verteilung auf mehrere Knoten, einheitlicher Hardware und Software und Änderungen nur im lokalen Knoten. Heterogene Systeme und frei verteilte Funktionen sind vorderhand nicht möglich.

Welche Bedeutung hat diese Situation in der Informatik-Feinplanung? Sie beantwortet die Frage, ob eine verteilte Datenbank einer zentralen Datenbank vorzuziehen sei. Es gibt viele Unternehmen, bei denen von vielen geographisch auseinander liegenden Orten auf die Datenbestände zugegriffen werden muß. Das sind meist Großfirmen in Produktion und Handel, Banken, Versicherungen und staatliche Institutionen. Durch das Monopol der Post für die Datenübertragung über öffentlichen Grund ist man gezwungen, ihre Dienste in Anspruch zu nehmen und einiges dafür zu bezahlen. Hingegen kostet Datenspeicherung wenig und auch eine beliebig hohe Redundanz der Speicherung ist kein Kostenfaktor. Das führt zum Wunsch nach einer verteilten Datenbank, der jedoch vorläufig in den meisten Fällen wohl versagt bleiben muß.

Diejenigen Unternehmen, die einen dezentralen Zugriff über große Entfernungen benötigen, sind gut beraten, wenn sie vorläufig auf eine verteilte Datenbank verzichten. Dafür wird es aber unerläßlich sein, den Datentransfer zu minimieren, was durch organisatorische Maßnahmen zu geschehen hat.

Eine lokale Form der verteilten Datenbank ist jedoch ohne weiteres denkbar: der Anschluß von Arbeitsplatzrechnern als Terminal mit Intelligenz und Speicherkapazität an ein großes Datenbanksystem. Hier können viele Funktionen noch direkt und persönlich überwacht und manuell ausgelöst werden, weshalb relativ einfache Software eingesetzt werden kann.

Merksätze

- Um eine Ordnung für Daten einzuführen, wird zunächst ein konzeptionelles Schema benötigt. Geeignet dafür ist das Entity-Relationship-Modell.
- Eine Entität ist das Element des Datenmodells: eine Sache, ein Ding, ein Objekt. Entitäten haben Eigenschaften, diese nennt man Attribute. Den Inhalt eines Attributs bezeichnet man als Ausprägung. Entitäten der gleichen Art gehören zu einem bestimmten Entitätstyp. Alle Entitäten eines Typs bilden eine Entitätsmenge. Beispiel:

Entitätsmenge:	Mitarbeiter
Entität:	Rudolf Müller
Attribut:	Dienststellung
Ausprägung:	Werkmeister

- Zwischen den Entitäten bestehen Beziehungen (Relationships), die einfach oder beliebig kompliziert sein können. Man kann sich auf zehn Typen beschränken. Auch Beziehungen können mit Attributen ausgestattet sein. Dies ist aber nicht zwingend.
- Das Entity-Relationship-Schema kann in ein relationales Datenmodell umgesetzt werden, wenn man die Entitätsmengen als Relationen darstellt, ebenso die Beziehungen mit Attributen und die Beziehungen mit Assoziationen vom Typ m oder mc auf beiden Seiten (viele zu viele).
- Das relationale Datenmodell besteht aus Relationen; sie haben die Form von Tabellen. Jede Relation entspricht einer Datei. Die Relationen bestehen aus Zeilen und Spalten, diese nennt man Tupel und Domänen. Jedes Tupel wird durch einen Identifikationsschlüssel eindeutig identifiziert und entspricht einem Datensatz. Jedes Tupel besteht aus einer Anzahl von Attributen (Datenfeldern), deren Inhalt wird Ausprägung genannt.
- Mit Relationen können vor allem zwei Operationen durchgeführt werden: die

Projektion (als Aufteilung für eine gewünschte Benutzersicht) und der Join, eine logische Verkettung bestimmter Tupel aus verschiedenen Relationen.
- Um eine ideale Datenbasis zu definieren, führt man den ungeordneten Datenbestand in Relationen der 3. Normalform über.

Ergebnisse

Die Ausführungen in diesem Kapitel vermitteln Grundkenntnisse der Datenmodellierung und der Datenbanken. Wer sie studiert hat, ist für die Mitarbeit bei der Entwicklung »seiner« Datenbank vorbereitet.

Literatur

MARCH, S. T.: Entity-Relationship Approach.

MARTIN, J.: Einführung in die Datenbanktechnik.

MÜLLER-ETTRICH, G.: Effektives Datendesign.

VETTER, M.: Aufbau betrieblicher Informationssysteme mittels konzeptioneller Datenmodellierung.

ZEHNDER, C. A.: Informationssysteme und Datenbanken.

7. Datenanalyse: eine Technik – keine Kunst

Das Relationenmodell ist als Datenmodell geeignet. Um dieses aufzubauen, führt man eine Datenanalyse mit Normalisierung bis zur dritten Normalform durch.

Im vorhergehenden Kapitel wurde ausgeführt, wie man Daten aus einem mehr oder weniger ungeordneten Zustand ordnen kann. Eine Ordnung ist aus mehreren Gründen notwendig, die beiden wichtigsten sind:

1. Informationen sind wertvoll.
2. Nur geordnetes Datenmaterial kann automatisch bearbeitet werden.

Es wurde dargelegt, daß sich das *relationale Datenmodell* als Konzept einer Datenordnung gut eignet. Es ist erforderlich, die Daten entsprechend ihren Zusammenhängen zu ordnen. Woran kann man erkennen, welche Daten zu einander Beziehungen haben oder zusammengehören?

Im wesentlichen wird dies gelöst dadurch, daß man einige Erfahrung hat. Jeder weiß, daß Anrede, Titel, Vorname, Familienname, Straße, Hausnummer, Postleitzahl und Ort zu einer »Postanschrift« gehören. Damit ist bereits ein Entitätstyp gefunden. Die Informatiker können hier mit ihrer Begabung einsetzen: Sie haben ein »Entitätsgefühl« und bilden intuitiv Entitätsmengen, die dann noch verfeinert und normalisiert werden müssen. Allerdings wäre Intuition allein gefährlich, weil doch Grundlegendes übersehen und vergessen werden könnte. Um sichere Ergebnisse zu erarbeiten, sollen Intuition und Kreativität verbunden mit einem zweckmäßigen Schematismus eingesetzt werden.

Ein Verfahren geht davon aus anzunehmen, daß man zusammengehörige Daten daran erkennt, daß sie gemeinsam auf Belegen oder Dokumenten (Schriftstücken) vorkommen. Um aus diesen Datenquellen ein brauchbares Relationenmodell aufzubauen, gibt es eine Methode, die eine Datensammlung einem Normalisierungsprozeß unterwirft. Sie heißt *Datenanalyse mit dritter Normalform* und wird im folgenden beschrieben.

Das Verfahren

Das Verfahren der Datenanalyse umfaßt sechs Schritte:

1. Die Daten werden gesammelt und in einer *nicht normalisierten Form* (UNF) zusammengestellt.
2. Sie werden zur *1. Normalform* (NF1) formiert.
3. Es erfolgt die Umformung zur *2. Normalform* (NF2), und

4. dann zur *3. Normalform* (NF3).
5. Das Datenmodell wird *optimiert*.
6. Das Datenmodell wird *dargestellt* und strukturiert.

Das Ergebnis dieser sechs Schritte ist ein Datenmodell, das die Voraussetzung für eine werkgerechte Informatiklösung darstellt.

Die einzelnen Vorgehensschritte werden im folgenden erläutert. Dabei wird zur Veranschaulichung die Fallstudie IGEL herangezogen.

1. Schritt: Nicht normalisierte Form (UNF)

Es wurde gesagt, daß man in vielen Fällen zusammenhängende Daten bestehenden Schriftstücken entnehmen kann. Das gehört hierher, denn in diesem Schritt geht es

F*Z*G
Feinkost Zapfel GmbH

Gartenstraße 29-33
D-45257 Essen-Kupferdreh

Herrn Carl May
Vorstadt 6
CH-5200 Brugg

Lieferschein

Lieferschein Nr. 423
Datum: 6.2.1994
Bestellung vom: 4.2.1994
Lieferadresse: Vorstadt 32, CH-5200 Brugg
Lieferung per: Bahnexpreß

Wir liefern Ihnen mit dieser Sendung:

Position	Stück	Artikelnummer	Artikel - Bezeichnung und Verpackungseinheit
1	6	191	0,5 kg Glas Waldviertler Zwetschkenmarmelade "Powidl"
2	3	346	1,0 kg Dose Steirischer Blütenhonig
3	12	801	0,5 l Fl. Gösser Bier

Lieferung: BAHNEXPRESS
Verzollung: Schöller, Basel

Mit bestem Dank für Ihren Auftrag
und freundlichen Grüßen

F * Z * G
G. Kästel

7.1 *Lieferschein mit Angaben zum Kunden, zu den Artikeln und zur Lieferung*

ja darum, die Daten des zukünftigen Systems bündelweise zu sammeln. Jedes Attribut (oder Datenelement)

- wird bezeichnet (Beispiel: Kundennummer),
- erhält einen Namen (Beispiel: KDNR),
- wird typisiert (Beispiel: alphanumerisch, 7 Zeichen),
- wird zugeordnet (Beispiel: gehört zum Lieferschein).

Diese Tätigkeit des Sammelns, Ordnens und Bündelns entspricht teilweise dem Erstellen des Datenkatalogs, von dem im nächsten Kapitel die Rede sein wird. Für das Aufstellen des Datenmodells, das hier beschrieben wird, ist wohl eine möglichst vollständige Aufzählung der Attribute nötig. Für jedes Attribut müssen aber nur wenige Angaben gemacht werden: In der Hauptsache interessiert die Zusammengehörigkeit, während Name und Typ weniger wichtig sind und über Ausprägungen (das heißt Inhalte oder Werte) und anderes noch gar nichts zu sagen ist. Jetzt ist das Gruppieren der Attribute wichtig: das Erkennen, welche Daten gemeinsam zu einem Objekt gehören.

Beispiel: Man betrachte einen Lieferschein (Bild 7.1), ein Dokument als Ausgangspunkt der Datenmodellierung. Die zusammengehörigen Daten sind bereits auf diesem Blatt Papier vereinigt.

Es liegt nahe, Lieferscheine zu einer Datengruppe zusammenzufassen und die Menge aller Lieferscheine (einer bestimmten Zeitspanne) in eine Tabelle mit dem Namen LIEFERSCHEINE einzutragen (siehe Bild 7.2). Für jedes Attribut wird eine Kolonne geschaffen. Jede Kolonne erhält einen Namen wie *Lief.-Nr.*, *Kunden-Nr.*, *Kunden-Name* und so fort.

LIEFERSCHEINE

Lief.	Kunden-			gelieferte Artikel								
Nr.	Nr.	Name	Ort	Nr.	Bezeich.	Stk	Nr.	Bezeich.	Stk	Nr.	Bezeich.	Stk
423	5718	C.May	Brugg	191	Powidl	6	346	Honig	3	801	Bier	12
424	6309	F.Dahn	Köln	899	Käse	3	801	Bier	24			

Nicht normalisierte Form

7.2 Erster Ansatz der Relation LIEFERSCHEINE als Ausgangspunkt für den Normalisierungsprozeß (Nicht normalisierte Form UNF)

Die im Bild 7.2 gezeigte Tabelle (oder Relation) wurde gegenüber dem Originaldokument etwas vereinfacht. Dies erleichtert das Verständnis für das Prinzip des Normalisierungsprozesses.

Bei der Normalisierung kommt es nur auf die Struktur der Relationen an und nicht auf ihren Inhalt. Mit anderen Worten: Die Ausprägungen der Attribute sind hier ohne Bedeutung. Deshalb kann das Bild 7.2 auch als Attributbeschreibung wie folgt dargestellt werden:

Relation: LIEFERSCHEINE LIESCH

Attributbeschreibung

Bezeichnung	*Name*	*Typ*
Lieferung Nr.	LINR	alpha(5)
Kunden Nr.	KDNR	alpha(7)
Kunden Name	KDNAM	alpha(25)
Kunden Ort	KDORT	alpha(25)
Artikel Nr.	ARNR	alpha(6)
Art.Bezeichn.	ARTBEZ	alpha(15)
Stückzahl	STK	num(4)
Artikel Nr.	ARNR	alpha(6)
Art.Bezeichn.	ARTBEZ	alpha(15)
Stückzahl	STK	num(4)
Artikel Nr.	ARNR	alpha(6)
Art.Bezeichn.	ARTBEZ	alpha(15)
Stückzahl	STK	num(4)

Mit dieser Darstellung ist die Ausgangslage bestimmt, und die Normalisierung kann beginnen.

2. Schritt: Bilden der 1. Normalform (NF1)

In diesem Schritt werden die 1:n-Beziehungen innerhalb der Relationen aufgelöst. Das heißt, daß diejenigen Attribute, die nur einmal vorkommen, von denjenigen Attributen getrennt werden, die mehrmals vorkommen. Damit werden nun Entitäten gebildet! Gleichzeitig wird auch der Schlüssel für die Entität gebildet. Der Schlüssel ist ein Attribut, mit dessen Hilfe sich die Entität eindeutig identifizieren läßt. Dieser Schlüssel soll *Primärschlüssel* oder *Identifikationsschlüssel* heißen.

Beispiel: Im Bild 7.2 ist zu erkennen, daß die Attribute *Artikel Nr.* ARNR, *Artikelbezeichnung* ARTBEZ und *Stückzahl* STK mehrfach in der Relation LIEFERSCHEINE vorkommen. Alle anderen Attribute sind nur einfach vorhanden. Durch eine Trennung soll erreicht werden, daß ***alle*** Attribute nur einfach vorkommen. Man nimmt daher eine Auflösung vor, die eine neue Relation LIEFERSCHEINE ergibt, wie sie in Bild 7.3 dargestellt ist. Hier kommt dann kein Attribut in einer Zeile (oder Entität) mehr als einmal vor. Damit ist die Relation in der 1. Normalform (NF1). Der Primärschlüssel setzt sich zusammen aus *Lieferung Nr.* LINR und *Position* LPNR.

LIEFERSCHEINE

Liefe-rung		Kunden-			gelieferte Artikel		
Nr.	Pos	Nr.	Name	Ort	Stk.	Art-Nr	Bezeichn.
423	1	5718	C.May	Brugg	6	191	Powidl
423	2	5718	C.May	Brugg	3	346	Honig
423	3	5718	C.May	Brugg	12	801	Bier
424	1	6309	F.Dahn	Köln	3	899	Käse
424	2	6309	F.Dahn	Köln	24	801	Bier

1. Normalform

7.3 *Relation in der 1. Normalform: Kein Attribut weist Attributswerte auf, die ihrerseits Mengen sind.*

In den folgenden Darstellungen, werden Attribute, die den Primärschlüssel bilden, mit * bezeichnet. Die Struktur der Relation sieht nun so aus:

Relation: LIEFERSCHEINE LIESCH

Attributbeschreibung

Bezeichnung	*Name*		*Typ*
Lieferung Nr.	**LINR**	*	alpha(5)
Position	**LPNR**	*	alpha(3)
Kunden Nr.	KDNR		alpha(7)
Kunden Name	KDNAM		alpha(25)
Kunden Ort	KDORT		alpha(25)
Stückzahl	STK		num(4)
Artikel Nr.	ARNR		alpha(6)
Art.Bezeichn.	ARTBEZ		alpha(15)

3. Schritt: Umformen zur 2. Normalform (NF2)

Das Ergebnis des zweiten Schrittes war eine Entitätsmenge, deren Struktur oben dargestellt ist. In den Datenmodellen praktischer Aufgaben existiert stets eine größere Anzahl von Entitätsmengen. Zwischen den Entitätsmengen können Beziehungen bestehen, wie im vorangehenden Kapitel erörtert wurde. Sind diese Beziehungen vom Typ m:n, so müssen für die Beziehungen selbst eigene Relationen gebildet werden. Das kann man in diesem Schritt dadurch präjudizieren, daß man alle Attribute, die nur von einem Teil des Schlüssels abhängen, aus der Relation herausnimmt und mit ihnen eine eigene Relation bildet.

Beispiel: In der Relation LIEFERSCHEINE des vorhergehenden Abschnittes bestand der Primärschlüssel aus *Lieferung Nr.* LINR und *Position* LPNR (siehe Bild 7.3). Alle Attribute des Kunden waren nur von der *Lieferung Nr.* LINR, also nur von einem Teil des Primärschlüssels, abhängig. Im vorliegenden Schritt spaltet man daher die Relation LIEFERSCHEINE in zwei Relationen: LIEFERSCHEINE KOPF und LIEFERSCHEINE POSITIONEN (siehe Bild 7.4). Die erste Relation enthält nunmehr alle Attribute der Kunden und weist als Primärschlüssel die *Lieferung Nr.* LINR auf. Die zweite Relation enthält alle Attribute der Artikel mit dem Primärschlüssel *Lieferung Nr.* LINR und *Position* LPNR (wie schon vorher).

LIEFERSCHEINE Kopf

Lief. Nr.	Kunden Nr.	Kunden Name	Kunden Ort
423	5718	C.May	Brugg
424	6309	F.Dahn	Köln

LIEFERSCHEINE Positionen

Lief. Nr.	Pos	Stk	Artikel Nr.	Artikel Bezeichn.
423	1	6	191	Powidl
423	2	3	346	Honig
423	3	12	801	Bier
424	1	3	899	Käse
424	2	24	801	Bier

2. Normalform

7.4 Relationen in der 2. Normalform. Eigenschaften wie NF1 und zusätzlich: Jedes nicht zum Primärschlüssel gehörige Attribut ist voll von diesem abhängig.

Die Struktur der beiden Relationen präsentiert sich wie folgt:

Relation: LIEFERSCHEINE KOPF LIEKO

Attributbeschreibung

Bezeichnung	*Name*		*Typ*
Lieferung Nr.	**LINR**	*	alpha(5)
Kunden Nr.	KDNR		alpha(7)
Kunden Name	KDNAM		alpha(25)
Kunden Ort	KDORT		alpha(25)

Relation: LIEFERSCHEINE POSITIONEN LIEPO

Attributbeschreibung

Bezeichnung	*Name*		*Typ*
Lieferung Nr.	**LINR**	*	alpha(5)
Position	**LPNR**	*	alpha(3)
Stückzahl	STK		num(4)
Artikel Nr.	ARNR		alpha(6)
Art.Bezeichn.	ARTBEZ		alpha(15)

4. Schritt: Umformen zur 3. Normalform (NF3)

Relationen der zweiten Normalform können Attribute enthalten, die direkt von einander abhängig sind. In Bild 7.4 ist das zu sehen: *Artikel Nr.* ARNR und *Artikelbezeichnung* ARTBEZ sind direkt von einander abhängig, ebenso die *Kunden Nr.* KDNR und *Kunden Name* KDNAM mit *Kunden Ort* KDORT. Es wäre unzweckmäßig, dies beizubehalten: Eine bestimmte Artikelbezeichnung würde vielfach im System gespeichert sein, nämlich bei jeder Lieferung, die diesen Artikel enthält. Analoges gilt für andere Attribute.

Deshalb trennt man in diesem Schritt solche Attribute, wie im Bild 7.5 dargestellt wird. Mit den direkt von einander abhängigen Attributen bildet man eigene Relationen, wobei als Schlüssel das bestimmende Attribut dient. Der Schlüssel der neuen Relation bleibt in der ursprünglichen Relation als Attribut erhalten und bildet dort einen sogenannten *Sekundärschlüssel* oder *Fremdschlüssel* .

LIEFERSCHEINE KOPF

Lief Nr.	Kunden-Nr.
423	5718
424	6309

LIEFERSCHEINE POSITIONEN

Lief Nr.	Lief Pos.	Stk	Art Nr.
423	1	6	191
423	2	3	346
423	3	12	801
424	1	3	899
424	2	24	801

ARTIKEL

Art Nr.	Bezeichnung
191	Powidl
346	Honig
801	Bier
899	Käse

KUNDEN

Kund Nr.	Name	Ort
5718	C.May	Brugg
6309	F.Dahn	Köln

3. Normalform

7.5 *Relationen in der 3. Normalform. Sie entsprechen allen Bedingungen der NF2. Zusätzlich ist kein Attribut, das nicht zum Primärschlüssel gehört, von diesem abhängig.*

Beispiel: Im Schritt zur 3. Normalform entstehen zwei neue Relationen. Die Relationen der 2. Normalform bleiben erhalten, werden jedoch »schlanker«. In der Relation LIEFERSCHEINE KOPF waren in der NF2 die Attribute *Kunden Name* KDNAM und *Kunden Ort* KDORT direkt vom Attribut *Kunden Nr.* KDNR abhängig. Nun wird eine neue Relation KUNDEN gebildet, mit der *Kunden Nr.* KDNR als Schlüssel. *Kunden Name* KDNAM und *Kunden Ort* KDORT sind Attribute dieser Relation und nur mehr hier (einmalig) gespeichert. Die *Kunden Nr.* KDNR steht auch in der Relation LIEFERSCHEINE KOPF und stellt dort einen Sekundärschlüssel dar. In analoger Weise wird mit den Attributen *Artikel Nr.* ARNR und *Artikel Bezeichnung* ARTBEZ eine neue Relation ARTIKEL gebildet.
Die Struktur der (nunmehr) vier Relationen sieht aus wie unten folgt. Attribute, die den Primärschlüssel bilden, sind wieder mit * bezeichnet.

Relation: LIEFERSCHEINE KOPF — LIEKO

Attributbeschreibung

Bezeichnung	*Name*		*Typ*
Lieferung Nr.	**LINR**	*	alpha(5)
Kunden Nr.	KDNR		alpha(7)

Relation: LIEFERSCHEINE POSITIONEN — LIEPO

Attributbeschreibung

Bezeichnung	*Name*		*Typ*
Lieferung Nr.	**LINR**	*	alpha(5)
Position	**LPNR**	*	alpha(3)
Stückzahl	STK		num(4)
Artikel Nr.	ARNR		alpha(6)

Relation: ARTIKEL — ARTIK

Attributbeschreibung

Bezeichnung	*Name*		*Typ*
Artikel Nr.	**ARNR**	*	alpha(6)
Art.Bezeichn.	ARTBEZ		alpha(15)

Relation: KUNDEN			KUNDE
Attributbeschreibung			
Bezeichnung	*Name*		*Typ*
Kunden Nr.	**KDNR**	*	alpha(7)
Kunden Name	KDNAM		alpha(25)
Kunden Ort	KDORT		alpha(25)

Zwischenbetrachtung

Mit der Normalisierung bis zur 3. Normalform verfolgt man drei Ziele:

- Man will ein Datenmodell erhalten, mit dem man applikationsunabhängig ist. Dies bedeutet nichts anderes, als daß das Datenmodell jede mögliche Fragestellung auch beantworten kann. Dieses Ziel ist erreicht: die Behauptung kann gedanklich überprüft werden.
- Man will Redundanzfreiheit: Jedes Faktum soll im Datenmodell nur einen einzigen Platz haben. Das ist nur bedingt erreicht, wie weiter unten ausgeführt wird.
- Für die Softwareentwicklung ist ein gedachtes Modell von großem Nutzen. Das Modell soll die Realität abbilden sowie einfach und leicht verständlich sein. Man muß es auch technisch realisieren können. Das gedachte Modell ist ein Hilfsmittel für die Entwicklung kreativer Ideen der Informatiker. Weiters ist es eine Basis für die fachliche Teamarbeit und notwendig für die Kommunikation der Beteiligten.

Redundanzprobleme

Wenn man eine Relation in der 3. Normalform betrachtet, so läßt sich daraus keine weitere Umformung begründen. Dennoch können mehrere Relationen gemeinsam noch Redundanzen aufweisen (und bei der großen Anzahl von Relationen in vielen Anwendungen kommt das oft vor). Diese sollen durch die Einführung übergeordneter Relationen beseitigt werden.

Beispiel: Das Handelsunternehmen F*Z*G hat nicht nur Kunden, sondern natürlich auch Lieferanten. Ist das Datenmodell für das Auftragswesen bis zur NF3 normalisiert worden, so besteht dort eine Relation KUNDEN. Die Daten für den Einkauf wurden ebenso normalisiert und es entstand eine Relation LIEFERANTEN (siehe Bild 7.6). Ein Fall von Datenredundanz tritt dann ein, wenn ein Lieferant gleichzeitig Kunde ist. Dann ist eine Person mit ihren Attributen in zwei Relationen gespeichert, ihre Daten sind zum großen Teil redundant.

Man hilft sich durch das Einrichten einer übergeordneten Relation GESCHÄFTSPARTNER, die zusammen mit den Relationen KUNDEN und LIEFERANTEN jetzt wirklich der Forderung auf Redundanzfreiheit gerecht wird.

KUNDEN

Kund Nr.	Kund. Name	Kund. Ort	Umsatz DM
5718	C.May	Brugg	785,50
6309	F.Dahn	Köln	1278,00

LIEFERANTEN

Lief. Nr.	Lief. Name	Lief. Ort	Umsatz DM
318	M.Rych	Mainz	65348,-
319	C.May	Brugg	10350,-

wird zu:

GESCHÄFTSPARTNER

Partner Nr.	Partner Name	Partner Ort
100101	F.Dahn	Köln
100102	C.May	Brugg
100103	M.Rych	Mainz

KUNDEN

Partner Nr.	Kunden-Nr.	Umsatz DM
100101	6309	785,50
100102	5718	1278,00

LIEFERANTEN

Partner Nr.	Lief. Nr.	Umsatz DM
100102	319	10350,-
100103	318	65348,-

7.6 Das Datenmodell soll aus Relationen in der 3. Normalform bestehen, die auch gemeinsam keine Redundanzen aufweisen.

Die Struktur aller Relationen ergibt nun folgendes Bild:

Relation: LIEFERSCHEINE KOPF LIEKO

Attributbeschreibung

Bezeichnung	*Name*		*Typ*
Lieferung Nr.	**LINR**	*	alpha(5)
Kunden Nr.	KDNR		alpha(7)

Relation: LIEFERSCHEINE POSITIONEN LIEPO

Attributbeschreibung

Bezeichnung	*Name*		*Typ*
Lieferung Nr.	**LINR**	*	alpha(5)
Position	**LPNR**	*	alpha(3)
Stückzahl	STK		num(4)
Artikel Nr.	ARNR		alpha(6)

Relation: ARTIKEL ARTIK

Attributbeschreibung

Bezeichnung	*Name*		*Typ*
Artikel Nr.	**ARNR**	*	alpha(6)
Art. Bezeichn.	ARTBEZ		alpha(15)

Relation: KUNDEN KUNDE

Attributbeschreibung

Bezeichnung	*Name*		*Typ*
Kunden Nr.	**KDNR**	*	alpha(7)
Partner Nr.	GPNR		alpha(7)
Umsatz	UMSATZ		num(8,2)

Relation: GESCHÄFTSPARTNER GEPAR

Attributbeschreibung

Bezeichnung	*Name*		*Typ*
Partner Nr.	**GPNR**	*	alpha(7)
Partner Name	PNAME		alpha(25)
Partner Ort	PORT		alpha(25)

Anmerkung: Gegenüber dem vertrauten Beispiel wurde in der Relation KUNDEN ein Attribut *Umsatz* hinzugefügt. Die Relation LIEFERANTEN wurde analog zum Beispiel der Schritte 1 bis 4 nicht aufgenommen.

Nutzen und Preis

Der wesentliche Nutzen des Normalisierungsvorganges und der damit erreichten Redundanzfreiheit für die Praxis liegt darin, daß jede Mutation eines Faktums nur an einer Stelle im Datenbestand vorgenommen werden muß. Der Preis, der in der Folge zu zahlen ist, besteht in einer Zunahme der Zugriffe zu den Relationen um ein Vielfaches bei jeder einzelnen Transaktion. Man betrachte die Bilder 7.2, 7.5 und 7.6.

Für die Wiedergabe eines Lieferscheins auf dem Bildschirm war im unnormalisierten Zustand nur ein einziger Zugriff auf die Relation *Lieferscheine* nötig. In der 3. Normalform mit vollständiger Redundanzfreiheit sind folgende Zugriffe erforderlich:

1 Zugriff auf *Lieferscheine Kopf*
1 Zugriff auf *Kunden*
1 Zugriff auf *Geschäftspartner*
3 Zugriffe auf *Lieferscheine Positionen*
3 Zugriffe auf *Artikel*

---

9 Zugriffe total

Da der Zugriff auf eine Relation physisch meist den relativ langsamen Zugriff auf einen Plattenspeicher bedeutet, steigt die Bearbeitungs- oder Antwortzeit, die Transaktionen dauern länger. Redundanzfreiheit kostet Zeit. Der nächste Schritt kann das etwas verbessern.

5. Schritt: Das Datenmodell wird optimiert.

In manchen Fällen tritt im Normalisierungsprozeß die Situation ein, daß in verschiedenen Relationen das gleiche Attribut als Primärschlüssel erscheint. Solche Re-

ARTIKEL

Art. Nr.	Bezeichnung
191	Powidl
346	Honig
801	Bier
899	Käse

PREISLISTE

Art. Nr.	Preis DM
191	5,75
346	27,80
801	1,25
899	16,20

neu

ARTIKEL

Art. Nr.	Bezeichnung	Preis DM
191	Powidl	5,75
346	Honig	27,80
801	Bier	1,25
899	Käse	16,20

7.7 Zwei Relationen, die dasselbe Attribut als Primärschlüssel benützen, sollen vereinigt werden.

lationen legt man zusammen und bildet aus zwei oder mehreren Relationen eine einzige.

Beispiel: In einer Auftragsabwicklung muß am Ende eine Fakturierung erfolgen. Betrachtet man das bisher behandelte Beispiel der Normalisierung, so sieht man, daß für eine Rechnungsstellung die Preisangaben fehlen. Im Datenmodell wird deshalb eine weitere Relation PREISLISTE benötigt. Vergleicht man die Relationen ARTIKEL und PREISLISTE, so erkennt man sofort, daß beide Relationen den gleichen Primärschlüssel *Artikelnummer* verwenden.

Die Optimierung vollzieht man durch das Vereinigen der beiden Relationen zur neuen Relation ARTIKEL, die nun auch die Preise enthält (siehe Bild 7.7).

6. Schritt: Darstellung und Strukturierung

An und für sich müßte man sich jetzt über die Zusammenhänge und Abhängigkeiten der Relationen untereinander keine Gedanken mehr machen. Es ist aber notwendig, das Ergebnis der Normalisierung zu dokumentieren. Dies geschieht wie folgt: Jede Relation wird als Kästchen dargestellt und mit ihrem Namen bezeichnet. Die Abhängigkeiten der Relationen untereinander werden durch Verbindungslinien dargestellt, die oft zu Pfeilen ergänzt werden. Das Bild 7.8 zeigt, wie dieses Ergebnis aussehen kann.

Beispiel:

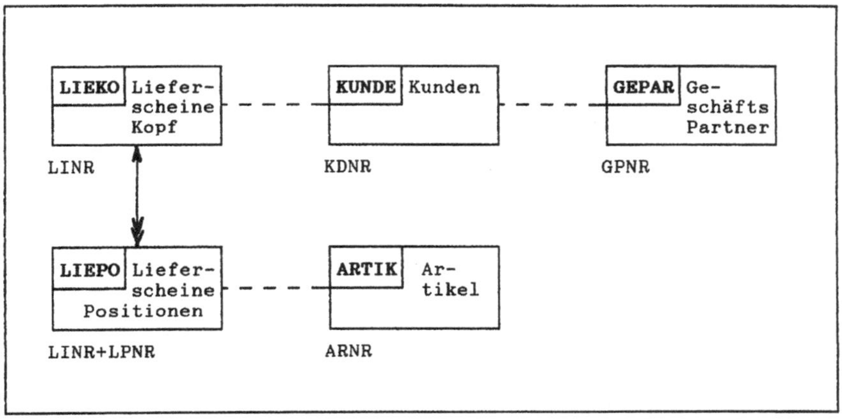

7.8 Schematische Darstellung eines Datenmodells für das Gebiet »Lieferscheinbearbeitung«

Die Beziehungen zwischen den Relationen werden durch die Verbindungslinien wiedergegeben. Die Relation LIEFERSCHEINE POSITIONEN ist direkt von der Relation LIEFERSCHEINE KOPF abhängig. Der erste Teil des Primärschlüssels der Relation LIEFERSCHEINE POSITIONEN ist der gesamte Primärschlüssel der Relation LIEFERSCHEINE KOPF: Dies ist das Kennzeichen der *direkten* Abhängigkeit. Alle übrigen Abhängigkeiten sind *indirekt*, sie erfolgen über Sekundärschlüssel (auch Fremdschlüssel genannt).

Der Primärschlüssel (Identifikationsschlüssel) der Relation ARTIKEL ist die *Artikel Nr.* ARNR. Dieselbe *Artikel Nr.* ist auch ein Attribut in der indirekt abhängigen Relation LIEFERSCHEINE POSITIONEN, wo sie als Sekundärschlüssel (oder Fremdschlüssel) verwendet ist. Analoges gilt für die in einer Kette indirekt voneinander abhängigen Relationen GESCHÄFTSPARTNER - KUNDEN - LIEFERSCHEINE KOPF. Im Bild 7.8 sind die indirekten Abhängigkeiten durch unterbrochene Linien dargestellt.

Mit dem Erstellen der Zeichnung im letzten Bild (und deren Erklärung, Diskussion und Genehmigung durch den Anwender) ist die Datenanalyse abgeschlossen. Ein brauchbares Datenmodell ist entstanden. Es ist ein getreues Abbild des realen Systems, der gewählten Miniwelt. Um das Modell aufzustellen, waren keine Kenntnisse der einzusetzenden Hardware und Software notwendig. Es wurde keine Rücksicht darauf genommen, wie eine Realisierung in einem EDV-System erfolgen soll. Das Datenmodell ist ideal, es bleibt immer gleich, solange sich die Struktur der abgebildeten Realität nicht ändert.

Vom Datenmodell zur Datenbank

Das oben entwickelte, ideale Datenmodell muß nun physisch verwirklicht werden. Das bedeutet eine Rücksichtnahme auf die Gegebenheiten der Hardware und Software, die zur Verfügung stehen. Es läßt sich ohne Einschränkungen realisieren, wenn eine relationale Datenbank eingesetzt werden kann. Solche Datenbanken gibt es, sei es als Software (Datenbank-Management-System DBMS), sei es als Kombination von Hardware und Software. Einige wenige Computersysteme im Markt sind speziell für relationale Datenbanken konzipiert worden. Sie müssen Datenbankoperationen besonders schnell ausführen können.

Bei sehr großen Datenbeständen mit Millionen von Datensätzen stößt man hier an eine Grenze: kurze Antwortzeiten werden teuer. Dieser Einschränkung kann man ausweichen, wenn man von der Forderung einer strikten Redundanzfreiheit abgeht und eine kontrollierte Redundanz gestattet. Damit geht man jedoch auch von der oben entwickelten idealen Datenbank ab.

In vielen Fällen – meist sind sie wirtschaftlich begründet – wird daher die schließlich realisierte, physische Datenbank im kleineren oder größeren Maß vom idealen Datenmodell abweichen. Aber dieses sollte als Zielvorstellung immer existieren. Es setzt eine Vorgabe, wie die Datenbank eigentlich aussehen sollte und in welcher Richtung Verbesserungen möglich sind, wenn später bessere Hardware und Software verfügbar werden.

Schnittstellenproblem

In vielen Informatikprojekten ergibt sich eine Lösung, bei der Standardsoftware gemeinsam mit Individualsoftware eingesetzt werden soll. Daraus entwickelt sich ein Kernproblem für den Einsatz von Standardsoftware. Man wünscht eine gemeinsame, einheitliche Datenbank für alle Anwendungen. Daraus ergibt sich, daß die Individualsoftware auf Datenbestände der Standardsoftware zugreifen können muß oder umgekehrt oder daß ein Zugriff in beiden Richtungen gefordert wird. Durch den Einsatz verschiedenartiger Software entstehen Schnittstellen. Diese lassen sich durch Dateien überbrücken, die entweder bei den Datenbeständen der Standardsoftware oder denjenigen der Individualsoftware angeordnet werden.

Es muß in jedem einzelnen Fall entschieden werden, wie man vorgehen soll. Am einfachsten ist die Lösung dann, wenn in der Standardsoftware von vornherein Schnittstellendateien und dazugehörige Zugriffsroutinen vorbereitet wurden.

Zum Abschluß

Schon in den 70er Jahren war es klar, daß das hier beschriebene Vorgehen der Datenanalyse sehr empfehlenswert für jeden ist, der *sein* Jahrhundertproblem der Informatik lösen will: Ordnung in die Daten zu bringen und beizubehalten. Doch damals fehlten die Hilfsmittel: Speicher und schnelle Rechner waren sehr teuer und die Software am Markt war im Pionierstadium. Heute ist das anders und viele Datenmodelle lassen sich physisch realisieren.

Die hier beschriebene und gar nicht neue Methode bringt alle wesentlichen Vorteile: Sie ist etabliert und jedem intuitiven Vorgehen vorzuziehen. Sie schafft schon im Anfang der EDV-Projekte Übersicht und Klarheit. Die Methode ist einfach und wird schnell begriffen und erlernt. Sie liefert eine Datenbank, die Entwicklung und Betrieb gleichermaßen begünstigt.

Das Datenmodell ist in allen kommerziell-administrativen und in manchen technischen Informatikprojekten ein Grundstein der Lösung. Deshalb muß es nach dem Entwurf allen Mitgliedern der Arbeitsgruppen, der Projektgruppe und der Projektkommission präsentiert und erklärt werden. Alle Informatiker des Projektes sollten mit dem Datenmodell einverstanden sein und gemeinsam der Projektkommission die Genehmigung vorschlagen. Diese Genehmigung sollte offiziell und in schriftlicher Form erfolgen und damit den Datenbankentwurf abschließen.

Fallstudie IGEL: Datenmodell der Auftragsabwicklung

Wie aus den vorangehenden Kapiteln bereits bekannt ist, sollte das Aufgabengebiet *Auftragsabwicklung* mit individuellen Programmen realisiert werden. Eine Arbeitsgruppe unter der Leitung von Herrn Biermann wurde gebildet und begann mit den Arbeiten. Die Programmierung sollte Herr Süßkind durchführen, der vier Jahre zuvor bei der Firma Julius Meinl in Passau und Wien ein ähnliches System realisiert hatte. Herr Vredestein sollte ihn mit etwa 30 % seiner Arbeitszeit unterstützen und die Kodifizierung der Druckprogramme (speziell Lieferschein und Rechnung) übernehmen. Für den Fall der Überlastung der kleinen Programmiergruppe und der Gefahr von Terminüberschreitungen war ein Programmierer der FICOSO AG zur Unterstützung bereitgestellt.

In der Arbeitsgruppe war man sich klar darüber, daß als erstes das *Datenmodell* entworfen werden mußte. Als Ausgangspunkt konnte der Entwurf des Datenmodells aus dem Grobkonzept (siehe Bild 3.6) genommen werden. Da das Datenmodell für das Teilgebiet *Auftragsabwicklung* in das Gesamtdatenmodell eingefügt werden mußte, war an den Besprechungen und Entwürfen auch Herr Trutschka von der FICOSO AG maßgeblich beteiligt.

Problem »Rücknahmen und Gutschriften«

Bei der Entwicklung des Datenmodells kam man nicht darum herum, zunächst die Frage zu lösen, wie Rücknahmen von bereits gelieferten Waren gehandhabt werden sollten. Herr Süßkind machte den Vorschlag, Rücknahmen genau gleich wie Lieferungen zu behandeln, das heißt sie als *negative Lieferungen* zu betrachten. Dieses Verfahren hatte er bereits bei seinem vorherigen Arbeitgeber mit Erfolg realisiert.

Das Verfahren war geplant wie folgt: Für jede Rücknahme wird ein (speziell gekennzeichneter) Negativ-Lieferschein ausgestellt, der später automatisch nicht eine Rechnung, sondern eine Gutschrift zur Folge hat. Rücknahmen und Gutschriften können völlig analog den Lieferungen und Rechnungen abgewickelt werden und deren Daten werden in denselben Dateien geführt. Da diese Lösung als einfach und gut erkannt wurde, wurde sie auch angenommen und im Entwurf für das Feinkonzept festgehalten.

Problem »Schnittstellen«

Um das Datenmodell für das Auftragswesen in ein gesamtes Datenmodell zu integrieren, mußte man Klarheit bezüglich der Schnittstellen schaffen. Aus den Vorentwürfen wußte man, daß Schnittstellen zu folgenden Arbeitsgebieten gegeben waren:

- Schnittstelle zur *Lagerwirtschaft*: Die Lagerwirtschaft hat dem Auftragswesen darüber Informationen zu geben, ob und wann die bestellten Artikel geliefert werden können. Nun erhob sich die Frage, ob die Artikeldatei (mit Bezeichnung, Liefereinheit, Preis usw.) im Gebiet der Auftragsabwicklung oder im Gebiet der Lagerwirtschaft angelegt werden sollte. Damit würde auch bestimmt, wer die Artikeldatei zu verwalten hat und wer von außen her auf sie zugreift.
- Schnittstelle zum *Rechnungswesen*: Im Standardprogrammpaket *FICO 8-8-8* ist die Bearbeitung der Debitoren enthalten. Hier war die Frage zu entscheiden, ob die Rechnungen und Gutschriften im Datenmodell des Rechnungswesens oder aber der Auftragsabwicklung zu speichern waren.

Aus der Fragestellung war eines zu erkennen: Die Schnittstellen waren in Form von Dateien zu implementieren. Als Schnittstellen boten sich die Dateien *Artikel* (zur *Lagerwirtschaft*) und *Rechnungen* (zum *Rechnungswesen*) an. Jetzt war noch festzulegen, in welchem Teilsystem diese Dateien angesiedelt werden sollten. Darüber wurde lange und gründlich beraten. Folgende Möglichkeiten standen zur Wahl:

1. Die Datei *Artikel* gehört zur Auftragsabwicklung. Folge: In der Lagerwirtschaft wird eine Datei *Bestände* geführt, die den gleichen Schlüssel wie die Artikeldatei hat. Man führt wohl zwei Dateien (nicht optimal) parallel, aber die Änderungen im Standardprogramm *STORESY* werden nicht allzu groß.
2. Die Datei *Artikel* gehört zur Lagerwirtschaft. Folge: Die Artikeldatei nimmt auch die Bestände auf. Im Standardprogramm *STORESY* muß nichts geändert werden. Die Auftragsabwicklung greift auf die Artikeldatei der Lagerwirtschaft zu (und verändert diese auch).
3. Die Dateien *Rechnungen Kopf* und *Rechnungen Positionen* gehören zur Auftragsabwicklung. Folge: Das Standardprogramm *FICO 8-8-8* muß auf die Datei *Rechnungen Kopf* zugreifen und dort den Rechnungsbetrag als »Offenen Posten« übernehmen. Das bedingt eine Änderung im Standardprogramm.
4. Die Dateien *Rechnungen Kopf* und *Rechnungen Positionen* gehören zum Rechnungswesen. Folge: Beide Dateien werden zu Trägern der Schnittstelle, die Auftragsabwicklung muß auf beide Dateien zugreifen können. Wegen spezieller Anforderungen an das Rechnungsformular (angeschlossene Zahlkarte für internationale Postanweisungen) sind auch hier die Programmänderungen im Standardprogramm erheblich.

Bei der *Schnittstelle zur Lagerwirtschaft* entschied man sich für die ***Variante 2***, das heißt: Die Artikeldatei sollte bei der Lagerwirtschaft angesiedelt werden und als Teil des Standardpaketes *STORESY* von der Auftragsabwicklung mitbenutzt werden. Folgende zwei Argumente gaben den Ausschlag für diese Entscheidung:

- Herr Trutschka teilte mit, daß für den Zugriff auf die STORESY-Artikeldatei von außen bereits fertige Routinen zur Verfügung standen, die in den Individualprogrammen der Auftragsabwicklung nur aufzurufen waren.
- Herr Biermann überzeugte seine Kollegen davon, daß das Verwalten der Artikeldatei Sache des Einkaufs und des Lagers sei. Bei der Auftragsabwicklung wäre dies organisatorisch schlecht. Deshalb gehöre die Artikeldatei zur Lagerwirtschaft!

Bei der *Schnittstelle zum Rechnungswesen* wurde die ***Variante 3*** gewählt: Die Rechnungsdateien sollten demnach bei der Auftragsabwicklung angesiedelt werden. Dafür sprachen folgende Argumente:

- Herr Kästel erwähnte das Rechnungsformular. Dies sei nicht alltäglich: einmal wegen der verschiedenen Zahlungsbedingungen, die individuell und in verschiedenen Sprachen aufzudrucken sind, zum zweiten wegen der anhängenden internationalen Zahlkarte und zum dritten wegen des ungewöhnlichen Formates (Breite wie DIN A4, Länge jedoch 1,33 mal DIN A4). Herr Trutschka hielt hingegen den Aufwand für die entsprechenden Änderungen nicht für allzu groß.
- Herr Trutschka gab jedoch mit seinem Hinweis den Ausschlag, daß es sehr ungeschickt wäre, gleich zwei Dateien für die Schnittstelle zu verwenden. Dies sei eine unnötige Komplikation. Wenn man umgekehrt vorginge und die Rechnungsdateien bei der Auftragsabwicklung unterbringe, müsse man vom Rechnungswesen her nur auf die Datei *Rechnungen Kopf* zugreifen. Voraussetzung sei jedoch, daß

man auch das Rechnungstotal in dieser Kopfdatei speichere. Und dann würde das auch mit den Gutschriften klappen, denn negative Rechnungen seien im System FICO 8-8-8 gar nicht vorgesehen.

Damit wurden die Überlegungen zum Datenmodell für die Auftragsabwicklung abgeschlossen. Herr Biermann übernahm die Aufgabe, das Datenmodell im Detail auszuarbeiten. Er beauftragte Herrn Süßkind, alle Dokumente dieses Arbeitsgebietes durchzugehen und mit den Benutzern, speziell mit den Herren Friese und Kä-

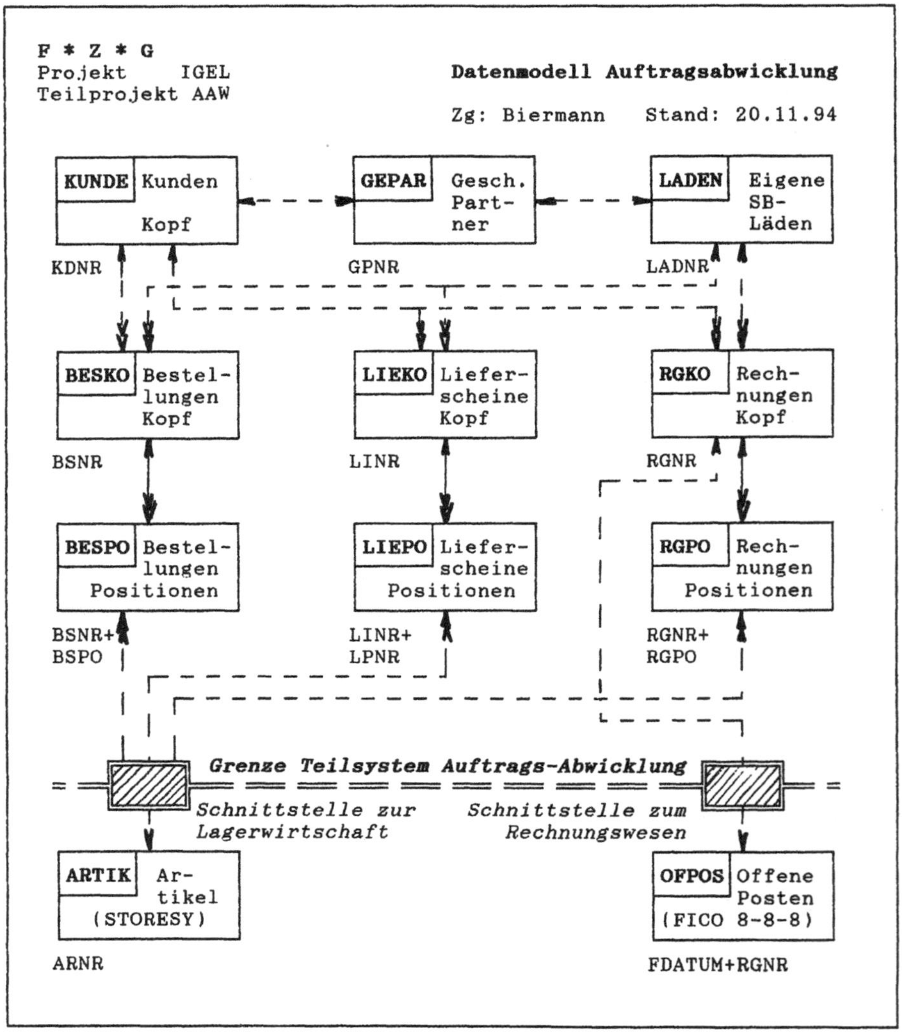

7.9 Datenmodell für die Auftragsabwicklung im Projekt IGEL. Das Bild zeigt die Dateien mit Bezeichnung und Schlüssel, die Beziehungen zwischen den Dateien und die Schnittstellen zu Nachbargebieten.

stel, alle Datenelemente (oder Attribute) in eine Liste aufzunehmen. Diese Liste sollte dann dazu verwendet werden, die einzelnen Dateien zu strukturieren, das heißt ihre Recordeinteilungen aufzustellen.

War man soweit gekommen, wollte Herr Biermann zusammen mit Herrn Trutschka die Normalisierung überprüfen. Diese Fachleute waren der Meinung, daß sie intuitiv bereits Relationen der 3. Normalform festgelegt hätten. Aber dies sollte nochmals kritisch geprüft werden. An den Schnittstellen würde das Ergebnis nichts ändern, allenfalls ergäben sich zusätzlich ein oder zwei Relationen (Dateien).

Dies geschah wie vereinbart und zwei Wochen später konnte Herr Biermann seiner Arbeitsgruppe das *Datenmodell Auftragsabwicklung* vorlegen. In den Bildern 7.9 und 7.10 ist es dargestellt und beschrieben. Herr Biermann präsentierte das Datenmodell seinem Projektleiter, Herrn Dr. Kulack. Nach dessen Zustimmung wurde die Präsentation vor der Projektkommission wiederholt und von dieser gutgeheißen. Frau Fink bemerkte dazu, daß man im Projektteil *Transport* leider noch nicht so weit sei, weil man fachlich mit den Benutzern (HH. Fink und Kraut) einige Mühe habe. Die Schnittstellen seien noch gar nicht klar. Herr Biermann bot an, das Datenmodell der Auftragsabwicklung auch noch der Gruppe *Lager und Transport* als Beispiel zu präsentieren. Dies könne viel helfen, es sei ja gleichsam ein Prototyp. Herr Zapfel dankte Herrn Biermann für diese wertvolle Anregung, Frau Fink nahm das Angebot lächelnd an.

F * Z * G
Projekt IGEL
Teilprojekt AAW

Seite 1/2

Notiz zum Datenmodell der Auftragsabwicklung

(Biermann/20.11.1994)

Allgemeines

Das Datenmodell der Auftragsabwicklung umfaßt neun Dateien. Im Zentrum stehen drei Dateipaare, je eines für Bestellungen, Lieferscheine und Rechnungen. Jedes Paar enthält eine Kopfdatei (Bestellungen Kopf, Lieferscheine Kopf und Rechnungen Kopf) und eine Datei für die entprechenden Positionen. Letztere sind von den Kopfdateien direkt abhängig. Alle anderen Abhängigkeiten sind indirekt via Sekundärschlüssel.

Bestellungen

Zwei Dateien sind vorgesehen: BESKO für den Kopf, BESPO für die einzelnen Positionen. In BESKO werden die Kundenangaben, der gewüschte Liefertermin, die Lieferadresse und Fakturaadresse gespeichert. In BESPO werden die einzelnen Positionen der Lieferung mit Artikelnummer und Stückzahl gespeichert.

Lieferungen

Abbild der Lieferungen sind die Lieferscheine. Sie werden im Datenmodell wieder in zwei Dateien gespeichert. LIEKO enthält im Kopf alle nötigen Titelangaben für die Lieferung: Lieferadresse im Klartext, Hinweis auf Bestellung mit Bestelldatum, Teillieferung, Voll-Lieferung oder Restlieferung, Hinweis auf Transportart und evtl. Verzollungsvorgang und anderes mehr. LIEPO enthält die einzelnen Positionen mit Stückzahl oder Menge, Verpackungseinheit, Artikelnummer und Artikelbezeichnung, jedoch keine Preise.

Rechnungen

Auch die Rechnungen werden in zwei Dateien für Kopf und Positionen gespeichert: RGKO nimmt den Rechnungskopf auf. Dieser enthält die Rechnungsadresse im Klartext, Hinweis auf Bestellung und Lieferungen, geschuldeten Gesamtbetrag, Zahlungsziel. Die Rechnungspositionen sind in der Datei RGPO gespeichert. Jede Position enthält Artikelangaben wie im Lieferschein, jedoch kommen noch Einzel- und Gesamtpreise hinzu. Kosten für Verpackung und Transport, Mehrwertsteuer, Sonderabgaben, Skonto und Rabatt sind ebenfalls Positionen.

7.10.1 Beschreibung zum Datenmodell für die Auftragsabwicklung im Projekt IGEL

Datenmodell Seite 2/2

Geschäftspartner

Die F*Z*G kennt drei Kategorien von Geschäftspartnern: Läden (das sind die eigenen Detailgeschäfte), Kunden (sie erhalten die Ware zugestellt) und Lieferanten. In der Datei der Geschäftspartner GEPAR werden die allgemeinen Daten geführt: vor allem die Adressen, Telefonnummern und Ansprechpersonen. In der Kundendatei sind die Lieferkonditionen, Transportwege, Verzollungsstellen, Rabattstufen, Umsatzzahlen und ähnliches gespeichert. Ein Sekundärschlüssel weist zur Adresse in GEPAR. Die Datei LADEN entspricht fast völlig der Datei KUNDE. Es sind jedoch mehrere Fremdschlüssel zu GEPAR vorgesehen, um mehrere Personen angeben zu können: mindestens zwei, nämlich den Geschäftsführer und den Buchhalter. Die Datei der Geschäftspartner GEPAR wird auch noch vom Einkauf angesprochen, von wo die Adressen der Lieferanten abgefragt werden.

Schnittstellen

Die Schnittstelle zum Lagerbewirtschaftungssystem STORESY stellt die Artikeldatei ARTIK dieses Systems dar. Sie enthält alle Angaben zu den Artikeln, ihren Beständen und Preisen. Die Auftragsabwicklung greift auf diese Daten zu und darf sie auch verändern.

Die Schnittstelle zum Rechnungswesen FICO 8-8-8 wird durch die Rechnungskopfdatei RGKO gebildet. Das Rechnungswesen ist befugt, diese Datei abzufragen und ein einziges Attribut (den sog. Status) zu verändern.

Rücknahmen und Gutschriften

werden wie negative Lieferungen und negative Rechnungen mit denselben Dateien und Formularen wie letztere behandelt.

gez. Biermann/Kulack

7.10.2 Beschreibung zum Datenmodell (Fortsetzung)

Merksätze

- Zusammengehörige Daten erkennt man vor allem daran, daß sie gemeinsam auf Schriftstücken vorkommen.
- Um ein technisch brauchbares Relationenmodell aufzubauen, führt man eine Datenanalyse »mit Normalisierung bis zur dritten Normalform« durch.
- Am Ende des Normalisierungsprozesses ist noch zu prüfen:
  - ob mehrere Relationen gemeinsam nicht doch noch Redundanzen enthalten, und
  - ob nicht mehrere Relationen vereinigt werden können.
- Ziele des Vorgehens sind: Redundanzfreiheit und Applikationsunabhängigkeit. Das heißt mit anderen Worten: erstens soll jedes Faktum nur einmal gespeichert sein und zweitens soll man mit Hilfe des Datenmodells jede mögliche Fragestellung beantworten können.
- Dafür bezahlt man einen Preis: Es sind bei einer Datenbank in dritter Normalform viel mehr Zugriffe zu Relationen (Dateien, Plattenzugriffe) nötig, als bei niedrigeren Formen. Das kostet Verarbeitungszeit.
- Die Darstellung der Entwürfe für Datenmodelle erfolgt am besten graphisch als Blockdiagramm. Relationen (Dateien) werden durch Rechtecke, die Beziehungen zwischen den Relationen durch Linien und Pfeile dargestellt. Verbale Beschreibungen ergänzen diese Darstellung.

Ergebnisse

Wenn die hier beschriebenen Arbeiten getan sind, wurde folgendes erreicht:

- Eine ideale Datenbank wurde entworfen.
- Man hat analysiert, wie weit man die ideale Datenbank realisieren kann und welche Abstriche man machen muß.
- Der Datenbankentwurf wurde dargestellt und beschrieben, von den Informatikern gutgeheißen, der Projektleitung und der Projektkommission präsentiert und von letzterer genehmigt.
- Beim gemeinsamen Einsatz von Standard- und Individualsoftware wurde das Schnittstellenproblem bedacht und eine Lösung für die Anwendung einer gemeinsamen Datenbasis gefunden.

Literatur

ZEHNDER, C. A.: Informationssysteme und Datenbanken.

KOREIMANN, D. S.: Leitfaden für das Datenbankmanagement.

8. Der Datenkatalog

Ein Datenkatalog enthält zumindest Namen, Format und Bedeutung jedes Datenfeldes. Die Beziehungen zwischen den Datenfeldern werden nicht angegeben.

Bisher wurde beschrieben, wie Daten strukturiert werden müssen, damit man sie als Modell der Miniwelt eines Arbeitsgebietes benützen kann. Die behandelten Strukturen befaßten sich mit *Gruppierungen* von Daten und den *Beziehungen* dieser Gruppen zu einander. Im folgenden geht es um die Daten selbst, dabei aber nicht um ihre Ausprägungen (d.h. ihre Werte, ihren Inhalt), sondern um ihre Form und Bedeutung.

Jedes Datenelement hat eine Form oder - technisch ausgedrückt - ein *Format*. Nach dem Format unterscheidet man alphanumerische, numerische, logische Daten, Kalenderdaten, Uhrzeitdaten und andere mehr. Beispiele dazu sind:

Format	Bedeutung	Inhalt, Ausprägung
alphanumerisch	Artikelbezeichnung	»Suppenwürfel«
numerisch	Artikelpreis DM	»0,55«
logisch	auf Lager?	»ja« oder »wahr« (»true«)
Kalenderdatum	Bestelltag	»17.11.1994«
Uhrzeit	Lieferzeitpunkt	»15.30«

Im *Format* muß der Datenart noch eine Angabe beigefügt werden. Es genügt nicht zu wissen, daß ein Datenfeld zum Beispiel *alphanumerisch* ist. Aus technischen Gründen muß man auch seine Länge kennen. Diese wird als Anzahl von Zeichen angegeben, die der Inhalt maximal umfassen kann. Beispiel für eine Artikelbezeichnung wäre eine Länge von 12. Dann hätte »Suppenwürfel« gerade in dem Datenfeld Platz, »Suppenwuerfel« würde hingegen zu »Suppenwuerfe« verstümmelt, wenn man diesen Inhalt dort eintragen wollte.

Die Angabe des Formats samt Länge wird - abhängig vom verwendeten Betriebssystem - in einer abgekürzten und genormten Form angegeben. Dazu einige Beispiele:

- CHAR(12) bezeichnet ein alphanumerisches Datenelement mit einer Länge von 12 Zeichen.
- DEC(7,2) bezeichnet ein numerisches Datenelement im Dezimalsystem mit einer Länge von 7 Ziffern, worin die letzten beiden Dezi-

malstellen sind. Hier könnte man eine Zahl speichern, die immer zwei Dezimalstellen haben muß (z.B. einen Preis in DM: 12775,80).

- BIT(1) bezeichnet ein Datenelement, das ein einziges Bit aufnehmen kann. Hier könnte man einen logischen Wert speichern (ja/nein, true/false, 1/0).

Der Zugriff zu einem bestimmten Datenelement in einem Datenbestand erfolgt mit Hilfe der Bedeutung. Man speichert die »Artikelbezeichnung« ab und kümmert sich nicht darum, an welcher physischen Adresse (z.B. »ab Speicherstelle 512336 im Hauptspeicher«) sie tatsächlich liegen wird. Nun können die Bedeutungen aber oft sehr umständlich beschrieben sein. »Artikelbezeichnung« ist eine recht einfache Benennung. Wie wäre es aber mit der Bedeutung »Straßenname der Adresse des Lieferanten der Verpackungen für Artikel, die mittels Luftfracht auf Paletten versandt werden«? Mit solchen Bezeichnungen kann man nicht praktisch arbeiten!

Deshalb wird jedes Datenelement mit einem *Namen* versehen, der aus einigen wenigen Zeichen besteht und sich wenn möglich selbst erklärt. Beispiele: Für die Artikelbezeichnung könnte man als Namen *ARTBEZ* verwenden, für den oben erwähnten Straßennamen *STRLVL*.

Wenn man diesen Betrachtungen folgt, so hat der Name eines Datenfeldes zweierlei Sinn: Erstens gibt er die Bedeutung des Datenfeldes an, wenn er sprechend und geschickt gewählt wurde. Zweitens stellt er die Adresse des Datenfeldes im Hauptspeicher oder dessen Platz im Datensatz dar. Mit der einmal gewählten Bezeichnung kann das Datenfeld immer am richtigen Platz abgespeichert und auch wiedergefunden werden. Das Betriebssystem ermöglicht dies. Das Beispiel kann nun vervollständigt werden und könnte so aussehen:

Name	Format	Bedeutung
ARTBEZ	CHAR(12)	Artikelbezeichnung
EPREIS	DEC(7,2)	Preis je Liefereinheit (DM)
AUFLAG	BIT(1)	Auf Lager? – 1: ja, Lagerartikel – 0: nein, Just-in-Time-Artikel

In dieser kleinen Liste ist mit jedem Namen ein Datenelement oder Datenfeld definiert. *Name* und *Format* sind »technische Angaben«, die das EDV-System betreffen und den Benutzer kaum interessieren. Die *Bedeutung* ist eine »betriebliche Angabe«, die den Benutzer betrifft; vom EDV-System wird sie ignoriert. Name und Bedeutung stehen jedoch in einer 1:1-Beziehung. Der Name ist eine normierte Kurzform der Bedeutung. Wenn auf die Daten über den Namen zugegriffen wird, so ist dies gleichbedeutend damit, daß mit Hilfe der Bedeutung auf den Inhalt der Datenfelder zugegriffen wird.

In einer derartigen Liste von Datenfeldern wird auf deren Inhalt nicht eingegangen. Die Ausprägungen der Datenelemente interessieren an dieser Stelle nicht. Aber wie man oben im Beispiel sieht, gibt es Ausnahmen. Die betriebliche Angabe *Bedeutung* wird bei dem logischen Datenelement *AUFLAG* durch die Bedeutung der zwei möglichen Ausprägungen ergänzt. Dies soll hier die Bedeutung »auf Lager« näher erklären, da sie sonst mehrdeutig wäre. Im übrigen hat die Liste mit den Inhalten der Datenfelder nichts zu tun.

Ein weiterer Punkt ist in der Liste zu beachten. Es ist nichts darüber gesagt, wie die einzelnen Datenfelder zu einander in Beziehung stehen. Man sieht nicht, zu welcher Datei (man könnte auch Entitätsmenge sagen) sie gehören, wo ihr Platz im Datensatz ist, ob gegenseitige Abhängigkeiten bestehen. Dieser »Mangel« ist durchaus beabsichtigt. Die Beziehungen der Datenfelder untereinander wurden ja bereits bei der Strukturierung der Daten, also beim Datenbankentwurf festgelegt. Jetzt wird eine Liste benötigt, in der Datenfelder mit ihrem Namen gekennzeichnet sind und die deren Formate (Datenart und -größe) und Bedeutungen festhält.

Datenkatalog

Eine Liste der beschriebenen Art nennt man Datenkatalog. Ein Datenkatalog enthält demnach zumindest Namen, Format und Bedeutung jedes Datenfeldes eines Anwendungssystems.

Bei der Softwareentwicklung ist ein Datenkatalog unentbehrlich. Alle Datenfelder, die zur Eingabe, Speicherung und Ausgabe verwendet werden, sind in ihm enthalten. Es ist zweckmäßig, die Eintragungen nach den Namen alphabetisch zu ordnen. In der einfachsten Form wird der Datenkatalog manuell geführt, wie ein Notizbuch. Die Aufgaben eines Datenkatalogs sind:

- Mit der Eintragung im Datenkatalog wird jedes Datenfeld eindeutig definiert: Bedeutung, Name und Format werden fixiert.
- Die wiederholte Verwendung eines Namens (immer für dasselbe Datenfeld) wird erleichtert. Im Datenkatalog ist ersichtlich, ob für einen bestimmtes Element schon ein Datenfeld existiert.
- Die Vergabe von gleichen Namen für verschiedene Datenfelder wird vermieden.
- Die Übersicht über die Datenfelder wird ermöglicht. Man hat ein Inventar aller Datenfelder mit ihren Namen und damit ein Nachschlagewerk für alle Beteiligten.

Bei der Anlage eines Datenkatalogs ist es zweckmäßig, die Eintragungen zu gruppieren. Man verwendet etwa folgende Gruppen:

- Datenfelder für *längere Texte* (Beispiele: Familienname, Vorname, Artikelbezeichnung, Ortsname),
- Datenfelder für *kürzere Texte*, die oft als Schlüssel verwendet werden (Beispiele: Postleitzahl, Länderkennzeichen, Artikelnummer, Kundennummer, Bankleitzahl, Kontonummer). Dazu ein Hinweis: Derartige »Zahlen« oder »Nummern«

speichert man mit Vorteil als Text (Zeichenkette) ab. Man hat dann kein Problem, wenn irgendeine Institution in ihre »Nummern« plötzlich auch Buchstaben

EDV-Muster	D a t e n k a t a l o g	Seite: 1/17 Autor: gl Datum: 2.11.94

Name	Art	Format	Bedeutung
ARTBEZ	F	CHAR(22)	Artikelbezeichnung d.
ARTBEZE		22	—"— e.
ARTBEZF		22	—"— f.
ARTBEZI		22	—"— ital.
ARTBEZR		22	—"— russ.
ARTBEZS		22	—"— span.
ARTEIN		5	Artikel-Einheit (z.B. kg, Stk. ...)
ARTHGR		12	Artikel-Hauptgruppe (var. Text)
ARTUGR		12	—"— Untergruppe (var. Text)
ARTTXT		CHAR(50)	Artikel-Text (Erläuterung u.a.)
BAUART		15	Bauart (gehört zum Gerätetyp)
BAUKBEZ		20	Baukasten-Bezeichnung
BEDEUT		22	allgemeine Bedeutung
BEDART		16 ~~12~~	Bedarfsart (Text)
BEFART		10	Beförderungsart (Text)
BELART		12	Art des Beleges (Text)
BEMERK20		20	Bemerkung
BEMERK10		10	
BERTIT		35	Bericht-Titel
BERAUT		25	Bericht-Autor
BESORT		32	Besuchsort (mit Postleitzahl)

Arten:
F..Datenfeld,
P..physische Datei
L..logische Datei
M..Hauptprogramm
S..Subroutine
C..Kontrollprogramm
J..Job

Formate:
CHAR(n) ..Text
BIT(n) ..Bitstring
DEC(n,d) ..Dezimalzahl
BIN(n) ..Binärzahl
FLOAT(n,d)..Gleitkommazahl
wobei n ..Feldlänge
d ..Dezimalstellen

8.1 Formular für einen manuell geführten Datenkatalog. Es eignet sich auch als Erfassungsblatt für einen Datenkatalog mit maschineller Führung.

oder Sonderzeichen aufnimmt. Außerdem können manche Betriebssysteme mit numerischen Schlüsseln für die Datensätze nur schlecht umgehen. Sie verarbeiten Zeichenketten als Schlüssel besser.

- Datenfelder für *Codes*. Viele Daten werden in Form von Codes gespeichert. Dies können nach Belieben Zahlen, Zeichenketten oder Bitketten sein. (Beispiele: Anrede, Dienstrang, Ortenummer, Straßennummer, Lieferart, Güteklasse, Rabattkategorie).
- Datenfelder für *Zahlen*, mit denen gerechnet wird. (Beispiele: Stückzahl, Einzelpreis, Mehrwertsteuersatz, Rechnungsbetrag, Lagerbestand, Bestellmenge).
- Datenfelder für *Kalenderdaten*. (Beispiele: Geburtsdatum, Bestelldatum, Rechnungsdatum).

Diese Liste ließe sich fortsetzen, jedoch wird man meist mit den oben angeführten Gruppen auskommen. Innerhalb der einzelnen Gruppen werden die Eintragungen nach den Namen alphabetisch geordnet. Damit ist eine brauchbare Struktur für einen einfachen Datenkatalog gegeben, der auch bei einigen hundert Eintragungen noch genügend übersichtlich ist.

Wem dient der Datenkatalog?

- dem *Informatiker*: Er verwendet ihn zur Verfeinerung und Wartung des Datenmodells, beim Programmentwurf, bei der Programm-Realisierung (Kodierung und Test), bei der Programm-Wartung (Änderungen, Fehlerbehebungen).
- dem *Benutzer*: Die Vollständigkeit und Korrektheit des Datenkatalogs vereinfacht die Überprüfung der Anwendungsprogramme bei deren Entwicklung und bei der definitiven Abnahme. Der Datenkatalog erleichtert die Definition seiner Änderungswünsche und die Rapportierung eines Fehlverhaltens der Lösungen.
- dem *Sicherheitsbeauftragten*: Anhand des Datenkatalogs wird er seine Entscheide für das Sicherheitskonzept treffen. Er legt die Sicherstellungsregeln und Zugriffsberechtigungen fest.
- dem *Datenschutzbeauftragten*: Der Datenkatalog zeigt ihm jene Datenfelder, die dem Datenschutz personenbezogener Daten unterliegen.
- dem *Kontrollorgan*: Mit Hilfe des Datenkatalogs kann der Revisor seine Kontrollprogramme vorbereiten und einsetzen.
- dem *Management*: Wenn mit Abfragesprachen oder Auswerteprogrammen vom Management gezielt Informationen verlangt werden, muß es neben der Datenbankstruktur auch die Namen der gefragten Größen kennen. Aus dem Datenkatalog sind sie ersichtlich.

Datenkatalog im Computer

Die Idee liegt nahe, einen Datenkatalog nicht auf dem Papier, sondern im Computer zu führen. Das ändert vorläufig nichts an dem Umstand, daß die Eintragungen manuell gemacht werden. Man benötigt also eine Datei, die in jedem Datensatz eine Eintragung zur Beschreibung eines Datenfeldes enthält: Name, Format, Bedeutung – ganz so, wie oben ausgeführt. In dieser Datei (sie kann DATENKATALOG heißen) speichert man Daten ab, die die Datenelemente einer Anwendung näher beschreiben. Es sind also »Daten über Daten«, man nennt sie auch »Metadaten«. Die Datei *DATENKATALOG* wird analog als *Metadatei* bezeichnet.

```
EDV-Muster  Datenkatalog  Teil 1: Textfelder      Date 94-11-03  Page 000

Line #----NAME--------TYPE----FORMAT-------DESCRIPTION FOR USER----------

00001     ARTBEZ        F     CHAR(22)     Artikelbezeichnung deutsch
00002     ARTBEZE       F     CHAR(22)     Artikelbezeichnung englisch
00003     ARTBEZF       F     CHAR(22)     Artikelbezeichnung französisch
00004     ARTBEZI       F     CHAR(22)     Artikelbezeichnung italienisch
00005     ARTBEZR       F     CHAR(22)     Artikelbezeichnung russisch
00006     ARTBEZS       F     CHAR(22)     Artikelbezeichnung spanisch
00007     ARTEIN        F     CHAR(5)      Artikel-Einheit (kg,Stk.,etc.)
00008     ARTHGR        F     CHAR(12)     Artikel-Hauptgruppe (Text)
00009     ARTTXT        F     CHAR(50)     Artikel-Text (Erläuterung)
00010     ARTUGR        F     CHAR(12)     Artikel-Untergruppe (Text)
00011     BAUART        F     CHAR(15)     Bauart (zu Gerätetyp)
00012     BAUKBEZ       F     CHAR(20)     Baukostenbezeichnung
00013     BEDART        F     CHAR(16)     Bedarfsart (Text)
00014     BEDEUT        F     CHAR(22)     Bedeutung allgemein
00015     BEFART        F     CHAR(10)     Beförderungsart (Text)
00016     BELART        F     CHAR(12)     Art des Beleges (Text)
00017     BEMERK10      F     CHAR(10)     Bemerkung
00018     BEMERK20      F     CHAR(20)     Bemerkung
00019     BERAUT        F     CHAR(25)     Autor eines Berichtes
00020     BERTIT        F     CHAR(35)     Titel eines Berichtes
00021     BESORT        F     CHAR(32)     Besuchsort (mit PLZ)
```

8.2 Maschinell geführter Datenkatalog

Was braucht man, um eine derartige Metadatei im Computer einzurichten? Man muß Datensätze speichern können, man muß Datensätze generieren, ändern und löschen können. Das ist mit jedem Editor möglich und einen Editor gibt es für jeden Computer. Man kann damit einen Datenkatalog als Textdatei aufbauen. Von Vorteil wäre eine Sortiermöglichkeit für die Datensätze. Dann müßte sich der Benutzer des Datenkatalogs nicht mehr um das alphabetisch richtige Einordnen kümmern. Und damit beginnt die lange Kette der Wünsche für mehr Komfort, die sich immer weiter spannen kann.

Eine Führung des Datenkatalogs im Computer bringt eine Reihe von Erleichterungen. Es sind zunächst einmal dieselben Vorteile, die jede Textverarbeitung aufweist: einfaches Erstellen, einfaches Ändern, automatische Kontrollen, Möglichkeit des Kopierens und des Umgruppierens, aktuelle Listen und anderes mehr. Der wichtigste Vorteil ist wohl der, daß alle am Projekt Beteiligten sich jederzeit den aktuellen Stand des Datenkatalogs ansehen können, wenn er in einem zentralen Computer geführt wird.

Zusatzwünsche

Der Datenkatalog kann nun auch aus einem anderen Blickwinkel gesehen werden. Bis jetzt war er in den obigen Betrachtungen ein Verzeichnis der im Anwendungssystem vorkommenden Datenfelder. Jedes Datenfeld wird durch einen Namen definiert.

Eine erweiterte Betrachtungsweise kann den Datenkatalog als Verzeichnis aller Namen sehen. Damit ergeben sich neue Möglichkeiten: Im Datenkatalog können nicht nur die Namen aller Datenfelder, sondern auch die Namen von anderen Objekten enthalten sein, also zum Beispiel von Dateien (Entitätsmengen), Programmen (Prozeduren) und so weiter. Jede Eintragung im Datenkatalog muß dann mit einem zusätzlichen Kennzeichen versehen sein, damit man weiß, ob es sich um die Beschreibung eines Datenfeldes, einer Datei oder eines Programmes handelt. Für jede Art der Eintragung gibt es überdies verschiedene Angaben. Beim Datenfeld wird auf jeden Fall das Format angegeben. Bei der Datei steht anstelle dieser Angabe etwas anderes, zum Beispiel die Satzlänge und die aktuelle Satzanzahl.

Daher ist es von Vorteil, für jede Eintragungsart (Datenfeld, Datei, Programm oder anderes mehr) eine eigene Satzeinteilung vorzusehen und damit jede Eintragungsart auch in einer eigenen Datei des Datenkataloges (also in einer eigene Metadatei) abzuspeichern. Aus diesen Metadateien fügt sich eine ganze (Meta-) Datenbank zusammen, die nun den Datenkatalog als Liste aller verwendeten Namen enthält.

Zur Datenbank einer Anwendung oder aller Anwendungen einer Unternehmung, die alle benötigten Daten enthält, kommt damit eine zweite Datenbank hinzu, die alle im Informationssystem verwendeten Namen verwaltet. Sie enthält nur Daten der Namen (oder Daten über Daten), sie ist eine *Metadatenbank*. Sie kann viele Zusatzwünsche an einen Datenkatalog befriedigen, ist aber in vielen Projekten nur zu einem kleinen Teil realisierbar. Im folgenden sollen die Wünsche für eine ideale Metadatenbank *DATENKATALOG* skizziert werden. Man muß hinnehmen, daß nicht alle erfüllt werden können.

- Der Datenkatalog muß alle *Datenfelder* definieren. Davon wurde ausgegangen, es ist die Mindestanforderung.
- Es sollen alle *Dateien* aufgeführt werden. Dazu gehören alle Dateien auf Platten, Bändern und anderen Datenträgern, aber auch Bildschirmmasken und Listenbilder (die in vielen Betriebssystemen als Dateien bearbeitet werden).
- Weiters sollen alle *Anwendungsprogramme* enthalten sein, gekennzeichnet mit ihrem Typ (Hauptprogramm, Subroutine, Funktion).
- Auch *Kontrollprogramme* und *Menüs* sollen im Datenkatalog aufgenommen werden.

Es hängt ganz vom verwendeten Betriebssystem ab, was alles zu verzeichnen ist: Der Datenkatalog soll eine vollständige *Liste aller Namen* sein. Jedes Element oder Objekt eines Anwendungssystems, das mit einem Namen ausgestattet ist, kann in einen Datenkatalog aufgenommen werden.

Aber damit ist es nicht getan. Vielerlei Anforderungen können zusätzlich gestellt werden:

- Die Sätze für *Datenfelder* können zusätzliche Angaben enthalten, wie:
  - ***Zugriffsberechtigung:*** Hier ist zwischen Eigentümern und Benutzern zu unterscheiden. *Eigentümer* dürfen Datenfelder hinzufügen oder entfernen, das Format und den Inhalt ändern. *Benutzer* dürfen nur den Inhalt verändern.
  - ***Plausibilitätskontrolle:*** Es wird angegeben, welche Werte das Datenfeld enthalten darf oder in welchem Bereich diese liegen müssen.
  - ***Codeinterpretation:*** Für diejenigen Felder, die Codes enthalten, kann angegeben werden, was einzelne Codes bedeuten. (Beispiele: GPCODE = 'L' ... Lieferant, GPCODE = 'K' ... Kunde).
  - Viele weitere Wünsche sind denkbar und richten sich nach den Anforderungen der Anwendung.
- ***Querverweise:*** Es ist immer erwünscht, möglichst komfortable und übersichtliche Querverweise zu erhalten. Sie könnten folgende Fragen beantworten: In welchen Dateien ist ein bestimmtes Datenfeld enthalten? Welche Programme greifen auf eine bestimmte Datei zu? Welche Jobs lösen ein bestimmtes Programm aus? Und umgekehrt: Welche Datenfelder enthält eine bestimmte Datei? Auf welche Dateien greift ein bestimmtes Programm zu? Welche Programme löst ein bestimmter Job aus?

  Diese Anfragen können beliebig weit gesteckt sein, wie etwa: Welche Benutzer dürfen ein bestimmtes Datenfeld verändern, welche dürfen es nur lesen? Oder: Welche Dateien/Datensätze/ Datenfelder darf ein bestimmter Benutzer verändern und welche darf er zusätzlich lesen?

  Schon diese Auswahl von möglichen Fragestellungen läßt erkennen, daß nur ein komfortables Datenbanksystem mit großem Abfragekomfort höheren Ansprüchen an einen Datenkatalog gerecht wird.
- ***Automatik:*** Der Datenkatalog eignet sich dafür, als Informationszentrale eines Softwaresystems verwendet zu werden. Das bedeutet, daß alle *Namen-Objekte* (das sind Namen mit ihren Chrakteristiken und Eigenschaften, wie Datenfelder, Dateien, Programme und so weiter) im Datenkatalog neu geschaffen, verändert und gelöscht werden. Primär soll das manuell im Datenkatalog geschehen, dann erst sekundär und voll automatisch in den betroffenen Dateien, Programmen et cetera.

  Das heißt für die Praxis: Ändert man zum Beispiel das Datenfeld »Artikelnummer« oder *ARTNR* in seiner Länge von fünf auf sechs Zeichen (also von CHAR(5) auf CHAR(6)), so tut man das nur ein Mal und zwar im Datenkatalog. Die Änderungen dieses Datenfeldes in all den Dateien und Programmen, in denen es verwendet wird, vollzieht sich automatisch – entweder bei der nächsten Compilierung oder sofort beim nächsten Programmablauf. Das klingt naheliegend, selbstverständlich und einfach – jedoch der Aufwand für das Betriebs- und Datenbanksystem ist erheblich, wenn das realisiert werden soll.

```
EDV-Muster  CROSS-REFERENCE   ITEM                Date 94-11-04  Page 001

NAME OF ITEM----IS USED IN PHYSICAL FILES------------------------------

ARTNR                      PEA01    PEA02    PEA05    PEA06    PEA11
/* Artikelnummer */        PEX07    PEX09    PEZ01    PEZ02

            ----IS USED IN LOGICAL  FILES------------------------------

                           LEA01    LEA02    LEA03    LEA07    LEA21
                           LED03    LEE01    LEF01    LEX02

            ----IS USED IN SCREEN FILES--------------------------------

                           FLS01    FLS02    FLS10    FLS11    FLS13
                           FYA01    FYA03    FYA05

            ----IS USED IN MAINLINE PROGRAMS---------------------------

                           AEA03    AEA04    ALS01    ALS02    ALS09
                           ALS11    ALS21    AOR01    AOR02    AOR10
                           AOR17    ASA01    ASA11    ASA19    AUB01
                           AUB02    AYA90

            ----IS USED IN SUBROUTINES OR FUNCTIONS--------------------

                           AEA51    AEA52    ALS51

/* END OF ITEMLIST */
```

8.3 Automatisch erstellte Querverweise im Datenkatalog

Es leuchtet auch ein, daß derartige Komfortwünsche - die selbstverständlich gerechtfertigt sind, wenn man die heutigen Möglichkeiten berücksichtigt - nicht mehr mit Hilfe eines primitiven Datenkatalogs und eines Editors erfüllt werden können. Der Datenkatalog wird dann selbst ein sehr leistungsfähiges (Meta-) Datenbanksystem sein müssen, das eng und vielfältig mit dem Betriebssystem und der primären Datenbank verknüpft wird. Und so weit ist man bei vielen Produkten der Informatik noch lange nicht.

Repository

Ergänzt man einen *Datenkatalog* mit einer *Enzyklopädie*, die alle Programme, Programmteile und deren Zusammenhänge beschreibt, und einem *Dokumentationsteil*, der die Anwendungsbeschreibungen enthält, so erhält man ein *Repository*. Ein Repository ist eine *Ablage*, in der alle Elemente eines Informationssystems gespeichert sind und wo sie auch wieder einfach aufgefunden werden können. Repositories entwickeln sich zu grundlegenden Werkzeugen der Vorbereitung und des Betriebes von Informationssystemen. Sie sind im Kapitel 23 näher beschrieben.

Begriffe und Definitionen

Bis jetzt wurde das behandelte Werkzeug oder System zur Verwaltung der Namen (Datenelemente, Dateien, Programme usw.) in den obigen Ausführungen stets »Datenkatalog« genannt. Es gibt im Zusammenhang mit dem behandelten Problemkreis eine Reihe von Bezeichnungen oder Begriffen in englischer oder halbenglischer Sprache, die hier erklärt werden sollen. Alle diese Ausdrücke sind nicht genormt und werden auch nicht einheitlich verwendet. Das ist unangenehm, denn sie können verschiedene Bedeutung haben, abhängig vom Autor oder Gesprächspartner. Ergeben sich daraus Probleme, so bleibt nichts anderes übrig, als zusätzlich zum Gebrauch eines Begriffes noch hinzuzufügen, was man damit meint.

- *Data dictionary:* Das Wort *dictionary* steht ganz allgemein für »Verzeichnis«. Dabei kann auch »Verzeichnis mit Querverweisen« gemeint sein. Mit *data* ist eine Menge von Namen gemeint, die ohne Bezug zueinander festgehalten werden und verschiedenes bezeichnen können: Datenfelder, Dateien, ganze Datenbanken, Programme, Jobs.
- *Data directory:* Manchmal wird unterschieden zwischen Data dictionary und Data directory. In diesem Fall dokumentiert das Data directory die Daten aus Sicht der Informatik (Benennung/Namen und Format der Daten) und das Data dictionary beschreibt die Daten aus Sicht des Anwenders (Beschreibung, mögliche Inhalte, Zugriffsberechtigung und ähnliches mehr).
- *Data dictionary System (DDS):* Dazu gehört zunächst einmal der Datenbestand, also die eigentlichen Datenbeschreibungen im Data dictionary oder Datenkatalog, oder – wie oben ausgeführt – die *Metadatenbank*. Der zweite wichtige Bestandteil ist ein Satz von Programmen zum Verwalten der Metadaten, das heißt für das Erfassen, Ändern und Abfragen. In den besten dieser Systeme ist es möglich, aus Metadaten Datendefinitionen für Dateien/Datenbanken und für Programme automatisch zu generieren.
- *Unabhängige Data dictionary Systeme:* Dies sind selbständige Systeme, unabhängig von jeglichen *primären* Datenbanksystemen, auch ohne Verbindung zu diesen und einsetzbar auf Systemen der verschiedensten Hersteller. Solche Systeme verwenden ein eigenes Datenbank-Managementsystem (DBMS) für ihre eigenständige Metadatenbank.
- *Abhängige Data dictionary Systeme:* Sie verwenden kein eigenes Datenbank-Managementsystem (DBMS) zur Verwaltung der Metadatenbank, sondern ein vorhandenes und gängiges Produkt.
- *Integriertes Data dictionary System:* Moderne Datenbanksysteme enthalten außer den üblichen Teilen ein eigenes Data dictionary System als Werkzeug und Bestandteil. Das ist diejenige Form, die der Informatiker heute für ein modernes System erwartet. Der Datenkatalog mit allen Bearbeitungen ist ein Bestandteil des Datenbanksystems, in dem alle Daten und auch deren Charakteristiken verwaltet werden.
- *Passives System:* Man nennt ein Data dictionary System passiv, wenn es keine Verbindung zu anderen Programm- oder Datenverwaltungssystemen hat. Es

dient lediglich zur Dokumentation und unterstützt die Verwaltung eines Datenbestandes. Die oben skizzierten Fähigkeiten automatischer Verwendungen von Definitionen in Programmen und Dateien kennt es nicht. Dafür kann es aber in jeder beliebigen Umgebung, mit jeder beliebigen Software zusammen verwendet werden.

- ***Aktives System:*** Aktiv nennt man ein Data dictionary System dann, wenn die Prozesse der Anwendung ihre Datendefinitionen vom Data dictionary erhalten. Damit will gesagt sein, daß das Data dictionary beim Compilierungsprozeß der Anwendungsprogramme aktiv ist. Auch das Datenbankverwaltungssystem (DBMS) verwaltet seine Daten dann nur via Data dictionary.
- ***Dynamisches System:*** Ein dynamisches Data dictionary System gestattet den Zugriff der Anwendungsprogramme auf den Datenkatalog zur Zeit ihrer Ausführung. Das bietet höchsten Komfort. Der Preis dafür ist eine verlängerte Ausführungszeit.

Der Datenkatalog ist das wichtigste Werkzeug, um das *Jahrhundertproblem der Informatik* in den Griff zu bekommen. Das Data dictionary System ist im wesentlichen ein Objekt der computerunterstützten Dokumentation, das im Verlauf der Zeit immer mehr den Entwurf und die Implementation großer Informationssysteme auch direkt und automatisch unterstützen wird.

Datenelement-Beschreibung

An dieser Stelle soll ein Hilfsmittel erwähnt werden, das den Datenkatalog und das Data dictionary System ergänzt.

Im Datenkatalog werden Name, Format und Bedeutung jedes Datenfeldes festgehalten. Für ausführlichere Beschreibungen, Erklärungen oder Hinweise (zum Beispiel zu den Inhalten oder Attributen) für einzelne Datenfelder ist im Datenkatalog nicht der geeignete Platz. Fügte man diese hinzu, wäre die Übersicht wesentlich beeinträchtigt.

Aus diesem Grund speichert man weitere Angaben für einzelne Datenfelder, die über die spartanische Charakteristik hinausgehen, separat ab. Man tut dies nicht für alle Datenfelder, sondern nur für jene, die zusätzliche Angaben unbedingt benötigen. Für die separate Abspeicherung kann man jeden beliebigen Datenträger verwenden. Häufig genügt ein Formular auf einem Blatt Papier (siehe Bild 8.4). Aber die Abspeicherung kann selbstverständlich auch im System, zum Beispiel in einer sogenannten »Notizdatei« oder »Memodatei« erfolgen.

Als Schlüssel für solche Datenelement-Beschreibungen verwendet man den Namen des Datenfeldes. Wird die Beschreibung lediglich auf Papier festgehalten, ordnet man die Formulare alphabetisch nach den Namen und legt sie in einem Ordner ab. Dieser muß allen Projektbeteiligten zugänglich sein. Werden die Beschreibungen im EDV-System gespeichert, erfolgt der Zugriff via Bildschirmterminal.

Es ist wünschenswert, solche Beschreibungen so umfangreich wie nötig ausführen zu können. Für jedes Datenelement sollte also reichlich Platz, etwa im Umfang ei-

Muster EDV	Datenelement – Beschreibung	Name: ARTNR
Beschreibung: Artikelnummer		Datum: 26.10.1994
Deklaration: CHAR(7)		Autor: F. Schubert

Mögliche Werte, Codes, Bedeutungen:

1. Bedeutung: Die Artikelnummer dient zur eindeutigen Definition aller Artikel im Informationsfluß des Auftragswesens, des Einkaufs, der Lagerwirtschaft und des Rechnungswesens. Für einen Artikel gibt es nur eine Artikelnummer.
2. Die Artikelnummer ist nicht sprechend. Für neue Artikel werden die Artikelnummern nach dem Zufallsprinzip vergeben.
3. Die 4. Stelle der Artikelnummer ist die Prüfziffer. Sie wird nach dem Verfahren »Modulus 11« generiert und geprüft.
4. Bis auf weiteres sind nur solche Artikelnummern zulässig, die mit den Ziffern 0, 1, 5 oder 9 beginnen.
5. Eigentümer des Datenfeldes: F. Schubert (Einkauf)
6. Zugriffsberechtigungen:
   - Lesen: jeder Mitarbeiter mit EDV-Grundkurs A-1.
   - Ändern: Mitarbeiter im Einkauf, Menügruppe 3.

Verteiler: Dok-Es,Dok-Wi,Ept	Original-Nr.: 3-218 (10/94)

8.4 Beispiel einer Datenelement-Beschreibung

ner DIN A4-Seite vorgesehen werden. Was in eine solche Datenelement-Beschreibung aufgenommen wird, ist Sache der zukünftigen Anwender und der Informatiker. Hierzu einige Beispiele:

- vollständige Bezeichnung des Datenelementes,
- ergänzende Erklärung seiner Bedeutung,
- zum Datenelement gehörende Einheit (z.B. DM, Stück, kg),
- zulässige Werte oder Grenzwerte für den Inhalt,
- wenn das Datenelement ein Code ist: Bedeutungen der möglichen Codes,
- Plausibilitätskriterien,
- wenn das Datenelement mit einer Prüfziffer ausgestattet ist: Verfahren zum Berechnen und Prüfen der Prüfziffer,
- Rechenformeln in Beziehung zum Datenelement,
- Hinweise auf gesetzliche Vorschriften,
- Zugriffsberechtigung: Eigentümer, Benutzer,
- Hinweis zum Datenschutz,
- bei automatischer Verwaltung: Querverweise über Vorkommen in Dateien und Programmen.

Diese Angaben können durch weitere nach Notwendigkeit ergänzt werden. Das Erfassen der Angaben bedingt einen relativ großen Aufwand. Auch der Mutationsdienst für diese Angaben ist mühsam. Für jede Datenelement-Beschreibung muß ein Autor verantwortlich zeichnen, der sich um die Nachführung der Angaben kümmert. Wenn man aber einen Datenkatalog als zentrales Hilfsmittel für Bau und Betrieb eines Informationssystems einsetzen will, kommt man um diesen Teil der Dokumentation nicht herum. Doch meistens benötigen nur ein paar Prozent der Eintragungen im Datenkatalog die Ergänzung mit einer Datenelement-Beschreibung. Vom Aufwand her steht deshalb einer exakten Verwaltung solcher Notizen nichts im Wege.

Fallstudie IGEL: Die »Feldreferenzdatei« als Datenkatalog

Der Projektfortschritt bei F*Z*G führte die Herren Dr. Kulack und Biermann nun zu einem neuen Problem.

Die Frage der Datenbank war wohl gelöst: Es war von vornherein klar, daß das systemeigene Datenbanksystem der CS/200 (und nicht ein externes Produkt) verwendet werden sollte. Als Datenmodell war dasjenige der FICOSO AG für die Verwendung prädestiniert, da es bereits mehrfach in größeren Handelsunternehmen eingesetzt worden war. Die Standardprogramme beruhten auf diesem Datenmodell und die Dateien für *Transport* und *Auftragsabwicklung* sollten in dieses Datenmodell eingebunden werden. Die Schnittstellenfrage war geklärt worden (siehe vorhergehendes Kapitel).

Doch nun stand man vor der Aufgabe, einen Entscheid für den Datenkatalog zu fällen. Es boten sich verschiedene Möglichkeiten an:

1. Für das System CS/200 bot ein amerikanisches Softwarehaus das aktive Data dictionary System »Turbo Data« an. Dieses benützte die Datenbank der CS/200 auch für seine Metadatenbank. Alle Datendefinitionen würden während der Compilierung der Anwendungsprogramme und bei der Erzeugung der Dateien der Metadatenbank entnommen. Es unterstützte die Programmiersprachen RPG und Cobol. Das Produkt war noch wenig verbreitet.
2. Auch ein unabhängiges Data dictionary System kam in Frage, zum Beispiel das Produkt »Alpenzoo« aus Österreich. Es war für ein unabhängiges System sehr komfortabel und in Europa in etwa 130 Installationen eingesetzt. Der Einsatz war vom produktiven Computersystem unabhängig: Es verwendete übliche PCs, lief unter Windows und war netzwerkfähig. Allerdings schien der Preis von DM 22.000 ziemlich hoch.
3. Das System CS/200 selbst bot sich als Data dictionary ebenfalls an und verursachte keine Zusatzkosten. Die Möglichkeiten waren (vorläufig) zwar beschränkt: Eine sogenannte »Feldreferenzdatei« (FRD) sollte alle Definitionen für Datenfelder enthalten. Beim Aufbau von Datensätzen, Bildschirmmasken und Listen nahm man dann Bezug auf die Definitionen der FRD. Dadurch waren alle Datenfelder immer einheitlich definiert. Allerdings konnten die Namen von Dateien, Programmen und Jobs nicht mit diesem System verwaltet werden. Für die nahe Zukunft waren Erweiterungen vorgesehen.

Am 24.11.1994 verbrachten die Informatiker der F*Z*G zusammen mit Frau Fink (IFAD) und den Herren Dr. Eisenbart und Trutschka (FICOSO) den ganzen Tag in Klausur im Bootshaus der F*Z*G, um sich über die Frage des Data dictionary klar zu werden. Nach einer fünfstündigen Diskussion, einem kurzen Evaluationsverfahren und einer überschlägigen Kosten-/Nutzenrechnung fiel der Entscheid für die Möglichkeit 3). Man entschied sich für die »Feldreferenzdatei« des Hardwarelieferanten.

Die Herren Dr. Eisenbart und Trutschka stellten ein Produkt der FICOSO als zusätzliches Werkzeug vor und erläuterten es: Das Programm »QuickQuer« gab innerhalb des Betriebssystems der CS/200 die Möglichkeit, alle beliebigen Querverweise auf Bildschirm oder in Listen aufzuzeigen. Zu diesem Zweck wurde eine Tabelle im System ständig nachgeführt, die alle gegenseitigen Beziehungen von Datenelementen, Dateien, Programmen und Jobs enthielt. Dadurch konnten Fragen der Programmentwickler über diese Beziehungen beantwortet werden. Die FICOSO verwendete dieses Programm auch für ihre Standardsoftware und erklärte sich bereit, es der F*Z*G gratis zur Verfügung zu stellen.

Herr Biermann hegte einige Zweifel, ob die gewählten Werkzeuge genügen würden. Besonders in der ersten Entwicklungszeit der Batchprogramme ergäben sich immer wieder Änderungen in den Satzdefinitionen – da wäre eine Vollautomatik schon sehr wünschenswert gewesen. Je unvollkommener die Hilfsmittel der Automatik seien, desto mehr könne man falsch machen oder vergessen. Und da wäre dann ein kleinerer Preis oft teurer. Aber da Herr Biermann Zweifel auch hinsichtlich der anderen Varianten »Turbo Data« und »Alpenzoo« anmelden mußte, stimmte er schließlich dem Wunsch seiner Kollegen zu, die Softwareentwicklung mit dem Hilfsmittel der »Feldreferenzdatei« durchzuführen. Das Programm »QuickQuer« gefiel ihm sehr.

Nun kam man zum Detail. Die Herren Trutschka und Biermann erläuterten noch einmal kurz Art und Inhalt einer Feldreferenzdatei, was sie bringe und was sie nicht könne. Und damit tauchte eine neue Frage auf: Sollte man die FRD der Standardsoftware der FICOSO benützen, indem man diese erweiterte, oder sollte man für die *Auftragsabwicklung* einerseits und das *Transportwesen* andererseits eigene Feldreferenzdateien einrichten?

Die Herren Trutschka und Biermann waren sich darüber schon klar und führten aus: Es gäbe keinen Grund dafür, alles in eine einzige solche Datei zu stopfen. Auch die FICOSO verwendete für ihre Standard-Anwendungspakete (hier waren vorgesehen: *FICO 8-8-8*, *EIKA 8-8-8*, *STORESY* und *PERSY 5*) getrennte Feldreferenzdateien. Also sollten auch für die Individualprogramme der Arbeitsgebiete *Auftragsabwicklung* und *Transport* je eine eigene Feldreferenzdatei eingerichtet werden. Die drohende Mehrfachverwendung gleicher Namen für verschiedenen Objekte müßte mit ein wenig Geschick vermieden werden können. Die FICOSO benützte für verschiedene Feldreferenzdateien ganz bestimmte Anfangsbuchstaben für die Namen. Ähnlich sollte man hier auch vorgehen. Damit war der Entscheid für die Variante 3 abgeschlossen.

F * Z * G
Projekt IGEL

Verteiler: Frau Fink,
alle Mitarbeiter im
Projekt IGEL,
z.K.: Direktion PZ/AZ

Interne Weisung: Datenkatalog

1. Diese Weisung ergänzt die Notizen zum Datenmodell »Auftragsabwicklung« vom 20.11. und »Transport« vom 21.11.1994. Sie gehört zur Systemdokumentation.

2. Als Datenkatalog wird die »Feldreferenzdatei« des Computerherstellers eingesetzt. Die Verwendung anderer Data dictionary Produkte wurde geprüft und als weniger zweckmäßig beurteilt.

3. Eine unterschiedliche Zugriffsberechtigung auf der untersten Ebene (der Datenfelder) ist im vorliegenden System nicht erforderlich.

4. Die Firma FICOSO AG stellt uns ergänzend ihr Produkt »QuickQuer« gratis zur Verfügung, das die Möglichkeit komfortabler Cross reference Nachweise bietet.

5. Für beide individuell zu entwickelnden Anwendungsgebiete wird je eine eigene Feldreferenzdatei (FRD) erstellt. Für die Verwaltung der »FRD Auftragsabwicklung« ist Herr Süßkind, der »FRD Transport« Herr Vredestein verantwortlich. Alle Mitarbeiter, die Datenfelder neu einführen oder deren Spezifikationen ändern wollen, tun dies über die oben genannten Herren.

6. Für Datenfelder, die detailliert beschrieben werden müssen, wird vom zuständigen Programmierer eine Datenelement-Beschreibung erstellt (siehe Musterformular im Anhang). Diese wird in Papierform in die Systemdokumentation aufgenommen.

Kupferdreh, 25. November 1994

gez. Dr. Kulack
gez. Biermann

8.5 Interne Weisung zum Datenkatalog im Projekt IGEL

Herr Dr. Kulack war mit dem Ausgang der Konklave recht zufrieden. Er entwarf noch rasch den Text einer *Weisung* (siehe Bild 8.5) und bat Frau Fink, diese zu redigieren und herauszugeben. Das Thema »Datenkatalog« konnte somit abgehakt werden.

Merksätze

- Ein *Datenkatalog* enthält zumindest Namen, Format und Bedeutung jedes Datenfeldes. Beziehungen zwischen Datenfeldern werden nicht angegeben.
- Der *Name* eines Datenfeldes gibt dem Betriebssystem die Stellung des Datenfeldes in einem Datensatz oder seine Adresse im Arbeitsspeicher an. Der Programmierer erkennt im Namen die Bedeutung des Datenfeldes.
- Das *Format* kennzeichnet die Art eines Datenfeldes (numerisch, alphanumerisch, etc.) sowie dessen Länge.
- Die *Bedeutung* definiert den Inhalt eines Datenfeldes.
- Name und Format sind »technische« Angaben, die Bedeutung ist eine »betriebliche« Angabe.
- Die Eintragungen der Datenfelder können ergänzt werden durch weitere Angaben: Zugriffsberechtigung, Plausibilitätskriterien, Codeinterpretationen und anderes mehr.
- Ein Datenkatalog kann auch als *Verzeichnis aller Namen* im System eingesetzt werden. In diesem Fall werden zum Beispiel auch Dateien, Programme und Jobs verzeichnet. Aus dem Datenkatalog wird eine *Metadatenbank*. Sie enthält alle Daten über Namen.
- Ein guter Datenkatalog liefert alle gewünschten *Querverweise* und gibt Antwort auf Fragen der folgenden Art: In welchen Dateien kommt ein bestimmtes Datenfeld vor? Welche Programme lesen eine bestimmte Datei?
- *Datenelement-Beschreibungen* ergänzen den Datenkatalog: Sie enthalten weitere Angaben für Datenfelder, die solche benötigen. Dazu gehören unter anderem ergänzende Erklärungen zur Bedeutung, Bezeichnungen der verwendeten Maß-, Währungs- oder Verpackungseinheiten, zulässige Werte oder Grenzwerte und auch Zugriffsberechtigungen.

Ergebnisse

Die Ausführung der Tätigkeiten, die in diesem Kapitel beschrieben wurden, führt zu folgenden Ergebnissen:

- Die Beteiligten wissen, was ein Datenkatalog ist und welche Aufgaben er erfüllt.
- Es wurde entschieden, ob der Datenkatalog nur Betriebsdaten enthalten oder ein Verzeichnis aller Namen im System sein soll. Im letzen Fall enthält er auch Namen der Dateien, Programme und Menüs.
- Man hat die gegebenen Möglichkeiten untersucht und entschieden, ob der Datenkatalog manuell oder im Computer geführt werden soll.

- Im Fall einer maschinellen Verwaltung des Datenkatalogs hat man einige Softwareprodukte dafür evaluiert und sich für ein bestimmtes Produkt entschieden.
- Es wurde festgelegt, wie die Datenelement-Beschreibungen verwaltet werden sollen. Für jedes Sachgebiet wurde ein verantwortlicher Autor bestimmt.

Literatur

MARTIN, J.: Einführung in die Datenbanktechnik.

BRATHWAITE, K. S.: Analysis, Design and Implementation of Data Dictionaries.

9. Programmplanung und Aufwandschätzung

Nach dem Entwurf des Datenmodells und des Datenkatalogs wird ein Programmverzeichnis erstellt. Der Programmieraufwand wird für jedes Programm geschätzt. Die Programmierarbeiten werden auf die verfügbaren Mitarbeiter verteilt.

Bisher wurde ausführlich beschrieben, wie das Fundament eines Anwendungssystems konstruiert wird. Jetzt geht es darum, auf dem Fundament die Maschine zu errichten! Das Fundament ist das Datenmodell – die Programme stellen die Maschine dar. Diese Maschine kann in der Regel nicht von einem allein gebaut werden. Also geht es auch darum, die Arbeit auf die verfügbaren Arbeiter zu verteilen. Dabei sind deren besondere Fähigkeiten zu berücksichtigen. Für die Verteilung muß der Aufwand für die einzelnen Teilarbeiten bekannt sein (oder geschätzt werden). Schließlich ist ein Zeitplan aufzustellen, alles soll gleichzeitig fertig werden.

Stehen im Zeitpunkt der Programmplanung ein Datenmodell (in Form eines Datenbankentwurfes mit den Dateien und deren Satzeinteilungen) und ein Datenkatalog auf dem Papier zur Verfügung, so ist der nächste Schritt relativ einfach. Auch wenn sich später Änderungen oder Ergänzungen im Datenmodell aufdrängen, soll dies nicht überraschen. Durch die Planung der Programme und auch später durch das Erarbeiten der Programmspezifikationen können sich neue Erkenntnisse für die Entwicklung der Anwendung ergeben. Diese neuen Erkenntnisse werden wahrscheinlich das Datenmodell beeinflussen: ein ganz natürlicher Vorgang.

Damit soll folgendes gesagt werden: Das Datenmodell muß während des Entwicklungsprozesses flexibel bleiben. Selbstverständlich muß das Datenmodell im ersten Wurf so vollkommen wie möglich gestaltet werden. Aber es darf nicht starr eingefroren werden, bevor man an den Programmentwurf herangeht. Es ist nicht zu vermeiden, daß bessere Lösungen manchmal erst spät erkannt werden. Und wenn diese wirklich Vorteile bringen, darf man nicht davor zurückschrecken, auch noch während der Programmierung an der Datenstruktur etwas zu ändern. Für erfahrene Fachleute ist das wohl Mehraufwand, aber kein großes Problem. Deshalb soll der zukünftige Benutzer auch dann noch eine bisher vergessene Anforderung vortragen, wenn sie spät kommt. Damit soll auch gesagt werden, daß der Zeitaufwand für die Datenmodellierung begrenzt werden muß. Ist diese Zeit abgelaufen, wird mit der Programmierung begonnen – auf die (sicher eintretende) Gefahr hin, daß man später am Datenmodell noch etwas verändern muß. Verfährt man anders, gibt es unnötige Verzögerungen.

Zurück zum Ausgangspunkt dieses Kapitels: Liegen Datenmodell und Datenkatalog vor, werden die Programme geplant. Die Programme haben die Aufgabe, die

Daten so zu bearbeiten, daß die vom Anwender für das Anwendungssystem verlangten Funktionen erfüllt werden. Dabei stellen sich folgende Fragen:

1. Welche Programme müssen verfaßt werden und welche Aufgabe hat jedes Programm?
2. Wie groß ist der Aufwand für jedes einzelne Programm?
3. Wie wird die Programmierarbeit auf die beteiligten Mitarbeiter oder Teams am besten verteilt? Dabei gelten folgende Bedingungen:
   - Spezialkenntnisse der Beteiligten sind auszunützen.
   - Die individuellen Leistungen sind in Rechnung zu stellen. (Manche Programmierer arbeiten durchschnittlich schneller als andere.)
   - Die Belastung soll für die Beteiligten ausgewogen sein.

Die Beantwortung dieser drei Fragen erfordert ein gehöriges Maß an Wissen und Analysearbeit.

Programmverzeichnis

Der erste Schritt in der Programmplanung ist das Erstellen eines *Programmverzeichnisses*. Dieses enthält alle Programme, die zur Realisierung eines Anwendungssystems erstellt werden müssen. Für jedes einzelne Programm werden folgende Angaben enthalten sein:

- *Name* des Programmes: Jedem Programm ist ein Name zu geben, mit dem es später sowohl von den Beteiligten erkannt, wie auch vom Betriebssystem aufgerufen werden kann. Die Namensgebung hat den Normen zu entsprechen: Darüber wird im Kapitel 13 Näheres gesagt werden. Man verwendet symbolische Abkürzungen. Sie müssen aber nicht allgemein verständlich sein, sondern vor allem den formalen Gegebenheiten entsprechen. Die Programmnamen werden im Projektverlauf so häufig verwendet, daß sie allen Mitarbeitern bald geläufig werden.

  Beispiele für Programmnamen könnten sein: AAD01 oder BEABW. Beide Programmnamen könnten ein Bildschirm-Dialog-Programm bezeichnen, das der Aufnahme von Bestellungen in der Auftragsabwicklung dient. »BEABW« wäre für dieses Programm ein »sprechender« Name, der die Aufgabe des Programmes als Abkürzung ausspricht. Von dieser Form der Namensgebung sei abgeraten! Sie erweist sich im Projektverlauf nicht als zweckmäßig. Die Aufgabe des Programmes wird ohnehin durch die Programmbezeichnung (siehe unten) angegeben. Besser ist es, dem erwähnten Programm den Namen »AAD01« zuzuteilen. Dabei sagen die einzelnen Zeichen über die Art des Programmes etwas aus, wie etwa: Das erste »A« sagt aus, daß der Name ein Programm betrifft, das zweite »A« bezeichnet das Anwendungsgebiet (also zum Beispiel eine »Auftragsabwicklung«), das »D« kennzeichnet ein Dialogprogramm und die letzten zwei Zeichen sind eine beliebige Numerierung. Dies soll aber nur als Beispiel verstanden werden und nicht als Grundgesetz.
- *Bezeichnung* des Programmes: Diese bezeichnet die Hauptaufgabe des Program-

mes möglichst prägnant und sehr kurz (in ein bis drei Worten). Beispiele: »Erfassung einer Bestellung« oder »Ausdrucken Lieferschein« oder »Artikelstatistik«.

- *Art* des Programmes: Eine Kurzangabe in ein oder zwei Buchstaben soll erkennen lassen ob es sich um ein
  - Hauptprogramm oder eine Subroutine/Funktion und um
  - ein Echtzeit- (Dialog-) oder Stapelprogramm handelt.

  So könnte zum Beispiel das Kürzel HS ein Hauptprogramm für Stapelbetrieb (also etwa eine Artikelliste) kennzeichnen, das Kürzel SE für eine Subroutine eines Dialogprogrammes stehen, und so weiter.

Projekt: Handel	Programm-Verzeichnis		*Anwendung:* Lager		
Name	Bezeichnung	Art[1]	AT	Autor	Termin[2]
ALB01	Übernahmeprogramm	B	30	Max	März
ALD01	Erfassung Zusatzdaten	D	10	Eva	Februar
ALD02	Neuaufnahme von Artikeln	D	15	Eva	März
ALD03	Änderungen Artikel-Stammdaten	D	15	Eva	März
ALD04	Löschung von Artikeln	D	10	Urs	Juni
ALD05	Erfassen Anlieferungen	D	10	Max	April
ALD06	Disposition Kundenbestellung	D	10	Max	Juni
ALD07	Erfassen Auslieferungen	D	15	Max	Juni
ALB02	Liste der Bestellungen	B	15	Urs	Juli
ALB03	Liste Lagerbestand	B	10	Urs	Juli
ALB04	Liste der Lieferanten	B	10	Urs	Juli
ALB05	ABC-Analyse	B	15	Urs	Juli
	Aufwand total geschätzt (AT)		165		
	zu leisten von[3] Eva (AT)		40		
	Max		65		
	Urs		60		
			165		

Bemerkungen:

1 Art des Programmes: D Dialogprogramm, B Stapelprogramm (Batch)
2 Diese Termine dürfen nicht überschritten werden, wenn das Projekt rechtzeitig abgeschlossen werden soll.
3 Die ungleichmäßige Belastung berücksichtigt die unterschiedliche Verfügbarkeit der Mitarbeiter.

EI1

9.1 Beispiel für ein Programmverzeichnis

- ***geschätzter Aufwand:*** Es wird eingetragen, welcher Programmieraufwand zu erbringen sein wird. Als Einheit sind Arbeitswochen (abgek. AW) oder Arbeitstage

(AT) zweckmäßig. Die Aufwandschätzung wird in diesem Kapitel später noch ausführlich behandelt.
- ***verantwortlicher Programmierer:*** Hier steht der Name des Programmierers (oder des Programmierteams), dem das Programm zur Realisierung zugeteilt wird.
- *Termin:* Hier wird der Termin für die Fertigstellung des Programmes eingetragen. Dies ist zunächst der letzte mögliche Termin aus der Sicht des Projektmanagements. Am Schluß der Programmplanung wird dieser Termin geändert. Er ergibt sich dann aus der Belastung des Programmierers, aus dem geschätzten Aufwand und aus einer sinnvollen Reihenfolge im Ablauf der Programmierarbeiten.

Die letzten drei Eintragungen (Aufwand, Programmierer und Termin) sind zunächst provisorisch zu sehen. Sie lassen sich erst nach eingehender Aufwandschätzung, Aufgabenverteilung und Kapazitätsplanung einigermaßen sinnvoll hinschreiben.

Frage 1: Welche Programme?

Wenn man vor der Beantwortung der Frage steht, welche Programme geschrieben werden müssen, vereinfacht ein Blick auf das Datenmodell diese Aufgabe. Eine Anzahl von Dateien ist der Ausgangspunkt des zukünftigen Anwendungssystems. Jede dieser Dateien muß zunächst mit Daten gefüllt und diese müssen verändert werden können. Dann will man sich den Inhalt der einzelnen Datensätze jederzeit ansehen können. Diese Funktionen werden in der Regel im Echtzeitbetrieb am Bildschirmterminal ausgeführt. Bis hierher handelt es sich mehr oder weniger um eine reine Verwaltungsarbeit im Hinblick auf die Datenbestände.

Es sollen aber nicht nur die Daten verwaltet, sondern vor allem die vom Anwender verlangten Funktionen ausgeführt werden. Diese betreffen in der Regel mehrere Dateien der Datenbank gleichzeitig. Die Ausführung der Anwendungsfunktionen kann sowohl in Echtzeit, als auch im Stapelbetrieb durchzuführen sein. Schließlich ist noch an die Datenübernahme zu denken: Es müssen Daten vom alten System in das neue übernommen werden. Dafür sind Übernahmeprogramme zu schreiben, die die alten Daten erfassen, umformen und in die neue Datenbank schreiben sowie in dieser die notwendigen Verbindungen und Beziehungen aufbauen.

Ein *Beispiel:* Der Einfachheit wegen sei eine einzige Datei angenommen. Es sei die Artikeldatei eines Handelsbetriebes, die in ihren Sätzen die Angaben zu allen Artikeln enthält, wie:

a) Artikelnummer, Artikelgruppe, Artikelbezeichnung, Verpackungseinheit, Lieferantennummer, durchschnittlicher Einkaufspreis, Basis-Verkaufspreis, Mindestbestand, Mindestbestellmenge. Das sind *Stammdaten*, sie werden nur selten geändert.
b) Anzahl der bestellten und noch nicht gelieferten Einheiten, Anzahl der Einheiten auf Lager, Anzahl der bereits disponierten Einheiten, Umsatz je Kalendermonat in Einheiten und Geldwert und anderes mehr. Diese *Bewegungsdaten* ändern sich bei jeder Transaktion.

Welche Programme wird man für eine einfache Lagerverwaltung für diese Datei vorzusehen haben? Es sind zumindest die folgenden:

- ***Übernahmeprogramm*** (Stapelverarbeitung): Soll das zukünftige Informationssystem ein bereits bestehendes, altes System ablösen, muß ein Übernahmeprogramm geschrieben werden. Dieses wird zum Beispiel von einem Magnetband, auf das vom alten System die alte Artikeldatei kopiert wurde, die Daten in die neue Artikeldatei schreiben. Dabei kann automatisch eine neue Artikelnummer generiert werden (beim Übergang von sprechenden zu nichtsprechenden Nummern oder bei Vergrößerung der Stellenzahl) oder irgendwelche weitere Änderungen werden vorgenommen. Sind zusätzliche Daten in die Sätze aufzunehmen (zum Beispiel das Eintragen der Lieferantennummer oder einer Mindestlagermenge) benötigt man außerdem ein ***Erfassungsprogramm*** für die Zusatzdaten.
- ***Neuaufnahme*** von Artikeln (Dialogprogramm): Für jeden Artikel, der neu ins Sortiment aufgenommen wird, muß mit einem Dialogprogramm ein neuer Satz in der Artikeldatei eröffnet und zunächst mit den entsprechenden Stammdaten gefüllt werden. Die Bewegungsdaten bleiben noch offen, sie werden blank oder null gesetzt.
- ***Änderung*** von Stammdaten (Dialogprogramm): In bestehenden Artikelsätzen werden manchmal Änderungen der Stammdaten notwendig werden. Es ändert sich der Lieferant oder der Mindestbestand oder der Basisverkaufspreis oder ein anderes Feld. Eine Änderung der Bewegungsdaten soll in dieses Programm nicht einbezogen werden.
- ***Löschung*** eines Artikels (Dialogprogramm): Es muß natürlich auch möglich sein, Datensätze zu löschen, wenn ein Artikel aus dem Sortiment ausgeschieden wurde. (Damit ein Datensatz in einer Artikeldatei gelöscht werden kann, müssen natürlich einige Bedingungen erfüllt sein. So muß zum Beispiel der Lagerbestand null sein.)
- Erfassen von ***Lieferungen/Zugang*** (Dialogprogramm): Eintreffende Lieferungen werden am Bildschirm erfaßt und in der Datei verbucht: Bewegungsdaten werden verändert.
- Erfassen von ***Kunden-Bestellungen*** (Dialogprogramm): Wird von einem Kunden ein Lagerartikel bestellt, muß dies als Disposition verbucht werden können.
- Erfassen von ***Auslieferungen*** (Dialogprogramm): Werden Artikel ausgeliefert, ist dies ebenfalls über den Bildschirm zu verbuchen.
- ***Bestellungslisten*** für den Einkauf (Stapelprogramm): Periodisch wird eine Liste ausgedruckt, die (nach Lieferanten gruppiert) alle Artikel enthält, die nachbestellt werden müssen.
- ***Lagerbestandesliste*** (Stapelprogramm): Ebenso wird periodisch eine Liste ausgedruckt, die den gesamten Lagerbestand aufführt und bewertet. Es können detaillierte Listen erstellt werden, die jeden einzelnen Artikel enthalten, oder solche, die nur die Summen einzelner oder aller Artikelgruppen enthalten.
- ***Lieferantenliste*** (Stapelprogramm): Ein Verzeichnis der Lieferanten mit Umsatzzahlen dient dem Einkauf.

- ***Statistiken*** (Stapelprogramme): Sie werden im Handelsbetrieb entscheidend für den Geschäftserfolg sein. Mit Hilfe einer ABC-Analyse kann das Artikelsortiment verbessert werden. Ladenhüter werden erkannt. Das verfügbare Kapital wird optimal eingesetzt.

Diese Aufzählung läßt einiges erkennen:

1. Schon einfache Aufgabestellungen und Datenmodelle verlangen oft eine ganze Palette von Programmen. Das obige Beispiel verwendet nur eine einzige Datei und erfordert ein Dutzend Programme.
2. Man benötigt im Normalfall immer Echtzeitprogramme (für den Dialog am Bildschirm) ***und auch*** Stapelprogramme (zum Beispiel für Listen oder andere Dateiauswertungen).
3. Die Programm zur Veränderung von Stammdaten sind meist nicht dieselben, wie die zur Veränderung von Bewegungsdaten. Die ersteren haben eher administrative Aufgaben im Datenbestand (Beispiel: Korrektur der Artikelbezeichnung), die letzteren sorgen für die Abwicklung der Transaktionen der Anwendung (Beispiel: Verbuchen einer eintreffenden Lieferung).
4. Es ist für den Benutzer wesentlich einfacher, wenn für verschiedene Aufgaben verschiedene Dialogprogramme verfügbar sind, auch wenn sie dieselbe Datei betreffen. Ein Beispiel dafür wären die Programme »Änderung von Stammdaten« und »Erfassen von Lieferungen« (siehe oben). Man könnte auch ein universelles Dialogprogramm vorsehen, das alle Eingriffe in die Datei bewirkt. Solche Programme sind einerseits kompliziert für den Benutzer, andererseits sehr fehleranfällig und schwierig zu schreiben, zu testen und zu warten. Eine gute Programmiertechnik beschränkt sich auf eine Funktion je Dialogprogramm.

Wer beantwortet die Frage, welche Programme in einem Anwendungssystem geschrieben werden müssen? Dies ist Sache der *Informatiker*. Der Chefprogrammierer wird zum Architekt und Designer für das zukünftige Programmpaket und ist federführend für das Programmverzeichnis. Selbstverständlich unterstützen ihn seine Mitarbeiter, die Analytiker und Programmierer. Fachkenntnisse aus dem Anwendungsgebiet sind bei diesem Entwurf unerläßlich.

Frage 2: Wie groß ist der Aufwand?

Wenn die zu erstellenden Programme definiert, getauft und bezeichnet sind, erhebt sich sofort die Frage: Wie groß ist der Aufwand für jedes einzelne Programm? Hier sollen zuerst zwei Voraussetzungen erwähnt werden:

1. Unter dem Programmieraufwand versteht man die erforderliche Arbeitszeit für den Entwurf, die Codierung, den Test und die Dokumentation des Programmes. Er ist in Arbeitswochen (AW) oder Arbeitstagen (AT) anzugeben. Eine Arbeitswoche ist die Arbeitszeit einer Person in einer Woche und dies ist nicht zu verwechseln mit der Durchlaufzeit (d.i. die Zeitspanne vom Beginn bis zum Ende einer Arbeit).

2. Die Leistungen von Programmierern sind sehr unterschiedlich. Experimente mit Programmierern haben wiederholt ergeben, daß die Codier- und Testzeiten der Versuchspersonen bei derselben Aufgabe im Verhältnis 1:25 vom schnellsten zum langsamsten variieren! Dies ist bei Aufwandschätzungen zu bedenken: Sie können ja gar nicht genau sein! Erstens kann der Aufwand im voraus nicht genau angegeben werden und zweitens sagt er nur in Verbindung mit einem bestimmten Programmierer etwas aus.

Zur Schätzung des Programmieraufwandes sind *drei Methoden* üblich, die im folgenden beschrieben werden. Es sind dies:

- Schnellschätzung (durch den Chefprogrammierer),
- Schätzung nach Zeilenzahl,
- analytische Methoden.

Die erste dieser Methoden verursacht wenig Aufwand und ist sehr schnell erledigt. Die letztgenannten Methoden erfordern erheblichen Aufwand, man wird sie deshalb nur in großen Softwareprojekten anwenden. Bedenkt man die außerordentlich große Varianz in den Leistungen verschiedener Programmierer und die auf jeden Fall sehr bescheidene Genauigkeit aller Schätzungsverfahren für den Programmieraufwand, so ist im Zweifelsfalle immer die einfachere Methode vorzuziehen.

Schnellschätzung

Ist ein Programmierteam nicht allzu groß (unter 20 Personen) und kennt der Chefprogrammierer die Fähigkeiten und Leistungen seiner Mitarbeiter gut, ist die Methode der Schnellschätzung allen anderen vorzuziehen. Der Chefprogrammierer nimmt das Programmverzeichnis zur Hand und trägt bei jedem Programm diejenige Arbeitszeit ein, die er für die Programmierarbeit schätzt. Dabei berücksichtigt er

- welchem seiner Programmierer er die Arbeit zuteilen wird,
- wie gut die Anforderungen an das Programm bereits bekannt sind,
- wieviele und welche Dateien betroffen werden, ob die Logik im Programm einfach ist oder nicht, ob komplizierte Prüf- und Berechnungsverfahren einzubauen sind, ob es ein Echtzeit- oder ein Stapelprogramm ist und anderes mehr.

Nach diesem Überlegungsvorgang trägt er den Aufwand (in AW oder AT) in sein Exemplar des Programmverzeichnisses ein. Hat er das für alle Programme getan, muß der Chefprogrammierer einen groben Belastungsausgleich vornehmen: Alle Programmierer sollen ihrer Kapazität entsprechend gleichmäßig belastet werden. Dabei ist selbstverständlich zu berücksichtigen, welche Zeit jeder einzelnen Mitarbeiter tatsächlich dem Projekt widmen kann, geplante Abwesenheiten und Belastungen außerhalb des Projektes sind einzukalkulieren.

Der nächste Schritt: Der Chefprogrammierer bespricht die Aufwandschätzung mit seinen Mitarbeitern. Erheben diese begründete Einwände, werden die Schätzungen und Zuteilungen so lange modifiziert, bis die Mehrheit der Beteiligten einverstanden ist.

Vorteile: Die Methode ist schnell, einfach und relativ genau.

Nachteile: Die Güte der Ergebnisse hängt davon ab, ob der Chefprogrammierer die Schwierigkeitsklasse des Programmes und die Leistung der Programmierer richtig einschätzt. Die Methode ist nicht schematisch, sondern beruht auf Intuition. Der Chefprogrammierer nimmt viel Verantwortung auf sich.

Schätzungen nach Zeilenzahl

Diese Methode liefert zwar in der Regel nicht bessere Ergebnisse als die erste Methode, nimmt aber dem Chefprogrammierer einen Teil der Verantwortung ab, wenn er die Schätzung durchführt. Er kann auf Erfahrungszahlen und Durchschnittswerte hinweisen, die aus weltweit bekannten Projekten vorliegen.

Erster Schritt: Für jedes Programm wird geschätzt, wie »groß« es werden wird. Das heißt: Man schätzt die Anzahl von Anweisungen (Statements) oder Zeilen, die es umfassen wird. Diese Schätzung nimmt der Chefprogrammierer zusammen mit seinen Mitarbeitern vor.

Nächster Schritt: Aufgrund der Zeilenzahl legt man den Programmieraufwand fest. Dazu benützt man Erfahrungswerte aus der Literatur. Man kann dort lesen,

- daß ein Programmierer im Durchschnitt pro Jahr ca. 2000 Zeilen codiert oder
- daß je nach Schwierigkeitsgrad zwei bis sechs Mannmonate für 1000 Programmzeilen benötigt werden.

Man darf nicht vergessen, daß der geschätzte Programmieraufwand den Programmentwurf, die Codierung, die Tests und die Dokumentation umfaßt! Deshalb sind die oben erwähnten Aufwandszahlen gar nicht sehr hoch. Die skizzierte Streuung von 1:3 hängt in erster Linie von der Projektgröße ab. Kleine Projekte lassen sich wesentlich rascher realisieren als große. In großen Projekten arbeiten größere Teams zusammen. In größeren Teams wird viel Zeit für die Kommunikation zwischen den Beteiligten benötigt. Die Kommunikationszeit geht zu Lasten der Programmierzeit. Bei sehr großen Teams geht dann die Programmierleistung gegen Null. Professor Parkinson ist mit ähnlichen Betrachtungen berühmt geworden.

Vorteil: Die Methode ist sachlicher und weniger intuitiv als die erste. Die Programmierer können im Schätzungsprozeß besser mitwirken.

Nachteile: Das Schätzen der Anzahl Programmzeilen ist immer ungenau. Die individuellen Fähigkeiten der beteiligten Programmierer werden nicht berücksichtigt.

Analytische Methoden

Bei diesen Methoden zur Aufwandschätzung wird derart vorgegangen, daß in jedem betrachteten Programm die Einzelfunktionen nach ihrem Detailaufwand gewichtet werden. Diese Gewichte werden für jedes einzelne Programm summiert, und diese

Summe ergibt eine Punktezahl, die wiederum zur Aufwandschätzung dient. Im folgenden Beispiel werden für jedes Programm die unten aufgeführten Punkte vorgegeben:

für ein Stapelprogramm	5	Punkte
für ein Echtzeitprogramm	15	"
je gelesene Datei	3	"
je veränderte Datei	9	"
je aufgerufene Subroutine	2	"
je Bildschirmmaske	10	"
je Listenbild	8	"
für eine Eingabeprüfung	3	"
für eine einfache Berechnung	2	"
für eine schwierige Berechnung	20	"
Zuschlag für komplizierte Logik	10	"
Zuschlag für sehr komplizierte Logik	25	"
und anderes mehr.		

Für ein Echtzeitprogramm, das drei Dateien lesen, eine Datei verändern, zwei Subroutinen aufrufen, eine Bildschirmmaske benützen, eine Eingabeprüfung und eine einfache Berechnung enthalten wird, ergeben sich in Summe 52 Punkte.

Der Programmieraufwand für das Programm wird im nächsten Schritt als Funktion der Punktezahl ermittelt. Aus einem Kurvenblatt läßt sich für jede Punktezahl der prognostizierte Aufwand ablesen.

Bleibt man beim oben skizzierten Beispiel, kann man davon ausgehen, daß erfahrene Programmierer ein Programm von

25	Punkten in	1	Woche
100	Punkten in	5	Wochen
250	Punkten in	20	Wochen

bewältigen. Das Beispiel einer Aufwandskurve zeigt Bild 9.2. Diese Kurve ist wegen der unvermeidlich großen Streuung mit Vorsicht zu benützen. Außerdem beruht sie auf der Annahme, daß ein Programmierer allein arbeitet. Ein Aufwand für Kommunikation ist nicht enthalten. Will man diesen berücksichtigen, ist ein Zuschlag von 25 % je Teammitglied zu berücksichtigen: Ein Team von vier Programmierern braucht für ein bestimmtes Programm etwa doppelt soviel Arbeitstage, wie ein Programmierer im Alleingang.

Die analytische Methode ist sehr angenehm, hält aber zwei wesentliche Fußangeln bereit: Erstens ist die Zuordnung von Punkten zu den einzelnen Funktionen recht willkürlich. (Verursacht das Verändern einer Datei wirklich dreimal so viel Arbeit wie eine Eingabeprüfung?) Zweitens ist die Umsetzung von Punkten in den Zeitaufwand problematisch. (Ein Programm mit 50 Punkten kann einmal in einer Woche erledigt sein, in anderen Fällen vier Wochen benötigen.)

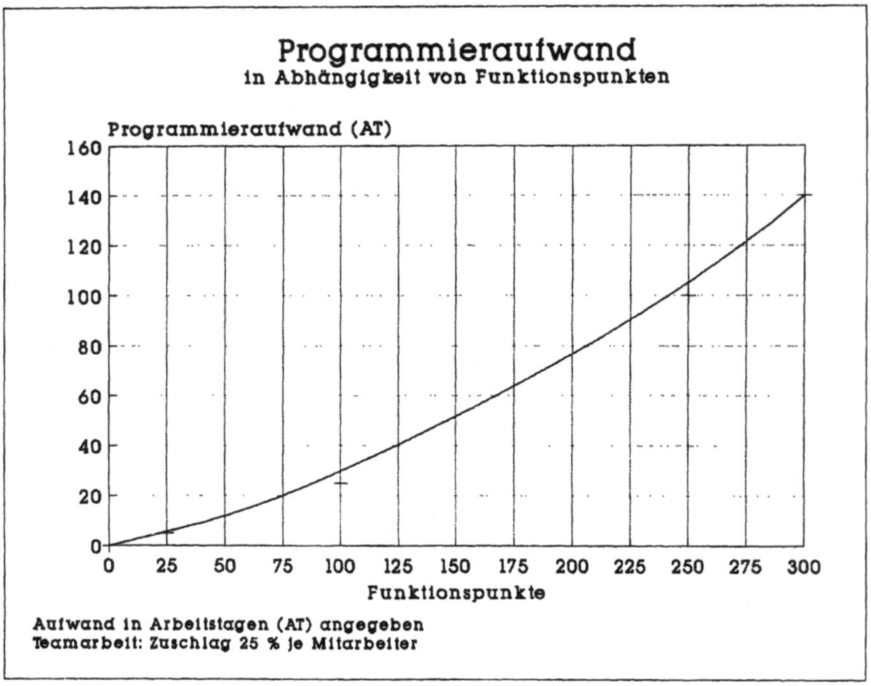

9.2 Ermittlung des Programmieraufwandes aus den Funktionspunkten.

Will man die beschriebene analytische Methode mit einiger Zuverlässigkeit anwenden, ist es unerläßlich, im Laufe der Zeit eine eigene, betriebsinterne Umsetzungskurve zu entwickeln. Man geht von einer zunächst theoretischen Kurve aus und verbessert sie im Laufe der Zeit durch Eintragen des Ist-Aufwandes fertiggestellter Programme. Auch die Zuteilung der Funktionspunkte ist periodisch zu überlegen und allenfalls abzuändern. Tut man beides konsequent, erhält man nach einiger Zeit (nach zwei bis vier Jahren) ein brauchbares Werkzeug, das die Gegebenheiten der betroffenen Programmierumgebung entsprechend berücksichtigt. Dieses Vorgehen wird natürlich nur bei größeren Programmieraufgaben und -unternehmen, etwa in einem Softwarehaus, zweckdienlich sein.

Ein solches Verfahren ist unter dem Namen *Function Point Analysis* bekannt geworden.

Vorteile: Die Intuition wird durch eine einheitliche Methodik ersetzt. Wenn das Verfahren laufend den tatsächlichen Ergebnissen angepaßt wird, sind die Ergebnisse recht zuverlässig.

Nachteile: Der Aufwand für die Prognose ist hoch. Subjektive Fähigkeiten der Programmierer werden nicht berücksichtigt.

Nach welcher der drei beschriebenen Methoden der Programmieraufwand auch immer ermittelt wurde, schließlich sind mehr oder weniger genaue Zahlen für den Aufwand bekannt und können im Programmverzeichnis eingetragen werden. Provisorisch steht dabei auch, welcher Programmierer welche Arbeit machen soll. Aber dies bleibt noch zu prüfen und im Detail zu planen.

Frage 3: Wie wird die Arbeit verteilt?

Um die Programmierarbeit auf mehrere Programmierer oder - bei großen Aufgaben - auf mehrere Programmierteams zu verteilen, wird man eine der herkömmlichen Planungsverfahren anwenden. Allgemein sind für derartige Zwecke die sogenannten *Planungstafeln* geeignet, die von verschiedenen Lieferanten angeboten werden. Der Planungsvorgang ist dabei Aufgabe des Disponenten, die Planungstafel dient lediglich zur übersichtlichen Darstellung der geplanten Aufgabenverteilung und des vorgesehenen zeitlichen Ablaufes.

Automatische Planungsverfahren, die auf Computern laufen und auch den Planungsvorgang automatisieren, erfordern viel Hardware, Software und Einrichtungsarbeit. Der Aufwand ist für die meisten Programmplanungen zu hoch.

Hier soll auf die *Tabellenkalkulation* hingewiesen werden, mit deren Hilfe sich eine *halbautomatische Planungstafel* bilden läßt. Dazu wird ein handelsüblicher Personal Computer benötigt und ein Tabellenkalkulationsprogramm - zwei Werkzeuge, die in der Feinplanung ohnehin nicht fehlen sollten.

Programmier-Verteilungs-Plan und PC

Nimmt man die Planungsarbeit auf einem PC mit einem Tabellenkalkulationsprogramm (abgek. TKP) vor, so steht man zunächst vor folgender Aufgabe:

1. Gegeben sind: die zu schreibenden Programme, der geschätzte Aufwand für jedes Programm in Arbeitstagen (abgek. AT) und die für die Arbeit verfügbaren Programmierer oder Programmierteams.
2. Gesucht ist die Antwort auf die Frage: Wer schreibt wann welches Programm? Es wird demnach eine Art Fahrplan gewünscht, der für jedes Programm angibt, von welchem Programmierer es in welchem Zeitraum geschrieben wird.
3. Dabei ist noch eine Reihe von Randbedingungen einzuhalten. Das kann unter anderem sein:
   - Die Programmierer arbeiten nicht ausschließlich für das Projekt, sondern haben auch andere Arbeiten zu erledigen.
   - Die Programmierer sind manchmal abwesend (Urlaub, Kurse).
   - Es wäre zu wünschen, daß die Programmierer nicht gleichzeitig an mehreren Programmen arbeiten.
   - Manchmal wird es gewünscht, daß mehrere Programmierer zur gleichen Zeit zusammen an einem (großen) Programm arbeiten. Andere Programme sollen im Gegensatz dazu nur von einem Programmierer allein erstellt werden.
   - Gewisse Programme sollen zuerst, andere erst später er stellt werden.

- Gewisse Programme sollen von ganz bestimmten Programmierern geschrieben werden. Oder: Ein bestimmter Programmierer soll (oder kann) ein bestimmtes Programm nicht schreiben. Den persönliche Fähigkeiten und Kenntnissen der Programmierer soll gut entsprochen werden.

Man sieht besonders an diesen Restriktionen, daß eine vollautomatische Planung in fast allen Fällen gar nicht in Frage kommt. Nimmt der Chefprogrammierer (der sowohl seine Mitarbeiter gut kennt, als auch Schwierigkeiten und Aufwand der geplanten Programme am besten einschätzen kann) die Planung mit einem geeigneten Hilfsmittel vor, so ist die Lösung bald gefunden.

Ein Hindernis ist noch zu besprechen: Die Aufgabe ist im Grunde genommen dreidimensional! Die erste Dimension ist die Zeit. In der zweiten Dimension liegen die einzelnen Programme. Die dritte Dimension bilden die eingesetzten Mitarbeiter oder Teams. Dreidimensionale Planungstafeln sind unübersichtlich und schwer zu handhaben, auch wenn es Software für solche Modelle gibt. Im folgenden wird gezeigt, wie die Planung mit einer zweidimensionalen Tabelle durchgeführt werden kann. Es werden mehr Spalten verwendet, dafür bleibt die Übersicht gut gewahrt.

Die Kalkulationstabelle dient sowohl zur Dokumentation, wie eine Planungstafel, aber auch als Halbautomat, das heißt als Rechenmaschine mit sehr vielen Registern.

Im Bild 9.3 ist ein Programm-Verteilungs-Plan als Tabelle gezeigt. Die Planungsmatrix ist zunächst noch leer. Der Ablauf der Zeit wird in der horizontalen Achse dargestellt: In der Zeile 1 sind sechs Kalendermonate (Januar bis Juni) als Planungszeitraum eingetragen. Eine Dame und zwei Herren sollen die Arbeiten durchführen. Deshalb ist jede Monatsspalte (D bis I) in drei weitere Spalten unterteilt, jede für einen Programmierer. Damit wird die dreidimensionale Aufgabe in eine flache Tabelle gelegt. In der Zeile 2 sind die Namen der Mitarbeiter wiederkehrend in jedem Monat eingetragen. Somit sind $6 \times 3 = 18$ Planungsspalten geschaffen.

Unterhalb der Monate und Mitarbeiter werden vier Zeilen eingerichtet (Zeilen 3 bis 6), die zur Ermittlung der für das Projekt verfügbaren Arbeitstage je Mitarbeiter und je Monat dienen. Alle Zahlen in der Tabelle sind als Arbeitstage zu verstehen!

Nun werden die zu planenden Programme eingetragen: Sie stehen mit ihrem Namen (oder einer Abkürzung) in der Spalte A, Zeile 7 bis 18. Neben dem Namen wird der geschätzte Aufwand (in Arbeitstagen) eingetragen (Spalte B, Zeile 7 bis 18).

Ist man so weit gekommen, kann die Tabelle in eine komfortable Rechenmaschine verwandelt werden. Dies geschieht durch Eintragen von Formeln in die Ergebniszellen. Es sind die folgenden:

- Arbeitstage für Projekt: Von den »Arbeitstagen brutto« (Zeile 3) sind die »geplanten Abwesenheiten« (Zeile 4) und die »Nichtprojekt-Arbeiten« (Zeile 5) abzuziehen. Die Formel lautet demnach: D6=D3-D4-D5. Sie wird nach den Regeln des verwendeten Tabellenprogrammes gebildet, in der Spalte D (JAN/Eva) Zeile 6 eingetragen und in die 17 weiteren Felder der Zeile 6 kopiert. (Spalten J und K ausgenommen). Damit wurde eine Rechenmaschine geschaffen, die 18 mal die

	A	B	C	D			E			F			G			H			I			J	K
				P r o g r a m m - V e r t e i l u n g s - P l a n																			
1	Kalendermonat:			JAN			FEB			MAR			APR			MAI			JUN				
2	Programmierer:			Eva	Max	Urs	Eva	Max	Urs	Eva	Max	Urs	Eva	Max	Urs	Eva	Max	Urs	Eva	Max	Urs	Summen	
3	Arbeitstage brutto . . . :			20	20	20	19	19	19	20	20	20	19	19	19	17	17	17	21	21	21	348	
4	geplante Abwesenheiten . :			2	7	2	12	2	5	2	2	2	5	5	5	6	2	2	0	1	10	72	
5	Nichtprojekt-Arbeit . . . :			4	6	2	3	2	4	4	0	2	4	0	5	4	0	0	4	10	10	64	
6	Arbeitstage für Projekt . :			14	7	16	4	15	10	14	18	16	10	14	9	7	15	15	17	10	1	212	
				P l a n u n g s m a t r i x :																		Summe geplant	noch offen
	Programme:	Aufwand	fertig																				
7	Übernahme	30																				0	30
8	Erfassung	10																				0	10
9	Neuaufnahme	15																				0	15
10	Änderung	15																				0	15
11	Löschung	10																				0	10
12	Anlieferung	10																				0	10
13	K-Bestellung	10																				0	10
14	Auslieferung	15																				0	15
15	Lagerbestand	10																				0	10
16	Best.Liste	15																				0	15
17	Lieferanten	10																				0	10
18	ABC-Analyse	15																				0	15
19	Total	165		0	0	0	0	0	0	0	0	0	0	0	0	0	0	0	0	0	0	0	165
20	freie Kapazität			14	7	16	4	15	10	14	18	16	10	14	9	7	15	15	17	10	1	212	

9.3 Programm-Verteilungs-Plan für zwölf Programme, die von drei Mitarbeitern in sechs Monaten geschrieben werden sollen. Die Planung ist noch nicht erfolgt, die Planungsmatrix ist leer.

»Arbeitstage für Projekt« in Zeile 6 errechnet, wenn die Zeilen 3 bis 5 eingegeben wurden

- Total (Zeile 19): In dieser Zeile werden Summen aus der Planungsmatrix gebildet. Sie enthält in den Spalten B und D bis K die Summen der Zeilen 7 bis 18. (Formel: B19=SUMME(B7.B18), zu kopieren nach D19 bis K19).
- freie Kapazität (Zeile 20): In dieser Zeile wird gezeigt, wieviele Arbeitstage bei den einzelnen Mitarbeitern in den einzelnen Monaten noch frei geblieben sind. In Spalte J (Zeile 20) steht, wieviele Arbeitstage im ganzen noch nicht verplant wurden. (Formel: D20=D6-D19, zu kopieren in alle Spalten D bis J).
- Summen in Spalte J: Hier werden die Zeilensummen der Zeilen 3 bis 20 angezeigt. (Formel: J3=SUMME(D3.I3), zu kopieren in die Zeilen 4 bis 20).
- Planungsrest: In der Spalte K stehen unter dem Titel »noch offen« die Anzahlen Arbeitstage, die für die einzelnen Programmarbeiten noch zu planen sind. Das heißt: Die angegebene Anzahl Arbeitstage ist noch auf einen oder mehrere Programmierer zu verteilen. (Formel: K7=B7-J7, zu kopieren in die Zeilen 8 bis 18 der Spalte K).
- Summe Planungsrest: In Spalte K, Zeile 19 steht die Summe an Arbeitstagen, die noch nicht eingeplant ist.

Damit ist die Planungsmaschine eingerichtet und die eigentliche Planungsarbeit kann beginnen.

1. Schritt: Die Arbeitstage, die die Mitarbeiter in den verschiedenen Monaten für das Projekt tätig sein werden, sind zu ermitteln. Zu diesem Zweck werden die Zeilen 3 bis 5 ausgefüllt. Der Computer berechnet die Zeile 6. Damit sind die verfügbaren Arbeitstage gefunden. Man kann sie am Bildschirm ablesen.

Das Bild 9.3 zeigt, wie die Planungstabelle nach diesem ersten Schritt aussieht. Die Planungsmatrix ist noch völlig leer. In der Zeile 19 stehen in den Kolonnen D bis J lauter Nullen. Dies besagt, daß für alle Mitarbeiter in allen Monaten noch nichts geplant ist. In der Zeile 20 stehen dieselben Zahlen wie in Zeile 6. Dies zeigt, daß die Mitarbeiter noch alle Arbeitstage frei für die Planung sind.

2. Schritt: Ein Programm nach dem anderen wird in der Planungsmatrix den Programmierern zugeteilt. Der Vorgang endet erst, wenn alle Programme zugeteilt sind oder wenn die Arbeitszeit aller Mitarbeiter eingeplant wurde und keine freien Arbeitstage mehr zur Verfügung stehen.

Ein *Beispiel*: Das Programm »Übernahme« soll vom Programmierer Max erstellt werden. Der Aufwand wurde auf 30 AT geschätzt. Max soll im Januar 7 AT, im Februar 15 AT und im März die restlichen 8 AT für dieses Programm aufwenden. Die Arbeitstage des Max für Januar und Februar sind damit verplant, im März sind bei Max noch 10 AT übrig. Das ist in der Tabelle am Bildschirm sofort ersichtlich. Es geht weiter mit der Planung des nächsten Programmes, der »Erfassung« von Zusatzdaten. So geschieht es mit einem Programm nach dem anderen, wobei die besonderen Kenntnisse und Wünsche der einzelnen Mitarbeiter berücksichtigt werden und eine gleichmäßige Belastung aller angestrebt wird.

3. Schritt: Wenn alle Programme eingeplant sind, erkennt man ihre Fertigstellungstermine. So wird das Programm »Übernahme« von Max im März fertiggestellt werden. Das Programm »Erfassung« wird Eva schon im Januar abschließen. Diese Fertigstellungstermine trägt man neben jedem Programm in Kolonne C ein (unter dem Titel »fertig«). Dann werden die Zeilen 7 bis 18 nach diesen Terminen sortiert, um das Gesamtbild möglichst übersichtlich zu gestalten. Damit ist der Programm-Verteilungs-Plan abgeschlossen. An dieser Stelle kommen *Fragen* auf, wie etwa:

- Was ist zu tun, wenn die Kapazität der Mitarbeiter voll verplant ist, aber einige Programme nicht eingeplant werden konnten. Das ist immer dann der Fall, wenn die Zahl in Zelle J6 (»Summe der Arbeitstage für Projekt«) kleiner ist als die Zahl in Zelle B19 (»Summe Aufwand«). Hier gibt es zwei Möglichkeiten: Anordnen von Überstunden oder Verlängern des Planungszeitraumes. Im ersten Fall plant man mit Hilfe der Zeile 20 (»freie Kapazität«), wo Überzeit-AT als negative Zahlen erscheinen. Im zweiten Fall dehnt man die Tabelle um ein oder mehrere Monate nach rechts aus.
- In welcher Reihenfolge plant man die Programme? Zuerst verplant man die schwierigen Fälle. Das sind in der folgenden Reihenfolge:
  1. Programme, an denen mehrere Mitarbeiter beteiligt sind,
  2. Programme mit großem Aufwand,
  3. Programme, die von einem bestimmten Mitarbeiter erstellt werden müssen,
  4. Programme, die zu einem bestimmten Zeitpunkt fertig sein müssen,
  5. Programme, die vor oder nach einem bestimmten anderen Programm erstellt werden müssen.

  Treffen bei einem Programm mehrere dieser Bedingungen zusammen, ist ihre Priorität größer als die der wichtigsten Bedingung.
- Wie plant man Programme, die von mehreren Mitarbeitern gemeinsam zu erstellen sind? Man geht schrittweise vor und plant für alle Beteiligten je Kalendermonat gleichzeitig. Man betrachte ein Beispiel: Die Planungsmatrix sei noch vollkommen leer. Das Programm »Übernahme« (Aufwand 30 AT) solle von Eva und Max gemeinsam erstellt werden, wobei beide den gleichen Anteil zu übernehmen hätten. Zunächst wird der Januar geplant: für Eva 7 AT und für Max 7 AT (denn Max hat nicht mehr). Das trägt man in die Zeile für das Programm »Übernahme« ein. In Spalte J erkennt man, daß noch 16 AT für das Programm geplant werden müssen. Man plant den Februar: für Eva 4 AT und für Max 4 AT. Es bleiben noch 8 AT zu planen. Diese werden im März erledigt: Eva macht nochmals 4 AT und Max ebenfalls 4 AT. Damit ist das Programm voll eingeplant. Es ist interessant, daß es auch erst im März fertig wird, wie wenn Max es allein schreiben würde! Dafür hat Eva im Januar, Max im Februar und beide haben im März noch freie Kapazität, die für andere Programm benützt werden können.

	A	B	C	D			E			F			G			H			I			J	K
				Programm-Verteilungs-Plan																			
1	Kalendermonat:				JAN			FEB			MAR			APR			MAI			JUN			
2	Programmierer:			Eva	Max	Urs	Eva	Max	Urs	Eva	Max	Urs	Eva	Max	Urs	Eva	Max	Urs	Eva	Max	Urs	Summen	
3	Arbeitstage brutto . . . :			20	20	20	19	19	19	20	20	20	19	19	19	17	17	17	21	21	21	348	
4	geplante Abwesenheiten . :			2	7	2	12	2	5	2	2	2	5	5	5	6	2	2	0	1	10	72	
5	Nichtprojekt-Arbeit . . . :			4	6	2	3	2	4	4	0	2	4	0	5	4	0	0	4	10	10	64	
6	Arbeitstage für Projekt . :			14	7	16	4	15	10	14	18	16	10	14	9	7	15	15	17	10	1	212	
				Planungsmatrix:																		Summe	noch
	Programme:	Aufwand	fertig																			geplant	offen
7	Erfassung	10	JAN	10																		10	0
8	Best.Liste	15	JAN			15																15	0
9	Lagerbestand	10	FEB			1			9													10	0
10	Neuaufnahme	15	MAR	4			4			7												15	0
11	Übernahme	30	MAR		7			15			8											30	0
12	Anlieferung	10	MAR								10											10	0
13	Lieferanten	10	MAR						1			9										10	0
14	Änderung	15	APR							7			8									15	0
15	K-Bestellung	10	APR											10								10	0
16	ABC-Analyse	15	APR									7			8							15	0
17	Auslieferung	15	MAI											4			11					15	0
18	Löschung	10	MAI												1			9				10	0
19	Total	165		14	7	16	4	15	10	14	18	16	8	14	9	0	11	9	0	0	0	165	0
20	freie Kapazität			0	0	0	0	0	0	0	0	0	2	0	0	7	4	6	17	10	1	47	

9.4 *Programm-Verteilungs-Plan für zwölf Programme, die von drei Mitarbeitern in sechs Monaten geschrieben werden sollen. Die Planung ist fertiggestellt. Die drei Programmierer haben im Planungszeitraum noch 47 AT zur freien Verfügung.*

Wie das Beispiel eines Programmier-Verteilungs-Planes nach abgeschlossener Planung aussieht, zeigt Bild 9.4. Die Planungsmatrix ist einem Balkendiagramm ähnlich und kann leicht als solches gelesen werden. Der Aufwand für eine derartige Planung ist bescheiden. Wenn der Chefprogrammierer einen Personal Computer benützt und ein Tabellen-Kalkulations-Programm kennt, kann er in einem halben Tag die Tabelle nach dem beschriebenen Muster erstellen und die ganze Planung durchführen. Allerdings muß er diese dann mit den Betroffenen besprechen und auf berechtigten Einwand hin Änderungen anbringen. Von psychologischen Problemen abgesehen sind Änderungen in der Planungsmatrix in einigen Minuten vollzogen. Das hier beschriebene Vorgehen wurde in der Praxis vielfach angewandt und hat sich gut bewährt. Zwei schwerwiegende Fehler ereignen sich aber immer wieder: Entweder werden ganze Programme vergessen oder der Aufwand wird erheblich unterschätzt. Der beste Schutz gegen solche Pannen ist eine gute Kommunikation zwischen den Beteiligten, ein Mitspracherecht aller Verständigen und kritisches Zweifeln an sich selbst, vor allem beim Chefprogrammierer.

Fallstudie IGEL: Programme der Auftragsabwicklung

In der Arbeitsgruppe »Auftragsabwicklung« setzten sich die Herren Biermann, Trutschka, Süßkind und Vredestein zusammen, um die Aufteilung des Arbeitsgebietes in seine einzelnen Funktionen (und Programme) vorzunehmen. Herr Vredestein begann in der Sitzung vom 24. November über die Schwierigkeiten zu sprechen, die die Arbeitsverteilung mit sich bringen würde. Erstens seien sie alle Einzelgänger und wären an verschiedenen Tagen in ganz verschiedener Form. Zweitens sei ihnen das neue System noch fremd. Drittens gäbe es noch keine Detailspezifikationen für die Programme und viertens könne man einen Programmieraufwand ja überhaupt nicht abschätzen. Er sehe nicht, wie man da vorgehen wolle. Herr Biermann blieb gelassen und sagte, das Vorgehen sei ihm klar, nämlich »Top Down« oder »eines nach dem andern«. Er trat zur Wandtafel und skizzierte das Vorgehen wie folgt:

1. Programmverzeichnis aufstellen
2. Aufwand je Programm schätzen
3. Aufgaben verteilen
4. Aufwand allenfalls korrigieren
5. Programmverzeichnis bereinigen

Mit diesem Vorgehen waren alle einverstanden. Nun machte Herr Süßkind eine Anregung. Er schlug vor, mit der eigentlichen Programmierung nicht erst nach Abschluß der Feinplanung zu beginnen. Da wäre es ja dann schon Mai 1995 und man hätte mit dem neuen System noch gar keine Erfahrungen. Man könne doch auch schon im März mit dem Programmieren beginnen, natürlich nur mit einem Teil der Arbeitszeit. Soviel er gehört habe, wolle man das neue System ja schon im Februar installieren. Bei der Einführung von Meinl in Passau sei man auch so vorgegangen und hätte damit »jede Menge Durchlaufzeit« gespart.

Herr Biermann nahm diese Anregung mit Zustimmung zur Kenntnis, unterbrach die Sitzung für eine Viertelstunde und suchte seinen Chef, Herrn Dr. Kulack auf. Bei seiner Rückkehr teilte er mit, das neue System werde tatsächlich schon im Februar installiert, um genügend Zeit für die Datenübernahme und die Erfassung der Zusatzdaten im Rechnungswesen zu haben. Herr Dr. Kulack sei auch damit einverstanden, einige Programme der Auftragsabwicklung schon vor dem Abschluß der Feinplanung zu erstellen. Das könne man als zweckmäßige Schulung betrachten.

Nun machte man sich gemeinsam an den ersten Entwurf des Programmverzeichnisses. Grundlage war das Datenmodell für die Auftragsabwicklung vom 20.11.1994 (siehe Bild 7.9). Man sah schnell, daß drei Gruppen von Programmen zu schreiben waren, nämlich Übernahmeprogramme, Bildschirm-Dialog-Programme für Auskunftsabfrage und Dateiverwaltung und schließlich Batchprogramme für periodische Arbeiten.

In einem ersten Schritt der Verfeinerung schrieb man nun zu diesen Gruppen die wichtigsten Einzelprogramme:

- Übernahmeprogramme: Übernahme Kundendatei, Erfassungsprogramm »SB-Läden«, Erstellungsprogramm »Geschäftspartner«.
- Dialogprogramme: Geschäftspartner-Neuaufnahme (inkl. Kunden und Läden), Geschäftspartner-Änderung, Geschäftspartner-Löschung, Kundenanzeige, Lädenanzeige, Bestellungserfassung, Bestellungsmutation, Bestellungsanzeige, Lieferscheinerfassung, Lieferscheinmutation, Lieferscheinanzeige, Rechnungsstellung, Rechnungsmutation, Rechnungsanzeige.
- Batchprogramme: Kundenliste, Lädenliste, Druck Auftragsbestätigungen, Druck Lieferscheine, Druck Rechnungen, Liste offener Bestellungen, Übersicht Lieferungen, Rechnungsjournal, Artikelbestandes-Liste, Artikel-Bewegungsliste, ABC-Analyse Gewicht, ABC-Analyse Wert, Mehrwertsteuerdeklaration, Zolldeklarationen (11 Varianten), Provisionsabrechnung Schwechat.

Diese Aufstellung wurde ins Reine geschrieben, was Frau Epting innerhalb einer Stunde erledigte, während die Herren sich im nahen Restaurant »Zum alten Bahnhof« kräftigten. Als sie in das Sitzungszimmer zurückkehrten, erwartete sie ein Programmverzeichnis, in dem alle Programme mit ihren Bezeichnungen eingetragen waren. Nun kam es zur Aufwandschätzung. Man verwendete die Methode der Schnellschätzung, wobei jedoch jeder der drei Beteiligten unabhängig von den anderen schätzte und man sich anschließend auf einen wahrscheinlichen Wert einigte. Die Schätzung dauerte etwa zwei Stunden und führte zum Ergebnis, daß unter allen Umständen ein zusätzlicher Programmierer der FICOSO eingesetzt werden müßte, wenn die Programme Ende 1995 abgeschlossen sein sollten.

Herr Süßkind machte eine weitere Anregung: Man solle jene Programme besonders kennzeichnen, die nicht unbedingt zu Beginn der Produktion vorliegen müßten, das wären immerhin einige. Damit könne man die knappe Zeit überlisten und die weniger wichtigen Programme erst im ersten Quartal 1996 von Stapel lassen. Herr Biermann war einverstanden.

F*Z*G	IGEL	**Programm-Verzeichnis**	Auftragsabwicklung		
Name	*Bezeichnung*	*Art*	AT	Autor	Termin
AAU01	Übernahme Kundendatei	B	20	Süßkind	04.95
AAE01	Erfassung SB-Läden	D	15	Vredest.	05.95
AAE02	Erstellung Gesch.Partn.	B	15	Süßkind	05.95
AAP01	Neuaufnahme Gesch.Part.	D	15	Süßkind	06.95
AAP02	Änderung Gesch.Partner	D	15	Süßkind	07.95
AAP03	Löschung Gesch.Partner	D	10	Süßkind	08.95
AAK01	Anzeige Kunden	D	10	Süßkind	08.95
AAS01	Anzeige SB-Läden	D	10	Süßkind	09.95
AAB01	Erfassung Bestellungen	D	15	Kreuter	05.95
AAB02	Änderung Bestellungen	D	15	Kreuter	06.95
AAL01	Erfassung Lieferschein	D	15	Kreuter	07.95
AAL02	Änderung Lieferschein	D	15	Kreuter	08.95
AAL03	Anzeige Lieferschein	D	10	Kreuter	09.95
AAR01	Erstellung Rechnung	D	5	Süßkind	09.95
AAR02	Änderung Rechnung	D	10	Süßkind	10.95
AAR03	Anzeige Rechnung	D	10	Süßkind	11.95
AAK02	Kundenliste	B	10	Süßkind	12.95
AAS02	Liste SB-Läden	B	10	Süßkind	01.96
AAA01	Druck Auftragsbestät.	B	10	Vredest.	07.95
AAL04	Drucken Lieferschein	B	10	Vredest.	08.95
AAR04	Drucken Rechnung	B	10	Vredest.	09.95
AAB03	Liste offener Bestell.	B	10	Vredest.	10.95
AAL05	Übersicht Lieferungen	B	10	Vredest.	01.96
AAR05	Rechnungsjournal	B	10	Kreuter	09.95
AAX01	Liste Artikelbestand	B	10	Kreuter	01.96
AAX02	Liste Artikelbewegung	B	15	Kreuter	01.96
AAX03	ABC-Analyse Gewicht	B	15	Süßkind	02.96
AAX04	ABC-Analyse Wert	B	15	Süßkind	02.96
AAY01	Mehrwertsteuererklärung	B	10	Kreuter	10.95
AAZxx	Zolldeklarationen	B	35	Kreuter	12.95
AAP01	Provisionsabrechnung	B	10	Vredest.	02.96
AAC01	Sicherstellungen	B	20	Süßkind	12.95
	Totalaufwand (AT)		**415**		
	Belastungen (AT)				
	Süßkind		190		
	Vredestein		75		
	Kreuter		150		
	Kontrolltotal (AT)		**415**		

9.5 Programmverzeichnis für das Arbeitsgebiet »Auftragsabwicklung«. Autor und Termin wurden erst nach der Kapazitätsplanung eingetragen.

Als nächstes gab man jedem Programm einen Namen, bestehend aus drei Buchstaben und zwei Ziffern. Für die Namengebung bestanden noch keine Normen, aber Herr Biermann hatte die Absicht, die Namengebung in dieser Art bald zu regeln. Somit lag ein Programmverzeichnis vor, das alles Notwendige enthielt, mit

Ausnahme der Aufgabenverteilung. Für diese wollte Herr Biermann seinen Personal Computer verwenden und eine Rechentabelle einrichten.

Bei der Sitzung der Arbeitsgruppe »Auftragsabwicklung« vom 1. Dezember 1994 konnte Herr Biermann zwei wichtige Ergebnisse vorlegen: Das vollständig ausgefüllte Programmverzeichnis (siehe Bild 9.5) und den Programm-Verteilung-Plan (Ausschnitt siehe Bild 9.6) als Unterlage der Aufgabenverteilung. Nach kurzer Diskussion waren alle Betroffenen, nämlich die Herren Süßkind und Vredestein einverstanden. Herr Trutschka wurde um seine Meinung gebeten, gab seine Zustimmung im Namen der FICOSO und konnte auch schon mitteilen, daß ein Herr Kreuter von ihrem Unternehmen als Programmiergehilfe zur Verfügung gestellt würde. Herr Vredestein war zufrieden, als er sah, daß er nur zu 30% seiner Arbeitszeit in diesem Projektteil arbeiten sollte und ihm außerdem seine Spezialität, nämlich elegante Druckprogramme, zugeteilt worden war.

Damit war dieser Schritt, die Erstellung des Programmverzeichnisses und die Verteilung der Programmierarbeit, in der Gruppe »Auftragsabwicklung« vollzogen. Ganz ähnlich war das Vorgehen in der Arbeitsgruppe *Lager und Transport* für den

F*Z*G IGEL **Programm - Verteilungs - Plan**

Kalendermonat:			03.1995			04.1995			...	02.1996				
Programmierer:			Sü	Vr	Kr	Sü	Vr	Kr	...	Sü	Vr	Kr	Summen	
Arbeitstage brutto . . . . . :			21	21	21	20	20	20	...	21	21	21	738	
Abwesenheiten . . . . :						5	5		...			10	110	
Arbeiten außer Projekt . . :			10	15	21	6	10	20	...		14		184	
Arbeitstage für Projekt. . :			11	6	0	9	5	0	...	21	7	11	444	
			Planungsmatrix						.				Summe	noch
Programme:	Aufwand	fertig							.				geplant	offen
Übern Kunden	20	9504	11			9			...				20	0
Erst GPartner	15	9505							...				15	0
Erfass Bestell	15	9505							...				15	0
Erfass SBLäden	15	9505		6			5		...				15	0
...	..	....	..	..	..	..	..	..	...	..	..	..	..	..
ABC Wert	15	9602							...	15			15	0
Provisionen	10	9602							...		6		10	0
ABC Gewicht	15	9602							...	1			15	0
...	..	...							...					
Total	415		11	6	0	9	5	0	.	16	6	0	415	0
freie Kapazität			0	0	0	0	0	0	...	5	1	11	29	

Bemerkung: alle Zahlen sind Arbeitstage (AT)

9.6 Auszug aus dem Programm-Verteilungs-Plan des Arbeitsgebietes »Auftragsabwicklung«. Mit Hilfe dieser Tabelle wurde die Kapazitätsplanung vollzogen und die Programmierarbeit auf drei Programmierer verteilt.

Anwendungsteil *Transportwesen*. Für die Programmierarbeiten sollte Herr Vredestein die Verantwortung übernehmen. Er konnte sehr qualifizierte Informatiker, nämlich Frau Fink und Herrn Trutschka (zu je 40% ihrer Arbeitszeit) einsetzen. Nicht einfach war die Verbindung der Transport-Programme mit dem Standardpaket *STORESY* für die Lagerwirtschaft. Herr Trutschka von der FICOSO übernahm hier die Federführung, so daß sich eine geteilte Verantwortung für die Programmierarbeiten der Arbeitsgruppe ergab: Herr Vredestein war zuständig für die Batchprogramme im Transportwesen, Herr Trutschka hingegen für alle Dialogprogramme und die Verbindungsprobleme zwischen Standard- und Individualsoftware.

Die Arbeitsgruppen *Rechnungswesen* und *Einkauf* hatten sich mit den Anpassungen der Standardsoftware zu beschäftigen und überdies die Programme zur Datenübernahme vom bisherigen System ins zukünftige zu planen. Beide Aufgaben in beiden Gruppen nahm Herr Trutschka in seine Verantwortung. Diese Arbeiten hatte die FICOSO AG als Dienstleistung übernommen. Herr Trutschka hatte die Möglichkeit, mehrere Programmierer seines Hauses auf diese Aufgaben anzusetzen. Er erledigte die Einsatzplanung für seine Mitarbeiter sofort, nachdem in den beiden Arbeitsgruppen ein Verzeichnis der Änderungen und eine kurze Anforderungsliste für die Übernahmeprogramme erstellt worden war.

Mit der Erledigung der oben beschriebenen Arbeitsschritte war ein wichtiger Meilenstein in der Projektabwicklung erreicht worden. Die Programmierarbeiten waren im einzelnen bekannt und die Aufgabenverteilung war ersichtlich. Die Herren Dr. Kulack und Biermann atmeten auf. Nur Herr Zapfel blieb gelassen, er hatte ja nach den Versprechungen der Lieferanten nichts anderes erwartet.

Merksätze

- Sind Datenmodell und Datenkatalog entworfen, wird ein Programmverzeichnis erstellt. Der Programmieraufwand für jedes Programm wird geschätzt. Die Programmierarbeiten werden auf die verfügbaren Mitarbeiter verteilt.
- Benötigt werden Programme zur Verwaltung der Datenbestände, zur Erfüllung der vom Anwender verlangten Funktionen und zur Datenübernahme von allfälligen Vorgänger-Systemen.
- In den meisten Fällen sind sowohl Echtzeitprogramme (für Dialog und Datenübertragung), als auch Stapelprogramme zu erstellen.
- Das Programmverzeichnis wird für jedes Anwendungsgebiet separat erstellt. Es enthält Programmname, -bezeichnung und -art, den geschätzten Programmieraufwand und (nach erfolgter Aufgabenverteilung) den beauftragten Autor und den Fertigstellungstermin.
- Ein Informatiker (zum Beispiel der Chefprogrammierer) ist für die Erstellung des Programmverzeichnisses verantwortlich.
- Der Programmieraufwand umfaßt die Arbeitszeit für Entwurf, Codierung, Test und Dokumentation der einzelnen Programme. Für seine Schätzung gibt es drei Methoden: Schnellschätzung, Schätzung nach Zeilenzahl oder ein analytisches Verfahren. Von der ersten bis zur dritten Methode steigt der Aufwand für die Schätzung. Das Ergebnis ist auf jeden Fall ungenau.

- Der nächste Schritt ist die Arbeitsverteilung auf die beteiligten Mitarbeiter (Programmierer). Hier sind etliche Bedingungen einzuhalten, wie: gleichmäßige Belastung, Berücksichtigung besonderer Fähigkeiten, gewünschter Arbeitsablauf der Programmierung.
- Die Arbeitsverteilung wird am besten mit einer Planungstafel oder einem Tabellenkalkulationsprogramm am Personal Computer geplant.

Ergebnisse

Die Arbeiten in diesem Kapitel befaßten sich mit der Planung der Programmierung. Die Planung bringt folgende Ergebnisse:

- Ein Programmverzeichnis wurde erstellt.
- Für die Aufwandschätzung wurde eine Methode gewählt und der Arbeitsaufwand wurde für jedes einzelne Programm geschätzt.
- Ein Hilfsmittel für die Planung der Programmierarbeiten wurde eingerichtet (Planungstafel oder Tabellenkalkulation).
- Die Programmierarbeiten wurden auf die verfügbaren Mitarbeiter verteilt. Dabei wurde eine Reihe von Zusatzbedingungen berücksichtigt.
- Als Resultat wurden Aufwand, verantwortliche Programmierer und Termine in das Programmverzeichnis eingetragen.

Literatur

HARSCHNECK, A.: Einführung in die Programmierlogik.

BOEHM, B. W.: Wirtschaftliche Software-Produktion.

HANSEN, H. R.: Wirtschaftsinformatik I.

BECKER, M., TARSCHISCH, H. (HRSG.): Mikroelektronik.

10. Programmspezifikationen

Die Programmspezifikation gibt an, was zu geschehen hat.

Wie ist die Ausgangssituation, wenn die Abfassung der Programmspezifikationen begonnen wird? *Erstens:* Es besteht bereits eine etablierte Projektgruppe mit einiger Erfahrung in der Teamarbeit. *Zweitens:* Das Datenmodell ist entworfen, geringfügige Änderungen sind jedoch noch immer gestattet. *Drittens:* Das Programmverzeichnis ist erstellt. Und *viertens:* Im Grobkonzept wurde bereits summarisch angegeben, was geschehen (bearbeitet, berechnet, gespeichert, angezeigt) werden soll.

Unter diesen Voraussetzungen ist das Erstellen der Programmvorgaben nicht allzu schwierig. Es wird außerdem vereinfacht, wenn Erfahrungen und Vorlagen vorhanden sind. Diese bringt zumindest ein Informatiker in der Arbeitsgruppe mit, der damit zum Wortführer bei den folgenden Arbeiten wird. Die Spezifikationen werden in den einzelnen Arbeitsgruppen erstellt. In den Arbeitsgruppen sind Benutzer und Informatiker gemeinsam tätig. Nun muß berücksichtigt werden, daß diese beiden Gruppen ihrem Verständnis unterschiedliche Bilder zugrunde legen:

- Der *Benutzer* denkt in Transaktionen, in Bearbeitungsbausteinen. (Beispiel: »Erstellen eines Lieferscheines« wäre eine Transaktion.) Er wird in der Spezifikation beschreiben wollen, was der Computer tun soll, damit die (einstweilen undeutlich gedachte) Ablauforganisation stimmt. Ob eine Transaktion von einem oder von mehreren Programmen bewirkt wird, ob es Hauptprogramme oder Subroutinen sind, Echtzeit- oder Stapelprogramme, ist ihm gleichgültig. Die Arbeitseinheit für den Benutzer ist die Transaktion. Er denkt immer zuerst daran, *was* geschehen soll. *Wie* eine Bearbeitung dann realisiert wird, muß ihm weniger wichtig sein.
- Der *Informatiker* denkt jetzt schon in Programmen oder Programmbausteinen. Seine Vorstellung entspricht dem Programmverzeichnis. Jedes Programm hat für ihn eine bestimmte Funktion, die ziemlich selbständig im Raum steht. Benötigt er für die Realisierung einer Transaktion zwei Programme, so hat diese Transaktion eben zwei Teile. (Beispiel: Das »Erstellen eines Lieferscheines« könnte von zwei Programmen nacheinander bewirkt werden. Ein erstes, »Lieferdaten bereitstellen«, könnte die Daten vorbereiten, ein zweites, »Lieferschein drucken«, könnte diese auf Papier bringen.) Die Arbeitseinheit für den Informatiker ist das einzelne Programm. Dem Informatiker sind *WAS* und *WIE* gleich wichtig. Nur wenn er herausgefunden hat, *wie* er eine Aufgabe lösen kann, kann er sie lösen.

Diese unterschiedlichen Betrachtungs- und Denkweisen und die völlig verschiedenen Aufgaben und Arbeitsumgebungen der Benutzer und Programmierer führen manchmal zu Schwierigkeiten. Es kann der Fall eintreten, daß später bei der Abnahme ein Programm nicht das tut, was der Benutzer eigentlich wollte. Mißverständnisse beim Erstellen der Programmspezifikationen haben äußerst unangenehme Auswirkungen und müssen verhindert werden! Die Kommunikation zwischen Benutzer und Informatiker ist in dieser Phase ganz besonders wichtig.

Ein weiteres Problem stellen die verschiedenen Sprachen von Benutzern und Programmierern dar. Die Fachsprache des Benutzers ist die Umgangssprache, bereichert durch Fachausdrücke seines Fachgebietes. Die Fachsprache des Programmierers ist die Programmiersprache. In der Programmiersprache können aber die beiden nicht miteinander reden, also muß der Programmierer seine Gedanken in die Umgangssprache kleiden. Dabei können Mißverständnisse entstehen. Um diese möglichst zu vermeiden, sollen klare, umgangssprachliche, schriftliche Programmspezifikationen erstellt werden.

Qualitätsmerkmale der Software

Das Erstellen der Programmspezifikationen ist der wichtigste Teil der Arbeitsvorbereitung für die Programmierung. Die Programmierung hat zum Ziel, die Software mit möglichst hoher Qualität und mit möglichst geringem Aufwand herzustellen. Dabei wird das Kriterium »Qualität« immer wichtiger sein, als das Kriterium »geringer Aufwand«. Es ist klar, daß Qualität und Aufwand eines Programmes vor allem von den Fähigkeiten des Programmierers abhängen. In den Programmspezifikationen erfolgt die erste Weichenstellung für gute Qualität. Deshalb sollen im folgenden die heute allseits anerkannten Qualitätskriterien für Software angegeben werden.[1]

- *Testbarkeit:* Ein Programm muß mit geeigneten Verfahren möglichst weitgehend überprüft werden können.
- *Korrektheit:* Ein Programm muß bei korrekten Eingaben immer korrekte Ergebnisse liefern.
- *Zuverlässigkeit:* Ein Programm muß bei gleichen Eingabedaten immer die gleichen Ergebnisse liefern.
- *Vollständigkeit:* Die vorgesehenen Funktionen sollen allen möglichen Anwendungsvarianten genügen.
- *Robustheit:* Ein Programm muß auf unzulässige Eingaben und falsche Bedienung mit klaren Fehlermeldungen reagieren.
- *Wartungsfreundlichkeit:* Ein Programm muß so strukturiert und dokumentiert sein, daß es auch von Programmierern gewartet werden kann, die nicht an der Neuentwicklung beteiligt waren.
- *Sicherheit:* Funktionen und Daten der Programme müssen vor unbefugter Benutzung und Veränderung geschützt sein.
- *Effizienz:* Bei seinem Einsatz darf ein Programm nicht unzumutbare Antwort- oder Durchführungszeiten beanspruchen.

1 nach RAUTENSTRAUCH, C.: Neue und bekannte Softwarequalitätsmerkmale für betriebliche Anwendungssysteme. HMD, Theorie und Praxis der Wirtschaftsinformatik 163/1992.

- *Benutzerfreundlichkeit:* Die Bedienung muß für jeden Benutzer leicht erlernbar sein.
- *Funktionsabdeckung:* Ein Programm muß alle vom Anwender geforderten Funktionen ausführen können.
- *Verständlichkeit:* Ein Programm muß so konzipiert sein, daß der Benutzer die Wirkungsweise des Programmes verstehen kann.
- *Integrierbarkeit:* Neue Softwaresysteme müssen mit bereits eingesetzten Systemen verbunden werden können und auf den Anschluß zukünftiger Systeme vorbereitet sein.
- *Werkzeugangemessenheit:* Die einzelnen Module eines Anwendungssystems sollen so konzipiert werden, daß sie mit dem jeweils am besten geeigneten Entwicklungswerkzeug ausgearbeitet werden können.
- *Universalität:* Ein Programm soll für möglichst viele verwandte Anwendungsfälle eingesetzt werden können. (Diese Forderung kann für Dialog- und Prozeßprogramme nicht gestellt werden.)
- *Adaptibilität:* Ein Programm soll so konzipiert sein, daß es an verwandte Aufgabestellungen angepaßt werden kann.
- *Portabilität:* Ein Programm soll so geschrieben werden, daß es mit vertretbaren Aufwand auf unterschiedliche Computersysteme übertragen werden kann.
- *Verteilbarkeit:* Softwaresysteme sollen auf verteilten Anwendungssystemen (Beispiel: Client/Server-Systeme) lauffähig sein. (Diese Forderung ist fragwürdig, da die Programme für zentralisierte Systeme und die Programme für verteilte Systeme völlig unterschiedlich konzipiert werden müssen.)

Die oben genannten Qualitätskriterien sollen bei der Erstellung der Programmspezifikation beachtet werden. Es ist natürlich nicht möglich, jedem einzelnen Kriterium voll zu entsprechen, da diese teilweise einander entgegenstehen. Hier müssen Prioritäten gesetzt werden. In den Spezifikationen sind die Mußkriterien klar anzugeben.

Wer erstellt die Programmspezifikation?

Da der Benutzer für die Richtigkeit und Vollständigkeit der Aufgabenstellung verantwortlich ist, wäre es zweckmäßig, wenn auch er die Programmspezifikation erstellte. Doch ist dies meistens nicht zu verwirklichen. In der Praxis hat sich eine *Aufgabenteilung* bewährt. Der Benutzer beschreibt, was er verlangt, schriftlich oder mündlich. Er liefert erste Entwürfe für Bilder, Listen und Texte. Die Federführung übernimmt jedoch ein erfahrener Informatiker in der Arbeitsgruppe. Er fixiert die Spezifikationen schriftlich, indem er zum Beispiel ein Spezifikationsformular ausfüllt, Bildschirm- und Listenentwürfe zeichnet und alle offenen Fragen mit den zukünftigen Benutzern abklärt.

Wie können die Anforderungen beschrieben werden?

Die Hilfsmittel zur Beschreibung der Anforderungen oder zur Darstellung der Spezifikationen können in drei Klassen eingeteilt werden:

- natürlichsprachliche Darstellungen,
- semiformale Beschreibungen,
- formale Notationen.

Natürlichsprachliche Darstellungen

Diese sind die gebräuchlichste Form der Aufgabendefinition. Sie sind am einfachsten einzusetzen, bedingen den geringsten Aufwand und werden schnell und allgemein verstanden. Sie bergen aber Gefahren in sich: Natürlichsprachliche Beschreibungen sind oft unvollständig und sogar widersprüchlich, sie führen oft zu Mißverständnissen oder Fehlinterpretationen. Um ihre Eignung für Programmprojekte zu diskutieren, muß man die Entwicklungsumgebung betrachten:

- Entwicklung von *Individualsoftware beim Anwender*: Hier hat der Informatiker nur kürzere Zeit (einige Wochen oder Monate) mit den zukünftigen Benutzern einer Anwendung zusammenzuarbeiten. Es wäre unwirtschaftlich, die Benutzer während vieler Monate in den semiformalen oder formalen Methoden auszubilden. Diese müßten sie ja beherrschen, um die Spezifikationen verstehen und abnehmen zu können. Daher kommen in diesem Fall nur natürlichsprachliche Beschreibungen in Frage.
- Anders ist die Situation in einem *Softwarehaus* - aber auch dort nur dann, wenn Standardsoftware produziert wird. Wenn man hier mit Benutzern jahrelang zusammenarbeitet, die bei der Entwicklung und Einführung der Standardsoftware unterstützen und beraten, so können ausgewählte Benutzer mit dem eigenen Personal zusammen ausgebildet werden. Dann können semiformale und formale Methoden sehr zweckmäßig eingesetzt werden.
- In sehr *großen Vorhaben*, wenn Anwendungssysteme mit 50 bis 100 Mannjahren und mehr entwickelt werden, sind formale Methoden unentbehrlich. Dies hat seinen Grund darin, daß viele Personen zusammenarbeiten müssen und große Teams eingesetzt werden. In diesem Fall stehen Kommunikationsprobleme im Vordergrund. Die formalen Methoden erleichtern die Kommunikation zwischen den vielen Beteiligten und müssen schon allein deshalb verwendet werden. Der Ausbildungsaufwand fällt dann kaum mehr ins Gewicht.

Im folgenden werden die semiformalen und formalen Methoden skizziert, aber nicht weiter detailliert behandelt. Sie sind heute bei der Produktion von Standardsoftware und in Großprojekten von Bedeutung. Bisher haben sich bei der Erstellung von Individualsoftware bis zu mittelgroßen Anwendungen nicht einmal die anschaulichsten und einfachsten Verfahren (Beispiel: »Petri-Netze«) weit verbreitet. Nach dem Überblick über die anderen Verfahren werden die Ausführungen in diesem Kapitel wieder zu den natürlichsprachlichen Darstellungen zurückkehren und sich auf diese beschränken.

Semiformale Beschreibungen

Diese Beschreibungen geben in der Regel eine Struktur vor, nach der die Programmspezifikationen zu erstellen sind. Oft werden graphische Hilfsmittel verwendet. Computerprogramme erleichtern die Verwendung dieser Hilfsmittel, sie prüfen jedoch nur die Form der Beschreibungen, nicht aber deren Inhalt. Beispiele sind:

- *Petri-Netze:* Sie bieten eine graphische Methode zur Beschreibung und Analyse von Abläufen. Ein Petri-Netz ist ein gerichteter Graph, bestehend aus Knoten und Pfeilen (das heißt gerichteten Kanten). Die Knoten sind aktiv oder passiv, wobei sich in einem Petri-Netz jeweils aktive und passive Knoten abwechseln. *Passive Knoten* können Dinge lagern, speichern oder sichtbar machen. Sie werden in einem EDV-System durch Datenbestände repräsentiert. *Aktive Knoten* können Dinge erzeugen, transportieren oder verändern. Sie werden durch Prozesse oder Funktionen implementiert werden, die die Datenbestände erzeugen oder verändern.

  Pfeile zwischen den Knoten stellen Beziehungen zwischen den genannten Komponenten dar, wie zum Beispiel logische Zusammenhänge. Ein Pfeil führt

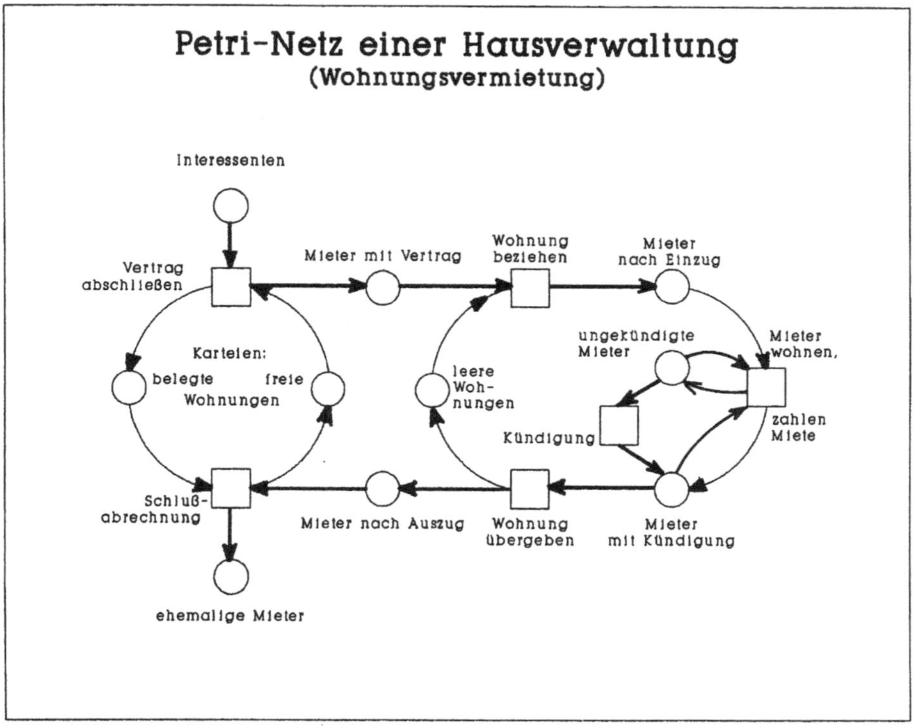

10.1 Petri-Netz der Vorgänge beim Vermieten von Wohnungen in einer Hausverwaltung. Aktive Knoten sind eckig, passive Knoten sind rund gezeichnet.

immer von einer aktiven zu einer passiven Komponente oder von einer passiven zu einer aktiven. Ist dies nicht der Fall, kann auf einen Fehler im Systementwurf geschlossen werden.

Als Beispiel für ein Petri-Netz zeigt Bild 10.1 einen Ablauf der Vorgänge in einer Hausverwaltung beim Vermieten von Wohnungen.

Petri-Netze sind leicht verständlich, auch für Benutzer, und definieren Systeme für den Informatiker eindeutig. Sie sind seit 1962 bekannt und es gibt eine Reihe computergestützter Werkzeuge für ihre Anwendung. Daß sie zur Feinplanung trotzdem nur wenig benützt werden, zeigt, wie schwer sich formale Methoden für die Spezifikation der Programmvorgaben durchsetzen.

- *SADT* (Structured Analysis and Design Technique): eine graphische Methode, die Diagramme zur Darstellung von Daten und Funktionen verwendet. Daten und Funktionen werden immer gleichzeitig betrachtet. Formulare erleichtern die Verwendung.
- *EPOS* (Entwicklungs- und Projektmanagement-orientiertes Spezifikationssystem): ein mehrteiliges System, das Beschreibungsmittel und Werkzeuge zur Erstellung von Spezifikationen enthält. Semiformal ist die Spezifikationssprache für frühe Projektphasen. Die Sprache zur Beschreibung des Programmentwurfs ist jedoch streng formal. Es wird maschinell überprüft, ob die Anforderungen im Entwurf berücksichtigt sind. Nicht einfach zu erlernen!

Formale Notationen

Für solche Beschreibungen werden eigene Spezifikationssprachen erfunden und eingesetzt, die den Programmiersprachen ähnlich sind. Mit ihrer Hilfe sollen in der Phase eines Systementwurfs die Funktionen einzelner Programmodule und ihre Beziehungen zueinander beschrieben werden. Einige Beispiele:

- *SARS* (System for Application Oriented Requirement Spezification): eine Methode für Automatisierungssysteme mit dynamisch ablauforientierter Umgebung (Beispiel: Fertigungsprozesse). Das System besteht aus einer Reihe von Komponenten, wie Datenbank, Applikations-Beschreibungssprache, Editor, Dialogsystem. Ein Bearbeitung erfolgt in einer Reihe vorgeschriebener Schritte. Graphische Hilfsmittel werden zur Verfügung gestellt.
- Weitere Systeme sollen hier nur mit ihrem Namen aufgeführt werden: SOFSPEC (Software Specification System), JSD (Jackson System Development), HIPO (Hierarchy Input Processing Output). Es gibt noch eine Reihe weiterer Systeme, die heute meist unter dem Sammelbegriff CASE angeboten werden. Sie dienen meist einem großen Ganzen, der ganzen Systementwicklung. (Siehe dazu im Kapitel 23 den Abschnitt »CASE«). Die Programmspezifikation ist immer nur ein zwar wichtiger, aber kleiner Stein im Mosaik. Überall ist das Problem das gleiche: Lohnt es sich, den Benutzer im gewählten System auszubilden? Und eignet sich das System überhaupt für diesen Benutzer?

Es scheint beabsichtigt zu sein, mit Hilfe von Spezifikationssprachen soweit zu formalisieren, daß man diese schließlich als Programmiersprachen verwenden kann – zumindest, um schnell Prototypen programmieren zu können. Diese könnten dann vom zukünftigen Benutzer geprüft werden. Wenn man einmal mit Spezifikationssprachen Datenbanken direkt ansprechen kann, werden sie auch für die Verifikation (Beweis der Fehlerfreiheit) von Programmen nützlich sein.

Was gehört zur Programmspezifikation?

Wie oben gesagt wurde, soll im weiteren davon ausgegangen werden, daß die Spezifikation in natürlicher Sprache verfaßt wird. Auch in diesem Fall ist ein vernünftiger Formalismus empfehlenswert, um die Fehlerfreiheit und Vollständigkeit der Programmvorgabe möglichst gut zu sichern. Die Programmspezifikation sollte folgendes umfassen:

- ein *Formular* zur Beschreibung der Bearbeitung bzw. Spezifikation des Programmes mit Angabe der verwendeten Dateien, der Häufigkeit, der Voraussetzungen und Eingabeparameter, der Zugriffsberechtigungen und anderer Angaben,
- wenn nötig eine detaillierte *Funktionsbeschreibung* mit Algorithmen und logischen Restriktionen. Hier können Entscheidungstabellen zur Spezifikation zweckmäßig sein.
- Bildschirm- und Listenentwürfe,
- Hilfetexte, Fehlermeldungen,
- ein erster Ansatz der *Benutzerdokumentation*,
- Testvorgaben.

Diese Teile der Programmspezifikation werden unter anderem im folgenden näher besprochen.

Formular »Programmspezifikation«

Verwendet man ein Formular für die Programmspezifikation, so bringt dies einige Vorteile. Es ist bereits ein Gerüst vorgegeben, das die Struktur der natürlichsprachlichen Aussage aufnehmen wird und es muß nicht immer neu überlegt werden, was in die Spezifikation hinein gehört. Damit wird auch die Vollständigkeit sicherer. Und schließlich werden Überblick und Verständnis (vor allem für den Benutzer) wesentlich vereinfacht, wenn alle Programme mit dem selben Formular gleich spezifiziert sind. Das Muster eines Formulars zeigt Bild 10.2. Die einzelnen Felder sprechen für sich. Hier einige ergänzende Erklärungen:

- *Blatt:* Jedes Blatt erhält eine Nummer oder ein Kennzeichen zur eindeutigen Identifikation.
- *Beschreibung:* In vielen Fällen läßt sich in zehn Zeilen beschreiben, was ein Programm tun soll. Aber in manchen Fällen genügen diese nicht. Dann ist die Beschreibung auf einem Ergänzungsblatt fortzusetzen. Die Beschreibung soll prägnant und vollständig angeben, *was* das Programm zu tun hat. (*Wie* das gesche-

hen soll, ist ***hier nicht*** gefragt!) Dazu ein Beispiel: Sollen die Daten eines Lagerartikels angezeigt werden, genügt hier der Satz: »Alle Daten eines Lagerartikels sind anzuzeigen.« Werden Ergänzungsblätter verwendet, so ist im Feld »Ergänzungen« darauf hinzuweisen.

- *Spezialanforderungen:* Diese ergänzen die Beschreibung und weisen auf wichtige Regelungen hin. Beispiel: »Der Lagerbestand an Brennstoffen wird mit diesem Programm nicht angezeigt.«

<table>
<tr><td colspan="2">Projekt: Name</td><td colspan="2">Programm: Name</td><td>Blatt: Nummer</td></tr>
<tr><td colspan="4">Programm-Spezifikation</td><td>Datum: Tag</td></tr>
<tr><td colspan="4">Titel: Selbstsprechende Bezeichnung</td><td>Autor: Name</td></tr>
<tr><td colspan="5">Beschreibung:
Beschreibung dessen, WAS das Programm zu tun hat. Reicht der Platz nicht aus, wird rechts unten auf Ergänzungsblätter hingewiesen.</td></tr>
<tr><td colspan="3"></td><td colspan="2">Ergänzungen: Hinweise</td></tr>
<tr><td colspan="5">Spezialanforderungen:
Besondere Bedingungen für die Bearbeitung.</td></tr>
<tr><td colspan="3">Typ: siehe Begleittext</td><td colspan="2">Häufigkeit: je Zeiteinheit</td></tr>
<tr><td colspan="5">Eingaben (Bildschirme):
Name der Eingabemaske bei Bildschirmeingabe. Die wichtigsten Eingabevariablen können angegeben werden.</td></tr>
<tr><td colspan="5">Voraussetzungen:
Bedingungen für Eingabedaten, damit die Bearbeitung erfolgt. Plausibilitätstests können angegeben werden.</td></tr>
<tr><td colspan="5">Dateien:
Name der verwendeten Dateien, getrennt nach gelesenen, veränderten und erzeugten Dateien.</td></tr>
<tr><td colspan="5">Ausgabe (Bildschirme, Listen):
Name der Maske für Bildschirmausgabe, der entstehenden Listen oder Dokumente.</td></tr>
<tr><td colspan="5">Programmbeziehungen:
Wird ein Prozeß oder eine Transaktion durch mehrere Programme bewirkt, so wird hier darauf hingewiesen.</td></tr>
<tr><td colspan="5">Systemzustand nach erfolgter Bearbeitung:
Welche Dateien haben sich verändert? Wurden weitere Programme aufgerufen? Was ist weiter zu tun?</td></tr>
<tr><td colspan="5">Zugriffsberechtigung:
Bezeichnung der Stellen / Arbeitsplätze</td></tr>
<tr><td>Fehlermeldungen:</td><td colspan="2">Namen</td><td colspan="2" rowspan="4">Genehmigt:
Datum: Unterschrift:
Hier bestätigt der Anwender die Richtigkeit der Spezifikation.</td></tr>
<tr><td>Hilfetexte:</td><td colspan="2">Namen</td></tr>
<tr><td>Testvorschriften:</td><td colspan="2">Namen</td></tr>
<tr><td>weitere Beilagen:</td><td colspan="2">Hinweis</td></tr>
</table>

10.2 Formular »Programm-Spezifikation«

- *Typ:* Hier wird der Typ des Programmes eingetragen: Hauptprogramm/Subroutine/Funktion und Dialog(Echtzeit)-/Stapelprogramm.
- *Häufigkeit:* Ein Schätzwert wird eingetragen, der angibt, wie oft das Programm benützt werden wird. Es ist wichtig zu wissen, ob ein Programm einmal pro Jahr oder 5000 mal am Tag ablaufen wird. Anzugeben sind immer die Spitzenwerte.
- *Eingaben:* Meist genügt die Angabe des Namens der Bildschirmmaske für die Eingabe.
- *Voraussetzungen:* Hier steht, welche Voraussetzungen die Eingabedaten und die gespeicherten Daten erfüllen müssen, damit die Bearbeitung erfolgt. Die Plausibilitätstests der Eingabe gehören dazu.
- *Dateien:* Man kennt die betroffenen Dateien mit ihrem Namen aus dem Datenmodell. Es wird hier angegeben, welche Dateien vom Programm gelesen und welche verändert werden.
- *Ausgabe:* Ist die Ausgabe einfach, wird sie hier kurz beschrieben. Ist sie etwas umfangreicher, kann hier auf die Bilder und Listen hingewiesen werden.
- *Programmbeziehungen:* Es kann vorkommen, daß die Bearbeitung einer Transaktion mehrere Programme erfordert. Dann steht dies hier vermerkt mit der Definition, wie die Abhängigkeiten der beteiligten Programme strukturiert sind. Beispiel: Behandelt die Spezifikation eine Subroutine oder Funktion, so steht hier »Gerufen von den Programmen X, Y und Z«.
- *Systemzustand nach erfolgter Bearbeitung:* Hierher gehört eine Kurzbeschreibung der wichtigsten Kennzeichen. Beispiele: »Der Lagerbestand ist nachgeführt« oder »Jetzt kann und muß der Rechnungsdruck erfolgen«.
- *Zugriffsberechtigung:* Sie gibt an, wer dieses Programm benützen darf. Es wird der Arbeitsplatz und/oder die Person angegeben.
- Die Felder *Fehlermeldungen, Hilfetexte, Testvorschriften* und *weitere Beilagen* weisen auf Blätter hin, die zusätzliche Angaben enthalten.
- *Genehmigt:* Hier unterschreibt der Anwender, wenn er die Spezifikation abgenommen hat. In der Regel sind zwei Unterschriften notwendig: die des zuständigen Benutzers in der entsprechenden Arbeitsgruppe und die des Leiters der Fachabteilung.

Funktionsbeschreibung

Zur Beschreibung gehören alle Bearbeitungsvorschriften, Rechenformeln und Algorithmen, die eingesetzt werden sollen. Es ist nicht immer einfach, diese umgangssprachlich exakt zu formulieren. Deshalb sollen zusätzlich auch einfache mathematische oder logische Formulierungen verwendet werden. Für den Fall, daß die Bearbeitung von Bedingungen abhängt, die logisch nicht einfach zusammenhängen, ist die Verwendung von *Entscheidungstabellen* zu empfehlen.

Dem Benutzer muß geholfen werden!

Beim Verfassen der Programmspezifikationen tritt die Zusammenarbeit des Benutzers mit dem Informatiker in der Arbeitsgruppe in ein kritisches Stadium. Aus der

Sicht des Informatikers ist der Benutzer oft uneinsichtig oder »schwer von Begriff«. Aus der Sicht des Benutzers gilt dasselbe für den Informatiker: Dieser will die doch so einfachen Anforderungen nicht verstehen oder nicht gelten lassen und kommt mit an den Haaren herbeigezogenen Nebensächlichkeiten daher.

Man muß sich darüber im klaren sein, daß beide Parteien in dieser Phase stark beansprucht werden. Besonders die Belastung des Benutzers ist groß, denn schließlich liegt die Verantwortung für die Richtigkeit der Programmspezifikation bei ihm. Er muß über die Richtigkeit entscheiden und er ist solche Entscheide nicht gewohnt! Hier helfen nur Geduld, Erklärungen, Reden, Aufzeichnen und immer wieder Erklären. Ein paar Hinweise für diese wichtige Zusammenarbeit:

- Benutzer und Informatiker müssen zunächst gemeinsam den Istzustand als Ausgangspunkt betrachten: Was hat man heute? Karteien, Listen und Ordner? Eine veraltete EDV-Anlage? Einige Personal Computer? Das weitere Vorgehen hängt stark von der Ausgangssituation ab!
- Der Benutzer muß angeben können, welche Ergebnisse er schließlich erhalten und sehen will. Es muß ihm klar sein, daß er als Ergebnis nur Werte sehen kann, die im System gespeichert sind oder sich aus gespeicherten Daten ermitteln oder berechnen lassen.
- Benutzer und Informatiker müssen gemeinsam definieren, was eingegeben, was ausgerechnet oder ermittelt, was gespeichert und was ausgegeben werden soll.
- Der Informatiker muß eine Verteilung der Aufgaben auf Echtzeit- und Stapelprogramme vornehmen, diese dem Benutzer erklären und sein Einverständnis erlangen.
- Oft bestehen beim Benutzer elementare Verständnislücken. Es kommt vor, daß Benutzer anfänglich nicht unterscheiden können zwischen dem Namen und dem Inhalt eines Feldes. Solche Lücken können jede Verständigung lahmlegen.

Es geht hier also vor allem um zweierlei: Einerseits muß der Informatiker dem Benutzer helfen, seine Anforderungen zu formulieren. Andererseits muß der Benutzer dem Informatiker die Eigenheiten des Anwendungsgebietes klar vor Augen führen. Solche gegenseitige Hilfestellungen führen nicht nur zu guten Programmen, sondern auch zu einer schönen Arbeitskameradschaft.

Entscheidungstabellen

Solche Tabellen eignen sich zur kompakten Darstellung von Entscheidungssituationen. Das Grundschema ist in Bild 10.3 dargestellt. Beispiele solcher Tabellen sind in Bild 10.4 und in der Fallstudie (Bild 10.6) zu finden.

Eine Entscheidungstabelle besteht aus vier Teilen: Links oben (Feld 1) stehen die bestehenden Bedingungen B1..Bn. Links unten (Feld 2) stehen die möglichen Aktionen A1..An. Im Teil rechts oben (Feld 3) sind in den Kolonnen R1..Rn die gültigen Regeln angegeben, für die die Aktionen gemäß der Tabelle rechts unten (Feld 4) ausgeführt werden sollen. In den Spalten für die Regeln R1 bis Rn können eingetragen

Feld 1: Bedingungen | Feld 3: Regeln

Name der Tabelle		R1	R2	R3	R4 ... Rn	E
B1	Bedingung 1	J	J	J	N	–
B2	Bedingung 2	J	N	N	N	–
B3	Bedingung 3	–	J	N	–	–
A1	Aktion 1	X		X		
A2	Aktion 2		X	X	X	
A3	Aktion 3	X	X		X	X
A4	Aktion 4				X	X

Feld 2: Aktionen | Feld 4: Ausführungen

10.3 Grundschema einer Entscheidungstabelle

werden: J für JA, N für NEIN oder ein Strich für Irrelevanz (es ist gleichgültig ob die Bedingung zutrifft oder nicht). Außerdem ergänzt man zweckmäßigerweise die Regelspalten mit einer Spalte E (für ELSE), die gelten soll, wenn keine der Regeln R1 bis Rn zutrifft.

Im Bild 10.4 erkennt man, wie eine Entscheidungstabelle verwendet wird. Im Feld 1 werden die Bedingungen mit den Namen B1 und B2 im Klartext eingetragen. Darunter stehen die Aktionen A1 bis A3 im Klartext. In Feld 3 werden die Regeln R1 bis R4 durch Kolonnen mit JA- und NEIN-Angaben dargestellt. Im Feld 4 wird schließlich durch Kreuze eingetragen, welche Aktionen erfolgen sollen, wenn die Bedingungen aus Feld 3 erfüllt sind.

Entscheidungstabellen sind leicht verständlich und eindeutig in ihrer Aussage. Deshalb eignen sie sich ausgezeichnet für Programmspezifikationen. Sie werden auch von Benutzern schnell verstanden. Leider werden Entscheidungstabellen bei einer größeren Anzahl von Bedingungen sehr umfangreich und unübersichtlich. Aber es gibt keine einfachere Methode, um gerade dann alle möglichen Fälle zu definieren. Am Rande sei bemerkt, daß es Übersetzungsprogramme gibt, die Entscheidungstabellen direkt in Computerprogramme umwandeln.

Auftragsdisposition		R1	R2	R3	R4
B1	Auftrag > DM 10.000.–	N	N	J	J
B2	Termin < 3 Monate	N	J	N	J
A1	Disponent entscheidet	X	X		
A2	Terminplanung fragen		X		X
A3	Chef Betrieb entscheidet			X	X

10.4 Beispiel einer Entscheidungstabelle

Entwürfe für Bildschirme und Listen

Diese Darstellungen sind ein wesentlicher Bestandteil der Programmspezifikation: Einmal sind sie oft das einzige, was sich ein Benutzer im vornhinein vorstellen kann und womit er seine Anforderungen zum Ausdruck bringt. Zum anderen erkennt der Informatiker an ihnen, ob er in den Programmspezifikationen alles berücksichtigt hat, was letzten Endes von den Ergebnissen des Programmes erwartet wird. Da für die genannten Entwürfe eine Reihe von Grundsätzen zu berücksichtigen ist, wurde für ihre Gestaltung ein eigenes Kapitel vorgesehen (siehe Kapitel 15).

Texte

In den Programmspezifikationen sollte man sich auch mit den Texten beschäftigen. (Siehe auch Kapitel 21.) Dazu gehören:

- *Bedienerhilfe:* Alle Dialogprogramme werden heute mit einer Bedienerhilfe ausgerüstet. Das heißt, der Benutzer kann im Dialogprogramm jeweils auf einen Hilfetext umschalten, wenn er nicht ganz sicher ist oder nicht weiter weiß. Diese Hilfetexte müssen verfaßt werden. Als Verfasser wirken Informatiker und Benutzer gemeinsam. Jetzt ist die Zeit für einen ersten Entwurf gekommen.
- *Fehlermeldungen:* In den meisten Programmen werden beim Auftreten von Fehlern entsprechende Meldungen ausgegeben. Die wichtigsten Meldungen sollen vom Informatiker mit dem Benutzer gemeinsam besprochen und getextet werden. Das vermeidet so unverständliche Meldungen wie: »Allgemeines Abbruchkriterium« oder »fundamental error«.
- *Feste Texte und Kleingedrucktes:* In Bildschirmmasken kommen feste Texte vor, ebenso in Listen und anderem ausgedruckten Papier. Lieferscheine, Rechnungen, Bankauszüge, Versicherungspolicen tragen oft sehr viel »Kleingedrucktes« auf Vorder- und Rückseite (zum Beispiel: Lieferbedingungen). Jetzt sollte der Benutzer die ersten Entwürfe dafür erarbeiten.

Benutzerdokumentation

Die Informatiker in den Arbeitsgruppen tragen die Verantwortung dafür, daß schließlich bei der Übergabe der Programme an die Produktion eine vollständige Benutzerdokumentation vorhanden ist. Jetzt müssen sie den Grundstein für dieses Werk legen. Die Benutzerdokumentation wird schließlich einen unveränderlichen und einen variablen Teil enthalten. Die Programmspezifikationen gehören in den festen Teil dieser Dokumentation. Es ist demnach jetzt für jedes Anwendungsgebiet ein Ordner mit dem Titel »Benutzerdokumentation« anzulegen. Vorläufig werden alle Programmspezifikationen auch hier eingeheftet. Über den Inhalt des Ordners wird ein Inhaltsverzeichnis erstellt und laufend ergänzt. Das ist der erste Ansatz. (Siehe auch Kapitel 21.)

Testvorgaben

Es erleichtert spätere Arbeiten sehr, wenn bereits jetzt (auf einem speziellen Formular oder Blatt) Testbedingungen schriftlich festgehalten werden. Beim Aufstellen der Programmspezifikationen werden viele Details überlegt und eingebaut, die nach der Programmierung auch getestet werden müssen. Macht man sich jetzt entsprechende Notizen, so können die Einzelheiten später weniger leicht vergessen werden. Bei den Programmtests haben alle Beteiligten so viele Probleme und so viele Tätigkeiten zu erledigen, daß eine (frühzeitig begonnene) Liste der Testvorgaben sehr wertvoll ist. (Siehe auch Kapitel 12.)

Abnahme der Programmspezifikationen

Es wurde oben ausgeführt, daß ein erfahrener Informatiker in der Arbeitsgruppe die Federführung für die Programmspezifikationen übernehmen wird. Sind diese fertig erarbeitet und schriftlich fixiert, legt er sie dem Benutzer zur Genehmigung vor, erläutert sie sehr ausführlich mündlich, nimmt Korrekturen entgegen und berichtigt die Spezifikationen. Hat der Benutzer schließlich die Spezifikationen vollständig verstanden und ist mit diesen einverstanden, trägt er sie zusammen mit dem Informatiker dem Chef der Fachabteilung vor und holt dessen Einverständnis ein. Zum Abschluß werden die Programmspezifikationen vom Anwender abgenommen: Dies wird durch die Unterschriften des Chefs der Fachabteilung und des Benutzervertreters in der Arbeitsgruppe bestätigt. Damit ist ein weiterer Schritt der Feinplanung erarbeitet und abgeschlossen.

Fallstudie IGEL: Aufschreiben ist gar nicht so einfach!

In der Sitzung der Arbeitsgruppe »Auftragsabwicklung« vom 1.12.1994 sprach man auch das erste Mal über die Programmspezifikationen. Herr Biermann stellte (auf Folien) die Hilfsmittel vor: das Formular »Programmspezifikation« mit den Ergänzungsblättern »Beschreibung«, »Fehlermeldungen«, »Hilfetexte« und »Testvorschriften«. Dann sprach man über Entscheidungstabellen, die man in komplizierteren Abläufen verwenden wolle. Den Informatikern waren die Entscheidungstabellen bereits zur Genüge bekannt, nicht aber den Benutzern.

Herr Biermann organisierte für den nächsten Tag einen dreistündigen Kurs über Entscheidungstabellen für die Herren Friese (Gruppenleiter *Vertrieb und Werbung*), Frosch (Werkmeister *Spedition und Transport*) und Kästel (Abteilungsleiter *Verkauf und Marketing*). Diese vertraten die Benutzerseite in der Arbeitsgruppe. Als Kursleiterin stellte sich Frau Fink zur Verfügung, da sie eine Präsentation zum Thema fertig verfügbar hatte. Der kurze, aber intensive Kurs wurde durchgeführt und am 8. Dezember traf sich die Arbeitsgruppe zum ersten Mal, um die Programmspezifikationen zu verfassen.

Projekt: F*Z*G IGEL	Programm: AAK01	Blatt: AU-001
Programm-Spezifikation		Datum: 08.12.1994
Titel: Anzeige Kunden		Autor: Biermann

Beschreibung:

Das Programm hat alle Daten eines bestimmten Kunden anzuzeigen. Um den Kunden auszuwählen, kann seine Kundennummer eingegeben werden. Weiß man diese nicht, so soll man den Kunden mit der Angabe von Name und Ort finden können. Es sollte genügen, für Name und Ort nur die führenden Buchstaben einzugeben. Zusätzlich zu den Kundenstammdaten sollen auch noch die unerledigten Bestellungen und die letzten fünf Lieferscheine mit je einer Zeile ausgegeben werden. Die Anzeige soll am Bildschirm erfolgen und als Kopie auch ausgedruckt werden können.

Ergänzungen: keine

Spezialanforderungen:

Identifizieren Name und Ort einen Kunden nicht eindeutig, soll der Sachbearbeiter auf einem Auswahlbild den gewünschten Kunden selbst bezeichnen können.

Typ: Dialog, Hauptprogramm	Häufigkeit: 1000/Spitzentag

Eingaben (Bildschirme):

Maske FAK01, Eingabefelder: Kundennummer, Name, Straße, Hausnummer, Postleitzahl, Ort

Voraussetzungen:

keine

Dateien:

Lesen: GEPAR, KUNDE, BESKO, LIEKO
Ändern: keine

Ausgabe (Bildschirme, Listen):

Bildschirm, Terminaldrucker

Programmbeziehungen:

keine

Systemzustand nach erfolgter Bearbeitung:

unverändert

Zugriffsberechtigung:

jeder Mitarbeiter der F*Z*G

Fehlermeldungen:	FMAK01	Genehmigt:	
Hilfetexte:	HTAK01	Datum:	Unterschrift:
Testvorschriften:	TVAK01	15.12.1994	gez. Biermann
weitere Beilagen:	keine	17.12.1994	gez. Kästel

10.5 Programmspezifikation »Anzeige Kunden«

Herr Biermann machte folgenden Vorschlag: Um mit den Arbeiten zügig voranzukommen, möchte er zunächst gemeinsam mit der ganzen Gruppe eine einfache Spezifikation erstellen, zum Beispiel für das Programm »AAK01 Anzeige Kunden«. Da hätte man einmal eine Vorlage und einen Ausgangspunkt. In der nächsten Sitzung würde er dann versuchen, eine komplizierte Programmspezifikation zu erarbeiten, etwa für das Programm »AAR01 Erstellen Rechnung«. Hätte man einmal Vorlagen, so könnten die restlichen Programmspezifikationen jeweils in Zusammenarbeit des zuständigen Programmierers mit einem Benutzer außerhalb der Gruppenarbeit erledigt werden. Herrn Kästel bitte er, bis zum nächsten Mal die doch recht umständlichen Regeln für die Rechnungstellung schriftlich niederzulegen. Und so geschah es!

Zunächst wurde die Programmspezifikation AAK01 gemeinsam erstellt, sie ist in Bild 10.5 wiedergegeben. Die Benutzer stellten fast zu jedem Feld Fragen und erfaßten die Antworten sehr schnell. Die Schätzung der Häufigkeit stieß auf Schwierigkeiten, da gingen die Meinungen auseinander. Schließlich einigte man sich auf 1000 Anfragen an einem Spitzentag.

Bei der nächsten Sitzung legte Herr Kästel folgende Grundsätze für die Rechnungstellung als Funktionsbeschreibung vor:

F*Z*G
IGEL

Grundlagen der Rechnungstellung

1 Jeder Artikel hat einen Basispreis, er ist der Ausgangspunkt der Rechnungsstellung.

2. Kunden in Österreich zahlen nur 90 % des Basispreises. Kunden in Deutschland zahlen nur 85 % des Basispreises.

3. Kunden in Österreich zahlen 20 % Mehrwertsteuer. Kunden in Deutschland zahlen 15 % Mehrwertsteuer. Kunden in anderen Ländern zahlen keine Mehrwertsteuer.

4. Für Lieferungen in Deutschland, Österreich und nach Nachbarländern, sowie für Sendungen im Wert von mehr als 400 DM oder für Kunden mit einem Jahresumsatz von mehr als 3000 DM werden keine Transportkosten berechnet. Sonst betragen die Transportkosten in Europa (Kontinent)2.– DM je Kilogramm netto, außerhalb Europa (Kontinent) (Luftfracht) DM 5.– je Kilogramm netto.

5. Die Verpackungskosten betragen DM 1.– je Kilogramm netto. Für Sendungen im Wert von mehr als 400 DM oder für Kunden mit einem Jahresumsatz von mehr als 3000 DM werden keine Verpackungskosten berechnet.

6. Bestellungen, die im Januar oder zwischen 15. Juni und 31. Juli getätigt werden, sowie Bestellungen zwischen 500 und 1000 DM genießen 10 % Rabatt.

7. Bestellungen über 1000 DM, Bestellungen von Mitgliedern der UNO-Truppen oder des Roten Kreuzes genießen 12 % Rabatt.

8. Lieferungen nach Island, Grönland und Alaska erfordern einen Aufpreis von 8 %.

Stand: 1.12.1994/GKä

Mit diesen Angaben bemühte man sich, eine Entscheidungstabelle aufzustellen. Das Ergebnis ist in Bild 10.6 dargestellt.

F*Z*G IGEL		E.–Tabelle Rechnungstellung	Regeln:				5					10	...	20				24
B1		Empfänger in Deutschland	J	J	J	J	N	N	N	N	N	N	...	N	N	N	N	N
B2		Empfänger in Österreich	N	N	N	N	J	J	J	J	N	N	...	N	N	N	N	N
B3		Empfänger in Nachbarland	N	N	N	N	N	N	N	N	J	J	...	N	N	N	N	N
B4		Island, Grönland, Alaska	N	N	N	N	N	N	N	N	N	N	...	N	N	N	N	N
B5		übriges Europa (Kontinent)	N	N	N	N	N	N	N	N	N	N	...	J	N	N	N	N
B6		außerhalb Europa (Kontinent)	N	N	N	N	N	N	N	N	N	N	...	N	J	J	J	J
B7		Liefg. > 400 DM, Kd.Ums. > 3000 DM	J	N	J	N	J	N	J	N	J	N	...	N	J	N	J	N
B8		Bestg. > 500 DM oder Jan., 15.6.–31.7.	J	J	N	N	J	J	N	N	J	J	...	N	J	J	N	N
B9		Bestg. > 1000 DM oder UNO, Rotes Kreuz	N	N	J	J	N	N	J	J	N	N	...	J	N	N	J	J
	A1	Landesrabatt 10%					X	X	X	X			...					
Die nebenstehen-	A2	Landesrabatt 15%	X	X	X	X							...					
den Aktionen	A3	Zusatzrabatt 10%	X	X			X	X			X	X	...		X	X		
sind gemäß den	A4	Zusatzrabatt 12%			X	X			X	X			...	X			X	X
angegebenen Re-	A5	Zuschlag 8%											...					
geln auszuführen.	A6	Transport 2 DM/kg											...	X				
	A7	Transport 5 DM/kg											...		X	X		
12.12.1994	A8	Verpackung 1 DM/kg		X		X		X		X		X	...	X		X		X
gez. Kästel	A9	Mehrwertsteuer 15%	X	X	X	X							...					
	A10	Mehrwertsteuer 20%					X	X	X	X			...					

10.6 Entscheidungstabelle »Rechnungstellung« (Auszug)

Diese Entscheidungstabelle wurde zum integrierenden Bestandteil der Programmspezifikation. Das dazugehörige Spezifikationsformular zeigt Bild 10.7. Fehlermeldungen, Hilfetexte und Testvorschriften wurden zunächst noch nicht verfaßt, sie wurden als Hausaufgabe den Benutzern übertragen.

Das Verfassen der Programmspezifikationen nahm recht viel Zeit in Anspruch und war erst Mitte Februar 1995 abgeschlossen.

Projekt: *F*Z*G IGEL*	Programm: *AAR01*	Blatt:	*AU-017*
Programm-Spezifikation		Datum:	*17.12.1994*
Titel: *Erstellen von Rechnungen*		Autor:	*Biermann*
Beschreibung: Das Programm dient dem Erstellen von Rechnungen aufgrund von Lieferscheindaten. Ist in der Lieferscheindatei der Indikator »Rechnung erstellen« gesetzt, berechnet das Programm alle Rechnungsdaten und stellt sie in die Rechnungsdateien. In der Lieferscheindatei wird der Indikator auf »Rechnung erstellt« gesetzt. Das Programm kann während der Arbeitszeit von einem befugten Mitarbeiter ausgelöst werden. Automatisch läuft es in jeder Nacht vor einem Werktag ab. Die Berechnungen erfolgen aufgrund eines oder mehrer Lieferscheine je Versandadresse. Stückzahl mal Basispreis ergibt den Rohpreis, der gemäß der beiliegenden Entscheidungstabelle behandelt wird. Ausdruck oder Anzeige erfolgen mit separaten Programmen.			
	Ergänzungen: Entscheidungstabelle		
Spezialanforderungen: Einmal erstellte Rechnungen müssen ungültig gesetzt und auch storniert werden können. Rechnungen bleiben 3 Monate on-line und 10 Jahre off-line gespeichert.			
Typ: Stapel-/Hauptprogramm	Häufigkeit: 3000/Spitzentag		
Eingaben (Bildschirme): Keine direkten Eingaben. Ausgangsdaten kommen aus Lieferschein- und Kundendatei.			
Voraussetzungen: Lieferschein erstellt, Lieferung abgegangen, keine Adressänderung offen, nicht Ersatzlieferung.			
Dateien: Lesen: GEPAR, KUNDE, BESKO, LIEPO, ARTIK Ändern: LIEKO, RGKO, RGPO, OFPOS			
Ausgabe (Bildschirme, Listen): Fehlerprotokoll FPAR01			
Programmbeziehungen: Ausgabe durch AAR03 (Anzeige), AAR04 (Drucken) Änderungen mit AAR02 (via Bildschirm)			
Systemzustand nach erfolgter Bearbeitung: Dateien (s. oben) geändert, Ausdrucken der Rechnung vorbereitet.			
Zugriffsberechtigung: Buchhaltung APlatz 1 und 2, Schwechat 2			
Fehlermeldungen:	FMAR01	Genehmigt:	
Hilfetexte:	keine	Datum:	Unterschrift:
Testvorschriften:	TVAR01	19.12.1994	gez. G. Kästel
weitere Beilagen:	ETAR01	20.12.1994	gez. F. Schilling

10.7 Programmspezifikation »Erstellen von Rechnungen«

Merksätze

- Die Programmspezifikation beschreibt die Aufgabe, die ein Programm zu erfüllen hat. Sie gibt an, *was* zu geschehen hat.
- Beim Erstellen einer Programmspezifikation sagt der Benutzer, was er haben will. Federführend ist jedoch meistens der Informatiker.
- Der Benutzer denkt in Transaktionen. Der Informatiker denkt (jetzt schon) in Programmen. Vorsicht vor Mißverständnissen!
- Die meisten Programmspezifikationen werden in natürlicher Sprache erstellt. Ein geeignetes Formular erleichtert die Arbeit, weil es die Struktur vorgibt.
- Für die Darstellung logischer Abhängigkeiten sind Entscheidungstabellen ein gutes Hilfsmittel.
- Als Beilagen zur Programmspezifikation sind erforderlich: Bildschirm- und Listenentwürfe, Texte für Bedienerhilfe und Fehlermeldungen, konstante Texte und auch »Kleingedrucktes«, Testvorgaben.
- Der Informatiker beginnt jetzt mit dem Einrichten und Abfassen der Benutzerdokumentation.
- Die Programmspezifikation wird vom Benutzer abgenommen, das heißt unterschrieben. Damit bestätigt er, daß er sie verstanden hat und mit ihr einverstanden ist.

Ergebnisse

Entsprechend dem Titel dieses Kapitels ist das Ergebnis der beschriebenen Arbeiten ein vollständiger Satz von Programmspezifikationen. Das sind im einzelnen:

- je Programm ein ausgefülltes Formular »Programmspezifikation«,
- detaillierte Funktionsbeschreibungen, wenn die Bearbeitung besondere Anforderungen stellt,
- Entscheidungstabellen als Beilage im Falle logisch komplexer Bearbeitungen,
- Petri-Netze für Spezifikationen, in denen Anwendungen besonders anschaulich dargestellt werden müssen.
- Dazu kommen weitere Beilagen, die später noch eingehend behandelt werden: Bildschirm- und Listenentwürfe (Kapitel 15), Hilfetexte, Fehlermeldungen und ein erster Ansatz der Benutzerdokumentation (alle im Kapitel 21) und Testvorgaben (Kapitel 12).

Literatur

TWIEHAUS, J.: Der Schlüssel zur Computer Software (für Programmspezifikationen).

ENGESSER, H. (HRSG.): Duden Informatik (für Petri-Netze).

11. Ablauforganisation

Arbeitsabläufe gehorchen stets dem Zyklus »Bearbeiten – Warten – Transport – Warten ...«. Ablauforganisation und Anwendungssoftware müssen reibungsfrei zusammenspielen. Benutzerfreundliche Software hat immer eine einfache Ablauforganisation zur Folge.

Der Betrieb eines Unternehmens vollzieht sich mit dem Ablauf verschiedener Arbeiten. Deren Zusammenwirken und Aufeinanderfolge ist nicht beliebig oder gleichgültig. Die Arbeiten folgen bestimmten Regeln, wobei einzelne Arbeiten von anderen abhängig sein können. Es kann notwendig sein,

- daß eine Arbeit unmittelbar an eine andere anschließen muß oder
- daß sie irgendwann nach einer anderen auszuführen ist oder
- daß sie gleichzeitig mit einer anderen ausgeführt werden muß oder
- daß sie gleichzeitig mit einer anderen ausgeführt werden kann.

Es sind viele verschiedene Abhängigkeiten denkbar. Die Folge der Arbeiten bezeichnet man als Arbeitsablauf. Sie wird durch die Ablauforganisation geregelt.

Betriebsorganisatorische Grundlagen

Wenn man ein Unternehmen durchleuchtet, so ist zu erkennen, daß im wesentlichen zwei Arten von Arbeiten und zwei Arten von Bewegungen das Geschehen bestimmen: die Bearbeitung und Bewegung von Material und die Bearbeitung und Bewegung von Information. Daher stehen zwei Arten von Flüssen im Vordergrund: *Materialflüsse* und *Informationsflüsse*. Wie stark diese Flüsse ausgeprägt sind, hängt von der Art des Unternehmens ab. In einem Hüttenwerk wird der Materialfluß im Vordergrund stehen, bei einer Versicherung wird es lediglich einen Informationsfluß geben. Neben dem Materialfluß und dem Informationsfluß gibt es noch eine ganze Reihe weiterer Flüsse: Energiefluß, Geldfluß, Personenfluß und andere. Diese sind jedoch für die Ablauforganisation im Betrieb – so wichtig und unentbehrlich sie auch sind – weniger bedeutend. In den folgenden Ausführungen werden sie vernachlässigt.

Um die geordnete Arbeit zu ermöglichen, *sind Regelungen unerläßlich*. Das ist aus dem privaten Alltag bekannt: Es gibt Lebensregeln, Verkehrsregeln, Spielregeln, Verhaltensregeln (»das richtige Benehmen«) und viele andere Regeln. Das Wort »Regel« bedeutet immer dasselbe: eine Vorschrift oder eine Richtlinie. *Regeln heißt, einen Vorgang einer geordneten Bahn zuzuführen.*

Ein Betrieb kann gut oder schlecht organisiert sein. »Schlecht organisiert« heißt nun nicht nur falsch organisiert, sondern auch überorganisiert oder unterorganisiert. Auch zu viel Organisation kann von Übel sein. Man denke nur an das »Arbeiten nach Vorschrift« bei der Flugsicherung, beim Zoll oder in anderen stark reglementierten Betrieben: Das unbedingte und unangepaßte Ausführen jeder Regel verlangsamt die einzelnen Tätigkeiten bis zum Zusammenbruch des Systems.

In der Betriebsorganisation kann man drei Stufen der Reglemtierung unterscheiden:

1. die (eigentliche) ***Organisation:*** Alle Teilschritte eines Vorganges und ihre gegenseitigen Beziehungen werden durch genaue Einzelanweisungen geregelt. Dies eignet sich für alle sich langfristig immer wiederholenden Abläufe und für solche, die so schwerwiegend sind, daß sie detailliert geplant werden müssen. (Beispiel: Mit Ampeln geregelte Kreuzung im Straßenverkehr.)
2. die ***Disposition:*** Bei gewissen Vorgängen ist es zweckmäßig, sie nur zum Teil einer fixen Organisation zu unterstellen. Die (unvollständige) Organisation wird durch Weisungen ergänzt, die angeben, unter welchen Umständen frei disponiert werden soll. Gewisse Vorfälle sollen so abgewickelt werden, daß der jeweiligen Situation möglichst zweckmäßig entsprochen wird. (Beispiel: Verhalten des Autofahrers bei vorgeschriebener Höchstgeschwindigkeit von 120 km/h und eisiger Straße.)
3. die ***Improvisation:*** Es gibt Fälle, für die nicht organisiert und nur wenig disponiert werden kann. Dann bleibt nichts anderes übrig, als dem Zwang des Augenblicks zu gehorchen und zu improvisieren. Improvisationen sollten sich auf Sonder- und Notfälle beschränken. (Beispiel: Verhalten des Autofahrers bei einem Reifendefekt während des Fahrens.)

Richtig organisieren heißt, die organisatorischen Regelungen zweckmäßig abzufassen und die Grenzen zwischen Organisation, Disposition und Improvisation richtig festzulegen.

Bei den Regelungen unterscheidet man zwischen Eigen- und Fremdregelungen. Eine *Eigenregelung* liegt dann vor, wenn die an einem Vorgang beteiligten Personen miteinander ihre Verhaltensnormen und Arbeitsrichtlinien beschließen. Bei *Fremdregelungen* werden die Regeln von einer übergeordneten oder außenstehenden Stelle verfügt. Dies erscheint dann sinnvoll, wenn Beziehungen über einzelne Stellen oder Abteilungen hinausreichen. Damit solche Übergänge (Schnittstellen) reibungslos funktionieren, müssen sie übergeordnet und einheitlich geregelt werden. Es ist oftmals der Fall, daß die Informatiker solche Fremdregelungen treffen oder zumindest vorschlagen müssen, weil die betroffenen Anwender dies nicht tun wollen oder können.

Wer eine Betriebsorganisation kennen lernen will, kann an einer Betriebsbesichtigung teilnehmen. Handelt es sich um einen Industriebetrieb, so beginnt eine Führung meist bei der Anlieferung des Rohmaterials und endet bei der Verladerampe für die fertigen Produkte. Dazwischen kommt man in viele Abteilungen, wobei viele Personen bei den verschiedensten Tätigkeiten zu sehen sind, Maschinen bedient werden und mit einigem Lärm zum Prozeß beitragen, Roboter mit zackigem Griff ihren Aufgaben nachgehen, Computer Lämpchen leuchten lassen und Bildschirme füllen. Es entsteht der Eindruck, daß alle Beteiligten genau wissen, was sie zu tun haben - allerdings kann man nicht erkennen, warum. Offenbar müssen irgendwelche Regelungen bestehen, doch diese sind nicht sichtbar. Diese Unsichtbarkeit der Regeln und der organisatorischen Maßnahmen erschwert allen Außenstehenden das Verstehen des Geschehens und der Abläufe. Um das Zusammenwirken von Sachbearbeitern und Computer im Ablauf darstellen zu können, müssen einige Grundbegriffe der Betriebsorganisation definiert werden. Das soll im folgenden kurz geschehen.

Die Organisation eines Unternehmens unterteilt man in zwei wesentliche Komplexe: die Aufbauorganisation und die Ablauforganisation.

- Die ***Aufbauorganisation*** schafft einen Teil der Voraussetzungen für die Erfüllung der Aufgaben eines Unternehmens. Die vielen Einzelaufgaben werden gruppiert und auf verschiedene Aufgabenträger (das heißt Stellen) verteilt. Die Befugnisse der Stellen werden geregelt, die Stellen werden zu größeren Organisationseinheiten zusammengefaßt (Gruppen, Abteilungen), die Leitung der Einheiten wird bestimmt und die gegenseitigen Beziehungen werden festgelegt. Organigramme und Stellenbeschreibungen dokumentieren die Aufbauorganisation. Das Bild 1.4 ist ein Beispiel für ein Organigramm.
- Die ***Ablauforganisation*** ergänzt die Aufbauorganisation und regelt die Tätigkeit der einzelnen Stellen. Sie regelt jeden einzelnen Arbeitsablauf derart, daß jede beteiligte Stelle weiß, was sie beizutragen hat und in welcher Reihenfolge oder zu welchem Zeitpunkt dies zu geschehen hat. Als ***Arbeitsablauf*** bezeichnet man die Folge von Arbeiten, die zur Erfüllung einer Aufgabe geleistet werden müssen, wobei die zeitlichen Anforderungen (Reihenfolge, Gleichzeitigkeit) der Arbeiten zu berücksichtigen sind.

Für das Betriebsgeschehen spielt die ***Arbeitsteilung*** eine wichtige Rolle. Jeder Arbeitsprozeß kann unterteilt werden bis hinunter zu einer Grenze der Teilbarkeit. Diese Grenze wird dann erreicht, wenn die aus einer weiteren Teilung entstehenden Teiltätigkeiten nicht mehr mehreren Arbeitsträgern (das sind in der Regel Personen oder Maschinen) zugeteilt werden können. Tätigkeiten, die nicht mehr unterteilt werden können (sei es aus Gründen der Technik oder der Vernunft), nennt man *Elementartätigkeiten*.

Man könnte einem Arbeitsträger nur eine einzige Elementartätigkeit zuordnen. Dies geschieht jedoch meistens nicht, damit eine Monotonie der Arbeit vermieden wird. In der Regel beauftragt man eine Person oder ein Team mit einer Reihe zusammenhängender Elementartätigkeiten. Eine derartige Reihe nennt man *Tätigkeitskomplex*. Es werden zwei Arten der Arbeitsteilung unterschieden: die Mengenteilung und die Artteilung.

- *Mengenteilung:* Hier führen mehrere Arbeitsträger parallel die gleichen Tätigkeiten aus. Arbeitsträger können zum Beispiel Personen oder Maschinen oder Fahrzeuge sein. Diese Arbeitsteilung findet man vor allem in kleinen Unternehmen mit gewerblichem Charakter. Beispiel: In einer kleinen Autowerkstatt mit zwei Beschäftigten führt jeder an einem Auto alle zu erledigenden Arbeiten aus, wie Schmieren, Ölwechsel, Einstellen der Zündung und Abgaskontrolle.
- *Artteilung:* Die Arbeitsträger erhalten verschiedene Tätigkeiten zugewiesen. Die gesamthaft anfallenden Arbeiten werden entsprechend den unterschiedlichen Tätigkeiten aufgeteilt. Die Bearbeitung erfolgt durch Spezialisten. Beispiel: In einer großen Autowerkstatt erledigt ein Mechaniker das Schmieren, ein zweiter den Ölwechsel, ein dritter stellt die Zündung ein, ein vierter macht die Abgaskontrolle, ein Werkstattschreiber erledigt alles Schriftliche, ein Lagerarbeiter gibt Ersatzteile und Kleinmaterial aus, ein Tankwart füllt Benzin nach.

Mengenteilung und Artteilung kommen fast immer kombiniert vor. Da in vielen Fällen die Arbeitsmenge die Kapazität einzelner Arbeitsträger überschreitet, muß die Arbeitsteilung flexibel disponierbar sein.

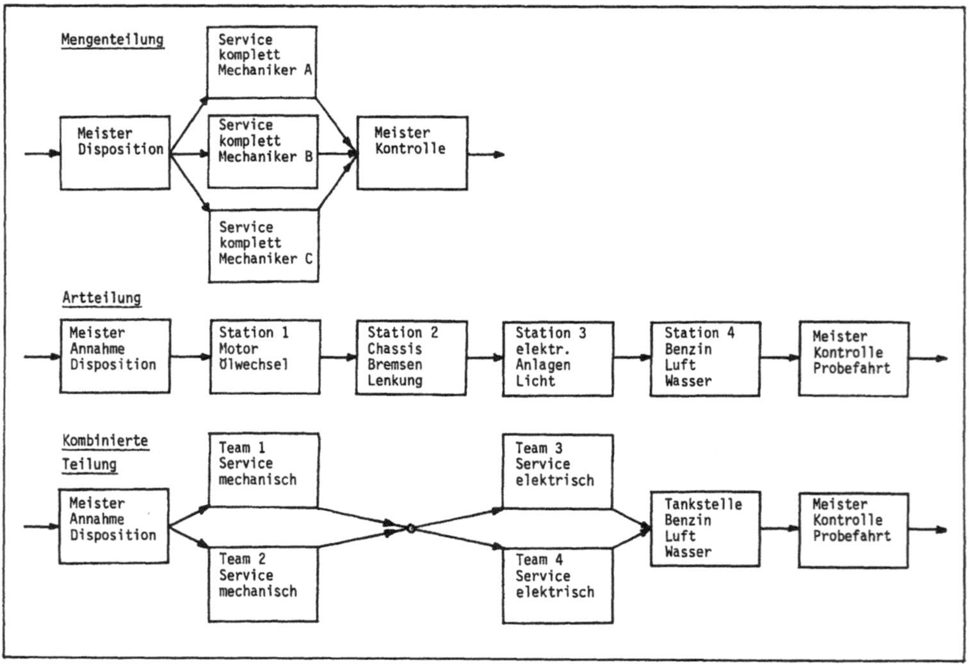

11.1 Für die Arbeitsteilung kennt man zwei grundsätzliche Methoden: Mengenteilung und Artteilung. Auch die Kombination kommt häufig vor.

Stellen und Verbindungswege: Die Arbeitsträger arbeiten in Stellen. Jede Stelle hat bestimmte Aufgaben. Die einzelnen Stellen eines Unternehmens hängen durch Verbindungswege zusammen, die den Materialfluß und den Informationsfluß ermöglichen. Der Materialfluß erfolgt über Transportwege, der Informationsfluß über Kommunikationswege. Der Arbeitsablauf geschieht durch Tätigkeiten in den Stellen, gefolgt von einem Weiterfließen des Materials oder/und der Information. Während die Transportwege immer explizit gestaltet und ausgebaut waren, wurden die Kommunikationswege vor dem Computerzeitalter selten ausdrücklich organisiert, sondern haben sich irgendwie von selbst eingespielt. Heute darf nicht vergessen werden, diese Nachrichtenkanäle gewissenhaft zu organisieren, da sich nichts von selbst einspielt, wo automatisch gearbeitet wird.

Arbeitsanweisungen: Wenn in einer Stelle bestimmte Arbeiten immer durch die gleiche Person in der gleichen Art ausgeführt werden, ergibt sich daraus eine Gewohnheit. Probleme sind nicht zu erwarten. Werden jedoch Arbeiten selten oder durch verschiedene Personen ausgeführt, muß eine *Arbeitsanweisung* erstellt werden. Eine schriftliche Arbeitsanweisung ergänzt zum Teil mündliche Instruktionen für neue Mitarbeiter und dient als Gedächtnisstütze bei seltenen Tätigkeiten oder wenn Zahlen im Spiele sind. Arbeitsanweisungen sind schriftliche Ausführungsrichtlinien, die sehr detailliert sein können. Weiter unten wird noch näher darauf eingegangen.

Organisation der Arbeitsabläufe

Um in einem Unternehmen eine bestimmte Arbeitsaufgabe zu erfüllen, ist eine Reihe von Tätigkeiten auszuführen. Wie oben dargestellt wurde, sind solche Tätigkeiten mit einer bestimmten zeitlichen Beziehung zueinander auszuführen: gleichzeitig oder nacheinander oder kombiniert aus beidem. Es ist ein gegebener Arbeitsablauf zu vollziehen. In jedem Betrieb finden mehrere oder zahlreiche Arbeitsabläufe statt. Jeder Arbeitsablauf ist in einem größeren Zusammenhang zu sehen. Er ist Teil eines Ganzen, ein Subsystem als Teil des Gesamtsystems.

Diese Tatsache hat man bei der Gestaltung der einzelnen Arbeitsabläufe zu berücksichtigen. Sie müssen zunächst einmal einheitlich dargestellt werden, damit man Zusammenhänge leichter erkennt.

Jeder Arbeitsablauf betrifft Objekte irgendwelcher Art, eben diejenigen Dinge, die »bearbeitet« werden. Solche Objekte sind zur Hauptsache entweder materiell (irgendein Material wird bearbeitet) oder sie bestehen aus Informationen. Materielle Objekte werden bearbeitet und gelagert, über Transportwege bewegt, sie sind die Elemente im Materialfluß. Informationen werden bearbeitet und gespeichert, über Kommunikationswege bewegt, sie sind die Elemente im Informationsfluß. In der Industrie und im Handel erscheinen Materialfluß und Informationsfluß miteinander kombiniert. In anderen Zweigen der Wirtschaft (Banken, Versicherungen) und in der öffentlichen oder privaten Verwaltung beherrschen die Informationsflüsse nahezu allein das Betriebsgeschehen.

Zyklus im Arbeitsablauf: Zwischen zwei aufeinanderfolgenden Arbeitsgängen liegt häufig eine Pause. Die Weitergabe der Objekte von einer Stelle zur nächsten kann eine Arbeitsunterbrechung bewirken. Hat die nachfolgende Stelle vorerst noch andere Arbeiten zu erledigen, ergibt sich eine Wartezeit. Auch bei Transporten muß oft gewartet werden, da sie chargenweise erfolgen: eine Anzahl von Objekten wird gemeinsam transportiert. Man erkennt, daß Arbeitsabläufe einem *wiederkehrenden Zyklus* gehorchen: *Bearbeiten – Warten – Transport – Warten* und so weiter.

Neuorganisation oder Reorganisation: Das Vorgehen bei einer Neuorganisation unterscheidet sich vom Vorgehen bei einer Reorganisation. Man darf erwarten, daß die Vorarbeiten bereits im Grobkonzept geleistet wurden und man jetzt in der Feinplanung nur mehr die Details der Ablauforganisation auszuarbeiten hat. Bei Neuorganisationen muß jeder Arbeitsablauf von Grund auf entworfen werden und deshalb ist auch in der Feinplanung recht kritisch vorzugehen. Bei einer Reorganisation bestehen bereits Arbeitsabläufe, die nicht in allen Fällen unverändert übernommen werden können. Der Grund für eine Reorganisation besteht ja darin, daß neue Arbeitsverfahren oder neue Produkte eingeführt wurden, daß neue Dienstleistungen erbracht werden sollen oder daß die bisherigen Abläufe unzulänglich oder überholt sind.

Da hier die Ablauforganisation im Zusammenhang mit der Informatik betrachtet wird, sind die oben angegeben Umstände stets gegeben. Es sollen neue Geräte und neue Softwareprodukte eingesetzt werden. Wird individuelle Software eingesetzt, ist eine Anpassung der Software an die bestehende oder individuell gewünschte Ablauforganisation möglich. Beim Einsatz von Standardsoftware ist das weniger einfach, hier werden Änderungen der Ablauforganisation eher erforderlich und sie werden schwerwiegender sein.

Bei der Feinplanung der Ablauforganisation hat man folgende Einflußgrößen zu berücksichtigen:

- Wichtigste Grundlage ist das *Grobkonzept*. Hier stehen die Zielsetzungen, Aufgaben und Anforderungen an die neue Lösung. Grobe Darstellungen der Material- und Informationsflüsse sind gegeben. Die beteiligten Stellen sind genannt. Mengen, Häufigkeiten, gewünschte (kurze) Antwortzeiten, Kommunikationswege, Schnittstellen sind überschlägig dargestellt.
- Das *physische Betriebsgeschehen* ist bekannt. Allerdings präsentiert sich das Unternehmen – wenn man gründlich sein will – als Black Box. Man weiß, was hereinkommen und hinausgehen soll, aber was dazwischen liegt, ist zum Teil noch offen. Sowohl die Aufbauorganisation (die »Stellen«), wie auch die Ablauforganisation können auch jetzt noch geändert werden, wenn irgendwelche Umstände dies erfordern.
- Die *Informatikmittel* stehen fest, man hat sich für bestimmte Hard- und Software entschieden. In vielen Details ist man jedoch noch frei: Hardware kann nach oben erweitert werden (größere Leistung, mehr Speicher, mehr Peripherie, andere Kommunikationswege). Individuelle Anwendungssoftware kann auf verschiedenste Art konzipiert werden. Standardsoftware läßt in kleinerem oder größerem Rahmen Anpassungen zu.
- *Neue Wünsche* des Anwenders werden genannt.

Das Aufstellen der Ablauforganisation wird damit zu einem Optimierungsprozeß. Bei der Lösung der Aufgaben wirken viele Komponenten mit. Der Organisator muß mit Genehmigung des Entscheidungsträgers festlegen, wie die Aufgaben so zwischen Organisation und Informatik verteilt werden, daß der Ablauf optimiert wird. Besteht der Anteil, den die Informatik beiträgt, nur aus einem primitiven Programmpaket, so wird die Ablauforganisation kompliziert und eventuell schlechter als bei einer Lösung ohne Computer. Bietet die Informatik eine wohl durchdachte und sicher funktionierende Lösung, kann die Ablauforganisation recht einfach sein. Diese Wechselwirkung von Informatik und Ablauforganisation verdient, durchdacht zu werden.

Es wurde bereits ausgeführt, daß bei einer Arbeitsteilung die Aufgaben auf mehrere Arbeitsträger verteilt werden, wobei Mengenteilung, Artteilung oder eine Kombination beider möglich sind. Beim Einsatz der Informatik erfolgt eine Artteilung zwischen den Arbeitsträgern »Benutzer« und »Computer«. Dabei bewegt man sich meist im Informationsfluß. Die Aufgabenteilung erfolgt derart, daß der Computer dem Benutzer unterstellt wird und die aufwendigen Routinearbeiten übernimmt, während der Benutzer steuert, Wesentliches entscheidet und kreative Aufgaben löst. Es gibt auch Computereinsatz im Materialfluß: in der Prozeßbearbeitung, die heute durch CIM (Computer Aided Manufacturing) weite Kreise zieht.

Für die Ablauforganisation muß die Arbeitsteilung zwischen Benutzer und Computer definiert werden. Dies geschieht aufgrund der Möglichkeiten, die die eingesetzten Arbeitsmittel (Hardware, Software) bieten. Hat man die Arbeitsteilung festgelegt, entstehen dadurch vielleicht zusätzliche Anforderung an diese Arbeitsmittel, besonders an die Software.

Soll-Arbeitsablauf: Aus dem Grobkonzept ist ein Entwurf für den geplanten, neuen Arbeitsablauf vorhanden. In der Regel werden dies neben einer kurzen verbalen Beschreibung graphische Darstellungen sein: Diagramme des Materialflusses und des Informationsflusses. Solche Diagramme machen den Arbeitsablauf im voraus überblickbar. Man erkennt, welche Stellen berührt werden und wie oft und in welchen Intervallen dies geschieht. Handelt es sich bei einer Reorganisation lediglich um die Anpassung bereits bestehender Arbeitsabläufe an neue Gegebenheiten, so kann viel Bestehendes beibehalten werden.

Das Vorgehen

Bei der Entwicklung der Ablauforganisation geht man in mehreren Schritten vor, wobei man die allgemeine Richtung »vom Ganzen zum Detail« einhält:

1. Unterteilung des Arbeitsgebietes in Tätigkeitskomplexe

Zunächst betrachtet man das zu organisierende Arbeitsgebiet gesamthaft (mit Hilfe der Diagramme der Material- und Informationsflüsse) und stellt sich die Frage: An welchen Stellen wird zweckmäßig unterteilt, damit man einigermaßen selbständige Tätigkeitskomplexe erhält und die Schnittstellen gut realisiert werden können? Im Materialfluß und im Informationsfluß wird diese Trennung dort anzusetzen sein, wo das Objekt (Werkstück, Dokument) die bearbeitende Stelle wechselt, das heißt also in einer Wartephase im Zyklus des Arbeitsablaufes. Eine feinere Unterteilung ist auch noch denkbar: Wenn das Objekt innerhalb einer Stelle von einem Sachbearbeiter zum nächsten hinüberwechselt – also an den Schnittstellen einer Artteilung. Für jeden Tätigkeitskomplex wird definiert:

- Wie heißt er? Was geschieht?
- Was kommt herein und von wo oder wem?
- Wie sieht die Schnittstelle am Eingang aus?
- Was kommt heraus und wohin oder an wen?
- Wie sieht die Schnittstelle am Ausgang aus?
- Welche Hilfsmittel werden benützt?
- Welcher Tätigkeitskomplex war vorher, kommt nachher, läuft gleichzeitig ab?

Beispiel: Ein Arbeitsgebiet »Auftragsabwicklung« kann in folgende Tätigkeitskomplexe unterteilt werden:

- Entgegennahme und Erfassen der Bestellung,
- Disponieren der Lagerartikel,
- Beschaffungsauftrag an Einkauf für fehlende Artikel,
- Feststellen des Liefertermines,
- Erstellen der Auftragsbestätigung und deren Versand,
- Überwachung pendenter Aufträge,
- Erstellen des Lieferscheines und des Speditionsauftrages,
- Fakturierung, Rechnungsversand, Zahlungskontrolle,
- Führen der Auftragsstatistik.

Man erkennt, daß das Arbeitsgebiet dort in die verschiedenen Tätigkeitskomplexe unterteilt wurde, wo die Sachbearbeiter wechseln könnten oder wo Wartezeiten vorauszusehen sind.

Betrachtet man den ersten Tätigkeitskomplex, so kann man die Fragen wie folgt beantworten:

- *Wie heißt er?* Die Bezeichnung heißt Bestellerfassung.
- *Was geschieht?* Eine schriftliche oder telefonische Bestellung wird entgegengenommen und die Ausführung eingeleitet.
- *Was kommt herein?* Ein Schriftstück oder ein Telefonanruf trifft ein und ist zu bearbeiten.
- *Schnittstelle am Eingang:* ausgefüllte Bildschirmmaske mit Kunden- und Bestelldaten.
- *Was kommt heraus?* Das Ergebnis ist schließlich eine gültige Auftragsinformation in einer Bestellungsdatei, bei einem neuen Kunden zusätzlich eine neue und gültige Kundeninformation in der Kundendatei. Diese Informationen (es sind natürlich Datensätze) dienen auch als
- *Schnittstelle am Ausgang* des Tätigkeitskomplexes.

- *Welche Hilfsmittel werden benützt?* Kundendatei und Artikeldatei.
- Einen *vorangehenden* Tätigkeitskomplex gibt es nicht.
- *Nachfolger* ist das »Disponieren der Lagerartikel«.

2. *Analyse der Tätigkeitskomplexe*

Nun wird jeder einzelne Tätigkeitskomplex für sich betrachtet. Aus welchen einzelnen Tätigkeiten besteht er? Und wieder sind sehr ähnliche Fragen wie oben zu beantworten: Wie heißt die Tätigkeit? Was geschieht? Was kommt herein und von wo oder wem? Und so weiter wie oben!

Es ist sehr zweckmäßig, die Unterteilung in die einzelnen Tätigkeiten so vorzunehmen, daß man bereits Benutzertätigkeiten und Computertätigkeiten unterscheidet.

Beispiel: Ein Tätigkeitskomplex »Entgegennahme und Erfassen der Bestellung« könnte aus folgenden Tätigkeiten bestehen:

- Lesen der schriftlichen Bestellung oder Entgegennahme des Telefonanrufes,
- Ermitteln der Kundennummer oder Neuaufnahme des Kunden,
- Kontrolle offene Rechnungen,
- bei neuen Kunden: Rückanruf beim Besteller zur Kontrolle,
- Entscheid ob Bestellung angenommen wird,
- allenfalls Absage,
- Festellen der Kundenkonditionen,
- Erfassen der Bestellung am Bildschirm,
- Eintragen in Verzeichnis offener Aufträge,
- Veranlassen der Weiterbearbeitung,
- für schriftliche Bestellungen: Ablage des Originals.

3. *Aufteilung der Tätigkeiten*

Nun muß entschieden werden, welche Tätigkeiten der Computer übernehmen soll und kann und welche Tätigkeiten ein Sachbearbeiter als Benutzer ausüben soll beziehungsweise wie die beiden in einer Tätigkeit zusammenarbeiten sollen. Dies entspricht zum Teil der Arbeit im vorhergehenden Punkt und ist von dieser nicht zu trennen. Nur müssen zusätzlich weitere Überlegungen gemacht werden:

- Kann das die Hardware?
- Kann das die Standardsoftware?
- Welche Programmanpassungen oder Parametrisierungen werden nötig?
- Darf man das von der Individualsoftware verlangen oder wäre der Aufwand zu groß?

Beispiel: Die Tätigkeit »Ermitteln der Kundennummer oder Neuaufnahme des Kunden« könnte wie folgt geregelt werden:

»Telefonische Bestellungen: Neue Kunden geben ihre volle Anschrift und ihre Telefonnummer an. Die Sachbearbeiterin führt eine Kunden-Neuaufnahme am Bildschirm aus, das System teilt automatisch eine Kundennummer zu. Bei alten Kunden, die ihre Kundennummer angeben können, überprüft die Sachbearbeiterin die Identität mit dem Kunden-Anzeige-Programm. Alte Kunden, die ihre Kundennummer nicht angeben können, nennen Namen und Anschrift, worauf die Sachbearbeiterin mit dem Kunden-Such-Programm die Kundennummer ermittelt und die Identität sicherstellt.
Schriftliche Bestellungen: Analog wie telefonische Bestellungen, jedoch erfolgt die Prüfung der Identität nicht im Gespräch, sondern anhand der schriftlichen Angaben.« (Dieses Beispiel wird anschließend in der Fallstudie noch weiter beleuchtet.)

Soweit die Beschreibung einer einzelnen Tätigkeit. Sie entspricht dem Inhalt nach einer Arbeitsanweisung und kann als solche verwendet werden, wenn alle zusätzlich nötigen Details beigefügt werden. Für jede einzelne Tätigkeit ist eine derartige Beschreibung nötig. Die Summe aller Tätigkeitsbeschreibungen ergibt die Ablaufbeschreibung eines Arbeitsgebietes und damit das Ergebnis der Ablauforganisation. Nicht alles soll jedoch in Worte gefaßt werden, denn Ablaufdiagramme verschiedener Art können die Vorgänge anschaulicher darstellen.

4. *Dokumentation*

Wenn man den Arbeitsablauf entworfen hat, muß man ihn darstellen, das heißt dokumentieren, zu Papier bringen. Darüber soll unten noch mehr gesagt werden.

5. *Genehmigung*

Anhand der Dokumentation genehmigen der Anwender und die Projektkommission (und damit auch die Geschäftsleitung) die geplante Ablauforganisation.

Hat man diese Schritte ausgeführt, steht die Aufbauorganisation vorläufig fest. Allerdings kann man sie nicht als festgemauert und für alle Zeiten definitiv betrachten. Sie soll vielmehr für Vereinfachungen und Verbesserungen offen stehen, denn in der Praxis erkennt man oft Abkürzungswege, die man bei der Arbeit auf dem Papier übersieht.

Darstellung der Arbeitsabläufe

Das Ergebnis aller Arbeiten für die Ablauforganisation sind die neuen Arbeitsabläufe, die dann in der Realität durchgeführt werden. Um die Arbeitsabläufe den Betroffenen vermitteln zu können, müssen sie beschrieben werden.

1. *Beschreibende Darstellung*

Hier werden die Arbeitsabläufe rein verbal beschrieben. Diese Darstellungen sind nicht sehr übersichtlich. Andererseits kann der Text beliebig ausführlich gestaltet werden, so daß er auch direkt als Arbeitsanweisung verwendet werden kann. Um die Übersichtlichkeit zu verbessern, können die Namen der betroffenen Stellen und der Tätigkeiten besonders hervorgehoben werden.

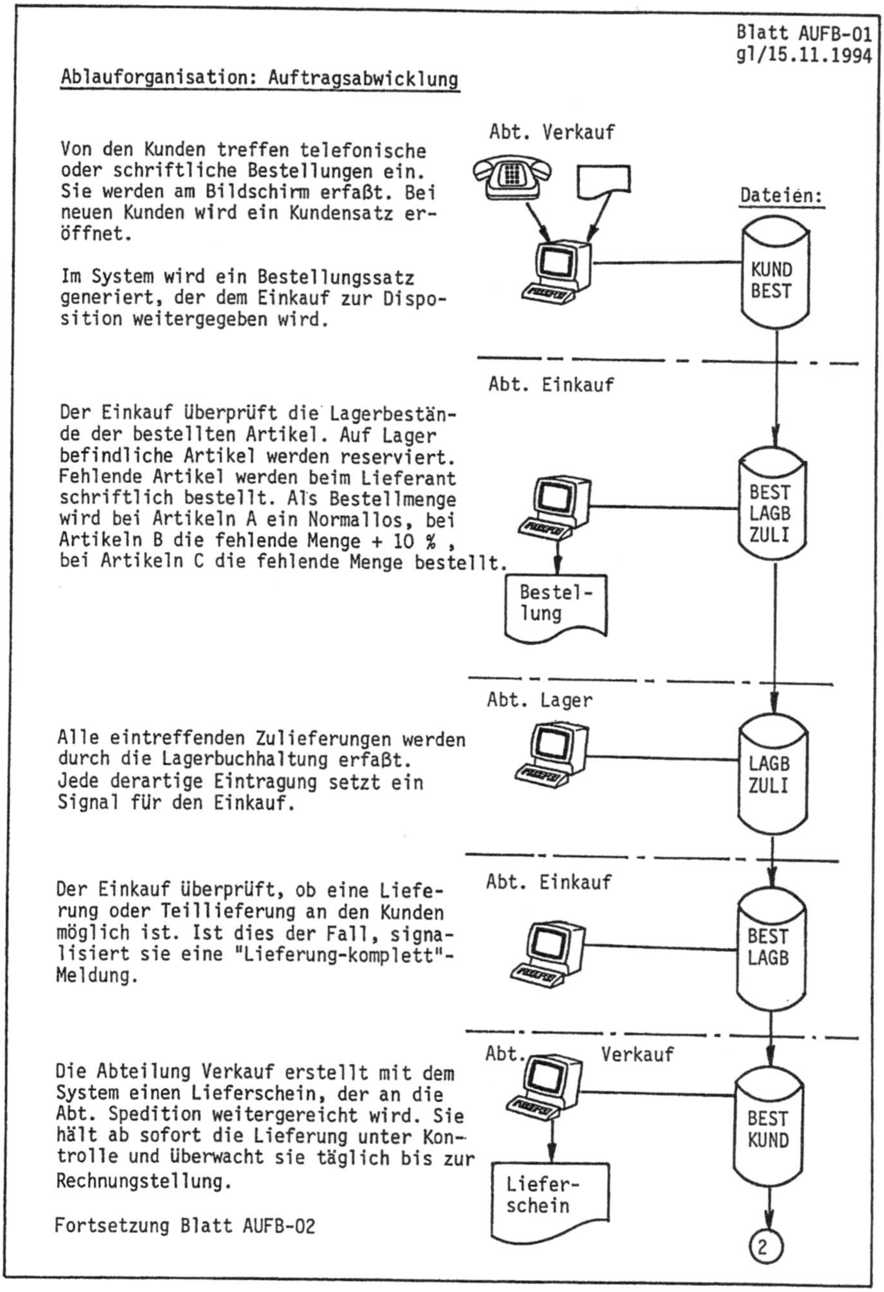

11.2 Vertikale Darstellung eines Arbeitsablaufes

2. *Vertikale Ablaufdarstellung*

Sie besteht sowohl aus Text, als auch aus graphischen Diagrammen, die leichtverständliche Symbole verwenden. Dies ist für kürzere und relativ einfache Abläufe die geeignete Form und wird generell am meisten verwendet. Es hat sich eingebürgert, auf den Blättern den Text links und die Diagrammskizzen rechts anzuordnen. In der Länge der Texte ist man beschränkt, Kurztexte eignen sich am besten und sind am übersichtlichsten. Die Bedeutung der Symbole muß am Anfang deutlich angegeben werden.

3. *Horizontale Ablaufdarstellung*

Diese ist für längere Arbeitsabläufe oder als Übersichtsdarstellung ganzer Arbeitsgebiete zu empfehlen. Text und Ablaufdiagramm sind voneinander getrennt,

Ablauforganisation: Auftragsabwicklung

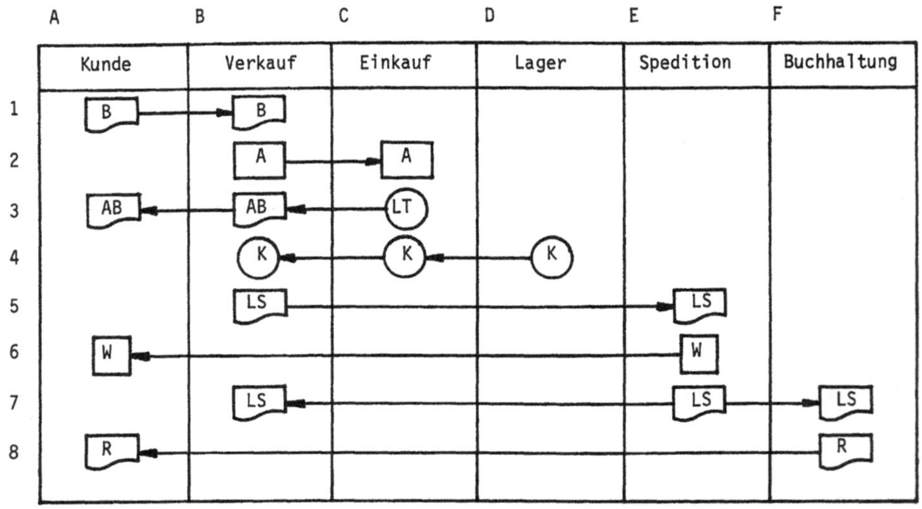

Ablauf: B1) Beim Verkauf trifft eine schriftliche Bestellung B des Kunden ein.
B2) Der Verkauf erstellt einen internen Auftrag, der via Computer zum Einkauf geht.
C2) Der Einkauf disponiert die Lagerartikel und bestellt fehlende Artikel.
C3) Der Einkauf teilt dem Verkauf den Liefertermin mit.
B3) Der Verkauf erstellt die Auftragsbestätigung und sendet sie an den Kunden.
D4) Eintreffende Lieferungen werden vom Lager an den Einkauf gemeldet (Form K).
C4) Sind alle Artikel einer Lieferung vorhanden, meldet dies der Einkauf an Verkauf.
B5) Der Verkauf erstellt den Lieferschein im Computer und sendet ihn der Spedition.
E6) Die Spedition entnimmt alle Artikel dem Lager und sendet sie dem Kunden.
E7) Die Spedition sendet via Computer den Lieferschein an Verkauf und Buchhaltung.
F8) Die Buchhaltung erstellt im Computer die Rechnung, druckt sie und sendet sie dem Kunden.

Nächster Ablauf: Zahlungskontrolle

11.3 Horizontale Darstellung eines Arbeitsablaufes

wodurch die Diagramme übersichtlich werden und der Text in der Länge nicht beschränkt wird. Durch Einführung eines Koordinatensystems in den Diagrammen wird das Herstellen der Beziehungen zwischen Text und Zeichnung recht einfach.

In der Dokumentation der Ablauforganisation gilt der Grundsatz aller Dokumentationen im Bereich der Informatik: *Alles was nötig! Aber so wenig wie möglich!*

Nur eine im Umfang bescheidene Dokumentation läßt sich auf Dauer aktuell halten. Trotzdem wird es immer wieder vorkommen, daß sie nicht dem letzten Stand der Wirklichkeit entspricht. Mit diesem Umstand muß man sich abfinden. Darum gilt noch eine wichtige Forderung: *Verfasser und Datum!* Dann sieht der Ratsuchende, seit wann die Dokumentation nicht mehr nachgeführt wurde und an wen er sich um Hilfe wenden kann.

Arbeitsanweisungen

Für die einzelnen Tätigkeiten oder für Tätigkeitskomplexe, die von einer einzigen Stelle geschlossen auszuführen sind, sind Arbeitsanweisungen zu erstellen. Diese sind ein Auszug aus der Beschreibung der Ablauforganisation, enthalten jedoch alle Einzelheiten. Die Arbeitsanweisungen werden schriftlich verbal abgefaßt und mit Zeichnungen, Diagrammen, Tabellen, Formeln und ähnlichem ergänzt.

> Der Sachbearbeiter sollte in der Lage sein, mit Hilfe der Arbeitsanweisung und der im Computer gespeicherten Daten seine Tätigkeit auszuführen, ohne im Normalfall auf weitere Unterlagen (Vorschriften, Bücher, Normen) oder Auskünfte von Mitarbeitern angewiesen zu sein.

Die Detaillierung der Anweisungen ist umso weiter zu treiben, je weniger der Sachbearbeiter disponieren oder improvisieren soll. Der *Inhalt einer Arbeitsanweisung* soll mindestens folgendes umfassen:

- Bezeichnung der Stelle, an die die Arbeitsanweisung gerichtet ist,
- Bezeichnung der Tätigkeit (evtl. ergänzt mit einem Kurznamen),
- Beschreibung der Tätigkeit,
- Voraussetzung für den Beginn,
- Verhalten nach Beendigung,
- Verhalten in Spezialfällen, Bedingungen für eine Disposition, Bedingungen für eine Improvisation,
- Einsatz von Hilfsmitteln (Computer, Maschinen, Fahrzeuge etc.),
- Stelle für Beratung und Hilfeleistung.

Ein Beispiel für eine Arbeitsanweisung zeigt Bild 11.4 in der Fallstudie. Arbeitsanweisungen sind Ausführungsrichtlinien, die alle nötigen Einzelheiten regeln. Sie sind nicht zu verwechseln mit Aufgaben- oder Stellenbeschreibungen. Eine Aufgabe kann mehrere Tätigkeiten enthalten. Jede Stelle hat meist mehrere Aufgaben und viele Tätigkeiten auszuführen. Aufgaben- und Stellenbeschreibungen haben auf die Arbeitsanweisungen hinzuweisen. Die Regelung der Einzelheiten bleibt letzteren überlassen.

Ablaufsteuerung

In der Feinplanung der Informatik sind Überlegungen zur Verknüpfung der Tätigkeiten an den Verbindungen Benutzer-Computer, Computer-Benutzer und Benutzer-Benutzer anzustellen. Die Verbindungen zum und vom Computer werden äußerlich über Tastaturen, Bildschirme und Listen hergestellt. Im Computer intern stehen die Ein- und Ausgaben als Datenschnittstellen irgendwo in der Datenbank. Wie steht es nun aber in der Ablauforganisation mit den Verbindungen von einem Benutzer zum anderen? Infolge der Arbeitsteilung wird es Tätigkeiten geben, die ein Benutzer B erst dann ausführen kann, wenn ein anderer Benutzer A eine andere Tätigkeit vorher durchgeführt und beendet hat. Der Benutzer A wird dem Benutzer B ein Signal geben müssen, wenn er mit seiner Arbeit fertig ist und B weitermachen kann.

Vor der Einführung des Computers machte A diese Mitteilung an B entweder mündlich oder mit dem Telefon oder auf einem Stück Papier. Ist der Computer einmal in den Arbeitsablauf eingebunden, sollte auch diese Ablaufsteuerung (von einem Benutzer zum anderen oder von einer Stelle zur nächsten) über das EDV-System erfolgen. Es sind zwei Wege üblich: Der erste heißt *Erledigungsdatei*, der zweite *Erledigungsfeld*. Mit Hilfe des einen oder anderen Werkzeuges teilt ein Sachbearbeiter einem anderen mit, daß ein Objekt im System auf Bearbeitung wartet.

Erledigungsdatei: Diese Datei enthält die »zu erledigenden Tätigkeiten« in der Datenbank. Für jede Tätigkeit, die eine Stelle durchzuführen hat, wird ein Datensatz eingetragen. Dieser enthält mindestens folgende Elemente:

- Nummer der Stelle (z.B. »21« für Abteilung »Einkauf«),
- Datum und Zeit der Auftragserteilung,
- Auftraggeber oder Nummer der auslösenden Stelle,
- Nummer des Objektes (z.B. Kundennummer oder Artikelnummer),
- Nummer der Tätigkeit (z.B. »301« für »Kreditkonditionen prüfen« oder »607« für »Normallos einkaufen«),
- Personalnummer des Sachbearbeiters der Durchführung,
- Datum und Zeit der Erledigung.

Es ist zu empfehlen, die Eintragungen in der Erledigungsdatei zu automatisieren. Die einzige Eintragung, die der Benutzer selbst vorzunehmen hat, ist die Vollzugsmeldung seiner Tätigkeit. Hat er eine ihm aufgetragene Tätigkeit beendet, teilt er dies mit Hilfe eines Programmes dem Computer mit. Dieses Programm trägt die Erledigung im entsprechenden Datensatz ein und eröffnet automatisch einen neuen Datensatz für jede Tätigkeit, die jetzt beginnen kann.

Die soeben beschriebene Methode verlangt einen gewissen Aufwand. Es sind Spezialprogramme für die Anzeige wartender Objekte, für die Eingabe von Erledigungsmeldungen, für die Mutation von Tätigkeitsfolgen und eventuell auch Hilfsdateien für die Bezeichnungen der Stellen und Tätigkeiten notwendig. Auch organisatorische Arbeiten sind zu leisten, denn die gespeicherten Tätigkeiten müssen systemgerecht verwaltet (das heißt eingegeben, geändert, gelöscht, dokumentiert) werden. Als Vorteile ergeben sich eine sehr einfache Benützung und die Möglichkeit, beliebig komplizierte Arbeitsabläufe zu steuern.

Erledigungsfelder: Die zweite Methode ist viel einfacher. Sie benützt Erledigungsfelder. Der Aufwand für diese Methode ist sehr bescheiden. Sie eignet sich deshalb auch nur für einfachere Arbeitsabläufe, die nicht mehr als etwa zwanzig Tätigkeiten oder Tätigkeitskomplexe umfassen. Allerdings gehören viele Arbeitsabläufe in der Praxis zu dieser Gruppe.

Ein Erledigungsfeld ist ein zusätzliches Datenfeld im Stammdatensatz eines Objektes. Eine Eintragung in diesem Feld gibt an, welche Stelle als nächstes welche Tätigkeit mit dem Objekt vorzunehmen hat. Gespeicherte Datensätze haben das Schicksal, warten zu müssen, bis etwas mit ihnen geschieht. Die Datensätze warten während der ganzen langen Zeit ihrer Existenz und nur selten werden sie gelesen oder verändert. Im Erledigungsfeld der hier beschriebenen Methode ist eingetragen, auf was die Datensätze warten. Die Eintragung ist kurz (ein oder zwei Stellen) und sagt, welche Transaktion erwartet wird und welche Stelle diese vorzunehmen hat.

Bei dieser Ablaufsteuerung mit Erledigungsfeld liegt beim Benutzer mehr Verantwortung als bei der ersten Methode. Wenn ein Benutzer in einer Stelle eine Tätigkeit beendet hat, trägt er in den Datensatz des Objektes einen Code ein, den er seiner Arbeitsanweisung entnimmt. Dieser Code gibt an, wer sich als nächster mit diesem Datensatz zu beschäftigen hat und was er tun muß. Unterläßt der Benutzer seine Eintragung oder macht er einen Fehler – dann versagt die Ablaufsteuerung.

Beispiel für die Anwendung eines ***Erledigungsfeldes:*** In einer Auftragsabwicklung wird vom Benutzer in der Abteilung »Verkauf« für jede Bestellung unter anderem ein Datensatz »Bestellung Kopf« angelegt (siehe Bild 7.9). Dieser enthält ein Erledigungsfeld im Umfang von zwei Zeichen. Hat der Verkäufer nach der Entgegennahme einer telefonischen Bestellung alle Daten aufgenommen, setzt er in dieses Feld den Code »ED«. Dies bedeutet, daß die Abteilung »Einkauf« die Disposition der Lagerartikel als nächste Tätigkeit vorzunehmen hat. Ein zuständiger Sachbearbeiter erledigt dies und trägt dann den Code »VA« ein. Damit ist der Ball wieder bei der Abteilung »Verkauf«, die als nächstes die »Auftragsbestätigung« zu erstellen und zu versenden hat.

Diese zweite Methode ist einfach – man braucht weder zusätzliche Dateien, noch zusätzliche Programme – aber sie ist auch nicht sehr sicher. Trotzdem ist sie um vieles besser, als eine Ablaufsteuerung mit Zettelchen oder auf Zuruf, die mangels Organisation von den Benutzern erst improvisiert werden muß.

Fallstudie Igel: Die Arbeitsabläufe sind gut und bewährt.

Zwischen zwei Sitzungen der Arbeitsgruppe »Auftragsabwicklung« besprach sich der Vorsitzende, Herr Biermann, mit Dr. Kulack. Er wolle demnächst das Thema »Koordination von Ablauforganisation und Computereinsatz« mit seiner Gruppe bearbeiten. Hier sehe er Schwierigkeiten und sogar Meinungsverschiedenheiten voraus und er bitte Herrn Dr. Kulack zumindest an einer Sitzung teilzunehmen, da er ja viel Erfahrung in diesem Problemkreis habe. Dr. Kulack sagte zu und man vereinbarte die Behandlung dieses Themas für Donnerstag, den 15.12.1994. Herr Biermann versandte diesmal eine schriftliche Einladung an die Gruppenmitglieder, worin er sie ersuchte, das Thema »Ablauforganisation« aus ihrer persönlichen Sicht vorzubereiten.

An der Sitzung der Arbeitsgruppe eröffnete Herr Biermann die Gespräche mit der Zielsetzung: »Es ist das Ziel unserer heutigen Sitzung, über die Ablauforganisation in der Auftragsabwicklung zu sprechen und darüber zu diskutieren, wie wir den manuellen Arbeitsablauf mit dem Computereinsatz koordinieren können. Wir sollten also für zwei Themen zu Ergebnissen kommen: Erstens – wie wird der Arbeitsablauf in Zukunft aussehen? Und zweitens – wie verbinden wir den Arbeitsablauf unserer Sachbearbeiterinnen mit dem Computereinsatz? Herr Dr. Kulack nimmt heute an unserer Arbeitssitzung teil, weil er in diesem Problemkreis Erfahrung hat. Unser Ziel ist eine gute Lösung mit möglichst wenig Aufwand.«

Anschließend gab Dr. Kulack einen Überblick über die betriebsorganisatorischen Grundlagen entsprechend den Stichworten »Organisation oder Improvisation«, »Aufbauorganisation und Ablauforganisation«, »Arbeitsteilung« und »Ablauforganisation und ihre Darstellung«. Dann bat er um Diskussion der Themen.

Den Reigen eröffnete Herr Frosch mit der Feststellung, daß der Arbeitsablauf in der Auftragsabwicklung schon jetzt sehr gut organisiert sei. Allerdings herrsche eine gewisse »Zettelwirtschaft« mit improvisierten Methoden, aber wenn man das Bisherige geschickt mit den Bildschirmen verbinde, sehe er keine Schwierigkeiten. Die anderen Teilnehmer stimmten im Prinzip dieser Meinung zu. Dr. Kulack wies darauf hin, daß man wie immer auch hier ins Detail gehen müsse. Er wies der Reihe nach auf die Einzelthemen hin, die im folgenden besprochen wurden.

Arbeitsteilung: Hier erhob sich die Frage, ob man in Zukunft eine Mengenteilung oder ein Artteilung anordnen solle. Bei der Mengenteilung würden die Aufträge als Ganzes bestimmten Sachbearbeiterinnen zugewiesen. Hätte man eine Artteilung, würden die Aufträge aufgeteilt: die Sachbearbeiterin A würde Nahrungsmittel bearbeiten, B die Getränke, C die Non-food Artikel und so fort. Das Ergebnis der gemeinsamen Überlegungen war wohl eine Artteilung, jedoch sollte nach Ländern geteilt werden. Eine Sachbearbeiterin sollte Deutschland Nord und eigene Läden, eine weitere Deutschland Süd und südliche Länder, eine weitere das übrige Europa und eine vierte Sachbearbeiterin die nichteuropäischen Länder bearbeiten. Damit bliebe der Vorteil erhalten, daß jeder Kunde es immer mit der gleichen Mitarbeiterin zu tun habe und deren Fremdsprachen- und Speditionskenntnisse richtig eingesetzt werden könnten.

F*Z*G	Arbeitsanweisung	Name : ERTEBE
Titel : Telefonische Bestellung erfassen		Datum: 05.01.1995
Stelle: Verkauf (Plätze 1, 2, 3)		Autor: O. Friese

Beschreibung:

1. Die Sachbearbeiterin stellt fest, ob es sich um einen neuen Kunden handelt. Weiter bei 2 oder 3.
2. Neuer Kunde: Mit Funktion »Provisorische Bestellung« am Bildschirm Name (Firma), Anschrift, Telefonnummer, Bestellung (Stückzahl, Artikel) aufnehmen. Gespräch beenden und Kontrollanruf (Rückruf) durchführen. Die Telefonverbindung mit dem neuen Kunden wird beendet. Mit Funktion »Kunden-Neuaufnahme« den Kunden aufnehmen. Rabattkategorie, Zahlungs- und Lieferbedingungen gemäß Beiblatt KURAZAL feststellen und eingeben. Weiter bei 4.
3. Alter Kunde: Kundennummer erfragen. Wenn nicht bekannt: mit Funktion »Kundennummer« feststellen. Kundendaten mit Funktion »Kundenanzeige« am Bildschirm anzeigen und durch Telefonfragen (Name des Sachbearbeiters, Straßenname, Hausnummer u.a.) Identität prüfen. (Bei Zweifel siehe Punkt 7.) Weiter bei 4.
4. Mit Funktion »Artikelwahl« bestellte Artikel anzeichnen und Stückzahl oder Verpackungseinheit wählen und eingeben. Gibt ein alter Kunde Artikelnummer an, ist die Artikelbezeichnung zur Kontrolle zu nennen. Die Telefonverbindung mit dem alten Kunden wird jetzt beendet. Weiter bei 6.
5. Preisnennung: Auf Wunsch des Kunden nennt die Sachbearbeiterin für jeden Artikel die Einzelpreise und das Total für die ganze Bestellung in DM. Die Rechnungstellung in Fremdwährung erfolgt später zum Tageskurs bei Versand. Alten Kunden können ihre Rabatt- und Zahlungsbedingungen bekannt gegeben werden. Neuen und alten Kunden wird auf Verlangen das Blatt »F*Z*G-Lieferbedingungen« zugesandt. (Mit Funktion »Bedingungen senden« auslösen!)
6. Abschluß: Ist die Bestellerfassung komplett und fehlerfrei (keine Fehlermeldung am Bildschirm), gibt die Sachbearbeiterin im Ereignisfeld »ED« (d.h. Einkauf-Disposition) und im Feld »Kurzz.« ihr Kurzzeichen ein. Durch Drücken der Funktion »Bestellen« wird die Tätigkeit abgeschlossen.
7. Rat und Hilfe: Wenn Sie Unterstützung brauchen, wenden Sie sich an eine Gruppenleiterin Verkauf oder an den Verkaufsleiter-Stv. (Telefon intern 2211, 2212 oder 2202).

Beginn	bei Anruf eines Bestellers
nach Ende	nächsten Anruf abwarten
Hilfsmittel	Freihandtelefon an zwei Linien mit Umschalter, Bildschirmterminal
Verhalten in Spezialfällen	Rückfragen gemäß Punkt 7. Oder: Gespräch samt Bild an Gruppenleiterin schalten.
Beilagen	Bl. KURAZAL (Rabatte, Zahlung, Lieferung)

11.4 Beispiel einer Arbeitsanweisung

Darstellung der Arbeitsabläufe: Die Arbeitsabläufe sollten sowohl horizontal (zur Übersicht), als auch vertikal (um die Details unterzubringen) dargestellt werden. Für die Ausarbeitung der Arbeitsabläufe wurde eine Gruppe gebildet, die aus den Herren Dr. Kulack, Biermann, Kästel und Friese bestehen sollte. Bis Ende Januar 1995 sollten die Arbeitsabläufe fertiggestellt werden.

Ablaufsteuerung: Es wurde darüber diskutiert, ob eine Erledigungsdatei einzurichten wäre. Die äußeren Umstände sprachen dafür: Die Arbeitsabläufe waren recht starr und Sonderfälle kamen praktisch nicht vor. Die FICOSO konnte außerdem geeignete Software zur Verfügung stellen, um eine Erledigungsdatei zu verwalten. Trotzdem einigte man sich dann darauf, nur mit Erledigungsfeldern zu arbeiten. Die Einfachheit dieser Lösung schien allen Beteiligten als wesentlicher Vorteil.

Arbeitsanweisungen: Diese sollten für alle Tätigkeiten schriftlich von den Herren Friese und Süßkind ausgearbeitet werden. Ein einheitliches Formular sollte geschaffen und verwendet werden. Dr. Kulack war bereit, bei der Erstellung der ersten Arbeitsanweisung mitzuwirken, die dann als Muster für alle übrigen dienen konnte.

Mit dieser Definition, Verteilung und Terminierung der Aufgaben wurde die Sitzung beendet. In der Folge wurden die Projektarbeiten planmäßig durchgeführt. Als erstes war die Arbeitsanweisung »Telefonische Bestellungen erfassen« fertiggestellt, die als Grundlage der weiteren Anweisungen diente (siehe Bild 11.4).

Zu Problemen führte das Thema »Rabattkategorien«. Herr Kästel hatte zwar die Voraussetzungen für Rabatte schriftlich festgehalten (siehe Bild 10.6), aber diese Regelung war von der Geschäftsleitung noch nicht genehmigt worden. Außerdem stellte sich heraus, daß Sachbearbeiterinnen von sich aus Rabatte bis zu 5 % gewähren durften, wenn es darum ging, aus irgendwelchen Gründen einem Kunden besonders entgegenzukommen. Als Ausweg nahm man die Rabatte und Zahlungsbedingungen nicht in die Arbeitsanweisung auf, sondern verwies dort auf eine Beilage, die erst später erstellt werden sollte.

In den ersten zwei Monaten des neuen Jahres wurden die Ablaufdarstellungen und die Arbeitsanweisungen erarbeitet. Als sie fertiggestellt und geschrieben waren, wurden sie nach Prüfung durch Dr. Kulack mit einer kurzen Einleitung und Erklärung zu einem Buch gebunden und als Entwurf den Abteilungsleitern und der Geschäftsleitung zur Genehmigung vorgelegt. Nach einigen Rückfragen der Empfänger an Herrn Biermann wurden sie genehmigt und als verbindlich erklärt.

Merksätze

- In der Betriebsorganisation gibt es drei Stufen der Reglementierung: Organisation, Disposition und Improvisation.
- Die Tätigkeiten in einem Unternehmen folgen einem gegebenen Ablauf. Der Ablauf der Tätigkeiten wird durch die Ablauforganisation geregelt. Die Aufbauorganisation hingegen verteilt die Aufgaben auf die verschiedenen Stellen.
- Jede Aufgabe kann in eine Menge von Elementartätigkeiten aufgeteilt werden. Mit der Arbeitsteilung weist man Tätigkeiten verschiedenen Aufgabenträgern zu. Man unterscheidet Mengenteilung (mehrere Aufgabenträger tun das gleiche) und Artteilung (jeder Aufgabenträger tut etwas anderes).
- Jeder Arbeitsablauf ist in einem größeren Zusammenhang zu sehen. Er ist Teil eines Ganzen.

- Arbeitsabläufe gehorchen einem immer wiederkehrenden Zyklus: Bearbeiten - Warten - Transport - Warten.
- Im Zusammenspiele von Ablauforganisation und Computersoftware können die Aufgaben verschieden verteilt sein. Komfortable (»benutzerfreundliche«) Software bringt eine einfache Ablauforganisation mit sich.
- Beim Erstellen der Ablauforganisation unterteilt man zuerst das Arbeitsgebiet in Tätigkeitskomplexe, dann untersucht man deren Details, teilt sie auf die Aufgabenträger auf und dokumentiert sie zum Abschluß.
- Die Dokumentation soll einheitlich sein, um Zusammenhänge zwischen verschiedenen Arbeitsgebieten aufzudecken. Man kennt verbale, vertikale und horizontale Darstellungen der Arbeitsabläufe. Die letzte Form eignet sich besonders für Übersichtsbilder.
- Grundsatz für die Dokumentation: Alles was nötig! Aber so wenig wie möglich!
- Die Zusammenarbeit des Personals mit dem Computer wird durch eine Ablaufsteuerung bewirkt. Sie verwendet als Werkzeuge Erledigungsdateien (komfortabel) oder Erledigungsfelder (einfachere Lösung).
- Jede Stelle erhält Arbeitsanweisungen. Das sind schriftliche Ausführungsrichtlinien für Tätigkeiten oder Tätigkeitskomplexe, die auch die Zusammenarbeit mit dem Computer behandeln.

Ergebnisse

Die beschrieben Arbeiten ergeben folgendes:

- Das Arbeitsgebiet ist in Tätigkeitskomplexe unterteilt. Diese wurden typisiert (Organisation, Disposition, Improvisation) und beschrieben.
- Die Tätigkeiten wurden zwischen den Sachbearbeitern (Benutzern) und dem Computersystem aufgeteilt.
- Die Arbeitsabläufe wurden dargestellt.
- Die Ablauforganisation wurde vom Anwender und von der Projektkommission (und damit auch von der Geschäftsleitung) genehmigt.
- Für alle Tätigkeiten, die nicht der Improvisation überlassen worden waren, wurden Arbeitsanweisungen erstellt.
- Die Ablaufsteuerung für die Verknüpfung der Tätigkeiten wurde festgelegt und dokumentiert.

Literatur

KÜPPER, H. U.: Ablauforganisation.

BEA, F. X., SCHWEITZER, M.: Planung.

ZBINDEN, H.: Betriebsorganisation für jedermann.

ULRICH, H.: Betriebswirtschaftliche Organisationslehre.

GROCHLA, E.: Unternehmungsorganisation.

12. Testplanung und Testvorbereitung

Das Testen kann nur die Anwesenheit von Fehlern beweisen, nicht jedoch deren Abwesenheit.

Den Abschluß und die Krönung jedes Informatikprojektes bildet die Inbetriebnahme des neuen Systems. Brauchbar ist dieses aber nur dann, wenn es »fehlerfrei« funktioniert und alles tut, was man von ihm fordert. Das Wort »fehlerfrei« wurde mit Absicht zwischen Anführungszeichen gesetzt: Die Fehlerfreiheit ist in allen praktischen Fällen nicht zu beweisen und muß durch die Feststellung ersetzt werden, daß »im Abnahmetest kein Fehler festgestellt« wurde. Auch wenn Informationssysteme schon lange in Betrieb sind, kommt es noch vor, daß Fehler auftreten, die vorher nie bemerkt worden sind. Man will solche Vorfälle möglichst vermeiden. Deshalb sind Abnahmetests streng durchzuführen. Eine wohl durchdachte Planung und Vorbereitung ist notwendig und muß spätestens in der Phase der Feinplanung einsetzen.

Beim Abnahmetest gegen Ende des Projektes liegt die Entscheidung beim Anwender: Er akzeptiert die vorgeführte Lösung oder er akzeptiert sie nicht. Deshalb kommt dem Benutzer bei der Testplanung und -vorbereitung eine wichtige Rolle zu: Er hat darüber zu entscheiden, was geprüft werden soll. Allerdings kann er dies meist nicht ohne weiteres, da ihm das nötige Fachwissen fehlt. Deswegen liegt es in der Verantwortung der Informatiker und der Organisatoren, den Benutzern alle Notwendigkeiten und alle Möglichkeiten darzulegen. Die folgenden Ausführungen sind deshalb für Lieferanten, Organisatoren, Informatiker, Benutzer und für die Geschäftsleitung gleich wichtig. Nur ein guter Abnahmetest gewährleistet eine risikoarme Inbetriebnahme und nur eine gute Testvorbereitung ermöglicht hinreichendes Testen.

Wer nimmt an der Testplanung und -vorbereitung teil? Federführend sind die Informatiker. Die Benutzer sprechen als Vertreter der Anwender mit. Die Arbeit vollzieht sich in den Arbeitsgruppen, die auch die Programmspezifikationen aufgestellt und das Zusammenspiel mit der Ablauforganisation geplant haben. Im Falle, daß bei der Anwendung wirtschaftliche Größen betroffen werden (zum Beispiel Geld oder Güter) sollen zukünftige Kontrollorgane (Revisoren, Wirtschaftsprüfer) beigezogen werden. Können Persönlichkeitsrechte ins Spiel kommen, sollte auch der Datenschutzbeauftragte jetzt mit dabei sein.

Gewichtung der Systemteile

Jedes Informationssystem besteht aus vielen Teilen: Hardware, Betriebssoftware und Anwendungssoftware sind die wichtigsten. Alle Teile des Systems müssen später einmal klaglos zusammenarbeiten und dies im Abnahmetest auch beweisen. Doch für die Testvorbereitung liegt das Schwergewicht bei der Anwendungssoftware. Warum ist das so?

- Die ***Hardware*** wird von einem oder mehreren Lieferanten ins Haus geliefert. Je nach Größe der Anlage und je nach dem Dienstleistungsangebot der Lieferanten erfolgen Aufstellung und Installation entweder durch die Lieferfirmen oder durch den Anwender selbst. Genaue Instruktionen werden mitgeliefert, die alle nötigen Hinweise für das Auspacken und Aufstellen der Geräte und für das Erstellen der elektrischen Anschlüsse und Verbindungen enthalten. Software für die Funktionsprüfung und schriftliche Anleitungen für das Vorgehen bei der Prüfung und im Falle von Fehlern ergänzen die Anleitungen.

  Es kann deshalb davon ausgegangen werden, daß der Hardwaretest keine besonderen Vorbereitungen braucht. Das Projektteam muß lediglich entscheiden, ob es Hilfe von den Lieferanten verlangen soll, auch wenn diese der Meinung sind, ihr Kunde könne die Maschinen selbst aufstellen, anschließen und prüfen. Gegen Bezahlung ist immer Unterstützung erhältlich.
- Bei der ***Betriebssoftware*** sind die Verhältnisse noch einfacher. Wenn sie geliefert wird, hat sie bei ihrem Hersteller schon viele Prüfungen durchlaufen und ist meist schon bei vielen Anwendern im Einsatz, so daß ein Test unnötig ist. Sie wird auf der Hardware installiert und ist betriebsbereit, wenn man gemäß Anleitung vorgegangen ist und keine Fehler gemeldet worden sind. Daß die Betriebssoftware auch nach mehreren Jahren noch immer Schwächen und Fehler enthält, die immer wieder durch neue Versionen verbessert werden müssen, scheint unvermeidlich zu sein.
- Die ***Anwendungssoftware*** ist hingegen ohne umfangreiche Tests gar nicht verwendbar. Kommt *Standardsoftware* zum Einsatz, sind die Voraussetzungen relativ einfach. Die Lieferanten können hier auf ihre eigenen Tests aufbauen und ein bestimmtes Testvorgehen vorschlagen. Damit erspart man das Testen aller Varianten von Normalfällen. Außerdem kann man die Erfahrungen anderer Anwender benützen, um die Vorbereitungen zu vereinfachen. Bei *Individualsoftware* trifft die Anwender und die Informatiker das Los aller Pioniere: Um erfolgreich zu sein, müssen sie an alles denken und alles selbst tun!

Daraus ergibt sich die Gewichtung: Die *Individualsoftware* muß allen Prüfungen unterzogen werden, die im folgenden aufgeführt werden. Für *Standardsoftware* kann auf einen Teil der Tests verzichtet werden, soweit der Lieferant dafür geradesteht. Bei der *Hardware* und bei der *Betriebssoftware* kann man von vornherein von einer weitgehenden Betriebssicherheit ausgehen, wenn die Anleitungen der Hersteller befolgt werden. Die Testplanung und -vorbereitung ***bei einem Anwender*** befaßt sich deshalb vor allem mit der individuellen Anwendersoftware.

Der ***Hersteller von Standardsoftware*** hat seine Testplanung besonders sorgfältig vorzunehmen, da an ihn wesentlich schwierigere Anforderungen gestellt werden, als an die Autoren von Individualsoftware. Standardsoftware muß auf perfekten Datenmodellen basieren, sie muß parametrisierbar sein, ganz verschiedenen Spezifikationen standhalten und auf unterschiedlichen Hardwaresystemen laufen. Die Betriebssicherheit solcher Programme muß auf die Spitze getrieben werden, da sie für den Geschäftserfolg ausschlaggebend ist.

Verifikation oder Test?

Mit *Verifikation* bezeichnet man den *Beweis* der Korrektheit von Programmen. Ein Programm heißt korrekt, wenn es genau die vorgeschriebene Spezifikation erfüllt und auf alle Eingaben mit den vorgeschriebenen Ausgaben antwortet. Ein solcher Beweis ist bei einem größeren Programm so unüberschaubar, daß man die Richtigkeit des Beweises selbst kaum nachprüfen kann. Eine Verifikation erfordert erhebliche technische Hilfsmittel, stellt hohe intellektuelle Anforderungen und dauert lange Zeit. Deshalb muß man fast immer auf eine Verifikation verzichten; in vielen Fällen ist sie auch gar nicht möglich, wenn zum Beispiel eine formale Definition der verwendeten Programmiersprache nicht existiert. Man ist damit praktisch gezwungen, sich auf das Testen zu beschränken. Das ist zwar eine Vereinfachung, die man aber durch geschicktes Vorgehen mit dem Einsatz von viel Erfahrung brauchbar machen kann. Selbst wenn man in der Lage wäre zu verifizieren, so müßte man trotzdem noch dynamisch testen, das heißt »Prüfen durch Programmausführung«. Zur Qualitätssicherung sind eigentlich beide Verfahren notwendig.

Das *Testen* ist das Überprüfen des Verhaltens eines Programmes anhand der Spezifikationen, wobei man sich auf eine endliche Teilmenge von Fragestellungen an das Programm begnügt. Es gibt keine allgemein gültige Methode, wie man beim Testen vorzugehen hat, aber es gibt eine Reihe von Rezepten und Empfehlungen, die weiter unten aufgeführt werden.

Das Testen kann nur die Anwesenheit von Fehlern beweisen, nicht jedoch ihre Abwesenheit.

Das bedeutet mit anderen Worten: Liefert ein Programm für einen bestimmten Testwert als Eingabe nicht die verlangte Ausgabe, so arbeitet es falsch. Arbeitet aber umgekehrt das Programm für die *überprüften* Eingaben korrekt, so ist damit nicht bewiesen, daß es für *alle möglichen* Eingaben korrekt arbeitet.

Der Anwender ist darauf angewiesen, daß sich Programme auch in überraschenden Situationen gutartig verhalten, das heißt weder das ganze Computersystem blockieren noch zu irgendwelchen unkontrollierten Situationen führen. Man fordert *Robustheit*. Darunter ist die Fähigkeit der Software zu verstehen, auch in unerwarteten Situationen und bei extremen Belastungen gewisse Mindestanforderungen zu erfüllen. So dürfen zum Beispiel falsche Eingabedaten oder gleichzeitige und gleichartige Bearbeitungen im Dialog mehrerer Benutzer nicht zu Programmabbrüchen führen, sondern sollen durch geeignete Fehlermeldungen und Hinweise für das weitere Vorgehen aufgefangen werden.

Die Vielzahl der Kontrollpfade

Wieso ist es praktisch nicht möglich, Programme so zu testen, daß ihre Fehlerfreiheit vollständig gewährleistet ist? Der Grund liegt in der überaus großen Anzahl von Kontrollpfaden. Jedes Programm besteht aus Anweisungen. Die Anweisungen kann man zu Gruppen derart zusammenfassen, daß innerhalb einer Gruppe die Anweisungen zwangsweise sequentiell durchlaufen werden müssen. Wenn eine solche Gruppe im Programm durchlaufen wird, so werden alle ihre Anweisungen ausgeführt. An der Spitze der Gruppe befindet sich ein logischer Entscheid in Form einer Weiche, der bestimmt, ob die Gruppe zur Ausführung kommt oder nicht.

Als *Kontrollpfad* bezeichnet man jede mögliche Anweisungsfolge in einem Programm, das heißt jeden möglichen Ablauf des Programmes, der unter Einbeziehung oder Auslassung der Gruppen von Anweisungen zustande kommen kann. Da diese Folge von Anweisungen sowohl durch Verzweigungen, als auch durch Schleifenbildungen zustande kommen kann, liegt die Anzahl der Kontrollpfade sehr hoch und erreicht zweistellige Zehnerexponenten, Billionen zum Beispiel. Die Ausführungszeit solcher Tests verunmöglicht das Prüfen aller Kontrollpfade. Dazu kommt, daß Programmwege beim Test ausgelassen werden können, ohne daß es bemerkt wird.

Das Testen der Anwendungssoftware

Das *Ziel des Testens* ist zweifach: Erstens geht es darum, festzustellen, ob ein Programm die gestellten Aufgaben erfüllt und zweitens will man möglichst viele Fehler entdecken. Als *Fehler* soll hier jede Abweichung von den Anforderungen verstanden werden. Die *Ursache von Fehlern* liegt entweder in der Programmspezifikation oder im Programmentwurf oder in der Programmimplementierung. Sie liegt niemals bei den Eingabedaten!

Programmieren und Testen soll von verschiedenen Personen oder Teams ausgeführt werden, denn die Ziele beider Tätigkeiten sind ganz unterschiedlich. Für den Programmierer ist ein Programmablauf erfolgreich, wenn das Programm korrekt arbeitet. Für den Tester ist der Programmablauf erfolgreich, wenn das Programm fehlerhaft arbeitet und er einen oder mehrere Fehler entdeckt. Doch beide Personen oder Teams unterstehen der gemeinsamen Motivation, ein funktionierendes System zu schaffen! Dem Anwender muß die Rolle des Testers für die Gesamtfunktion zugewiesen werden. Nur er wird – im eigenen Interesse – kritisch genug sein und die Abnahmetests so streng wie nötig durchführen lassen.

Was muß getestet werden?

Ein Programmsystem soll schließlich als Ganzes richtig funktionieren, deshalb ist auch möglichst vollständig zu testen. Es sind zu testen:

- *die Spezifikation:* Sie soll verständlich und eindeutig sein. Ihre Prüfung soll zeigen, ob Ursachen angegeben wurden, für die keine Wirkungen vorgesehen sind und umgekehrt ob Wirkungen verlangt werden, für die die Ursachen nicht definiert sind. Die Prüfung der Spezifikation kann sofort nach ihrer Erstellung beginnen. Sie wird in der Regel von den Informatikern vorgenommen, die die Spezifikation vom Anwender erhalten haben.

- *die einzelnen Module:* Das sind die verschiedenen Programmbausteine, aus denen Programme aufgebaut werden. Oft sind es Kapseln von Datenstrukturen und Funktionen. Die Interpretation des Begriffes hängt zum großen Teil von der verwendeten Programmiersprache ab. Module sind meistens für sich allein nicht lauffähige Programme, ihre Lauffähigkeit bedingt das Zusammenspiel mit anderen Modulen.
- *die Modulverbindungen:* Das Zusammenspiel der Module wird geprüft, das heißt ihre gegenseitige Kommunikation. Das Ergebnis dieses sogenannten *Integrationstests* sind geprüfte Subsysteme.
- *das Gesamtsystem:* Man prüft die Integration aller Subsysteme. Hier ist das Ziel, möglichst viele Abweichungen des *Systemverhaltens* von den ursprünglichen Anforderungen festzustellen. Jetzt geht es darum, die Vollständigkeit der Spezifikation, die Korrektheit der Ergebnisse und die Robustheit gegenüber unzulässigen Eingabedaten zu erproben. Jetzt ist es auch an der Zeit, Leistungsmessungen durchzuführen und damit das Laufzeitverhalten, das heißt die erwartete *Effizienz* zu prüfen. (Sind die Verarbeitungszeiten genügend kurz? Sind die Antwortzeiten befriedigend? Beeinflussen oder behindern sich die Benutzer nicht gegenseitig?)

Den Abschluß bildet der ***Abnahmetest***. Das ist die Wiederholung des Gesamttests durch die Informatiker mit aktiver Teilnahme der Organisatoren und des Anwenders. Zu einem vollständigen Abnahmetest gehört, daß die Programme in die geplante *Ablauforganisation* eingebettet und mit dieser zusammen durchlaufen werden. Der Abnahmetest umfaßt also die Ablauforganisation, die Software und deren Zusammenspiel. Jetzt sollen Fehler aufgedeckt werden, die durch Mißverständnisse zwischen den Anwendern und den ausführenden Informatikern (Programmierern) verursacht wurden. Auch die Benutzerfreundlichkeit wird kritisch beurteilt. Der Abnahmetest wird mit realen Daten unter realen Bedingungen durchgeführt. Er muß so lange wiederholt werden, bis keine Fehler mehr festgestellt werden und sowohl das Softwarepaket als auch die dazugehörige Ablauforganisation ***vom Anwender angenommen*** werden.

Das ***Ergebnis*** aller Arten von Tests ist ein modifiziertes Programm, das den gestellten Anforderungen entspricht, allenfalls begleitet von modifizierten Spezifikationen oder – beim Abnahmetest – von Änderungen der geplanten Ablauforganisation.

Testverfahren

Für die Durchführung von Programmtests liegen reiche Erfahrungen vor und viele Testmöglichkeiten haben sich mehr oder weniger bewährt. Vor der Testplanung muß das Projektteam festlegen, wie getestet werden soll. Dazu gehört, daß die gewünschten Testverfahren und -methoden angegeben werden. Die folgenden Verfahren, Methoden und Regeln stehen zur Diskussion:

1. ***Black Box oder White Box.*** Bei der *Black Box Methode* wird das Ein-/Ausgabeverhalten des Prüflings ohne Beachtung seiner inneren Struktur getestet. Man prüft das Schnittstellenverhalten des Testobjektes durch seine Ausführung. Das hat den Nachteil, daß nicht festgestellt werden kann, ob im Prüfling auch Funktionen enthalten sind, die gar nicht benötigt werden und ob vielleicht Daten manipuliert werden, die das Ein-/Ausgabeverhalten nicht beeinflussen. Die *White Box Methode* vermeidet diese Nachteile, ist aber mit größerem Aufwand belastet. Die innere Struktur des Testobjektes wird beachtet und die Testfälle werden entsprechend angelegt. Es wird so geprüft, daß jedes Modul und jede Funktion mindestens einmal aufgerufen werden, daß jeder Zweig mindestens einmal durchlaufen wird und daß möglichst viele Kontrollpfade geprüft werden. (Der Begriff »Kontrollpfad« wurde oben erläutert.) Der White Box Test ist eine wichtige Methode. Trotz einer beschränkten (für die Praxis genügenden) Anzahl von Kontrollpfaden kann das richtige Verhalten der Testobjekte viel sicherer überprüft werden, als mit dem Black Box Ansatz. Bei der White Box Methode kann auf drei Arten vorgegangen werden:

   a) Anweisungsüberdeckung. Jede Anweisung im Programm wird mindestens einmal ausgeführt. Der Aufwand ist gering, die erreichte Sicherheit bleibt durchaus ungenügend.
   b) Entscheidungsüberdeckung. Jede Verzweigung in jedem Programm wird in jeder Richtung mindestens einmal durchlaufen. Dies ist besser als die Anweisungsüberdeckung, da auch das Nichtdurchlaufen von Anweisungen unter gegebenen Voraussetzungen getestet wird. Der Aufwand ist annehmbar. Dieses Verfahren wird in den meisten Fällen verwendet.
   c) Wegeüberdeckung. Alle möglichen Wege vom Beginn zum Ende jedes Programmes werden durchlaufen. Das entspricht dem Durchlaufen aller möglichen Kontrollpfade (siehe oben). Der Aufwand ist wegen der großen Menge erforderlicher Testdaten sehr groß und eine Anwendung nur bei relativ kleinen Modulen möglich. Auch dieser Test ist noch nicht vollständig, da das Fehlen von Programmwegen unentdeckt bleiben kann.

2. Beim ***Top Down Ansatz*** fallen Implementierung (das Kodieren) und Test zusammen. Zuerst wird das hierarchisch höchste Modul, das Steuermodul, geschaffen und alle importierten Objekte (d.h. die im Steuermodul aufgerufenen Prozeduren) werden durch Ersatzobjekte vertreten. Dann testet man das Steuermodul. Die weiteren Module werden nach und nach geschaffen und immer wieder wird neu vom Steuermodul aus getestet, wobei die Ersatzobjekte nach und nach durch die echten Module ersetzt werden. Der Vorteil dieser Methode ist, daß Fehler im Systementwurf frühzeitig erkannt werden. Aber andererseits ist das Schaffen der Ersatzobjekte schwierig.

   Die *Bottom Up* Methode vollzieht man umgekehrt: Zuerst werden diejenigen Funktionen getestet, die selbst keine anderen Programmbausteine benötigen. Dann verbindet man die Funktionen zu Modulen und testet diese. Dasselbe wiederholt man Stufe um Stufe höher: Module vereinigt man zu Subsystemen, die

Subsysteme zum Gesamtsystem. Die Bottom Up Methode gibt in jedem Schritt die Sicherheit, nur mit geprüften Bausteinen weiterzubauen. Die Vorbereitung der Testfälle mit ihren Testdaten ist einfacher. Der Nachteil dieses Vorgehens ist, daß man grundlegende Fehler des Programmentwurfes erst sehr spät erkennt. Dadurch kann ihre Behebung mit großem Aufwand verbunden sein.

Hier sei vorgeschlagen, abhängig von der zu lösenden Aufgabe und abhängig von den Fähigkeiten der Beteiligten eine *Kombination* beider Methoden zu wählen.

3. ***Testprinzipien.*** Erfahrene Tester halten sich an eine Reihe von Prinzipien, wie die folgenden:

   - Programmierer und Tester sollen nicht identisch sein.
   - Testmengen müssen typische und untypische Eingabewerte enthalten. (Typische Eingabewerte sind Daten, die im Betriebsalltag als »Normalfall« immer wieder auftreten. Untypische Eingabewerte sind die berüchtigten »Sonderfälle«: Texte mit nur einem Zeichen, Postleitzahlen mit eingeschlossenen Buchstaben, Rechnungen mit einem Gesamtbetrag von 2 Pfennig und ähnliches.)
   - Testmengen müssen Grenzwerte enthalten. Übliche Grenzwerte sind Null oder ein kleinster Wert, ein größter Wert, leerer Text oder eine leere Eingabe.
   - Man testet mit Mengen, die gemeinsame Merkmale haben. (Beispiel: Ein Programm zur aufsteigenden Sortierung wird mit Zahlenreihen getestet, deren Elemente bereits aufsteigend sortiert, absteigend sortiert, alle gleich sind.)
   - Man testet nie unter der unbewußten Annahme, daß keine Fehler mehr vorhanden sind. Tritt an einer Programmstelle ein Fehler auf, so ist es wahrscheinlich, daß in der näheren Umgebung weitere Fehler existieren. Am Anfang des Testvorganges ist die Anzahl noch vorhandener Fehler proportional zur Anzahl bereits gefundener Fehler!
   - Man legt vor dem Testlauf schriftlich fest, welche Ausgabewerte das Programm aufgrund der Testeingaben liefern soll.
   - Man prüft, ob das Programm das tut, was es soll – aber auch ob es etwas tut, was es nicht tun soll. (Diese Forderung ist weder einfach, noch immer zu erfüllen.)
   - Man überprüft die Testergebnisse sehr sorgfältig und gründlich!

Typische Fehler in Anwendungsprogrammen

Jedem Programmierer ist bekannt, daß in den von ihm geschriebenen Programmen häufig Fehler der gleichen Art vorkommen. Um die Fehlersuche zu erleichtern, kann es nützlich sein zu wissen, welche Fehlerarten vor allem vorkommen. Meistens sind es ja persönliche Eigenheiten der Analytiker und Programmierer, sie machen ihre »Lieblingsfehler« immer wieder. Einige Beispiele werden im folgenden aufgeführt.

- ***Spezifikationsfehler:*** Fehler in den Programmspezifikationen entstehen durch Mißverständnisse zwischen Auftraggeber und Programmierer, wie etwa die folgenden:

- Der Anwender vergißt zu verlangen, daß Rechnungen für Lieferungen ins Ausland den Endbetrag sowohl in der Währung des Empfängerlandes, wie auch in ECU ausweisen sollen.
- Der Anwender spezifiziert, daß eine 4stellige Artikelnummer genügt. Er geht dabei stillschweigend von der Annahme aus, daß nie mehr als 9999 verschiedene Artikel auf Lager sind. Er vergißt jedoch, daß in seinem Fall alle in den letzten 10 Jahren je geführten Artikel gespeichert bleiben müssen und die Artikelanzahl dann fünfstellig sein kann.
- Bei der Entwicklung der Spezifikationen denkt man daran, daß sich aufgrund des Berechnungsverfahrens ein negatives Rechnungstotal ergeben kann. In diesem Fall soll automatisch eine Gutschrift erstellt werden. Man vergißt jedoch, daß der Rechnungsbetrag auch null DM sein kann. Dies führt später dazu, daß Rechnungen von null DM ausgestellt werden, die nach Nichtbezahlung auch noch Mahnungen auslösen. Dies wird ringsum bekannt, kommt in die Zeitung und löst im Lande Gelächter aus.

- *System- und Subsystemfehler:* Beispiele sind:
  - Zeitfehler: In einer Echtzeitanwendung soll ein Programm innerhalb vorgegebener Zeit durchlaufen werden und tut dies nicht. Oder: Die Antwortzeit in Dialogprogrammen liegt wesentlich oder in der Mehrzahl aller Fälle bei mehr als drei Sekunden.
  - Überlauffehler: Da Feldlängen immer begrenzt sind, können die Felder auch überlaufen. Das Programmsystem muß einen solchen Fall behandeln können.
  - Gleichzeitigkeitsfehler: Zwei Benützer ändern zufällig den gleichen Datensatz. Dabei überschreibt der eine die Änderungen des anderen.
  - Unendliche Schleifen: Diese können sich ohne weiteres über mehrere Module hinweg erstrecken.
  - Parameterfehler: Anzahl oder Typ der Übergabeparameter in Parameterlisten (Schnittstelle zwischen Modulen) stimmen nicht überein.
  - Initialisierungsfehler: Variablen werden falsch oder gar nicht initialisiert. (Dies ist der erste Lieblingsfehler des Autors.)

- *Fehler in Modulen:* Die Systemfehler können zum Teil auch isoliert in Modulen vorkommen. Vor allem findet man dort folgende typische Fehler:
  - Initialisierungsfehler (wie oben).
  - Schleifenfehler: unendliche Schleifen (wie oben) oder falsche Durchlaufzahlen (eine Schleife soll *n* Mal durchlaufen werden, wird aber *n-1* oder *n+1* Mal durchlaufen).
  - Elementare Sonderfälle werden nicht behandelt: ein berüchtigtes Beispiel ist die Division durch Null.
  - Falsche Adressrechnung: Indizes werden falsch berechnet, was zur unzulässigen Überschreitung von Speicherbereichen führt.
  - In Bedingungsprüfungen werden falsche logische Ausdrücke verwendet. (Dies ist der zweite Lieblingsfehler des Autors.)
  - Beim Ändern eines Datensatzes wird der gewünschte Datensatz nicht geändert

und statt dessen ein anderer Datensatz überschrieben. Dadurch sind nun zwei Datensätze falsch. In kurzer Zeit wird auf diese Weise auch ein großer Datenbestand zerstört.

Teststrategie

Jedes Unternehmen, das als Anwender Informatik einsetzt oder als Lieferant Anwendersoftware herstellt, sollte so früh wie möglich eine Teststrategie entwickeln und schriftlich festlegen. Das führt dazu, daß alle Tests auf den gleichen Grundsätzen beruhen und daß alle einmal erkannten Unzulänglichkeiten ab sofort weitgehend vermieden werden können. Im folgenden werden einige Vorschläge für Regelungen gemacht, die in die Teststrategie eingebaut werden können.

- Beim Test wird von einem (schriftlich fixierten) Datenmodell ausgegangen. Dieses liegt bei Beginn der Testplanung vor. Auch das Vorliegen von Programmablaufplänen, Ablaufdiagrammen oder CASE-Dokumenten kann verlangt werden.
- Der Anwender beteiligt sich an der Testplanung und -vorbereitung. Die Durchführung der Tests ist Aufgabe der Informatiker. Erst beim Abnahmetest kommt der Anwender wieder ins Spiel: Er »nimmt die Software ab«, wenn sie seinen Anforderungen entspricht, das heißt, wenn sie den Abnahmetest besteht. Der Abnahmetest erfolgt für den Anwender nach der *Black Box Methode.*
- Der Anwender stellt den Informatikern die Testdaten zur Verfügung. Die Informatiker sind dafür verantwortlich, weitere Testdaten zu verlangen oder selbst zu erstellen, wenn dies für die Betriebssicherheit des Prüflings notwendig oder empfehlenswert erscheint.
- Der Anwender verlangt für das Prüfen der Programme eines der oben erwähnten Verfahren: Verifikation oder Test, letzteren mit Anweisungsüberdeckung oder Entscheidungsüberdeckung oder Wegeüberdeckung.
- Die Verantwortung für die Prüfungen liegt bei den Informatikern. Sie werden verpflichtet nach der Bottom Up Methode vorzugehen. Jedes Modul ist auch von einem Informatiker zu testen, der an der Programmierung nicht beteiligt war.
- Die Verantwortung für die Richtigkeit und Vollständigkeit der Programmspezifikationen liegt beim Anwender.
- Die Informatiker haben eine Testdokumentation zu erstellen. Diese enthält alle Einzelheiten zu den abschließenden Tests der Software vor der Abnahmeprüfung. Über die Abnahmeprüfung wird vom Anwender ein separates Protokoll erstellt.

Inhalt und Umfang der Teststrategie sind abhängig von der Art der Software (Individualprogramm oder Standardsoftware, ein einzelner oder eine Million Anwender) und von der Folgenschwere möglicher Fehler. Wenn Menschenleben gefährdet werden können (Eisenbahn- oder Flugverkehr, Medizin) werden die Zulassungsbehörden meist die Verifikation und das Verfahren der Wegeüberdeckung verlangen.

Testplanung

Beim Testen eines Systems von Anwendungsprogrammen müssen viele Module geprüft werden. In der Testplanung legt man vor allem die *Reihenfolge* fest, in der die Module getestet werden sollen. Zuerst sollen diejenigen Module an die Reihe kommen, die von keinem anderen Modul abhängig sind. Man geht in den meisten Fällen nach dieser Bottom Up Methode (siehe auch oben) vor.

Der zweite Teil der Testplanung befaßt sich mit dem *Schaffen der Voraussetzungen* für den Test. Damit ist vor allem gemeint, daß die notwendigen Dateien vorbereitet werden müssen. Es ist eine Erfahrung, daß man im Test als Bewegungsdaten künstliche Daten verwenden darf. Die Stammdaten sollten aber wenn möglich echte Daten sein. Man wird daher die Erfassung der Stammdaten oder ihre Übernahme von einem Vorgängersystem so frühzeitig vornehmen, daß zumindest mit einem Teil der echten Stammdaten getestet werden kann.

Der dritte Teil der Testplanung betrifft die *Terminierung*. Grundlage für die Planung der Termine sind die Termine der Programmierarbeiten und der nötigen Vorbereitungen sowie der Plan der Reihenfolge. Die Terminierung ist wichtig, weil an den Tests verschiedene Personen teilnehmen müssen, auf die nicht verzichtet werden kann. Diese müssen die Termine rechtzeitig reservieren können.

Im letzten Teil der Testplanung werden die *Teilnehmer* festgelegt. Jedes Modul wird als erstes von seinem Autor getestet. Kodiert ein einziger Autor ein ganzes Subsystem, so führt er auch den Integrationstest aller Module in dem Subsystem durch. Aber dies ist nur der erste Schritt. Als nächstes muß jeder Programmbaustein von einer Person getestet werden, die an der Programmierung ***nicht beteiligt*** war. Während der erste Test, den der Programmierer selbst vornimmt, nicht speziell terminiert werden muß (dieser Test gehört zur Kodifizierung), ist die Prüfung durch den *Tester* mit seinem Namen und dem geplanten Zeitpunkt festzuhalten. Jetzt ist auch festzulegen, an welchen Tests ausgewählte Benutzer teilnehmen sollen. Ihre Teilnahme am Abnahmetest ist selbstverständlich. Aber oft werden Benutzer auch schon vorher beigezogen: beim Testen von Dialogprogrammen, zum Begutachten von Listen und ausgefüllten Formularen, zur Bestätigung von Berechnungsergebnissen und zu anderem mehr. Die Testplanung muß festlegen, welche Benutzer wann zur Verfügung stehen müssen und was sie dann zu tun haben.

In der Abbildung 12.3 ist als Beispiel der Testplan für ein Subsystem der Fallstudie dargestellt.

Zuletzt bleibt hier die Frage zu beantworten: *Wer erstellt den Testplan?* Die Testpläne sollen in den einzelnen Arbeitsgruppen erstellt werden. Federführend sind immer die Informatiker (Programmierer), da ihnen die einzelnen Programmteile am besten bekannt sind.

Testvorbereitung

Zur Testvorbereitung gehören: die Vorbereitung der Testdaten, die Beschreibung der Sollwerte für die Ergebnisse und die Vorbereitung der Testumgebung. Es ist denkbar, daß diese Tätigkeiten in der Phase der Feinplanung nicht vollständig durchgeführt werden können und zum Teil erst in der Phase der Realisierung abgeschlossen werden.

Vorbereitung der Testdaten: Eine vollständige Theorie für die Auswahl von Testdaten gibt es bisher noch nicht. Aber es existiert eine Reihe von Regeln, an die man sich halten kann:

Man wählt die Testdaten so, daß die Anweisungsüberdeckung und die Entscheidungsüberdeckung (Punkte a und b der White Box Methode, siehe oben) ganz und die Wegeüberdeckung (Punkt c) teilweise durchgeführt werden. Das heißt, es werden alle Anweisungen eines Programmes und alle logischen Entscheide in beiden

Testfalltabelle

Anwendung:	Teil:	Programme:

	Testfall-Nr.											
Funktion	1	2	3	4	5	6	7	8	9	10	11	12
1	x			x			x			x		
2		x			x			x			x	
3			x			x			x			x
4	x		x		x				x	x		x
5		x		x		x	x	x			x	
6	x	x	x	x						x		x
7					x	x	x	x	x		x	
8	x	x		x	x		x	x			x	
9			x			x			x	x		x
10	x				x		x			x	x	x
11		x	x	x		x		x	x			
...												

12.1 Die Testfalltabelle gibt an, welche Kombinationen von Funktionen getestet werden sollen.

Richtungen mindestens einmal und außerdem möglichst viele verschiedene Wege (Kontrollpfade) durchlaufen. Die *Mindestanforderung* ist, daß wirklich alle vorhandenen Programmzweige einmal durchlaufen werden (Entscheidungsüberdeckung). Das gibt aber keine Sicherheit dafür, daß nicht Programmzweige fehlen, die gebraucht werden.

Als Hilfsmittel erstellt man zuerst eine *Testfalltabelle.* Sie enthält den Zusammenhang zwischen den Testfällen und den dabei betroffenen Funktionen und Programmbausteinen (siehe Bild 12.1, Beispiel in Bild 12.4).

Aufgrund dieser Tabelle werden dann für die einzelnen Testfälle die Eingabedaten spezifiziert. Zum Festhalten der Testdaten verwendet man ein einfaches Formular (siehe Bild 12.2, Beispiel im Bild 12.6).

	Testdaten	
Anwendung:	Teil:	Programme:
Gilt für folgende Testfälle:		

Datenelement zur Eingabe			
Name, Bedeutung	Testwerte	Eigenschaft	erwartetes Ergebnis
Autor:		Datum:	

12.2 Formular für Testdaten. Auch die erwarteten Ergebnisse sollen eingetragen werden.

Für die Auswahl der Testdaten ist zu beachten:

- Es müssen typische Daten aus dem Gültigkeitsbereich erprobt werden (der »Normalfall«).
- Die oberen und unteren Grenzwerte müssen erprobt werden, das heißt: es ist mit Eingabedaten zu arbeiten, die knapp innerhalb und knapp außerhalb der Gültigkeitsgrenzen liegen.
- Das Programmverhalten mit unzulässigen, falschen und fehlenden Eingabewerten muß geprüft werden.
- Jede Schleife soll mit ihrer kleinsten und ihrer größten Durchlaufanzahl geprüft werden.
- Alle Fehlerausgänge sind zu prüfen. Jede Fehlermeldung soll mindestens einmal ausgegeben werden.
- Die Reaktion des Prüflings auf völlig willkürliche Eingabedaten ist zu beobachten. Hier sollen vor allem »echte Daten« verwendet werden, aus bekannten Geschäftsfällen der Vergangenheit oder vom Vorgängersystem übernommene Daten. Auch automatisch erzeugte Prüfdaten sind hier zweckmäßig.

Die Begriffe »Testdaten« und »Testfall« müssen auseinandergehalten werden. Testdaten sind die Eingabedaten für einen bestimmten Testfall. Ein Testfall besteht aus der Angabe des Testobjektes, der zu testenden Funktionen, der Testdaten und der erwarteten Ergebnisse.

Beschreibung der Ergebnis-Sollwerte: Schon in der Testplanung müssen die Sollwerte der Ergebnisse für jeden Testfall nach Möglichkeit schriftlich vorgegeben werden! Das erhöht die Sicherheit, weil später im Test die »das-wird-schon-stimmen-Mentalität« verhindert wird. Ein weiterer Punkt ist, daß dem Anwender das manuelle Ausrechnen der Sollwerte von Ergebnissen leichter fällt, als dem Informatiker. Dieser hat es dann im Test viel einfacher, weil er nicht rechnen, sondern nur mehr vergleichen muß. Es ist zweckmäßig, die erwarteten Ergebnisse auch in das Testdatenformular einzutragen (siehe Bilder 12.2 und 12.4).

Vorbereitung der Testumgebung: Jeder Test von Programmmodulen oder ganzen Programmsystemen erfolgt in einer anderen Umgebung als später beim Einsatz im Betrieb. Deshalb muß der Betrieb um die Programme herum, also deren Umgebung, so gut wie möglich simuliert werden. Was schon als Original in diese Umgebung gestellt werden kann, soll nicht simuliert werden. Der Benutzer kann hier sehr viel beitragen, wenn er zum Beispiel frühzeitig Muster von Formularen erstellt, die später in der Datenerfassung und -ausgabe verwendet werden (Beispiele: Bestellungen, Lieferscheine, Rechnungen, Mahnungen). Die Informatiker werden weitere Umgebungsarbeiten planen: Prüfprogramme zum Testen von Bausteinen, Dummy-Programme als Ersatz fehlender Bausteine, universelle Fehlerroutinen mit einfachster Wirkung und anderes mehr.

Mit den oben beschriebenen Aktivitäten hat ein Projektteam die Testphase gut vorbereitet. Es wäre gefährlich, dem Testen wenig Bedeutung beizumessen, es als Anhängsel der Kodifizierung zu betrachten und unter Zeitdruck nur das Trivialste zu tun.

Fallstudie IGEL: Erfahrungen lohnen sich!

Auch im Projekt IGEL beschäftigten sich die Beteiligten mit dem Thema »Test«. Die Diskussionen und Entscheidungen erfolgten verteilt über einige Sitzungen, da sich die Vertreter des Anwenders (die Herren Kästel, Friese und Frosch) vorerst näher orientieren mußten. Frau Fink stellte ihnen ein Buch und einige Fachartikel zur Verfügung. Die drei Herren studierten die Unterlagen recht interessiert und konnten ab März durchaus mitreden.

Die Herren Biermann, Süßkind und Vredestein – also die Informatiker in der Arbeitsgruppe – hatten bereits jahrelange Erfahrungen mit Tests ihrer eigenen und auch fremder Programme. Es war ihnen vor allem klar, wie man es *nicht* machen darf. Der EDV-Chef (Dr. Kulack) hatte der Gruppe eine kleine Broschüre überreicht. Sie trug den Titel: »Die Teststrategie für Anwendungsprogramme bei den Rheinisch-Westfälischen Gas- und Wasserwerken«. Dr. Kulack pries diese Schrift als vorbildlich und schlug vor, ihre Grundsätze ohne Änderungen zu übernehmen. Sie enthielt unter anderem folgende Regeln:

... Programmieren und Testen ist zweierlei. Der Programmierer testet seine eigenen Programme nicht!

... Unser Testprinzip heißt Bottom-Up! Jeder Baustein ist getestet, bevor er verwendet wird.

... Der Informatiker testet im Programm. Er arbeitet mit Entscheidungsüberdeckung, das heißt: jede Instruktionsfolge wird durchlaufen.

... Der Benützer testet die Programme als Black Box. Ihn interessiert das Innere nicht. Er gibt ein und prüft die Ergebnisse.

... Die Güte der Tests verantwortet der Informatiker. Der Benutzer hilft ihm und stellt zusätzliche Testdaten bei.

... Der Informatiker leitet den Abnahmetest. Der Benutzer genehmigt die Ergebnisse.

Gegen diese Bestimmungen hatte niemand etwas einzuwenden. Allerdings war Herr Frosch etwas besorgt: Er habe viel zu wenig Erfahrung im Vorbereiten von Testdaten und es könne leicht möglich sein, daß er etliche kritische Fälle vergäße. Doch Herr Biermann beruhigte ihn: Die Verantwortung für einwandfreie Tests läge eindeutig beim Informatiker. Der Benutzer müsse nur auf spezielle Fälle hinweisen, wenn er dort für die Zukunft Schwierigkeiten erwarte. Dazu brachte er ein Beispiel: Eine Lieferung erfolgt entweder an einen Kunden im eigenen Wirtschaftsraum oder nach außerhalb. Also schließt sich die Verrechnung von Mehrwertsteuer und Zollgebühren in der gleichen Rechnung aus. Ein Testfall muß also versuchen, beides in eine Rechnung zu bringen und das darf nicht gehen. Es kann sein, daß der Informatiker an solche Fälle nicht denkt und deshalb könnte man ihn darauf hinweisen. Dann beschloß man folgendes:

1. Für alle Programme der Auftragsabwicklung sollen Testpläne erstellt werden (siehe Bild 12.3). Federführend seien die Herren Biermann und Süßkind. Jeder Testplan werde dann den Benützern zugestellt und in einer Sitzung näher erklärt.
2. Herr Süßkind habe (im Lauf der späteren Programmierung) Testfalltabellen zu erstellen. Er werde diese im einzelnen mit allen Benützern besprechen.
3. Die Herren Süßkind, Vredestein und Kreuter bereiten zusammen mit den Benützern die Testdaten vor. Sie werden in »Testdatenformulare« eingetragen (siehe Bild 12.6).
4. Gleichzeitig werden die erwarteten Ergebnisse dokumentiert, das heißt in den entsprechenden Formularen aufgeführt (Bilder 12.5 und 12.6). Sie sollen mit den Testergebnissen verglichen werden.

F*Z*G IGEL	**Testplan** Auftragsabwicklung / Bestellerfassung	TP/AB 01.02.95

1. Reihenfolge der Module

AAB011, AAB012, AAB013, AAB014, AAB015, zusammen in AAB01
AAB021, AAB022, AAB023, zusammen in AAB02
AAB01 zusammen mit AAB02 (auch als Abnahmetest).

2. Vorbereitung der Daten

Die Stammdaten werden durch eine vorgezogene Übernahme bzw. Erfassung bereitgestellt (Herr Süßkind). Bewegungsdaten als Testdaten werden von der Arbeitsgruppe vorbereitet (HH. Friese, Süßkind).

3. Termine

a) Stammdaten übernommen: 31. 5. 1995
b) Testdaten vorbereitet: 31. 5. 1995
c) Modultests: fortlaufend (Bericht in AG-Sitzungen)
d) Abnahmetest: Mitte Juli 1995

4. Testmöglichkeiten

Das neue System wird im März im Hause betriebsbereit sein. Es steht dann (zumindest bis 31.7.1995) ausschließlich für Programmierarbeiten und Testzwecke zur Verfügung. Disposition der Maschinenbelegung: Hr. Biermann.

5. Teilnehmer

a) Modul- und Integrationstests:

Programm	Programmierer	Tester
AAB01	Süßkind	Vredestein, Fink
AAB01	Vredestein	Süßkind, Fink
AAB01+AAB02	Fink	

b) Abnahmetest:

Leiter	Süßkind
Anwender	Kästel, Friese, als Sachbearbeiterin: Frau Boltenstern

6. Verschiedenes

a) Die Mitglieder der Arbeitsgruppe «Auftragsabwicklung« müssen an jedem ersten Donnerstag der Monate März bis Juli 1995 ganztägig zur Verfügung stehen, um Testprobleme zu bearbeiten und Testergebnisse zu diskutieren.

b) Die Testdokumentation wird laufend archiviert und kann im Büro von Herrn Süßkind jederzeit angesehen werden. Die Ordner dafür stehen im Schrank 3. (Verantwortlich für Dokumentation: Süßkind)

c) Alle Fragen bezüglich Tests sind an Herrn Süßkind zu richten. Dieser wendet sich bei Bedarf um Unterstützung an Herrn Biermann.

Autor: Biermann, Süßkind	Datum: 01.02.1995

12.3 Testplan für ein Subsystem, hier für die Erfassung von Bestellungen.

F*Z*G IGEL	**Testfalltabelle**								TFT A4 SßK/Eg, 1.2.95
Anwendung: Auftragsabwicklung	Teil: Bestellerfassung		Programme: AAB01, AAB02						
	Testfall-Nr.								
Funktion	1	2	3	4	5	6	7	8	9
Telefonische Bestellung: Maske anzeigen, Daten lesen	x		x		x		x		x
Schriftliche Bestellung: Maske anzeigen, Daten lesen		x		x		x		x	
Kundennummer bekannt: Kundendaten anzeigen	x	x	x	x	x	x	x	x	x
Kundennummer unbekannt: Kundennummer ermitteln									
Neuer Kunde: provis. Bestellmaske anzeigen, Daten lesen									
Lieferort Inland: Zuschläge bzw. Abzüge ermitteln, anzeigen	x			x			x		
Lieferort Ausland Reg. 1: Zuschläge ermitteln,anzeigen		x			x			x	
Lieferort Ausland Reg. 2 + 3: Zuschläge ermitteln, anzeigen			x			x			x
Kunde mit Sonderkonditionen: Maske anzeigen, Daten lesen									x
Artikelnummern bekannt: Daten anzeigen	x	x	x	x	x	x	x	x	x
Artikelnummern unbekannt: Nummern ermitteln, anzeigen	x				x				x
Artikel im Lager: Bestand anzeigen, Reservation lesen	x	x	x	x	x	x	x	x	x
Artikel nicht im Lager: Bestellindikator setzen									
Teillieferungen ja: Lieferschein u.U. einleiten	x	x		x	x				x
Teillieferungen nein: Lieferschein u.U. einleiten			x			x	x	x	
Termin Bedingung: Priotität hoch setzen			x						x
Neuer Kunde gespeichert: Indikator ›Neubrief‹ setzen									
Lieferung abgelehnt: Indikator ›Ablehnbrief‹ setzen									
Vorauszahlung Bedingung: Rechnung auslösen, Indikator ›Voraus‹ setzen					x				
Verlangte Ergebnisse auf Blatt: TFT B4	Anzahl Testfälle gesamt.: 128 Fortsetzung auf Blatt: TFT A5								

12.4 Teil einer Testfalltabelle, nur ein kleiner Teil ist gezeigt.

F*Z*G IGEL	**Testfalltabelle** (verlangte Ergebnisse)	TFT B4 SßK/Eg, 1.2.95
Anwendung: Auftragsabwicklung	Teil: Bestellerfassung	Programme: AAB01, AAB02

Alle Testfälle 1–9	
A.1 Anzeige »Kundendaten« zur Feststellung von Identität und Konditionen. A.2 »Artikelwahl« mit oder ohne Nummer sowie gemischt. Fehlermeldung für unbekannte Artikel, falsche Packeinheit. A.3 Nach Artikelerfassung erscheint am Bildschirm die Zusammenfassung der ganzen Bestellung mit Preisen und Konditionen. A.4 Bestellsatz kann mit »Lieferbedingungen senden« markiert werden. A.5 Indikator »Auftragsbestätigung sofort« gesetzt. A.6 Nach Abschluß ist Bestellung richtig gespeichert.	
Testfall 1	1.1 Tastendruck bringt Maske »telef. Erfassung«. 1.2 MWSt einbezogen. Transportkosten Inland. 1.3 Indikator »Teillieferung möglich« gesetzt.
Testfall 2	2.1 Tastendruck bringt Maske »schriftl. Erfassung«. 2.2 Indikator »Teillieferung möglich« gesetzt. 2.3 Transportkosten/Zollzuschlag Region 1
Testfall 3	3.1 Tastendruck bringt Maske »telef. Erfassung«. 3.2 Transportkosten/Zollzuschlag Region 2+3 3.3 Indikator »Termin Bedingung« gesetzt.
Testfall 4	4.1 Tastendruck bringt Maske »schriftl. Erfassung«. 4.2 MWSt einbeziehen. Transportkosten Inland. 4.3 Indikator »Teillieferung möglich« gesetzt.
Testfall 5	5.1 Tastendruck bringt Maske »telef. Erfassung«. 5.2 Indikator »Teillieferung möglich« gesetzt. 5.3 Transportkosten/Zollzuschlag Region 1 5.4 Indikator »Vorauszahlung« gesetzt.
Testfall 6	6.1 Tastendruck bringt Maske »schriftl. Erfassung«. 6.2 Transportkosten/Zollzuschlag Region 2+3
Testfall 7	7.1 Tastendruck bringt Maske »telef. Erfassung«. 7.2 MWSt einbezogen. Transportkosten Inland.
Testfall 8	8.1 Tastendruck bringt Maske »schriftl. Erfassung«. 8.2 Transportkosten/Zollzuschlag Region 1
Testfall 9	9.1 Tastendruck bringt Maske »telef. Erfassung«. 9.2 Indikator »Teillieferung möglich« gesetzt. 9.3 Transportkosten/Zollzuschlag Region 2+3 9.4 Indikator »Termin zwingend« gesetzt.
Definition der Testfälle auf Blatt: TFT A4	Anzahl Testfälle gesamt: 128 Fortsetzung auf Blatt: TFT B5

12.5 Ergänzung zur Testfalltabelle, sie zeigt die erwarteten Ergebnisse in den einzelnen Fällen.

F*Z*G IGEL	**Testdaten**		TD-C4 Sßk, 6.4.95
Anwendung: Auftragsabwicklung	Teil: Bestellung, Liefer- schein, Rechnung	Programme: AAB01, AAB02, AAL01, AAL02, AAR01, AAR02	
Gilt für folgende Testfälle: 1–128 (alle)			

Datenelement zur Eingabe			
Name, Bedeutung	**Testwerte**	**Eigenschaft**	**erwartetes Ergebnis**
ARNO Artikelnummer	12232 12233 14101 16201	gültig	normale Verarbeitung
	blank 0 00000 16a01	ungültig	Fehlermeldung und keine Verarbeitung
	00099 90000	Grenzen unter- bzw. überschritten	Fehlermeldung und keine Verarbeitung
	00100 89999	Grenzwerte	normale Verarbeitung
	10000 bis 11000 19999 29999 79999	diese Werte sind in der Artikeldatei nicht enthalten	Fehlermeldung und keine Verarbeitung
BDAT Bestelldatum	010196 310196 290296 310596 311296	gültig	normale Verarbeitung
	310496 320596 290297 010097 302096	ungültig	Fehlermeldung und keine Verarbeitung
	310795 010151	Grenzen unter- bzw. überschritten	Fehlermeldung und keine Verarbeitung
	010896 311250	Grenzwerte	normale Verarbeitung
	251296 131096	Feiertag Sonntag	Fehlermeldung und keine Verarbeitung
Autor: Friese, Süßkind		Datum: 6.4.1995	

12.6 Tabelle der Testdaten für die oben definierten Testfälle (Teilauszug)

Diese Pläne wurden nach und nach in die Tat umgesetzt. In der Arbeitsgruppe »Auftragsabwicklung« entstanden die Testfalltabellen und die Testdatenblätter für alle Programme des geplanten Systems. Als Beispiel sind einige davon in den Bildern 12.3 bis 12.6 wiedergegeben.

Vorbereitung der Testumgebung: Von Anfang an hatten die Informatiker in der Arbeitsgruppe vor, mit möglichst »echten Daten« zu testen. Schon lange vor dem Abnahmetest sollte die Datenübernahme (von den Vorläufersystemen) und die Erfassung der Restdaten möglich und zumindest zum Teil erfolgt sein. Herr Biermann sagte zu, daß sofort nach dem Eintreffen der neuen Maschinen eine erste Übernahme gemacht werden könnte, so daß man frühzeitig mit echten Daten aus dem Betrieb die Programme prüfen könne. So wäre es den Programmierern möglich, schon im Modultest echte Daten zu verwenden, wenn sie dies benötigen.

Merksätze

- *Anwendungssoftware* ist ohne umfangreiche Tests gar nicht verwendbar.
- *Verifikation* heißt der Beweis für die Korrektheit eines Programmes. Man beschränkt sich wegen des zu hohen Aufwandes meistens auf das *Testen*, eine unvollkommene Vereinfachung der Verifikation.
- Das Testen kann nur die Anwesenheit von Fehlern beweisen, nicht jedoch ihre Abwesenheit.
- Man muß testen: die Spezifikation, die einzelnen Module, die Modulverbindungen, das Gesamtsystem.
- *Black Box Ansatz*: Ein Programm wird nur äußerlich geprüft. Liefert es auf die Eingabedaten hin korrekte Ergebnisse?
- *White Box Ansatz*: Man betrachtet auch die innere Struktur des Testobjektes und die Testfälle werden sinnvoll angelegt.
- *Top Down Ansatz*: Das höchste Modul wird zuerst geprüft, alle aufgerufenen Prozeduren sind zunächst durch Ersatzobjekte vertreten. Die Ersatzobjekte werden nach und nach durch die echten Prozeduren ersetzt und immer wieder wird getestet. Vorteil: Grundlegende Fehler werden frühzeitig erkannt. Nachteil: Ersatzobjekte sind nicht leicht zu schaffen.
- *Bottom Up Ansatz*: Man testet jene Funktionen zuerst, die keine anderen Programmbausteine benötigen. Dann setzt man die schon geprüften Bausteine zu Subsystemen zusammen und prüft diese, und so weiter bis zum Gesamtsystem. Vorteil: Man arbeitet nur mit geprüften Bausteinen. Nachteil: Grundlegende Fehler werden spät erkannt.
- Es gibt keine Normen für Tests, aber es gibt Testprinzipien, an die man sich halten kann.
- Tests müssen auf drei Ebenen vorbereitet werden: *Teststrategie* (Festlegen der Grundsätze), *Testplanung* (Reihenfolge, Termine, Voraussetzungen schaffen) und *Testvorbereitung* (Testdaten, verlangte Ergebnisse, Testumgebung).

Ergebnisse

Am Ende der Testplanung und -vorbereitung liegt folgendes vor:

- Eine Teststrategie mit grundsätzlichen Regeln wurde aufgestellt und niedergeschrieben.
- Die Testprinzipien sind allen Mitgliedern der Projekt- und Arbeitsgruppen bekannt.
- Die Arbeitsgruppen kennen die »typischen Fehler in Anwendungsprogrammen«.
- Die Programmspezifikationen wurden überprüft.
- Das Testverfahren für die einzelnen Module wurde festgelegt.
- Die Testplanung wurde durchgeführt und schriftlich festgehalten: Testreihenfolge für alle Module und Programme, Termine und Teilnehmer für die Tests. Auch die Testvoraussetzungen sind geplant (Stammdatenerfassung und -übernahme, Vorbereitung von Bewegungsdaten).
- Die Testvorbereitung ist erfolgt: Testfalltabellen, Testdatenformulare mit Sollwerten für Ergebnisse, Vorbereitung der Testumgebung (Formulare vorbereitet, Prüfprogramme spezifiziert, Räume und Maschinen reserviert).

Literatur

Engesser, H. (Hrsg.): DUDEN Informatik.

Rembold, U. (Hrsg.): Einführung in die Informatik für Naturwissenschaftler und Ingenieure.

Pomberger, G.: Softwaretechnik und Modula-2.

Wedekind, H.: Systemanalyse.

13. Interne Normen

Interne Normen dienen der Vereinheitlichung in der Informatik eines Unternehmens. Sie schaffen Ordnung und erleichtern die Realisierung, die Benutzung und die Wartung der EDV-Systeme.

Normen sind Regeln oder Richtlinien. Das Aufstellen von Normen dient der Vereinheitlichung in verschiedenen Gebieten, unter anderem in der Technik und Wirtschaft, dort wo eine Mannigfaltigkeit unwirtschaftlich oder unsinnig wäre. Nationale und internationale Normungsinstitute setzen sich für die Normung ein und dürfen große Verdienste für sich in Anspruch nehmen, man denke an ANSI, DIN, ISO.

Es geht in diesem Kapitel nicht um nationale oder internationale Vereinbarungen, sondern »nur« um Regeln zur Vereinheitlichung im Bereich eines einzigen Informatikprojektes oder der Informatik eines Unternehmens. Um ein Informatikprojekt durchziehen zu können, müssen gewisse Vereinbarungen getroffen werden. Das hat vielerlei Gründe, der wichtigste ist ***die Ordnung*** im zukünftigen System. Diese wird drei Bereichen nützen: der Realisierung, dem Einsatz und der Wartung.

Das erste Ziel ist eine möglichst einfache und klare Benutzung. Ein geordneter Ablauf, übersichtliche Bilder und eine einheitliche Bedienung aller Funktionen erleichtern die zukünftige Arbeit des Benutzers von Dialoganwendungen. Dieser soll am Bildschirm stets dieselben Handgriffe für dieselben Funktionen anwenden können und die Darstellungen sollen ihn nicht ständig mit Überraschungen konfrontieren.

Aber auch für die Beteiligten an der Realisierung eines Projektes ist Ordnung notwendig, zu der Normen beitragen können. Diese betreffen zunächst eine einheitliche Namensgebung für Dateien, Datenfelder, Programme, Masken, Menüs und anderes mehr. Damit wird die Zusammenarbeit im Realisierungsteam erleichtert. Die Ordnung soll ferner alle Schnittstellen zum späteren Benutzer abdecken, also zum Beispiel Fehlermeldungen und Hilfetexte. Schließlich soll auch die Programmdokumentation normiert werden, damit sich ihre Leser schnell zurechtfinden können.

Anwendungsprogramme können heute eine Lebensdauer von zwei oder drei Jahrzehnten erreichen. Da sollte jedes Mittel recht sein, um den Betrieb und die Wartung zu erleichtern. Herrscht im Anwendungsablauf und in den Programmen mit ihrer Dokumentation gute Ordnung, wird der Aufwand für die Wartung – sei es eine Fehlersuche und -behebung, eine Programmerweiterung oder eine andere Änderung – auf das notwendige Minimum beschränkt.

Es geht hier also um Absprachen über Regeln im kleinen Kreis, in einem Projekt, in einem Unternehmen. Daher steht als Titel über diesem Kapitel »interne Normen«. Selbstverständlich sollen diese Absprachen dann auch schriftlich festgehalten werden: Normblätter sollen erstellt und der Entwicklungsdokumentation beigegeben werden. Doch sei hier wieder einmal die Warnung ausgesprochen, ***das richtige Maß einzuhalten***. Die interne Normung darf nicht unnötig ins Detail gehen!

Was soll genormt werden?

In der folgenden Aufzählung ist ersichtlich, was während der Feinplanung genormt werden sollte. Ob das eine oder andere davon weggelassen werden soll, kann der Projektleiter entscheiden. Wenn man etwas verfeinern oder hinzufügen will, muß man sich ernstlich fragen, ob damit das richtige Maß noch eingehalten ist. Dem Verfasser ist in seiner Praxis noch kein Fall untergekommen, bei dem mehr genormt werden mußte, als hier aufgeführt wird. Es ist aber auch zu sagen, daß die Normung mangelhaft war, wenn sie eines der genannten Elemente nicht enthielt.

- *Namen:* Es sollten Normen aufgestellt werden für die Namensgebung von Datenbeständen, Programmen, Menüs, Bildschirmmasken, Listen, Hardwareeinheiten (Zentraleinheiten, Speicher, Drucker, Terminals, Server, Verteiler, Leitungsstränge, Terminalarbeitsplätze usw.). Als Beispiel für »das richtige Maß« kann hier gesagt werden, daß die Namen von Dateien genormt werden sollen. Die Namensgebung für einzelne Datenelemente zu normieren, erscheint jedoch übertrieben.
- *Bilder:* Der Bildschirm mit seiner Tastatur ist das wichtigste Verbindungsglied zwischen Computersystem und Benutzer. Die Normung muß sich deshalb ziemlich eingehend mit dieser Schnittstelle befassen. Die verschiedenen Bilder sollen allerdings nicht alle gleich aussehen, das erschwert nur die Bedienung. Aber sie sollen nach gleichen Grundsätzen aufgebaut werden. Darüber wird unten noch mehr gesagt. Außerdem ist der Gestaltung von Bildschirmmasken im Kapitel 15 ein ausführlicher Abschnitt gewidmet. Zu diesem Thema gehört auch der Aufbau von gedruckten Listen, für die eine Normung der Titelzeile empfohlen werden kann.
- *Bedienung:* Viele Benutzer arbeiten an ihrem Bildschirmterminal nicht nur mit einer Funktion des Systems, sondern mit einigen oder vielen. Sie benutzen für ihre Arbeiten mehrere Dialogprogramme. Dies ist nur dann ohne große Mühe möglich, wenn die Bedienung der verschiedenen Programme nach den gleichen Grundsätzen erfolgen kann. Die Bedienung geschieht durch verschiedene Eingaben mit der Tastatur und durch das Drücken von Funktionstasten. Diese Bedienung muß einheitlich gestaltet werden! Gleiche Tasten sollen in allen Programmen Gleiches bewirken, soweit dies möglich ist. Und die Bedienungsabläufe sollten in den verschiedenen Programmen gleich gestaltet sein.
- *Texte:* Hier geht es darum, bestimmte Texte einheitlich aufzubauen. Zu diesen Texten zählt man Fehlermeldungen, Hilfetexte und die Dokumentation. Wenigstens die Bedienungsanleitung aller Programme sollte einem gleichbleibendem Raster entsprechen.

Wie soll genormt werden?

Im Grunde genommen geht es nur darum, daß überhaupt eine Vereinheitlichung stattfindet. Wie man das macht, ist jedem Team freigestellt. Wenn im folgenden Ratschläge gegeben werden, so sind diese keineswegs als verbindlich anzusehen. Es darf im weitesten Maße den Wünschen der Beteiligten Rechnung getragen werden. Wichtig ist, daß innerhalb eines Systems eine einheitliche Ordnung aufgestellt wird. Ist in einem Unternehmen bereits Software eingesetzt, so sollte man sich den bereits bestehenden Gewohnheiten und Regeln anpassen. Wird für einen Teil der Anwendungen Standardsoftware beschafft und soll noch zusätzlich Individualsoftware erstellt werden, so wird man sich mit letzterer den schwer zu ändernden Konventionen der Standardsoftware angleichen. Auch wenn es darum geht, ein bestehendes Datenmodell zu erweitern, wird es vernünftig sein, die Namensgebung für neue Dateien im Sinne der schon bestehenden vorzunehmen. Das gleiche gilt für die Bilder und die Terminalbedienung. Für die interne Normung soll *zweckmäßige Einheitlichkeit im ganzen System* angestrebt werden.

Namen

Die Namen bestehen aus Buchstaben und Ziffern. Man soll sie leicht behalten können, das heißt sie sollen etwas aussagen, und sie sollen nicht zu lang sein. »AUSLANDKUNDENSTAMMDATEI« ist zu lang, »RUMPELSTILZCHEN« für ein Fakturierungsprogramm ist unzweckmäßig mangels Aussagekraft, »XR00070009aA_6« kann sich niemand merken. Deshalb sei als Beispiel folgendes vorgeschlagen:

- *Länge:* Die normierten Namen sollen eine Länge von 5 bis 8 Zeichen haben.
- *Form:* Am Beginn des Namens stehen einige Buchstaben, am Ende einige Ziffern *oder* am Beginn Buchstaben, in der Mitte Ziffern und am Ende wieder Buchstaben.
- *Bedeutung:* Der erste Buchstabe gibt an, für welche Art von Elementen der Name gilt: für eine Datei, ein Programm oder eine Bildschirmmaske. Der zweite Buchstabe kann dann die Anwendung bezeichnen: Materialwesen, Auftragsabwicklung, Personalsystem oder Rechnungswesen. Man kann hier mit der Normung schon aufhören und den Rest des Namens der Phantasie der Informatiker überlassen. Aber man kann auch weitergehen und mit dem dritten Zeichen Näheres zur Stellung des Namensträgers in der Anwendung sagen: Er gehört zur Datenerfassung oder zur Preisberechnung oder zum Fakturadruck. Aber das sind schon Details, die nur in großen Systemen genormt werden sollen.

Beispiele für die Normung von Namen sind in der Fallstudie zu finden.

Bilder

Am Entwurf der Bilder sollte der zukünftige Benutzer von Anfang an mitarbeiten. Damit er das aber kann, braucht er Regeln und Muster. Diese sind auch für den Informatiker wichtig, damit nicht während der Realisierung Unstimmigkeiten auftreten und später mit großem Aufwand viele Bilder umprogrammiert werden müssen. Was sollte in jedem Bild gleich aussehen?

- *Titelzeile:* Die erste Zeile sollte auf einen Blick folgendes zeigen: Name der Maske, eventuell Name des Anwenders oder des Mandanten, Titel des Bildes, Datum, Uhrzeit, Name des Terminals. Auf allen Bildern sollten diese Angaben in der gleichen Reihenfolge und im gleichen Format erscheinen.
- *Suchbegriff:* In Dialogprogrammen wird man in einem ersten Schritt immer etwas suchen: zum Beispiel einen bestimmten Kunden oder einen bestimmten Artikel. Es hat sich bewährt, den oder die Suchbegriffe in allen Bildern an der gleichen Stelle anzuordnen.
- *Weiterführung:* Im unteren Bildbereich sagt man dem Benutzer, wie es weitergeht. Mit Hinweisen auf die Wirkung verschiedener Funktionstasten ist das meistens getan.

Näheres darüber wird im Kapitel 15 beschrieben.

Listen

Hier soll nicht vehement für eine Normung des gedruckten Outputs eingetreten werden. Gleichmacherei bei Listen ist nicht gut. Wenn alles, was es an Schriftstükken im Geschäftsleben gibt, einheitlich auf hellgraues Zebrapapier im Format A3 quer gedruckt wird, so ist das zu eintönig. Verschiedene Papierqualitäten, -farben und -formate sind besser. Gedrucktes Papier ist ebenfalls eine Brücke vom Computersystem zum Menschen und es soll diesen Zweck möglichst gut erfüllen. Dabei ist Farbe, Schrift und Format ein Mittel zum besseren Erkennen.

Was soll man normen? Um die Bedienung der Drucker zu vereinfachen, kann man sich für Listen auf zwei oder drei Papierformate beschränken, soweit nicht Spezialformulare eingesetzt werden. Außerdem sollte jede Liste einen Titel haben, erkennen lassen, wann sie erstellt wurde (Datum, Zeit), und vielleicht auch den Empfänger angeben. Es wird daher vorgeschlagen, für alle intern verwendeten Listen eine *Titelzeile* zu normen, die der Titelzeile für Bildschirme ähnlich ist.

Bedienung

Der Benutzer ist oft auch zum großen Teil für die Bedienung der Anlage zuständig. Es liegt auf der Hand, daß man ihm die Arbeit erleichtern kann, wenn man Normen aufstellt, die die einheitliche Bedienung aller Programme verlangen.

- *Menüs:* Jeder Benutzer soll, wenn er sein Terminal einschaltet, ein für seine Bedürfnisse maßgeschneidertes Menü vorgesetzt bekommen. Es enthält alle Funktionen, die er braucht, und bewirkt den korrekten Aufruf der zuständigen Anwendungsprogramme.
- *Ablauf:* Bei Dialogprogrammen ist auf eine einheitliche Ablauflogik zu achten, um die Bedienung möglichst mühelos zu machen. Damit ist gemeint, daß der Ablauf der Bilder und der Bedienungsfunktionen einem einheitlichen Schema folgen soll.

- *Steuerung:* Die Steuerung des Ablaufes kann auf verschiedene Weise erfolgen: zum Beispiel durch die Betätigung von Funktionstasten, durch bestimmte Eingaben oder durch Positionierung des Cursors. Welche Methode auch verwendet wird, es soll Einheitlichkeit herrschen! So soll das Betätigen einer bestimmten Funktionstaste in allen Dialogprogrammen immer das Gleiche (oder etwas Ähnliches) bewirken. Zum Beispiel bewirke die Funktionstaste 1 immer das Zurückspringen zum vorhergehenden Bild oder das Verlassen des Programmes, die Funktionstaste 25 die Anzeige des Hilfetextes - und so fort. Die Normung soll hier das Nötige festlegen. Es müssen jedoch auch etliche Tasten und andere Möglichkeiten für individuelle Funktionen in den verschiedenen Transaktionen frei bleiben.

Texte

Bei Fehlermeldungen, Hilfetexten und in der Dokumentation erleichtert ein einheitlicher Aufbau die Übersicht, das rasche Erfassen und auch die Erstellung dieser Texte. Zwei Forderungen sind zu erfüllen:

1. Die Texte müssen sinnvoll sein! So soll eine Fehlermeldung wirklich etwas aussagen. Die Meldung »Allgemeiner Datenbankfehler« sagt und nützt gar nichts. Sie müßte lauten: »Der Satz mit dem Schlüssel 23401 konnte nicht in die Datei PEH01 geschrieben werden. Ein Satz mit dem gleichen Schlüssel war schon vorhanden.«
2. Die Texte müssen in richtigem Deutsch abgefaßt sein! Das folgende Beispiel stammt aus einer Installationsanleitung: »Nimmer Etwas auf den Stromschnur liegen zu gestatten. Nimmer diesen Monitor legen, wo der Schnur von Personen darauf marschieren grausam behandelt wird.«

Zu den verschiedenen Arten von Texten einige Hinweise:

- *Fehlermeldungen:* Genormt werden soll die Form der Fehlermeldungen. Es ist zweckmäßig, jeder Fehlermeldung einen Namen zu geben, mit dessen Hilfe im Bedienungshandbuch oder in einem Hilfetext weitere Angaben und Ratschläge gefunden werden können. So könnte eine Fehlermeldung am Bildschirm oder auf einer Liste wie folgt aussehen:

  Fehler F101: Satz schon vorhanden!

  Und im Bedienungshandbuch, Kapitel »Fehlermeldungen« würde man dazu finden:

  F101: Satz schon vorhanden!

Ursache:	*Ein Schreibvorgang konnte nicht durchgeführt werden, da in der Artikeldatei schon ein Satz mit demselben Schlüssel vorhanden war.*
Folgen:	*Die Speicherung wird nicht durchgeführt, die Artikeldatei bleibt unverändert.*
Maßnahme:	*Wählen Sie eine andere Artikelkategorie oder Artikelnummer und führen Sie die Transaktion »Artikelaufnahme« nochmals durch.*

Als interne Norm können die Form und Länge der Fehlermeldung und der zugehörige Raster der Erläuterung im Bedienungshandbuch (Ursache – Folgen – Maßnahme) festgelegt werden.

- *Hilfetexte:* Sie sind für Dialogprogramme eigentlich unentbehrlich. Hier ist es wieder wichtig, daß diese Texte einheitlich aufgebaut werden und das Wesentliche knapp und gut verständlich ausdrücken. Folgender Aufbau für einen Hilfetext kann vorgeschlagen werden:

  1. Überschrift (identisch mit der Bildüberschrift)
  2. Beschreibung der Transaktion
  3. Erklärung der angezeigten Felder
  4. Anleitung zur Dateneingabe
  5. Erklärungen zu den Fehlermeldungen
  6. Wie geht es weiter? (z.B.: Bedeutung der Funktionstasten)

  Es sollte auch klar sein, wie man vom Hilfetext wieder zurück in das Originalbild kommt.

- *Dokumentation:* Über die Dokumentation wird im Kapitel 21 noch ausführlicher gesprochen. Hier sei vorausgeschickt, daß zwei Arten unterschieden werden: *Systemdokumentation* (für die Informatiker) und *Benutzerdokumentation.* Jede dieser Arten hat einen statischen und einen dynamischen Teil. Der *statische Teil* bleibt bestehen, wenn er geschrieben ist. Der *dynamische Teil* wird nachgeführt und laufend den Änderungen des Systems und der Bedienung angepaßt. Die interne Normung legt für die Dokumentation folgendes fest:

  1. die Gesamtordnung der Dokumentation, das heißt die einzelnen »Ordner«, in die die Dokumente einzureihen sind,
  2. den Raster der einzelnen Dokumente, das heißt die einzelnen »Kapitel«, in die der Stoff gegliedert wird,
  3. das Ordnungs- oder Numerierungssystem der Dokumentation.

  Auch hier ist wieder *das richtige Maß* an Regelung einzuhalten. Die internen Normen müssen der Größe und Wichtigkeit des Projektes entsprechen. Es hat keinen Zweck Normen aufzustellen, wenn die ganze Dokumentation fünf Seiten umfaßt.

Beispiele und Anregungen

Beispiele und Anregungen im guten und im schlechten Sinn holt man sich am besten bei der Standardsoftware für Personal Computer. Es ist sinnvoll, an den Sitzung der Arbeitsgruppen einmal die Dokumentationen verschiedener Produkte anzusehen, gemeinsam zu besprechen und sich zu überlegen, was dort an interner Normung geleistet wurde. Man wird für jedes Objekt, das hier erwähnt wurde, Vorbilder finden oder feststellen können, wie man es nicht machen will.

Das Normblatt

Ist man in der Arbeit der Normung fortgeschritten und hat man sich in den Arbeitsgruppen auf gewisse interne Normen geeinigt, so muß man die Vereinbarungen in geeigneter Form festhalten, das heißt schriftlich dokumentieren. Dafür eignet sich ein Formular, das meistens »Normblatt« genannt wird (siehe Bild 13.1). Beispiele ausgefüllter Formulare zeigen die Bilder 13.2 und 13.3 der Fallstudie am Ende dieses Kapitels.

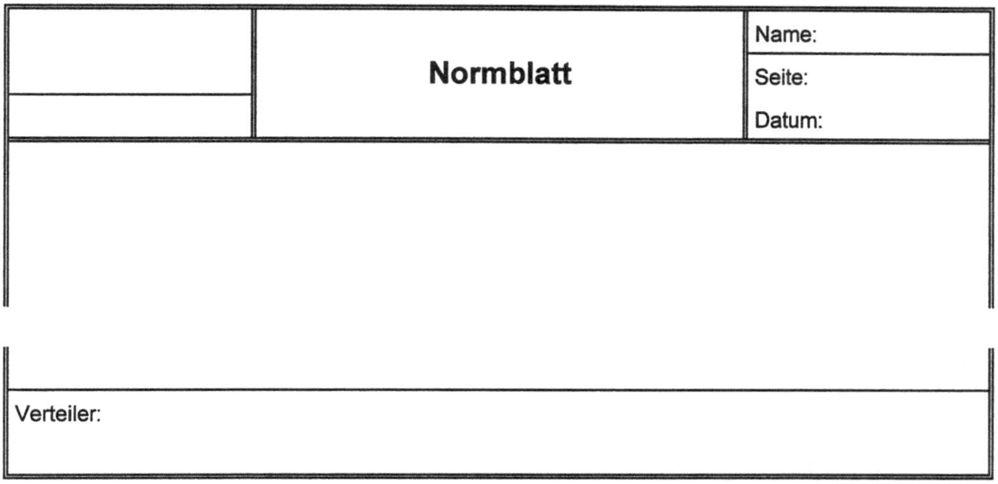

13.1 Ein »Normblatt« als einheitliches Formular dient zur Dokumentation der internen Normen.

Die Normblätter werden in die Systemdokumentation (statischer Teil) eingereiht und an alle Mitglieder des Projektteams verteilt. Es ist zweckmäßig, Normblätter statt auf weißes Papier auf farbiges Papier zu drucken. Man kennzeichnet damit ihre Bedeutung und findet sie in der Dokumentation leichter. Wenn es viele Normblätter gibt, kann man sie auch im Computersystem abspeichern, damit die Beteiligten schnell auf sie zugreifen können. Eine bestimmte Person ist mit der *Verwaltung der Normensammlung* zu beauftragen.

Fallstudie IGEL: Brauchen wir interne Normen?

Im Dezember 1994 und im Januar 1995 wurden zwei Generalversammlungen der Projektbeteiligten abgehalten. Zu diesen Veranstaltungen waren alle eingeladen, die im Projekt mitzuarbeiten hatten. Außerdem nahm auch die Geschäftsleitung der F*Z*G teil. An beiden Sitzungen diskutierte man während je einer halben Stunde unter der Gesprächsführung des EDV-Leiters Dr. Kulack das Thema »interne Normen«. Zunächst definierte Dr. Kulack, was darunter zu verstehen sei, und Frau Fink brachte einige Beispiele. Wider Erwarten waren einige Programmierer gegen diese

Normung. Jeder Programmierer habe andere Gewohnheiten und solle die Freiheit haben, seine Programme und Subroutinen zu nennen, wie er selbst wolle. Außerdem sei sicher, daß Normen immer die persönliche Kreativität unterdrücken. Dr. Kulack schlug vor, die Vor- und Nachteile interner Normen zunächst einmal gegenüberzustellen und dann weiter zu diskutieren.

Vorteile der Normen:

- erleichtertes Verstehen und Merken von Namen,
- Erfinden der Namen und Verfassen der Texte leichter,
- besseres Zurechtfinden in Texten aller Art,
- leichteres Verstehen der Texte,
- bessere Dokumentation,
- allgemein mehr Ordnung.

Nachteile der Normen:

- Aufwand für das Erstellen und Dokumentieren der Normen,
- Einschränkung der persönlichen Freiheit (?) und der Kreativität (?).

Daraus ergab sich, daß die Nachteile einer Normung in Kauf zu nehmen waren, da die Einschränkung der Kreativität umstritten war. Herr Biermann ging ins Lager der Normenbefürworter über. Er meinte, seine Kreativität würde gefördert, hätte er es beim Erfinden sinnvoller Namen leichter. Auch Herr Zapfel beteiligte sich an der Diskussion und führte aus, daß er seinen Betrieb ohne interne Regeln oder Normen gar nie hätte in die Höhe bringen können. Alle Mitarbeiter müßten eine ganze Menge von Regeln einhalten und deshalb wäre es nur billig, wenn auch die Programmierer ein paar Normen befolgen müßten. Umso mehr, als sie diese ja selbst festlegen könnten! Ihn überzeuge schon allein der Vorteil »mehr Ordnung«. – Damit war die Sache entschieden und auch die Herren Süßkind und Vredestein stimmten schließlich zu.

Es wurde noch beschlossen, die Normen in den Sitzungen der Projektgruppe zu erarbeiten, in einheitlichen Normblättern zu dokumentieren und danach in den Arbeitsgruppen zu erläutern.

Wie die Beispiele zeigen, beschränkte man sich bei den internen Normen der F*Z*G auf das Nötigste. Damit wurde den Programmierern die gewünschte persönliche Freiheit weitgehend belassen, trotzdem war für Ordnung gesorgt. Auf eine Speicherung der Normen im Computer konnte verzichtet werden, da es schließlich im ganzen nur 17 Normblätter gab und nur wenige Beteiligte manchmal auf sie zugreifen mußten. Frau Epting wurde gebeten, die Verwaltung der Normensammlung zu übernehmen.

F*Z*G IGEL	**Normblatt**	Name: N001
Kulack		Seite: 1/1
		Datum: 12.01.1995

Übersicht der internen Normen:

1. Die internen Normen werden in Normblättern dokumentiert.

2. Die Normblätter erhalten die Namen N001 bis N999.

3. Folgende Normen sind vorgesehen:

3.1	Namen von Dateien, Bildschirmmasken, Menüs, Programmen, Listen	Norm N010
3.2	Bildgestaltung	Norm N020
3.3	Dialog-Ablauf	Norm N030
3.4	Dialog-Funktionstasten	Norm N040
3.5	Dialog-Bedienung Spezialfälle	Norm N050
3.6	Fehlermeldungen	Norm N100
3.7	Hilfetexte für Dialoganwendungen	Norm N110
3.8	Bedienungsanleitungen	Norm N120
3.9	Systemdokumentation (Raster)	Norm N200

4. Die unter Punkt 3.7 bis 3.9 genannten Normen sind lediglich Empfehlungen. Alle übrigen Normen sind verbindlich.

5. Verantwortlich für die Nachführung und Verwaltung der internen Normen ist der Gruppenleiter EDV (Hr. Biermann). Alle Normen müssen vom Abteilungsleiter EDV (Hr. Dr. Kulack) genehmigt werden. Bei Meinungsverschiedenheiten entscheidet Herr P. Zapfel.

Verteiler: Systemdoku 3×, PZ, AZ, DM, TK, GK,
FS, WS, OF, PB, AS, AV, IF, JF, JT, Ep

13.2 Ein erstes Normblatt zeigt, was alles intern genormt werden soll und wie die Normblätter bezeichnet werden.

F*Z*G IGEL	**Normblatt**	Name: N010 Seite: 1/1
Kulack		Datum: 14.01.1995

Vergebung von Namen:

Allgemeine Form:

A B C nn D

C, nn, D: Buchstaben *C* und *D* sowie Ziffern *nn* können frei gewählt werden, jedoch muß Eindeutigkeit gewahrt sein. *D* ist nicht zwingend, kann entfallen.

Empfehlung für *nn*:

– Hauptprogramme	nn = 01..49
– Subroutinen und Funktionen	nn = 50..89
– kurzzeitig eingesetzte Programme	nn = 91..99

B: Arbeitsgebiet:

S ... System, Allgemeines
R ... Rechnungswesen
E ... Einkauf
L ... Lager, Transport
A ... Auftragsabwicklung
P ... Personalwesen

A: Art des Bezeichneten:

P ... physische Dateien
L ... logische Dateien
F ... Bildschirmmasken
M ... Menüs
C ... Kontrollprogramme
A ... Anwendungsprogramme

Beispiele:

- PSA01 physische Datei, allgemeine Verwendung (z.B.: Ortedatei)
- FEX03A Bildschirmmaske, Einkauf
- AAA01 Anwendungsprogramm, Auftragsabwicklung, Hauptprogramm

Verteiler: Systemdoku 3×, PZ, AZ, DM, TK, GK, FS, WS, OF, PB, AS, AV, IF, JF, JT, Ep

13.3 Beispiel eines Normblattes: Normierung von Namen

Merksätze

- *Interne Normen* dienen der Vereinheitlichung in einem Informatikprojekt bzw. in der gesamten Informatik eines Unternehmens.
- Sie schaffen Ordnung und erleichtern die Realisierung, die Benutzung und die Wartung der EDV-Systeme.
- In der Feinplanung normt man *Namen*, *Bilder*, *Bedienung* und *Texte*.
- Die interne Normung darf nicht unnötig weit ins Detail gehen!
- *Namen* sollen etwas aussagen und nicht lang sein.
- *Bilder* sollen eine einheitliche Titelzeile haben und immer nach gleichen Prinzipien aufgebaut werden.
- Die *Bedienung* soll dem Benutzer die Arbeit dadurch vereinfachen, daß sie für die verschiedenen Transaktionen ähnlich oder gleich erfolgt. (Die selbe Funktionstaste für den selben Zweck!).
- Alle *Texte* (Fehlermeldungen, Hilfetexte, Bedienungsanleitungen) sollen nach einem einheitlichen Raster verfaßt werden. Sie sollen klare Aussagen machen.

Ergebnisse

Folgende Ergebnisse der internen Normung liegen schließlich vor:

- Verzeichnis aller Dinge, die genormt werden. Für jede Norm wird angegeben, ob sie verbindlich oder als Empfehlung gedacht ist.
- Ein Formular »Normblatt« wurde entworfen.
- Alle internen Normen sind erstellt, von der Projektkommission (damit auch von der Geschäftsleitung) genehmigt, an alle Betroffenen verteilt.
- Die Normen sind eventuell im Computer gespeichert.
- Für die Verwaltung der Normensammlung wurde eine verantwortliche Person eingesetzt.

Literatur

DIN Deutsches Institut für Normung e.V. (Hrsg.): Software-Entwurf, Programmierung, Dokumentation, Schaltzeichen: Normen (Informationsverarbeitung 4).

14. Numerierungssysteme und Prüfziffern

Nummern dienen vielfach als Identifikationsschlüssel. Mit Prüfziffern schützt man Nummern vor Eingabe- und Übertragungsfehlern.

Numerierungssysteme sind mit dem Begriff des »Schlüssels« verknüpft, der im Kapitel 6 behandelt wurde. Wenn Objekte in einem Informationssystem angesprochen und bearbeitet werden sollen, müssen sie identifiziert werden können. Man stattet sie deshalb mit einem ***Identifikationsschlüssel*** aus. Sind Objekte in Hinsicht auf ihren Verwendungszweck völlig gleichartig, können auch mehrere Objekte den gleichen Schlüssel verwenden. Man wird zum Beispiel in der Industrie alle Muttern M10 derselben Qualität mit der gleichen Artikelnummer bezeichnen. Hingegen wird es die Polizei ablehnen, zwei Personenwagen mit dem gleichen Kennzeichen zuzulassen, auch wenn sie sich wie eineiige Zwillinge gleichen und dem selben Besitzer gehören.

Bleibt man beim Beispiel der Autokennzeichen, so erkennt man, daß Schlüssel zur Identifikation nicht nur aus Ziffern, sondern auch aus Buchstaben und anderen Zeichen bestehen können. Der Titel »Numerierungssysteme« soll auch diese einschließen. Es sollen alle Systeme zum Aufbau von Identifikationsschlüsseln gemeint sein. Es ist in manchen Fällen zweckmäßig, Identifikationsschlüssel ausschließlich aus Ziffern aufzubauen. Man unterscheidet von jeher die Begriffe »Nummer« und »Zahl« , obwohl beide aus Ziffern gebildet werden. Als Nummer hat man immer eine Identifikation verstanden.

Sprechende Nummern

Bei der Verwendung von Nummern zur Identifikation kam man auf die Idee, den Nummern zusätzliche Bedeutungen zuzuordnen. So sind zum Beispiel Hausnummern so zugeteilt worden, daß alle Häuser auf der linken Straßenseite mit ungeraden Nummern, die auf der rechten Straßenseite mit geraden Nummern bezeichnet wurden. Als weiteres Beispiel kann man sich eine Bank vorstellen, die ihre Kontonummern so verteilt, daß die erste Ziffer die Filiale bezeichnet, in der dieses Konto verwaltet wird. Die zweite Ziffer könnte dann die Art des Kontos bezeichnen (Sparbuch oder Girokonto oder Kreditkonto). Hat eine Nummer – oder allgemeiner ausgedrückt: ein Schlüssel – neben der Aufgabe der Identifikation auch noch die Aufgabe, Eigenschaften des Objektes wiederzugeben, spricht man von »sprechenden Nummern« oder »sprechenden Schlüsseln«.

Sprechende Nummern haben – neben dem Vorteil ihrer zusätzlichen Bedeutung – eine Reihe von Nachteilen:

- Oft reichen die vorgesehenen Bereiche nicht aus. Die Nummern »platzen«. Betrachtet man das oben erwähnte Beispiel der Kontonummern so erkennt man Probleme, wenn mehr als zehn Kontoarten auftreten: Dann reicht eine Stelle nicht mehr und man muß erweitern.
- Dieser Umstand führt dazu, daß die Nummern unnötig lang werden. Oft muß man auch Zwischenzeichen (Leerstellen, Punkte und ähnliches) einführen, um die verschiedenen Felder zu trennen. Das bringt mit sich, daß eine Kontonummer 12 Stellen haben kann, auch wenn es nur 10.000 Konti gibt.
- Fast unbrauchbar wird das Numerierungssystem dann, wenn viele Stellen mit einer Bedeutung versehen sind.

Nummern als Schlüssel

Beim heutigen Stand der Informatik haben sprechende Nummern nur mehr dort eine Berechtigung, wo sie dezentral bewirtschaftet werden sollen. Wenn man alle auf der Welt erscheinenden Bücher mit einem Identifikationsschlüssel ausstatten will, so wird es nicht möglich sein, alle Schlüssel von einer einzigen zentralen Stelle aus zu vergeben. Deshalb hat man hier eine international gültige Nummer geschaffen, deren erster Teil sprechend ist: die ISBN (engl.: International Standard Book Number). Die Nummer beginnt mit einer Nummer des Herstellungslandes, dann folgt die Nummer des Erzeugers (Verlegers) in diesem Land, die individuelle Nummer des Buches und eine Prüfziffer. Die einzelnen Felder werden durch Bindestriche getrennt. (Beispiel: ISBN 3-437-40172-6). So kann jedes Land seine Verlage und jeder Verlag seine Bücher individuell numerieren. Gewähr für eine unzweideutige Identifikation ist geboten. Ein weiteres Beispiel für eine solche Identifikation ist der EAN-Code (die »Europäische Artikelnummer«). Daraus kann man ableiten, daß man beim Aufbau von Nummernsystemen in der Informatik-Feinplanung

1. wenn möglich nichtsprechende Nummern verwenden soll und
2. sprechende Nummern nur dort vorzuziehen sind, wo die Bewirtschaftung (die Vergabe von neuen Nummern) dezentral erfolgen muß. Dies wird nur in großen Systemen der Fall sein. Auch in diesem Fall wird man nur einen bestimmten Teil der Nummer »sprechend« machen, wie zum Beispiel bei der ISBN die ersten beiden Felder.

Bei der soeben angestellten Betrachtung wurde der Standpunkt des Informatikers eingenommen. Es kann gute Gründe dafür geben, daß Spezialisten der Anwendungsgebiete ganz besondere Anforderungen an »ihre« Nummernsysteme stellen. Diese sollen hier nicht diskutiert werden. Es sei jedoch darauf hingewiesen, daß die Festlegung eines Nummernsystems nicht von einem Laien gemacht werden kann und Numerierungsspezialisten beigezogen werden müssen, wenn das gesuchte System nicht sehr einfach ist.

Der Informatiker verlangt immer ein einfaches Nummernsystem ohne sprechende Teile, das nichts anderes zu tun hat, als eindeutig zu identifizieren. Die Nummern werden als Primärschlüssel in den Dateien verwendet. Alle Attribute, das heißt alle Eigenschaften der Objekte, werden getrennt vom Schlüssel in entsprechenden Feldern der Datensätze festgehalten. Eigenschaften stehen also nicht im Schlüssel, sondern in eigenen Datenfeldern.

Zwei Schlüsselsysteme nebeneinander

Es gibt Fälle, in denen der Anwender Vorschriften für ein ganz bestimmtes (sprechendes) Nummernsystem erläßt, das vom Standpunkt der Informatik aus irgendwelchen Gründen (zum Beispiel fehlende Eindeutigkeit) nicht verwendbar ist. In einem solchen Fall führt man zwei Nummernsysteme ein: ein nichtsprechendes, klares Nummernsystem für die Schlüssel der Informatik und das vom Anwender gewünschte System für seinen Gebrauch. Jeder Datensatz erhält dann zwei Schlüsselfelder, einen für jedes System. Es ist bei der Programmierung in den meisten Fällen möglich, das Informatik-Schlüsselsystem unsichtbar zu halten, so daß der Anwender nur seinen eigenen Schlüssel zu Gesicht bekommt und verwendet. Auf dieselbe Art lassen sich die meisten Numerierungsprobleme lösen: in einem Nebeneinander zum Beispiel von »alten« und »neuen« oder »deutschen« und »englischen« Schlüsseln.

Schlüsselbereiche

Wenn man ein Nummernsystem einführt, muß man sich über den Nummernbereich klar sein. Man muß die Stellenzahl festlegen können. Damit ergibt sich sogleich die Frage: Soll das System nur aus Ziffern bestehen, oder sollen in den Schlüsseln auch Buchstaben (große, kleine) und andere Zeichen zulässig sein?

Der Vorteil von Schlüsselsystemen, die Zeichen aller Art zulassen, liegt darin, daß die Schlüssel kürzer werden. Ein solcher dreistelliger Schlüssel ermöglicht theoretisch 256 mal 256 mal 256 gleich 16.777.216 verschiedene Ausprägungen, ein dreistelliger numerischer Schlüssel nur 1000. Der Nachteil der erstgenannten Schlüsselsysteme liegt darin, daß Prüf»ziffern« nur sehr umständlich anzuwenden sind.

Da das Prüfen der Schlüssel, wie unten noch ausgeführt wird, zweckmäßig ist und nicht umständlich sein soll, wird man oft rein numerische Schlüssel wählen. Hat man sich dafür entschieden, muß noch die Stellenzahl und damit der Schlüsselbereich gewählt werden. Für den Schlüsselbereich gilt folgendes:

Regel: STZ(Schl) = STZ(Obj) + 1 [+ LPZ]

Bedeutung:

STZ(Schl)	Stellenzahl des Schlüssels
STZ(Obj)	Stellenzahl der Anzahl Objekte
LPZ	falls zutreffend: Länge der Prüfziffer (meist 1 Stelle)

Beispiel: Im Lager werden 3000 verschiedene Artikel geführt, eine Prüfziffer ist vorgesehen. Es ergibt sich STZ(Obj) = 4 und damit die Stellenzahl des Schlüssels STZ(Schl) = 6, ein sechsstelliger Schlüssel.

Aus dem Beispiel ist zu erkennen, daß eine recht große Reserve für zusätzliche Objekte vorgesehen wird. Der Fall bietet Platz für 100.000 Objekte. Wenn man die maximal mögliche Anzahl mit Sicherheit abschätzen kann, darf und soll man den Schlüssel um eine Stelle kleiner vorsehen, als es die Formel angibt. Es ist aber Vorsicht geraten, denn die Erweiterung eines Schlüsselfeldes ist auch in komfortablen Datenbanksystemen mit einigem Arbeitsaufwand verbunden. Primärschlüssel kommen in verschiedenen Dateien als Sekundärschlüssel immer wieder vor, sie werden oft auf Bildschirmen angezeigt oder eingegeben, so daß bei der Erweiterung eines Schlüsselfeldes viele Änderungen nötig werden können.

Nummernverteilung

Wenn der Bereich einmal gewählt ist, hat man noch zu entscheiden, wie die Nummern oder Schlüssel in diesem Bereich verteilt werden sollen. Es gibt zwei Möglichkeiten:

- *Fortlaufende Numerierung.* Bei der Zuteilung einer neuen Nummer wählt man die nächste freie, das heißt die nächste noch nicht benutzte Nummer. (Beispiel: Sind die Nummern von 1 bis 1234 bereits in Verwendung und bestehen keine Lücken, wird als neue Nummer 1235 ausgegeben).
- *Gleichmäßige Verteilung.* Die Zuteilung einer neuen Nummer erfolgt mit Hilfe eines Zufallszahlengenerators, der den Bereich gleichmäßig füllt, so daß die unbenützten Zwischenräume zwischen den verwendeten Nummern im Mittel gleich groß sind. (Beispiel: Im Bereich von 1 bis 100 sind die Nummern 20, 60 und 80 bereits vergeben. Als neue Nummer wird 40 zugeteilt.)

Wird mit nichtsprechenden Nummern gearbeitet, sollen die neuen Nummern vom Computersystem ***automatisch*** zugeteilt werden, damit die Benutzer nicht in Versuchung geraten, den Nummern doch irgendeine (private) Bedeutung zu geben. Wenn nun die Zuteilung schon durch den Computer erfolgt, kann dieser genau so schnell auch eine neue Nummer »auslosen«. Die dadurch erreichte gleichmäßige Verteilung kann die Sicherheit erhöhen. Die Wahrscheinlichkeit, daß eine ungültige Nummer erkannt wird, ist größer als bei fortlaufender Numerierung. Folgendes Beispiel zeigt dies: Ein Artikelsortiment umfasse 2500 Artikel, die Artikelnummer ist vierstellig (ohne Prüfziffer). Der Artikel mit der Nummer 1324 wird gesucht, aber die Nummer wird falsch als 1342 eingegeben. Bei fortlaufender Numerierung gibt es auch einen Artikel 1342 und es wird zwar ein Datensatz gefunden, aber er ist falsch. Bei einer gleichmäßigen Verteilung der Artikelnummern gibt es vielleicht gar keinen Artikel 1342 und das System antwortet mit einer Fehlermeldung. Dadurch ist die Sicherheit ohne Aufwand verbessert.

Prüfziffern

Bei der Eingabe von Schlüsseln am Bildschirm, bei deren Einlesen von Klarschriftbelegen, bei der Datenübertragung und bei anderen Transaktionen können Fehler vorkommen. Bei der manuellen Eingabe sind solche Fehler besonders wahrscheinlich. Die dadurch entstehenden Unstimmigkeiten in den Datenbeständen sind besonders dann unangenehm, wenn als falscher Schlüssel ein gültiger Schlüssel verwendet wird, der aber ein anderes Objekt als das angesprochene bezeichnet. Dann entstehen zugleich zwei Fehler, einer beim »richtigen« und einer beim »falschen« Objekt. (Beispiel: Man entnimmt dem Lager 10 Stück des Artikels 131. Beim Verbuchen der Transaktion irrt man sich und gibt eine Entnahme von 10 Stück beim Artikel 113 ein. Nun ist der neue Lagerbestand im Computersystem für beide Artikel falsch.)

Aber nicht nur falsche Schlüssel, sondern auch falsche Stückzahlen, Geldbeträge, Postleitzahlen, Telefonnummern und ähnliche Größen können die Effizienz eines Informationssystems beeinträchtigen.

Um Fehler bei der Eingabe oder Übertragung von Schlüsselfeldern oder anderer kritischer Felder zu vermeiden, bedient man sich sogenannter Prüfziffern. Diese werden dem Prüfling, das heißt der zu sichernden Nummer hinzugefügt, natürlich ohne die Bedeutung zu verändern.

Modulo-11-Verfahren

Dieses Verfahren ist ein Beispiel, wie man Prüfziffern bilden und benützen kann.

- *Ermittlung der Prüfziffer:* Jede Stelle der Nummer erhält zunächst ein Gewicht, die letzte Stelle das Gewicht 2, die vorletzte das Gewicht 3 und so weiter. Dann werden die einzelnen Stellen mit ihrem Gewicht multipliziert und die auf diese Art ermittelten Produkte addiert. Die Summe wird durch 11 dividiert und der

1. Ermittlung der Prüfziffer:						
zu prüfende Nummer	**8**	**0**	**6**	**2**	**9**	
Gewicht der Stellen	6	5	4	3	2	
Produkte	48	0	24	6	18	
Summe aller Produkte					96	
Division durch 11		96	:	11 =	8	
Rest					8	
Prüfziffer		11	-	8 =	3	
Nummer mit Prüfziffer	**8**	**0**	**6**	**2**	**9**	**3**
2. Prüfen auf Richtigkeit:						
Nummer von oben	8	0	6	2	9	3
Gewicht der Stellen	6	5	4	3	2	1
Produkte	48	0	24	6	18	3
Summe aller Produkte						99
Division durch 11		99		:	11 =	9
Rest						0
Ist der Rest ungleich null, war die Nummer falsch!						

14.1 Das Modulo-11-Verfahren für Prüfziffern

Rest von 11 subtrahiert. Das Ergebnis ist die Prüfziffer. Diese wird zum Beispiel als letzte Stelle der ursprünglichen Nummer zugefügt.

- *Prüfen auf Richtigkeit:* Die Nummer samt Prüfziffer erhält wieder die obigen Gewichte je Stelle, die Prüfziffer das Gewicht 1. Wie oben wird dann je Stelle der Zahlenwert mit dem Gewicht multipliziert, die Summe gebildet, durch 11 dividiert. Ist der Rest 0, war die Nummer (sehr wahrscheinlich) richtig.

Das Bild 14.1 zeigt das Verfahren an einem Beispiel. Es ist interessant festzustellen, welchen Schutz ein solches Prüfziffernverfahren bietet. Statistische Untersuchungen ergeben, daß die Fehlerverteilung ungeprüfter Nummern folgendermaßen aussieht:

- Eingabe- und Übertragungsfehler 86 %
- einfache Vertauschung 8 %
- sonstige Fehler (doppelte Vertauschung, Auslassung, Einfügung, Verschiebung, allgemeine Permutation) 6 %

Das Modulo-11-Verfahren bietet vollständige Sicherheit gegen Übertragungsfehler, einfache und doppelte Vertauschung, wenn die Gewichte unter 11 bleiben, also für Nummern bis 9 Stellen (ohne Prüfziffer). Ein vollständiger Schutz gegen alle Arten von Fehlern ist nicht gegeben. Die im Bild 14.2 gezeigten Fehlerfälle zeigen dies.

Fehlerfall		**Nummer mit Prüfziffer**						**Rest**
gültige Nummer		8	0	6	2	9	3	0
Übertragungsfehler		8	0	7	2	9	3	4
einfache Vertauschung		8	6	0	2	9	3	6
Verschiebung links		0	6	2	9	3		5
Verschiebung rechts			8	0	6	2	9	5
doppelte Vertauschung		8	2	6	0	9	3	4
Auslassung und Rechtsverschiebung			8	0	6	9	3	2
Auslassung und Linksverschiebung		8	0	6	9	3		6
Einfügung	8	0	6	2	2	9	3	0 (!)
andere Einfügung	8	0	0	6	2	9	3	8

(Rest ungleich null heißt: Prüfung nicht bestanden)

14.2 Verschiedene Fehlerfälle und die Ergebnisse der Prüfziffernrechnung. Nicht alle Fehler werden erkannt.

Da viele Nummern, die als Schlüssel verwendet werden, leider mehr als neun Stellen enthalten, ist für sie dieses Verfahren nicht genügend sicher. So hat man zum Beispiel für die oben schon erwähnten Nummern ISBN (International Standard Book Number) oder EAN (Europäische Artikel Nummer) andere, aber ähnliche Methoden im Einsatz. Im Bild 14.3 ist anhand eines Beispieles die Prüfziffernmethode für den 13stelligen EAN-Code gezeigt. Gewichtung und Modul sind anders als beim Modulo-11-Verfahren, aber der Ablauf ist identisch.

EAN	**4**	**0**	**9**	**8**	**7**	**6**	**5**	**4**	**3**	**2**	**1**	**0**	
Gewicht	1	3	1	3	1	3	1	3	1	3	1	3	
Produkte	4	0	9	24	7	18	5	12	3	6	1	0	
Summe der Produkte						89							
Modul						10							
Quotient (Summe durch Modul)			89	:	10	= 8							
Rest			89	-	80	= 9							
Prüfziffer (Modul minus Rest)			10	-	9	= 1							
EAN mit Prüfziffer	**4**	**0**	**9**	**8**	**7**	**6**	**5**	**4**	**3**	**2**	**1**	**0**	**1**

14.3 Ermittlung der Prüfziffer für einen 13stelligen EAN-Code. Die Prüfung erfolgt analog dem vorhergehenden Beispiel. Ein Rest ungleich null ergibt auch hier »falsch«!

Prüfziffern müssen nicht am Ende einer Nummer angeordnet werden. Es kann zweckmäßig sein, sie ins Innere der geprüften Nummer zu legen, wenn die Gefahr besteht, daß sie am Ende eher verloren geht.

Das Prüfziffernverfahren gibt bei allen Dateneingaben eine weitgehende Sicherheit. Sie ist nicht vollständig, aber doch in fast allen Fällen hinreichend. Bei der Eingabe an Bildschirmstationen wird der Benutzer meistens die Möglichkeit haben, aus der Antwort des Systems zu erkennen, ob seine Eingabe richtig war. Auf die Eingabe einer Artikelnummer sollte das System mit der Ausgabe der Artikelbezeichnung im Klartext antworten. Dann kann der Benutzer die Richtigkeit überprüfen. Dies gibt zusätzliche Sicherheit. Bei der Erfassung von Massendaten ist diese Möglichkeit weniger gegeben – hier hat der Programmierer wenn nötig durch Plausibilitätsprüfungen für erhöhte Sicherheit zu sorgen.

Bei der Datenfernübertragung genügt die Prüfung einzelner Nummern, Schlüssel oder Codes mit Prüfziffern nicht. Hier muß der ganze Inhalt einer Übertragung geprüft werden. Dies geschieht durch die Prüfung ganzer Datenblöcke mit Hilfe von Prüfworten, die wie die oben beschriebenen Prüfziffern Kontrollwerte für das ganze Bitmuster der übertragenen Daten im Block enthalten. Die dafür verwendeten Algorithmen sind anspruchsvoll, das Prinzip ist immer dasselbe.

Dokumentation

Die Regelungen, für die man sich entschieden hat, müssen auch hier dokumentiert werden. Dies sind: Auswahl der Objekte mit Identifikationsschlüssel, Form und Länge der Schlüssel, Belegung der Bereiche, Anwendung von Prüfziffern, Verfahren der Prüfziffern. Ein Beispiel zeigt Bild 14.4. Die Aufschreibungen werden in die Systemdokumentation eingereiht.

Fallstudie IGEL: EAN und Kundennummer

In der Arbeitsgruppe *Auftragsabwicklung* hielt Frau Fink einen kurzen Vortrag zum Thema der Numerierungssysteme und Prüfziffern. Man müsse sich darüber klar werden, wie die Schlüssel für verschiedene Objekte organisiert werden sollen. Im besonderen müsse man Schlüssel für folgende Objekte festlegen:

- Kunden,
- eigene Läden,
- Lieferanten,
- Artikel,
- Bestellungen/Lieferungen/Rechnungen,
- eigene Güterwagen (Bahn),
- eigene LKWs.

Diese Schlüssel werden in der Auftragsabwicklung verwendet. Aber auch in anderen Arbeitsgebieten treten sie auf. Deshalb könne man nicht frei verfügen. In erster Linie müsse man die Möglichkeiten der Standardsoftware prüfen, denn man dürfe nur Schlüssel verwenden, die auch von dieser verarbeitet werden können. Und außerdem müßten auch alle anderen Arbeitsgruppen und die Geschäftsleitung einverstanden sein. Deshalb müsse hier der Projektleiter (Herr Dr. Kulack) federführend sein.

Bestellungen, Lieferungen und Rechnungen hatten bisher eine voneinander abhängige Numerierung. Die Bestellungen wurden fortlaufend im Kalenderjahr numeriert und die letzten beiden Stellen der Jahreszahl wurden angehängt. Die zugehörigen Lieferungen wurden mit der gleichen Nummer gekennzeichnet und bei Teillieferungen durch eine Ziffer zwischen 1 und 9 ergänzt. Die zugehörigen Rechnungen erhielten die Nummer der Lieferung, wurden jedoch durch ein vorangestelltes F gekennzeichnet. Prüfziffern wurden nicht verwendet. Das ergab folgendes Bild (Beispiel):

Bestellung-Nr.	1 2 5 6 6 3 - 9 4
2. Teillieferung dazu	1 2 5 6 6 3 - 9 4 - 2
Rechnung zu dieser	F 1 2 5 6 6 3 - 9 4 - 2

Dieses System verursachte immer wieder Schwierigkeiten. Es sollte verbessert werden. Eine unabhängige Numerierung wäre einfacher.

In der Sitzung der Projektkerngruppe vom 17. Februar 1995 wurde das Thema behandelt und folgendes beschlossen:

- ***Kunden und eigene Läden:*** Die eigenen Läden werden wie Kunden behandelt. Für 120.000 Kunden und die vorhandenen und geplanten Läden genügt eine sechsstellige Kundennummer. Die Kundennummern sollen im Bereich von 000.001 bis 999.999 gleichmäßig verteilt und nicht sprechend sein. Es soll in der Mitte der Kundennummer eine einstellige Prüfziffer nach dem Modulo-11-Verfahren eingeschoben werden. Somit wird die neue Kundennummer 7 Stellen haben. Die alten, bisher gültigen Kundennummern waren teilweise sprechend und enthielten einen Ländercode (Buchstaben) und die Nummer des zuständigen Vertreters oder Sachbearbeiters. Eine Tabelle alte/neue Kundennummer wird bei der Datenübernahme im Computersystem erstellt.
- ***Lieferanten:*** Der bisherige Schlüssel wird beibehalten. Er besteht aus drei Buchstaben.
- ***Artikel:*** Wie bisher wird als Schlüssel die 13stellige EAN (Europäische Artikelnummer) verwendet.
- ***Bestellungen/Lieferungen/Rechnungen:*** Sie werden getrennt voneinander und unabhängig numeriert. Das Verzeichnis der Mengen und Häufigkeiten (Bild 3.5) zeigt, daß pro Jahr mit etwa 300.000 Aufträgen zu rechnen ist. Die Numerierung erfolgt teilweise sprechend. Die Nummern der Bestellungen, Lieferungen (Lieferscheine) sind voneinander unabhängig. Die detaillierte Regelung zeigt Bild 14.4.
- ***Transportmittel:*** Die acht firmeneigenen Eisenbahn-Güterwagen wurden bisher nur mit ihrer 12stelligen UIC-Wagennummer bezeichnet. Das war umständlich, so daß sie von den Betroffenen abgekürzt mit Übernamen versehen wurden (»der Dicke«, »der Winsler«, »der Rostige« und ähnliches). Im neuen System werden sie einen einzigen Kennbuchstaben (derzeit A bis H) erhalten. Die Lastkraftwagen/Lastzüge (21 Zugwagen, 16 Anhänger) wurden bisher mit dem Vornamen des Fahrers oder der Fahrerin bezeichnet (»LKW Rudi«, »Anhänger Silvia«). Sie erhalten im neuen System zweistellige Nummern. Lastzüge werden mit einer vierstelligen Nummer, bestehend aus den Nummern von Zugwagen und Anhänger gebildet.

Diese Regelung wurde mit Herrn Trutschka (FICOSO) besprochen. Er stellte fest, daß zur Standardsoftware kein Widerspruch bestand und gab sein Einverständnis zur Regelung. Auch Herrn Zapfel wurde die Regelung präsentiert. Er nahm nicht detailliert Stellung zum Vorschlag, sondern meinte, daß die Spezialisten das unter sich abmachen sollten. Damit war – zumindest für die Auftragsabwicklung – die Aufgabe gelöst. Die Regelungen wurden niedergeschrieben und in die Systemdokumentation eingereiht.

F*Z*G IGEL	**Feinplanung: Allgemeine Regeln**	Name:	NUM-AUFTR
		Seite:	1/1
Kulack	Numerierung in der Auftragsabwicklung	Datum:	15.02.1995

Die Numerierung in der Auftragsabwicklung:

1. Dieses Numerierungssystem betrifft die Schlüssel von
   - Bestellungen (Bestell-Nr., BNR),
   - Lieferungen (Liefersch.-Nr., LNR),
   - Rechnungen (Rechn.Nr., RNR),
   - Mahnungen (Mahn.Nr., MNR).

2. Die Numerierung dieser Transaktionen erfolgt grundsätzlich unabhängig voneinander, jedoch ist der Aufbau der Nummer in allen Fällen derselbe.

3. Die Nummern haben folgende Form:

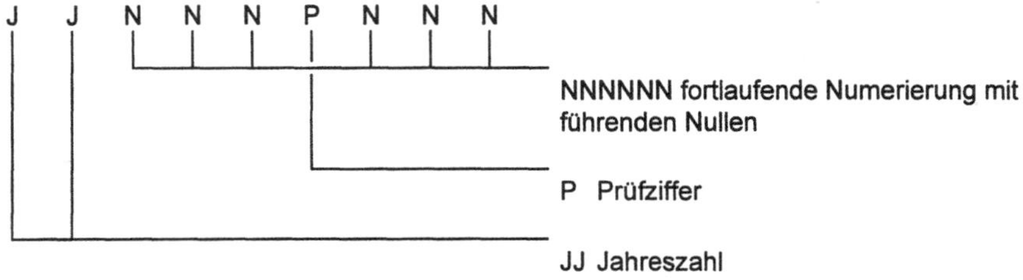

   Beispiel einer Bestellnummer:

   9 6 0 0 4 5 7 1 1 (4711. Bestellung im Jahr 1996, die Prüfziffer ist 5)

4. Die Prüfziffer steht in der 6. Stelle der Nummer und entspricht dem Modulo-11-Verfahren.

5. Da man pro Jahr höchstens 300.000 Bestellungen erwartet und je Bestellung durchschnittlich 1,1 Lieferungen erfolgen und 1,1 Rechnungen erstellt werden, genügt die sechstellige Nummer NNNNNN.

Verteiler: Systemdoku 3×, PZ, AZ, DM, TK, GK, FS, WS, OF, PB, AS, AV, IF, JF, JT, Ep

14.4 Numerierung der Aufträge

Merksätze

- Um Objekte (Kunden, Artikel, Fahrzeuge) in einem Informationssystem ansprechen zu können, stattet man sie mit einem *Identifikationsschlüssel* aus.
- *Nummern* sind Identifikationsschlüssel, die nur aus Ziffern bestehen.
- *Sprechende Nummern* (sprechende Schlüssel) dienen neben der Identifikation auch weiteren Zwecken, wie der Kennzeichnung von Eigenschaften des Objektes. Die Verwendung sprechender Nummern soll in Informationssystemen wenn möglich vermieden werden. Eigenschaften (Attribute) der Objekte werden in eigenen Datenfeldern gespeichert.
- *Nummernbereiche* sind richtig zu dimensionieren. Die Formel lautet wie folgt:

  STZ(Schl) = STZ(Obj) + 1 [+ LPZ]

  (Die Stellenzahl des Schlüssels sei um eins größer als die Stellenzahl der Anzahl Objekte. Eine Prüfziffer kann dazu kommen). Als Beispiel: 3000 Artikel, einstellige Prüfziffer, der Schlüssel habe 6 Stellen.
- Innerhalb des Bereiches numeriert man *fortlaufend* ODER *gleichmäßig verteilt*. Die zweite Methode gibt oft mehr Sicherheit.
- Mit *Prüfziffern* schützt man Nummern vor Eingabe- und Übertragungsfehlern. Das *Modulo-11-Verfahren* ist eine einfache Methode dafür.

Ergebnisse

Die in diesem Kapitel beschriebenen Tätigkeiten ergeben:

- Es wurde festgelegt, welche Objekte mit Identifikationsschlüsseln ausgestattet werden müssen und welche dieser Schlüssel rein numerisch sein können.
- Die Form und die Länge der einzelnen Schlüssel wurden bestimmt.
- Für alle Schlüssel wurde die Belegung des Bereiches gewählt (fortlaufend oder gleichmäßig verteilt).
- Für jeden numerischen Schlüssel wurde bestimmt, ob er mit oder ohne Prüfziffer verwendet werden soll.
- Für die Anwendung der Prüfziffern wurde ein geeignetes Verfahren ausgewählt.
- Die Regelungen wurden dokumentiert.

Literatur

WEITZEL, W.: Der Schlüssel zur Computer Orgware.

GRUPP, B.: Methoden der Istaufnahme und Problemanalyse.

HANSEN, H. R.: Wirtschaftsinformatik I.

15. Bilder, Dialoge, Druckausgaben

Bilder, Dialoge und Druckausgaben dienen als Brücke zwischen Computer und Benutzer. Sie müssen sorgfältig gestaltet werden. Bei der Gestaltung müssen die Benutzer mitarbeiten.

Der Bildschirm und die Tastatur bilden die wichtigste Verbindungsstelle zwischen Informationssystem und Benutzer. In den Industrieländern war schon 1992 jeder dritte Arbeitsplatz mit einem Bildschirm ausgestattet. Da ist es notwendig, sich über die Gestaltung der Bilder und der Dialoge einige Gedanken zu machen. Aber auch die gedruckte Ausgabe ist nicht zu vernachlässigen, »Listen« bleiben unentbehrlich. Sie dienen einmal dem Spezialisten, wenn er bessere Übersicht benötigt, als sie ein relativ kleines Bild am Schirm bieten kann. Zum anderen ist die Liste der gebräuchlichste Datenträger, wenn Informationen nach außen übermittelt werden sollen: zum Partner, zum Lieferanten, zum Kunden. Wie sich Bücher und Zeitungen neben dem Fernsehen und Radio behaupten, ist bedrucktes Papier auch in der Informatik zweckdienlich und preiswert. Eine Bedingung ist auch hier die gute Gestaltung von Inhalt und Form.

Anwender und Gestaltung

Es wurde bereits früher darauf hingewiesen, daß die Mitarbeit der Anwender und Benutzer in jedem Informatikprojekt unerläßlich ist. So versteht es sich eigentlich von selbst, daß auch bei der Gestaltung der Bilder, Dialoge und Druckausgaben (Listen) der besonders betroffene Personenkreis mitarbeiten und entscheiden sollte. Die Mitarbeit von Anwendern und Benutzern ist notwendig, damit sie erhalten, was sie brauchen. Die Benutzer erleben dabei selbst die Schwierigkeiten des Entwerfens, wodurch ihr Verständnis für die Probleme der Informatiker verbessert wird. Aus Fragen und Diskussionen können andererseits die Informatiker Anforderungen und Bedingungen kennen lernen, die ihnen vielleicht zunächst entgangen sind. Manchmal haben die Benutzer Schwierigkeiten bei den Entwurfsaufgaben. Sie können sich zu wenig vorstellen, welche Möglichkeiten bestehen, was man darf und was nicht, was alles möglich ist. Sie sind hin und wieder sogar unsicher zu definieren, was sie unbedingt brauchen. Der Informatiker muß sich in diesem Punkt voll für die Ausbildung seiner Anwender einsetzen, durch Kurse, mit Beispielen, mit Prototypen – und mit sehr viel Geduld! Es hat keinen Sinn, wenn der Informatiker rasch ein Bild selbst entwirft, weil ein Benutzer noch ungeschickt ist und zu lange braucht. Eine gezielte Ausbildung lohnt sich auf jeden Fall für später.

An einen weiteren Personenkreis ist zu denken, der im Informatikprojekt überhaupt nicht befragt wird und keinerlei Einfluß geltend machen kann, obwohl er ganz wesentlich betroffen wird. Man kann ihn als *Anwender zweiter Art* bezeichnen: den Empfänger des bedruckten Papiers am äußersten Rand der Informationssysteme. Das sind die Kunden, die Rechnungen und Mahnungen erhalten, die Bürger als Empfänger von Steuerbescheiden und Strafverfügungen, die Verbraucher als Schuldner von Strom- und Gasrechnungen. Diese Personen und Stellen bilden die Zielgruppe, für die ein großer Teil des Aufwandes der Informatik getrieben wird. Da sie in keinem Projekt vertreten sind, müssen sowohl die Informatiker, als auch die Sachbearbeiter in den Fachabteilungen an die Rechte und Interessen der »Anwender zweiter Art« denken und diese in das Feinkonzept einbringen. Was heißt das? Gedruckte Ergebnisse der Informatik, die nach außen gehen, sind mit besonderer Sorgfalt zu gestalten!

Allgemeines zum Bildschirmentwurf

Im Kapitel 11 war von der Ablauforganisation die Rede. Jeder Dialog, der sich mit Hilfe eines Bildschirmterminals zwischen Benutzer und Informationssystem abwikkelt, muß der betrieblichen Ablauforganisation entsprechen und diese zweckmäßig unterstützen bzw. vollziehen. Deshalb ist die Dialoggestaltung, die später noch behandelt wird, entscheidend für die Tauglichkeit des Systems. Die Bilder am Bildschirm sind Elemente des Dialogs und von diesen soll zunächst die Rede sein. Man kann *fünf Arten* von Bildern unterscheiden:

1. *Auswahlbilder:* Sie dienen der Ansteuerung der einzelnen Funktionen im Informationssystem. Sie zeigen ein ***Menü***, aus dem sich der Benutzer die gewünschte Funktion auswählt. Andere Arten bieten die Möglichkeit, aus einer Anzahl von ***Objekten***, meist sind es Datensätze, ein bestimmtes auszuwählen.
2. *Eingabebilder:* Diese Bilder verwendet man, um Daten in bestimmte, vorgegebene Felder einzugeben. Oft handelt es sich um Daten in großen Mengen, also um reine Datenerfassung, um Massendaten. In anderen Fällen werden bereits gespeicherte Daten geändert.
3. *Ausgabebilder:* Sie dienen der Information der Benutzer und zeigen (variable) Daten an, in übersichtlicher Form, oft in der Art von Tabellen oder auch als Graphiken.
4. *Textbilder:* Auch sie dienen der Information der Benutzer, jedoch handelt es sich nicht um variable Daten, sondern um gleichbleibenden Text. Dieser wird jedoch oft als zweckmäßig ausgewählter Ausschnitt dargestellt. Ein typisches Beispiel ist die Anzeige der Hilfetexte.
5. *Kombinierte Bilder:* Eine häufige Form der Dialogbilder ist die Kombination der oben angeführten Arten: Auf Grund verschiedener Ausgaben werden Eingaben verlangt, Texte erläutern und erleichtern das Vorgehen und über ein Befehlstastenmenü kann auf verschiedene Funktionen weitergeschaltet werden.

Für den Benutzer ist die Arbeit mit den verschiedenen Bildarten, die auch zu einigen verschiedenen Anwendungsdialogen gehören, zunächst gar nicht einfach. Um die Verwirrung möglichst klein zu halten – manche Benutzer haben auf ihrem Bildschirm mit hundert und mehr Bildern zu arbeiten – muß für alle Bilder ein klarer und einheitlicher Aufbau gewählt werden. Der Bildaufbau muß für die Anwendungsentwicklung in einer schriftlichen Norm einheitlich geregelt werden!

Alle Bildarten müssen einheitlich aufgebaut sein! Dies ist in einer Norm zu regeln.

Der Bildaufbau

Es hat sich bewährt, alle Arten von Bildern in drei Bereiche zu teilen (siehe Bild 15.1):

- Der *Titelbereich* ist der oberste Teil jedes Bildes, er umfaßt eine oder zwei Zeilen und dient der allgemeinen Information des Benutzers: In welcher Funktion, in welchem Teil eines Dialoges befindet er sich? Was kann er mit diesem Bild tun?

  Dieser Bereich hat zusätzlich noch die Aufgabe, im Fehlerfall festzuhalten, wo der Benutzer im Ablauf seiner Dialogverarbeitung stand, als ein Fehler aufgetreten ist. Zu diesem Zweck wird der Benutzer eine Hardcopy des Bildes anfertigen und diese mit seiner Fehleranzeige den Informatikspezialisten zustellen.

  Der Titelbereich soll folgendes enthalten (siehe dazu die Bilder 15.2 ff.): Den *Namen des Bildes* (Beispiel: FAM01). Falls für mehrere Anwender gearbeitet wird, auch den *Namen des Mandanten* (Beispiel: FICOSO). In der Mitte steht dann als eigentliche Überschrift der *Titel des Bildes* (Beispiel: »Personalverwaltung Menü 1«). Er sollte besonders hervorgehoben werden: durch Großschrift oder durch helle Zeichen oder spezielle Farbe. Der Titel sollte immer gleich lauten wie die Angabe im Menü, mit der das aktuelle Bild gewählt wurde. Enthält das Bild einen Hilfetext, sollte das Wort »Hilfe« oder »Information« im Titel enthalten sein. Falls man

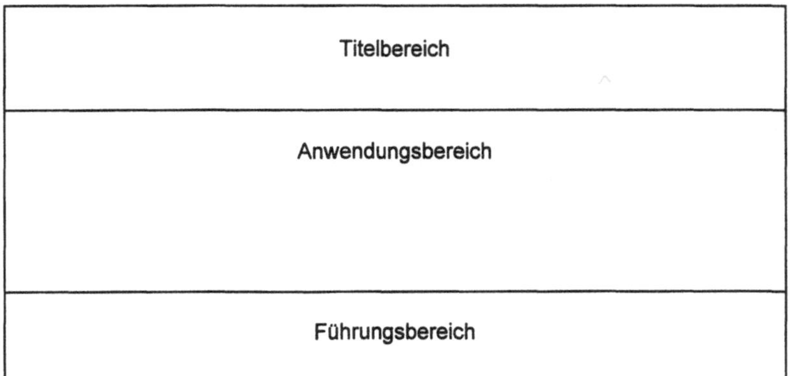

15.1 Alle Arten von Bildern sollen einheitlich in drei Bereiche unterteilt werden.

einen *Untertitel* benötigt, ordnet man diesen in der zweiten Zeile unter dem Haupttitel an.

Außerdem kann es zweckmäßig sein, *Datum* und *Uhrzeit* anzugeben (wieder in Hinblick auf eine Hardcopy im Fehlerfall) und schließlich noch die *Bezeichnung des Terminals*, an dem gearbeitet wird (Beispiel: PA11). Bei Bildern, die aus mehreren Seiten bestehen, ist es zweckmäßig, die Seitennummer und die gesamte Seitenzahl anzugeben. Das trifft besonders bei Hilfetexten zu.

- Der *Anwendungsbereich* liegt immer in der Mitte des Bildes, er schließt unter dem Titelbereich an. Der Inhalt dieses Teiles hängt von der Anwendung und von der Bildart ab: Es kann sich um ein Menü oder um Ein- und Ausgabefelder oder um Text oder um eine Kombination dieser Dinge handeln. Der Inhalt ist nach Bedarf frei zu gestalten, er wird vom Anwendungsprogramm gesteuert. Als Beispiele können alle Bilder dieses Kapitels dienen.

  Da der Anwendungsbereich sehr viele Möglichkeiten bietet und von Bild zu Bild immer wieder anders aussieht, ist eine übersichtliche Gestaltung sehr wichtig. Dem Benutzer kann die Übersicht erleichtert werden durch eine saubere Einteilung in Kolonnen, durch Leerzeilen zur Trennung von Gruppen und durch eine zweckmäßige Führung des Cursors. In den Beispielen wird später darauf näher eingegangen.

- Der *Führungsbereich* liegt zu unterst im Bild. Hier teilt das System dem Benutzer mit, wie es weitergeht, mit welchen Befehlstasten oder Eingabewerten er bestimmte Funktionen auslösen kann. Auch Nachrichten und Fehlermeldungen vom System an den Benutzer haben hier ihren Platz.

  Es ist wichtig, daß der Benutzer klar erkennt, durch welche Eingabe er die ausgewählte Funktion auslöst. Er soll also dazu angehalten werden, als Auslöser nicht nur eine bestimmte Taste zu drücken, sondern auch explizit eine Eingabe zu machen. Bei Menüs wird das die Eingabe einer Nummer sein. Beim *Auslösen einer Verarbeitung* soll der Benutzer sein Kurzzeichen eingeben, um den Vorgang bewußt zu starten. Es wird also in vielen Fällen ein Eingabefeld mit der Bezeichnung »Ihre Wahl -->:« oder »Ihr Kurzzeichen -->:« als *Startfeld* vorhanden sein. Nur bei der Erfassung von Massendaten kann man auf ein solches Startfeld und Startsignal verzichten.

  In der untersten oder in den beiden untersten Zeilen sind die Befehlstasten aufzuführen, mit denen der Benutzer den Dialog weiter steuern kann. Es sollen nur jene Befehlstasten angegeben werden, die im aktuellen Bild und beim aktuellen Stand der Verarbeitung auch tatsächlich aktiv sind und etwas bewirken.

  Die Nachrichten und Fehlermeldungen stehen in der Regel zwischen der Zeile mit dem Startfeld und der Zeile mit den Hinweisen auf Befehlstasten. Über Form und Inhalt von solchen Meldungen kann im Kapitel 13 einiges gelesen werden.

Einige Grundregeln

- Das *Einstiegsbild* soll dem Benutzer einen einfachen und klaren Weg zur gewünschten Verarbeitung bieten. Verschiedene Benutzer brauchen verschiedene Einstiegsbilder, je nach Aufgabe und Zugriffsberechtigung.

- Man verwende *Groß- und Kleinschreibung*. Texte, die nur aus Großbuchstaben bestehen, sind schwer zu lesen.
- Jedes Bild soll eine logisch *zusammenhängende Aussage* darstellen oder eine logisch zusammenhängende Transaktion abbilden. (Beispiel: »Kunden-Stammdaten ändern«).
- Der Benutzer muß die Daten in der ihm *vertrauten Form* sehen und eingeben können. (Beispiel: ***nicht*** »19951224« ***sondern*** »24.12.1995«).
- Die *Reihenfolge* der Anzeigen oder Eingaben soll logisch sein. (Beispiel: ***nicht*** »Name-Postleitzahl-Vorname-Ort« ***sondern*** »Name-Vorname-Postleitzahl-Ort«). Der Cursor muß entsprechend gesteuert werden können. Es ist zu beachten, daß das Springen des Cursors manchmal vom System vorgegeben ist und nicht beeinflußt werden kann. Der Cursor springt von Feld zu Feld und von Zeile zu Zeile. In diesem Fall muß das Eingabebild so gestaltet werden, daß die logische Reihenfolge eingehalten wird.
- Felder mit gleichem Inhalt sollen in allen Bildern *gleich bezeichnet* werden. (Beispiel: ***nicht*** »Kundennummer:« oder »Kunden-Nr.:« oder »Kd.-Nr.:« ***sondern immer*** »Kunden-Nr.:«). Wenn möglich sollen solche Felder auch immer an der gleichen Stelle im Bild angeordnet werden. Dies ist besonders bei Schlüsseln wichtig, mit denen bestimmte Datensätze verlangt werden (Kundennummern, Artikelnummern, Auftragsnummern usw.). Sie sollen im Anwendungsteil links oder rechts oben stehen.
- Alle Anweisungen, Feldbezeichnungen, Fehlermeldungen und Hinweise müssen dem Benutzer leicht *verständlich* sein. (Beispiel: ***nicht*** »Allgemeiner Datenbankfehler« ***sondern*** »Artikel nicht gespeichert«).
- Bilder sollen *nie überladen* werden! Es soll immer noch für einige zusätzliche Felder Platz bleiben, da solche in Zukunft bei Programmergänzungen erforderlich sein können.
- Daten, die ein Benutzer nie braucht, sollen ihm auch *nicht angezeigt* werden. (Beispiel: Wenn der Benutzer mit einer Artikelnummer einen Satz aus der Artikeldatei auf den Bildschirm holt, interessiert es ihn nicht, als wievielter Satz dieser in der Datei steht. Das heißt es ist unnötig, die Recordnummer anzuzeigen.)
- Von jeder Stelle aus soll eine *Bedienerhilfe* aufgerufen werden können, die einen entsprechenden Hilfetext anzeigt.
- Hat man sich für einen einheitlichen Bildentwurf entschieden, soll er konsequent *immer gleich* verwendet werden. Bei allen Bildern sollen die Befehlstasten die gleiche Bedeutung haben.

Auswahlbilder

Bei Auswahlbildern sind zwei Arten zu unterscheiden: Menüs und Objektauswahl. Die erste Art zeigt Menüs an und ermöglicht dem Benutzer die Auswahl einer gewünschten Funktion. Wie im Abschnitt »Dialoggestaltung« weiter unten noch ausgeführt wird, kann die Auswahl oft nicht mit einem einzigen Bild erreicht werden, sondern es ist eine Hierarchie von Menüs zu durchlaufen, bis der Benutzer zur ge-

```
FAM01   FICOSO      Personalverwaltung Menü 1      26.03.1995  11.30  PA11
-------------------------------------------------------------------------


                Wählen Sie die gewünschte Funktion aus:


                    1  Anzeige von Personaldaten
                    2  Ändern von Personalstammdaten
                    3  Aufnahme neuer Personalstammdaten
                    4  Löschen von Personaldaten
                    5  Anzeige Personalliste
                    6  Personal je Kostenstelle
                    7  Ändern Gehaltsdaten
                    8  Gehaltsabrechnung
                    9  Menü 2 (Monats-, Jahresarbeiten)


    Ihre Wahl --->: _



BT01 Ende      BT02 Menü 3 (Verwaltung)      BT09 Text      BT12 Mailbox
```

15.2 Auswahlbildschirm mit einem einfachen Menü. Die Auswahl erfolgt durch Eingabe des Codes.

wünschten Funktion gelangt. Bei den üblichen Anwendungen sollte man mit maximal zwei hierarchischen Menüs auskommen. Sonst wird der Ablauf langsam und mühsam, besonders für erfahrene Benutzer. Wer den Bildschirmtext (Btx) der Bundespost benützt, kennt das. Ideal ist natürlich, mit einem einzigen Menü zur gewünschten Funktion zu kommen.

Hier bietet sich für geschickte Informatiker ein einfacher Ausweg: Man sieht für erfahrene Benutzer eine andere Steuerung vor als für normale Benutzer. Beispiel: Das erste Menü zeigt eine Auswahl von zwölf Funktionen. Der Benutzer wünscht die Anzeige der »jährlichen Portostatistik«, die er im üblichen, hierarchischen Ablauf erst über drei Folgemenüs erreicht. Für den erfahrenen Benutzer kann dies verkürzt so eingerichtet werden, daß er durch Eingabe eines Spezialcodes (»PS«) anstelle einer Auswahlnummer des ersten Menüs (1..12) direkt in die gewünschte Funktion gelangt.

Das Bild 15.2 zeigt das Bild einer ganz normalen Auswahl. Es stehen neun Möglichkeiten zur Verfügung, die durch Eingabe des entsprechenden Codes ausgewählt werden. Es gäbe auch andere Möglichkeiten, eine Funktion auszuwählen: durch Ankreuzen der betreffenden Zeile, durch Verschieben eines Lichtbalkens oder durch Bezeichnen mit einem Lichtstift oder anderes mehr. Die hier vorgeschlagene Eingabe eines Zahlencodes ist einfach und auch genügend komfortabel.

```
FAM10   FICOSO       Menü Personalverwaltung       01.04.1995  14.30  PA10
--------------------------------------------------------------------------

                 Wählen Sie die gewünschte Funktion aus:

 01  Anzeige Personaldaten                  21  Lohnsteuer
 02  Ändern Personalstamm                   22  Sozialversicherung
 03  Neuaufnahme Personalstamm              23  Versicherungs-Statistik

 04  Löschen Personaldaten                  24  Gehaltsstatistik (Monat)
 05  Personalliste                          25  Gehaltsstatistik  (Jahr)
 06  Personal in Kostenstellen              26  Managementbericht (Jahr)

 07  Ändern Gehaltsdaten                    27  Reisespesenabrechnung
 08  Gehaltsabrechnung (Monat)              28  Spesenstatistik
 09  Verbuchung, Auszahlung                 29  Vorschüsse/Kredite

 10  Bank-, Postband                        30  Beiträge Lebensversicherung
 11  Gehaltsliste                           31  Reisekasse
 12  Monatsstatistik                        32  Mutation Hilfetexte

 Ihre Wahl --->: __

BT01 Ende                    BT09 Text                         BT12 Mailbox
```

15.3 Auswahlbildschirm mit Menü in zwei Kolonnen mit 24 Möglichkeiten. Viel mehr kann man in einem Menü nicht unterbringen.

In der untersten Zeile sieht man kurze Hinweise für die Benützung der Befehlstasten. Daß eine Befehlstaste zum Hilfetext für dieses Menü führt, ist selbstverständlich und nicht speziell erwähnt. Da bei allen Bildern dieselbe Taste die Bedienerhilfe aufruft und diese immer aktiv ist (ein Hilfetext ist immer vorhanden) kann der Hinweis entfallen.

In einem Auswahlbild kann man maximal etwa 24–30 Wahlmöglichkeiten unterbringen. Wie dies aussieht, zeigt Bild 15.3. Es ist zwar nicht so schön wie das vorhergehende Bild, aber ein guter Ausweg, um zuviele Hierarchiestufen der Menüs zu vermeiden.

Die zweite Art der Auswahlbilder gestattet die ***Auswahl eines Objektes*** aus einer entsprechenden Liste. Das Bild 15.4 zeigt ein Beispiel dafür. Als Objekt ist ein Satz einer Datei oder eine logisch verbundene Gruppe von Daten zu verstehen, die aus verschiedenen Dateien zusammengetragen werden, aber zu einem Objekt (einer Person, einem Gegenstand, einem Vorgang) gehören.

Mit dem Auswahlbild 15.4 wird ein Kunde gesucht, von dem zunächst nur bekannt ist, daß er »Maderthaner« oder »Madertanner« heißt und in München wohnt. Es wird für den Namen »Madert« und für den Ort »München« eingegeben, worauf das System alle in Frage kommenden Personen aus der Kundendatei anzeigt. Durch Bezeichnen einer Zeile kann der gewünschte Kunde samt seiner Kundennummer gefunden und ausgewählt werden.

```
FAV51    ADEBAR    Kundenauswahl - Kundennummer     19.03.1995   07.46   VA5
-------------------------------------------------------------------------------

          Name          Vorname      PLZ    Ort          Straße           Kunden-Nr.
Suche:    Madert                            München
Wahl :
  _       Madertal      Eusebius     81379  München      Machtlfingerstr.8     210422
  _       Madertaler    Otto jun.    80796  München      Belgradstraße    22   236543
  _       Madertaler    Otto sen.    80796  München      Belgradstraße    22   209711
  _       Madertaller   Maria        80992  München      Karl-Lipp-Str.    4   445310
  _       Madertaner    Gregor       81829  München      Stahlgruberring  9    242318
  _       Madertaner    Selma        81249  München      Eichelhäherstr.  3    440900
  _       Madertanner   Anton        80336  München      Schillerstraße  17    454710
  X       Maderthaner   Eugen        81667  München      Rosenheimerstr.79     200301
  _       Madertobel    Irmgard      80336  München      Bavariastraße   17    200572
  _       Madertobler   Susanna      80807  München      Stuttgarterstr.41     400276
  _       Madertucnik   Dragan       80807  München      Taunusstraße    33    409904
  _       Madertum      Ilse         80336  München      Goethestraße    50    210903
  _       Madertz       Isidor       81369  München      Passauerstraße  81    499045
  _

    Markieren Sie den ausgewählten Kunden und drücken Sie <Dat Freig>!

BT01 Ende ohne Auswahl
```

15.4 Auswahlbildschirm für die Auswahl eines Objektes (hier: eines Kunden) aus einer Liste.

Eingabebilder

Eingabebilder dienen zur Datenerfassung oder zur Änderung bereits gespeicherter Daten. Sie sollen so gestaltet werden, daß der Benutzer die Daten in einer für ihn logischen und praxisnahen Folge auf einfache Art eingeben kann. Die Eingaben sollen von links nach rechts und von oben nach unten vorgenommen werden. Der Cursor steht beim Erscheinen des Bildes in der linken Stelle des ersten Eingabefeldes.

Der größte Teil aller ***Fehler in den Datenbeständen*** entsteht durch falsche Eingaben. Deshalb ist der Prüfung der eingegeben Werte die höchste Aufmerksamkeit zu schenken! Falsche Werte sind nicht zuzulassen. Zweifelhafte Werte sind mit Warnungen zu beantworten. Die Prüfung der Eingaben soll so streng wie möglich sein. Werden Codes oder Schlüssel eingegeben, sind sie durch Prüfen im Datenbestand zu kontrollieren. Soweit möglich sollen alle Eingaben durch Plausibilitätsprüfungen überwacht werden. Auch Quervergleiche der Eingaben können nützlich sein: Wird für das Alter einer Person »4 Jahre« und als Beruf »Dachdecker« eingegeben, ist zumindest ein Warnsignal angebracht. Prüfziffern und Kontrollsummen leisten weitere gute Dienste. Die folgenden Regeln sollten eingehalten werden:

- Sowohl leere, als auch ausgefüllte Eingabemasken sollen übersichtlich aussehen.
- Oft werden bei der Datenerfassung die Eingabedaten auf Formularen angeliefert. Dann soll der Aufbau der Eingabemaske dem Formularaufbau entsprechen. Die

Reihenfolge und Anordnung der Felder sollen bei beiden gleich sein. Ist die Cursorbewegung vorgegeben, paßt man den Maskenentwurf dieser Bewegung an und den Formularentwurf paßt man der Maske an.

- Leittexte geben an, was in ein Feld einzugeben ist. Sie stehen vor dem Eingabefeld oder darüber. Der Weg vom Leittext zum Eingabefeld soll entweder kurz sein oder durch eine Leitlinie erleichtert werden. Der Leittext soll auch das erwartete Format der Eingabe zeigen. Einige Beispiele:

```
Name, Vorname . . . :>                          <
Telefon . . . . . . :>_____/_______<
Postleitzahl, Ort . :>____  _______________<
Datum  (TT.MM.JJ) . :>          <
Betrag DM (#.###,##):>          <
```

- Eingaben sollen grundsätzlich linksbündig erfolgen können. Bei variabler Länge des Textes muß die maximal möglich Länge erkennbar sein.
- Abhängig von der Eingabe sollen bestimmte Felder vom Cursor automatisch übersprungen werden.
- Eingabewerte sollen vom vorhergehenden Bild her dupliziert werden können.
- In Eingabefeldern sollen Defaultwerte angeboten werden (Beispiel: die aktuelle Jahreszahl im Datum).
- Für immer wiederkehrende, lange Begriffe sollen Kurzzeichen oder Codes eingegeben werden können (Beispiel: 0..9 für die häufigsten Ortsnamen). Nach der Eingabe von Codes soll der dazugehörige Klartext angezeigt werden.
- Prüfziffern und Kontrollsummen sollen eingegeben und vom Programm geprüft werden können.
- Zweifelhafte Eingabewerte sollen eine Warnung (Meldung, blinkendes Feld, Pfiff) auslösen.
- Wurde ein Eingabefehler festgestellt, soll eine Fehlermeldung angeben, was falsch war und der Cursor soll auf das fehlerhafte Eingabefeld gesetzt werden.

Für die reine Datenerfassung, das heißt die Eingabe von Massendaten, eignen sich Bilder in Tabellenform. Das Bild 15.5 zeigt eine derartige Maske, wie sie zur Eingabe der Stände von Elektrizitätszählern aus sogenannten Ableselisten verwendet wird.

Beim Beispiel im Bild 15.5 wurde durch besondere Maßnahmen der Programmierung mit Hilfe einer temporären Datei erreicht, daß die Nummern der Elektrizitätszähler schon vom System in der richtigen Reihenfolge angezeigt werden, wie sie auf der Ableseliste stehen. Diese Nummern müssen also nicht mehr eingegeben werden. Zur Sichtkontrolle wird noch der Name des Kunden angegeben. Die eingegeben Zählerstände werden geprüft: Ist der Zählerstand überhaupt möglich? Ist er plausibel? Ist er unmöglich, wird er zurückgewiesen. Ist er wenig plausibel, wird er mit einer Warnung versehen.

```
FEA07   EVUFFM      Zählerstands - Erfassung     07.05.1995  16.40  AB17
------------------------------------------------------------------------
Ortsnetz. . : Südstadt                            Ablesetag: 31.03.1995
Ablesebezirk: 17                                  Ableser. : Heimann F.

Zählernummer   Zählw.HT    Zählw.NT    Leistg.96h    Kunde

      101077   063492,0    778126,5      5,4         Meisel Gerda

       32455   713287,4    110112,2      1,2         Obermiller Eva

       57118    33854,0     66721,2     __,_         Ösökar Sodor

      145013   585230,3    000331,1      0,4         Appartement 12

      127864   ______,_    ______,_     __,_         Rochus Fritz

       17891   ______,_    ______,_     __,_         Schmidt Hans

       33524   ______,_    ______,_     __,_         Tippl Gisela

     Ihr Kurzzeichen, wenn verbucht werden soll:     ___

BT01 Ende      BT11 leere Maske     BT18 zurück     BT24 nächste Seite
```

15.5 Eingabebild zur Datenerfassung. Die Werte werden so angezeigt und eingegeben, wie sie im Erfassungsformular stehen. Dargestellt ist der Zustand während der Eingabe.

Das nächste Beispiel zeigt zwei Eingabebilder zum »Ändern von Gehaltsdaten«. Das erste (Bild 15.6) erscheint, nachdem der Mitarbeiter gewählt wurde. Dies konnte durch Eingabe der Personalnummer oder eines Teiles des Namens erfolgen. Diese Eingabemaske ist noch leer, die bisher gültigen Daten werden jedoch angezeigt.

- Die Personalnummer und der Name des Mitarbeiters werden angezeigt, damit der Sachbearbeiter die Gewißheit hat, die Daten des richtigen Mitarbeiters zu ändern.
- Die Feldbezeichnungen sind numeriert. Dies erleichtert Hinweise und Erklärungen am Bildschirm und im Benutzerhandbuch.
- Die Eingabefelder sind durch Unterstreichungen kenntlich gemacht. Die Eingabe kann linksbündig erfolgen.
- Die bisherigen Gehaltsdaten werden in einer separaten Kolonne angezeigt. Dadurch bleiben sie während der ganzen Transaktion sichtbar und erleichtern die visuelle Kontrolle.
- Unter den Eingabefeldern stehen aktuelle Hinweise für den Benutzer.
- In der untersten Zeile sieht der Benutzer seine weiteren Möglichkeiten: Er kann das Programm verlassen, eine leere Maske verlangen (falls er sich bei der Auswahl des Mitarbeiters geirrt hat) oder zu einem Mitarbeiter weiterschalten, der zur selben Kostenstelle gehört und im Alphabet dem angezeigten Mitarbeiter benachbart ist.

```
FAM21    FICOSO      Ändern der Gehaltsdaten        28.03.1995   09.45   PA07
-------------------------------------------------------------------------------
Pers.Nr.: 00202                                     Kostenstelle: 9002
Name. . : Mittelholzer Ferdinand                    Abteilung . : EDV/E

                                          neu:             bisher:

          1) Änderungsdatum (TT.MM.JJ): __.__.__           01.01.94
          2) Grundgehalt DM . . . . . : ______             4.800,00
          3) Erhöhung Betrag DM . . . : ______             250,00
          4) Grund der Erhöhung . . . : ____________       Tarif
          5) Auszahlungsart . . . . . : ____________       Postgiro
          6) Anzahl Gehälter/Jahr . . : __                 13
          7) Überstunden-Status (J/N) : _                  J
          8) Arbeitsstunden (%) . . . : ___                100

          Geben Sie jetzt die neuen Daten ein.
          Sie können die Felder 4) bis 8) leer lassen,
          wenn Sie die bisherigen Daten übernehmen wollen.



BT01 Ende     BT11 leere Maske     BT14/15 vorherg./nächster Mitarbeiter
```

15.6 Eingabebild zum Ändern von Gehaltsdaten, leere Maske vor der Eingabe.

Nun wird der zuständige Sachbearbeiter die neuen Gehaltsdaten eingeben und danach eine entsprechende Taste (zum Beispiel *Dat Freig*) drücken. Nun prüft das System die Eingabedaten auf Richtigkeit und Plausibilität. Wenn es nichts feststellt, was eine Fehlermeldung oder eine Warnung auslösen müßte, entsteht das nächste Bild (Bild 15.7).

Das Bild hat sich nach der Eingabe etwas verändert. Es zeigt alle Werte an. Außerdem teilt es mit, daß die Eingabe in Ordnung war und daß einige Werte unverändert blieben. Die neuen Daten wurden jedoch in der Personal- und Gehaltsdatei noch nicht abgespeichert. Der Benutzer macht zunächst nochmals eine Sichtkontrolle und gibt dann sein Kurzzeichen ein, wenn er mit der Änderung der Dateien einverstanden ist. Nun drückt er die Auslösetaste (zum Beispiel *Dat Freig*) und die Änderung wird im System vollzogen. Im darauf folgenden Bild, das hier nicht wiedergegeben ist, wird dem Benutzer noch mitgeteilt, daß die Änderungen erfolgreich gespeichert wurden. Dann kann er mit der Gehaltserhöhung eines anderen Mitarbeiters weiterfahren oder die Anwendung verlassen.

Eingabebilder zur Datenänderung werden im Gegensatz zu obigem Beispiel auch oft so entworfen, daß das Ändern durch Überschreiben der alten, bisherigen Werte erfolgt. Man hat dann keine eigene Kolonne der alten Werte. Der Vorteil ist, daß man weniger Platz braucht und mit demselben Bild Änderung und Anzeige der Daten abwickeln kann. Der Nachteil liegt in der weniger übersichtlichen Darstellung.

```
FAM21   FICOSO     Ändern der Gehaltsdaten        28.03.1995  09.55  PA07
-----------------------------------------------------------------------
Pers.Nr.: 00202                                   Kostenstelle: 9002
Name. . : Mittelholzer Ferdinand                  Abteilung . : EDV/E

                                    neu:             bisher:

          1) Änderungsdatum (TT.MM.JJ): 01.04.95     01.01.94
          2) Grundgehalt DM . . . . . : 5.100,00     4.800,00
          3) Erhöhung Betrag DM . . . : 300,00       250,00
          4) Grund der Erhöhung . . . : Beförderung  Tarif
          5) Auszahlungsart . . . . . : Postgiro     Postgiro
          6) Anzahl Gehälter/Jahr . . : 13           13
          7) Überstunden-Status (J/N) : J            J
          8) Arbeitsstunden (%) . . . : 100          100

          Plausibilität: OK, keine Warnung.
          Felder 5) bis 8) von vorher übernommen.

          Für Datenabspeicherung Ihr Kurzzeichen: ___

        Speicherung erfolgt nur mit Kurzzeichen und <Dat Freig>.
                  Befehlstasten: keine Abspeicherung!
BT01 Ende     BT11 leere Maske     BT14/15 vorherg./nächster Mitarbeiter
```

15.7 Eingabebild zum Ändern von Gehaltsdaten, Maske nach der Eingabe.

Ausgabebilder

Die Ausgabebilder dienen der Information der Benutzer und zeigen veränderliche Daten an, deren Bedeutung ebenfalls in Leittexten angegeben wird. Es können zwei Typen von Ausgabebildern unterschieden werden:

- *Übersichtsbilder.* Sie geben in Form einer Liste oder Tabelle eine Übersicht über die gespeicherten Objekte und ihre wichtigsten Eigenschaften. (Beispiel: Bild 15.8). Je Objekt wird meist nur eine Zeile verwendet.
- *Detailbilder.* Sie zeigen in einem Bild eine ganze Reihe von Eigenschaften eines Objektes. (Beispiel: Bild 15.9). Je Objekt wird meist eine ganze Seite verwendet.

Selbstverständlich sind auch Mischformen möglich, die in einem Bild zum Beispiel eine größere Anzahl von Eigenschaften für einige wenige Objekte zeigen (Beispiel: zwölf Daten zur Person für drei Angestellte je Bild).

Die Regeln zur Gestaltung entsprechen denjenigen der oben bereits behandelten Bildarten. Wichtig ist hier, daß man nicht einfach den Inhalt der Dateien auf den Schirm projiziert, sondern die Daten inhaltlich und logisch so darstellt, wie sie der Benutzer braucht. Also: Man zeigt nur diejenigen Daten, die notwendig sind und ordnet sie nach ihrer Zusammengehörigkeit und Wichtigkeit.

```
YAM08   ADEBAR      Personal - Übersicht     21.03.1995  Seite 17/85  PI09
-----------------------------------------------------------------------
Wahl  Name,Vorname     Geb.Jahr  Wohnort   Abt. Tätigkeit  Ausb. Stand Kind

 _    Hartmann Otto    1941      Duisburg  VK   Abt.Ltr.   FH    verh   2
 _    Hartmann Ulla    1968      Bochum    INF  Datatyp.   MR    gesch  0
 _    Hartwig Hans     1970      Essen     DIR  Sekretär   UNI   ledig  0
 _    Hartwig Nicole   1976      Binz      EXP  Sekretär   HS    ledig  0
 _    Hartzwik Jan     1955      Bochum    VK   Dolmetsch  FH    verh   3
 _    Herler Georg     1949      Düsseldf  DIR  Direktor   TU    verh   2
 _    Herz Gottfried   1957      Bochum    SRV  Monteur    GS    gesch  1
 X    Herzl Anna       1961      Dortmund  VK   Sekretär   HS    verh   1
 _    Herzmann Fritz   1966      Offenburg EXP  Packer     GS    verw   2
 _    Hirter Kasimir   1955      Essen     FRW  Buchhalt   FH    verh   3
 _    Hirzel Frieda    1980      Salten    FRW  Auszubild  GS    ledig  0
 _    Hirzel Josef     1954      Salten    INF  Analyst    FH    verh   2
 _    Horch Gustaf     1965      Essen     INF  GrChef     TU    ledig  0
 _    Hörzer Hans      1968      Wuppertal SRV  Monteur    GS    verh   1
 _    Huber Jakob      1972      Düsseldf  DIR  Assistent  UNI   verh   2

 Für Detailinformation: Mitarbeiter ankreuzen, <Dat Freig> drücken!
 Anderen Namensbereich wählen - hier erste Buchstaben eingeben: _______

BT01 Ende          BT14 rückwärts blättern          BT15 vorwärts blättern
```

15.8 Ausgabebild (Übersichtsbild) eines Personalinformationssystems. Der Benutzer kann mit Befehlstasten blättern oder mit einem Suchbegriff das nächste Bild wählen.

Die Daten sollen übersichtlich und verständlich dargeboten werden: Kalenderdatum, Beträge, Telefonnummern sind entsprechend aufzubereiten. Daten, die als Codes gespeichert sind, müssen im Klartext dargestellt werden.

Hat man eine lange Liste anzuzeigen, die viele aufeinanderfolgende Bilder in Anspruch nimmt, muß der Benutzer die Anzeige rollen und auch vor- und zurückspringen können. In diesem Fall soll er in einer Befehlszeile einen Suchbegriff oder die gewünschte Seite eingeben können.

Hin und wieder sieht man Bildschirmanwendungen, bei denen die Zeilen länger sind, als es die Bildschirmbreite gestattet. (Beispiel: Bildschirmbreite 80 Zeichen, Zeilenlänge 144 Zeichen). Dann kann man nur durch Verschieben des Bildausschnittes alle Informationen sehen. Dies ist für den Benutzer sehr unbequem und sollte vermieden werden.

In Bildern mit vielen Angaben ist zu empfehlen, variable Felder (das heißt die angezeigten Daten eines Objektes) mit größerer Helligkeit zu zeigen als die fixen Titel und Leittexte. Das erhöht die Übersichtlichkeit. Bei Farbbildschirmen (auf die später noch eingegangen wird) kann mit geschickter Farbwahl auch viel erreicht werden.

```
YAM09   ADEBAR      Personal - Details      21.03.1995 Seite 167/858 PI09
-------------------------------------------------------------------------
Pers.Nr. . . : 00304                        Kostenstelle: 0-13-1
Name . . . . : Herzl Anna                   Abteilung . : Verkauf

Anschrift. . : Adelenstraße 18              44269 Dortmund
Telefon  . . : 0231 5334027
Geburtsdatum : 26.03.1961                   Geburtsort . : Dortmund
Staatsbürger : Deutschland
Stand. . . . : verheiratet                  Kinder . . . : 2
                                            Geburtsjahre : 1981, 1986
Eintritt . . : 01.04.1990  Salär: 1200 DM   Stellung . . : Hilfskraft
Beförderungen: 01.01.1991         1900 DM                  Schreibkraft
               01.01.1993         2500 DM                  Sekretärin
               01.01.1994         2700 DM                  Sekretärin
               01.01.1995         3100 DM                  Sekretärin

Ausbildung . : Handelsschule 1980-1983,     dipl. Kauffrau
               EDV-Kompaktkurs    1991      Basis, PC, Text, Multimedia

Urlaub . . . : 1995 31 Tage                 davon bezogen  5 Tage
Qualifikation: 1994 B  1995 A               Teilzeit . .   100 %

BT01 Personal-Übersicht            BT14/15 vorherg./nächster Mitarbeiter
```

15.9 Ausgabebild (Detailbild) eines Personalinformationssystems. Eine größere Anzahl von Informationen für einen Angestellten wird gezeigt. Das Blättern geschieht wie im vorhergehenden Bild.

Textbilder

In jedem Informationssystem benötigt man Bildschirmdarstellungen, die nur Text (eventuell mit Graphiken ergänzt) ausgeben. Beispiele sind: Anleitungen zur Benützung des Anwendungssystems, Vorschriften und Regeln, Hilfetexte. Textbilder können aus einer Seite oder aus mehreren Seiten bestehen, man kann sie rollen (den Text zeilenweise verschieben) oder blättern (seitenweise verschieben).

Von der Qualität des Inhaltes der Texte soll jetzt nicht die Rede sein. Daß man einfache und verständliche Formulierungen verwendet, ist unerläßlich. Zur Form ist folgendes zu sagen:

- Man bilde kurze Sätze und eine deutliche Struktur! Man teile den Text eines Bildes in mehrere Absätze. Diese sollen nicht lang und durch Leerzeilen voneinander getrennt sein.
- Überschriften und Untertitel geben Aufschluß über den Gegenstand der Information.
- Die angezeigten Informationen sollen auf den momentanen Informationsbedarf des Benutzers abgestimmt sein.
- Dem Benutzer wird gezeigt, wie es nach dem Text weitergeht: wenn nötig durch Hinweise am Ende des Textes, auf jeden Fall mit Erklärung der aktiven Befehlstasten.

```
HI144    LONDON    Artikel - Neuaufnahme    Hilfetext    Seite 1/7   PI09
-----------------------------------------------------------------------

Neuaufnahme von Artikeln in die Artikeldatei (Bild FNA01 ff.)

Mit Hilfe dieses Programmes können neue Lagerartikel in das System auf-
genommen werden. Es ist jedoch nicht möglich, einmal abgespeicherte Ar-
tikeldaten im System zu verändern. (Verwenden Sie bei Bedarf die Funk-
tion »Artikel-Mutation«!)

Die interne Artikelnummer (Art.-Nr.) wird vom System automatisch verge-
ben. Es ist eine nichtsprechende Nummer, deren Wert Sie nicht beeinflus-
sen können. Sie haben jedoch die Möglichkeit, die Artikelnummer des Lie-
feranten und die Lieferantennummer einzugeben. Diese Nummern können als
Hilfsschlüssel zur Suche eines Artikels verwendet werden.

Ablauf einer Neuaufnahme:

1. Zuerst müssen Sie die Artikelgruppe des aufzunehmenden Artikels be-
   stimmen. Sie haben folgende Wahl:
   01 Backwaren  02 Teigwaren  03 Fisch     04 Fleisch    05 Käse
   06 Butter     07 Fett,Öl    08 Obst      09 Gemüse     10 Gewürze
   ..            ..            ..           ..            ..   ---> ./.
BT01 Ende          BT14 rückwärts blättern        BT15 vorwärts blättern
```

15.10 Beispiel eines Textbildes. Klare Form und deutliche Struktur erleichtern die Lesbarkeit.

Kombinierte Bilder

Kombinierte Bilder sind Mischformen aus den oben besprochenen Bildarten. Sie kommen häufig vor. Folgende Kombinationen sind üblich:

- *Text- und Auswahlbild.* Es wird ein Menü angezeigt, aus dem der Benutzer wählen kann. Außerdem erläutert ein längerer Text die einzelnen Menüpunkte.
- *Anzeige- und Auswahlbild.* Es wird eine längere Tabelle von Objekten mit ihren wichtigsten Eigenschaften dargestellt. Man kann ein einzelnen Objekt auswählen, für das dann in einem weiteren Bild Detailinformationen dargestellt werden.
- *Anzeige- und Eingabebild.* Für ein Objekt werden Eigenschaften (Daten) angezeigt, die geändert werden können. Dies ist eine sehr verbreitete Kombination für die Mutation von Datenbeständen.

Das farbige Bild

Die Verwendung von Farben kann dem Bildschirm zusätzliche Möglichkeiten eröffnen und die Anwendungen benutzerfreundlicher machen. Mit farbigen Bildern läßt sich folgendes erreichen:

- Die verschiedenen Informationsblöcke eines Bildes werden deutlich von einander abgegrenzt.

- Wichtige Daten können hervorgehoben werden.
- Der Benutzer kann vom genauen Lesen entlastet werden und die Information über eine Farbe aufnehmen. (Beispiel: Sind alle Werte im Bild grün, so ist alles in Ordnung und kein Eingriff erforderlich.)

Aber es ist Vorsicht geboten: Sind die Bilder zu bunt, wird es das auch dem Benutzer. Folgende Regel hat sich seit langem bewährt:

Jedes alphanumerische Bild kommt mit VIER Farben aus!

Als diese Farben seien empfohlen: ***blau, grün, weiß, rot.*** Und ihre Verwendung:

- *blau:* Titel, Überschriften, Leittexte, Bezeichnungen, nicht veränderbare Daten, konstanter Text,
- *grün:* variable Ausgabedaten, veränderbare Eingabedaten,
- *weiß:* Warnungen, Nachrichten, Meldungen und die von diesen betroffenen Datenfelder,
- *rot:* Fehlermeldungen und andere wichtige Meldungen sowie die von diesen betroffenen Datenfelder, kritische Werte aller Art, Hinweise zur besonderen Aufmerksamkeit des Benutzers.

Es ist möglich, daß diese vier Farben nicht befriedigen und durch andere Farbtöne ersetzt werden sollen, die dem Benutzer angenehmer sind. Folgende Ersatzfarben können empfohlen werden:

- statt grün: blau, türkis, gelb
- statt weiß: gelb, rosarot
- statt rot : gelb, rosarot.

Will man eine brauchbare Farbgebung erzielen, sollte man ganz allgemein folgendes beachten:

- Der Benutzer soll bei der Farbwahl mitbestimmen.
- Farben sollen zur Unterscheidung von Daten nur dort eingesetzt werden, wo dies auch sinnvoll ist.
- Für gleiche Zwecke sollen in allen Bildern die gleichen Farben verwendet werden.
- Mit den grellen Farben weiß, hellgelb und rosarot muß vorsichtig umgegangen werden.

Damit wurden alle wichtigen Grundsätze der Bildgestaltung dargelegt. Gut gestaltete Bilder sind eine Voraussetzung für eine benutzerfreundliche Anwendungsprogrammierung. Aber gute Bildgestaltung allein genügt nur für reine Ausgabebilder und für Textbilder. Überall, wo auch eingegeben werden muß, kommt es darauf an, daß die (guten) Bilder auch durch einen zweckmäßig gestalteten Dialogablauf sinnvoll und logisch aneinander gereiht werden.

Dialoggestaltung

Als Dialog bezeichnet man einen Ablauf, bei dem der Benutzer zur Abwicklung einer Arbeitsaufgabe - in einem oder mehreren Schritten - Daten eingibt und jeweils Rückmeldung über die Verarbeitung dieser Daten erhält.[1] Dialogsysteme sind so zu gestalten, daß folgenden Grundsätzen entsprochen wird:

- *Aufgabenangemessenheit:* Ein Dialog hat den Benutzer bei seiner Aufgabe zu unterstützen, ohne ihn durch Eigenschaften des Dialogsystems unnötig zu belasten. (Beispiel: Der Cursor wird am Bildschirm automatisch so positioniert, wie es für den Arbeitsablauf zweckmäßig ist.)
- *Selbstbeschreibungsfähigkeit:* Der Benutzer kann sich auf Wunsch über die Möglichkeiten der Dialogprogramme informieren. Jeder Dialogschritt soll dem Benutzer unmittelbar verständlich sein. (Beispiel: Drücken einer Hilfetaste bringt eine kurze Erläuterung auf den Bildschirm. Nochmaliges Drücken bewirkt die Anzeige weiter reichender Erklärungen.)
- *Steuerbarkeit:* Der Dialog soll vom Benutzer gesteuert werden können, indem er das Arbeitstempo bestimmt und die Eingaben in der von ihm gewünschten Reihenfolge der Bilder und Felder vornimmt. Er soll nicht durch lange Antwortzeiten aufgehalten werden. (Beispiel: Ein umfangreiches Eingabeformular benötigt mehrere Bildschirmseiten. Der Benutzer kann nacheinander beliebige Seiten aufrufen und muß sich auch nicht an die Reihenfolge der Eingabefelder halten.)
- *Erwartungskonformität:* Der Arbeitsablauf soll den Erwartungen des Benutzers entsprechen, die er aus seinen bisherigen Arbeiten mitbringt. Das Dialogverhalten soll innerhalb des ganzen Systems einheitlich sein! (Beispiel: Ein Benutzer arbeitet an seinem Bildschirm mit verschiedenen Anwendungsprogrammen. Alle Programme verhalten sich im Dialogablauf gleich, die Funktionstasten haben - so weit möglich - stets die selbe Wirkung.)
- *Fehlerrobustheit:* Trotz fehlerhafter Eingaben wird das Ergebnis mit minimalem Korrekturaufwand erreicht. Fehler werden dem Benutzer erklärt. Eingaben des Benutzers dürfen auf keinem Fall zu undefinierten Systemzuständen oder zum Programmabsturz führen. (Beispiel: Das System erkennt einen Fehler, der sich auf ein Eingabefeld bezieht. Eine Fehlermeldung erläutert ihn, das Feld wird markiert und der Cursor wird automatisch auf den Anfang des Feldes gesetzt.)

Einheitliche Ablauflogik

Wenn der Benutzer zu Beginn seiner Arbeit den Bildschirm einschaltet und sich nach Eingabe seiner Identifikation und seines Paßworts dem System anschließt, muß ihm sein individuelles Hauptmenü angezeigt werden. Von diesem ausgehend kann er seine Anwendungsprogramme nach Wunsch ansteuern. Gibt es in einer Dialoganwendung nur ein einziges Bild, ist die Reihenfolge von Bildern innerhalb dieser Arbeit kein Thema. Nach Abschluß der gewählten Arbeit kehrt der Benutzer

1 nach DIN 66234

zu seinem Menü zurück und die Steuerung beginnt von vorn. Daraus läßt sich ableiten, daß man danach streben sollte, in Dialogprogrammen für eine Transaktion mit einem einzigen Bild auszukommen. Da man aber Bilder nicht überladen soll, ist dies oft nicht möglich.

Genügt ein Bild nicht, empfiehlt sich ein hierarchischer Aufbau der Bilder einer Anwendung, wie ihn Bild 15.11 zeigt. Als erstes Bild erscheint nach dem Aufruf aus dem Menü das Bild A, das zum Beispiel die wichtigsten Stammdaten zeigt. Wünscht man nähere Details oder will man detaillierte Eingaben machen, verzweigt man in eines der Bilder B oder C. Steckt man im Bild C, kann man noch weiteres ansehen oder mutieren, wenn man in eines der Bilder D, E oder F weitergeht. Wünscht man vom Bild E aus das Programm zu verlassen, muß man über C und A zurückgehen, nur von A kommt man wieder zum Ausgangsmenü zurück. Ebenso kommt man vom Bild B zum Bild F nur über A und C. Das ist *eine* Möglichkeit, auf die man sich einigen und die man normen kann.

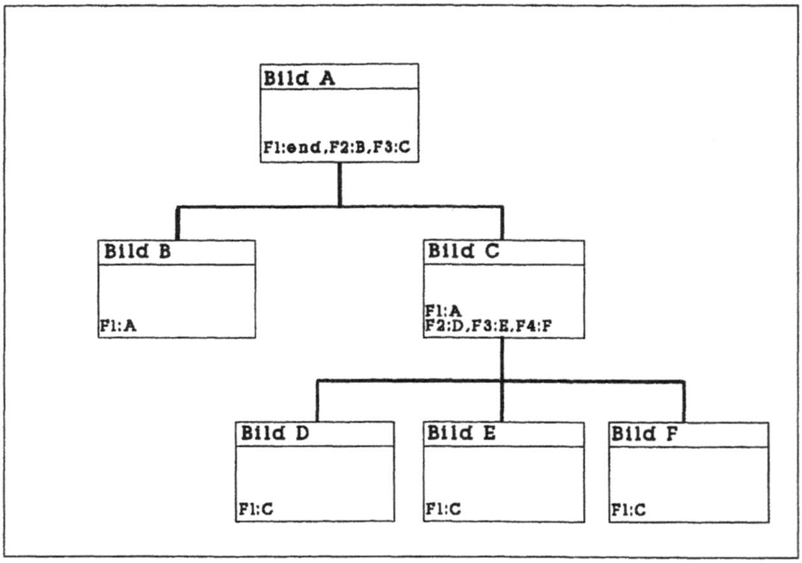

15.11 Ein hierarchischer Ablauf der Bildfolge erleichtert die Bedienung von Dialogfunktionen.

Ein derartiger hierarchischer Aufbau ist nicht nur für Datenbilder üblich, sondern auch für Menüs. Die Bilder A bis F könnten auch Menüs darstellen (entsprechend den Bildern 15.2 oder 15.3), in denen verschiedene Verarbeitungen (Transaktionen) ausgelöst werden können.

Selbstverständlich ist auch anderes möglich: daß man von jedem Bild in jedes andere Bild springen kann und daß man von jedem Bild aus das Programm verlassen kann. Die zuerst genannte »hierarchische Einschränkung« vereinfacht das Denken bei der Bedienung. Hingegen ist das »freie Springen« für erfahrene Benutzer komfortabler. Ausreichende Hinweise im Bild zum weiteren Vorgehen sind notwendig: »Welche Funktionstaste bewirkt jetzt was und was geschieht dann?«.

Die Ablauflogik soll für alle Anwendungen einheitlich entworfen werden. In den internen Normen soll festgelegt sein, welche Möglichkeiten zugelassen sind und was in den verschiedenen Fällen vorzukehren ist. Dazu gehört auch die Zuordnung von immer wieder vorkommenden Funktionen (Beispiele: Programm verlassen, Hilfetext aufrufen, zum nächsten Objekt weitergehen) zu fest vorgegebenen Funktionstasten. Sie sollen in allen Dialoganwendungen dieselben sein. Eine vollständige Regelung ist jedoch nicht möglich: Etliche Funktionstasten und andere Steuerungsmöglichkeiten müssen für individuelle Funktionen in den verschiedenen Transaktionen frei bleiben.

Allgemeines zur Dialoggestaltung

Der Benutzer soll bei seiner Arbeit immer wissen, wo er sich gerade im Dialogablauf befindet, ob das System eine Funktion richtig und erfolgreich abgeschlossen hat und was er tun muß, wenn ihm ein Fehler unterlaufen ist.

Der Bildschirm soll nie längere Zeit unverändert oder leer bleiben. Dauert ein interner Vorgang im System länger als einige Sekunden, soll eine Meldung angezeigt werden, die besagt, daß die Eingabe in Bearbeitung ist.

Der Benutzer macht viele Fehler. Oft ist er der Meinung, eine falsche Taste gedrückt oder eine falsche Eingabe gemacht zu haben. Für verkettete Anzeigebilder soll man mit einem Tastendruck in das vorhergehende Bild zurückspringen können. Aber oft werden auch Mutationen falsch durchgeführt und der Benutzer möchte sie wieder ungeschehen machen. Besonders komfortable Dialogsysteme bieten deshalb die Möglichkeit, einen *UNDO-Befehl* auszulösen, der die letzte Transaktion rückgängig macht. Wie und in welchem Umfang ein solcher UNDO-Befehl realisiert werden kann, hängt vom Betriebssystem und dem zugelassenen Programmieraufwand ab. Es ist eine sehr elegante Korrekturmöglichkeit, die technisch jedoch einigen Aufwand bedingt.

Die *EG-Richtlinie 90/270/EW* sagt zur Mensch-Maschine-Schnittstelle folgendes aus:

> »Bei Konzipierung, Auswahl, Erwerb und Änderung von Software sowie bei der Gestaltung von Tätigkeiten, bei denen Bildschirmgeräte zum Einsatz kommen, hat der Arbeitgeber folgenden Faktoren Rechnung zu tragen:
>
> a) Die Software muß der auszuführenden Tätigkeit angepaßt sein.
> b) Die Software muß benutzerfreundlich sein und gegebenenfalls dem Kenntnis- und Erfahrungsstand des Benutzers angepaßt werden können; ohne Wissen des Arbeitnehmers darf keinerlei Vorrichtung zur quantitativen oder qualitativen Kontrolle verwendet werden.
> c) Die Systeme müssen den Arbeitnehmern Angaben über die jeweiligen Abläufe bieten.
> d) Die Systeme müssen die Informationen in einem Format und einem Tempo anzeigen, das den Benutzern angepaßt ist.

e) Die Grundsätze der Ergonomie sind insbesondere auf die Verarbeitung von Informationen durch den Menschen anzuwenden.«

Diese Richtlinien sind ein Grundgesetz für den Bildschirm- und Dialogentwurf. Man ist verpflichtet, alle Dialoganwendungen nach ihnen auszurichten.

Druckausgaben

Das vom Computer bedruckte Papier ist die Brücke zum Anwender in allen Arbeitsgebieten, die nicht im Dialog betrieben werden. Die Gestaltung der Druckausgaben erfordert Geschick und Kreativität. Es muß hier nach folgenden Kriterien unterschieden werden:

- *Empfängergruppe:* Geht das Papier an eine firmeninterne Stelle (»internes Papier«) oder ist der Empfänger außerhalb des Unternehmens (»externes Papier«)?
- *Format:* Wird im »freien« Format gedruckt (auf neutrales Papier) oder ist man an bestimmte Felder eines Formulars »gebunden«?
- *Papier- und Druckgestaltung:* Nicht nur der vom Computer verlangte Druck muß gestaltet werden, sondern auch der Datenträger Papier hinsichtlich Größe, Vordruck, Farben und Qualität.

Die Gestaltung der Druckausgaben muß viele Einflußgrößen berücksichtigen. Alle daraus entstehenden Fragen müssen jetzt in der Feinplanung entschieden werden.

Allgemeine Anforderungen an den Druck: Das Ziel der Druckgestaltung ist ein klares Schriftbild. Es gelten folgende Anforderungen:

1. Es sollen Groß- und Kleinbuchstaben verwendet werden.
2. Fettschrift, Unterstreichungen, verschiedene Schriftarten können verwendet werden, aber mit Maß!
3. Texte sollen linksbündig, Zahlen rechtsbündig gedruckt werden.
4. Durch Kolonnenbildung und Leerzeilen wird Übersichtlichkeit geschaffen, ebenso durch vertikale und horizontale Linien.
5. Die bisher im Unternehmen übliche Gestaltung von Briefen und Formularen soll weitgehend beibehalten werden.

Mit diesen fünf Regeln ist das Wesentliche zum Druck gesagt. Das Gewohnte wird beibehalten, nur wenn nötig werden Mängel behoben. Die Texte werden jetzt von einem neuen Computer geschrieben. Je weniger man davon merkt, desto besser!

Maschinenlesbarer Druck: Eine Reihe von Dokumenten, die von einem Unternehmen nach außen gehen, sind in bestimmten Feldern mit maschinenlesbarem Druck zu beschriften. Das gilt hauptsächlich für Rechnungen mit anhängendem Einzahlungsformular. Ein Beispiel zeigt Bild 15.15. Hier ist zu beachten:

1. Die Druckqualität muß gut sein (scharfer, schwarzer Druck in der vorgeschriebenen Position).

2. In fast allen Fällen werden Prüfziffern angewandt. Das entsprechende Verfahren muß mit der Verrechnungsstelle (Post, Bank) abgesprochen werden.
3. Es ist frühzeitig ein Probedruck zur Genehmigung durch die Verrechnungsstelle einzusenden. Die Bedingungen sind rechtzeitig zu erfragen.

Firmeninterne Papiere: Sie werden meist auf neutrales Endlospapier (weiß oder zebra) gedruckt. Oft wird Recycling-Papier verwendet. Das Papierformat wird möglichst einheitlich gewählt, Querformate (A3 quer und A4 quer) herrschen vor. Das hat eine gewisse *Eintönigkeit* zur Folge, die zu Verwechslungen und Irrtümern führen kann. Inventarlisten sehen gleich aus wie Personalverzeichnisse und Gehaltszettel kann man mit Arbeitsaufträgen verwechseln. Man sollte zumindest zwei Maßnahmen treffen:

1. Auf jedem Blatt muß aus der *Titelzeile* erkenntlich sein, um welches Schriftstück es sich handelt. Zu empfehlen ist eine genormte Titelzeile mit folgendem Inhalt: Firmenbezeichnung, Empfänger des Schriftstücks (Kurzzeichen), Name des Druckprogrammes, Titel der Liste, Datum und evtl. Uhrzeit der Erstellung, Seitennummer. Das Bild 15.12 zeigt eine derartige interne Liste mit genormter Titelzeile.
2. Die *Druckgestaltung* der auszugebenden Informationen soll klar sein und – über alle Schriftstücke gesehen – ein abwechslungsreiches Schriftbild bieten. Der Empfänger erkennt dann auf den ersten Blick durch die Anordnung der Kolonnen und Zeilen, welches Schriftstück er vor sich hat. Wenn man die Bilder 15.12 und 15.13 miteinander vergleicht, erkennt man, daß eine Verwechslung unmöglich ist.

```
Kraftwerk Etzgen    Rt    AEM71    Bestimmung von Losen     14.03.91  17.19

Art Hersteller/Typ        Zähl-    Spannung                 Stück     Total
    BJahr      Eichgv     werke    Strom

 Z  AEG   C14G              1      3 x 220 / 380             1431      1431
    1977   16                      10 (40)

 Z  DZG   CV604U            1      3 x 220 / 380             1174      2605
    1977   16                      10 (40)

 Z  SIE   7CA4441           1      3 x 220 / 380              967      3572
    1977   16                      10 (40)

 Z  AEG   T2C14U            2      3 x 220 / 380              149      3721
    1977   16                      10 (60)

 Z  SIE   D228              1      3 x 220 / 380              137      3858
    1977   16                      10 (30)

 Schlußmeldung:

 Die Verarbeitung war fehlerfrei.
```

15.12 Beispiel für ein internes Schriftstück: neutrales Papier und genormte Titelzeile.

Man kann auch firmeninternen Drucksachen zu einem ansprechenden Aussehen verhelfen: helles Papier in warmer Tönung statt grau, farbiges Firmensignet auf je-

F /LEGO/EIS	Listenbild	Programm: AEH15
Teilprojekt: HA	Titel: Hausanschlüsse - Arbeitsauftrag	Datum: 7. April 1994 Autor: GL

Arbeitsauftrag **Kopie**

Datum : 21. Feb. 1994 Bearbeitung :

Anlagenort :
Straße . . : Bahnhofstrasse 1
PLZ Ort. . : 78166Donaueschingen

HA-Nummer . : 000429
Kontierung. : KKK-0-777
Flurstück . : 607

Kostenträger

Liebermann Ottokar
Am Doniswald 4
78166 Donaueschingen

Ortsnetz . : 255 Donaueschingen
Betriebsstelle : Donaueschingen
Station. . : 360290 Fernmeldeamt
Anschluß : 1
Plan-Nummer: 255-607-01 Strang : 01 Telefon
Versorg.Ber:
Installateur . : 777

Anschluß Anschl.weit.Anlagen
Wohnungen. : 2
Gewerbe. . . . : 0
Allg.Anlag.: 0
Landwirtschaft : 0

Hausanschluß (D/K) : Kabel
Hauseinführung : NYCWY
Querschnitt (mm2) : 35
Länge (m). . . : 0
HAK . : 1 x 3 x NH 00
Sicherungen (A): 20
Vorsicherung (A) . : 50

Anlagen
1 Lageplan M 1:500
2 Projektpläne M 1:2500
Briefkopie vom 12. Jan. 1994
2 Inst.-Anmeldung

Bemerkungen Bahnhof
Dies ist ein Testfall. Nach erfolgreichem Test wird das Programm für Hrn. Scheibenzuber in Betrieb genommen

Fertigstellung :
Name :

15.13 Internes Schriftstück, auf neutrales Papier gedruckt. Es handelt sich um einen Entwurf, der mit einem Formular »Listenbild« in die Systemdokumentation eingereiht wurde.

dem Blatt, rote Randlinien oder ähnliches. Man erkundige sich bei der Druckerei nach Möglichkeiten, die wenig oder nichts kosten!

Schriftstücke, die das Haus verlassen: Diese Drucke müssen hohen Qualitätsansprüchen genügen. Es muß klar sein, daß alle Schriftstücke, die ein Unternehmen verlassen, das Image prägen. Die Qualität der Briefe, Lieferscheine, Rechnungen und ähnlicher Drucksachen ist zwar nicht so wichtig wie die Güte der Produkte eines Unternehmens, aber genau so wichtig wie die Qualität der Werbung und der Verpackung, wie das Auftreten der Mitarbeiter oder das Aussehen der Lieferfahrzeuge.

Der Empfänger einer Rechnung hat das Recht darauf, zu verstehen, für was er bezahlen soll. Er soll die Berechnung nachvollziehen und kontrollieren können. Das gilt für alle automatisch erstellten Schriftstücke! Sie müssen fehlerfrei und deutlich sein! Für Außenstehende unverständliche Codes, Abkürzungen und Begriffe sind zu vermeiden. Für die Gestaltung einige Regeln:

1. Das Schriftstück muß sich von ähnlichen Schriftstücken anderer Unternehmen deutlich unterscheiden! Ein farbig gedruckter Firmennamen oder das Firmenzeichen (Signet) sind unentbehrlich.
2. Der Empfänger muß sofort erkennen, um welche Art eines Dokumentes es sich handelt: Brief, Angebot, Lieferschein, Rechnung oder Mahnung?
3. Alles Gedruckte muß dem Empfänger verständlich sein. Verwendet man Codes (wovon abzuraten ist), müssen sie erklärt werden.
4. Alle Zahlen sind mit ihrer Bedeutung und ihrer Einheit zu definieren.
5. Der Name des absendenden Sachbearbeiters und seine Telefonnummer sollen angegeben werden, damit der Empfänger bei Unklarheiten oder Einsprachen anrufen kann.

Das Papier als Datenträger: Für firmeninterne Druckausgaben wird in vielen Fällen neutrales Papier verwendet, unbedruckt oder mit Zebradruck und ohne Firmenzeichen. Man wird sich auch auf ein Format oder auf einige wenige Formate beschränken, um die Lagerhaltung des Papiers und die Bedienung der Schnelldrucker möglichst einfach zu haben. Bei Schriftstücken, die das Haus verlassen werden, sind zwei Arten von Formularen zu unterscheiden:

1. *Vordruckformulare:* Bei dieser Formularart wird der ganze feste Text soweit wie möglich vorgedruckt. Der Computer druckt dann lediglich die variablen Textteile und Zahlen hinzu, in vorbestimmte Felder oder Kolonnen. Das bietet folgende Vorteile: Der Schnelldrucker wird nur mit dem Notwendigen belastet; das Drucken geht schnell; es können ausführliche Texte mit Erklärungen, Hinweisen, Liefer- und Zahlungsbedingungen und ähnlichem als feste Texte vorgedruckt sein. Ein Beispiel für diese Formularart zeigt Bild 15.14, die Rechnung einer Heizungsfirma. Das Original war zusätzlich mit einem bedruckten Einzahlungsschein ausgestattet. Die Rückseite enthält allgemeine Hinweise und eine Erklärung der Codes in der Spalte VC.

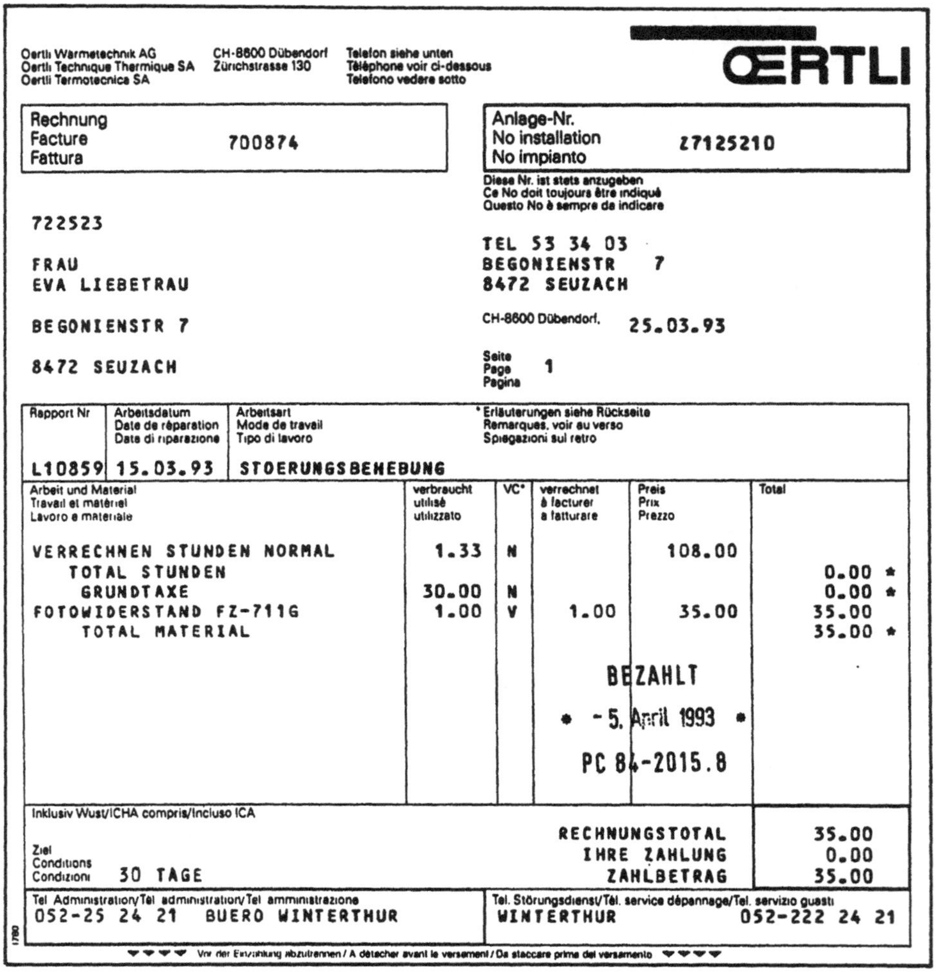

Oertli Wärmetechnik AG
Oertli Technique Thermique SA
Oertli Termotecnica SA

CH-8600 Dübendorf
Zürichstrasse 130

Telefon siehe unten
Téléphone voir ci-dessous
Telefono vedere sotto

ŒRTLI

Rechnung / Facture / Fattura 700874

Anlage-Nr. / No installation / No impianto Z7125210

Diese Nr. ist stets anzugeben
Ce No doit toujours être indiqué
Questo No è sempre da indicare

722523

FRAU
EVA LIEBETRAU

BEGONIENSTR 7

8472 SEUZACH

TEL 53 34 03
BEGONIENSTR 7
8472 SEUZACH

CH-8600 Dübendorf, 25.03.93

Seite / Page / Pagina 1

Rapport Nr	Arbeitsdatum / Date de réparation / Data di riparazione	Arbeitsart / Mode de travail / Tipo di lavoro	* Erläuterungen siehe Rückseite / Remarques, voir au verso / Spiegazioni sul retro
L10859	15.03.93	STOERUNGSBEHEBUNG	

Arbeit und Material / Travail et matériel / Lavoro e materiale	verbraucht / utilisé / utilizzato	VC*	verrechnet / à facturer / a fatturare	Preis / Prix / Prezzo	Total
VERRECHNEN STUNDEN NORMAL	1.33	N		108.00	
TOTAL STUNDEN					0.00 *
GRUNDTAXE	30.00	N			0.00 *
FOTOWIDERSTAND FZ-711G	1.00	V	1.00	35.00	35.00
TOTAL MATERIAL					35.00 *

BEZAHLT
• -5. April 1993 •
PC 84-2015.8

Inklusiv Wust/ICHA compris/Incluso ICA

RECHNUNGSTOTAL	35.00
IHRE ZAHLUNG	0.00
ZAHLBETRAG	35.00

Ziel / Conditions / Condizioni 30 TAGE

Tel Administration/Tél administration/Tel amministrazione
052-25 24 21 BUERO WINTERTHUR

Tel. Störungsdienst/Tél. service dépannage/Tel. servizio guasti
WINTERTHUR 052-222 24 21

1780

Vor der Einzahlung abzutrennen / A détacher avant le versement / Da staccare prima del versamento

15.14 *Beispiel einer Druckausgabe für eine Rechnung. Alle festen Texte sind auf dem Formular vorgedruckt, nur variable Texte werden vom Drucker des Computers eingesetzt.*

2. *Blankoformulare:* Der Vordruck enthält hier neben der Firmenbezeichnung und einem Signet nur ein Minimum an festem Text. Der Großteil der festen Texte wird zusammen mit den variablen Textteilen vom Schnelldrucker des Computers aufgebracht. Dies bringt folgende Vorteile: Die »festen« Texte können leicht verändert werden, d.h. man muß nicht wegen jeder Änderung Formulare wegwerfen und in neuer Form drucken lassen. Ein weiterer Vorteil ist, daß das selbe Formular für mehrere verschiedene Anwendungen verwendet werden kann. Das vereinfacht auch hier wieder die Lagerhaltung und Maschinenbedienung. Ein musterhaftes Beispiel für ein Blankoformular zeigt Bild 15.15, das von einer Versicherungsanstalt für alle Arten von Rechnungen verwendet werden kann. Ein be-

druckter Einzahlungsbeleg mit festem Format ist angeschlossen. Text und Verwendungszweck sind aber völlig frei.

FORTUNA

Lebens-Versicherungs-Gesellschaft Adliswil/Zürich
Compagnie d'Assurances sur la vie Adliswil/Zurich
Compagnia di Assicurazioni sulla vita Adliswil/Zurigo

Policen-Nummer 8503114

Tarif: PG

Stand Ueberschuss:
Fr. 940.00

HERRN
GEORG LIEBETRAU
BEGONIENSTRASSE 7

8472 SEUZACH

<u>Ihre Prämienrechnung</u> Adliswil, 21.03.1993

Sehr geehrter Herr Liebetrau

Wir erlauben uns, Ihnen die nächste Vierteljahresprämie in Rechnung zu stellen, die am 01.05.93 fällig wird.
Wir bitten Sie, die Prämie rechtzeitig zu überweisen, damit Ihr wertvoller Versicherungsschutz erhalten bleibt.

Wir danken Ihnen für Ihr Vertrauen, das Sie uns entgegenbringen.
Für allfällige Fragen stehen wir Ihnen jederzeit gerne zur Verfügung.

Mit freundlichen Grüssen

FORTUNA
Lebens-Versicherungs-Gesellschaft

Soodmattenstrasse 10 BOX CH-8134 Adliswil 1 Tel. 01/712'44'44 Fax 01/712'56'56

C000 10 92 100M ▼▼▼▼ Vor der Einzahlung abzutrennen/A détacher avant le versement/Da staccare prima del versamento ▼▼▼▼

Empfangsschein/Récépissé/Ricevuta

Einzahlung für/Versement pour/Versamento per

FORTUNA
Lebens-Versicherungs-Gesellschaft
8134 Adliswil

Konto
Compte **12957**
Conto

Fr. **545** c. **20**

Einbezahlt von/Versé par/Versato da
85031 14059 30000

HERRN
GEORG LIEBETRAU
BEGONIENSTRASSE 7
8472 SEUZACH

Die Annahmestelle
L'office de dépôt
L'ufficio d'accettazione

Einzahlung Giro PTT **Versement Virement PTT** **Versamento Girata PTT**

Einzahlung für/Versement pour/Versamento per

FORTUNA
Lebens-Versicherungs-Gesellschaft
8134 Adliswil

Konto
Compte **12957**
Conto

Fr. **545** c. **20**

Bitte keine Mitteilungen anbringen
Pas de communications s.v.p.
Non aggiungete comunicazioni p.f.

Giro aus Konto
Virement du compte
Girata dal conto........

Referenz-Nr. / N° de référence / N° di riferimento
85031 14059 30000

Einbezahlt von/Versé par/Versato da

HERRN
GEORG LIEBETRAU
BEGONIENSTRASSE 7
8472 SEUZACH

<090001000054520> 850311405930000+ 12957>

15.15 »Blankoformular«: Wenn man von der Einzahlungskarte absieht, wird nur ein Minimum an festem Text vorgedruckt. Dadurch wird das Papier für mehrere Anwendungen verwendbar.

Doppelseitiger Druck: Es soll nicht vergessen werden, daß man die festen Texte auf dem Vordruck der Formulare ohne weiteres auf beiden Seiten des Papiers anbringen kann. Die Rückseite der Formulare eignet sich besonders für ausführliche Texte: Erklärungen der verwendeten Codes oder Tarife, Lieferbedingungen, Zahlungsbedingungen, Garantiebedingungen, Firmenbeschreibungen, Produktepaletten und ähnliches mehr. Allerdings beachtet der Empfänger des Schriftstückes dessen Rückseite selten, außer er wird zum Umblättern aufgefordert.

Mit besonders ausgerüsteten Druckern, meist sind es Hochleistungs-Laserdrucker, ist es auch möglich, das Papier beidseitig vom Computer her mit variablem Text zu bedrucken.

Dokumentation

Alle Entwürfe müssen dokumentiert und in geordneter Reihenfolge in die Systemdokumentation eingereiht werden. Dafür eignen sich einfache Formulare, die man mit »Bildschirmentwurf« und »Listenbild« bezeichnet und in der Reihenfolge der zugehörigen Programm-, Bild- oder Listennamen ablegt. Das Bild 15.13 zeigt die Verwendung eines derartigen Formulars.

Fallstudie IGEL: Jeder ist berufen!

Die zukünftigen Benutzer aller Arbeitsgebiete und die beteiligten Informatiker wurden für Freitag, den 3. Februar 1995 zu einem Ausbildungsmeeting eingeladen. Das Thema war: »Gestaltung von Bildern, Dialogen und Listen«. In seinem Eröffnungsreferat legte Dr. Kulack dar, daß im laufenden Projekt etwa 250 Bilder und 50 Listen zu gestalten waren. Diese Arbeiten konnten nicht von den Informatikern allein bewältigt werden und zwar aus drei Gründen:

1. Der Arbeitsaufwand war zu groß und hätte den Termin für den Beginn der Realisierung (Kodierung der Programme) verzögert.
2. Die Benutzer sollten die Möglichkeit haben, bei der Gestaltung der Bildschirmmasken und Listen mitzuwirken und ihre Wünsche und Anforderungen einzubringen.
3. Durch die Entwürfe der Benutzer sollten Anforderungen ans Licht kommen, die von den Informatikern vorher vielleicht nicht gesehen oder nicht verstanden wurden.

Dr. Kulack führte weiter aus, daß für das Gestalten und Entwerfen gewisse Kenntnisse benötigt werden, die den Benutzern durch die anschließenden Präsentationen vermittelt würden. Außerdem sollte jeder Teilnehmer eine Broschüre des Hardwarelieferanten zur Bildgestaltung und einige Muster von Bildern und Listen erhalten. Zur Beratung wurde Herr Vredestein zur Verfügung gestellt.

Frau Fink gab anschließend einen einstündigen Kurs zum Thema »Formulare auf Glas«, wie die Bilder von ihr gern genannt wurden. Anschließend sprachen Herr

Vredestein zur Dialoggestaltung und Herr Biermann zur Gestaltung von gedrucktem Output.

Dann erläuterte Dr. Kulack noch die Probleme der »Anwender zweiter Art«. Das sind die Lieferanten, die Kunden und das Personal der F*Z*G, die keinen direkten Einfluß auf die Gestaltung der Druckausgabe haben, die sie jedoch an das neue System bindet. Herr Frosch (Spedition und Transport, Benutzervertreter in der AGr Auftragsabwicklung) wurde zum Anwalt dieser Personengruppen ernannt. Er sollte die Rechte dieser Anwender zweiter Art auf verständliche und korrekte Druckausgaben vertreten.

Herr Vredestein hatte eine Liste aller Bilder und Druckausgaben vorbereitet, soweit deren Erstellung zu diesem Zeitpunkt voraussehbar war. Dann verteilte er die Entwurfsaufgaben an die Benutzer. Jeder Angesprochene hatte dann im Verlauf von zwei Monaten etwa acht Entwürfe abzuliefern, die im Anschluß von Herrn Vredestein bereinigt werden sollten.

Für den Bildschirmentwurf wurden geeignete Formulare (mit 24 Zeilen und 80 Kolonnen) verteilt. Den Benutzern wurde empfohlen, die verschiedenen Arten von Bildern in folgender Reihenfolge zu entwerfen:

1. Ausgabebilder, 2. Eingabebilder, 3. Menüs, 4. Texte

Die Dialoggestaltung sollte in den Arbeitsgruppen gemeinsam vorgenommen werde. Dabei sollte als Grundsatz die hierarchische Struktur verwendet werden, um den noch wenig erfahrenen Benutzern mit einfacher Logik entgegenzukommen. Auf farbige Bilder sollte zunächst verzichtet werden.

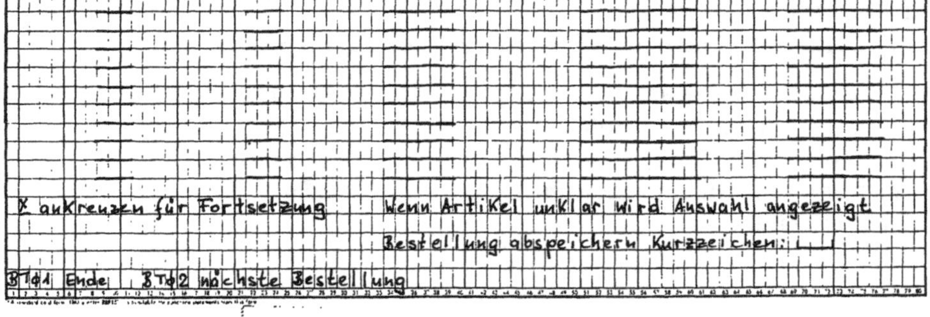

15.16 Handschriftlicher Entwurf eines Benutzers für ein Eingabebild

Das Bild 15.16 zeigt einen Entwurf, den Herr Friese für die Eingabe von Bestellungen vorsah. Im Bild 15.17 ist der durch Herrn Vredestein bereinigte Entwurf dargestellt, der dann auch realisiert wurde.

```
FAB01  F*Z*G    Erfassen einer Bestellung      TT.MM.JJJJ  HH.MM  TERMNR
---------------------------------------------------------------------------
    Kd.Nr.: ______  Name  . . . . . : ______________________________
    Lieferadresse   Straße, Haus-Nr.: ______________________________
                    Land, PLZ, Ort. : ___ _____ ____________________
    Lieferart (Postpaket, Bahnexpress, Flugpost, LKW)  . . . . . . : _
    Zahlart   (Rechnung, Nachnahme, Vorauskasse) . . . . . . . . . : _
    Rabattkategorie: ___ %            Teillieferungen (J/N). . . . : _
---------------------------------------------------------------------------
Pos. Artikelbezeichnung   Art.-Nr.  Stück  Einheit  Preis/Stk      Preis
001  ___________________  ________  _____  _______  _.___,__  __.___,__
002  ___________________  ________  _____  _______  _.___,__  __.___,__
003  ___________________  ________  _____  _______  _.___,__  __.___,__
004  ___________________  ________  _____  _______  _.___,__  __.___,__
005  ___________________  ________  _____  _______  _.___,__  __.___,__
006  ___________________  ________  _____  _______  _.___,__  __.___,__
007  ___________________  ________  _____  _______  _.___,__  __.___,__
008  ___________________  ________  _____  _______  _.___,__  __.___,__
009  ___________________  ________  _____  _______  _.___,__  __.___,__
(Ist die Artikelbezeich-            Total oder Übertrag. . :  __.___,__
nung nicht eindeutig,
wird Auswahl angezeigt!)            Zum Speichern Ihr Zeichen . . : ___

BT01 Ende       BT07/BT08 rollen rückwärts/vorwärts     BT11 leere Maske
```

15.17 Der handschriftliche Entwurf wird vom Informatiker bereinigt und realisiert.

Das Ergebnis des Vorhabens »Mitarbeit der Benutzer bei Bild- und Listengestaltung« war kein voller Erfolg. Folgendes zeigte sich:

- Kein Benutzer war mit seiner Aufgabe termingerecht fertig.
- Die eingereichten Entwürfe mußten stark verändert werden, um brauchbar zu sein. Viele Entwürfe waren oberflächlich und unvollständig.
- Erstellte ein Informatiker einen Bildentwurf und legte er diesen dem Benutzer zur Prüfung vor, so nahm letzterer das Bild als gegeben hin und übte keinerlei Kritik.
- Zum Dialogablauf hatten die Benutzer vorderhand überhaupt keine Meinung.

Dies brachte den Informatikern eine große Mehrbelastung. Um eine Terminverschiebung zu vermeiden, wurde Herr Trutschka (FICOSO AG) gebeten, sich zu 80% seiner Zeit im April mit dem Bildschirmentwurf zu beschäftigen. Es kamen ihm noch zwei Praktikanten zur Hilfe, so daß alle Entwürfe doch noch anfangs Juni fertiggestellt waren.

Merksätze

- Bilder vom Bildschirm und Druckausgaben sind die Brücke vom Computer zum Benützer. Sie müssen sorgfältig gestaltet werden.
- Anwender und Benutzer sollen bei der Gestaltung so viel und weit wie möglich mitarbeiten.
- Man unterscheidet fünf Arten von Bildern: Auswahl-, Eingabe-, Ausgabe-, Text- und kombinierte Bilder. Alle Bildarten müssen einheitlich aufgebaut sein.
- Bilder haben einen Titelbereich, einen Anwendungsbereich und einen Führungsbereich. Der erste definiert das Bild, der zweite dient der individuellen Anwendung, der dritte ermöglicht die Steuerung des Ablaufes.
- Farbige Bilder sollen nicht mehr als vier Farben enthalten. Manche Autoren empfehlen: blau für konstanten Text, grün für variablen Text, weiß für Nachrichten allgemeiner Art und rot für Fehlermeldungen.
- Die Dialoggestaltung regelt die Aufeinanderfolge und Steuerung mehrerer Bilder. Für Anfänger ist eine hierarchische Struktur zu empfehlen. Erfahrene Benutzer lieben Abkürzungen mit direkter Ansteuerung.
- Das Dialogsystem muß so einfach und logisch sein, daß sich der Benutzer auf seine Sachaufgabe konzentrieren kann und nicht von Bedienungsproblemen beansprucht wird.
- Das wichtigste Ziel für die Gestaltung von Druckausgaben ist ein klares, übersichtliches Schriftbild. Eintönigkeit muß vermieden werden.
- Druckausgaben, die ein Unternehmen verlassen, prägen das Image. Sorgfalt ist geboten: bei der Gestaltung des Papiers und bei der Gliederung und Form des Drukkes.

Ergebnisse

Die in diesem Kapitel beschriebenen Entwurfs- und Planungsarbeiten bringen folgende Ergebnisse:

- Verzeichnisse aller Dialogabläufe, aller Bildschirmmasken und aller Listenbilder wurden erstellt.
- Alle Dialogabläufe wurden entwickelt.
- Die Bildschirmmasken wurden entworfen und von der Projektgruppe gut geheißen.
- Die gesamte Druckausgabe wurde entworfen.
- Es wurde entschieden, welche Papierformate für interne Listen verwendet werden können.
- Das Papier für gedruckte Ausgabe, die nach außen geht, wurde ausgewählt, der konstante, aufzudruckende Text entworfen und von der Geschäftsleitung genehmigt. Formulare wurden entworfen. Die Bestellung des gesamten Papierspektrums ist fertig vorbereitet.
- Alle Entwürfe wurden dokumentiert und mit Einsatz einfacher Formulare in die Systemdokumentation eingefügt.

Literatur

LAUBNER, H.: Empfehlungen zum Dialog- und Bildschirmdesign.

DIN 66234: Bildschirmarbeitsplätze, Teil 8.

SCHLEICHER, R.: Formulare auf Glas.

16. Hardware-Konfiguration und Datennetz

Gegen Ende der Feinplanung ist die Hardwarekonfiguration zu überprüfen. Für das Datennetz muß man ein Verkabelungssystem auswählen.

Man hat im Grobkonzept annähernd bestimmt, wie die Hardware eines neuen Computersystems konfiguriert werden soll. In der Feinplanung ist damit zu Beginn bekannt, wie die zentralen Geräte und die Peripherie dimensioniert sind und wie die Datenübertragung realisiert werden soll. Dem Grobkonzept entsprechend wurden die Verträge abgeschlossen und allenfalls verschiedene Maschinen installiert. Die Konfiguration aus dem Grobkonzept kann man jedoch nicht als unveränderbar betrachten. Die Feinplanung bringt neue Erkenntnisse über die Einsatzgebiete, über die Datenbank, über die vorgesehenen Programme, über die Anzahl der Benutzer und deren Anforderungen. Deshalb ist jetzt eine Überprüfung der geplanten Konfiguration am Platz. Sie kann unter Umständen zu Nachbestellungen, aber auch zu Stornierungen von Anlageteilen führen. Für die Hardwareüberprüfung ist folgende Reihenfolge zweckmäßig:

1. Der Entwurf der Datenbank, der Umfang aller geplanten Programme, die festgestellten Häufigkeiten und Mengen und die vertiefte Kenntnis des Betriebssystems ermöglichen eine genauere Bestimmung der *Größe der externen Speicher*. Die Reserve an freiem Speicherplatz sollte mindestens 100 % betragen, das Doppelte bis Dreifache ist besser.
2. Die *zentralen Schnelldrucker* werden als nächstes betrachtet. Es ist jetzt vorauszusehen, wieviele Zeilen an den Spitzentagen zu drucken sein werden. Sind die Drucker dafür ausreichend dimensioniert?
3. Die Datensicherung wird jetzt geplant. Ist man genügend gut ausgerüstet oder sollte man zusätzliche Bandkassetten- oder *Magnetbandgeräte* vorsehen?
4. Die *Benutzerperipherie* ist zu planen: Wo überall sollen Bildschirmterminals aufgestellt werden? Wo sind Workstations zu installieren? Wo braucht man dezentrale Drucker? Wie viele im ganzen?
5. Terminals brauchen neben der Stromversorgung für ihren Anschluß auch Datenleitungen. Die *Verkabelung* muß jetzt geplant werden, seien es sternförmige Stichleitungen zum zentralen Computer oder Lokale Netze.
6. Und zuletzt ist die *Computerleistung* zu überprüfen. Der Arbeitsumfang aller Anwendungsgebiete kann jetzt geschätzt werden, ebenso ist die Anzahl von Terminals und deren Belastung bekannt. Daraus kann der Hardwarelieferant ableiten, ob die geplante Computerleistung genügt, um die Antwortzeiten hinreichend kurz zu halten.

Externe Speicher

Für die Überprüfung der Kapazität der externen Speicher müssen Benutzer, Informatiker (Systemprogrammierer, Datenverwalter) und Lieferant zusammenarbeiten. Es ist ein Speicher-Layout zu erstellen, der die einzelnen Speicherbereiche für das Betriebssystem, die Datenbank, das Repository, die Programmbibliotheken, den Sicherstellungsbereich und für weitere systemabhängige Speicherbereiche schematisch darstellt. Bild 16.1 zeigt das Beispiel für einen solchen Layout.

Bei der Dimensionierung muß genügend Reservekapazität vorgesehen werden. Das ist heute kein Problem. Magnetplatten und optische Speicher sind für große Speicherkapazitäten erhältlich und günstig im Preis. Wenn man bedenkt, wie man die Realisierung der Anwendungen und den langjährigen Betrieb der Anlage durch Knausern mit externem Speicherplatz behindern kann, ist hier jede Sparsamkeit fehl am Platz. Wirtschaftlichkeitsüberlegungen verlangen auf jeden Fall reichlich Speicherplatz! Darum sei eine Speicherreserve von mindestens 100 % bis hin zu 300 % ernsthaft empfohlen.

Zentrale Drucker

Mit den zentralen Druckern werden periodisch die großen Druckarbeiten bewältigt. Beispiele sind: wöchentliche Fakturierungen, monatliche Gehaltsabrechnungen oder Statistiken, Jahresabschlüsse, Jahresstatistiken und anderes mehr. Betrachtet man eine Fakturierung, so weiß man jetzt recht gut, wieviele Rechnungen periodisch gedruckt werden müssen und wieviele Druckzeilen eine Rechnung im Durchschnitt enthält.

Beispiel: Will man die Rechnungen einmal wöchentlich innerhalb von 4 Stunden drucken und rechnet man mit 5000 Rechnungen zu je 35 Zeilen, so genügt theoretisch eine Druckerleistung von 729 Zeilen pro Minute. Man wird einen Drucker mit der nächst größeren Nennleistung wählen: 1100 Zeilen pro Minute. Darin ist dann genügend Reserve enthalten, um trotz Papiervorschub und Papierwechsel die gewünschte Arbeitszeit einzuhalten.

Medien für die Sicherstellung

Sicherstellungen dürfen nicht zu lange Zeit in Anspruch nehmen. Dies ist nicht selbstverständlich, seitdem an vielen Systemen recht große externe Speicher vorgesehen werden. Es ist üblich, täglich sicherzustellen. Das betrifft aber nicht die gesamten gespeicherten Informationen, sondern nur diejenigen Teile, die am vergangenen Tag verändert wurden. Hingegen kommt man nicht darum herum, periodisch (wöchentlich oder monatlich) auch das gesamte Speichervolumen zu kopieren. Eine vollständige Kopie sollte innerhalb einiger Stunden erstellt werden können.

Beispiel: Will man externe Speicher mit einer Kapazität von 3 Gigabyte, die zu 70 % belegt sind, auf Magnetband kopieren, so braucht man dafür bei üblichen Bandmaschinen 24 Magnetbänder, deren Beschreiben samt Bandwechsel etwa 2 Stunden dauert.

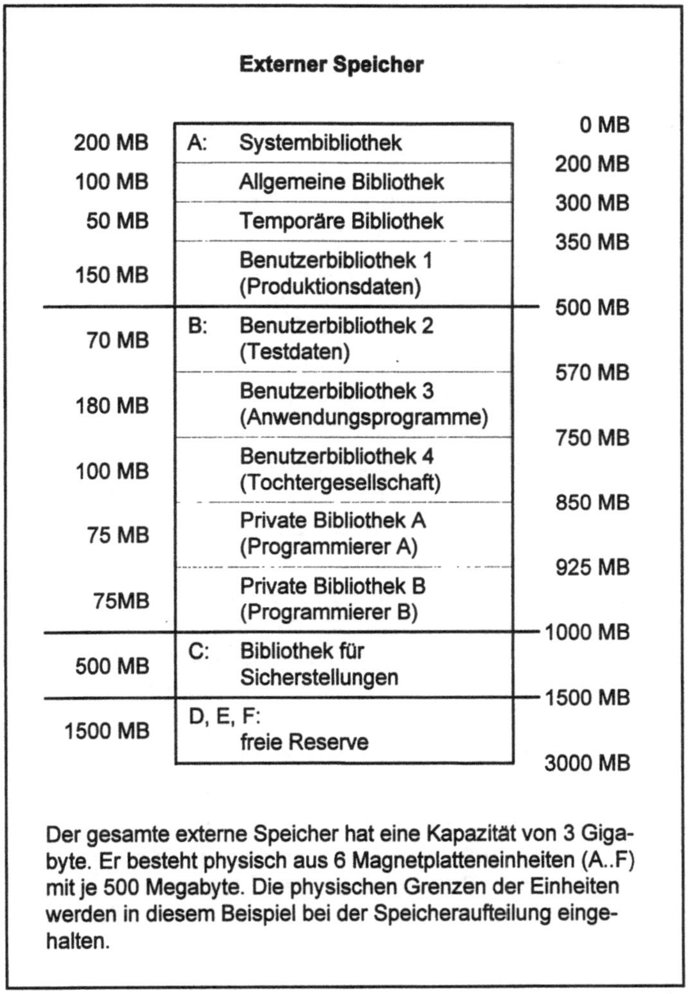

16.1 Beispiel eines Layout für externe Speicher eines handelsüblichen Computersystems.

Es empfiehlt sich, das für die vorgesehenen Geräte nachzurechnen und allenfalls eine schnellere Bandeinheit oder mehrere Maschinen einzusetzen.

Benutzerperipherie

Bei der Dimensionierung der Benutzerperipherie hat man festzustellen, wieviele Geräte welcher Art an welchen Plätzen aufgestellt werden sollen. Ausgangspunkt der Überlegungen ist das Grobkonzept. Es wird ergänzt durch die Wünsche und Anforderungen der zukünftigen Benutzer. Durch ihre Mitarbeit im Projekt haben die Benutzer mittlerweile sehr viel gelernt. Sie wissen, welche Informationen ihnen das

System zur Verfügung stellen wird und wie groß der Anteil der alltäglichen Arbeit sein wird, den sie am Terminal abwickeln. Sie sind jetzt viel besser in der Lage mitzureden, als Monate vorher im Grobkonzept. Das ändert die Situation, meist vergrößern sich die Anforderungen. Hier gilt es einige Fragen zu beantworten:

- In der Regel soll jeder Benutzer über *ein eigenes Bildschirm-Terminal* verfügen. Bei der Anzahl von Terminals soll nicht gespart werden, denn erstens sind Terminals nicht teuer und zweitens wird die Computerbelastung nicht von der Anzahl Terminals, sondern von der Anzahl Transaktionen bestimmt. Hat man mehr Terminals, ist die Zahl der Transaktionen nur unmerklich höher. Die Behinderung der Benutzer dadurch, daß nur zwei oder drei gemeinsam über ein Terminal verfügen, ist unwirtschaftlich. Eine Ausnahme von diesem Grundsatz kann nur dann gemacht werden, wenn mehrere Benutzer im selben Raum nur sporadisch Informationen ansehen und nichts eingeben wollen.
- Wer braucht eine *Workstation?* Workstations sind selbständige Computer, »leistungsstarke Personal Computer«, die sowohl als Terminals, als auch selbständig arbeiten können. (In Client/Server-Architekturen gibt es nur Workstations und keine Terminals.) Workstations werden von solchen Benutzern benötigt, die neben der Arbeit mit zentral gespeicherten Programmen und Daten auch eigenständige Arbeiten (oft mit zentral gespeicherten Daten) durchführen wollen. Typische Beispiele hiefür sind: CAD- und CIM-Arbeitsplätze, Arbeitsplätze im Management oder im Controlling, Arbeitsplätze für Computeranwendungen mit integrierter Büroautomation.
- *Terminaldrucker:* Neben den zentral installierten Zeilendruckern hoher Leistung müssen auch dezentrale Drucker vorgesehen werden, die in Reichweite der Benutzerterminals oder Workstations verfügbar sind. In vielen Fällen ist es nicht nötig, jedes Bildschirmterminal mit einem eigenen Drucker auszustatten. Es wird genügen, für zwei bis sechs Bildschirme einen Drucker mittlerer Leistung vorzusehen, je nach Bedarf an Druckoutput und räumlichen Verhältnissen (Anzahl Arbeitsplätze je Raum, Länge der Wege).
- *Kein Arbeitsplatz mit mehr als einem Bildschirm!* Man kann es keinem Benutzer zumuten, auf seinem Schreibtisch zwei oder drei Terminals stehen zu haben. Technische Lösungen, bei denen für verschiedene Anwendungen verschiedene Terminals verwendet werden müssen, sind antiquiert und müssen ersetzt werden!

  Beispiel: Mehrere Anwendungen wie Büroautomation, Rechnungswesen, Auftragsabwicklung, Bildschirmtext und Personal Computing müssen in einer Station realisiert sein.

  Es gibt *Ausnahmen*: Die Post läßt die Verbindung von privaten und öffentlichen Datenfernnetzen nicht zu. Muß ein Benutzer mit beiden Systemen arbeiten, kommt er um die Benutzung von zwei getrennten Terminals nicht herum. Dann muß man ihm aber auch zwei Arbeitsplätze zur Verfügung stellen.

Für die Planung der Benutzerperipherie kann man zwei Formulare verwenden, die in den Bildern 16.2 und 16.3 dargestellt sind. Im ersten Formular wird die Periphe-

Projekt	Peripherieplanung für den Raum *Nummer*				tt.mm.jj
Gebäude: Stockwerk:			Abteilung (derzeit): Bezeichnung des Raumes:		
Arbeitsplatz			Geräte		
Nr.	Bezeichnung	derzeit besetzt von	Terminal Work-Station	Drucker	Datensteckdose
fortlaufend	*Name des Platzes (falls vorgesehen)*	*Name des derzeitigen Benutzers*	*Art und Typ*	*Art und Typ, Aufstellungsort*	*Typ und nähere Ortsbezeichnung*
Zusammenfassung: ___ Stk. Terminals Typ __________ ___ Stk. Work-Stations Typ __________ ___ Stk. Drucker Typ __________ ___ Stk. __________ Typ __________			Spezielle Hinweise:		
Für die Projektleitung: Datum: Unterschrift:			Für den Anwender: Datum: Unterschrift:		

16.2 Formular zur Planung der Benutzerperipheriegeräte je Arbeitsraum

rie je Arbeitsraum geplant. Das zweite Formular dient der Zusammenfassung und Übersicht.

Beispiele für derartige, ausgefüllte Formulare findet man gegen Ende dieses Kapitels in der Fallstudie. Aus der Zusammenfassung ist schließlich ersichtlich, ob mit den unterzeichneten Lieferverträgen genügend Peripheriegeräte bestellt wurden. Eine allfällige Nachbestellung wird von den Lieferanten sicher gern entgegengenommen.

Datenleitungen, Datennetz

Wenn man Arbeitsplätze mit Bildschirmterminals, Workstations und Druckern ausstattet, so benötigen diese Geräte für ihren Betrieb einmal eine Stromversorgung, das heißt eine übliche Netzsteckdose für 230 Volt. Diese sollte in jedem Arbeitsraum verfügbar sein und braucht keine nähere Erklärung. Man darf aber nicht vergessen, daß diese Geräte im Betrieb einige Wärme produzieren (was unangenehm sein kann) und daß sie bei einem Ausfall der Stromversorgung ihren Betrieb einstellen. Ist letzteres nicht statthaft, muß eine Notstromversorgung eingerichtet werden.

Zusätzlich muß jedes Gerät an eine Datenleitung angeschlossen sein, über die es Daten empfängt und sendet. Allfällige Installationen müssen sofort an die Hand ge-

Projekt	Peripherieplanung Zusammenfassung									tt.mm.jj
Raum	Terminals		Work-Stations		Drucker		Sonstiges		Daten-steckdosen	
	Typ	Stk.	Typ	Stk.	Typ	Stk.	Typ	Stk.	Typ	Stk.
Zusammen	---		---		---		---		---	

Zusammenfassung:			Verteiler:
	Typ	Stk.	*(Tragen Sie hier alle Verteiler mit Typ und Installationsort ein)*
Terminals Work-Stations Drucker Datensteckdosen Sonstiges			Für die Projektleitung: Datum: Unterschrift:

16.3 Formular zur Zusammenfassung der Planung der Benutzerperipherie

nommen werden. Die Datenfernübertragungen der Post müssen hier nicht erörtert werden, auch nicht die Möglichkeiten und die Technik der Lokalen Netze. Dafür gibt es spezialisierte Fachliteratur (siehe Literaturverzeichnis). In der Feinplanung geht es für die Mitarbeiter im Projekt darum, die Datenleitungen zu planen und einem spezialisierten Installationsunternehmen in Auftrag zu geben.

Kabelkanäle und Datenleitungen

Die Planung der Kabelkanäle für Datenleitungen hat heute beim Entwurf jedes neuen Gebäudes für Büro- und Industriebauten oder bei Umbauten zu beginnen. Die Möglichkeit, Datenleitungen zu verlegen, ist genau so wichtig, wie die Strom- und Wasserversorgung, die Heizung, das Telefon, der Lift und das Treppenhaus. Die Kabelkanäle sollen ausreichend groß dimensioniert werden, denn wer weiß schon genau, was die Zukunft der nächsten Jahrzehnte noch für Anforderungen stellen wird. Beim Entwurf eines Neu- oder Umbaus soll in jedem Fall ein Spezialist eines renommierten Hardwarelieferanten für diese Fragen beigezogen werden.

Oft muß man aber ein neues Informationssystem in einem bereits bestehenden Gebäude realisieren. Sind Kabelkanäle für Datenleitungen vorhanden, gibt es kein Problem. Sind Kabelkanäle für Telefonleitungen da, kann man wahrscheinlich diese auch für Datenleitungen mitbenutzen. Unter Umständen hilft der Ersatz der Telefonkabel durch Spezialkabel, die sowohl Telefon- als auch Datenleitungen enthalten. Sind diese Möglichkeiten nicht gegeben, geht man einen der drei folgenden Wege:

- Man baut nachträglich Kabelkanäle (in Brüstungen, Wänden, Böden, Decken) ein oder
- man baut Kabelkanäle auf Putz an oder
- man verlegt die Datenleitungen ungeschützt auf Putz und geht mit geeigneten Durchführungen durch die Wände.

Eine der genannten Möglichkeiten wird durchführbar sein. In keinem Fall sollte man bei mehreren möglichen Varianten die billigste Lösung wählen. Die sicherste Lösung ist immer vorzuziehen, denn dann kann man die Datenleitungen jahrzehntelang vergessen.

Leitungen

Als Leitungen für die Datenübertragung verwendet man drei Arten von Kabeln (siehe Bild 16.4):

1. Die *verdrillte Zweidrahtleitung*. Zwei Kupferadern sind verdrillt und durch einen Mantel abgeschirmt, wodurch Störungen von außen minimiert werden. Mehrere solche Leitungen können in einem Kabel zusammengefaßt und auch mit Telefonleitungen kombiniert werden. Diese Leitungsart wird am meisten verwendet. Sie ist einfach, billig, leicht zu verlegen und erstaunlich leistungsfähig. Man kann Übertragungsraten bis zu 1 Mbit/s erreichen, üblicherweise wird mit 150 kbit/s betrieben. Der Durchmesser dieser Kabel beträgt etwa 5 mm, der zulässige Biegeradius ist genügend klein. Die maximale Länge solcher Leitungen kann bis etwa 5 km betragen. Solche Kabel sind für nahezu alle Zwecke im Informationssystem geeignet: für den Anschluß von Terminals (auch mehrere Terminals an einer Leitung!), von Druckern, für Sternverbindungen zentraler Informationssysteme und auch für Lokale Netze. Diese Leiterart hat dank ihrer vielen Vorteile die Koaxialkabel weitgehend verdrängt.
2. *Koaxialkabel*. Lokale Netze und Terminalanschlüsse wurden früher ausschließlich mit Koaxialkabeln realisiert. Koaxialkabel bestehen aus einem äußeren Leiter, der einen konzentrisch innen liegenden Leiter vollständig umschließt und dadurch abschirmt. Die beiden Leiter sind durch eine feste Isolation getrennt. Eine Abart sind die sogenannten Twinax-Kabel, die zwei Innenleiter besitzen. Die Übertragungsrate der Koaxialkabel ist hoch: 300 Mbit/s.

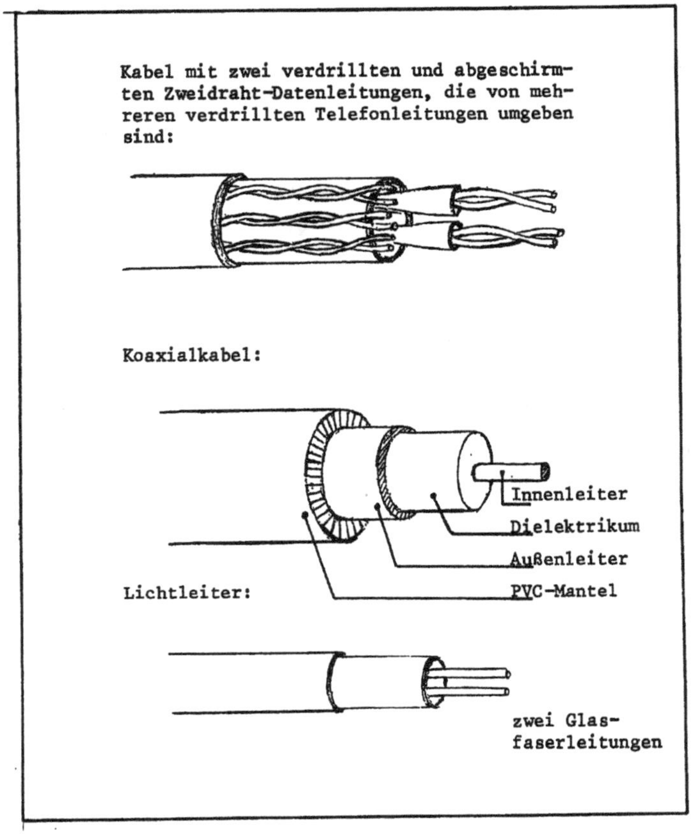

16.4 Verschiedene Arten von Datenkabeln

Beispiel: Der Durchmesser der Koaxialkabel, die im Lokalen Netz Ethernet verwendet werden, ist 10,3 mm bei einem kleinsten Biegeradius von 250 mm. Eine dünnere Version, die allerdings leichter verletzbar ist, hat 4,5 mm Durchmesser bei einem Biegeradius von 50 mm.

Koaxialkabel sind nicht so einfach zu verlegen wie verdrillte Zweidrahtleitungen. Sie sind auch wesentlich teurer. Man verwendet sie nur mehr, wenn man hohe Übertragungsraten braucht. Die übliche Länge liegt unter 3 km.

3. *Glasfaserkabel.* Die Datenübertragung erfolgt in dünnen Glasfasern mittels extrem kurzer Laserlichtimpulse. Dadurch wird eine störungsfreie Übertragung sehr hoher Leistung erreicht. Die Übertragungsrate beträgt 2000 Mbit/s und mehr. Damit können im Breitbandverfahren in einer Glasfaser viele Datenkanäle realisiert werden. Eine Glasfaserleitung entspricht etwa 2000 verdrillten Zweidrahtleitungen! Man wird Glasfaserleitungen dort einsetzen, wo entweder starke Störungen zu erwarten sind oder wo ein ganzes Bündel von Datenleitungen gemeinsam eine größere Entfernung bewältigen soll. Die Dimensionen sind – abhängig von der

Anzahl von Lichtleitern in einem Kabel – ähnlich denen der Koaxialkabel. Als größte Übertragungsentfernung rechnet man mit 30 km und mehr.

Verbindung verschiedener Leitungsarten

Es ist ohne weiteres möglich, verschiedene Leitungsarten miteinander zu verbinden. Beim Übergang von einem Koaxialkabel auf eine Zweidrahtleitung (und umgekehrt) ist ein einfacher Übertrager (genannt »Balun«) zwischenzuschalten, der die elektrischen Eigenschaften der verschiedenen Leitungsarten aneinander anpaßt. Beim Übergang zu oder von einem Glasfaserkabel müssen Geräte (Umwandler) zwischengeschaltet werden, die die elektrischen Impulse in Lichtsignale umwandeln (und umgekehrt). Diese Umwandlung bietet einen zusätzlichen Vorteil: Sie stellt eine galvanische Trennung dar, was bei der Verbindung verschiedener Gebäude mit verschiedenen Netzspannungsversorgungen nützlich sein kann.

Die drei Ebenen der Verkabelung

Verkabelungen müssen so ausgelegt sein, daß sie verschiedene Nutzungsarten und die Bildung unterschiedlicher Netztopologien ermöglichen. Grundlage hiefür sind hierarchisch aufgebaute Kabelstrukturen, die in drei Ebenen aufgeteilt werden:

- Die *primäre Ebene* umfaßt Leitungen, die verschiedene Gebäude miteinander verbinden.
- Zur *sekundären Ebene* gehören diejenigen Leitungen, die verschiedene Stockwerke oder Abteilungen erschließen.
- Die *tertiäre Ebene* umfaßt alle arbeitsplatznahen Leitungen.

Die arbeitsplatznahen Verkabelungen enden einseitig an der *Datensteckdose*, an die man dann Bildschirmterminals, Workstations, Terminaldrucker und ähnliche Geräte anschließen kann. Diese Datensteckdosen sind ein Ausgangspunkt für die Planung der Verkabelung. Genau so wie man in den Arbeitsräumen Telefonsteckdosen installiert, richtet man auch Datensteckdosen ein. Für jeden Arbeitsplatz, der mit einem Terminal ausgerüstet werden soll, sieht man eine Steckdose vor und zusätzlich eine weitere Steckdose für je zwei bis vier Arbeitsplätze, um einen gemeinsamen Drucker oder Plotter oder ähnliches anschließen zu können.

Die sternförmig verlegten Kabel der verschiedenen Ebenen enden jeweils an Knotenpunkten, die physisch durch *Verteiler* oder *Konzentratoren* gebildet werden. An diesen Knotenpunkten werden die einzelnen Kabelabschnitte zu der jeweils erforderlichen Topologie zusammengeschaltet. Oft werden dort auch elektrisch aktive Komponenten eingebaut: die oben erwähnten Übertrager oder Umwandler. Außerdem werden in diesen Knotenpunkten auch Übergänge zwischen verschiedenen Ebenen geschaffen. Bei derart strukturierten Verkabelungen sind Änderungen der Datenverbindungs- oder Netztopologie jederzeit durch einfaches Umstecken in den Verteilern möglich.

Verteiler

Diese Einrichtungen sind in allen Knotenpunkten vorhanden. Ein Verteiler besteht im wesentlichen aus einer Blechtafel, auf der auf beiden Seiten (hinten und vorne) Datenstecker montiert sind. Verteiler haben viele Positionen: Eine Matrix von 8 x 8 = 64 Positionen je Tafel ist üblich. Die Stecker jeder einzelnen Position auf der Hinterseite sind mit dem Stecker derselben Position auf der Vorderseite verbunden. An die Stecker der Hinterseite werden die im Gebäude verlegten Kabel angeschlossen: die Stichleitungen zu den einzelnen Datensteckern und die Verbindungsleitungen zu anderen Verteilern derselben oder einer anderen Ebene. Auf der Vorderseite des Verteilers können nun mit kurzen Verbindungskabeln die gewünschten Positionen der 8 x 8 Matrix miteinander verbunden werden. Es gibt verschiedene Verbindungskabel, die eine Position mit einer oder auch mit mehreren anderen Positionen verbinden können. Zusätzlich zu den Verteilertafeln können noch Verteilerleisten (oder Ports) angebracht werden, die einen Eingang an mehrere (z.B. acht) Ausgänge schalten. Mit diesen Ports können Schleifenverbindungen (mehrere Terminals an »einem« Anschluß) hergestellt werden. In den Bildern 16.7 und 16.8 sind Schemata von Verteilern und Verteilerleisten gezeichnet.

Verkabelungssystem

Die Verkabelung von Datenleitungen ist leider bei weitem nicht so gut genormt, wie etwa die Versorgung mit Netzspannung oder das Telephonsystem. Es gibt einige internationale Normen für die Kabel, aber kein genormtes System für das ganze Zubehör, wie Steckdosen, Verteiler, Ports, Übertrager (Baluns) etc. Doch ein Ausweg ist vorhanden: Die großen Hardwarehersteller haben Verkabelungssysteme geschaffen. Innerhalb des Verkabelungssystems eines Herstellers paßt alles zusammen. Da werden Datenkabel, Stecker, Abdeckplatten, Verteiler, Verbindungskabel dazu, Baluns, Verteilerleisten, Gehäuse und Rahmen aller Art, Prüfgeräte, Verstärker, Lichtleiterumsetzer und anderes mehr angeboten – alles miteinander verträglich. Selbstverständlich ist auch die Anschlußmöglichkeit der Geräte des Herstellers (Computer, Workstations, Terminals, Drucker) gesichert. Aber das alles gilt nur für das Verkabelungssystem eines Herstellers! Man hat sich also ein für allemal für ein bestimmtes Verkabelungssystem zu entscheiden und dann dabei zu bleiben.

Man kann es auch anders machen: Ein Verkabelungssystem eigener Zusammenstellung ist möglich. Man wählt alle Teile aus den verschiedenen Katalogen des Informatik-Zubehörhandels, normt sie sich selbst und baut alles selbst zusammen. Diese Lösung ist nur in Ausnahmefällen zu empfehlen.

Auch die Verkabelung plant man auf dem Papier!

Um die Verkabelung zu planen, verwendet man einige einfache graphische Darstellungen. Das Schwierigste bei einer Planung, die man das erste Mal machen will, ist immer der Anfang. So geht man zweckmäßig vor:

1. *Hardware-Übersicht:* Sie gibt den ersten Anfangspunkt. Man zeichnet ein grobes Schema der geplanten Hardware mit ihren Datenverbindungen. Die Peripherie ist nur sehr summarisch angegeben: Stückzahlen mit Hinweisen auf Gebäude und Stockwerke. Damit ist einmal grob festgelegt, was im System alles miteinander verkabelt werden muß (siehe Bild 16.5).
2. *Raumplan:* Der zweite Ausgangspunkt ist ein Plan der Arbeitsräume. Für jedes Stockwerk in jedem Gebäude wird ein solcher Plan erstellt. Jeder Raum erhält eine Nummer und in jedem Raum werden die erforderlichen Datensteckdosen (auch wieder mit Nummern versehen) aufgeführt.

   Zur Numerierung einige Hinweise: In den meisten Fällen werden die Büro- und Arbeitsräume bereits numeriert sein. Dann kann man diese Numerierung auch für den Zweck der Verkabelung beibehalten. Ist das nicht der Fall, muß man für jeden Raum eine eindeutige Identifikation schaffen. Beispiel: BF03 bezeichnet im Gebäude B und im Stockwerk F den Raum 03. Die Datensteckdosen könnte man nach dem Räumen benennen wie folgt: S-BF03-2. Das S kennzeichnet den Namen als den einer Steckdose, BF03 bezeichnet den Raum und die 2 steht für die 2. Datensteckdose. Das Bild 16.6 zeigt einen Raumplan.

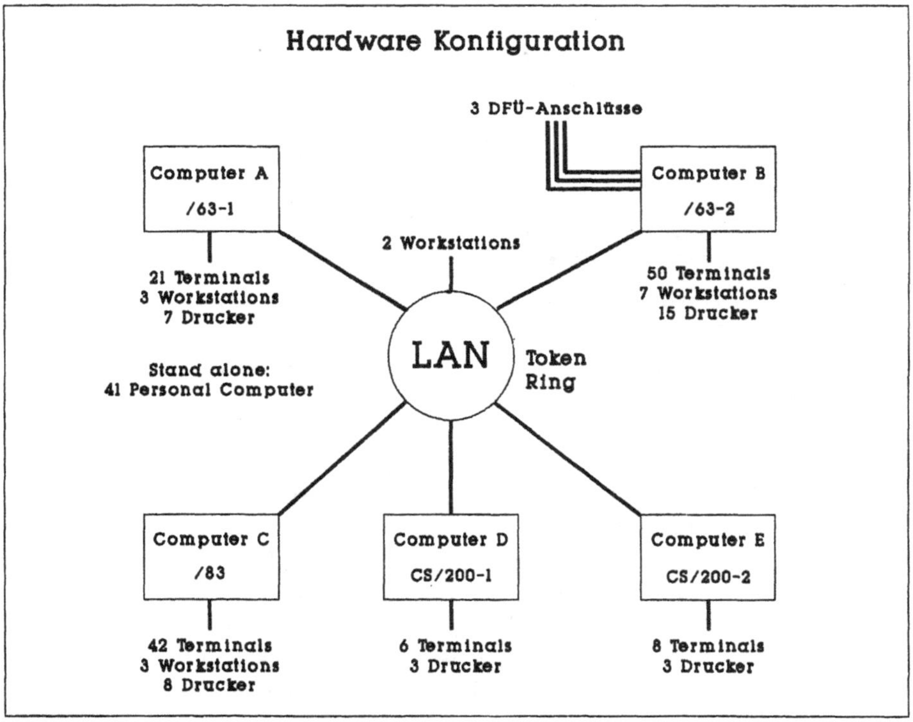

16.5 Beispiel einer Hardware-Übersicht

3. *Verteiler-Übersicht:* Als nächstes wird eine Übersicht aller Verteiler der verschiedenen Ebenen gezeichnet, also mit dem Hauptverteiler, allen Zwischenverteilern

und ihren Verbindungen. Auch die zentralen Computer kann man in einem solchen Plan skizzieren. Die einzelnen Verteiler werden in Form ihrer Matrizen dargestellt. Zwischen den Verteilern werden die Verbindungsleitungen (als Kabelbündel zusammengefaßt) eingezeichnet. Das Bild 16.7 zeigt einen Ausschnitt aus einem solchen Übersichtsplan.

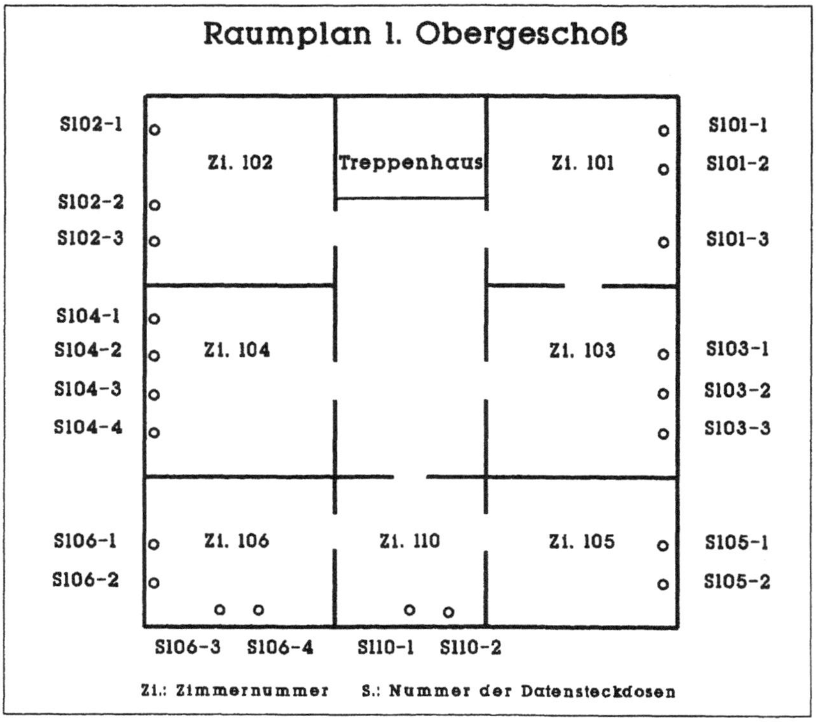

16.6 Beispiel eines Raumplanes mit Raumnumerierung und Datensteckdosen

4. *Verteiler-Kabelanschluß:* Schließlich wird für jeden Verteiler detailliert gezeichnet, wie die Datenkabel an die einzelnen Verteilerpositionen angeschlossen sind. Als Beispiel zeigt Bild 16.8 ein solches Schema. Der dargestellte Verteiler hat 64 Positionen, die Kolonnen sind mit den Buchstaben A bis H, die Zeilen mit den Ziffern 1 bis 8 bezeichnet. Damit ist jede Position zu identifizieren. In den Feldern der einzelnen Positionen wird eingetragen, wohin das angeschlossene Kabel führt: zu einer Steckdose (Sxxxx) oder zu einer Position eines anderen Verteilers (Beispiel: VH1-A8 heißt, daß die Verbindung zum Verteiler VH1 und dort zur Position A8 führt.) Was hier nun eingetragen ist, sind die Anschlüsse auf der Verteilerhinterseite, die in der Regel nicht mehr geändert werden, wenn sie einmal erstellt sind. Auf der Vorderseite der Verteiler können mit Verbindungskabeln beliebige Verbindungen hergestellt werden. So kann man beispielsweise die Position

A8 (die von VH1-A8 kommt) mit der Position D3 (die zur Steckdose S101-2 führt) verbinden.

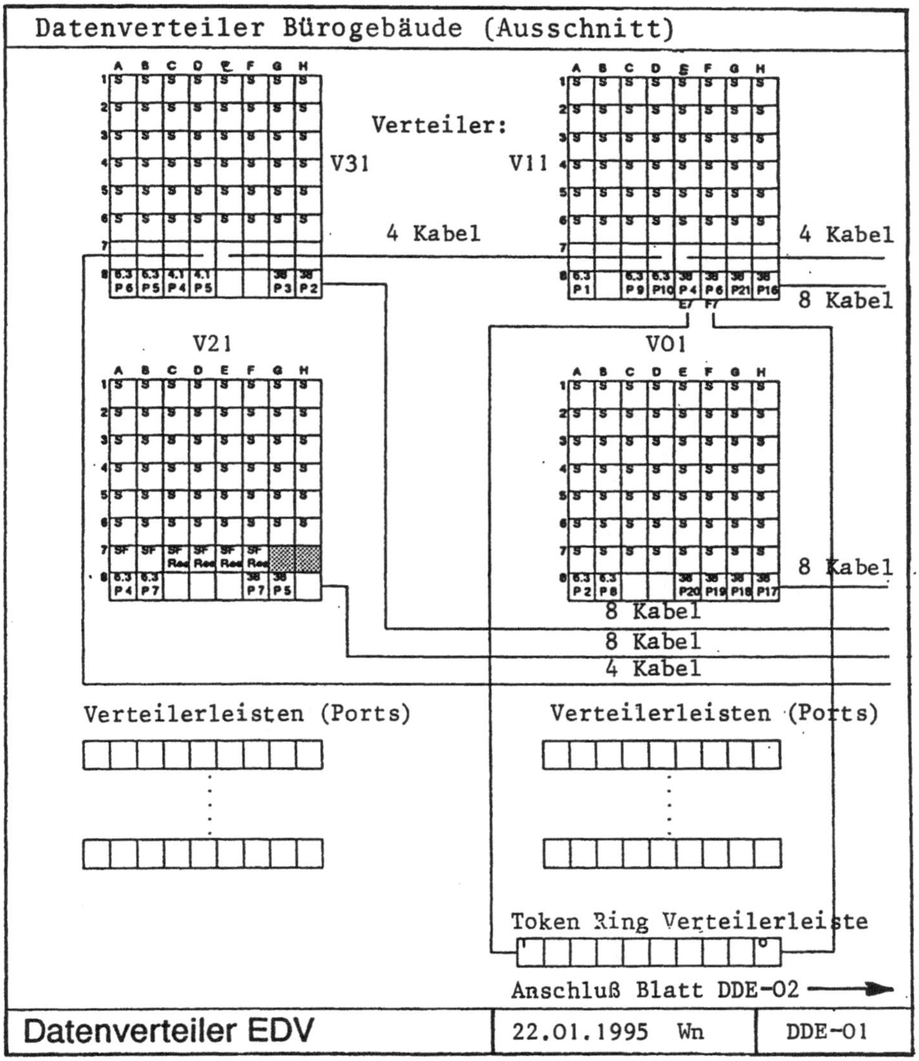

16.7 Verteiler-Übersichtsplan

Um die Verbindungen an der Vorderseite der Verteiler darzustellen, wird ein Verteiler-Verbindungsplan ausgefüllt, der dem oben beschriebenen Kabelanschlußplan ähnlich ist. Das Beispiel in Bild 16.9 zeigt, wie man das macht. In den einzelnen Positionen wird eingetragen, zu welcher Gegenposition die Verbindung führt.

V01	**Kabelanschlußtabelle (1. Obergeschoß)**							OG1
	A	B	C	D	E	F	G	H
1	S102-1	S102-2	S102-3	S104-1	S104-2	S104-3	S104-4	S106-1
2	S106-2	S106-3	S106-4	S110-1	S110-2	S105-2	S105-1	S103-3
3	S103-2	S103-1	S101-3	S101-2	S101-1			
4								
5								
6								
7								
8	VH1-A8	VH1-B8	VH1-C8	VH1-D8	VH1-E8	VH1-F8	VH1-G8	VH1-H8
Verbindungen: S Datensteckdosen, VH1 Hauptverteiler 1								3.5.95/Vr

16.8 Kabelanschlußtabelle eines Verteilers

V01	**Verteiler-Verbindungen (1. Obergeschoß)**							OG1
	A	B	C	D	E	F	G	H
1	A8	A8	A8	A8	A8	A8	A8	B8
2	B8	B8	C8	C8	C8	C8	C8	D8
3	D8	E8	E8	F8	G8	H8		
4								
5								
6								
7								
8	A1..G1	H1..B2	C2..G2	H2..A3	B3..C3	D3	E3	F3
								3.5.95/Vr

16.9 Verbindungstabelle eines Verteilers

Dieses System der Verteilung und Rangierung ist vor allem bei verdrillten Zweidrahtleitungen üblich, aber auch Koaxialkabel lassen sich in ein derartiges System einbeziehen. Bei Glasfaserleitern ist das nicht üblich, diese sind immer Punkt-zu-Punkt Verbindungen zwischen zwei Knoten.

Die Verwaltung des Telefonnetzes und des Datennetzes gehören in einem Unternehmen in eine Hand. In der Vergangenheit hat man sich bei der Verkabelung jeweils am aktuellen Bedarf orientiert. Dabei wurde die Verkabelung von Terminals meist als ein notwendiges Übel angesehen und ohne große Planungen durchgeführt. Da die Zahl der Endgeräte und der Informatikanwendungen ständig wächst und sich die Organisationsstrukturen ständig ändern, gehört die Vernetzung und Verkabelung der Arbeitsplätze als Teil zur Unternehmensstrategie! Verschiedene Kabel-Management-Systeme wurden entwickelt und sind erhältlich - man muß sie aber auch einsetzen!

Genügt die Computerleistung?

Zu Beginn dieses Kapitels wurde gesagt, daß nach all diesen jetzt erwähnten Planungen nochmals die Computerleistung zu überprüfen ist. Dies müssen die hauseigenen Informatiker, die Anwender und die Spezialisten des Hardwarelieferanten gemeinsam prüfen.

Dialogverarbeitungen: Ausgangspunkt der Leistungsüberprüfung sollte eine Liste aller Terminals mit ihren täglichen Belastungen sein. Unter Belastung ist zu verstehen, welche Transaktionen wie häufig durchgeführt werden sollen. Das Bild 16.10 zeigt einen Auszug aus einer derartigen Belastungsliste.

Ziel der Analyse ist, die Länge der durchschnittlichen Antwortzeiten zu ermitteln. Nun lassen sich Antwortzeiten leider nicht einfach nach einer Formel aus der Terminalanzahl, den Häufigkeiten und der Anzahl Befehle und Plattenzugriffe in den Dialogprogrammen ausrechnen. Es kommen viele Einflußgrößen zusammen und die Vorgänge und Abläufe sind überaus komplex. Aber zwei Methoden können helfen, die Antwortzeiten annähernd abzuschätzen:

a) *Vergleichsverfahren:* Man sucht einen oder mehrere Anwender des selben Computertyps mit ähnlichem Belastungsprofil. Hat man diese gefunden, prüft man die Antwortzeiten und vergleicht die Charakteristiken des dort installierten Computers (Zykluszeit, Hauptspeichergröße, Anzahl Zugriffsarme zu den externen Speichern und anderes mehr) mit den Charakteristiken der eigenen, bestellten Maschine. Daraus lassen sich Schlüsse ziehen.
b) *Simulation:* Man versucht, auf dem eigenen oder einem sehr ähnlichen externen Computersystem durch fingierte Arbeiten mit vielen Terminals eine Belastung herzustellen, die der erwarteten Produktionsbelastung ähnlich ist. Gleichzeitig beobachtet man die Antwortzeiten.

Die beiden Methoden sind primitiv. Aber eines läßt sich sicher damit feststellen: eine grobe Unterdimensionierung der Computerleistung. Und das ist ja auch das Ziel.

PROJEKT		**Belastungsliste**		Seite i/n
Raum	*Terminal*	*Transaktion*	*Anzahl pro Tag*	*Bemerkung*
101	101-1	Kundenanzeige Kunden-Neuaufnahme Kunden-Mutation Neuaufnahme Adressen Mutation Adressen Text Seiten	100 20 120 50 100 30	außerdem werden die Dialog-Statistiken sporadisch benutzt
	101-2	Kundenanzeige Kunden-Neuaufnahme Kunden-Mutation Neuaufnahme Adressen Mutation Adressen Text Seiten	200 40 200 20 20 20	
	101-3	Drucken: Brief Kundenkondit. Text allgemein	 380 200	 je Seite 8 Zeilen!
Teilsumme (in die Zusammenfassung übertragen): Räume .... : 101, 102, 103 Anzahl Anzeigetransaktionen .... : 600 Anzahl Transaktionen Neuaufnahmen ... : 350 Anzahl Transaktionen Mutationen .... : 1000 Terminaldrucker Druckseiten .... : 600 Anzahl Terminals .... : 6 Anzahl Workstations .... : 0 Anzahl Terminaldrucker .... : 2				
Anwender (Datum, Unterschrift):			*Informatik (Datum, Unterschrift):*	

16.10 Teil einer Belastungsliste (Beispiel)

Stapelverarbeitungen: In jedem Dialogsystem sind auch Stapelverarbeitungen üblich. Diese werden meist dann durchgeführt, wenn die Dialogbelastung des Systems schwach ist oder der Dialogbetrieb gesperrt wurde. Das wird außerhalb der normalen Bürozeit, also meistens nachts oder am Wochenende der Fall sein. Auch dafür hat man die Computerleistung zu überprüfen. Man wählt einen Spitzentag, an dem die längsten Verarbeitungen hintereinander ablaufen sollen. Die Verarbeitungszeit kann bei bereits bestehenden Programmen gemessen werden, wobei man unter Umständen mit kleinen Mengen arbeitet und dann extrapoliert. Sind wichtige Programme noch nicht verfügbar, wird man die Verarbeitungszeiten aus Vergleichen mit ähnlichen Arbeiten abschätzen.

Ergeben die Analysen eine zu geringe Computerleistung, kann man jetzt noch rechtzeitig eine schnellere oder größere Zentraleinheit bestellen. Man wird etwas mehr bezahlen müssen, aber dafür wird man mit dem neuen System auch von Anfang an zufriedenstellend und speditiv arbeiten können und Frustrationen bei den Anwendern vermeiden.

Fallstudie IGEL: Hardware und Verkabelung

Die Projektgruppe unter der Leitung von Dr. Kulack bearbeitete an ihren Sitzungen im April 1995 die Überprüfung der Hardwarekonfiguration. Es zeigte sich, daß man im Grobkonzept sorgfältig analysiert hatte - ein Verdienst vor allem von Frau Fink - und daß an der Konfiguration nur Kleinigkeiten zu korrigieren waren: In der Zentrale Kupferdreh sollten statt 20 Bildschirmterminals jetzt 23 Terminals, statt 6 Personal Computern (als Workstations verwendet) deren 8 angeschlossen werden. Je zwei Bildschirmterminals und Personal Computer sollten als Reserve zusätzlich angeschafft werden. Bei der Außenstelle Schwechat konnte man bei 4 Bildschirmterminals und 2 Druckern bleiben. Allerdings gab es für alle dezentralen Drucker eine Änderung: Statt der Matrixdrucker sollten Laserdrucker eingesetzt werden. Sie waren mittlerweile sehr preisgünstig geworden. Auch die Bildschirmterminals hatten einen Preissturz erlebt, so daß die Anschaffungskosten für die 29 Terminals nur mehr zwei Drittel gegenüber den Kosten für die zunächst bestellten 24 Terminals betrugen. Der Lieferant war bereit, die nunmehr niedrigeren Kosten zu berechnen.

Der Lieferant machte ein weiteres Angebot: Seit dem Vertragsabschluß hatte es auch bei anderen Teilen der bestellten Anlage Preissenkungen gegeben. Wenn die F*Z*G bereit wäre, die Kaufsumme auf der bisherigen Höhe zu belassen, wolle er die neuen Preise (ungeachtet des abgeschlossenen Vertrages) anwenden. Das hätte zur Folge, daß man für den ursprünglichen Preis ein leistungsfähigeres System beschaffen könnte. Sollte man nicht auf diese Option eingehen, würden nur die halben Preisermäßigungen zur Anwendung kommen, da alle Geräte bereits produziert, zur Lieferung bereit oder bereits geliefert waren.

Dr. Kulack besprach diese Angelegenheit mit Herrn P. Zapfel und man entschied sich dafür, die Preisermäßigung voll auszunützen und das neue System besser auszubauen. Statt drei Plattenstationen mit 1200 MB sollten jetzt vier mit total 2000 MB beschafft werden. Bei der Zentraleinheit konnte man vom Modell B40 zum Modell C50 übergehen, das 1.5 mal schneller war und statt 32 MB Hauptspeicher nun 40 MB haben sollte. Das gab einen Mehrpreis von DM 11.000,–, der für die erzielte Verbesserung sehr gut vertretbar schien. Im Bild 16.11 ist die nunmehr gültige Konfiguration gezeichnet. (Man vergleiche mit Bild 3.7.)

Die Verkabelung

Bei den Fragen der Verkabelung stieß man zunächst auf Probleme, da Kenntnisse und Erfahrungen fehlten. Auf Vorschlag von Dr. Eisenbart (Softwarehaus FICOSO) wurde ein Spezialist für Verkabelungen beigezogen. Es erschien Dipl.-Ing. Messing der Fa. TELEWIRE AG aus Bochum, der in der Sitzung der Projektgruppe vom 7. April 1995 einen einführenden Vortrag zum Thema »Datenkabel und Ver-

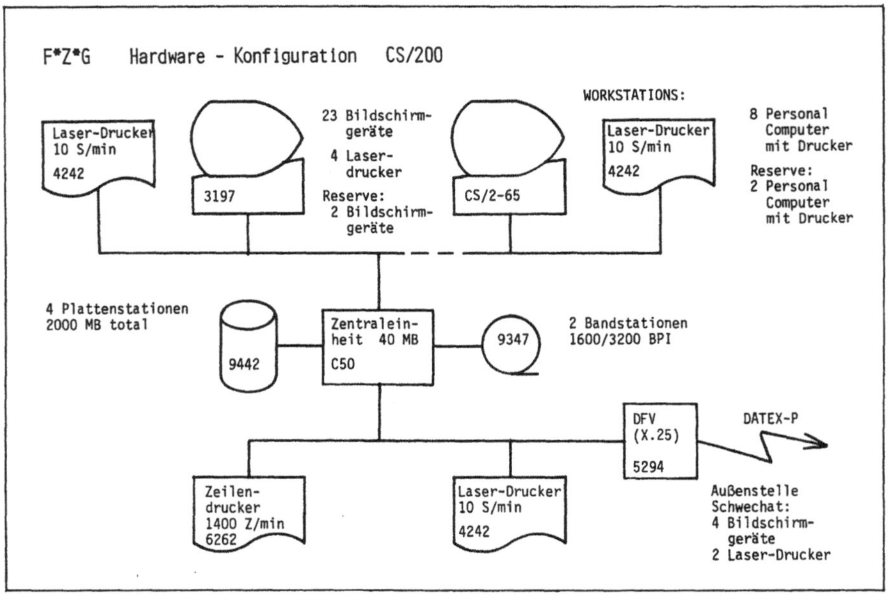

16.11 Korrigierte Konfiguration der Hardware im Projekt IGEL

kabelungssysteme« hielt. Nach Schluß der Sitzung sah er sich noch im Hause um und konnte zur allgemeinen Erleichterung folgende Feststellung machen: Im Verwaltungsgebäude der F*Z*G waren die Kabelkanäle für die Telefonverbindungen so groß dimensioniert, daß sie ohne weitere Ausbauten auch die Datenkabel aufnehmen konnten. Wahrlich eine gute Nachricht!

In einem Gespräch im kleinen Kreis am Abend desselben Tages, an dem außer Herrn Messing noch Frau Fink und die Herren Dr. Kulack, Biermann und Vredestein teilnahmen, diskutierte man die Möglichkeiten der Verkabelung, stellte fest, daß Zweidrahtleitungen genügen würden und entschied sich schließlich für die Verwendung des Verkabelungssystems ALLDRAHT-93, das auch vom Hardwarehersteller empfohlen war. Herr Messing wurde beauftragt, die Verkabelungsplanung zu erstellen und diese auch durch Mitarbeiter der TELEWIRE AG unter seiner Bauleitung ausführen zu lassen. Herr Messing sicherte zu, die Planung bis zum 2. Mai und die Installation bis zum 15. Mai fertigzustellen.

Am folgenden Montag erstellte Herr Messing unterstützt von Herrn Vredestein eine Raumliste, in der die erforderlichen Datenstecker eingetragen wurden. Ein Auszug dieser Liste ist in Bild 16.12 dargestellt.

Das Verwaltungsgebäude in Essen-Kupferdreh hat drei Geschosse: Keller, Erdgeschoß und ein Obergeschoß. An der Rückseite befindet sich ein großer Hof, in den die LKWs einfahren und laden. Hinter dem Hof steht das Lagerhaus mit Spedition und hinter diesem befindet sich der Geleiseanschluß. Im Hof sind in einem ebenerdigen Quertrakt einige Werkstätten untergebracht. Die Computeranlage sollte im

F*Z*G IGEL	**Raumliste der Benutzerperipherie**					Seite 1/1 15.4.1995
Gebäude: Bürogebäude Stockwerk: Erdgeschoß					Bildschirmterminals: 13 (BT) Drucker: 2 (DR) Workstations (PC): 3 (WS)	
Raum	Abteilung	Terminals			Datensteck-dosen (+Res)	Adressen der Datensteckdosen
		BT	DR	WS		
003	Einkauf	1		1	2 + 1	S003-1,-2,-3
005		2			2 + 1	S005-1,-2,-3
007		2			2 + 1	S007-1,-2,-3
004	Auftrags-	3			3 + 2	S004-1,-2,-3,-4,-5
006	abwicklung	1	1		2 + 1	S006-1,-2,-3
008		1		1	2 + 2	S008-1,-2,-3,-4
010	Rechnungs-			1	1 + 1	S010-1,-2
011	wesen	3	1		4 + 2	S011-1,-2,-3,-4,-5,-6
	Total	13	2	3	18 + 11	
Anwender (Datum, Unterschrift): 18.4.1995 gez. D. Märkel					Informatik (Datum, Unterschrift): 18.4.1995 gez. Vredestein	

16.12 Raumliste für das Erdgeschoß im Projekt IGEL

Obergeschoß des Verwaltungsgebäudes aufgestellt werden. Terminals waren im selben Obergeschoß, im Erdgeschoß, im Lager und in der Spedition einzurichten. Aufgrund der räumlichen Situation plante Herr Messing vier Verteiler für das Kabelsystem: einen Hauptverteiler im Obergeschoß im Computerraum und je einen Unterverteiler im Obergeschoß, im Erdgeschoß und in der Lagerhalle.

Die Verteilerübersicht ist im Bild 16.13, das Schema des Unterverteilers ist in Bild 16.14 dargestellt.

Diese Planung wurde am 5. Mai in der Projektsitzung kurz erklärt, diskutiert und genehmigt. Die Ausführung der Verkabelung samt Überprüfung erfolgte durch die Monteure der TELEWIRE AG innerhalb von drei Tagen und war am 12. Mai fertig.

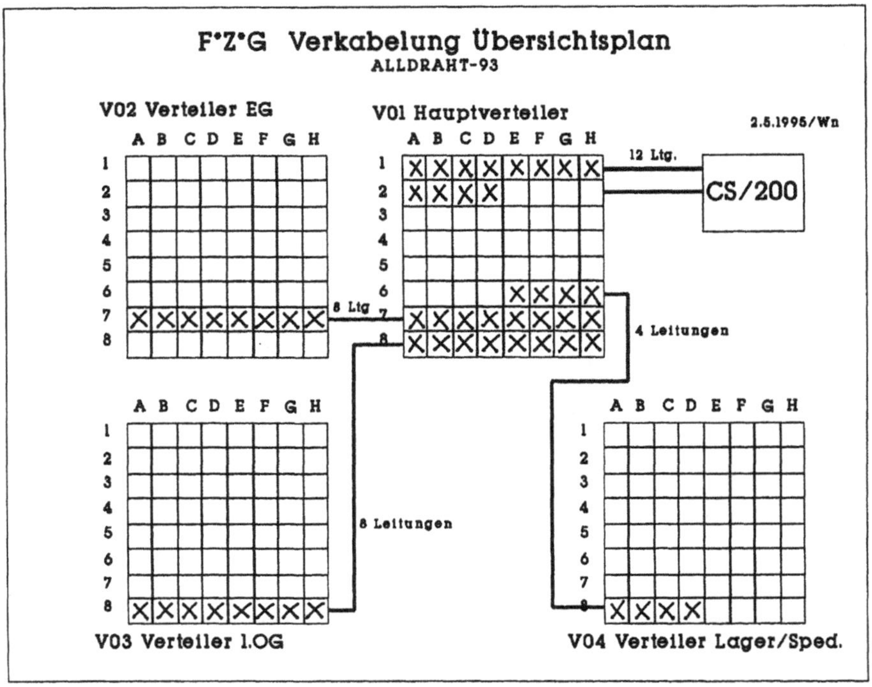

16.13 Gesamtübersicht der Verteiler im Projekt IGEL

Merksätze

- Gegen Ende der Feinplanung sind zu überprüfen: die Dimensionierung der externen Speicher, die notwendige Leistung der zentralen Schnelldrucker, die Leistung der Sicherstellungsgeräte (Magnetbandeinheiten), die Benutzerperipherie und schließlich die Leistung der Zentraleinheiten.
- Die Reservekapazität der externen Speicher soll 100 % bis 300 % betragen.
- Die Leistung der zentralen Drucker ist anhand einer Rechnung zu überprüfen. Auch an Spitzentagen der Belastung sollen Engpässe nicht auftreten.
- Die Sicherstellung auf externen Medien (Magnetbändern) soll in vertretbarer Zeit (Beispiel: Gesamtsicherung innerhalb eines halben Arbeitstages) möglich sein.
- Auch die Planung der Benutzerperipherie (Bildschirmterminals, Workstations, Terminaldrucker) wird überprüft und allenfalls korrigiert.
- Schließlich prüft man mit einem Vergleichsverfahren oder durch eine Simulation, ob die Computerleistung genügend kurze Antwortzeiten ermöglicht. Auch der Zeitaufwand für Stapelarbeiten wird berechnet.
- Die beschriebenen Untersuchungen können zu Nachbestellungen oder Vertragsänderungen führen.

V02 — **Kabelanschlußtabelle (Erdgeschoß)** — EG

	A	B	C	D	E	F	G	H
1	S003-1	S003-2	S003-3	S005-1	S005-2	S005-3	S007-1	S007-2
2	S007-3	S004-1	S004-2	S004-3	S004-4	S004-5	S006-1	S006-2
3	S006-3	S008-1	S008-2	S008-3	S008-4	S010-1	S010-2	S011-1
4	S011-2	S011-3	S011-4	S011-5	S011-6			
5								
6								
7	V01-A7	V01-B7	V01-C7	V01-D7	V01-E7	V01-F7	V01-G7	V01-H7
8								

Verbindungen: S Datensteckdosen, V01 Hauptverteiler — 4.5.95/Vr

16.14 Kabelanschlußtabelle des Unterverteilers im Erdgeschoß (Projekt IGEL)

- Das Datennetz muß im Detail geplant werden. Man hat sich für ein bestimmtes Verkabelungssystem zu entscheiden.
- Die Frage der Verkabelung wird bearbeitet. Wenn Kabelkanäle vorhanden sind, werden diese benützt. Fehlen sie, muß man zu anderen Lösungen greifen: Anlage von Kabelkanälen oder offenes Verlegen der Datenkabel.
- Als Leitungen können verdrillte Zweidrahtleitungen oder Koaxialkabel oder Lichtleiter mit Glasfasern verwendet werden. Zweidrahtleitungen genügen in den meisten Fällen.
- Bei der Verkabelung kennt man drei Ebenen: Leitungen zwischen Gebäuden, zwischen Stockwerken und innerhalb der einzelnen Stockwerke. Verteiler in den verschiedenen Ebenen gestatten flexible Strukturen der Zusammenschaltung.
- In den einzelnen Arbeitsräumen dienen Datensteckdosen dem Anschluß der Terminals.
- Von verschiedenen Herstellern werden einheitliche Verkabelungssysteme angeboten, die Leitungen, Verteiler, Stecker und weiteres Zubehör umfassen. Dabei passen alle Elemente des Systems zusammen.

Ergebnisse

Die Überprüfung der Hardwarekonfiguration und die Planung der Verkabelung bringen folgende Ergebnisse:

- Die Dimensionierung der Anlagen wurde abgeändert, wenn nötig. Die entsprechenden Nachbestellungen und Vertragsänderungen sind vollzogen.

- Die Art der Kabelführung ist beschlossen, die Planung dafür ist durchgeführt.
- Man hat sich für ein bestimmtes Verkabelungssystem entschieden.
- Die Verkabelung und die Verteiler sind entworfen und bestellt.

Literatur

SIKORA, H., STEINPARZ, F. X.: Computer & Kommunikation.

HANSEN, H. R.: Wirtschaftsinformatik I.

IBM DEUTSCHLAND: Das IBM Verkabelungssystem und das IBM Token-Ring Netzwerk.

SACHS, O.: Verkabelung mit Strategie und Hierarchie.

17. Personalplanung

Im zukünftigen Informatikbetrieb sind vom Personal verschiedene Funktionen auszuführen. Diese sind jetzt zu planen und die Stellen sind zu besetzen.

Nach seiner Einführung wird das neue Informationssystem die Produktion aufnehmen. Dann wird das Personal eine Reihe von Funktionen zu erfüllen haben. Die Verteilung der Funktionen, die in diesem Kapitel beschrieben werden, ist jetzt zu planen und festzulegen. Die Funktionen müssen für alle Informationssysteme ausgeführt werden, unabhängig von deren Größe und Leistungsfähigkeit. Verschieden ist nur, wieviele Personen einzusetzen sind. Bei kleinen Systemen wird es möglich sein, ohne zusätzliche Anstellungen auszukommen - die neuen Bedienungs- und Betriebsaufgaben können auf vorhandene Mitarbeiter aufgeteilt werden. Bei mittleren und großen Projekten ist das anders: Neue Mitarbeiter müssen eingesetzt werden und Funktionen im Informatikbetrieb übernehmen.

Wenn man die einschlägige Literatur über die Berufe in der Informatik durchsieht, so findet man dort eine große Anzahl von Berufsbezeichnungen. Es wird zwischen Wirtschaftsinformatik und Technischer Informatik unterschieden, und manche Berufe werden noch mit römischen Ziffern versehen, wie Monarchen: EDV-Analytiker I oder Programmierer III. Man gewinnt den Eindruck, daß alle Tätigkeiten in der Informatik hochspezialisiert seien und daß nur ein Operator II den Schnelldrucker bedienen dürfe und nicht vielleicht auch ein Systemspezialist I. Diese Bezeichnungen sagen wenig aus. Zum Glück - denn sonst würde eine Informatik-Spezialisten-Hierarchie den Wirkungsgrad stark reduzieren.

Jeder brauchbare Informatiker hat ein solides Grundwissen und ist geistig so beweglich, daß er sich in neue Aufgaben sehr schnell einarbeitet. Von einem guten Cobol-Programmierer darf verlangt werden, daß er nach drei Wochen Lernzeit gute PL/1- Programme schreibt. Ein Systemprogrammierer muß jederzeit in der Lage sein, ein Anwendungsprogramm zu schreiben. Jeder Informatiker muß bei Bedarf eine Ablauforganisation für eine Lagerbewirtschaftung entwerfen können. Der Seniororganisator muß den Programmierer-Bildschirm bedienen und herausfinden können, welche Version eines Programmes jetzt eigentlich aktiv ist. Also: Allround-Wissen ist gefragt! Hat man wirklich gute Leute um sich geschart, trifft alles oben Gesagte zu. Das erleichtert den Betrieb in der Informatik außerordentlich. Jede Position kann dann bei Ausfall des Verantwortlichen schnell wiederbesetzt werden. Vielleicht läuft der Betrieb dann einige Tage etwas holprig - aber er läuft. In allen gut funktionierenden Installationen sind Mitarbeiter am Werk, die vieles können und es nicht ablehnen, sich die Hände schmutzig zu machen. Auch Systemprogrammierer können einmal eine Schachtel Papier aus dem Keller holen. Das beste

Vorbild ist immer der EDV-Chef: Wenn er einmal den Toner beim Laserdrucker nachgefüllt hat und dabei schwarz wurde bis zu den Ellbogen - dann tun das seine Gruppenleiter und deren Spezialisten bei Bedarf auch.

Die folgenden Ausführungen behandeln die Funktionen, die durch Mitarbeiter beim Betrieb von Informationssystemen ausgeführt werden müssen. Nur wenige Mitarbeiter müssen spezialisierte Informatiker sein. Ein großer Teil der Funktionen kann auch von Benutzern oder ausgebildeten Laien ausgeführt werden - es wird speziell darauf hingewiesen werden.

Programmwartung

Die Wartung der Programme umfaßt: Beheben von Fehlern, Änderungen und Erweiterungen wegen geänderter Anforderungen, Zusatzprogrammierungen für Zusatzwünsche. Nur *Programmierer* können diese Arbeiten ausführen. Wenn möglich sollten es die gleichen Programmierer sein, die die Programme schon entworfen und geschrieben haben. In kleinen Systemen, die nur Standardsoftware einsetzen, muß diese Funktion nicht besetzt werden. Bei mittleren Systemen wird man eine kleine Gruppe von Programmierern mit dieser Funktion betrauen. In großen Informationssystemen wird die Zahl der Programmierer bei Inbetriebnahme meist gar nicht reduziert, da die Wartung ziemlich aufwendig ist und auch stets neue Aufgaben zu erledigen sind.

Organisation und Analyse

Mit der Programmwartung hängen organisatorische Tätigkeiten zusammen. Wenn die Anwendungsprogramme geändert oder erweitert werden müssen, hat ein Fachmann dafür die Anforderungen zu spezifizieren. Der *Organisator* schlägt die Brücke vom Anwender zum Informatiker. Wenn der Anwender etwas anderes oder mehr braucht, als die Anwendungsprogramme bieten, so hilft ihm der Organisator bei der Formulierung seines Anliegens. Er bereinigt die Zielsetzungen, analysiert die Schwachstellen im Anwendungsablauf, erarbeitet einen Lösungsvorschlag. Aber der Organisator hat nicht nur das Gelände für den Programmierer vorzubereiten. Er greift auch in die betriebliche Ablauforganisation ein, verbessert und vereinfacht sie und paßt sie dem Computereinsatz an. Der Benutzer geht zuerst zum zuständigen Organisator, wenn er Schwierigkeiten bei seiner Arbeit mit dem Computer hat. Oft muß dann beides geändert werden: das Anwendungsprogramm und auch die Ablauforganisation. Es ist gar nicht selbstverständlich, daß diese beiden Elemente von Anfang an nahtlos zusammenpassen.

Als Organisatoren eignen sich Personen mit umfassenden Kenntnissen der jeweiligen Fachgebiete und der Informatik, mit organisatorischer Ausbildung und betriebswirtschaftlichen Kenntnissen. Initiative, analytisches Denkvermögen, systematische Arbeitsweise und Geschick im Umgang mit Menschen sind unerläßlich. Wenn seine Tätigkeit sich nicht auf Organisation beschränkt, sondern auch in die Analyse und damit in die Informatikdetails hineinreicht, sind auch Kenntnisse der eingesetzten Hardware, der Betriebssoftware und der Datenbank erforderlich.

Systembetreuung

Dazu gehören: Planen des Einsatzes von Hardware und Betriebssoftware, Erproben und Freigeben neuer Komponenten der Betriebssoftware, Parametrisieren und Installieren von Standardsoftware, Verwalten und Ergänzen der Systemdokumentation, Abklären und Beheben fehlerhafter Systemzustände, Erstellen und Warten von Steuerprogrammen für den Betriebsablauf, Unterstützung der Informatiker und Benutzer beim Einsatz der Betriebs- und Standardsoftware sowie bei der Suche nach Fehlern und deren Korrektur.

Zur Systembetreuung gehört auch die Betreuung der Datenbank. Die gewählte Datenbanksoftware muß zweckmäßig und richtig eingesetzt werden. Sie ist laufend zu aktualisieren, Fehler sind zu analysieren und zu beheben, die Programmierer sind in allen Datenbankfragen zu beraten, die Anwender sind in der Benützung der Abfragesprache zu unterstützen, die Datenbank ist zu dokumentieren.

Die Anforderungen für diese Funktion eines *System- und Datenbankspezialisten* sind hoch: detaillierte Kenntnisse der Systemsoftware und der Datenbank, der verwendeten Programmiersprachen, der Anwendungsgebiete, der Hardware, der Maschinenbedienung, Fähigkeit zu konzentrierter Arbeit und große Belastbarkeit. Ein erfahrener Informatiker wird hier gebraucht. Nur kleine Informationssysteme kommen ohne einen eigenen Mitarbeiter für diese Funktion aus – dort tritt zeitweise ein Spezialist des Lieferanten in die Lücke.

Datenverwaltung

Die Datenverwaltung schließt ein: Verantwortung für den Datenbestand (Aktualität, Richtigkeit und Sicherheit der Daten), Ein- und Durchführung von Organisationsarbeiten im Datenbestand (Sicherstellung, Reorganisation, Wiederanlauf), Beheben von Fehlern, Dokumentation des Datenbestandes.

Die Aufgaben des *Datenverwalters* erfordern eine gute Betriebskenntnis als Anwender. Bei kleinen und mittleren Systemen kann die Datenverwaltung einem Benutzer oder einem Operator als Zusatzaufgabe zugeteilt werden, bei großen Systemen ist sie Vollzeittätigkeit eines oder mehrerer Mitarbeiter.

Maschinenbedienung

In den heutigen Dialogsystemen werden die meisten Bearbeitungen von den Benutzern selbst an ihrem Terminal ausgelöst und die Resultate kommen ohne jeden Eingriff am zentralen System zustande. Darum ist es möglich, kleinere Systeme »ohne Bedienung« laufen zu lassen. Ganz richtig ist das nicht, denn zumindest die Drucker müssen hin und wieder betreut werden (Papier, Farbe) und die Druckausgaben müssen weiterverarbeitet werden. Bei den Sicherstellungsarbeiten müssen Magnetbänder, Kassetten oder Disketten eingelegt und später entnommen werden. Man kann Benutzer für diese Tätigkeiten schulen und kommt, wenn man keine großen Ansprüche stellt, ohne neues Personal aus. In mittleren und großen Installationen ist jedoch der *Operator* unentbehrlich. Seine Aufgaben umfassen: Bedienung der Ein-

und Ausgabegeräte, Reaktion bei Systemfehlern, Sicherstellungsarbeiten, Archivierung der Datenträger, Zutrittskontrolle, Verwaltung von Verbrauchsmaterial, Verantwortung für Klima, Ordnung und Sauberkeit im Maschinenraum.

Für die Maschinenbedienung benötigt man Leute mit schneller Auffassungsgabe, Fähigkeit zu logischen Schlüssen und schneller Reaktion, mit Ordnungssinn und handwerklichem Geschick. Eine Grundausbildung in Informatik ist nicht erforderlich. Die nötigen Kenntnisse über die Maschinen und das Betriebssystem können als Zusatzausbildung erworben werden.

Disposition

Beim Betrieb von Informationssystemen muß vieles disponiert werden. Zunächst einmal die zeitliche Verteilung der periodischen Stapelarbeiten mit langer Verarbeitungsdauer. Sie sollen so disponiert werden, daß die Systeme möglichst gleichmäßig ausgelastet werden, daß keine Spitzenbelastungen auftreten und daß Überstunden und Zusatzschichten nicht nötig werden. Zu diesen Batch- oder Stapelarbeiten gehören umfassende Auswertungen und Berechnungen, langdauernde Druckarbeiten, Sicherstellungen und das Installieren neuer Versionen der Betriebs- oder Anwendersoftware. Zu disponieren sind auch alle größeren Arbeiten der Datenerfassung, der Einsatz von Hilfsmaschinen, Maschinenreservationen für vorbeugende Wartung oder Hardwareumbauten. Wird in mehreren Schichten gearbeitet und wird eine größere Anzahl von Mitarbeitern eingesetzt, so sind die Einsatzpläne der Mitarbeiter festzulegen mit zweckentsprechender Rotation, Urlaubs- und Abwesenheitsplanung und Regelung der Stellvertretungen. Auch die Materialdisposition ist wichtig: Verbrauchsmaterial (Magnetbänder, Disketten, Papier, Farbtücher, Druckmodule für Laserdrucker, Reservegeräte wie Terminals und Workstations und anderes mehr). Diese Arbeiten liegen im Verantwortungsbereich eines *Disponenten*, der meist auch die Stellung eines *Anlagechefs* innehat. Dann ist er auch mit der Führung des Bedienungspersonals betraut und trägt die Verantwortung für die Einsatzbereitschaft und die Nutzung der gesamten Hardware.

Als Disponenten eignen sich Mitarbeiter mit organisatorischer Ausbildung und Ordnungsliebe, Fähigkeit zu systematischer Arbeit und schnellen Entschlüssen, Geschick im Umgang mit Mitarbeitern, Materialkenntnis und mit der Bereitschaft, Verantwortung auch für Angelegenheiten zu übernehmen, die nicht ausdrücklich im Pflichtenheft stehen. Anlagechefs müssen auch Führungsbegabung mitbringen.

Datenerfassung

Zum Teil wird die Datenerfassung im Dialogbetrieb von den Sachbearbeitern in den Fachabteilungen, also beim Anwender vorgenommen. Es gibt aber immer wieder Massendaten, die in großer Zahl und in kurzer Zeit in das System eingegeben werden müssen. Ein Beispiel ist die Datenübernahme bei der Installation eines neuen Informationssystems. Auch in manchen Anwendungen sind hin und wieder große Datenmengen zu erfassen. Einige Beispiele dazu: Ablesungen von Zählern der Elektrizitätswerke, Erfassung von Lagerinventuren, Wareneingänge, Lieferscheine, Fakturierungen, Sportereignisse, Wahlen. In diesen Fällen erfassen *Datatypistinnen* die Daten von ihren Urbelegen (Ableselisten, Inventarlisten und ähnliche) manuell, das heißt sie geben diese über eine Tastatur dem System ein.

Voraussetzungen für diese Tätigkeit sind Neigung zur Routinearbeit, Konzentrationsfähigkeit, Genauigkeit, Zuverlässigkeit, Fingerfertigkeit, gutes Sehvermögen und Ausdauer.

Koordination in den Fachabteilungen

In mittleren und größeren Unternehmen bilden die einzelnen Fachabteilungen Regionen enger Zusammenarbeit, während die Kontakte zu anderen Abteilungen eher locker sind. Dies ist eine Folge verschiedener Aufgaben und räumlicher Distanzen. Es ist für die Benutzer eine große Erleichterung, wenn sie sich mit ihren Fragen und Problemen im Informatikbereich an einen Spezialisten innerhalb ihrer Fachabteilung wenden können. Als Verbindung zur Informatik wird dafür ein *Informatik-Koordinator* eingesetzt, der auch als Organisator wirkt. Er wird immer aus den Fachleuten der entsprechenden Fachabteilung rekrutiert und in den Gebieten Organisation und Informatik speziell ausgebildet. Die Anforderungen sind - im kleineren Rahmen - dieselben wie die des Organisators/Analytikers in einer Informatikabteilung.

Datenschutz

Der Datenschutz befaßt sich mit dem Schutz persönlichkeitsbezogener Daten gegen deren Mißbrauch. Das Datenschutzgesetz sieht zwingend einen *Datenschutz-Beauftragten* für die Sicherstellung dieser Funktion überall dort vor, wo schützenswerte persönlichkeitsbezogene Daten gespeichert werden. Solche Funktionäre kommen aus dem Kreis der Organisatoren oder der Informatiker. Sie werden für die nötigen Maßnahmen ausgebildet und erhalten die erforderlichen Kompetenzen. Zu den Maßnahmen, die der Beauftragte durchzuführen hat, gehören: Beschränkung der Speicherung auf das unbedingt Notwendige, Beschränkung der Zugriffsmöglichkeit für einen engen Personenkreis, Vermeidung unzulässiger Verteilung von geschützten Daten, laufende Überwachung der Maßnahmen, Protokollierung von Maßnahmen und Unzulänglichkeiten, laufende Information der Geschäftsleitung, Meldung von Verstößen an die Behörde. Eine Personalunion mit dem Leiter der Organisation oder der Informatik ist gestattet, aber nicht empfohlen.

Sicherheit

Alle Informationssysteme müssen durch Sicherheitsmaßnahmen vor Schäden bewahrt werden. Kommt es trotzdem zu einem Schadensfall, müssen die nötigen Schritte unternommen werden, um den ungestörten Betrieb so schnell wie möglich wieder aufnehmen zu können. Dieses Thema wird im Kapitel 20 noch ausführlich behandelt. Für die Aufstellung eines Sicherheitskonzeptes und die Durchführung der entsprechenden Maßnahmen wird von der Geschäftsleitung ein *Sicherheits-Beauftragter* bestimmt. Für diese Funktion eignet sich ein Mitarbeiter mit Ordnungsliebe, Durchsetzungsvermögen und Verantwortungsbewußtsein, dem die Aufgabe ein persönliches Anliegen ist. Eine Personalunion mit dem Informatikchef oder einem Abteilungs- oder Gruppenleiter soll vermieden werden.

Ausbildung

Die Ausbildung und Instruktion der Benutzer sollte zentral geplant werden. Auch schon in kleineren Unternehmen ist es ratsam, eine Mitarbeiterin oder einen Mitarbeiter mit der Funktion eines *Informatik-Instruktors* zu betrauen. Er hat die Aufgabe, die Benutzer bei Inbetriebsetzung neuer Anwendungsprogramme oder bei Änderungen der Benützung zu informieren und zu instruieren. Auch das Verfassen und Redigieren der Bedienungsanleitungen und Hilfetexte kann ihm übertragen werden. Für diese Tätigkeit eignen sich Benutzer mit speziellem Interesse für die Informatik. Man kann die Funktion des Instruktors mit derjenigen des Informtik-Koordinators in der Fachabteilung in einer Person vereinen.

Verwaltung Datennetz

Das Datennetz (Verteiler, Datenkanäle, Lokale Netze, Anschluß zu Datenfernübertragung) muß verwaltet werden. Ein *Netzwerk-Spezialist* überwacht die Datenübertragungsanlagen, verwaltet und dokumentiert sie. Er führt betriebsbedingte Maßnahmen (Umschaltungen, Erweiterungen) durch, analysiert Fehlerzustände und behebt Ausnahmesituationen im Datennetz. Er plant und überwacht Terminalinstallationen und den Einsatz der übrigen Betriebsmittel. Für diese Tätigkeit ist eine Grundausbildung in Informatik, nachrichtentechnisches Wissen und eine technische Spezialausbildung erforderlich.

Archivierung

Die Systemdokumentation und die Sicherheitskopien der Programme und Datenbestände sind in gesicherten Archiven unterzubringen. Für deren Ordnung und Verwaltung wird ein *Archivar/Bibliothekar* eingesetzt.

Management

Die oben angeführten Funktionen werden von verschiedenen Fachkräften ausgeführt. Diese Personen sind in einer geeigneten Aufbauorganisation zu gliedern. Für ihre Führung werden Gruppen- und Abteilungsleiter eingesetzt. Je nach Größe des Unternehmens und seines Informationssystems sind das: Leiter Organisation und Informatik (oft *EDV-Chef* genannt), Anlagenchef, Chefprogrammierer, Gruppenleiter Analyse, Gruppenleiter Programmierung und andere. Diese Führungspersönlichkeiten beraten die Geschäftsleitung in den Fragen der Organisation, Informatik und Automation und setzen deren Strategien in die Tat um. Sie sind für die wirtschaftliche Führung ihrer Abteilungen verantwortlich. Zu ihren Aufgaben gehören:

- Führen der Mitarbeiter,
- Planen und Kontrollieren des Personaleinsatzes,
- Sicherstellen der Aus- und Weiterbildung der Mitarbeiter,
- Planen, Budgetieren und Kontrollieren des Sach- und Betriebsmitteleinsatzes,
- Gewährleisten des Informationswesens.

Für die Führungspositionen in Organisation und Informatik steht an der Spitze der Anforderungen die Fähigkeit, hochqualifizierte Mitarbeiter zu leiten und zu motivieren. Solide Fachkenntnisse in Organisation, Betriebswirtschaft und Informatik

Personalaufwand für den Informatik-Betrieb			
	Informationssystem		
	klein	mittel	groß
Anzahl Benutzer	< 30	< 150	< 1000
Terminals	< 20	< 100	< 500
Schnelldrucker	0	1	4
Magnetbandeinheiten	0	2	4
Funktionen	Anzahl Personen		
Programmwartung	0,5	2	10
Organisation und Analyse	0,5	1	4
Systembetreuung	0,1	1	4
Datenverwaltung	0,2	0,5	3
Maschinenbedienung	0,2	1,5	6
Disposition	0,1	0,5	2
Datenerfassung	1	4	10
Koordination in den Fachabt.	0	2	8
Datenschutz	0,1	0,2	1
Sicherheit	0,1	0,4	1
Ausbildung	0	1	4
Verwaltung Datennetz	0,1	0,6	1
Archivierung	0,1	0,3	1
Management	1	2	8
gesamter Personalaufwand	4	17	63

Bemerkungen:

1. Die Größe eines Informationssystems ist auf die Anzahl Benutzer und Terminals bezogen.
2. Die »Anzahl Personen« gibt an, wieviele Mitarbeiter durchschnittlich für die Informatikarbeiten im laufenden Betrieb benötigt werden. Die Angaben sind sehr grob. Eine Toleranz von -50% bis +200% ist möglich.

17.1 Personalaufwand für den Betrieb eines Informationssystems in Abhängigkeit von seiner Größe

sind notwendig. Weitere Voraussetzungen sind: Fähigkeiten für den sinnvollen Einsatz aller Hilfsmittel, das Bewußtsein der Dienstleistungsfunktion, unternehmerisches Denken und Handeln.

Personalplanung

Der größte Teil der oben genannten Funktionen muß bei jedem Informationssystem ausgeführt werden, unabhängig von dessen Größe. Nur der Aufwand ist bei großen Systemen selbstverständlich wesentlich größer, das heißt mehr Personen müssen einen größeren Anteil ihrer Arbeitszeit dem Betrieb des Systems widmen. Um den Personalaufwand grob abschätzen zu können, ist in Bild 17.1 eine Tabelle mit ungefähren Durchschnittswerten angegeben. Es sind Erfahrungswerte für drei Größen von Systemen. Natürlich sind die angegebenen Werte nicht genau, denn der Aufwand hängt bei den einzelnen Systemen stark von den technischen und betrieblichen Eigenheiten des Informationssystems ab – jedoch sind sie als erster Anhaltspunkt brauchbar.

Aufgrund der gezeigten Tabelle und der betrieblichen Eigenheiten, die den internen Informatikern meist bekannt sind, kann dann eine individuelle Personalplanung für das aktuelle Informationssystem erstellt werden. Im Bild 17.2 ist ein Formular für die Personalplanung gezeigt. Man trägt in der Kolonne »Anzahl Personen« den geschätzten Personalaufwand ein und verteilt diesen auf geeignete Mitarbeiter.

Es ist notwendig, daß die zugeteilten Mitarbeiter die Anforderungen der Funktionen erfüllen können und daß ihnen auch die nötige Arbeitszeit zur Verfügung steht. Kann man gewisse Funktionen nicht besetzen, muß man durch Neuanstellungen oder notfalls durch externe Mitarbeiter die Lücken schließen. Es ist zu beachten, daß hier auch die Frage der Stellvertretungen gelöst werden muß. Alle Funktionen müssen das ganze Jahr hindurch ausgeübt werden, auch in der Urlaubszeit.

Aufbauorganisation

Über die Eingliederung der Organisations- und Informatikstellen in die Aufbauorganisation eines Unternehmens ist in der einschlägigen Literatur bereits sehr viel geschrieben worden. In der Feinplanung geht es um die Aufbauorganisation für den Informatikbetrieb, das heißt für die Träger der in diesem Kapitel beschriebenen Funktionen. Es soll wieder nach kleinen, mittleren und großen Informationssystemen bzw. Unternehmen unterschieden werden.

Bei einem *kleinen Informationssystem* stellt sich das Problem kaum, denn da geht es ja nur um einige wenige Mitarbeiter. Diese wird man im Organisationsschema dort ansiedeln, wo man es für zweckmäßig erachtet. Hat man einen »Leiter Organisation und Informatik« wird das »vollberufliche« Informatikteam ihm unterstellt. Die nur teilweise mit Informatikaufgaben betrauten Mitarbeiter bleiben am besten in ihren herkömmlichen Fachabteilungen.

Beim *mittelgroßen Informationssystem* findet man meistens eine »klassische« Ordnung vor: Die Informatikabteilung stellt eine Stabsabteilung dar, die von den ver-

Firma *Projekt*	**Personalplanung für den Informatik-Betrieb**	*Seite n/n* *Datum*

Funktion	Anzahl Personen	Mitarbeiter		Stellvertreter	
		Name	Anteil	Name	Anteil
Programmwartung Organisation/Analyse Systembetreuung Datenverwaltung Maschinenbedienung Disposition Datenerfassung Koordination Fachabteilung Datenschutz Sicherheit Ausbildung Verwaltung Datennetz Archivierung Management					

Beanspruchung der Mitarbeiter durch den Informatik-Betrieb			
Name	%	Name	%

Projektleitung (Datum, Unterschrift):	Geschäftsleitung (Datum, Unterschrift):

17.2 Personalplanung für den Betrieb eines individuellen Informationssystems. Die einzelnen Funktionen sind bestimmten Mitarbeitern zugeteilt.

schiedenen Fachbereichen unabhängig ist. An ihrer Spitze steht ein verantwortlicher »Leiter Organisation und Informatik«. Die Informatikabteilung ist in zwei Gruppen unterteilt: Die Gruppe »Organisation und Programmierung« umfaßt alle Mitarbeiter mit Organisations- und Programmwartungsaufgaben, die Gruppe »Rechenzentrum-Betrieb« alle Mitarbeiter mit den Aufgaben des Maschinenbetriebes. Im Bild 17.3 ist dies skizziert.

Beim *großen Informationssystem* wird – wegen des großen Personalbestandes – die Gruppe »Rechenzentrum-Betrieb« in mehrere spezialisierte Gruppen unterteilt. Zentrale Funktionen, wie »Sicherheit« und »Systembetreuung« werden dort einbezogen. Die Funktionen »Organisation/Analyse« und »Programmwartung« werden aus der zentralen Informatikabteilung herausgelöst und in die einzelnen Fachabteilungen eingegliedert. Wir finden dort zum Beispiel in den Fachabteilungen »Rechnungswesen«, »Einkauf«, »Lager« und »Vertrieb« jeweils fachspezialisierte Gruppen von Organisatoren und Programmierern. Im Bild 17.4 ist das schematisch dargestellt.

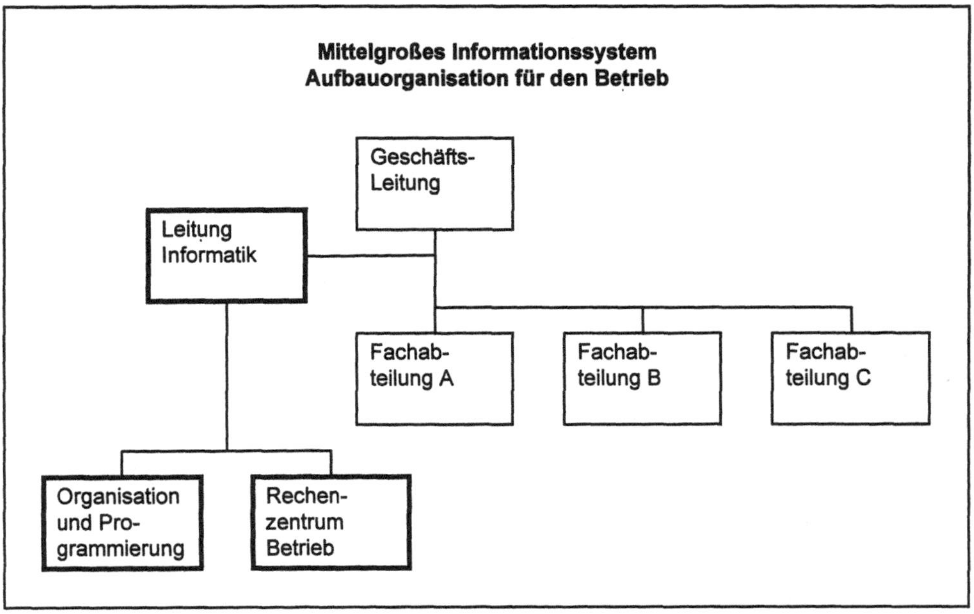

17.3 Aufbauorganisation für den Betrieb eines mittelgroßen Informationssystems

Diese Darstellungen zeigen brauchbare organisatorische Lösungen. Es sind auch andere gute Lösungen möglich. Im Bereich der Organisation gibt es nicht die Alternativen »richtig« oder »falsch«, aber es gibt gute oder schlechte Lösungen. Will man eine gute Lösung realisieren, muß man auf die speziellen Eigenheiten der gegebenen Situation eine brauchbare Antwort finden. Darum sollen die gezeigten Schemata nur als Anregung verstanden werden.

Personalrekrutierung

Wenn man bei der Personalplanung nicht alle Funktionen den vorhandenen Mitarbeitern zuteilen kann, weil die fachlichen Voraussetzungen fehlen oder sich Überbelastungen vorhersehen lassen, ist man gezwungen, zusätzliches Personal zu rekrutieren. Das ist keine ganz einfache Angelegenheit. Dazu einige Ratschläge:

- In erster Linie soll geprüft werden, ob sich offene Positionen durch Mitarbeiter aus dem eigenen Unternehmen besetzen lassen. Wenn das möglich ist, ergeben sich viele Vorteile: Vertrautheit mit dem Unternehmen, Fachkenntnis der Anwenderseite, Zufriedenheit des Mitarbeiters. Eine interne Ausschreibung am Anschlagbrett mit Stellenbeschreibung leitet diese Suche ein.
- Für die Personalsuche von auswärts hat man zwei Möglichkeiten: das Stellenangebot als Anzeige in der Presse oder der Einsatz eines Personalvermittlers.
- Schreibt man die Stelle mittels einer Anzeige aus, so ist zu empfehlen, gleichzeitig

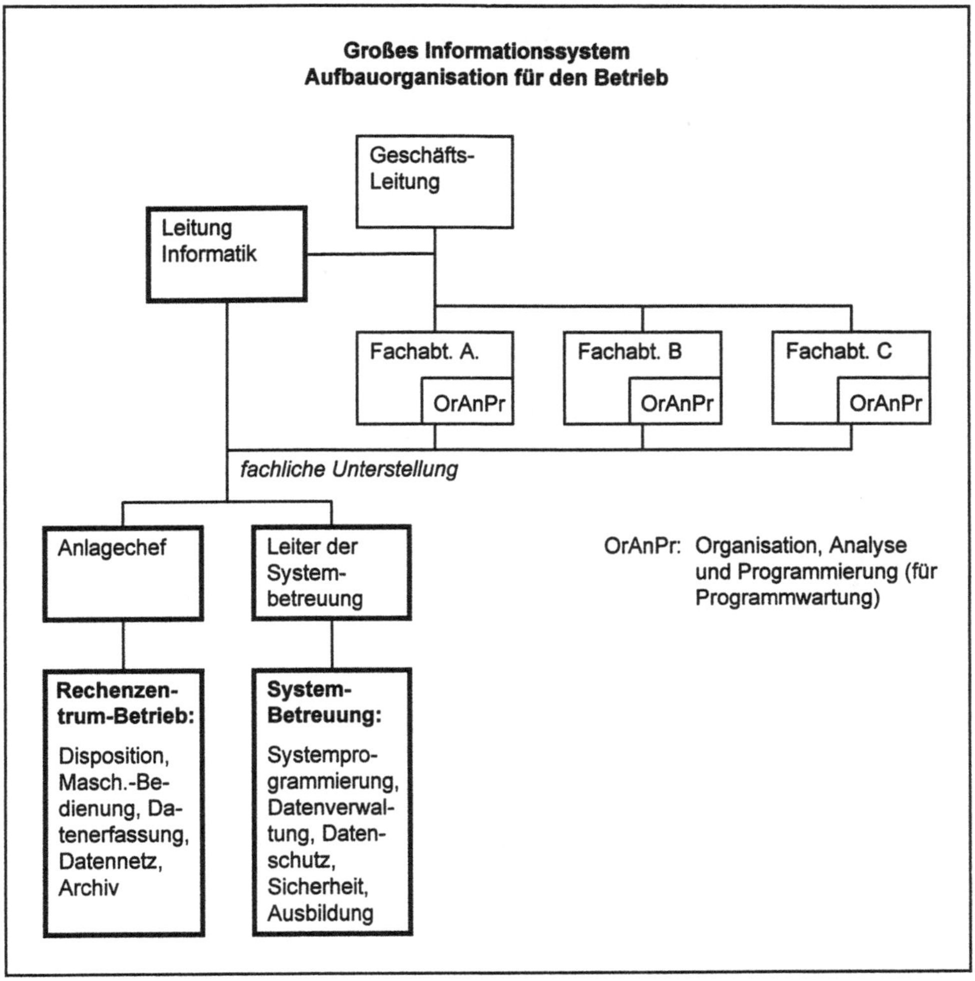

17.4 Aufbauorganisation für den Betrieb eines großen Informationssystems

in drei Medien zu inserieren: im führenden Lokalblatt, in einer überregionalen Zeitung und in ein bis zwei Fachzeitschriften.

- Die Auswahl der Bewerber soll in drei Stufen erfolgen: Eine erste Auslese sondert Bewerber aus, die den Mußanforderungen nicht entsprechen, deren Bewerbungsunterlagen unordentlich angefertigt sind oder deren Bewerbungsschreiben extravagant abgefaßt ist. Die verbliebenen Bewerber werden weiter geprüft, indem man Referenzen über sie einholt. In der dritten Stufe der Auslese erfolgt die persönliche Vorstellung, wobei letzten Endes drei Kandidaten in die engere Wahl kommen sollten. Die Kandidaten der engeren Wahl sollten dann mit dem Team bekannt gemacht werden, in dem sie arbeiten würden. Das Team sollte ein gewichtiges Wort beim Anstellungsentscheid mitzureden haben.

Firma	**Stellenbeschreibung**	Datum

1. Bezeichnung der Stelle:
2. Vorgesetzte Stelle:
3. Unterstellt sind:
4. Funktionen, Hauptaufgaben, Verantwortung:
5. Zusatzaufgaben:
6. Kompetenzen:
7. Anforderungsprofil an den Stelleninhaber:

   Schulbildung:

   Berufsausbildung:

   Zusatzausbildung:

   Besondere Anforderungen:
8. Stelle derzeit besetzt durch:

   Stellvertreter derzeit:
9. Vorschlag bei Neubesetzung (Namen, Qualifikation):

   Kandidat 1:
   Kandidat 2:
   Kandidat 3:

   Entscheid für: Beginn: Salär DM:

Informatik (Datum, Unterschrift):	Genehmigung der Geschäftsleitung:

17.5 Formular zur Stellenbeschreibung mit Angaben für eine allfällige Neubesetzung

- Bei der Anstellung soll großer Wert auf den Sicherheitsaspekt gelegt werden. Bewerber für Stellen in der Informatik müssen unbescholten sein und ihre Tätigkeit seit dem Abschluß der Schulbildung lückenlos nachweisen können.
- In den meisten Teams gibt es zu wenig Frauen. Man sollte nach Frauen mit guter Qualifikation Ausschau halten.
- Gute Schulzeugnisse sind wichtig, sollen aber nicht den Ausschlag geben. Referenzen, Zusatzausbildung aus eigener Initiative und praktische Erfahrung sind wichtiger.
- Stellt man junge Mitarbeiter ein, die gerade ihre Ausbildung abgeschlossen haben, muß man damit rechnen, daß sie nach drei oder vier Jahren die Stelle wechseln wollen.
- Auch ältere Stellungsuchende, Behinderte und Immigranten können gut geeignet sein.
- Wenn möglich, soll man bereit sein, auch Mitarbeiter für Teilzeitbeschäftigungen einzustellen. Viele erfahrene Informatiker/innen wollen ihren Beruf ausüben und haben daneben privat noch andere Interessen oder Verpflichtungen.

Für die interne oder externe Personalsuche ist es unerläßlich, eine Stellenbeschreibung auszuarbeiten. Als Vorschlag für den Aufbau ist in Bild 17.5 ein Formular dargestellt. Ein Beispiel für den Inhalt ist im Bild 17.7 (Fallstudie IGEL) gezeigt.

Fallstudie IGEL: Verteilung der Funktionen

Die Personalplanung in der F*Z*G begann schon frühzeitig im Oktober 1994. Da war es den Herren Dr. Kulack und Biermann klar, daß man zumindest einen Systemprogrammierer anstellen müsse, um einerseits Herrn Biermann als Chefprogrammierer nicht zu überlasten und andererseits die Anwendungsprogrammierer nicht ihrer eigentlichen Aufgabe zu sehr zu entziehen. Es wurde eine Personalplanung erarbeitet, die nach einigen Diskussionen von der Projektleitung und der Geschäftsleitung im Einvernehmen genehmigt und von allen am Projekt Beteiligten zustimmend zur Kenntnis genommen wurde. Sie ist im Bild 17.6 wiedergegeben.

Für die Ausschreibung der neu zu besetzenden Stelle »Systembetreuung und Datenverwaltung« wurde von den Herren Dr.Kulack und Biermann eine Stellenbeschreibung ausgearbeitet (siehe Bild 17.7). Zur allgemeinen und freudigen Überraschung bewarb sich Frau Fink (IFAD) um diese Stelle. Da sie auf dem Gebiet der Informatik sehr gut ausgebildet war, als Projektleiterin im Grobkonzept fundierte Erfahrungen mit dem Hause F*Z*G gesammelt hatte und als Kollegin von allen sehr geschätzt wurde, konnte ihr keiner der anderen Bewerber das Wasser reichen. Man wurde schnell einig und schloß mit Frau Fink einen Vertrag, gemäß dem sie ihre Tätigkeit als Mitarbeiterin der F*Z*G am 1. Juni 1995 beginnen sollte.

Mit diesen Aktivitäten und Ereignissen wurde die Personalplanung der F*Z*G bereits im Dezember 1994 abgeschlossen.

F*Z*G IGEL	**Personalplanung für den Informatik-Betrieb**	Seite 1/1 3.12.1994

Funktion	Anzahl Personen	Mitarbeiter		Stellvertreter	
		Name	Anteil	Name	Anteil
Programmwartung	1	Vredestein Süßkind	0,5 0,5	gegenseitig	
Organisation/Analyse	0,5	Vredestein Süßkind	0,2 0,3	gegenseitig	
Systembetreuung	0,5	Neubesetz.	0,4	Vredestein	0,1
Datenverwaltung	0,3	Neubesetz.	0,2	Süßkind	0,1
Maschinenbedienung	1	Dobermann	0,8	Neubesetz.	0,2
Disposition	0,2	Neubesetz.	0,1	Fr. Molnar	0,1
Datenerfassung	1	Fr. Flick Fr. Molnar	0,5 0,5	gegenseitig	
Koordination Fachabteilung	0,5	Schilling Kraut Frosch	0,1 0,1 0,1	Friese	0,2
Datenschutz	0,1	Kästel	0,1		
Sicherheit	0,2	Schilling	0,1	Märkel	0,1
Ausbildung	0,3	Fr. Epting	0,2	Neubesetz.	0,1
Verwaltung Datennetz	0,1	Dobermann	0,1		
Archivierung	0,1	Dobermann	0,1		
Management	2	Dr. Kulack Biermann	1 1	gegenseitig	
Gesamter Personalaufwand	7,8				

Beanspruchung der Mitarbeiter durch den Informatik-Betrieb			
Name	%	Name	%
Neubesetzung	100	Frau Epting	20
Biermann	100	Friese	20
Dobermann	100	Schilling	20
Dr. Kulack	100	Frosch	10
Süßkind	90	Kästel	10
Vredestein	80	Kraut	10
Frau Molnar	60	Märkel	10
Frau Flick	50		
Projektleitung (Datum, Unterschrift): 3.12.1994 gez. Kulack		Geschäftsleitung (Datum, Unterschrift): 15.12.1994 gez. P. Zapfel	

*17.6 Personalplanung der F*Z*G für den Betrieb im Informationssystem IGEL*

F*Z*G	**Stellenbeschreibung**	1.12.1994

1. Bezeichnung der Stelle:	Systembetreuung
2. Vorgesetzte Stelle:	Leiter der Informatik
3. Unterstellt sind:	Maschinenbedienung, Disposition, Datenerfassung, Archiv

4. Funktionen, Hauptaufgaben, Verantwortung:

- Systemprogrammierung: Wartung der Betriebssoftware und der Datenbanksoftware inkl. Abfragesprachen
- Datenverwaltung: Sicherstellung der Aktualität und Richtigkeit aller gespeicherten Daten
- Der Stelleninhaber sorgt für die Betriebsbereitschaft des Systems dadurch, daß er die Betriebssoftware aktuell hält, die Datenbankfunktion sicherstellt und den Datenbestand ordnungsgemäß verwaltet.

5. Zusatzaufgaben:

- Unterstützung der Programmierer in Fragen des Betriebssystems und der Datenbank
- Maschinenbedienung als Vertretung bei Bedarf

6. Kompetenzen:

Der Stelleninhaber entscheidet selbständig in der Datenverwaltung. Er bestellt die Sach- und Betriebsmittel des Rechenzentrums im Rahmen des bewilligten Jahresbudgets. Er ist Vorgesetzter des Maschinen- und Datenerfassungspersonals mit voller Kompetenz. Er entscheidet bei Problemen der Disposition. Er plant und entscheidet über die Aus- und Weiterbildung für seine Mitarbeiter und sich selbst.

7. Anforderungsprofil an den Stelleninhaber:

– Schulbildung:	Abschluß Informatik FH oder
– Berufsausbildung:	Abitur mit mehrjähriger Systempraxis
– Zusatzausbildung:	System CS/200 (wünschenswert)
– Besondere Anforderungen:	Englische Sprachkenntnisse, Führungseigenschaften, sehr gute Referenzen

8. Stelle derzeit besetzt durch:	nicht besetzt, ist ausgeschrieben
– Stellvertreter derzeit:	Hr. Biermann

9. Vorschlag bei Neubesetzung (Namen, Qualifikation):

– Kandidat 1:	Frau J. Fink, dzt. IFAD, Erfahrungen mit IGEL, Dipl.-Informatikerin (TU), wünscht ab 1998 Teilzeit
– Kandidat 2:	Albert Seer, Dipl. Inf. (FH), dzt. Systemprogrammierer auf CS/200 bei der Bundeswehr
– Kandidat 3:	Osman Kürsör, deutscher Staatsangeh., Dr.-Ing., dzt. EDV-Chef bei der Schnellbau AG, Essen.
– Entscheid für:	Frau Fink Beginn: 1.6.1995 Salär DM: 7000.–

Informatik (Datum, Unterschrift):	Genehmigung der Geschäftsleitung:
5.12.1994 gez. Kulack	8.12.1994 gez. P. Zapfel gez. A. Zapfel

*17.7 Stellenbeschreibung für die Stelle eines Systemprogrammierers und Datenverwalters der F*Z*G*

Merksätze

- Die Funktionen des Personals in der Betriebsphase sind jetzt zu planen und als Stellen zu besetzen.
- Wichtige Funktionen sind: Programmwartung mit vorgängiger Organisation und Analyse, Systembetreuung für Betriebssystem und Datenbank, Datenverwaltung, Disposition, Datenerfassung, Informatik-Koordination in den Fachabteilungen, Datenschutz, Sicherheit, Management.
- Für diese Funktionen sind nur zum Teil Informatiker notwendig. Viele Tätigkeiten können von Mitarbeitern des Anwenders ausgeführt werden, wenn sie dafür ausgebildet werden.
- Aufgrund der benötigten Funktionen muß eine Personalplanung erstellt werden, die Art und Umfang der Funktion bestimmten Mitarbeitern zuteilt.
- Können gewisse Funktionen nicht zugeteilt werden, weil Fachkenntnisse oder zeitliche Kapazität fehlen, muß Hilfe von außen gesucht werden (Neuanstellungen, externe Mitarbeiter).
- Die Informatik-Mitarbeiter der Betriebsphase werden in geeignete Aufbauorganisationen eingegliedert, die bei mittleren oder großen Unternehmungen unterschiedlich gebildet werden.
- Für die Personalrekrutierung wird ein dreistufiges Auswahlverfahren empfohlen, wobei der Sicherheitsaspekt zu beachten ist.

Ergebnisse

Die Personalplanung führt zu folgenden Resultaten:

- Die Funktionen der Mitarbeiter, die später für den Betrieb des neuen Informationssystems ausgeführt werden müssen, wurden bestimmt. Der entstehende Personalaufwand wurde geschätzt.
- Für die Ausführung der Funktionen wurden geeignete Mitarbeiter ermittelt. Sie wurden mit ihrem Einverständnis mit den Aufgaben betraut.
- Für diejenigen Funktionen, die nicht besetzt werden konnten, wurden Stellenbeschreibungen erstellt.
- Die Personalplanung wurde (in einem Formular) dokumentiert.
- Die Rekrutierung von zusätzlichem Personal (Suche, Auswahl, Anstellung) wurde durchgeführt.
- Die Aufbauorganisation für den zukünftigen Informatikbetrieb ist geplant, dokumentiert und genehmigt.

Literatur

VERBAND DER DATENVERARBEITUNGSFACHLEUTE (VDF): Berufe der Wirtschaftsinformatik.

KÄLIN, K., MÜRI, P.: Sich und andere führen.

MERTENS, P.: Aufbauorganisation der Datenverarbeitung.

TWIEHAUS, H. J., DOSTAL, W.: Computerberufe - Berufe und Bildung in der Datenverarbeitung.

LATTMANN, CH.: Die verhaltenswissenschaftlichen Grundlagen der Führung des Mitarbeiters.

18. Infrastruktur

Unter Infrastruktur versteht man alle institutionellen und materiellen Einrichtungen für Daseinsfürsorge und ökonomische Entwicklung. (Duden)

Informationssysteme benötigen in ähnlichem Sinne der obigen Definition vielfältige Zusatzeinrichtungen, die mit dem Begriff »Infrastruktur« zusammengefaßt werden können. Diese Zusatzeinrichtungen umfassen:

- Gebäude und Räume (davon abhängig: die Standortwahl),
- Energie- und Notstromversorgung,
- Klimatisierung,
- Kabelkanäle und Kablierung (Datenleitungen),
- bauliche Einrichtungen: Doppelböden, Sicherheitszonen, Archive für Dokumentation und Datenträger, Liftanlagen,
- Feuerschutz: Feuerlöscher, Feuermelder, Schutzgasanlagen,
- Möbel und Lagereinrichtungen,
- Hilfsmaschinen: Trenn- und Verpackungsmaschinen, Kopiergeräte, Aktenvernichter.

Der Aufwand für die Infrastruktur ist abhängig von der Größe des Informationssystems und von den Anforderungen der Anwender. Für ein Informationssystem, das lediglich aus zwei Personal Computern besteht, braucht man wohl Raum und Möbel, aber weder Klimatisierung noch Doppelboden. Für eine Computeranlage in einer europäischen Stadt muß man keine Notstromversorgung mit eigenem Dieselaggregat vorsehen, hingegen kann das in fernen Ländern wohl nötig sein. Auch die Infrastruktur ist mit dem Maß der Vernunft zu planen. Sie ist mit einer Wirtschaftlichkeitsberechnung zu untermauern, wenn die Kosten nicht mehr zu vernachlässigen sind.

Was ist das Resultat der Vorbereitungen für die Infrastruktur in der Feinplanung? Das sind Pläne und Bestellungen: ein Aufstellungsplan für die Maschinen, ein Raumplan, ein Klimatisierungsplan und eine Bestellung der Klimaanlage, Bestellungen von Möbeln und Hilfsmaschinen - und so weiter. Wohl dem, der von Anfang an hierfür mit Kosten gerechnet hat: Es können erhebliche Beträge notwendig werden.

Viele Einrichtungen erfordern Spezialkenntnisse und Betriebserfahrungen. Hier soll nur dafür gesorgt werden, daß nichts vergessen und der Weg zu den wichtigsten Beschaffungen gezeigt wird. Alle Details erarbeitet man zusammen mit Lieferanten, die auf die Einsatzplanung ihrer Produkte eingerichtet sind. Und wie erfährt man die besten Lieferanten? Vor allem durch Referenzen! Man befrage die Anlagechefs befreundeter Firmen und die Techniker des Computerlieferanten – dies sind die besten Quellen. Für Anlagen, die größere Investitionen erfordern (Beispiel: Klimaanlagen), ist der Einsatz eines spezialisierten Ingenieurbüros für Ausschreibung und Auswahl empfehlenswert.

Standortwahl: Gebäude und Räume

Im Zeitpunkt der Feinplanung hat man sich im Unternehmen meist schon Gedanken zur Standortwahl gemacht. Wenn heute neue Informationssysteme ältere ersetzen und weniger Platz und Energie beanspruchen als diese, sind keine Schwierigkeiten zu erwarten. Anders ist es bei Neuplanungen: Dann soll alles gründlich durchdacht werden. Ausgangspunkt für Standortwahl und Raumplanung sind: der Raumbedarf, die Kommunikationswege und die Sicherheitsaspekte.

- *Gebäude:* Die Maschinen sollen in einem massiven Gebäude untergebracht werden, das über alle nötigen Einrichtungen verfügt: Elektrizität, Wasser, Straßenzufahrt, Lastenlift, genügend große Türen und Fenster, genügend breite Treppen und Gänge, Kabelkanäle, Blitzschutzeinrichtungen, eingezäuntes Umgelände, Sicherheitszone. Der Maschinenraum für ein zentrales System soll eine Bodenbelastung von 500 kg/m^2 zulassen. Ideal als Maschinenraum ist ein Raum, der nicht an eine Außenwand stößt und in einem mittleren Stockwerk liegt. Räume im Keller können wegen Überflutungsgefahr ungeeignet sein. Im Erdgeschoß soll sich der Maschinenraum aus Sicherheitsgründen nicht befinden. Im obersten Geschoß können Maschinen durch Dachschäden leiden, denn manche Flachdächer sind auch heute noch nicht perfekt. Stößt der Maschinenraum nicht an eine Außenwand, ist er sicherer und leichter zu klimatisieren.
- *Räume:* Den Raumbedarf im Maschinenraum geben die technischen Berater des Herstellers an. Sie sind beim Ausarbeiten des *Aufstellungsplanes* der Maschinen behilflich. Im Maschinenraum soll ein Arbeitsplatz für den Techniker mit den Schränken für dessen Dokumentation und Ersatzteillager vorgesehen werden. Bei großen Systemen wird das ein angrenzender, separater Raum sein. In Räumen, die dem Maschinenraum benachbart sind, sollen sich die Arbeitsplätze für das Bedienungspersonal befinden. Dort hält es sich auf, wenn es nicht an den Maschinen beschäftigt ist. Im Maschinenraum herrscht meist Lärm und lokal kühle Zugluft, so daß ein Daueraufenthalt dort unangenehm sein kann. Das Büro des Anlagenchefs soll sich in der Nähe befinden, damit er in einem Störungsfall schnell zur Stelle ist. Im Zusammenhang mit der Standortwahl des Maschinenraums denke man auch an *Raumreserven:* Wenn in Zukunft eine Erweiterung des Maschinenraums zu erwarten ist, soll man dann benachbarte Räume zur Verfügung haben.

  Außer dem Maschinenraum werden noch weitere Räume benötigt, die aber nicht benachbart sein müssen: Raum für Hilfsmaschinen (Trennen, Verpacken), Archiv, Bibliothek, Lager, Arbeitsräume für die Datenerfassung und die Informatiker.

Energie- und Notstromversorgung

Computersysteme benötigen einige elektrische Energie und sie fallen sofort aus, wenn die Stromversorgung auch nur für den Bruchteil einer Sekunde unterbrochen wird und keine Vorsorgemaßnahmen getroffen wurden. Wie groß die benötigte elektrische Leistung einzelner Geräte ist, zeigt die Tabelle in Bild 18.1.

Leistungsaufnahme verschiedener Datenverarbeitungsgeräte	
Gerät	Leistungsaufnahme (Watt)
Bildschirm	80
Personal Computer	100
Arbeitsplatz-Drucker	100
Zentraleinheit	
– klein	500
– mittel	2000
– groß	ab 10000
Magnetplattenspeicher	300
Magnetbandgerät	100
Schnelldrucker	
– mechanisch	500
– Laser	3000
Die angegebenen Werte sind grobe Richtwerte zur Ermittlung der gesamten Anschlußleistung. Es ist berücksichtigt, daß nicht alle Geräte gleichzeitig produktiv sind, sondern ein Teil nur im Stand by-Betrieb läuft. *Quelle: Bulletin SEV 82(1991)*	

18.1 Tabelle der Leistungsaufnahme verschiedener DV-Geräte

Man sieht daraus, daß sicher keine Probleme auftreten, wenn in einem Büroraum ein oder zwei Terminals aufgestellt werden. Der Energiebedarf ist geringer als derjenige für die Beleuchtung. Die Energie kann ohne weiteres über die normale Stromversorgung zugeführt werden. Letzten Endes wird alle Energie in Wärme umgewandelt. Auch daraus entsteht meist noch kein Problem und eine Klimatisierung ist nicht nötig; notfalls öffnet man Türen oder Fenster.

Anders ist die Sache im Maschinenraum, hier wird relativ viel Energie umgesetzt. Auf jeden Fall sollte für den elektrischen Anschluß eine direkte, groß dimensionierte *Versorgungsleitung* vom Hausanschlußkasten in den Maschinenraum (getrennt von der allgemeinen Stromversorgung im Gebäude) gelegt werden. Damit sichert man sich auch weitgehend gegen Spannungsschwankungen ab, die im Haus selbst verursacht werden (zum Beispiel beim Einschalten großer Kopiergeräte). Der Einsatz von *Spannungsstabilisatoren* ist für alle Zentraleinheiten empfehlenswert, da sie wenig kosten und viel nützen. Die *Notstromversorgung* bedarf einiger Vorbemerkungen:

- *Langdauernde Stromausfälle* (einige Minuten bis mehrere Stunden) sind in Mittel- und Westeuropa sehr unwahrscheinlich. In Städten und dicht besiedelten Landgebieten wird man vielleicht in einem Zeitraum von zwanzig Jahren eine solche Störung einmal erleben. Weniger sicher sind aber Anlagen in dünn besiedelten Gebieten, die blitzgefährdet sind (Gebirge). Erfolgt die Stromversorgung bei diesen nur über eine einzige Stichleitung, können Ausfälle öfters eintreten (einige Male pro Jahr, 15 Minuten bis einige Stunden Dauer).
- *Kurze Stromausfälle* (eine Sekunde bis einige Minuten) sind etwas häufiger, kommen aber auch noch recht selten vor, vielleicht einmal in zwei Jahren.
- *Sehr kurze Stromausfälle* (Bruchteile einer Sekunde) sind sehr häufig, sie gehören zum normalen Betriebsverhalten der Elektrizitätsversorgung. Das müssen nicht Totalausfälle sein, es können auch stärkere oder schwächere Spannungsschwankungen eintreten.

Was passiert im Computer? Ein Stromausfall oder eine stärkere Spannungsschwankung ist für einen Computer ohne Schutzeinrichtung nicht ganz harmlos. Was die Informatik betrifft, stürzt das gerade laufende Programm in einen undefinierten Zustand ab. Wenn wieder Energie verfügbar ist, muß dann die letzte Sicherstellung der Daten und Programme geladen und die gesamte Verarbeitung seit dieser wiederholt werden. Man weiß ja nicht, welche Datensätze schon verarbeitet wurden und welche noch nicht. Bei komfortablen Systemen gibt es eine Einrichtung der Betriebssoftware (»Checkpoint-Restart«) zur Abkürzung und Vereinfachung dieser Prozedur. Neben den Schäden an den Daten sind aber leider auch physische Schäden am Computer möglich. Da die Ventilatoren bei einem Stromausfall nicht mehr arbeiten, kann es lokal in der Maschine zu Wärmestauungen und Überhitzungen kommen. Dadurch werden Bauteile zerstört und beim Wiedereinschalten funktioniert das System nicht mehr richtig.

Um hier nun Schäden aller Art zu verhindern, sind folgende *Vorsichtsmaßnahmen* möglich:

- *Überbrückung sehr kurzer Stromausfälle* und Spannungsschwankungen: Viele Computer sind von sich aus schon so gebaut, daß ihnen derartige Störungen nichts anhaben können. In ihrem Stromversorgungsteil ist ein großer Kondensator eingebaut, der für den Teil einer Sekunde als Energiequelle dienen kann. Außerdem ist ein Spannungsstabilisator vorhanden, der bei Spannungsschwankungen wirksam wird. Bei billigen Personal Computern ohne Stabilisator empfiehlt es sich, beim Netzanschluß einen solchen vorzuschalten. Im allgemeinen soll man das Problem solcher sehr kurzer Ausfälle einmal mit dem Techniker des Computerherstellers diskutieren, im übrigen wird man sich darum nicht kümmern müssen.
- *Ordnungsmäßige Abschaltung:* Zum Schutz aller Informationssysteme bei kurzen und langen Stromausfällen ist eine »Notstromversorgung für beschränkte Dauer«

geeignet. Diese Notstromversorgung besteht aus einem (relativ kleinen) Akkumulator und einer Automatikschaltung. Fällt die normale Stromversorgung aus, liefert der Akkumulator Energie und die Automatik führt eine geordnete Abschaltung des Computersystems durch. Der Punkt der Unterbrechung wird festgehalten, der Inhalt des Arbeitsspeichers wird gesichert (auf Platte geschrieben), die Ventilatoren arbeiten solange weiter, bis keine physischen Schäden mehr auftreten können und schließlich wird ausgeschaltet. Das Wiedereinschalten erfolgt durch manuelle oder automatische Auslösung und bietet keine Probleme. Solche Einrichtungen gibt es auch für Personal Computer, die ganze Automatik samt Batterie ist auf einer kleinen Steckkarte montiert. Für das Arbeiten mit dem Personal Computer in Gebieten mit häufigen Stromausfällen ein Tip: Man verwende auch am festen Arbeitsplatz einen tragbaren Computer mit eingebauter Batterie und Netzanschluß.

- *Dauer-Notstromversorgung:* Diese muß nur dann vorgesehen werden, wenn der Ausfall des Informationssystems für kürzere oder längere Zeit zu schwerwiegenden Auswirkungen führt. Grundsätzlich sind zwei Konfigurationen möglich: Soll eine Ausfallzeit bis zu etwa einer Stunde abgesichert werden, speist man den Computer über eine Akkumulatorenbatterie. Sollen längere Zeiten überbrückt werden können, ist zusätzlich ein Dieselaggregat (Notstromgruppe) notwendig. In beiden Fällen wird zunächst Wechselspannung (aus dem Netz oder vom Dieselaggregat) gleichgerichtet und damit die Akkumulatorenbatterie geladen. Das Informationssystem entnimmt die benötigte Energie immer der Akkumulatorenbatterie, egal ob eine Netzstörung besteht oder nicht. Meist muß die Gleichspannung der Akkumulatoren vor dem Computer nochmals in Wechselspannung umgeformt werden, worauf im Computer nochmals Umformungen erfolgen. Alles in allem ist jede solche Notstromversorgung ein kompliziertes Hin und Her mit sehr schlechtem Wirkungsgrad; aber aus Sicherheitsgründen kann man unter Umständen nicht darauf verzichten. Dabei erhebt sich dann immer noch die Frage, ob eine derartige Notstromeinrichtung viel zuverlässiger ist, als die Versorgung durch das normale Netz.
- *Notbeleuchtung.* In allen Maschinenräumen jeder Größenordnung soll eine Notbeleuchtung verfügbar sein. Sehr geeignet sind aufladbare Handlampen (mit Akkumulator), die bei den Eingängen ständig an einer Steckdose angeschlossen sind und sich bei Spannungsausfall automatisch einschalten.

Klimatisierung

Die Temperaturtoleranzen der elektronischen Komponenten im Informationssystem sind recht groß: Die meisten arbeiten klaglos zwischen 5 und 40 Grad Celsius. Solche Temperaturen sind aber dem Bedienungspersonal nicht zuzumuten, weshalb in Rechenzentren mit größeren Computerinstallationen Klimaanlagen in erster Linie wegen des Personals notwendig sind. Aber es kommt noch etwas hinzu: Computersysteme verlangen eine bestimmte Luftfeuchte und möglichst staubfreie Kühlluft. Klimaanlagen regeln auch diese. Folgende Richtwerte sind üblich:

Lufttemperatur der Zuluft:	*19 bis 22 °C*
Luftfeuchte:	*40 bis 50 %*

In Räumen, wo lediglich Terminals, Workstations, Personal Computer und Drukker in nicht zu großer Zahl aufgestellt werden, ist in der gemäßigten Zone keine Klimatisierung notwendig. Wird die Temperatur im Sommer jedoch zu hoch, kann man Raumklimageräte (für Fenster- oder Wandeinbau) installieren.

Maschinenräume für zentrale Computeranlagen, die Zentraleinheiten, externe Speicher und Schnelldrucker aufnehmen sollen, müssen in fast allen Fällen klimatisiert werden. Bei elektrischen Anschlußleistungen unter 10 bis 20 kW (das entspricht etwa den zentralen Geräten für bis zu 30 Terminals) genügen meist die oben erwähnten Raumklimageräte. Sind die Anschlußleistungen höher, müssen speziell dimensionierte Klimaanlagen vorgesehen werden. Normalerweise wird dann die klimatisierte Luft den Maschinen durch den Doppelboden zugeführt. Die Maschinen geben ihre Abluft in den Raum ab, von wo sie dann wieder abgesaugt wird.

Während der Feinplanung soll frühzeitig eine einschlägiges Ingenieurbüro für die Klimaplanung beigezogen werden, das die nötigen Berechnungen anstellt und beim Einholen der Offerten und deren Evaluation behilflich ist.

Kabelkanäle und Kablierung

In den Informationssystemen müssen zwischen den verschiedenen Computern und von diesen zu ihren Peripheriegeräten und Terminals Datenleitungen gelegt werden. Dazu werden Kabel benötigt (Lokale Netze oder Stichleitungen), die in Kabelkanäle zu verlegen sind. Mit diesem Thema hat sich das Kapitel 16 befaßt.

Weitere bauliche Einrichtungen

Kleine Informationssysteme mit einer geringen Anzahl von Terminals benötigen hier wenig bis gar nichts, jedoch schon mittlere Anlagen bescheidener Größe stellen einige Anforderungen. Bei Großsystemen können Einrichtungen nötig werden, die erhebliche Kosten verursachen.

- *Doppelboden.* Er hat den Zweck, in seinem Hohlraum den Maschinen ihre Kühlluft zuzuführen. Außerdem nimmt er die vielen Stromversorgungs- und Datenkabel für den Anschluß der Maschinen auf. Der Doppelboden muß genügend belastbar sein, als Richtwert kann eine Belastung von 500 kg/m² angegeben werden, bei leichten Maschinen genügt eine Belastbarkeit von 300 kg/m². Ist für den Maschinenraum ein Brandmeldesystem vorgesehen, sollen auch im Doppelboden Sensoren angebracht werden. Zur Sicherheit gegen Brandgefahr soll der Raum im Doppelboden regelmäßig gereinigt werden.
- *Sicherheitszone.* Im Kapitel 20 werden die Sicherheitsmaßnahmen für Informationssysteme ausführlich behandelt werden. Eine dieser Maßnahmen ist die Zutrittsregelung: Unbefugte Personen müssen von den Computerinstallationen fern-

gehalten werden. Das kann man durch einfaches Abschließen der Türen zum Maschinenraum erreichen oder durch das Schaffen einer Sicherheitszone, die das ganze Rechenzentrum gegen Außenstehende abschirmt. In allen Fällen sind bauliche Einrichtungen nötig: Sicherheitstüren und -fenster, Schließeinrichtungen, Eintrittsschleusen und ähnliches.

Bei größeren Computeranlagen bewähren sich mehrstufige Sicherheitszonen: Zur äußeren Sicherheitszone, in der Terminals und Drucker aufgestellt werden, haben dann alle Informatiker und ausgewählte Benutzer Zutritt, zum Maschinenraum in einer inneren Sicherheitszone nur das Bedienungspersonal der Computeranlage. Der Zutritt kann durch einen Prozeßrechner gesteuert und überwacht werden. Für die Befugten öffnen sich die Schleusen und Türen nach dem Einlesen spezifischer Badges in Form der bekannten Kreditkarten. Bei einer derartigen Regelung kann der Zutritt auch auf bestimmte Wochentage und Stunden beschränkt werden. Außerdem ist immer festzustellen, wer sich zu welcher Zeit in den verschiedenen Zonen aufgehalten hat.

- *Archiv.* Die Datenträger mit den darauf enthaltenen Sicherstellungen und die Systemdokumentation müssen sicher aufbewahrt werden. Es ist zweckmäßig, Archive an zwei Orten anzulegen: ein Kurzzeitarchiv beim Maschinenraum und ein Langzeitarchiv in einiger Entfernung, am besten in einem anderen Gebäude. Das *Kurzzeitarchiv* nimmt diejenigen Daten auf, die sich oft und schnell (zum Beispiel täglich) ändern. Im *Langzeitarchiv* liegen Kopien des Betriebssystems, der Anwendungsprogramme, der Systemdokumentation. Auch Datenkopien wird man dort unterbringen, aber den Stand nicht täglich, sondern vielleicht wöchentlich nachführen. Archive müssen feuer-, wasser- und einbruchssicher sein. Diese Regelung gilt für alle Informationssysteme, vom kleinsten (Personal Computer) bis zum größten (Supercomputer). Bei Kleinanlagen genügt als Kurzzeitarchiv ein Kassenschrank; als Langzeitarchiv mietet man am besten ein Schließfach in einer Bank. Je größer die Anlage, umso komfortabler wird man die Archive ausstatten.
- *Liftanlagen.* Bevor eine neue Computeranlage geliefert wird, muß man sich auch Gedanken über die *Transportwege* machen. Die Maschinen der Informatik sind ja heute nicht mehr groß und schwer – wenn aber nur ein kleiner Personenlift vorhanden ist oder nur ein enges Treppenhaus zur Verfügung steht, kann es Probleme geben. Ist ein Lastenaufzug für 500 kg oder mehr vorhanden, wird dies in allen Fällen genügen. Eine Notlösung für schwierige Transporte ist oft das Heben der Maschinen mit einem fahrbaren Kran und das Hereinnehmen durch ein Fenster, das wenn nötig vergrößert wird.

Feuerschutz

Ein Brandschaden ist für jedes Computersystem mit schwerwiegenden Folgen verbunden und kann zur Katastrophe werden, die das Unternehmen existenzbedrohend gefährdet. Das wichtigste sind deshalb vorbeugende Maßnahmen, damit ein Schadenfall gar nicht eintreten kann: Rauchverbot im Maschinenraum, Ordnung im

Maschinenraum (keine Abfälle, kein unnötiges Papier, keine Farben, keine Lösungsmittel, keine Reinigungsmittel), einwandfreie (und niemals behelfsmäßige) elektrische Installationen, Löt- und Schweißarbeiten nur unter Kontrolle durch mehrere Personen, Vorsicht bei Anstreicherarbeiten, Sauberkeit und Ordnung im Doppelboden.

Diese vorbeugenden Maßnahmen sind in erster Linie organisatorischer Natur. Sie werden schriftlich festgehalten und im Maschinenraum deutlich sichtbar angeschlagen. Am selben Anschlag ist auch anzuordnen, was bei Brandausbruch in welcher Reihenfolge zu geschehen hat. An *Einrichtungen* muß oder kann folgendes beschafft werden:

- *Brandmeldeanlage.* Im Maschinenraum, im Doppelboden und in den angrenzenden Räumen werden Sensoren installiert, die bei Feuerschein oder Rauchentwicklung oder hoher Temperatur einen Alarm auslösen. Der Alarm erfolgt durch Hupen, Sirenen und Blinklichter im Rechenzentrum selbst und in einer stets besetzten Stelle, zum Beispiel beim Werksportier. Der Alarm muß auch durch Handknöpfe manuell ausgelöst werden können. Solche Anlagen sind bei mittleren und großen Computersystemen dringend angeraten.
- *Handfeuerlöscher.* Sie gehören in jeden Maschinenraum! Sie müssen für die Brandbekämpfung von elektrischen Anlagen geeignet sein. Man bringt sie bei den Eingangstüren an. Handfeuerlöscher müssen regelmäßig von der Lieferfirma geprüft und gewartet werden. Das Personal muß sie bedienen können und die Bedienung periodisch üben.
- *Schutzgasanlagen.* Diese Anlagen verhindern die Ausbreitung eines Brandes, indem sie den Raum, in dem ein Feuer entstanden ist, mit einem Schutzgas füllen. Jedes Feuer wird zu einem Glimmen reduziert, die Rauchentwicklung eingedämmt, das definitive Löschen erleichtert. Personal wird nicht gefährdet. Ein Signal von der Brandmeldeanlage löst das Ausströmen des Gases aus.

Möbel und Lagereinrichtungen

Oft ist eine Anschaffung von Möbeln für die Computeranlagen notwendig. Man benötigt:

- im *Maschinenraum* bequeme Stühle für Bedienung und Techniker, große Tische für das Auflegen von Plänen und Handbüchern und als Arbeitsplatz für Reparaturen, Regale für Verbrauchs- und Ersatzmaterial (wenn es unbedingt im Maschinenraum gelagert werden muß) und für angelieferte oder zu versendende Datenträger und Dokumente, Uhren, Thermometer, Abfallbehälter.
- im *Archiv* Regale für Datenträger und Dokumentationen.
- im *Lager* Regale für das Verbrauchsmaterial (Papier, Formulare, Briefumschläge, Farbbänder und -tücher, Toner und Ersatzteile für Laserdrucker, Datenträger aller Art, Versandschachteln und Verpackungsmaterial).
- in den *Arbeitsräumen* der Anwender Tische für Drucker. Terminals und Workstations brauchen meist keine eigenen Möbel, da man sie auf die Schreibtische der

Benutzer stellen kann. Die Schreibtische können eventuell durch Anbauten vergrößert werden.

Es ist vielerorts üblich, die Fußböden mit *Spannteppichen* zu belegen. Dies ist ganz allgemein nicht günstig: Erstens geben die Teppiche Textilfasern ab und verunreinigen damit die Luft und zweitens ermöglichen sie Aufladungen von Menschen und Geräten mit statischer Elektrizität. Darum sollte man in Maschinenräumen auf Spannteppiche überhaupt verzichten und in allen anderen Räumen nur solche Teppiche verwenden, die gegen elektrostatische Aufladung behandelt sind.

Hilfsmaschinen

Im Rechenzentrum und in der Informatikabteilung verwendet man zusätzlich zur ganzen Systemhardware noch Hilfsmaschinen, die den Betrieb erleichtern:

- *Trenn- und Verpackungsmaschinen* benötigt man, um die endlos gedruckten Ausgabedokumente (Beispiel: Rechnungen) trennen und postfertig in Briefumschläge verpacken zu können.
- *Kopiergeräte* der verschiedenen Komfortklassen sind vielfältig einsetzbar. Sie können die Schnelldrucker entlasten, wenn ihre automatische Papierzufuhr genügend leistungsfähig ist. Auch für das Erstellen der System- und Bedienungsdokumentation sind sie nützlich.
- *Aktenvernichter* sind unentbehrlich, damit Makulatur mit vertraulichen Informationen nicht nach außen gelangen kann.
- Man sollte über genügend Telefonapparate, über Faxgeräte und normale Schreibmaschinen verfügen. Bei Firmen mit geographisch weit verteilten Niederlassungen sind heute auch Einrichtungen für Videokonferenzen kein Luxus mehr.

Fallstudie IGEL: Allzu viel wird nicht gebraucht.

Anfangs Januar 1995 sprach Herr Biermann seinen Chef auf die Fragen der Infrastruktur an. Herr Dr. Kulack bat Herrn Biermann, eine Liste dessen zu erstellen, was zu entscheiden und was zu beschaffen war. Auf die Kosten mußte besonders Rücksicht genommen werden, da man die Investition für die Infrastruktur auf ca. 200.000 DM zu beschränken hatte, um das Budget einzuhalten. Davon war ein größerer Betrag für die Verkabelung vorzusehen. Wenn möglich, sollte man auf einen Doppelboden im Maschinenraum verzichten und die Klimatisierung so preisgünstig wie möglich planen. Bei den Sicherheitsmaßnahmen sollte aber nicht gespart werden.

Herr Biermann machte sich sogleich an die Arbeit und stellte folgende Überlegungen an:

1. *Standortwahl und Raumverteilung:* Es war bereits festgelegt worden, daß die neuen Maschinen im Obergeschoß des Verwaltungsgebäudes installiert werden sollten. Dort hatten die Informatiker in den Räumen 107 bis 110 schon bisher ihre Büros und es war noch genügend Platz, um drei bis vier weitere Personen unter-

zubringen. Als Maschinenraum sollten die Büroräume 118 und 119 adaptiert werden, die Zwischenwand konnte herausgenommen werden. Idee: Es war vernünftiger, die beiden Räume getrennt zu lassen. Im Zimmer 118 konnte die Zentraleinheit mit den Massenspeichern und im Zimmer 119 konnten die Drucker und Bandstationen aufgestellt werden. Das machte den Doppelboden im Raum 118 entbehrlich, ermöglichte eine Klimatisierung mit Raumklimageräten und beschränkte die Sicherheitsmaßnahmen auf ein Abschließen des Raumes 118.

2. Vom Hausanschlußkasten der Stadtwerke Essen zum Raum 118 war eine neue Leitung zu ziehen (*Direktanschluß* der Stromversorgung).
3. Eine *Notstromversorgung* für geordnetes Abschalten sollte im Maschinenraum 118 untergebracht werden.
4. Die *Notbeleuchtung* war durch Akkumulator-Handlampen zu realisieren.
5. Die *Verkabelung* sollte exakt vorbereitet und dann installiert werden. Da mußte man Spezialisten beiziehen. Das Verkabelungssystem ALLDRAHT-93 war vom Computerlieferanten empfohlen worden. Es ließ sich schnell und kostengünstig beschaffen.
6. Als *Sicherheitszone* war nur der Raum 118 auszubilden. Man sollte eine einbruchssichere Stahltüre beschaffen und die Fenster mit Panzerglas ausstatten.
7. Der *Feuerschutz* konnte durch folgende Anschaffungen gesichert werden: Beschaffung von fünf Feuerlöschern (je 10 kg Löschstaub). Je einer wurde in den Räumen 118 und 119 neben der Eingangstüre, zwei am Korridor davor und einer im Büromateriallager (Raum 129) angebracht. Eine einfache Brandmeldeanlage CERBERUS mit zwei Sensoren (Raum 118 und Raum 119) und zwei Sirenen (je eine in der Portierloge und im Korridor des Obergeschosses) sollte beschafft werden.
8. Als *Hilfsmaschinen* waren zu beschaffen: eine neue Trenn- und Verpackungsmaschine für die Rechnungen (erforderliche Leistung: 1000 Rechnungen pro Stunde) und ein Aktenvernichter (erforderliche Leistung: 5000 Blatt DIN A4 pro Stunde).
9. Zusätzlich waren *Möbel* zu beschaffen:

		Essen:	*Schwechat:*
– Bürotische	100x140	8	2
– Druckertische (Laser)	80x80	13	2
– Lagergestelle	100x40x230	10	2
– Magnetbandgestelle	100x40x230	3	–

Diese Überlegungen, die Herr Biermann als Entwurf niedergeschrieben hatte, wurden von ihm dann in eine Planungstabelle zusammen mit den geschätzten Kosten eingetragen (siehe Tabelle 18.2).

Die Planungstabelle wurde zwischen den Herren Dr.Kulack und Biermann besprochen, von der Geschäftsleitung (P.Zapfel) genehmigt und anschließend der Projektgruppe präsentiert. Daraufhin wurden durch die Einkaufsabteilung die Bestellungen vorgenommen und die Aufträge vergeben. Das Kapitel »Planung der Infrastruktur« war abgeschlossen.

F*Z*G IGEL	**Planungstabelle für die Infrastruktur mit Budgetierung der Kosten**	12.01.95 Bm/Ep
Anzuschaffen	**Bemerkungen**	**geschätzte Kosten (DM)**
Klimatisierung: – 2 Raumklimageräte Elektrolux 32 (je 2 kW), Material und Einbau	Lieferant: VOLTA AG, Essen	13.500
Direktanschluß Stromversorgung	neue Leitung durch VOLTA AG, Essen	2.500
Notstromversorgung: – 1 Aggregat Halske 15	Lieferant: Siemens	2.890
Notbeleuchtung: – 3 Akku-Handlampen Toshiba 12	Lieferant: VOLTA AG, Essen	930
Verkabelungssystem: – ALLDRAHT-93, Material und Montage	Lieferant: TELEWIRE AG, Bochum	80.000
Sicherheitszone: – Stahltüre und Panzerglas für den Maschinenraum, Schließsystem	durch BETONBAU GmbH, Wuppertal	36.000
Feuerschutz: – 5 Feuerlöscher Minimax Elektro 10, Brandmeldeanlage Philips Furio mit 2 Sensoren und 2 Sirenen, (Material und Montage)	Lieferant: Cerberus AG, Münster	8.500
Hilfsmaschinen: – 1 Trenn- und Verpackungsmaschine (1000 Objekte/Stunde) z.B.: Faber-16/2 – 1 Aktenvernichter (5000 Blatt/Std.) z.B.: Pelikan AVE/6		19.500 2.700
Möbel: – 10 Bürotische 100x140 – 15 Druckertische 80x80 – 12 Lagergestelle 100x40x230 – 3 Magnetbandgestelle 100x40x230 – 4 Schichtsessel »Relax«	Lieferant: IKEA, Düsseldorf	 8.000 6.000 6.000 2.400 6.400
Gesamtaufwand (geschätzt)		195.320
Kupferdreh, den 12. Januar 1995	Aufgestellt von: gez. Biermann Genehmigt: gez. Kulack gez. P. Zapfel	

18.2 Planungstabelle für die Infrastruktur im Projekt IGEL

Resultate der Infrastrukturplanung			
Gegenstand	Form	U: Unterstützung G: Genehmigung	Bemerkungen
Standortwahl	Aktennotiz	G: Direktion	
Raumverteilung	Liste	G: Direktion	
Aufstellungsplan	Zeichnung	HW-Lieferant muß mit dem Aufstellungsplan einverstanden sein.	Anordnung der Maschinen im Maschinenraum, Maßstab 1:25, 1:50
Energiezuleitung	Bestellung		direkte Leitung vom Hausanschlußkasten in den Maschinenraum
Notstromversorgung	groß: Projekt klein: Bestellung	U: spezialisiertes Ingenieurbüro	mehrere Angebote einholen, evaluieren
Notbeleuchtung	Bestellung		Akkumulator-Handlampen. Wenn große Anlage: zusammen mit Notstromversorgung
Klimatisierung	Bestellung oder Projekt	für große Anlagen: U: Ingenieurbüro G: Direktion	kleine Raumklimageräte direkt bestellen
Verkabelung	Auswahl, Bestellung		Entscheid für Verkabelungssystem
Doppelboden	Auswahl, Bestellung	U: Architekt	Tragkraft 300 kg/m² bis 500 kg/m²
Sicherheitszone	Projekt, wenn großes System	G: Direktion	bauliche Maßnahmen und diverse Geräte und Schließeinrichtungen
Möbel und Lagereinrichtung	Bestellung	U: Einkaufsabteilung G: Leiter Org/Inf	Auswahl aus großem Angebot
Brandmeldeanglage	Bestellung	U: Lieferanten	
Feuerlöscher	Bestellung	U: Einkaufsabteilung	
Schutzgasanlage	Bestellung	U: Lieferanten	Vorsicht: Halon nicht erlaubt
Hilfsmaschinen	Bestellung		Trenn-, Verpackungsmaschinen, Kopiergeräte, Aktenvernichter, Telefon, Fax, Videokonferenz
Unterstützung außerdem durch Hardwarelieferant und befreundete Firmen!			

18.3 Resultate der Infrastrukturplanung

Merksätze

- Bei der Realisierung von Informationssystemen sind eine Reihe von Zusatzeinrichtungen zu beschaffen, die man mit dem Begriff »Infrastruktur« zusammenfaßt.

- Die Infrastruktur umfaßt: Gebäude und Räume, Energie- und Notstromversorgung, Klimatisierung, Verkabelung, bauliche Einrichtungen, Feuerschutz, Möbel und Hilfsmaschinen.
- Der Aufwand ist abhängig von der Größe und Wichtigkeit des Informationssystems und von den Anforderungen der Anwender.
- Das Resultat der Infrastruktur-Planung sind Pläne und Bestellungen, bei großen Anschaffungen eigene Subprojekte.
- Bei der Planung der Infrastruktur lege man sich vernunftmäßige Beschränkungen auf. Die Investitionen für die Infrastruktur sollen in der Regel 10 % der Gesamtinvestitionen für die Informatik nicht überschreiten.

Ergebnisse

Die Ergebnisse der Infrastrukturplanung sind eine Reihe von Plänen und Bestellungen. Sie sind abhängig von der Größe und Bedeutung des zukünftigen Informationssystems. Die Resultate sind in der Tabelle 18.3 zusammengefaßt.

Literatur

SCHNEIDER, H.-J.: Lexikon der Informatik und Datenverarbeitung.

KERSTEN, H.: Einführung in die Computersicherheit.

19. Datenübernahme

Bei der Datenübernahme werden Datenbestände eines Vorgängersystems in neue Datenbestände übergeführt. Diese können dann im neuen Informationssystem bearbeitet werden.

Wenn man ein neues Informationssystem einrichtet, so wird dieses die Aufgabe haben, Datenbestände zu bearbeiten. In fast allen Fällen wird das neue Informationssystem einen Vorgänger haben: Das kann ein Computersystem oder etwas anderes sein, vielleicht ein Sachbearbeiter mit einer Kartei. Der Vorgänger hat auch mit Datenbeständen gearbeitet. Die Datenübernahme löst die Aufgabe, die Datenbestände des Vorgängers in neue Datenbestände überzuführen, die dann vom neuen Informationssystem bearbeitet werden können.

Die Datenübernahme ist ein Sonderfall der Datenübertragung! Nimmt man an, daß sowohl das alte, als auch das neue Informationssystem durch Computer gebildet werden, ist es einfach, die Analogie zwischen Datenübertragung und Datenübernahme zu erkennen. Bei der Datenübertragung geht es darum, Datenbestände aus dem Speicher eines Computers in den Speicher eines anderen, beliebig weit entfernten Computers zu transportieren. Dieser Transport erfolgt über Leitungen (Mehrdrahtleitungen, Koaxialkabel, Lichtleiter, Richtfunk) und zwar sehr schnell. Kommt es auf die Schnelligkeit nicht an, kann man beim Computer A (Sender) die Daten auch auf einen Datenträger (Beispiel: Magnetband) schreiben, diesen zum Computer B (Empfänger) bringen und dort einlesen. Dann braucht man keine Leitung; diese wird durch den Transport eines Datenträgers ersetzt. Dieses Verfahren ist noch weit verbreitet, zum Beispiel verwenden es Banken und Post im Zahlungsverkehr mit ihren Kunden.

Auch bei der Datenübernahme von einem Vorgängersystem auf ein Nachfolgersystem hat man in erster Linie die Aufgabe, Datenbestände »zu übernehmen« oder »zu übertragen«. Stehen das alte System und das neue System gleichzeitig produktiv zur Verfügung, zum Beispiel wenn eine Erprobung des neuen Systems im Parallelbetrieb vorgesehen ist, so kann man die Daten mit einer Leitung übertragen. Ist das nicht möglich, weil das neue System das alte physisch ersetzt und vielleicht im selben Raum an der selben Stelle installiert wird, so hat man den Fall der Datenübertragung mit Hilfe eines Datenträgers, wobei dieser nicht eine räumliche, sondern eine zeitliche Distanz zu überbrücken hat. Diese Möglichkeit der Übertragung mittels Datenträger wählt man auch dann, wenn an den Computersystemen Einrichtungen zur Datenübertragung fehlen.

Bis hierher ist noch kein Unterschied zwischen den Prozessen der Datenübertragung und der Datenübernahme festzustellen. Bei einer Datenübernahme hat man es jedoch mit einigen zusätzlichen Anforderungen zu tun:

- Die Datenstrukturen des alten und des neuen Systems sind meistens verschieden: Dateien müssen vereinigt oder aufgetrennt werden, die Satzeinteilungen, die Datentypen und die Feldlängen sind ungleich. Man benötigt Übernahmeprogramme, die die alten Strukturen in die neuen Strukturen überführen.
- Daten müssen für das neue System neu kodiert werden. (Beispiel: Im alten System war in einer Adressdatei in jedem Satz die Postleitzahl und der Ortsname im Klartext enthalten. Im neuen System will man für Postleitzahl und Ort nur einen Code je Adreßsatz eintragen und den Klartext mit Hilfe des Codes in einer eigenen Ortedatei finden.)
- Es müssen Umkodierungen vorgenommen werden. In allen Datenbeständen kommen Codes vor, die bestimmte Eigenschaften der Objekte in Kurzform bezeichnen. Diese Codes sind im alten und im neuen Datenbestand oft nicht gleich.
- Oft sind die neuen Datenbestände reichhaltiger als die alten. Das heißt: zusätzliche Daten müssen manuell erfaßt werden.
- In manchen Fällen können Zusatzdaten automatisch neu generiert oder Felder automatisch geteilt werden. Dies ist immer dann der Fall, wenn man eine sehr kompakte Form der Speicherung aufspalten will, damit die Bearbeitung erleichtert wird. (Beispiel: Im alten System hatte man einen einstelligen numerischen Code für das Geschlecht und den Zivilstand gemeinsam. Es war 1 = lediger Mann, 2 = ledige Frau, 3 = verheirateter Mann, 4 = verheiratete Frau, und so weiter. Im neuen System soll das in zwei getrennten Feldern kodiert gespeichert werden.)
- Manchmal kommt es vor, daß bei Übernahmen auch Redundanzen (Mehrfachspeicherungen) beseitigt werden müssen. Das kann mit einem entsprechenden Programm automatisch erfolgen.
- Es ist zweckmäßig, die Datenübernahme mit umfassenden Plausibilitäts- und Verträglichkeitsprüfungen auszustatten, damit falsche Inhalte des alten Datenbestandes automatisch ausgefiltert werden und bei der manuellen Eingabe von Zusatzdaten nichts falsch gemacht werden kann.

Der Ablauf und Datenfluß einer Datenübernahme ist im Bild 19.1 schematisch dargestellt.

Die zusätzlichen Anforderungen machen die Datenübernahme zu einem Sonderfall der Datenübertragung. Bei der *Datenübertragung* transferiert man einen Datenbestand von einem System in ein anderes. Im Empfängersystem kann dann der empfangene Datenbestand (später) beliebig manipuliert werden. Bei der *Datenübernahme* erfolgt die Manipulation gleichzeitig mit dem Datentransfer, das heißt beim Empfang im neuen System. Nur die manuellen Datenergänzungen und einige Prüfungen erfolgen in der Regel später.

Plausibilitäts- und Verträglichkeitsprüfungen

In diesem Kapitel wird mehrfach von derartigen Prüfungen gesprochen. Darunter ist folgendes zu verstehen: Die Ausprägung (der Inhalt) eines Datenfeldes ist dann *plausibel*, wenn sie – für sich allein betrachtet – möglich sein kann. Sie ist auch *ver-*

verträglich, wenn sich in den Beziehungen zu den Ausprägungen anderer Datenfelder der Datenbank keine Unmöglichkeit ergibt.

Beispiel: In einem Datumfeld steht »29.2.1902«. Dieses Datum ist nicht plausibel, weil 1902 kein Schaltjahr war. Wohl aber wäre das Datum »29.02.1904« plausibel. Dieses Datum ist aber nicht verträglich, wenn es als Geburtsdatum eines aktiven Angestellten in einem Unternehmen von heute gespeichert ist. Als Geburtsdatum eines sehr alten Pensionisten könnte es verträglich sein.

Plausibilität und Verträglichkeit sind *notwendige* Voraussetzungen für die Richtigkeit der Ausprägung eines Datenelementes. Sie sind aber *nicht hinreichende* Voraussetzungen. Das heißt: Daten können natürlich auch falsch sein, obwohl sie plausibel und verträglich sind.

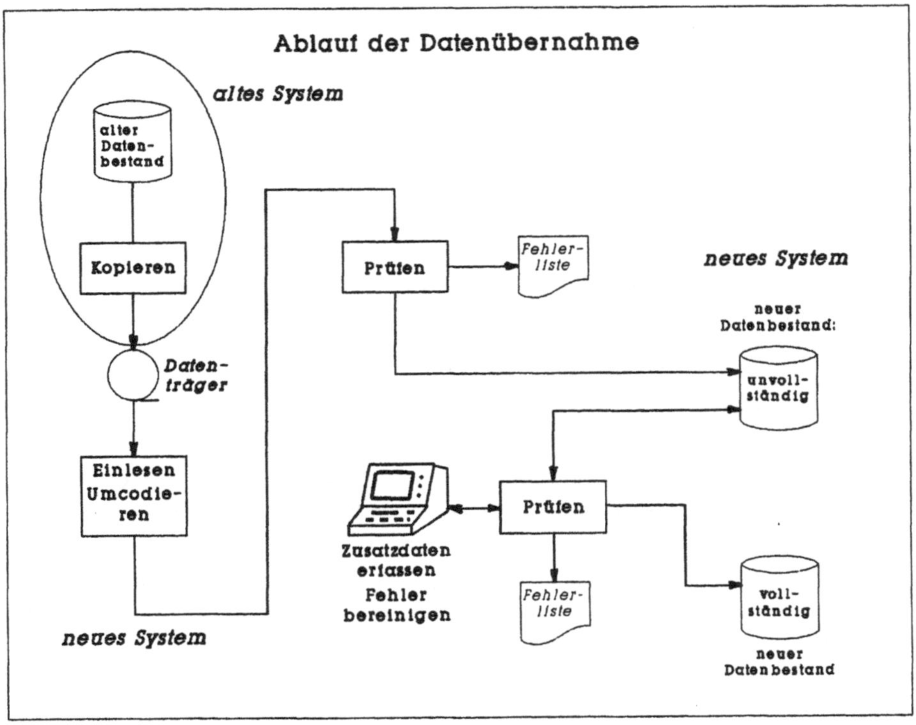

19.1 Der Ablauf einer Datenübernahme geht von einem »alten Datenbestand« aus und führt schließlich zu einem vervollständigten »neuen Datenbestand«.

Übernahmeprogramme

Die Software für die Übernahme besteht normalerweise aus drei bis vier Programmen. Sie werden im folgenden skizziert. Das Bild 19.1 zeigt den Ablauf.

1. *Vom alten Datenbestand zum Datenträger.* Zunächst geht es darum, mit einem ersten Programm den alten Datenbestand auf einen Datenträger (zum Beispiel ein Magnetband) zu kopieren. (Das ist nicht immer nötig: Besteht zwischen altem und neuem Computersystem eine direkte Verbindung zur Datenübertragung, kopiert man den alten Datenbestand zunächst unbearbeitet auf einen externen Speicher des neuen Systems.) Für dieses Kopieren oder Übertragen muß man in der Regel nicht selbst ein Programm schreiben, sondern es steht ein Utility-Programm aus dem Betriebssystem des alten Systems zur Verfügung.

   Es ist zu beachten, daß man bei diesem Vorgang die Daten nicht verändert, sondern lediglich kopiert beziehungsweise transportiert. Alle Veränderungen der Daten, wie sie oben geschildert wurden, erfolgen erst im neuen System. Dies ist deshalb sinnvoll, weil man dann erstens diese Datenübertragung nur einmal vornehmen muß und danach das alte System abbrechen kann (auch wenn die Übernahmeprogramm noch geändert oder verbessert werden müssen) und zweitens weil man das neue System mit verbesserten Leistungen und Möglichkeiten für die genannten Funktionen verwenden kann.
2. *Vom Datenträger zum neuen Datenbestand:* Ein zweites Übernahmeprogramm hat dann die Aufgabe, den noch unbearbeiteten alten Datenbestand einzulesen, gemäß den (oben beschriebenen) Anforderungen umzuarbeiten und damit einen »neuen Datenbestand« zu erzeugen, der allerdings noch nicht vollständig ist. Eine wichtige Aufgabe dieses Programmes ist auch die Prüfung der Daten gemäß Plausibilitätskriterien und Gültigkeitsregeln. Dieses Programm läuft stets als Batchverarbeitung und kann eine Laufzeit von vielen Stunden haben, wenn große Datenbestände zu verarbeiten sind. Werden in der Prüfphase Fehler entdeckt, so werden diese wenn möglich automatisch korrigiert oder – wenn dies nicht möglich ist – in einer Fehlerliste ausgedruckt.
3. *Erfassen der Zusatzdaten:* Bei vielen Übernahmen müssen in Ergänzung zum alten Datenbestand neue Zusatzdaten aufgenommen werden. Diese waren bis zu diesem Zeitpunkt entweder nur in Karteien und Ordnern enthalten oder sie müssen sogar erst erhoben werden. Ein drittes Übernahmeprogramm wird erstellt, um diese Zusatzdaten über Bildschirmterminals im Dialog erfassen zu können.

   Bei der Erfassung der Zusatzdaten sind auch wieder Prüfungen nötig. Das sind einerseits unabhängige Prüfungen der Plausibilität und andererseits Prüfungen der Verträglichkeit mit den bereits gespeicherten Daten im neuen Datenbestand. (Beispiel: Wenn neue Adressen aufgenommen werden, die eine Ortenummer enthalten, wird geprüft, ob ein Ort mit der eingegebenen Nummer im Datenbestand tatsächlich existiert.) Fehlermeldungen werden dabei in der Regel auf dem Bildschirm angezeigt, damit die Eingabe sofort korrigiert werden kann. Ist jedoch eine sofortige Korrektur nicht möglich, werden solche Fehler in einer Liste protokolliert; sie müssen dann später behoben werden.
4. *Abschlußprüfung:* Ein viertes Programm nimmt schließlich eine abschließende generelle Prüfung vor. Meist ist dies ein Batchprogramm, das alle Datensätze aller Dateien nochmals gründlich prüft. Wieder werden die Plausibilitäten aller Ausprägungen aller Datenfelder und ihre Verträglichkeiten mit denjenigen Daten

geprüft, zu denen sie irgendwelche Beziehungen haben. Das normale Ergebnis dieser Bearbeitung ist eine Fehlerliste. Die Fehler sind anschließend im Dialogverkehr zu bereinigen, wobei wieder das oben beschriebene »dritte Programm« verwendet werden kann.

Es gibt auch Datenübernahmen, bei denen dieses vierte (Prüf-) Programm als Dialogprogramm eingerichtet wird, um die sofortige Fehlerkorrektur zu erzwingen. Unter Umständen lassen sich das Prüfprogramm und das Programm zum Erfassen der Zusatzdaten auch in eine gemeinsame Prozedur zusammenlegen, so daß das »dritte« Programm auch die Funktionen des »vierten« enthält.

In fast allen Fällen kommt man nicht darum herum, die letzten drei Übernahmeprogramme als Maßarbeit eigens herzustellen oder herstellen zu lassen. Es sind meist so viele verschiedene Spezifikationen für die Transformationen, Plausibilitäts- und Verträglichkeitsprüfungen zu erfüllen, daß Individualprogramme notwendig sind. Etwas anders ist die Situation eines Anwenders, der Standardsoftware benützt und von einem alten zu einem neuen System übergehen will, wobei das neue System auch wieder mit Standardsoftware desselben Lieferanten betrieben werden soll. In diesem Fall ist zu erwarten, daß der Softwarelieferant auch für die Übernahme geeignete Standardprogramme zur Verfügung stellt.

Müssen für die Übernahme Individualprogramme erstellt werden, sind dafür rechtzeitig Programmspezifikationen auszuarbeiten, wie das im Kapitel 10 beschrieben wurde.

Es mag bei dem soeben Geschilderten auffallen, daß die Prüfungen auf Plausibilitäten und Verträglichkeiten sehr wichtig genommen werden. Aber sie sind an dieser Stelle notwendig. Kein Datenbestand ist vollkommen fehlerfrei; mit dieser Unzulänglichkeit muß man rechnen. Um im neuen System über möglichst fehlerfreie Daten verfügen zu können, muß man zwei Filter vorsehen: Das erste prüft die Daten vor oder während der Speicherung in der Datenbank, das zweite prüft periodisch alle gespeicherten Daten in der Datenbank. Man könnte als Analogie eine Zisterne betrachten: Zuerst wird das Wasser vor dem Einfluß in die Zisterne gereinigt und später wird periodisch eine Pumpe in Betrieb gesetzt, die einen Wasserumlauf erzeugt und das Wasser durch ein Filter strömen läßt. So kann die Qualität des Wassers in der Zisterne optimiert werden. – Daten sind heute einer der wichtigsten Produktionsfaktoren im Unternehmen: Man muß ihre Qualität optimieren!

Übernahmezeitpunkt

Der Zeitpunkt, an dem die Datenübernahme vollzogen wird, liegt unmittelbar vor der Aufnahme der Produktion mit dem neuen Informationssystem.

Die Datenübernahme wird (wie oben erläutert) mit Hilfe mehrerer Programme vollzogen. Diese Programme müssen selbstverständlich sehr gut getestet werden, bevor man sie einsetzt. Deshalb wird man zunächst vor der definitiven Datenübernahme mehrere provisorische Datenübernahmen »zur Probe« durchführen, dabei die Übernahmeprogramme testen und die Resultate der Übernahme kritisch prüfen. Diese Prüfung wird dann zeigen, ob man an alles gedacht hat oder ob man die Spezifikationen für die Übernahmeprogramme noch erweitern oder ändern muß.

Wenn man schon solche »Probeläufe« durchführen muß, liegt es nahe, die Übernahmeprogramm möglichst frühzeitig zu erstellen und mit den »provisorischen Übernahmen« sofort nach dem Eintreffen des neuen Computersystems zu beginnen. Damit erzeugt man dann im neuen System einen vorläufig gültigen neuen Datenbestand, mit dem man die neu zu schreibenden Anwendungsprogramme sehr gut testen kann. Es ist ein großer Vorteil, wenn man neue Programme nicht nur mit Testdaten, sondern auch mit sogenannten »echten Daten« prüft. Echte Betriebsdaten enthalten immer wieder Werte und Kombinationen von Werten, an die die Programmierer und die Benutzer gar nie gedacht haben – und auch mit diesen Überraschungsdaten müssen die Anwendungsprogramme richtig funktionieren.

Man sieht, daß frühzeitige, provisorische Datenübernahmen das Testen der Anwendungssoftware erleichtern und verbessern können. Deshalb sollen die Übernahmeprogramme möglichst früh verfügbar und erprobt sein. Die definitive Datenübernahme erfolgt aber auf jeden Fall erst unmittelbar vor der Aufnahme des produktiven Betriebes mit dem neuen System.

Übernahmevorgang

Der Ablauf der definitiven Datenübernahme vom alten zum neuen System ist sorgfältig und rechtzeitig zu planen. Dazu einige Empfehlungen:

- Alle unabhängigen Daten, die neu hinzukommen, sind frühzeitig aufzunehmen, das heißt vor dem eigentlichen Übernahmetermin. Beispiel: Bisher wären Ortsname, Postleitzahl und Straßenname bei jeder Adresse im Klartext gespeichert gewesen. Neu sollen eine Ortsdatei und eine Straßendatei eingerichtet und bei den Adressen nur Orte- und Straßennummern (als Sekundärschlüssel) gespeichert werden. Orte- und Straßendatei können als unabhängige Dateien frühzeitig vor der Datenübernahme neu aufgenommen werden.
- Die Übernahmeprogramme sollen frühzeitig sorgfältig getestet werden, damit sie zum Übernahmezeitpunkt als sicher anzusehen sind.
- Das Personal, das bei der Übernahme Daten erfassen und Fehler bereinigen muß, soll rechtzeitig instruiert und geschult werden und mit den Erfassungs- und Korrekturprogrammen vertraut sein.
- Die Leitung der Übernahmearbeiten soll einem eigens dafür bestimmten Manager übertragen werden, der den Ablauf der Arbeiten plant und überwacht und den Einsatz der Beteiligten koordiniert und steuert.
- Während der Übernahmearbeiten sind altes und neues System für jeden anderen Betrieb (Produktion, Programmerstellung, Tests) zu sperren.
- Die Übernahmearbeiten dauern in der Regel mehrere Tage. Dafür können ein Wochenende und Nächte verwendet werden, wenn man einen Schichtbetrieb einrichtet.
- Während der Übernahmearbeiten haben alle am Projekt Beteiligten entweder anwesend oder auf Abruf verfügbar zu sein.

- Der Ablauf der Übernahmearbeiten soll Schritt für Schritt protokolliert werden. Das dient der Rekonstruktion von Fehlern und Irrtümern und erleichtert allfällige Wiederholungsarbeiten.
- Am Schluß der Datenübernahme hat eine Sicherstellung des gesamten neuen Datenbestandes zu erfolgen.

Die Planung der Datenübernahme kann während der Feinplanung zu beliebiger Zeit erfolgen. Für die Durchführung der entscheidenden letzten Datenübernahme wird eine *interne Weisung* erlassen. Sie enthält alle zu erledigenden Arbeiten im einzelnen, mit Terminen und verantwortlichen Mitarbeitern.

Was geschieht mit alten Karteien?

Bei der Einrichtung von neuen Informationssystemen stößt man immer wieder auf folgendes Problem: Bisher wurde ein Teil der Datenbestände in Karteien oder Ordnern gespeichert und nachgeführt. Diese Karteien und Ordner wurden von Mitarbeitern oft mit großem Geschick eingerichtet, sorgfältig verwaltet und mit großem Aufwand ausgewertet. Bei der Datenübernahme werden solche Daten meist als Zusatzdaten erfaßt und für die Zukunft in der Datenbank gespeichert. Sie sollen schließlich vom Computer ausgewertet werden. Die Karteien und Ordner werden nicht mehr benötigt und können vernichtet oder archiviert werden.

Dagegen wehren sich nun aber die Inhaber dieser alten Datenbestände. Sie sind nicht unbedingt Gegner des neuen Systems, halten aber das Weiterführen der alten Karteien für unerläßlich. Laßt sie gewähren! Obwohl diese Parallelarbeit vom Standpunkt des Informatikers aus verwerflich ist, entsteht durch einen Weiterbestand kein großer Schaden – vorausgesetzt daß der Aufwand für die Parallelarbeit nicht erheblich ist. Wenn die betroffenen Mitarbeiter einmal die Verbesserungen bei der Speicherung »ihrer« Daten im Computer erkennen, verschwinden die Karteien und Ordner lautlos von selbst. Der Informatiker hat nur dafür zu sorgen, daß die Wartung der Daten in der Datenbank zuverlässig erfolgt. Im übrigen zeigt die Erfahrung, daß auch konservative Mitarbeiter die Auswertung der Daten sehr schnell dem Computer überlassen und ihre Zusatzbelastung mit dem Nachführen ihrer Karteien bald aufgeben.

Fallstudie IGEL: Aus Alt mach Neu.

Als man bei der F*Z*G damit begann, die Datenübernahme zu diskutieren, suchte man einen Ausgangspunkt und fand ihn im Datenmodell. Dort waren alle Dateien für den neuen Datenbestand ersichtlich und man hatte sich nur Gedanken darüber zu machen, woher die Daten für diese Dateien geholt werden sollten. Bisher hatte man mit mehreren Insellösungen für das Rechnungswesen, für das Lager, für den Vertrieb und für weitere Anwendungsbereiche gearbeitet (siehe Kapitel 1). Es ergab sich, daß man Daten von diesen Insellösungen über Disketten als Datenträger ohne große Probleme übernehmen konnte. Selbstverständlich waren Ergänzungen, Bereinigungen und Prüfungen unerläßlich.

Das Übertragen der alten Datenbestände auf Disketten erforderte in keinem Falle das Erstellen neuer Programme: Man konnte einfach wie bei einer Sicherstellung die gewünschten Daten überspielen. Auch das Einlesen der Datenträger in das neue System CS/200 ließ keine Probleme erwarten. Man konnte es von einer beliebigen Workstation aus durchführen. Jedoch wurden hier Umkodierungen und Umformungen gemäß den Spezifikationen der neuen Datenbank erforderlich. Dafür mußten Individualprogramme entworfen, spezifiziert und geschrieben werden. Mit provisorischen Datenübernahmen sollten diese Individualprogramme erprobt werden. Für das Erstellen der Übernahmeprogramme ergaben sich zwei Wege:

1. Übernahmeprogramme für Dateien, die in erster Linie von der Standardsoftware bearbeitet werden würden, sollten vom Softwarehaus FICOSO AG zur Verfügung gestellt werden. Dort existierten für diesen Zweck einige Musterprogramme und viele Programmbausteine. Herr Trutschka war bereit, für diesen Teil der Übernahme die Verantwortung zu übernehmen.
2. Die Übernahmeprogramme für die Dateien der Anwendungsgebiete »Auftragsabwicklung« und »Transport«, die im Hause F*Z*G realisiert werden sollten, waren intern zu erstellen. In erster Linie wurde Herr Süßkind mit dieser Aufgabe betraut. Zu dieser Gruppe zählten im neuen Datenbestand die Dateien »Kundenstamm«, »Läden« und »Fahrzeuge«.

Man diskutierte dann noch die Termine und legte sie so fest, daß die Übernahme des produktiven Betriebes auf das neue System CS/200 im *Januar 1996* möglich sein sollte.

Als Ergebnis dieser Überlegungen und Diskussionen wurde ein *Plan für die Datenübernahme* schriftlich ausgearbeitet. Er ist in 19.2 und 19.3 auszugsweise wiedergegeben.

Der in 19.2 gezeigte Übernahmeplan wird durch Beilagen ergänzt. Diese umfassen alle Programmspezifikationen der Übernahmeprogramme und einen Termin- und Einsatzplan (siehe Bild 19.3). Damit konnten die Vorbereitungen der Datenübernahme rechtzeitig Mitte April abgeschlossen werden.

F * Z * G
Projekt IGEL

Plan: Datenübernahme

Allgemeines: Dieser Plan betrifft die Datenübernahme der alten Datenbestände unserer Insellösungen auf das zukünftige System CS/200.

Leitung: Die Datenübernahme wird unter der Leitung von Herrn Biermann durchgeführt. Er trägt die Verantwortung und hat volle Weisungsbefugnis.

Termine:	letzte Datenübernahme	27. bis 30. 12. 1995
	letzte manuelle Datenerfassung	4. bis 22. 12. 1995
	erste provis. Datenübernahme	5. bis 7. 6. 1995
	erste provis. Datenerfassung	5. bis 16. 6. 1995

(Weitere provisorische Datenübernahmen erfolgen anfangs Juli, September, Oktober und November. Sie stellen für das Testen der Anwendungsprogramme die gewünschten »echten Daten« zur Verfügung.)

Übernahmen und Erstellungen:

Bereich:	*Zieldatei:*	*Art:*	*Quelle:*
Einkauf:	Lieferanten	Übern.+Zusatz	PC Disketten und Kartei
Rechnungswesen:	Konti	Übernahme	Buchungssystem Disketten
	Kostenstellen	Übernahme	Buchungssystem Disketten
Transport und Lager:	Artikel	Übern.+Zusatz	Lochkarten, Kartei, Ordner
	Fahrzeuge	Erfassung	Kartei »Transportmittel«
Auftragsabwicklung:	Kunden	Übern.+Zusatz	Kundendatei Vertrieb (Disketten), Kundenkartei Kästel
	Läden	Erfassung	Kartei »SB-Läden«
Personal und Gehalt:	Mitarbeiter	Übern.+Zusatz	Personaldatei (Disketten)
	Funktionen	Erfassung	Ordner

Übernahmeprogramme:

1. Die Übernahmeprogramme für Kunden, Läden und Fahrzeuge werden intern entwickelt (Hr. Süßkind). Die Spezifikationen entwerfen die Herren Biermann und Süßkind gemeinsam.
2. Die übrigen Übernahmeprogramme sind Sache der FICOSO AG.

Datenerfassung:
Für die Erfassung der Daten aus Karteien und Ordnern und für die Erfassung der Zusatzdaten wird Frau Molnar (Teilzeit 60%) eingesetzt.

Beilagen:

Beilage 1:	Datenübernahme-Plan
Beilagen 2 bis 11:	Programmspezifikationen

Essen-Kupferdreh, 7.4.1995 gez. Kulack

*19.2 Planung der Datenübernahme bei F*Z*G*

F*Z*G IGEL	**Datenübernahme** **Termin- und Einsatzplan**		14.4.1995 Du/Bm/Ep
Pos.	Aktivität	verantwortlich	Termin (1995)
1	Übernahmeprogramme Einkauf, Rechnungswesen, Lager, Personal	Trutschka	31.05.
2	Spezifikationen Übernahme Kunden	Biermann	20.04.
3	Spezifikationen Erfassung Läden, Fahrzeuge	Biermann	30.04.
4	Programm Umsetzung Kunden AAU01	Süßkind	31.04.
5	Programm Erfassung Kunden AAP01	Süßkind	10.05.
6	Programm Prüfung Kunden AAP04	Süßkind	31.05.
7	Programm Erfassung/Prüfung Läden AAE01	Vredestein	31.05.
8	Programm Erfassung/Prüfung Fahrzeuge AAF01	Süßkind	20.06.
9	Installation System CS/200	Lieferant	ist erfolgt
10	erste prov. Datenübernahme Kunden	Süßkind	07.06.
11	erste prov. Datenerfassung	Molnar	16.06.
12	Korrekturen von Pos. 10 und 11	Süßkind	20.06.
13	echte Daten bereit für Anwendungstest	Biermann	21.06.
14	provisorische Übernahmen monatlich	Biermann	monatlich
15	definitive Datenerfassung FICOSO	Trutschka	22.12.
16	definitive Datenerfassung F*Z*G	Biermann	22.12.
17	definitive Datenübernahme FICOSO	Trutschka	28.12.
18	Bereinigungen zu Pos. 17	Trutschka	30.12.
19	definitive Datenübernahme F*Z*G	Biermann	28.12.
20	Bereinigungen zu Pos. 19	Biermann	30.12.
21	Sicherstellung Datenbestand neu	Biermann	31.12.
22	Beginn produktiver Betrieb CS/200	Kulack	02.01.96
vorgeschlagen: 14.4.1995 gez. Biermann		genehmigt: 15.4.1995 gez. Kulack	

*19.3 Termin- und Einsatzplan für die Datenübernahme bei F*Z*G*

Merksätze

- Eine Datenübernahme ist ein Sonderfall einer Datenübertragung.
- Die Datenübernahme löst die Aufgabe, die Datenbestände eines Vorgängersystems in neue Datenbestände überzuführen, die dann vom neuen Informationssystem bearbeitet werden.
- Die Übernahmeprogramme müssen die Daten aus alten Strukturen in neue Strukturen überführen, Daten umkodieren oder neu kodieren, Zusatzdaten generieren oder erfassen lassen, Redundanzen beseitigen und schließlich umfassende Plausibilitäts- und Verträglichkeitsprüfungen durchführen.

- Meist werden die Übernahmeprogramme in vier Teilen ausgeführt, die folgendes bewirken:
  1. Datenübertragung vom alten Bestand auf einen Datenträger,
  2. Übertragung vom Datenträger in den neuen Bestand mit Umformungen und Prüfungen,
  3. manuelle Erfassung von Zusatzdaten mit Prüfungen,
  4. generelle Überprüfung des neuen Datenbestandes auf Plausibilität und Verträglichkeit.
- Die Arbeit von Teil 1 kann meist von einem Standardprogramm erledigt werden. Die übrigen Teile erfordern in der Regel Individualprogramme, da sie Maßarbeit voraussetzen.
- Der Zeitpunkt der Datenübernahme liegt unmittelbar vor der Aufnahme des produktiven Betriebes mit dem neuen Informationssystem.
- Vorhergehende provisorische Datenübernahmen bringen Vorteile: Die Übernahmeprogramme werden erprobt und für das Testen der Anwendungsprogramme stehen »echte Daten« zur Verfügung.
- Die definitive Datenübernahme muß sorgfältig vorbereitet und organisiert werden. Wenn sie durchgeführt wird, müssen alle am Projekt Beteiligten anwesend sein oder auf Abruf bereitstehen.

Ergebnisse

Die Planung und Vorbereitung der Datenübernahme bringt folgende Ergebnisse:

- Ein Verzeichnis aller Datenbestände wurde erstellt, die von einem Vorgängersystem übernommen werden sollen.
- Es wurde ermittelt, welche Umwandlungen vorgenommen werden müssen und welche ergänzenden Daten manuell aufzunehmen sind.
- Für die Übernahmeprogramme wurden Programmspezifikationen ausgearbeitet. Sie enthalten auch Plausibilitäts- und Verträglichkeitskriterien.
- Für die Übernahmearbeiten wurde ein Termin- und Zeitplan erstellt.
- Mit der Leitung und mit der Durchführung der Übernahmearbeiten wurden geeignete Mitarbeiter beauftragt.
- Die Übernahmeprogramme wurden erstellt, getestet und dokumentiert.
- Übernahmen zur Probe haben stattgefunden. Damit stehen »echte« Daten zum Testen der Anwendungssoftware bereit.
- Für die definitive Datenübernahme wurde eine interne Weisung erlassen, die für die Beteiligten verpflichtend ist. Termine und Arbeiten sind mit allen Einzelheiten festgelegt.

Literatur

BECKER, M. ET AL.: EDV-Wissen für Anwender.

20. Sicherheit und Revision

Für die Sicherheit der Informatik ist in erster Linie die Geschäftsleitung verantwortlich.

Jeder Anwender wird durch seinen Entschluß, Computer einzusetzen, von diesen abhängig. Er ist abhängig von der Hardware, von der Software, von den gespeicherten Datenbeständen, von den Einrichtungen der Datenübertragung, von der Infrastruktur und vom Personal, speziell vom EDV-Personal. Je mehr Arbeitsabläufe von der Informatik übernommen oder unterstützt werden, desto größer ist die Gefährdung durch einen Schadenfall. Unternehmen können durch den Verlust ihrer Daten oder durch Manipulationen der Abläufe schwer geschädigt werden.

Anlagen der Informatik können mißbraucht werden oder das Ziel von Anschlägen sein. Andere Gefahren bilden weitere Risiken: Elementarereignisse, menschliches Versagen und technische Defekte. Daraus ergibt sich:

- Sicherheitsmaßnahmen müssen getroffen werden! Man geht dabei so vor, daß man zunächst alle bekannten und möglichen Maßnahmen prüft. Dann entscheidet man, auf welche von ihnen man aus Gründen der Wirtschaftlichkeit und eines speditiven Betriebsablaufes verzichten will.
- Für die Sicherheit der Informatik ist in erster Linie die Geschäftsleitung verantwortlich. Sie überträgt die Auswahl der Sicherheitsmaßnahmen und deren Durchführung geeigneten Mitarbeitern im Bereich der Informatik und der Revision. Andererseits haben die Informatiker, die Anwender und die Revisionsstelle ihre Geschäftsleitung auf die Notwendigkeit von Sicherheitsmaßnahmen hinzuweisen und Vorschläge zu machen.

Die Sicherheitsmaßnahmen lassen sich in zwei Gruppen unterteilen:

1. *Vorbeugende Maßnahmen* sollen das Risiko eines Schadenfalles vermindern und
2. weitere *Maßnahmen* sollen die *Folgen* eines trotzdem eintretenden Schadens möglichst *gering halten.*

Das Bild 20.1 zeigt die Gegebenheiten: Aus Gefahrenquellen entstehen Gefahren und gefährden bestimmte Objekte. Daraus entsteht eine Risikosituation. Als Risiko bezeichnet man die Wahrscheinlichkeit, daß eine Gefahr zu einem Schadenfall führt. Wirkt man hier mit vorbeugenden Sicherheitsmaßnahmen auf die Situation ein, wird das Risiko klein und die Gefahr bleibt in den meisten Fällen ohne Folgen. Waren die vorbeugenden Maßnahmen ungenügend oder das Risiko zu groß, so kommt es zu einem Schadenfall. Hat man geeignete Sicherheitsmaßnahmen für diesen Fall getroffen, so kann man Umfang und Wirkung der Folgen möglichst klein halten.

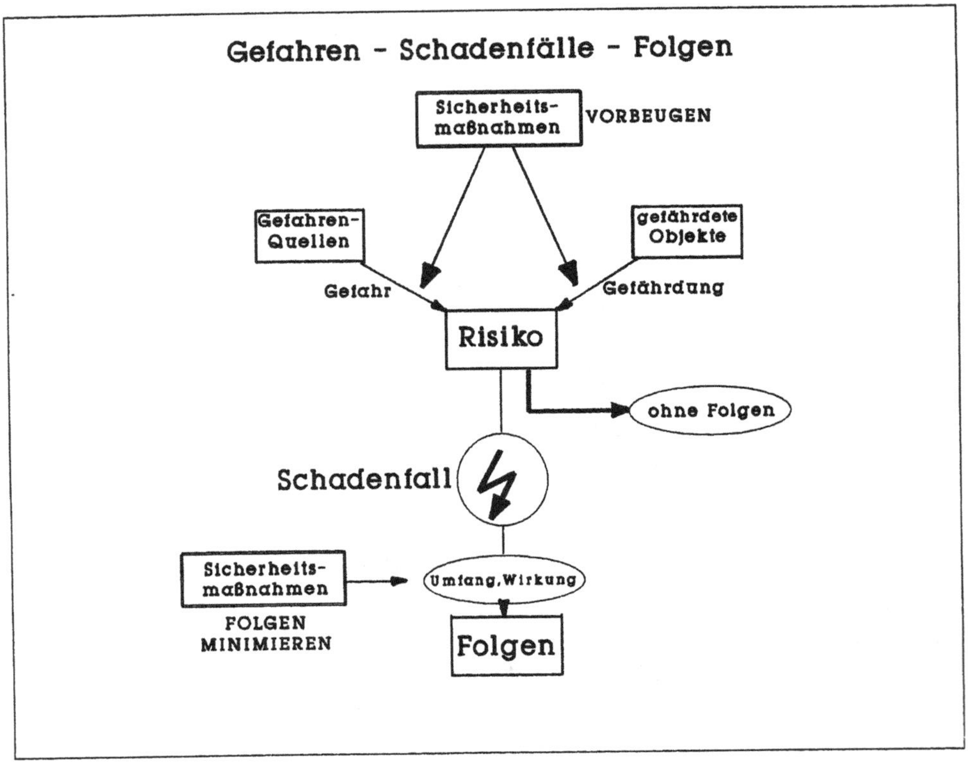

20.1 Sicherheitsmaßnahmen, Risiko, Schadenfall

Gefahren

Gefahren haben ihren Ursprung in Gefahrenquellen und bedrohen die gefährdeten Objekte:

- Die größte Gefahrenquelle für jedes Informationssystem ist *der Mensch*. Dabei kann es sich um Betriebsangehörige oder um betriebsfremde Personen handeln. Die Gefahren können unabsichtlich (Fehlmanipulation), fahrlässig (Unachtsamkeit, Sorglosigkeit) oder böswillig (Kriminalität) ausgelöst werden.
- *Elementarereignisse:* Feuer, Wasser, Blitzschlag oder Erdbeben können EDV-Anlagen beschädigen oder zerstören. Das Feuer ist die größte Gefahr! Feuer- und Wasserschäden sind häufig die Folge technischer Defekte im Rechenzentrum.
- *Technische Defekte* sind stete Gefahrenquellen. (Wer einmal das Gewirr von Kunststoffkabeln im Doppelboden eines größeren Rechenzentrums gesehen hat, kann sich die Folgen eines Kurzschlusses in diesem Bereich vorstellen.) Zu den technischen Defekten sind alle Fehler der Hardware, der Ausfall von Datenträgern, Fehler in der Datenübertragung und Defekte der Klimaanlagen oder der Stromversorgung zu zählen.

Die entstehenden Gefahren bedeuten ein Risiko für die *gefährdeten Objekte:*

- Die *Hardware* kann beschädigt, zerstört oder entwendet werden.
- Die *Software* (Betriebssystem und Anwendungssoftware) kann zerstört, manipuliert oder entwendet werden.
- Den gleichen Gefahren sind die *Datenbestände* ausgesetzt.
- Das *Personal* kann körperlich gefährdet werden.
- Die *Infrastruktur* (Energieversorgung, Klimaanlagen, Räume, Einrichtungen der Datenübertragung, Telefon, Zugangswege, Transporteinrichtungen, Archiv, Lager) kann geschädigt oder unbenützbar werden.
- Die *Ablauforganisation* kann indirekt teilweise oder entscheidend gestört werden.
- *Vermögen und Ertrag* des Unternehmens können schwerwiegend vermindert werden.

Aus diesen Aufzählungen ist zu erkennen, daß sowohl *direkte Gefahren*, die die Anlagen der Informatik und ihre Umgebung direkt bedrohen, als auch *indirekte Gefahren* bestehen, die durch Manipulation oder Ausfall der Informationssysteme dem Unternehmen Schaden zufügen können.

Schadenfälle und ihre Folgen

Kleine Schadenfälle gehören in der Informatik zum täglichen Betrieb und haben meist keine großen Auswirkungen. Es gibt etwas Mehrarbeit, Überstunden, vielleicht einen Computerausfall auf kurze Zeit. Dazu einige Beispiele:

- Eine Ventilator der Zentraleinheit hat einen mechanischen Defekt, durch den das ganze System lahmgelegt wird. Die Reparatur dauert einige Stunden, der Betrieb ruht, die Ablauforganisation ist behindert.
- Ein Operateur hat ein Magnetband zu kopieren. Irrtümlich kopiert er das leere Band auf das volle und zerstört dadurch den Datenbestand. Es muß auf eine Sicherstellung zurückgegriffen werden. Das kann einige Stunden dauern.
- Ein Fensterputzer läßt von seiner Leiter einen Kübel mit Wasser fallen. Das Wasser ergießt sich auf und in eine Magnetplatteneinheit. Der Maschinenausfall beschränkt sich zum Glück auf diese Station, die Reparatur dauert neun Tage.

Bei diesen Bagatellfällen entsteht jeweils nur ein relativ kleiner Schaden. Da die Anzahl der Fälle aber groß sein kann, kommt doch oft ein Schadenumfang mit beträchtlichen Gesamtkosten zustande.

Katastrophen: Sie stehen am anderen Ende der Skala der Schadenfälle. Katastrophen ereignen sich zwar selten; sie können jedoch so gravierende Folgen haben, daß die Basis des Unternehmens in Gefahr gerät. Einige Beispiele sollen illustrieren, was schon geschehen ist und sich wiederholen kann:

- Ein Warenhaus wird samt seinem Rechenzentrum durch einen Vollbrand zerstört. Die Datenbestände waren sichergestellt und in einem feuerfesten Schrank, der vier Stunden Feuersicherheit bot, im Rechenzentrum aufbewahrt. Der Brand

wütet jedoch einen ganzen Tag. Nahezu alle Daten sind verloren, ebenso alle Programme und die ganze EDV-Anlage. Es gibt keine Unterlagen mehr für die Buchhaltung, die Debitoren (Zehntausende von Ratenschuldnern), Anlagen und Lagerbestände vor dem Brand. Wer hat noch Raten zu bezahlen? Wie soll der Versicherungsanspruch nachgewiesen werden? Schwere Verluste sind die Folge.
- Ein Rechenzentrum in einem feuer- und einbruchsicheren Gebäude mit Fenstern aus Panzerglas wird durch eine an der Außenwand angebrachten 10-kg-Bombe vollständig zerstört. Der Schaden beträgt rund 12 Millionen DM.
- Ein frustrierter Programmierer einer Bank schafft 40 Liter Benzin in das Rechenzentrum und steckt es in Brand. Die Computeranlage wird vollständig zerstört, das ganze Stockwerk brennt aus. Programme und Daten waren außer Haus sichergestellt. Einen Tag nach dem Brand wird die Geschäftstätigkeit mit einer Ersatzanlage wieder aufgenommen, alle Terminals sind in Betrieb.

Die folgenden Schadenfälle waren zwar keine Katastrophen, verursachten aber bedeutende Verluste:

- Ein Finanzbeamter manipuliert ein Steuerberechnungsprogramm zunächst zu seinem eigenen Gunsten, dann auch für Freunde, Bekannte und Fremde im Abonnement gegen entsprechendes Honorar während Jahren.
- Der Chefprogrammierer einer Bank manipuliert ein Programm zur Zinsberechnung, indem er die Rundungsdifferenzen (Bruchteile von Pfennigen) auf sein Konto überweist. Er erbeutet in zwei Jahren eine halbe Million DM.
- Ein Postbeamter leitet durch einen Datentrick 5 Millionen DM auf sein eigenes Konto.

Schadenfälle aus kriminellen Gründen oder krankhafter Zerstörungswut sind zum Glück selten. Wenn sie aber eintreten, haben sie meist schwerwiegende Folgen, besonders wenn der Täter ein »Fachmann« ist. Es sind drei Arten von Motiven, die böswillige Schädigungen auslösen:

1. Der Täter will sich persönlich bereichern oder
2. er will das Unternehmen aus Rachemotiven schädigen oder
3. aus makabrem Sportgeist und krankhafter Geltungssucht Informationssysteme außer Betrieb setzen (Viren).

Die Motivation der persönlichen Bereicherung führt zu folgenden Schadenfällen:

- Diebstahl von Hardware, Software oder Maschinenzeit zum Weiterverkauf,
- Datendiebstahl (Behändigen von Datenträgern, Anzapfen von Datenspeichern oder Übertragungsleitungen) als Spionage, zum Weiterverkauf oder zur Erpressung,
- Manipulation von Daten oder Programmen (Einkauf: gefälschte Rechnungen, Manipulation des Wareneinganges, Manipulation der Zahlungen. Verkauf: manipulierte Rechnungen, falsche Konditionen, Löschen von Forderungen. Lohn: geänderte Ansätze, fiktive Namen und so weiter).

Wie man erkennt, entstehen solche Schäden meist durch gefälschte Eingabedaten oder durch Falschsteuerung von Verarbeitungsabläufen zu Gunsten des Täters. Wegen der Automatisierung der EDV-Abläufe kann eine Manipulation durch den Täter mühelos immer wieder automatisch wiederholt und ausgenützt werden. Die Banken in den USA verlieren bei einem Raubüberfall durchschnittlich 3.200 Dollar, bei Computerdelikten 430.000 Dollar. Die Dunkelziffer ist hoch, und viele Schadenfälle werden geheim gehalten, weil geschädigte Unternehmer ihre Kunden nicht verunsichern wollen.

Es ist leicht einzusehen, daß zur Vorbeugung und zur Verminderung von Schäden Sicherheitsmaßnahmen getroffen werden müssen. Außerdem ist eine regelmäßige und gewissenhafte Revision durch interne oder externe Sachverständige notwendig, um Manipulationen aufzudecken und zu verhindern.

Vorbeugende Sicherheitsmaßnahmen

Sicherheitsmaßnahmen werden in erster Linie getroffen, um sich den vorhandenen Gefahren entgegenzustellen und das Eintreten von Schadenfällen zu verhindern. Diese Maßnahmen zur Verkleinerung der Risiken kann man in drei Gruppen unterteilen: in organisatorische, bauliche und EDV-technische Maßnahmen.

Die *organisatorischen Maßnahmen* können meist schnell und mit geringen Kosten realisiert werden. Zu ihnen gehören:

- *Sicherheitsbeauftragter:* Die Geschäftsleitung ernennt einen EDV-Sicherheitsbeauftragten, der für alle Sicherheitsbelange der Informatik verantwortlich ist. Es soll keine Personalunion mit dem Leiter Organisation/Informatik oder einem Anlagechef vorliegen.
- *Sicherheitskonzept:* Der Sicherheitsbeauftragte erstellt ein schriftliches Sicherheitskonzept, in dem alle geplanten Maßnahmen und ihre Durchführung aufgezeichnet werden. Das Konzept wird von der Geschäftsleitung genehmigt und unterzeichnet.
- *Sicherheitszone:* Der Computerraum, das Archiv und allenfalls auch Nebenräume werden bei größeren Anlagen zu einer Sicherheitszone zusammengefaßt (Closed shop Betrieb). Es haben nur solche Personen Zutritt, die sich dort aufhalten müssen. Im Computerraum halten sich nur Operateure und bei Bedarf Reparaturpersonal auf. Reinigungspersonal arbeitet unter Aufsicht. Personen, die ausnahmsweise die Zutrittserlaubnis erhalten, werden in ein Besucherbuch eingetragen.

  Räume, die nicht zur Sicherheitszone gehören, in denen jedoch Terminals, Personal Computer oder Workstations installiert sind, müssen beim Verlassen vom Personal abgeschlossen werden.
- *Ordnung im Maschinenraum:* Im Maschinenraum ist auf Ordnung zu achten. Brennbares Material (Papier, Abfälle, Putz- und Lösungsmittel) darf, nur wenn es unbedingt nötig ist, in möglichst kleinen Mengen gelagert werden. Angelieferte Waren sind außerhalb der Sicherheitszone auszupacken. Sie dürfen nur mit geöffneter Verpackung in den Computerraum gebracht werden.

- *Bewachungsdienst:* Für die Sicherheitszone soll ein Bewachungsdienst eingerichtet werden, der außerhalb der normalen Arbeitszeit in Aktion tritt.
- *Schulung:* Das in der Sicherheitszone beschäftigte Personal muß über die Sicherheitsmaßnahmen orientiert sein und das Verhalten im Schadenfall periodisch üben (Beispiel: Handhabung der Feuerlöscher). In den Räumen sind schriftliche Weisungen zu diesem Verhalten anzuschlagen.
- *Personal:* Bei der Einstellung von EDV-Personal ist mit Sorgfalt vorzugehen. Bei größeren Anlagen ist auf die Trennung der Funktionen (Benutzer/Operateur/Programmierer) zu achten. Überstundensituationen sind zu vermeiden oder zu überwachen.
- *Sicherstellungen:* Für die Sicherstellung der Software und der Datenbestände sind verpflichtende Weisungen zu erlassen, ebenso für die Aufbewahrung der Sicherheitskopien.
- *Datenträger:* Sie müssen auch außerhalb der Sicherheitszone beziehungsweise außerhalb des Unternehmens gegen Diebstahl, Mißbrauch und Beschädigung gesichert werden. Beschädigte Datenträger dürfen bei ihrem Ausscheiden keine lesbaren Daten mehr enthalten. Datenträger zur Wiederverwendung müssen zuverlässig gelöscht werden. Gebrauchtes Computerpapier darf nur dann als Altpapier abgegeben werden, wenn es sicher keine geschützten Daten enthält; sonst ist es zu vernichten.
- *Paßwörter:* Sie werden den Berechtigten zunächst vom Sicherheitsbeauftragten mitgeteilt und später von ihnen selbst periodisch geändert. Paßwörter sollten nirgends notiert werden.
- *Personal Computer:* Für die Benützung von Personal Computern werden die Sicherheitsmaßnahmen ähnlich wie bei großen Systemen angeordnet; sie dürfen jedoch vereinfacht werden. Es wird empfohlen, der Sicherstellung von Programmen und Daten die nötige Aufmerksamkeit zu schenken. Außerdem sollte über alle Arbeiten Buch geführt werden.
- *Sicherheitshandbuch:* Wenn die wichtigsten Maßnahmen des Sicherheitskonzeptes realisiert worden sind, wird dieses zum Sicherheitshandbuch erweitert. Es enthält alle Details, die mit den Sicherheitsfragen der Informatik in Zusammenhang stehen. Dazu gehören: Weisungen an das Personal, Regeln zum Verhalten in der Sicherheitszone, Regeln zum Verhalten bei besonderen Gefahren oder in Schadenfällen, Eintragungen von Besuchern, Tagebuch besonderer Vorfälle, Katastrophenplan, Telefon- und Adressenverzeichnis und anderes mehr.

  Je eine Kopie des Sicherheitshandbuches, des Systemhandbuches (Hardware- und Softwaredokumentation) und des Benutzerhandbuches werden außer Haus aufbewahrt und laufend nachgeführt. Zu empfehlen ist die Aufbewahrung in den Wohnungen des Sicherheitsbeauftragten und desjenigen Mitgliedes der Geschäftsleitung, das dem Krisenstab angehört.

Wie zu sehen ist, sind viele organisatorische Maßnahmen möglich. Sie sind meist leicht einzuführen und zu überwachen, können jedoch den Betriebsablauf auch stark behindern. Das wirkt unter Umständen kontraproduktiv: Die betroffenen

Mitarbeiter werden verärgert und suchen die Maßnahmen zu umgehen. Für die Einführung der organisatorischen Maßnahmen ist der Sicherheitsbeauftragte verantwortlich. Es ist seine Sache, die gefährlichen Schwachstellen aufzuspüren, entsprechende Maßnahmen zu treffen, aber auch auf unnötige Maßnahmen zu verzichten.

Die nächste Gruppe umfaßt die *baulichen Sicherheitsmaßnahmen*, von denen die folgenden am wichtigsten sind:

- *Gebäude, Räume:* Der Maschinenraum für mittlere und große EDV-Systeme soll einbruchs-, feuer-, wasser- und erdbebensicher sein. Demnach soll er in einem Massivbau untergebracht werden und nicht im Erdgeschoß liegen. Im Keller ist wegen Überflutung Vorsicht geboten. Im Boden, in den Wänden und Decken sollen keine Wasserleitungen verlegt sein. Falls Fenster vorhanden sind, sollen sie aus Panzerglas bestehen oder zumindest mit einer Splitterschutzfolie beklebt werden. Das Gebäude muß mit einer einwandfreien Blitzschutzanlage versehen sein.

  Die *Inneneinrichtung* der Räume (Boden, Bodenbelag, Möbel) soll aus schwer entflammbarem Material bestehen.

  Schächte, Filter und Öffnungen der *Klimaanlage* sollen gegen Eingriffe von außen gesichert sein.

  Der *Geräuschpegel* in großen Maschinenräumen soll mit Hilfe einer Schalldämpfung niedrig gehalten werden.
- *Türen, Zugang:* Die Türen zum Computerraum müssen feuerhemmend und einbruchssicher sein, falls der Raum nicht ohnehin in einer Sicherheitszone liegt. Die Zugänge sind versperrt zu halten. Sie dürfen mit Passepartouts nicht geöffnet werden können.

  Computerräume sollen außen nicht gekennzeichnet sein. Wegweiser, Türschilder und Hinweisschilder (zum Beispiel im Lift) sollen nicht vorhanden sein.
- *Doppelböden:* Alle Kabel sollen ordentlich und übersichtlich verlegt sein. Der Zwischenraum unter dem Doppelboden soll leicht zugänglich und frei von Ablagerungen aller Art sein (Sauberkeit!).
- *Stromversorgung:* Alle elektrischen Installationen müssen in einwandfreiem Zustand sein. Eine Notbeleuchtung ist vorzusehen. Bei sehr wichtigen Informationssystemen ist eine Not- oder Dauerstromversorgung einzurichten.
- *Brandschutz:* Bei wichtigen Eingangstüren sind geeignete Feuerlöscher anzubringen. Für den Maschinenraum soll ein Feuermeldesystem eingerichtet werden (Detektoren über den Maschinen und im Doppelboden). Bei großen Systemen kann eine Schutzgasanlage eingerichtet werden. Die Ein- und Austrittsöffnungen der Klimaanlage sollen mit automatischen Brandschutzklappen versehen sein.

Alle baulichen Maßnahmen bedingen nennenswerte Kosten, behindern aber andererseits den laufenden Betrieb kaum, wenn sie einmal wirksam sind. Für die Auswahl der baulichen Sicherheitsmaßnahmen sind deshalb die Kostenüberlegungen entscheidend. Da der Nutzen kaum quantifiziert werden kann, ist das persönliche Verantwortungsgefühl der Geschäftsleitung hier das Maß aller Dinge.

Die letzte Gruppe der vorbeugenden Maßnahmen, für die vor allem die Informatiker verantwortlich sind, bilden die *EDV-technischen Sicherheitsmaßnahmen:*

- *Sicherstellungen:* Daten und Programme müssen periodisch sichergestellt werden. Sicherstellen heißt hier Kopieren der Daten und der Software auf Datenträger (Magnetbänder, Magnetplatten, Disketten). Diese Datenträger werden mehrfach erstellt und einerseits im Hause an sicheren Orten (feuerfeste und einbruchsichere Schränke oder Räume) und auch außerhalb des Unternehmens (Beispiel: Bankschließfach) aufbewahrt.
- *Paßwörter:* Der Zugriff auf Daten und Programme wird mittels Paßwörtern gesichert. Jeder Zugriffsberechtigte kennt mehrere geheime Paßwörter, die ihm den Zugriff gestatten. Dabei sind für den Zugriff mehrere Stufen eingerichtet: nur Einsicht oder Einsicht und Änderung und mehr. Die Paßwörter sollen periodisch geändert werden. Erfolgen mehrfache Zugriffsversuche mit ungültigen Paßwörtern, so muß das System den Zugriff über den betreffenden Pfad automatisch generell sperren.
- *Kryptographie:* Daten und eventuell auch Programme werden verschlüsselt (chiffriert). Für die Verschlüsselung können Softwaremethoden verwendet werden, jedoch ist auch Hardware (Chiffriermaschinen) dafür erhältlich. Besonders bei der Fernübertragung geheimer Daten oder solcher, deren Manipulation unbedingt zu verhindern ist, soll diese Maßnahme angewendet werden. Datenübertragungskanäle sind meist leicht anzuzapfen.
- *Interne Normen und Programmierung:* Die Programmerstellung soll gemäß betriebsinternen Normen erfolgen. In den Programmen sind Vorkehrungen zu treffen, daß die Eingabe falscher Daten weitgehend vermieden wird. Ein »Absturz« des Systems, das heißt eine Unterbrechung der Verfügbarkeit, soll auch durch falsche Steuerdaten oder falsche Bedienung nicht ausgelöst werden können.
- *Dokumentation:* Die Programme sollen schon bei ihrem Entstehen fortlaufend dokumentiert werden. Nach Abschluß der Programmierung ist die Dokumentation zu bereinigen. Alle Programmänderungen sind zu beschreiben. Zuhanden der Benutzer und der Operateure sind klare und vollständige Bedienungsanleitungen zu erstellen. Eine gute Programmdokumentation erhöht die Sicherheit wesentlich!

Damit soll die Beschreibung der vorbeugenden Maßnahmen abgeschlossen werden. Dem Sicherheitsbeauftragten und seiner Kreativität sind hier einige Aufgaben gestellt: Er muß die richtige Auswahl für sein Informationssystem treffen, allfällige weitere Schwachstellen mit geeigneten Zusatzmaßnahmen neutralisieren und die Durchführung der nötigen Schritte bei der Geschäftsleitung und beim Personal durchsetzen.

Maßnahmen zur Bewältigung von Schadenfällen

Wenn trotz aller Vorsichtsmaßnahmen im Bereich der Informatik ein Schadenfall eintritt, werden die Verantwortlichen dafür sorgen, daß der Schaden rasch behoben und die Folgen gering gehalten werden. In möglichst kurzer Zeit soll der normale EDV-Betrieb wieder aufgenommen werden können. Es wäre sehr mühsam und es ginge sehr viel Zeit verloren, wenn man sich erst nach einem Schadenereignis überlegen würde, was nun zu geschehen habe. Deshalb wird man auch für den Schadenfall rechtzeitig Maßnahmen überlegen und vorbereiten.

Nun sind Unterschiede zu machen zwischen kleinen und großen Schadenfällen. Die Größe eines Schadenfalles läßt sich durch die Zeitdauer bestimmen, während der ein EDV-System ganz oder teilweise ausfallen darf, ohne daß der Betrieb eines Unternehmens schwerwiegend beeinträchtigt wird. Natürlich ist diese Zeitgrenze je nach Betriebsart und Einsatzgebiet verschieden: Sie liegt zwischen einigen Minuten und einigen Tagen.

Maßnahmen für die Bewältigung kleiner Schadenfälle sind so zu treffen, daß diese routinemäßig bewältigt werden können. Sie können ja nahezu täglich eintreten. Einige Anregungen dazu:

- Die *Benutzer am Bildschirm* oder an einem Personal Computer müssen wissen, wie sie eine Störung erkennen können, wen sie im Schadenfall verständigen müssen, wie sie das Ende der Störung erkennen und was sie danach zu tun haben.
- Der *Operateur* am Computer muß wissen, wie er Hardwarefehler von Softwarefehlern unterscheiden kann, welche Fehler er selbst beheben kann und an wen er sich wenden muß, wenn er Hilfe braucht. Er muß wissen, wen und wie er über den Eintritt der Störung zu informieren hat. Die Telefonnummern des technischen Dienstes, der verantwortlichen Softwarelieferanten, des Leiters Organisation/Informatik und des Anlagechefs, der Geschäftsleitung, der Polizei und Feuerwehr müssen ihm jederzeit bekannt sein. Er muß auch außerhalb der normalen Arbeitszeit die nötigen Verbindungen herstellen können.

  Detaillierte schriftliche Anweisungen müssen den Operateur anleiten, was er nach Behebung der Störung zu tun hat. Damit der normale Betrieb wieder aufgenommen werden kann, werden oft Datensicherstellungen einzuspielen und gewisse Arbeiten zu wiederholen sein.
- Nach der Störung ist vom Operateur oder vom betroffenen Benutzer ein *Protokoll* zu erstellen. Es soll enthalten: Beschreibung und Ursache der Störung, Dauer, Art der Behebung und anderes mehr. Ein vorbereitetes Formular erleichtert diese Arbeit.

Für den Sicherheitsbeauftragten und für den verantwortlichen Chef ist es sicher interessant, für alle größeren Störungen und auch für Bagatellfälle die Fehlerprotokolle regelmäßig auszuwerten. So können die häufigsten Fehlerursachen erkannt und weitgehend ausgeschaltet werden.

Maßnahmen für die Bewältigung schwerwiegender Schadenfälle müssen als Ergänzung zum bereits Gesagten betrachtet werden. Die Größe des entstehenden Schadens ist unmittelbar von der Dauer des Ausfalles der EDV abhängig. Deshalb müssen die Maßnahmen darauf hin zielen, die Ausfallzeit möglichst kurz und damit den entstehenden finanziellen Schaden möglichst klein zu halten. Alle bisher genannten Maßnahmen dienen auch dem Verhindern schwerer Schadenfälle und der Eindämmung katastrophaler Folgen. Im weiteren sind folgende Maßnahmen möglich:

- *Krisenstab:* Für den Katastrophenfall ist im voraus ein Krisenstab zu bestimmen.

Es sollen ihm ein Mitglied der Geschäftsleitung, der Leiter Organisation/Informatik, der Sicherheitsbeauftragte und weitere Spezialisten angehören. Es ist festzulegen, wie der Krisenstab zu alarmieren ist und was er zu tun hat.

- *Wiederherstellung:* Mit dem Computerlieferanten sind alle Modalitäten für eine möglichst rasche Reparatur oder Wiederbeschaffung der Anlage vorzubereiten. Das gleiche gilt für eine allfällige Wiederinstandsetzung von Räumen und der Infrastruktur.
- *Ersatzanlage außer Haus:* Für unentbehrliche Informationssysteme sind Vereinbarungen für den Einsatz von Ersatzanlagen außer Haus zu treffen. Bei der Post ist in einem solchen Fall die Vorbereitung von Datenkanälen zu veranlassen. Auf der Ersatzanlage ist das Einspielen von Programmen und Datenbeständen vorzubereiten. Der Ersatzbetrieb ist versuchsweise zu realisieren und periodisch zu üben.
- Ein *Ersatzbetrieb ohne EDV-Anlage* ist organisatorisch vorzubereiten und soll periodisch (mindestens halbjährlich) geübt werden.
- *Versicherungen:* Es ist bei gewissen Computerherstellern möglich, die schnelle Verfügbarkeit einer Ersatzanlage vertraglich zu vereinbaren. Im übrigen kann man bei verschiedenen Versicherungsgesellschaften die Maschinen gegen Elementarschäden und Diebstahl, das Unternehmen gegen Vertrauensbruch, die Datenbestände für Wiederbeschaffung versichern lassen.
- *Katastrophenplan:* Für alle vorbereiteten Maßnahmen bedarf es schriftlicher Weisungen. Auch Adressen, Telefonnummern, Formulare und Hinweise müssen zusammengestellt werden. Das gesamte Schriftgut wird in einem Katastrophenplan zusammengefaßt und in das Sicherheitshandbuch aufgenommen. Dieses wird in mehreren Exemplaren an mehreren Orten verteilt aufbewahrt und stets auf neuestem Stand gehalten.

Sollte sich trotz geringer Risiken einmal ein schwerwiegender Schadenfall ereignen, so könnten seine Folgen minimiert werden und kein existenzbedrohendes Ausmaß erreichen.

Sicherheitskonzept

Das Resultat aller Sicherheitsüberlegungen wird im Sicherheitskonzept schriftlich niedergelegt. Es enthält alle Definitionen, Erklärungen, Hinweise, Bemerkungen und Beschlüsse, die im Hinblick auf die Sicherheit relevant sind, insbesondere alle Sicherheitsmaßnahmen, die von der Projektgruppe vorgeschlagen und von der Geschäftsleitung genehmigt wurden. Ein Beispiel für die Gliederung und den Inhalt eines Sicherheitskonzeptes ist gegen Ende dieses Kapitels in der Fallstudie enthalten.

EDV-Revision

Zunächst eine Abgrenzung: Von diesem Abschnitt, der die gesetzlich vorgeschriebenen Kontrollen »der Buchführung« betrifft, sind grundsätzlich alle Informationssysteme betroffen, deren Anwendungen in irgendeiner Weise Verbindungen zum

Rechnungswesen haben. Das betrifft nicht nur die Anwendungen der Finanz- oder Betriebsbuchhaltung schlechthin, sondern auch alle angeschlossenen Gebiete wie Einkauf, Lagerbewirtschaftung, Auftragsabwicklung, Fakturierung, Mahnwesen und weitere. Ausgenommen sind lediglich Informationssysteme, die ausschließlich wissenschaftlichen Einsatzgebieten, der Textverarbeitung, dem Multimedia und Desk Top Publishing und weiteren Anwendungen dienen, die mit Finanzen nichts zu tun haben. Es ist dabei auch gleichgültig, wie groß und leistungsstark die Informationssysteme sind: Ein Buchhaltungsprogramm unterliegt der Revision, ob es auf einem Supercomputer oder auf einem Personal Computer geführt wird.

Die *Grundsätze ordnungsmäßiger Buchführung* gelten unabhängig von den zur Führung der Buchhaltung eingesetzten technischen Hilfsmitteln:

- Nach dem *Belegprinzip* darf auch beim Einsatz der EDV keine Buchung ohne Beleg vorgenommen werden. Belege dürfen aber auch als Aufzeichnung auf einem Bild- oder Datenträger aufbewahrt werden.
- Eine *chronologische Aufzeichnung* der Geschäftsvorfälle (Grundjournalisierung) und eine *Gliederung nach Konten* muß vorliegen.
- Die Buchhaltung muß in *lesbarer Form* erstellt sein: Die Hauptkonten und Journale müssen deshalb mindestens einmal jährlich auf den Abschlußtag ausgedruckt werden.
- Da sich bei EDV-Abläufen der Wertefluß oft im einzelnen nicht sichtbar verfolgen läßt, ist ein *Internes Kontrollsystem* einzurichten. Statt der Einzelvorgänge kann dann dieses System kontrolliert werden.
- Alle Unterlagen müssen während der gesetzlich vorgeschriebenen Dauer *aufbewahrt* werden. Dies kann unter Umständen einen Vollausdruck aller Programme und Daten (zum Beispiel bei einem Systemwechsel) bedingen.

Neben den oben genannten Grundsätzen müssen auch die *Grundsätze der ordnungsgemäßen Datenverarbeitung* eingehalten werden. Diese verlangen eine klare Aufbau- und Ablauforganisation in der Informatik eines Unternehmens, klare interne Normen und Weisungen, Programmierrichtlinien für interne Kontrollen, Sicherheitsmaßnahmen und vieles andere mehr: Verlangt wird die professionell einwandfrei organisierte Abwicklung des Informatikbetriebes. Die Mitarbeit eines Revisors in der Feinplanung sichert, daß hier Grundsätze nicht verletzt werden, auf die in Abhängigkeit von Größe und Wichtigkeit des Informationssystems aus der Sicht der Revision nicht verzichtet werden darf.

Die Arbeit und die Methoden des EDV-Revisors sind Informatikern und Anwendern wenig geläufig. Zwei der üblichen Methoden sind noch am ehesten bekannt: »Prüfspur« (Audit Trail) und »Kontrollsummen«.

Die *Prüfspur* umfaßt alle Protokollierungen, die Bestand und Mutation aller Datenbestände vollständig dokumentieren und umfassend nachweisen. Die Prüfspur ermöglicht demnach eine Kontrolle der Daten auf dem Wege durch das System samt ihrer Speicherung. Eine Prüfspur ist noch keine Kontrolle, da sie allein weder Fehler entdeckt, noch verhindert. Sie kann aber als Basis für eine Kontrolle dienen.

Ähnlich ist es mit den *Kontrollsummen*, die als Basis einer Kontrolle von Verarbeitungen verwendet werden. Die Richtigkeit einer Verarbeitung läßt sich nämlich plausibilisieren, wenn bei den Daten Abhängigkeiten bestehen, die für alle Datensätze in einem Verarbeitungsschritt gleich sind. In diesem Fall muß die gleiche Abhängigkeit auch für die gesamte Verarbeitung gelten, was durch Kontrollsummen überprüft werden kann. Ein Beispiel solcher Abhängigkeiten ist bei der Gehaltsabrechnung zu finden, wo »Bruttogehalt abzüglich Abzüge zuzüglich Zulagen gleich Nettogehalt« für alle Abrechnungen gelten muß.

Aber die Reichweite der EDV-Revision umfaßt viel mehr. Die Kontrollen können praktisch das gesamte Betriebsgeschehen durchleuchten und werden so zu einer umfassenden Überwachung des gesamten Systems – allerdings bestehen sie aus vielen mühsamen kleinen Einzelschritten, die nur zum Teil automatisiert werden können.

Die *vier Schritte der Revision* bestimmen das Vorgehen des EDV-Revisors:

1. Er beschafft sich Informationen über die Informatikabteilung und die Anwendungen und beurteilt die Frage, ob eine EDV-Revision durchzuführen ist.
2. Er analysiert das Interne Kontrollsystem und beurteilt die Ordnungsmäßigkeit im Bereich der allgemeinen EDV-Organisation.
3. Er erarbeitet einen Überblick über die Funktionen des Internen Kontrollsystems und über die Einhaltung der Grundsätze der ordnungsgemäßen Buchführung im Bereich der EDV-Anwendungen. Danach entscheidet er, ob eine gezielte Systemprüfung notwendig oder zweckmäßig ist.
4. Trifft dies zu, führt er eine umfassende Systemprüfung durch. Er überprüft die einzelnen Anwendungen und beurteilt, ob im System genügende und funktionstüchtige Sicherheitsvorkehrungen und Kontrollen enthalten sind, die einen vollständigen und richtigen Ablauf gewährleisten.

Die *Systemprüfung* ist an die Voraussetzungen gebunden, daß die Hardware und die Betriebssoftware einwandfrei funktionieren und eine ausreichende Dokumentation zur Verfügung steht. Die Systemprüfung umfaßt im einzelnen:

- Kontrollen der internen Organisation (Struktur und Funktionen der Informatikabteilungen und ihrer Zusammenarbeit mit den Fachabteilungen), der Dokumentation und Arbeitsanweisungen, der im Informationssystem vorhandenen Sicherungen (bei der Datenerfassung und -eingabe, der Speicherung und so weiter), des Belegwesens und der Archivierung,
- Überprüfung der programmierten Kontrollen, die bei der Programmierung in die Anwendungsprogramme eingebaut werden und eine fehlerhafte Verarbeitung verhindern sollen,
- Programmprüfungen. Diese sollen die Vollständigkeit und Funktionstüchtigkeit der programmierten Kontrollen, die tatsächliche Anwendung der geprüften Programme (Programmidentität) und die logische Richtigkeit der Programme feststellen. Methoden der Programmprüfung für den EDV-Revisor sind:
  - die Prüfung mit Testfällen,
  - konventionelle Stichproben,
  - programmgenerierte Stichproben (mit Audit-Software),

- sachlogische Programmprüfung und Tischtests (nur bei einfachen Programmen, großer Zeitaufwand!),
- Parallelprogramme der Revision,
- Überprüfung der Programmlogik mit Audit-Software,
- Prüfung mit fiktiven Abrechnungsfällen.

Automatisierung der Prüfung: Bei einem integrierten Rechnungswesen ist der direkte Einsatz des Computers für Prüfungszwecke praktisch unumgänglich. Deshalb muß dem Revisor schon im Stadium der Feinplanung die Möglichkeit gegeben werden, seine eigenen Prüfungshilfsmittel vorbeugend im Informationssystem einzubauen - soweit dies sachlich und wirtschaftlich möglich ist. Auf diese Mitwirkung des Revisors in der Anwendungsplanung und -konzeption wird später noch näher eingegangen. Außerdem können die Prüfungsarbeiten des Revisors durch speziell für ihn geschaffene Software *(Audit-Software)* unterstützt und erleichtert werden. Auch spezielle Prüfsprachen sind schon entworfen worden.

Die verschiedenen Produkte auf dem Gebiet der Audit-Software erlauben eine Erfassung aller gespeicherten Daten, Vollständigkeitskontrollen, selektive Auszüge, Stichprobenauswahl mit Hilfe von Zufallszahlen, eine programmierte Durchführung der rechnerischen Kontrollen und den Nachvollzug wichtiger logischer Entscheide. Auch Programmiersprachen der vierten Generation können für Revisionszwecke gute Dienste leisten: Sie gestatten den Zugriff auf alle Daten einer Datenbank und erlauben beliebige Manipulationen mit diesen Daten, ohne am Original der Datenbank irgend etwas zu verändern.

Der Revisor in der Feinplanung

Wenn ein Informationssystem der Revision unterliegt, so ist es - wie oben schon gesagt wurde - sehr empfehlenswert und meist auch unverzichtbar, die zukünftige Revisionsstelle schon bei der Entwicklung der Anwendungsprogramme beizuziehen. Diese *projektbegleitende Revision* wird dann in die Projektorganisation integriert und überprüft laufend die Ergebnisse der Projektarbeit, erteilt Empfehlungen, schlägt geeignete Prüfmethoden vor und gibt Stellungnahmen über das weitere Vorgehen ab.

Eine sorgfältige und gezielte Vorbereitung der in die Anwendungen einzubauenden Prüfverfahren führt dazu, daß die von einem Revisor nach konventioneller Art nur stichprobenweise durchgeführten Prüfungen dann durch das Computersystem laufend und umfassend ausgeführt werden.

Bei ihrer Mitarbeit achtet die Revisionsstelle darauf, daß bei der Anwendungsentwicklung

- professionelle Methoden und Normen angewandt werden,
- ein wirksames internes Kontrollsystem geschaffen wird,
- die Grundsätze ordnungsgemäßer Buchführung und
- die Grundsätze ordnungsgemäßer Datenverarbeitung eingehalten werden,
- der Datenschutz und
- die Datensicherheit gewährleistet sind.

EDV-Revisoren können von einer internen Revisionsstelle eingesetzt werden (dies ist in Großunternehmen üblich) oder von außen, zum Beispiel aus einem Treuhandbüro kommen. Sie verfügen neben einer betriebswirtschaftlichen Grundausbildung über weitreichende Branchen- und Applikationskenntnisse, haben Projekterfahrung als Programmierer, Hard- und Softwarekenntnisse (im besonderen für Dialogsysteme und Datenbanken), kennen die Anwendung von Prüfungssoftware (Auditprogramme) und können Interne Kontrollsysteme entwerfen und beurteilen.

Es ist Sache der Revisoren, während der Anwendungsentwicklung ihre Forderungen zu stellen und zu erläutern. Die Sicherheit und die Wirtschaftlichkeit der Computeranwendungen stehen sich meist diametral gegenüber. Sicherheit kostet laufend Geld, aber mangelnde Sicherheit kommt in manchen Fällen auch sehr teuer. Das heißt, daß sich der Revisor mit der Sicherheit der Daten von ihrer Entstehung, über die Erfassung, Verarbeitung, Speicherung, Sicherung und Ausgabe bis zur Archivierung auch unter wirtschaftlichen Gesichtspunkten auseinanderzusetzen hat.

Das eigentliche *Ziel des Revisors* in der Feinplanung ist aber die Beurteilung, ob im Ablauf der zukünftigen Applikation diejenigen Kontrollen und Sicherheitsvorkehrungen vorhanden sind, die den vollständigen und richtigen Datenfluß gewährleisten und die den Bedürfnissen und dem Gesetz entsprechende Auswertung der Daten und deren Aufbewahrung sicherstellt.

Daraus ergeben sich für die Mitarbeit der EDV-Revision im Feinkonzept folgende Aufgaben:

- Formulierung der Revisionsanforderungen,
- Beurteilung der geplanten Sicherheitsmaßnahmen in der Informatikabteilung, im Rechenzentrum und in den Fachabteilungen,
- Gestaltung von Kontrollen und Abstimmungen in den Arbeitsabläufen,
- Mitwirkung bei der Planung von Tests,
- Mitwirkung bei der Anwenderschulung,
- Erstellung eines Revisionskonzeptes.

Es ergibt sich aus dem Umfang und der Wichtigkeit eines Projektes, ob ein Revisor die gesamte Phase der Feinplanung ständig begleitet oder nur zu bestimmten Zeitpunkten für einzelne Entwürfe und Entscheide beigezogen wird. Im ersten Fall erhält der Revisor eine ausgezeichnete Applikationskenntnis und die Anwendungsprogramme werden von vornherein revisionsgerecht entworfen. Im zweiten Fall können sich erschwerte Bedingungen für die spätere Revision im Betrieb ergeben.

Als wichtigster Vorteil der Mitarbeit des EDV-Revisors erscheint die Erleichterung der zukünftigen Revisionshandlungen. Aber diese Mitarbeit hat auch Nachteile: Sie kostet Geld und Zeit, die Projektleitung wird gebremst und fühlt sich überwacht und der Revisor ist später bei seiner Prüfung nicht mehr unbefangen. Jedoch zeigt die Erfahrung, daß man wegen einer Vernachlässigung von Revisionsgrundsätzen später für die Mängelbehebung und Fehlerbeseitigung viel aufzuwenden hat.

Fallstudie IGEL: Das Sicherheitskonzept

In der Projektsitzung vom 7.4.1995 war zunächst ein Personalproblem zu besprechen. Per Ende März hatte der Operateur, Herr Dobermann, das Unternehmen verlassen. Er war inzwischen durch Herrn Erwin Jäger ersetzt worden. Herr Jäger wurde der Projektgruppe vorgestellt. Herr Süßkind übernahm die Aufgabe, ihn einzuweisen. Herr Jäger hatte bereits zwei Jahre Erfahrung mit dem Betrieb eines Systems CS/200 bei der Quelle AG in Aachen.

Ein weiteres Thema war die Besetzung der Funktion eines Sicherheitsbeauftragten. Herr Dr. Kulack schlug Herrn Vredestein dafür vor, dieser wollte aber wegen seiner Belastungssituation diese Aufgabe nicht auch noch übernehmen. Er wies darauf hin, daß in allernächster Zeit das Sicherheitskonzept auszuarbeiten sei und zur selben Zeit müsse er mit voller Leistung an den Programmen arbeiten. Herr Dr. Kulack fragte als nächste Frau Fink, ob sie bereit wäre, zusätzlich als Sicherheitsbeauftragte zu wirken. Frau Fink willigte ein, wurde mit dem Titel »Sicherheitschef« Herrn Zapfel vorgeschlagen und ein paar Tage danach mit dem vollen Einverständnis der Geschäftsleitung zur Sicherheitsbeauftragten bestellt.

Frau Fink wies sogleich darauf hin, daß es sehr zu empfehlen wäre, ab sofort einen externen Revisor in der Feinplanung mitwirken zu lassen. Damit könnten spätere Revisionen wesentlich erleichtert werden. Der Chefbuchhalter, Herr Märkel, unterstützte diesen Vorschlag und nannte als Kandidatin für diese Funktion Frau Regula van der Bloom vom Treuhandbüro Liebermann in Köln. Diese habe auch in den letzten fünf Jahren die Revisionen im Hause vorgenommen und könne empfohlen werden. Die Herren Zapfel und Kulack stimmten zu; Herr Märkel wurde beauftragt, mit dem Büro Liebermann eine entsprechende Vereinbarung abzuschließen.

Im übrigen war man sich einig, daß ein Sicherheitskonzept erstellt werden müßte. Frau Fink versprach, bis anfangs Juni einen ersten Entwurf dafür vorzulegen und bat alle Mitglieder der Projektgruppe, ihr Wünsche und Anforderungen so bald wie möglich schriftlich mitzuteilen. Der Entwurf wurde zeitgerecht erstellt und ist hier im Anschluß wiedergegeben.

F * Z * G
Projekt IGEL

Vertraulich

Sicherheitskonzept

1. Entwurf (unvollständig)
(Stand: 1.6.1995, Autor: J. Fink)

Inhalt:

(Inhaltsverzeichnis ist definitiv, Inhalt wird noch ergänzt.)

F*Z*G Sicherheitskonzept 2

1. Allgemeines

1.1 Sicherheitschef

Mit Beschluß der Geschäftsleitung vom 1.6.1995 wird die Systemprogrammiererin, Frau Jacqueline Fink zum Sicherheitschef ernannt. Sie trägt die Verantwortung eines Sicherheits-Beauftragten und hat volle Weisungsbefugnis in Sicherheitsfragen, für die sie direkt der Geschäftsleitung (Herrn P. Zapfel) unterstellt ist. Ihr Stellvertreter ist der Oberbuchhalter, Herr Franz Schilling.

1.2 Risikofaktoren

... ...

1.3 Störungseinfluß auf Fachabteilungen und Arbeitsgebiete

Die Arbeit der Fachabteilungen wird durch Störungen der EDV-Anlage beeinträchtigt. Die Auswirkungen dieser Störungen sind verschieden schwerwiegend, je nachdem, ob es sich um Störungen an einzelnen Geräten (Teilstörungen) oder um einen Ausfall des ganzen Systems (Systemstörungen) handelt, wie lange die Störungen dauern und ob Dialog- oder Stapelarbeiten betroffen werden.

Einfluß von Teilstörungen: Bei Teilstörungen fällt ein Bildschirmgerät oder ein Terminaldrucker aus. In der Regel können die anfallenden Arbeiten mit Hilfe der übrigen, noch funktionsfähigen Geräte abgewickelt werden. Ist das nicht möglich, wird eines der Reservegeräte installiert. Eine solche Teilstörung wirkt sich demnach nur auf die Ausführungszeit aus.

Einfluß von Systemstörungen auf Dialogverarbeitungen: Es können keine Anfragen mehr gestellt und keine Mutationen mehr durchgeführt werden. Die letzte bearbeitete Mutation wurde nicht oder nur unvollständig ausgeführt. Vorgehen: Auskünfte sollen so weit möglich aus Listen entnommen werden. Mutationen müssen bis zum Wiederanlauf des Systems zurückgestellt werden. Für alle Anwendungen sind entsprechende Datenerfassungsformulare bereitzustellen (Bestellungen, Lagerbewegungen und andere).

Einfluß von Systemstörungen auf Stapelverarbeitungen: Gerade laufende Stapelverarbeitungen werden unterbrochen. Nach der Störungsbehebung können Verarbeitungen, die Dateien verändern, nicht wiederholt werden. Vorgängig müssen die betroffenen Datenbestände von der letzten Sicherstellung her eingespielt werden. Dann muß vom Journal her ein Update erfolgen, wenn dies für diesen Datenbestand vorgeschrieben ist. Erst dann kann die Verarbeitung wiederholt werden. Beispiele dafür sind: Fakturierung, Gehaltsabrechnung, Zahlungsverbuchung ab Magnetband. Stapelverarbeitungen, die Datenbestände nicht verändern, können hingegen ohne weiteres wiederholt werden. Zu diesen Arbeiten gehört das Ausdrucken aller Listen, wie Kundenlisten, Artikellisten und Statistiken.

F*Z*G Sicherheitskonzept 3

1.4 Arten von Störungen

Störungen werden nach *Umfang* und *Dauêr* unterschieden.

1.4.1 Störungsumfang

Systemstörungen betreffen das ganze Informationssystem, weil zentrale Teile ausfallen (Beispiele: Zentraleinheit, alle Magnetplatteneinheiten).

Teilstörungen betreffen nur einzelne Systemteile (Beispiele: Schnelldrucker, eine Magnetplatteneinheit, Terminaldrucker, Bildschirmgerät), das übrige System funktioniert normal.

1.4.2 Störungsdauer

Kurze Störungen dauern bis zu einem Tag. Sie treten wenig häufig auf. Häufigste Ursachen sind technische Defekte, Bedienungsfehler oder Stromausfall. Als Folgen kommen vor: Ausfall der Dialogverarbeitung; kritische Stapelverarbeitungen hinterlassen beim Abbruch einen undefinierten Zustand. Folgende Maßnahmen sind zu treffen: Übergang auf Notverfahren. Bei Wiederinbetriebnahme müssen unter Umständen Dialogtransaktionen nachgeholt werden; kritische Stapelverarbeitungen sind ab der letzten Sicherstellung zu wiederholen.

Lange Störungen dauern einen Tag bis eine Woche. Sie treten selten auf. Häufigste Ursachen sind schwere technische Defekte, Elementarschäden, Manipulation, Personalausfall beim Wartungsdienst. Die Folgen sind die gleichen wie bei kurzen Störungen, jedoch wird die Arbeit in den Fachabteilungen erschwert und verzögert, der ordentliche Arbeitsablauf ist ernsthaft gefährdet. Folgende Maßnahmen sind zu treffen: Die Notverfahren müssen eingeleitet und mit allen möglichen Hilfsmitteln (Personal Computer) unterstützt werden. Der Krisenstab ist einzuberufen, wenn eine Störung länger als zwei Tage dauert. Sind wichtige Auswertungen zu erstellen (Gehaltsabrechnung, große Fakturierung) muß die Ausweichanlage bei »WCS World Computer Systems« in Dortmund in Anspruch genommen werden. Für die Wiederinbetriebnahme der eigenen Anlage hat ein Team, bestehend aus Frau Fink und den Herren Biermann, Vredestein, Süßkind und Trutschka einen detaillierten Aktionsplan auszuarbeiten.

Eine **katastrophale Störung** dauert länger als eine Woche. Dieses Ereignis ist unwahrscheinlich. Ursachen wären eine schwere Beschädigung oder Zerstörung des Informationssystems (Beispiel: Brand). Die Folgen wären ein Ausfall jeglicher automatischen Verarbeitung im Hause für längere Zeit und damit eine schwere Beeinträchtigung unserer Geschäftstätigkeit. Folgende Maßnahmen sind zu treffen: Der Krisenstab tritt zusammen und beschließt, was zu geschehen hat. Die Bereitstellung einer Ersatzanlage ist mit dem Lieferanten vorzubereiten, ein Maschinenraum ist zu finden, Datenkanäle sind (wenigstens provisorisch) vorzubereiten und die Betriebsaufnahme mit geretteten Daten ist zu organisieren.

Die **Auslösung von Maßnahmen** geschieht bei Teilstörungen durch die Informatikkoordinatoren in den Fachabteilungen oder die Benutzer, bei Systemstörungen durch den Operateur. Bei Systemstörungen verständigt der Operateur den Sicherheitschef. Stellt sich heraus, daß die Systemstörung länger als zwei Tage dauern wird, alarmiert der Sicherheitschef den Krisenstab. Dieser veranlaßt dann die weiteren Maßnahmen.

2. Vorbeugende Sicherheitsmaßnahmen

2.1 Übersicht

Der Sicherheitschef hat vorgeschlagen, die folgenden Sicherheitsmaßnahmen einzuführen. Die Geschäftsleitung hat diesen Vorschlag genehmigt.

Organisatorische Maßnahmen:

- Erstellen des Sicherheitskonzeptes und Weiterführen als Sicherheitshandbuch,
- Versperren des Maschinenraumes der Zentraleinheit (Zimmer 118) mit Zutritt nur für den Operateur und den Reparaturdienst.
- Versperren des Peripherieraumes (Zimmer 119), Zutritt nur für Operateur und die Mitarbeiter der Abt. Informatik.
- Für die Ordnung in den beiden Computerräumen ist der Operateur verantwortlich. Weder brennbares Material noch Abfälle dürfen dort vorhanden sein. Ausnahme: ein Tagesbedarf Druckerpapier.
- Überstunden dürfen nur auf Weisung des direkten Vorgesetzten geleistet werden. Operateure und Informatiker haben ihre Überstunden im Überstundenbuch täglich einzutragen.
- Die Personalabteilung nimmt vor Neuanstellungen von Personal, das an Terminals arbeiten soll, Kontakt mit dem Sicherheitschef auf.
- Für die Sicherstellung von Programmen und Datenbeständen werden separate Weisungen erarbeitet.
- Für die Sicherheit aller Datenträger im Hause ist der Operateur direkt verantwortlich. Verlassen Datenträger das Haus, so hat ein Mitarbeiter der F*Z*G dafür die Verantwortung zu übernehmen.
- ... ...

Bauliche Sicherheitsmaßnahmen:

... ...

EDV-technische Sicherheitsmaßnahmen:

... ...

2.2 Sicherheitsmaßnahmen der Informatikabteilung

Die vorbeugenden Sicherheitsmaßnahmen umfassen:
- Datensicherung
- Programmsicherung
- Sicherung der Hardware
- Sicherung der Datenträger
- Sicherung der Datenübertragung (Datenkanäle, Lokales Netz)
- Erstellen von Ausweichdokumenten und -formularen
- Tagesrapporte
- Zutrittsregelungen
- Paßwortverwaltung
- Regelung von Depotstellen außer Haus
- Einsatz eines Ersatzsystems
- Sicherheitsbericht

Dazu die Ausführungsbestimmungen im einzelnen:

2.2.1 Datensicherung

Die Datensicherung, das heißt die Sicherstellung von Dateien und Programmen durch Kopieren, ist die wichtigste Sicherheitsmaßnahme überhaupt. Die Sicherstellungsarbeiten sind mit großer Aufmerksamkeit durchzuführen. Auch wenn über Monate und Jahre nicht auf Sicherstellungen zurückgegriffen werden muß, darf diese Aufmerksamkeit nicht nachlassen. Wenn Dateien zerstört werden, ist das Zurückgreifen auf die letzte Sicherstellung eine einfache Maßnahme. Hingegen ist das Rekonstruieren von zerstörten, nicht gesicherten Datenbeständen oder Programmen sehr zeit- und arbeitsaufwendig und oftmals überhaupt unmöglich.

Die volle Verantwortung für die Datensicherstellung liegt beim Anlagechef (vorläufig: P.Biermann).

Er kann Teilaufgaben dem Operateur übertragen, wenn sie dessen Ausbildungsstand entsprechen.

Der Anlagechef hat sich in Zusammenarbeit mit den Spezialisten des Computerlieferanten restlos über alle Aspekte der Datensicherstellung zu informieren. Zur Datensicherstellung gehört auch das Zurückholen von sichergestellten Daten in die aktuellen Dateien (Recovery). Anlagechef und Operateur haben sich alle Handgriffe der verschiedenen Sicherstellungen und der Recovery-Prozeduren in ihrem persönlichen Arbeitshandbuch zu notieren. Der Anlagechef wird den Operateur in die Datensicherstellung einführen und ihm wiederkehrende Aufgaben, zunächst unter Aufsicht, später zur selbständigen Durchführung übertragen.

Hier sind nur die allgemeinen Regeln festgehalten, da sich die einzelnen Schritte der Sicherstellungsarbeiten bei der Errichtung neuer Dateien, bei Änderungen des Betriebssystems und beim Anschluß neuer Geräte ändern können. (Detaillierte Checklisten befinden sich im Kapitel 5.)

Art der Datensicherung: Die Datensicherung erfolgt grundsätzlich im Drei-Generationen-Verfahren. Dies bedeutet, daß die Daten zweier Sicherstellungen (Großvater und Vater) aufbewahrt werden, während mit den aktuellen Daten (Sohn) gearbeitet wird. Die Sicherstellungen können auf Magnetplatten, Magnetband oder Disketten gespeichert werden. Durch eine exakte Buchführung ist festzuhalten, welche sichergestellten Dateien sich auf welchem Datenträger befinden.

Während der Sicherstellungsarbeit können weder Dialog-, noch Stapelarbeiten durchgeführt werden.

Periodizität: Die Sicherstellungen erfolgen:
- grundsätzlich zweimal wöchentlich (Mittwoch und Freitag),
- einmal wöchentlich bei sehr schwacher Systembenützung mit schriftlichem Einverständnis des Sicherheitschefs (Freitag),
- vor jeder großen Stapelverarbeitung (Beispiel: Fakturierung),
- nach Bedarf (eventuell sogar täglich).

Die großen Stapelverarbeitungen werden so eingeplant, daß sie unmittelbar nach einer routinemäßigen Sicherstellung durchgeführt werden.

Begleitende Arbeiten: Vor jeder Sicherstellung werden die Mutationsjournale ausgedruckt oder auf Band geschrieben. Bei jeder Sicherstellung werden die Directories ausgedruckt. Sicherstellungen werden außerhalb der normalen Arbeitszeit oder in Randzeiten am Abend durchgeführt.

Dokumentation: Über die Sicherstellungsarbeit wird eine Dokumentation geführt, sie ist im »Sicherstellungsbuch« enthalten. Für das Sicherstellungsbuch ist der Anlagechef verantwortlich, der jedoch den Operateur mit der Protokollierung beauftragt. Für jede Sicherstellung wird folgendes festgehalten:
- Datum und Uhrzeit der Sicherstellung,
- Bezeichnung der sichergestellten Datenbestände (Bibliotheken, Dateien),
- Bezeichnung der Datenträger, auf die die Daten sichergestellt wurden (eine exakte Beschriftung der Datenträger ist unabdingbar),
- Bemerkungen (falls nötig),
- Unterschrift des Verantwortlichen, der die Sicherstellung durchgeführt hat.

Aufbewahrung der Sicherstellungen: Die Sicherstellungen werden im Archiv (Keller Zwischentrakt, Raum U21) aufbewahrt. Zusammen mit den Datenträgern werden dort auch die Mutationsjournale, Directories und das Sicherstellungsbuch hinterlegt. Für die korrekte und sichere Aufbewahrung ist der Anlagechef verantwortlich.

Aufbewahrung außer Haus: Als zusätzliche Sicherheitsmaßnahme werden monatlich Kopien des gesamten Speicherinhaltes (alle Magnetplatten) erstellt und außer Haus verwahrt. Siehe dazu im Anhang den Abschnitt »Standorte«.

F*Z*G Sicherheitskonzept 7

2.2.2 Programmsicherung

Für das Betriebssystem und die Anwendungsprogramme sollen immer drei gültige Kopien auf Magnetband vorhanden sein. Eine davon wird im Stahlschrank des Anlagechefs, die zweite im Archiv und die dritte im Depot außer Haus aufbewahrt. Erfolgen Änderungen der Anwendungsprogramme, so sind diese Kopien mindestens einmal monatlich zu aktualisieren. Die Kopien werden auch nach jeder wesentlichen Programmänderung (neuer Release des Betriebssystems oder der Standardsoftware) neu erstellt.

2.2.3 Sicherung der Hardware

Die Hardware ist einer Reihe von Risiken ausgesetzt, denen durch entsprechende Maßnahmen begegnet wird.

Risiko:	*Sicherheitsmaßnahme:*
technische Störung	vorbeugende Wartung, Wartungsvertrag, Klimaüberwachung
Energieausfall	Notstromaggregat
Elementarschäden	Feuerlöscher, Versicherung, Rauchverbot, Sorgfalt
Beschädigung	Zutrittskontrolle

Demnach müssen in den Maschinenräumen folgende Regeln eingehalten werden:
- Rauchverbot,
- keine Lagerung von Abfall im Maschinenraum,
- monatliche Kontrolle der Brandmeldeanlage,
- regelmäßige Funktionskontrolle der Feuerlöscher durch den Lieferanten (Minimax AG., Münster),
- laufende Kontrolle der Raumtemperatur und Überprüfung der Klimageräte,
- Ordnung und Sauberkeit, jedoch keine Aufbewahrung von Putz- und Reinigungsmaterial,
- wöchentliche Reinigung der Drucker.
- Vor dem Maschinenraum 108 wird ein Merkblatt angeschlagen mit Hinweisen, was im Fall eines Brandes oder eines Wassereinbruchs (Rohrbruch im Flur) getan werden muß.
- Wer in den Maschinenräumen arbeitet, muß wissen, wie das gesamte System stromlos gemacht werden kann und daß dies nur im äußersten Notfall geschehen darf.

Störungsprotokoll: Der Operateur führt (mit Unterstützung durch den Anlagechef) über alle Störungen des Systems ein Störungsprotokoll. Zu diesem Zweck wird das Formular »Störungs-Protokoll« (siehe Anhang) benützt und fortlaufend im entsprechenden Ordner abgelegt. Der Ordner hat seinen Standplatz im Maschinenraum 109.

... ...

2.3 Sicherheitsmaßnahmen in den Fachabteilungen

2.3.1 Allgemeines

Schutz der Terminals und der Personal Computer: Für jedes Terminal und für jeden PC ist ein bestimmter Mitarbeiter (genannt »Inhaber«) persönlich verantwortlich. Die Inhaber werden in einer »Inhaberliste« verzeichnet, die der Chefprogrammierer (Herr Biermann) führt. Jeder Mitarbeiter darf sein Gerät nur mit seinem eigenen, persönlichen Paßwort in Betrieb setzen. Verläßt er seinen Arbeitsplatz, hat er den Dialogbetrieb zu unterbrechen, sodaß nur mit erneuter Eingabe eines Paßwortes wieder gearbeitet werden kann. Am Ende der Bürozeit sind alle Arbeitsräume, in denen sich Terminals oder PCs befinden, zu versperren.

Alle Arbeiten auf Personal Computern sind im individuellen PC-Buch zu protokollieren: Beginn und Ende der Verarbeitung, betroffene Datenbestände, verwendete Programme, Art der Arbeit. Arbeiten zur eigenen Ausbildung dürfen nur mit dem Einverständnis des direkten Vorgesetzten und nur während der Arbeitszeit ausgeführt werden. Eine Benützung der PCs für private Zwecke ist nicht gestattet, jedoch kann der Leiter Org/EDV (Herr Dr.Kulack) Ausnahmen genehmigen.

PC-Datenträger: Alle Datenträger (Disketten und andere) sind bei Abwesenheit ihres Inhabers in versperrten Schubladen oder versperrten Schränken aufzubewahren. Datenträger, die nicht mehr benötigt werden, sind dem Sicherheitschef zu übergeben. (Dieser sorgt für ihre Vernichtung oder für die Löschung der Daten). Nicht mehr gebrauchte Listen sind über den Aktenvernichter zu entsorgen.

2.3.2 Sicherheitsmaßnahmen in der Finanzabteilung

... ...

3. Maßnahmen bei Ausfällen

3.1 Krisenstab

Der Krisenstab wird vom Sicherheitschef bei katastrophalen Störungen (schwere Beschädigung oder Zerstörung der Computeranlage) sofort alarmiert oder wenn eine Störung bereits länger als zwei Tage dauert oder diese Dauer vorauszusehen ist. Dem Krisenstab gehören an (Stellvertreter in Klammern):

– Leiter Org/EDV:	Dr. Kulack (Vorsitz)	(Biermann)
– Geschäftsleitung:	P. Zapfel	(A. Zapfel)
– Sicherheitschef:	Frau J. Fink	(F. Schilling)
– Chefprogrammierer:	P. Biermann	(A. Süßkind)

Weitere Teilnehmer können nach der ersten Sitzung zugezogen werden, zum Beispiel Vertreter der Hardware- und Softwarelieferanten, Mitarbeiter der Informatik und der Fachabteilungen.

Wenn nicht anders vereinbart, trifft sich der Krisenstab zur nächsten vollen Stunde (auch nachts oder am Wochenende) im Besprechungszimmer der Direktion.

Erste Tätigkeiten:

- Feststellen, ob alle nötigen Maßnahmen zur Ermittlung der Störungsursache getroffen worden sind. Wenn nein: veranlassen. Bei kriminellen Ursachen: Polizei verständigen.
- Feststellen, ob alle nötigen Maßnahmen zur Behebung der Störung getroffen worden sind. Wenn nein: veranlassen.
- Sollen weitere Mitglieder in den Krisenstab aufgenommen werden? Wenn ja: einladen zur nächsten Sitzung.
- Kontakte zu Geschäftsleitungen der Lieferanten (Hardware, Software, Infrastruktur) aufnehmen.
- Maßnahmen zum Anlauf einer Ausweichlösung (Ersatzsystem) beschließen.
- Beschaffung von Ersatzräumen und Infrastruktur einleiten, wenn nötig.

Der Krisenstab tritt anfangs und solange nötig zweimal täglich zusammen (morgens und abends). Als Arbeitshilfsmittel benützt er eine Problemliste, eine Entscheidungsliste und Kurzprotokolle. Der Krisenstab orientiert die Geschäftsleitung täglich über die Fortschritte in der Behebung der Störung.

3.2 Maßnahmen im Rechenzentrum

3.2.1 Kennzeichen einer Störung und Beurteilung ... ...
3.2.2 Meldeverfahren und Sofortinformation ... ...
3.2.3 Maßnahmen zur Behebung der Störung ... ...
3.2.4 Maßnahmen nach Behebung der Störung ... ...

3.3 Maßnahmen in den Fachabteilungen

3.3.1 Kennzeichen einer Störung

Eine Störung ist folgendermaßen zu erkennen:

- Der Bildschirm bleibt oder wird dunkel. Arbeiten andere Bildschirme der Abteilung normal, ist meist nur dieses Bildschirmterminal defekt.
- Die Bildschirmstation reagiert nicht auf eine Eingabe.
- Es erscheint nicht das übliche, ordnungsgemäße Bild.
- Der Terminaldrucker arbeitet nicht oder falsch.

Achtung! In diesen Fällen soll der Benutzer nichts verändern und keine Reparaturversuche unternehmen. Zur schnellen Abklärung des Fehlers benötigt das Fachpersonal den unveränderten Fehlerzustand.

3.3.2 Meldeverfahren

Die Störung ist telefonisch dem Operateur (E. Jäger, Tel. 113) mitzuteilen. Dieser verständigt den Chefprogrammierer (P. Biermann) oder den Systemprogrammierer (Frau J. Fink).

3.3.3 Arbeitsablauf während der Störung

Für alle Arbeiten, an denen Kunden beteiligt sind (Auskünfte, Bestellungen) wird sofort der Notbetrieb aufgenommen (Ausweichdokumente, Formulare). Alle übrigen Arbeiten ruhen, wenn die Störung voraussichtlich innerhalb von drei Stunden behoben werden kann. Die voraussichtliche Störungsdauer wird den Benutzern vom Operateur bekanntgegeben. Für längere Störungen wird sofort mit dem Notbetrieb begonnen. Nähere Anweisungen enthält Kapitel 4.

3.3.4 Maßnahmen nach Behebung der Störung

Achtung! Das Ende einer Störung wird den Benutzern durch den Operateur mitgeteilt. Es soll nicht durch Probieren am Terminal versucht werden festzustellen, ob das System wieder in Betrieb ist. Dadurch kann die Arbeit des Reparaturpersonals erschwert werden. Der Benutzer geht vor, wie folgt:

- Der Zustand der Dateien ist zu prüfen. Zu diesem Zweck untersucht der Benutzer, ob einige Mutationen (vor allem die letzten) des laufenden Tages, die vor der Störung durchgeführt wurden, im System verbucht sind. Sollte hier eine Unstimmigkeit festgestellt werden, ist sofort der Operateur zu verständigen.
- Die letzte Mutation vor dem Auftreten der Störung wird untersucht. Falls sie nicht durchgeführt wurde, wird sie nun eingegeben.
- Die auf Erfassungsblättern oder Originalbelegen enthaltenen Mutationen, die während der Störung zurückgehalten werden mußten, werden jetzt durchgeführt.
- Zurückgehaltene Ausgaben des Terminaldruckers werden erstellt und allenfalls versandt.
- Es wird kontrolliert, ob Stapelverarbeitungen, die vor der Störung aufgerufen wurden, richtig ausgeführt werden konnten. Allenfalls sind sie gemäß vorgesehener Regelung zu wiederholen.
- ... ...

7. Anhang

... ...

F*Z*G Sicherheitskonzept 11

7.3 Störungsprotokoll

Das Störungsprotokoll enthält folgende Angaben:

1. *Störungsmeldung*
   Datum/Zeit: gemeldet von:
   betroffene Geräte:

2. *Beschreibung der Störung*
   Auswirkungen, Folgen, Maßnahmen:

3. *Information*

	Datum:	Zeit:	Visum:
Leiter Org/EDV			
Chefprogrammierer			
Systemprogrammierer			
Technischer Dienst			
Softwarehaus			
Fachabteilungen			
Geschäftsleitung			

4. *Dokumentation zur Störungsbehebung*
   ❑ Verarbeitungsliste ❑ Bildschirminhalte
   ❑ Druckausgabe ❑ Dateiausdrucke
   ❑ Speicherauszug ❑ weitere:

5. *Störungsbehebung*
   Spezialisten Name: eingetroffen: abgereist:

   getroffene Maßnahmen:

   Störungsursache:

   vorbeugende Maßnahmen:

6. *Wiederanlauf des Systems*
   Störung behoben (Datum, Zeit):
   Wiederanlaufprozedur:
   ❑ keine ❑ Rückgriff auf Sicherstellungen
   ❑ andere:

   Information:
   ❑ Leiter EDV ❑ Fachabteilungen
   ❑ Direktion

Merksätze

- Die Informatik im Unternehmen unterliegt wegen verschiedener Gefahren gewissen Risiken. Deshalb müssen Sicherheitsmaßnahmen getroffen werden.
- Für die Sicherheit der Informatik ist in erster Linie die Geschäftsleitung verantwortlich.
- Es gibt zwei Gruppen von Sicherheitsmaßnahmen: vorbeugende Maßnahmen, die die Risiken vermindern, und weitere Maßnahmen, die die Folgen eines Schadenfalles begrenzen.
- Gefahrenquellen sind: der Mensch, Elementarereignisse (Feuer!) und technische Defekte.
- Gefährdet werden die Hardware, die Software, die Datenbestände, das Personal, die Infrastruktur, die Ablauforganisation und damit Vermögen und Ertrag.
- Man trifft organisatorische, bauliche und EDV-technische Sicherheitsmaßnahmen. Die wichtigste organisatorische Maßnahme ist die Ernennung eines Sicherheitsbeauftragten.
- Als Teil des Feinkonzeptes wird ein Sicherheitskonzept erstellt, das alle Einzelheiten der Sicherung schriftlich zusammenfaßt.
- Durch den gesetzlich vorgeschriebenen Vorgang der EDV-Revision wird die Sicherheit zusätzlich überwacht und verbessert.
- Bei mittleren und großen Informationssystemen sollte ein EDV-Revisor spätestens in der Feinplanung in der Projektgruppe mitarbeiten.

Ergebnisse

Die Bearbeitung der Themen »Sicherheit« und »Revision« bringt folgende Resultate:

- Die Geschäftsleitung ist sich ihrer Verantwortung bewußt und hat für die Informatik einen Sicherheitsbeauftragten ernannt.
- Es wurde entschieden, welche der organisatorischen, baulichen und EDV-technischen Sicherheitsmaßnahmen realisiert werden sollen und auf welche man verzichten kann.
- Erste Maßnahmen für einen Katastrophenfall wurden beschlossen. Die Mitglieder des Krisenstabes wurden bestimmt.
- Der Sicherheitsbeauftragte hat mit der Erstellung des Sicherheitskonzeptes begonnen.
- Erste vorbeugende Sicherheitsmaßnahmen wurden durchgeführt, die restlichen wurden terminiert und in Auftrag gegeben.
- Es wurde entschieden, ob ein EDV-Revisor zur Feinplanung beigezogen werden soll.
- Im zutreffenden Fall wurde der Revisionsstelle der Auftrag zur Teilnahme erteilt. Der Revisor hat seine Anforderungen an das Projekt der Projektgruppe präsentiert. Er arbeitet am Sicherheitskonzept mit und entscheidet, ob ein Revisionskonzept erstellt werden soll.
- Das Sicherheitskonzept wird von der Geschäftsleitung genehmigt, sobald es fertiggestellt ist.

Literatur

WYSOCKI, K. V.: Grundlagen des betriebswirtschaftlichen Prüfungswesens.

SCHUPPENHAUER, R.: Grundsätze für eine ordnungsmäßige Datenverarbeitung.

RYSKA, H.: Kryptographische Verfahren in der Datenverarbeitung.

WEYER, N., PUTTER, N.: Organisation und Technik der Datensicherung.

HEILMANN, H., REUSCH, N.: Datensicherheit und Datenschutz.

SCHWEIZERISCHE TREUHAND- UND REVISIONSKAMMER: Revisionshandbuch der Schweiz.

21. Information, Schulung, Texte, Dokumentation

Außerhalb der Projektgruppe erfährt man nur dann etwas von ihrer Arbeit, wenn man informiert wird.

Die Arbeit der Feinplanung dauert einige Monate. Außerhalb der Projektgruppe erfährt man wenig darüber, was getan wird und welche Ergebnisse man erreicht hat – wenn nicht entsprechend informiert wird. Die Geschäftsleitung ist in der Projektkommission vertreten, wodurch ihre laufende Information sichergestellt wird. Aber auch die Belegschaft muß informiert werden. Sie wird in vielen Fällen vom neuen Informationssystem direkt und erheblich betroffen. Eine laufende Information über die Arbeit der Projektgruppe verbessert die Akzeptanz für das Neue und vermeidet Unsicherheiten der Mitarbeiter.

Neue Informationssysteme verlangen immer auch neue Kenntnisse: der neuen Maschine, des neuen Betriebssystems, der neuen Anwendungsprogramme und der wichtigsten Ergebnisse der Feinplanung. Eine entsprechende Schulung wird nötig, sowohl für die Informatiker, als auch für die Benutzer. Sehr zu empfehlen ist auch eine Schulung des Managements, dem zum Beispiel eine wohlgeordnete Datenbank ganz neue Möglichkeiten eröffnen kann.

Das Ergebnis der Feinplanung ist eine große Menge beschriebenen Papiers: Systemhandbuch, Benutzerhandbuch, Sicherheitskonzept, vielfältige Pläne und Texte. Diese Dokumentation muß einerseits zweckmäßig gegliedert und gut verständlich abgefaßt werden. Andererseits braucht ihre Aufbewahrung eine einfache und übersichtliche Ordnung. Neben der internen Dokumentation sind auch noch die vielen Schriftstücke zu verwalten, die von außen kommen: Handbücher der Hersteller der Hardware und der Betriebssoftware, Handbücher für die Standardsoftware, Gebrauchsanweisungen für Geräte und Einrichtungen der Infrastruktur.

Information der Belegschaft

Hier hat man drei Fragen zu beantworten: Worüber will man informieren? In welcher Form soll das geschehen? Wie oft soll informiert werden?

Es sei hier vorausgesetzt, daß die Belegschaft über das Ergebnis des Grobkonzeptes bereits orientiert wurde. Es ist ihr demnach bekannt, welche Arbeitsgebiete das neue Informationssystem unterstützen wird, wie die Termine geplant sind, welche Lieferanten und welche Produkte ausgewählt wurden und welche Arbeiten durch Standardsoftware oder durch selbst entwickelte Programme bewältigt werden sollen.

Inhalt der Information: Eine Reihe von Informationen interessiert viele Mitarbeiter. Ihre Bekanntgabe kann dem Projektfortschritt nur nützen:

- Zusammensetzung der Projektgruppe mit Nennung der mitarbeitenden Benutzer,
- Aufgaben und Probleme, die von der Projektgruppe bearbeitet werden,
- Aufgabenverteilung auf die verschiedenen Mitarbeiter (mit Namen) in der Feinplanung und später,
- Einstellung von neuen Mitarbeitern,
- Art und Umfang der geplanten Ausbildung für die Benutzer,
- Übernahmetermine, bei denen alle Benutzer anwesend sein sollten,
- Arbeitsfortschritte der Projektgruppe (allgemein gehalten), allenfalls zu erwartende Terminverzögerungen (mit Begründung),
- Orientierung über das Datenmodell,
- geplante Benutzerunterstützung (Hilfetexte, Benutzerhandbuch mit Bedienungsanleitungen, Spezialist vom Dienst),
- grobe Orientierung über das Sicherheitskonzept,
- Ablauf der Datenübernahme und die Zukunft persönlicher Dateien (Karten, Ordner),
- geplante Bibliotheksorganisation,
- Hinweise zur Textgestaltung.

Einige Themen eignen sich weniger für eine frühzeitige Mitteilung an alle. Dazu gehören Regelungen, die die Arbeitsumgebung der Mitarbeiter direkt betreffen. Beispiele dafür sind: Raumzuteilungen, die Ausrüstung der einzelnen Arbeitsplätze, die persönlichen Zugriffsberechtigungen, neue Arbeitsabläufe und Änderungen bestehender Arbeitsabläufe, Aufteilung von Arbeiten auf mehrere Mitarbeiter, Sicherheitsbestimmungen. Solche personenbezogenen Regelungen sollten zwischen der Projektgruppe, der Direktion und den Benutzern direkt besprochen werden. Man sollte sie nicht einfach per Dekret von oben verfügen und als Information dem Personal mitteilen.

Schriftliche oder mündliche Form: Man hat drei Möglichkeiten, die Belegschaft zu informieren: durch kurze Aufsätze in der Hauszeitung, durch Mitteilungen am Anschlagbrett oder durch Präsentationen mit Show-Charakter:

- Wählt man die *Hauszeitung* oder den *Anschlag*, so sollten die Mitteilungen kurz sein (etwa eine Seite), dafür aber öfters erscheinen, etwa monatlich. Autor dieser Mitteilungen wird der Projektleiter sein. Für Rückfragen und Vorschläge kann ein Ansprechpartner genannt werden.
- Entscheidet man sich für die Form der *Präsentation*, so sollte man zunächst einmal eine *Zwischenpräsentation* etwa in der Mitte der Feinplnung durchführen, die das bisher Erreichte behandelt. Die Teilnahme könnte freiwillig sein, denn nicht jeder interessiert sich für ein solches Projekt. Die Veranstaltung muß sorgfältig vorbereitet und mit guten visuellen Hilfsmitteln durchgeführt werden. Als Hauptredner sollte der Projektleiter wirken. Die Präsentation sollte nicht länger

als etwa eine Stunde dauern mit Zeit für Diskussionen am Ende. Auch hier wäre wieder ein Ansprechpartner für Fragen und Vorschläge zu nennen.
- *Schlußpräsentation:* Am Ende der Feinplanung ist es auf jeden Fall empfehlenswert, eine Präsentation vor der Belegschaft abzuhalten – unabhängig davon, ob man bisher schriftlich oder mündlich orientiert hat. Diese Präsentation findet nach der Abschlußpräsentation vor der Geschäftsleitung statt und nach der Genehmigung der Vorschläge. Damit kann man Maßnahmen und Vorgehensweisen bekanntgeben, die bereits bewilligt sind und eingeführt werden, wenn keine begründeten Einsprüche erfolgen. Der Inhalt dieser Schlußpräsentation wird im Kapitel 24 näher behandelt.

Information der Geschäftsleitung

Während der Feinplanung wirkt ein Mitglied der Geschäftsleitung in der Projektkommission mit. Über diesen Vertreter erhält die Geschäftsleitung die aktuellen Informationen. Am Ende der Phase steht den Entscheidungsinstanzen die vollständige Dokumentation in der schriftlichen Form des Feinkonzeptes zur Verfügung. In der Regel ist dieses Dokument als Entscheidungsgrundlage zu umfangreich. Deshalb soll von der Projektgruppe ein Auszug aus der Gesamtdokumentation zusammengestellt und in einer Präsentation vorgetragen werden. Auch darüber bringt das Kapitel 24 die nötigen Einzelheiten.

Schulung

Die Schulung bis zum Produktionsbeginn des neuen Systems richtet sich an drei Personengruppen: an die Informatiker, an die Benutzer und an das Management. Das Resultat der Überlegungen, die dafür jetzt angestellt werden, ist der *Schulungsplan*. Dieser enthält für jeden auszubildenden Mitarbeiter die nötigen Angaben für Pflichtlektüre, Kursbesuche und persönliche Unterweisung.

Schulung der Informatiker: Die Organisatoren, Analytiker, Programmierer und Operateure müssen sich in allen Belangen weiterbilden, die das neue Informationssystem betreffen – soweit dies nicht schon geschehen ist. In der Feinplanung wäre es zu spät, mit der Ausbildung der Informatiker zu beginnen, da sie die meisten Kenntnisse frühzeitig benötigen. Jetzt kann es nur mehr darum gehen, vorhandene Lükken zu schließen oder einzelne neu eintretende Mitarbeiter gründlich zu schulen. Die für das neue System erforderlichen Zusatzkenntnisse betreffen vor allem das Betriebssystem (Aufbau, Kommandosprache, Utilities, Hilfssysteme), die Datenbank (Aufbau, Benützung, Abfragesprache), Datennetz und Datenübertragung (Benützung, Bedienung), Standardsoftware (Installation, Bedienung), die individuell zu programmierenden Arbeitsgebiete, soweit sie noch nicht genau bekannt sind und allenfalls eine neue Programmiersprache.

Die Informatiker sollten in dieser Phase bereits ihre volle Produktionskapazität einsetzen und deshalb Kursbesuche auf das wirklich Nötigste beschränken. Fehlendes Wissen kann in den meisten Fällen auch durch Literaturstudium oder Befragen der Kollegen aufgefüllt werden. Kurse zur Hebung der Allgemeinbildung in Informatik (Algorithmen, Methoden, Erkenntnisse, Stand der Forschung) sind für Spezialisten sehr wichtig; sie müssen jedoch auf Phasen geringerer Belastung verschoben werden.

Kurse für die Ausbildung der Informatiker für ein neues Informationssystem oder für neue Standardsoftware werden vom Lieferanten angeboten. Es ist darauf zu achten, daß die Vorbildung der Teilnehmer berücksichtigt wird. Informatiker mit einigen Jahren Erfahrung sollten immer Kompaktkurse besuchen, in Anfängerkursen ginge zuviel Zeit verloren.

Schulung des Benutzers: Der Benutzer am Bildschirmterminal benötigt (neben der Kenntnis seines eigenen Arbeitsgebietes) dreierlei:

1. Er muß die Bedienung seines Terminals und seines Terminaldruckers beherrschen. Dies lernt er in einem ein- oder zweitägigen Kurs oder aus der Bedienungsanleitung.
2. Er sollte wissen, was hinter seinem Terminal vorgeht. Das Verständnis für die Grundlagen der Informatik erleichtert ihm die Arbeit. Viele haben diese Grundlagen schon in der Schule gelernt. Hat ein Mitarbeiter diese Kenntnisse nicht oder will er sie auffrischen oder vertiefen, so besucht er einen etwa dreitägigen Grundkurs der Informatik.
3. Der Benutzer muß die Wirkungsweise »seines« Anwendungsprogrammes genau kennen und dessen Benützung beherrschen. Dafür braucht er erstens Information und Schulung, zweitens eine schriftliche Bedienungsanweisung und drittens Hilfetexte in Dialogprogrammen. Diese drei Dinge hat ihm bei Standardsoftware das Softwarehaus, bei Individualsoftware der Programmierer zu liefern.

Diese Aufzählung zur Schulung des Benutzers ist nicht etwa als sanfter Hinweis zu verstehen, sondern als harte Forderung: Sie definiert seine drei Grundrechte auf Ausbildung.

Schulung des Managements: Heute wird vorausgesetzt, daß jedes Mitglied einer Geschäftsleitung und jeder Leiter eines Bereiches oder einer Abteilung ein Grundwissen der Informatik mitbringt. Der Einsatz des zukünftigen, neuen Informationssystems wird jedoch oft mit einer neuen Datenbank und mit neuen oder erweiterten Verarbeitungsprogrammen verbunden sein. Das bedeutet einen besseren Zugriff auf altbekannte Daten und Zugriff auf neue Daten und Ergebnisse. Der Manager muß lernen, was er vom neuen System für sich verlangen kann. Damit ist nicht gemeint, daß er jetzt durch Erlernen einer Abfragesprache sich selbst zum Programmierer machen soll. Aber er soll wissen, welche Daten, die ihn interessieren, er mit seinem Terminal direkt abfragen kann und welche Auswertungen ihm seine Programmierer innerhalb einer Stunde oder eines Tages erstellen können.

Die beste Ausbildung für diese beiden Ziele kann den Managern der Leiter Organisation/Informatik ihres Unternehmens geben. Dieser sollte sich die Zeit nehmen und in einigen Kursabenden mit Demonstrationen und Terminalpraxis das Wissen vermitteln.

Dokumentation

Das Feinkonzept ist ein umfangreiches Dokument. Es ist zweckmäßig, dieses in mehrere Hauptteile zu gliedern, die dann als eigenständige Bücher oder Ordner einfacher zu benützen sind. Sein Verwendungszweck ist wichtig: Das Feinkonzept ist die Dokumentation der Systementwicklung und wird schließlich (nach Ergänzung in den folgenden Phasen) zur Betriebsdokumentation des neuen Informationssystems.

Die Dokumentation eines Informatikprojektes (von der Vorstudie bis zur Einführung) besteht aus zwei Arten: Die eine umfaßt die statische Dokumentation, die nie geändert wird, und die andere die dynamische Dokumentation, die laufend dem aktuellen Stand entsprechend nachgeführt wird. Zur *statischen Dokumentation* (ohne Änderungen) gehören:

- Vorstudie,
- Pflichtenheft,
- Grobkonzept,
- Verträge und Ergänzungen dazu,
- ein Teil der Entwicklungsdokumente im Feinkonzept.

Die *dynamische Dokumentation* (mit Nachführung) umfaßt:

- den größeren Teil des Feinkonzeptes,
- Programmdokumentation,
- Bedienungsanleitungen,
- organisatorisches Konzept (Planung und Weisungen zur Ablauforganisation),
- Sicherheitskonzept,
- Infrastrukturplan mit Dokumentation der Kommunikation.

Für das Erstellen der Dokumentation sollten die folgenden einfachen *Grundsätze* eingehalten werden:

1. Die statische Dokumentation wird so ausführlich und vollständig erstellt, wie es sinnvoll erscheint.
2. Die dynamische Dokumentation soll folgende Forderungen erfüllen:

So umfassend wie nötig!
So knapp wie möglich!
Stets nachgeführt!

Seitdem es Computer gibt, seitdem Programme geschrieben und Informatikprojekte mehr oder wenig geordnet abgewickelt werden, ist die Dokumentation das Problem Nummer eins. Die Problematik kennt vier Szenarien:

1. Die Dokumentation wird gar nicht erstellt oder
2. sie wird nicht nachgeführt und/oder
3. sie ist nur schwer verständlich. Und
4. die Archivierung ist schlecht und vom Chaos beherrscht.

Auch diese Bemerkungen werden die Gegebenheiten nicht verbessern. Aber jeder Projektleiter sollte immer an folgendes denken:

Informatikprojekte sind sehr teuer, und ohne gute Dokumentation verlieren sie sehr schnell ihren Wert.

Die Dokumentation der Feinplanung

Das Feinkonzept stellt als Ergebnis aller Planungen schließlich eine sehr umfangreiche Sammlung von Schriftstücken dar. Diese Sammlung muß sinnvoll gegliedert und unterteilt werden, um überhaupt benützt werden zu können. Im folgenden wird eine Gliederung in sechs Teile vorgeschlagen. Der Inhalt der einzelnen Teile wird im Kapitel 24 behandelt.

A) *Feinkonzept, Allgemeines:* Dieser Teil enthält vor allem die Voraussetzungen und Anforderungen als unveränderliche Dokumentation des Feinkonzeptes.
B) *Systemhandbuch:* Hier wird das eigentliche Konzept für die spätere Realisierung beschrieben. Das Kernstück bilden Datenmodell und Programmspezifikationen.
C) *Organisatorisches Konzept:* Es umfaßt die Planung aller neu gestalteten Arbeitsabläufe.
D) *Sicherheitskonzept:* Es enthält alle Sicherheitsmaßnahmen, wie sie im Kapitel 20 beschrieben wurden.
E) *Infrastrukturplan:* Er enthält alle Pläne für die zukünftige Infrastruktur und die Datenverbindungen.
F) *Benutzerhandbuch:* Dieses enthält schließlich alle Benutzungs- und Bedienungsanweisungen. In der Feinplanung wird nur ein erster Teil erstellt, die Fertigstellung erfolgt während der Realisierung.

Diese Gliederung des Feinkonzeptes soll den spezifischen Anforderungen angepaßt werden. In umfangreichen Projekten können weitere Unterteilungen sinnvoll sein.

Entwurf der Texte

Der Entwurf aller Texte, die vom zukünftigen System ausgegeben oder verwendet werden sollen, ist eine umfangreiche und recht komplizierte Aufgabe, mit deren Bearbeitung man frühzeitig beginnen muß. Dabei ist zu unterscheiden zwischen Texten, die nur firmenintern verwendet werden, und solchen, die nach außen gehen. Im folgenden werden sie kurz als »interne« und »externe« Texte bezeichnet. Zu den *internen Texten* gehören:

- die interne Dokumentation (das Feinkonzept),

- Bedienungsanleitungen,
- Mitteilungen an die Belegschaft (Hauszeitung),
- feste Texte in Bildschirmmasken und auf Listen,
- Hilfetexte für Dialogverarbeitungen,
- Feldbezeichnungen, Überschriften und anderes mehr.

Diese Texte müssen zwei Forderungen entsprechen: Sie müssen richtig und verständlich sein! Die *externen Texte* umfassen:

- alle vom Computer gedruckten Texte, die nach außen gehen,
- die festen Texte von Schriftstücken, die versandt werden (Zusatztexte auf Bestellungen, Lieferscheinen und Rechnungen, Bezugsbedingugen, Lieferbedingungen, Texte von Mahnungen, Erklärungen von verwendeten Codes und Abkürzungen, alles »Kleingedruckte«),
- Aufschriften auf Formularen, Einzahlungsscheinen, Briefumschlägen und auf weiteren Schriftstücken.

Die externen Texte müssen ebenfalls richtig und verständlich sein. Darüber hinaus müssen sie aber vor allem juristisch einwandfrei sein!

Der Entwurf der Texte stößt häufig auf Schwierigkeiten. Viele sprechen mit und jeder ist Experte. Unterschiedliche Meinungen prallen aufeinander und verzögern die Erledigung. Der Projektleiter hat die Textentwürfe von den Anwendern frühzeitig zu verlangen, Termine zu setzen und zu überwachen. Die Verantwortung für den Wortlaut der Texte liegt jedoch beim Anwender und nicht bei der Projektgruppe. Es ist auch Sache des Anwenders, die Textentwürfe durch den Hausjurist prüfen und verbessern zu lassen. Treffen die Textentwürfe bei der Projektgruppe ein, müssen sie von allen Betroffenen unterschrieben sein. In der Projektgruppe werden die Texte dann nochmals kritisch geprüft, bei Fehlerfreiheit gegengezeichnet und in das Feinkonzept aufgenommen.

Textgestaltung und -formulierung

Für die Gestaltung und Formulierung von Texten auf Bildschirmen und Schriftstücken gibt es erprobte Regeln. Die wichtigsten Empfehlungen sind im folgenden aufgeführt.

- Bildschirme sollen nicht mit Text vollgestopft sein. Die Zeilenbreite soll 50 bis 60 Zeichen betragen, um die Augenbewegung gering zu halten. Der Text soll in Absätze gegliedert werden, mit einer Leerzeile zwischen diesen. Ein Gegenstand (Absatz) soll am Ende einer Bildschirmseite abgeschlossen werden. Ein neuer Absatz soll nicht am Ende einer Seite beginnen und sich auf der nächsten fortsetzen.

Allgemein gilt:

- Texte sind linksbündig zu justieren, Zahlenkolonnen hingegen rechtsbündig.
- Für Texte ist Groß- und Kleinschreibung einzusetzen. REINE GROSSSCHREIBUNG IST SCHWER LESERLICH.

- Ein Beispiel hilft dem Leser schneller als ein langer, erklärender Text.
- Der Sprachstil sei einfach und verständlich! Die Dinge sind so zu beschreiben, wie sie in der Sicht des Benutzers erscheinen (die Sicht des Systems oder des Programmierers ist nicht wichtig). Falsch: »Das Betätigen der Taste 13 bewirkt den Transfer der Daten in die Printer Output Queue.« Richtig: »Sie können die Daten durch Drücken der Taste 13 ausdrucken.«
- Der Benutzer soll direkt angesprochen werden, Beispiel siehe oben.
- Alle Sätze sollen in der Gegenwart formuliert werden.
- Die Sätze sollen kurz sein.
- Die aktiven Verbformen sind den passiven vorzuziehen. Schlecht: »Aus dem Menü muß die gewünschte Anwendung ausgewählt werden.« Gut: »Wählen Sie im Menü die gewünschte Anwendung aus.«
- Man vermeide aufgeblähte Formulierungen. Schlecht: »Aus den hier angegebenen Regeln und den diesbezüglichen Beispielen wird für jeden ernsthaft Interessierten ersichtlich, welche Möglichkeiten einer schlechten Textformulierung vermieden werden sollten.« Gut: »Diese Regeln und Beispiele helfen Ihnen, einen Text gut zu gestalten.«
- Man vermeide Hauptworte, wenn Tätigkeitsworte möglich sind. Schlecht: »die Möglichkeit bieten«, »eine Untersuchung anstellen«. Gut: »ermöglichen«, »untersuchen«.
- Doppelte und mehrfache Verneinungen sind schwer zu verstehen. Schlecht: »Wie nicht anders zu erwarten, wird der Datensatz nicht gelöscht, wenn die Löschtaste nicht gedrückt worden ist.« Gut: »Nur wenn Sie die Löschtaste drücken, wird der Datensatz gelöscht.«
- Man vermeide Abkürzungen, wenn sie nicht allgemein bekannt sind.
- Auch Fremdwörter sollen möglichst vermieden werden. Besondere Vorsicht ist geboten beim Gebrauch von Ausdrücken des Computerjargons. Viele sind dem Benutzer völlig fremd!

Der Sprachstil jedes Autors formt sich im Verlauf langer Jahre. Er kann nicht ohne weiteres geändert werden. Ein schlechter Sprachstil läßt sich verbessern, indem man die gröbsten Fehler vermeidet. Das setzt voraus, daß der Autor willens ist, Regeln einzuhalten und die Kritik seiner Kollegen und Leser anzunehmen.

Die Ordnung der Dokumentation

Alle Schriftstücke müssen einerseits sicher archiviert und andererseits gut zugänglich aufgestellt werden. Sie sind an zwei Orten aufzubewahren:

- Im einbruch- und feuersicheren *Archiv* werden die schwer ersetzbaren Dokumente aufbewahrt: Verträge, Originale des Feinkonzepts, Datenträger mit Standardsoftware und ähnliches.
- In der *Bibliothek* sind alle Schriftstücke, soweit sie nicht vertraulichen Charakter haben, aufbewahrt. Das sind: Handbücher der Lieferanten, Gerätebeschreibun-

gen, Prospekte, Preislisten, Bücher, Zeitschriften und Kopien der Dokumente im Archiv (Beispiel: die Bände mit Kopien des Feinkonzepts).

Das Archiv liegt in der Sicherheitszone und ist nur ausgewählten Personen zugänglich. Die Bibliothek liegt im offenen Bereich der Informatik und ist für Informatiker und Benutzer frei benutzbar. Allerdings ist darauf zu achten, daß Schriftstücke in eine Liste eingetragen werden, wenn sie aus der Bibliothek entfernt und an den Arbeitsplatz mitgenommen werden.

- *Bibliothekar*: Es ist zu empfehlen, einen Mitarbeiter der Informatik mit der Aufgabe des Bibliothekars zu betrauen. Dieser trägt die Verantwortung für Ordnung und Verwaltung der Bibliothek. Es ist zweckmäßig, diese Aufgabe mit der des Archivars zu vereinen und einen Operateur dafür einzusetzen.
- *Verteilung dynamischer Dokumente:* Diejenigen Dokumente, die laufend aktualisiert werden, benötigen einen besonderen Modus der Verteilung. Es muß gewährleistet sein, daß alle Mitarbeiter, die solche Schriftstücke benützen, jeweils über die letzte gültige Ausgabe verfügen. Zu diesem Zweck versieht man die Originale solcher Dokumente mit einem Verteiler, der alle Empfänger angibt. Der Bibliothekar ist dafür zuständig, bei einer Neufassung jedem Empfänger ein neues Exemplar zuzustellen. Bei Schriftstücken mit mehr als fünf Seiten soll jeweils nur die geänderte Seite neu verteilt werden. Alle Dokumente oder Seiten müssen mit dem Namen des Autors und dem Datum der Erstellung versehen sein. Wenn einzelne Seiten verteilt werden, müssen diese mit dem Namen des Schriftstückes, dem sie angehören, gekennzeichnet sein.
- *Geordnete Aufbewahrung:* Für diese braucht man drei Dinge: Möbel, ein Ordnungssystem und ein Hilfsmittel dazu. Als *Möbel* verwendet man einfache Gestelle, die an einem geeigneten Ort (Archiv: sicherer Raum, Bibliothek: Flur oder Magazin) aufgestellt werden.
- Das *Ordnungssystem* kann einfach sein. Ein Beispiel für die Bibliothek: Jedes eintreffende Schriftstück erhält eine fortlaufende Nummer, die außen und innen angeschrieben wird. Die Schriftstücke werden in der Folge dieser Nummern fortlaufend abgelegt oder aufgestellt. Die Verbindung zwischen Nummer und Bezeichnung des Schriftstückes stellt ein geeignetes Hilfsmittel her (siehe unten). Zeitschriften werden in Sammelboxen mit einer einzigen Nummer je Jahrgang zusammengefaßt. Handbücher der Lieferanten, die oft meterlange Regale beanspruchen, läßt man in einem Bereich beisammen und ordnet sie nach den Formularnummern (falls sie solche aufweisen).
- Als *Hilfsmittel* für die Ordnung und Verwaltung kann man einen Personal Computer einsetzen. Aber auch einfache Listen oder Karteien eignen sich, wenn der Dokumentenbestand nicht groß ist. Neben der Nummer des Schriftstückes werden gespeichert: Autor, Titel, betroffene Sachgebiete, Erscheinungsdatum, Verlag, Ort, Bemerkungen und eventuell noch mehr. Verwendet man einen Personal Computer mit einem Datenbank- oder Tabellen-Standardprogramm, so wird die Suche nach einem bestimmten Dokument sehr erleichtert, da Standardprogramme geeignete Suchfunktionen enthalten.

Fallstudie IGEL: Schulungsplan und Dokumentationsordnung

Schulung: In der F*Z*G wurden die Informatiker schon zu Beginn der Feinplanung für das neue System CS/200 geschult. Frau Fink (damals noch Mitarbeiterin der IFAD) und die Herren Kulack, Biermann, Vredestein und Süßkind besuchten im Spätherbst Kompaktkurse für Hardware, Betriebssoftware und Datenbank, zum Teil in verteilten Rollen und in verschiedenen Städten, je nach ihrer zeitlichen Verfügbarkeit. Deshalb war im Winter und Frühjahr 1995 nur mehr die Ausbildung der Benutzer und des Managements zu planen. Im Auftrag der Projektleitung erstellte Frau Fink einen Schulungsplan, der als Auszug im Bild 21.1 gezeigt ist.

Information der Belegschaft und des Managements: Alle Mitarbeiter wurden im Anschluß an zwei Betriebsversammlungen anfangs Dezember 1994 und anfangs April 1995 durch die Herren P. Zapfel, Biermann und Dr. Kulack über den Stand des Informatikprojektes orientiert. Zur Überraschung der Direktion war das Interesse groß. Es wurde sogar vom Einkauf und vom Rechnungswesen ein erhöhter Bedarf angemeldet, der die Anschaffung zusätzlicher Terminals bewirkte. Das Management wurde an den erweiterten Direktionssitzungen, die monatlich stattfanden, durch Herrn P. Zapfel (als Mitglied der Projektkommission) über den Fortschritt orientiert. An einer solchen Sitzung hatte Dr. Kulack eine Präsentation über das Datenbankkonzept zu halten.

F*Z*G
Projekt IGEL

Seite 1
15.4.1995

Schulungsplan

Kursbezeichnung	Termin	Ort	Teilnehmer
Grundlagen der Datenverarbeitung	2.–4.5.1995 12.–14.6.1995	Essen Bochum	Epting, Flick, Friese, Kraut, Molnar, Swoboda Frosch, Kästel, Kraut, Schilling, A. Zapfel
Terminalbedienung (Kursleiter: Hr. Trutschka)	6.5.1995 15.6.1995	im Hause	Epting, Flick, Friese, Märkel, Molnar, Swoboda Frosch, Kästel, Kraut, Schilling, A. Zapfel
Standardsoftware: FICO 8-8-8 EIKA 8-8-8 STORESY PERSY5	 3.7.1995 4.7.1995 5.7.1995 6.7.1995	bei FICOSO Dortmund	 Märkel, Schilling Süßkind, Kraut, Swoboda Frosch, Kraut, Swoboda Molnar, A. Zapfel
Auftragsabwicklung (Kursleiter: Hr. Biermann)	7.8. und 4.9. und 18.9.1995	im Hause	A. Zapfel, P. Zapfel, Flick, Friese, Frosch, Kästel, Molnar, Süßkind, Vredestein
Transporte (Kursleiter: Hr. Vredestein)	9.8. und 6.9. und 20.9.1995	im Hause	Fink, Flick, Frosch, Kraut, Molnar, Süßkind, Swoboda
Datenübertragung a) Grundkurs b) Praxis	 16./17.8.1995 18.8.1995	München	A. Zapfel, Frosch, Friese, Kraut, Schilling, Swoboda
Datenmodell, Datenbank, Abfragemöglichkeiten (Kursleiter: HH. Trutschka und Dr. Kulack)	14., 21., 28. Juni und 14., 21. Sept. 95	im Gästehaus Kopernikus	A. Zapfel, P. Zapfel, Fink, Friese, Jäger, Kästel, Kraut, Märkel, Swoboda
Bedienung des Systems CS/200	10.–26.7.1995	Düsseldorf	ganzer Kurs: Jäger, nur 1.Woche: Süßkind

Verteiler: Biermann, Eisenbart, Epting, Fink, Flick, Friese, Frosch, Jäger, Kästel, Kraut, Kulack, Märkel, Molnar, Schilling, Süßkind, Swoboda, Trutschka, Vredestein, A. Zapfel, P. Zapfel.

*21.1 Ein Beispiel: Auszug aus dem Schulungsplan der F*Z*G*

F*Z*G/Informatik Weisung vom 31.5.1995

Dokumentations – Ordnung
für das Archiv und die Bibliothek

1. Zur Aufbewahrung der Informatik-Dokumentation werden ein Archiv und eine Bibliothek eingerichtet. Im Archiv werden alle Originale, die im Hause erstellt wurden, aufbewahrt. In der Bibliothek werden Kopien dieser Dokumente, soweit sie nicht den Vermerk »Vertraulich« tragen, bereitgestellt. Außerdem enthält die Bibliothek alle Handbücher und Schriftstücke, die uns von den Lieferanten für den Betrieb ihrer Geräte zur Verfügung gestellt wurden. Das Archiv befindet sich im feuerfesten Schrank im Raum U21. Die Bibliothek wird im Büro von Frau Epting (Raum 112) eingerichtet.

2. Die Einrichtung und Verwaltung des Archivs und der Bibliothek übernimmt der Operateur (Hr. Jäger). Er benutzt dafür einen Personal Computer mit der Software Lotus-123. Archiv und Bibliothek erhalten je eine Datei.

3. Zutritt zum Archiv haben: die Mitglieder der Geschäftsleitung, die Abteilungsleiter und die Mitarbeiter der Abteilung Informatik.

4. Die Benützung der Bibliothek ist allen Mitarbeitern gestattet. Werden Dokumente aus dem Raum 112 entfernt, hat der Entleiher diese im »Ausleihbuch« bei Frau Epting einzutragen.

5. Neuaufnahmen von Schriftstücken werden durch den Operateur bearbeitet. Jedes Dokument erhält eine Nummer (fortlaufend, nicht sprechend), die auf dem Dokument außen und innen angeschrieben wird. Ist ein Dokument sowohl im Archiv, als auch in der Bibliothek abzulegen, so erhalten beide Exemplare dieselbe Nummer. In der entsprechenden Datei wird je Dokument gespeichert: Titel, Autor, ISBN-Nummer (wenn vorhanden), Lieferanten-Nummer (wenn vorhanden), Verlag, Erscheinungsjahr, Hinweise zum Inhalt mit max. 256 Zeichen. Zeitschriften werden jahrgangsweise in Boxen abgelegt und unter einer einzigen Nummer je Jahrgang verzeichnet.

6. Über das Ausscheiden von veralteten Dokumenten entscheidet der Leiter Organisation/Informatik (Dr. Kulack).

Essen, 31.5.1995/Ku gez. P. Zapfel gez. Kulack

21.2 Interne Weisung zur Ordnung im Archiv und in der Bibliothek.

Für das Archiv und die Bibliothek wurde eine *Dokumentationsordnung* ausgearbeitet und genehmigt. Sie ist sehr einfach gehalten und regelt die wichtigsten Punkte der Organisation und Benützung dieser Einrichtungen. Im Bild 21.2 ist die erste Fassung dieser Ordnung wiedergegeben.

Merksätze

- Außerhalb der Projektgruppe erfährt man nur dann etwas von ihrer Arbeit, wenn geeignet informiert wird.
- Für die Direktion ist die Information sichergestellt, da sie in der Projektkommission vertreten ist. Jedoch die Belegschaft muß auf dem laufenden gehalten werden.
- Die Projektgruppe arbeitet am Ende dieser Phase eine Abschlußpräsentation aus, die der Direktion als Entscheidungsgrundlage für die Genehmigung der Weiterführung dient. Mit gleichem Inhalt wird diese Präsentation auch der Belegschaft geboten.
- Die Schulung der Informatiker für das neue Informationssystem sollte zu Beginn der Feinplanung weitgehend erfolgt sein. Jetzt soll die Ausbildung der Benutzer und des Managements einsetzen.
- Der Benutzer muß drei Dinge wissen: wie man das Terminal bedient, was hinter dem Terminal vorgeht und wie man die Anwendungsprogramme benützt.
- Das Management soll erfahren, wie es Informationen aus dem neuen System für seine Bedürfnisse erhalten kann.
- Die Dokumentation eines Projektes hat einen statischen und einen dynamischen Teil. Der letztere wird laufend nachgeführt. Er soll nur das Nötige so knapp wie möglich enthalten, aber immer aktuell sein.
- Das Feinkonzept besteht aus einem allgemeinen Teil, einem Systemhandbuch, einem organisatorischen Konzept, einem Sicherheitskonzept und einem Infrastrukturplan. Teile von diesen gehen in das Benutzerhandbuch ein.
- Für die Gestaltung und Formulierung von Texten gibt es einige Regeln. Diese Regeln helfen den Autoren, einen brauchbaren Stil anzuwenden.
- Die Dokumentation ist geordnet in einem Archiv und in einer Bibliothek aufzubewahren und mit einem Hilfsmittel (Personal Computer oder Kartei) zu verwalten. Ein Bibliothekar ist mit der Verwaltung beauftragt.

Ergebnisse

Die in diesem Kapitel beschriebenen Tätigkeiten ergeben folgendes:

- Man hat entschieden, in welcher Form die Belegschaft informiert werden soll. Die Aktionen hiefür wurden vorbereitet und durchgeführt.
- Die Schulung der Informatiker wurde abgeschlossen. Die Schulung des Managements und der Benutzer wurde geplant, vorbereitet und zum Teil durchgeführt.
- Für das Feinkonzept wurde eine Gliederung geschaffen. Alle erstellten oder eintreffenden Dokumente werden dort laufend eingereiht.

- Die Autoren bemühen sich, ihre Texte einfach und verständlich abzufassen.
- Ein Archiv und eine Bibliothek sind eingerichtet. Archivar und Bibliothekar sind eingesetzt. Die Dokumentation wird laufend in das Archiv und in die Bibliothek gemäß einer einfachen Ordnung aufgenommen.

Literatur

VAN STEENIS, H.: Informationssysteme – wie man sie plant, entwickelt und nutzt.

WALSH, D. A.: Anleitung zur Software-Dokumentation.

FRICK, P., LAUBNER, H.: Empfehlungen zum Dialog- und Bildschirmdesign.

22. Budgetierung und Kontrolle der Kosten

Budgetierung und Kostenkontrolle gehören zu jedem geordneten Projektablauf.

Wenn ein zukünftiger Anwender die Lieferverträge für Hardware und Software abschließt, entstehen größere Zahlungsverpflichtungen. Diese Verpflichtungen umfassen zunächst die zu leistenden Anzahlungen gemäß Vertrag. Später kommen bei der Lieferung und Installation weitere Forderungen dazu und schließlich müssen auch die Einrichtungen der Infrastruktur bezahlt werden. Die Zahlungen für Investitionen beginnen in der Phase der Feinplanung und erstrecken sich dann weiter über die Phasen der Realisierung und Einführung bis zum Beginn der Nutzung. Zusätzlich entstehen auch laufend wiederkehrende Kosten, die keineswegs niedrig und zu vernachlässigen sind.

Bei einem Softwarehersteller ist die Situation ähnlich: Entwicklung, Realisierung und Marketing eines neuen Softwareproduktes erfordern zunächst erhebliche Investitionen. Ist das Produkt einmal auf dem Markt, entstehen wiederkehrende Kosten durch Vertrieb und Wartung.

Bei beiden Arten der Informatikprojekte werden die Geschäftsleitung und die Finanzabteilung eine Kostenvorschau mit Terminen benötigen, um für die jeweils fälligen Beträge die nötigen Mittel zeitgerecht bereitstellen zu können.

Die Situation beim Anwender

Der zukünftige Anwender kennt zu Beginn der Feinplanung die Kosten für die Hardware, für die Betriebssoftware und für die Standardsoftware der Anwendungen schon recht genau. Die restlichen Kosten für die individuelle Anwendersoftware und für die Einrichtung der Infrastruktur sowie ein Teil der wiederkehrenden Kosten können erst während der laufenden Phase genauer ermittelt werden. Deshalb soll die Budgetierung in zwei Etappen erfolgen:

1. *Kostenbudget für die Feinplanung:* Zu Beginn wird lediglich für diese Phase selbst budgetiert. Hier fallen Kosten an für Anzahlungen der Hardware und Software, für Projektarbeiten, externe Beratung, organisatorische Maßnahmen und Sicherheitsmaßnahmen, Personalsuche, Ausbildung, Verwaltung, Management und für Nebenkosten, wie Reisespesen und anderes.
2. *Kostenbudget für Realisierung, Einführung und Nutzung:* Für die darauf folgenden Phasen wird erst am Ende der Feinplanung budgetiert. Dieses zweite Budget umfaßt alle restlichen Kosten für Hardware, Software, Betrieb, Datenübernahme und -erfassung, Wartung, Infrastruktur, Energie, Datenübertragung, Management, Verwaltung und Nebenkosten.

Bei der Budgetierung sind Kosten mit verschiedenen Eigenschaften zu berücksichtigen:

- *Einmalige oder wiederkehrende Kosten:* Die einmaligen Kosten betreffen alle Investitionen, die für den Kauf von Hardware und Software, für die Projektentwicklung und -realisierung, für die Ausbildung und für die Schaffung der Infrastruktur getätigt werden. Andererseits werden die wiederkehrenden Kosten verursacht durch Mieten, Wartung, Personal, Verbrauchsmaterial, Energie, Datenübertragung, Versicherungen und anderes.
- *Ausgabenwirksame oder interne Kosten:* Die ausgabenwirksamen Kosten entstehen durch Forderungen von Außenstehenden: von Lieferanten, externen Beratern und Programmierern, Ausführenden von Dienstleistungen. Auch Reise- und Transportspesen, Energie, Datenübertragung, Werbung, Versicherungsprämien und ähnliche Ausgaben verursachen solche Kosten. Zu den internen Kosten gehören hingegen in erster Linie die Personalkosten, sowie alles, was im Unternehmen als »Gemeinkosten« eingestuft wird: Verwaltung und Management, Beleuchtung, Heizung, Sekretariat, Lager und anderes mehr.

Eine Übersicht derjenigen Kostenkomponenten, die einen Anwender betreffen, zeigt die Tabelle 22.1. Dort ist auch angegeben, welche Charakteristik diese Kosten haben und in welchen Phasen eines Informatikprojektes sie fällig werden.

Ein *Grundsatzentscheid über die internen Kosten* ist zu treffen: Sollen sie in die Budgetierung und Kostenkontrolle einbezogen werden oder nicht? Bei Informatik-Anwendern werden zwei Lösungen praktiziert: Die internen Kosten werden entweder überhaupt nicht oder sie werden nur zum Teil berücksichtigt. Im letzten Fall schließt man zumindest die Personalkosten der Informatiker mit ein, allenfalls auch noch einen Anteil an Raum-, Verwaltungs- und Managementkosten. Wie das im einzelnen Fall gehandhabt werden soll, muß die Geschäftsleitung entscheiden. Je vollständiger die Kostenrechnung ist, desto mehr sagt sie aus – aber desto mehr Aufwand verursacht sie auch.

Wer ist verantwortlich? Das Erstellen des Budgets und die Überwachung der Kosten ist Aufgabe des Projektleiters. Er bringt von der Sache her dafür die besten Kenntnisse mit. Die Genehmigung des Budgets wird durch die Geschäftsleitung erfolgen.

Die Situation im Softwarehaus

Auch im Softwarehaus wird man die Budgetierung und Kostenüberwachung in zwei Etappen vornehmen. Im übrigen ist die Situation jedoch von der eines Anwenders verschieden. Zu Beginn der Feinplanung müssen die nötigen Mittel für diese Phase schon bereitstehen. Das heißt, die Budgetierung für die Feinplanung erfolgt bereits in der Grobkonzeption. Am Ende dieser vorhergehenden Phase entscheidet das Management lediglich über die Durchführung der Feinplanung. An deren Ende werden wiederum die nächsten Phasen budgetiert und dann fällt erst die Hauptent-

Kostentabelle für Anwender								
Kostenkomponente	Charakteristik: *E = einmalige, W = wiederkehrende, A = ausgabewirksame, I = interne Kosten*				Fälligkeit: *F = Feinplanung, R = Realisierung, E = Einführung, N = Nutzung*			
Hardware:								
– gekaufte Anlageteile	E		A			R		
– gemietete Anlageteile		W	A			R		N
– Transport, Installation	E		A	(I)		R		
– Wartung		W	A					N
– Maschinenbedienung (Operating)		W		I		R	E	N
Software:								
– Betriebssystem	E	(W)	A			R	E	(N)
– Datenbank	E	(W)	A			R	E	(N)
– Utilities, Compiler	E	(W)	A			R	E	(N)
– Standardsoftware (Anwendungen)	E	(W)	A		F	R	E	(N)
– Individualsoftware (Anwendungen)	E		(A)	I	F	R	E	
– Wartung und Weiterentwicklung		W	A	I				N
Ausbildung:								
– Informatiker	E	(W)	A	I	(F)			(N)
– Benutzer	E	(W)	(A)	I	F		E	(N)
– Management	E	(W)	(A)	I	F	R		(N)
– Information der Belegschaft	E			I	F		E	
Infrastruktur:								
– Räume		W	(A)	I		R	E	N
– Elektroinstallationen	E		A			R		
– Notstromversorgung	E		A			R		
– Notbeleuchtung	E		A			R		
– bauliche Maßnahmen	E		A			R		
– Klimaanlage	E		A			R		
– Verkabelung (Datenleitung)	E		A			R		
– Doppelböden	E		A			R		
– Möbel, Lagereinrichtungen	E		A			R		
– Brandmeldeanlage	E		A			R		
– Feuerlöscher, Schutzgasanlage	E		A			R		
– Hilfsmaschinen	E		A			R		
– Wartung		W	A	(I)			E	N
Energie, Datenverkehr, Material:								
– elektr. Energie, Heizung, Kühlung		W	A			R	E	N
– Datenübertragung, Telefonspesen		W	A			R	E	N
– Papier, Formulare		W	A			R	E	N
– Datenträger (Bänder, Disketten)	E	(W)	A			R		N
– Farbtücher, Farbbänder		W	A			R		N
Sonstiges:								
– Projektarbeiten, Entwicklung	E	(W)	A	I	F	R	E	
– externe Beratung	E	(W)	A		F	R	E	
– organisat. Maßnahmen (Ablauforg.)	E	W	(A)	I	F	R	E	(N)
– Sicherheitsmaßnahmen (Diverses)	E	W		I	F			N
– Datenerfassung	E	W	(A)	I		R	E	N
– Datenübernahme	E		A	I		(R)	E	
– Nebenkosten (Reisespesen u.ä.)		W	A	(I)	F	R	E	N
– Personalsuche	E		A	I	F	R		
– Fachliteratur		W	A		F			N
– Versicherungen		W	A			(R)	(E)	N
– Management und Verwaltung		W		I	F	R	E	N

22.1 Kostentabelle für Anwender mit Charakteristik und Fälligkeit der Komponenten

scheidung: Die Mittel für die Realisierung und Einführung werden bewilligt und das Projekt wird durchgezogen – oder nicht.

Dies ist der wesentliche Unterschied: Bei einem Anwender fällt die Entscheidung, ob das Projekt durchgeführt wird oder nicht, vor der Feinplanung; in einem Softwarehaus fällt sie am Ende der Feinplanung. Aus diesem Grunde wird im ersten Fall die Wirtschaftlichkeitsberechnung des Anwenders schon im Grobkonzept durchgeführt. Im zweiten Fall wird das Softwarehaus erst in der Feinplanung die erwarteten Erträge den voraussehbaren Kosten gegenüberstellen.

Kostenkomponenten und Etappenteilung: Bei einem Softwarehersteller findet man nicht dieselben Kostenkomponenten wie in einem Anwenderprojekt. Es kommt einiges hinzu, vor allem die Vertriebskosten mit Werbung, Akquisition und Auftragsabwicklung. Der Entwicklungskostenanteil für Hardware und Betriebssoftware ist hoch. Die Nebenkosten mit Reisespesen sind nicht zu vernachlässigen und für eine umfassende Dokumentation müssen auch einige Mittel aufgewendet werden. Fast alle Kosten (für Produktion, Vertrieb, Maschinengebrauch, Infrastruktur und anderes) fallen in nahezu allen Phasen an. So wird man zum Beispiel schon während der Feinplanung mit der Werbung beginnen: Bereits jetzt entstehen Vertriebskosten. In der letzten Phase, während der Nutzung, entstehen immer noch Produktionskosten, weil man das Produkt laufend verbessern oder neuen Anforderungen anpassen wird. Die meisten Kostenkomponenten fallen während mehrerer Phasen an und das bedeutet, daß im Softwarehaus die meisten Kosten wiederkehrende Kosten sind. Der Aufwand für die Erstellung und den Vertrieb eines größeren Softwareproduktes ist hoch und liegt im Bereich von 10 bis 100 Mannjahren und darüber.

In der Tabelle 22.2 sind die wichtigsten Kostenkomponenten eines Softwareherstellers aufgeführt, auch wieder mit Charakteristik und Fälligkeit. Die Tabelle zeigt, daß die Komponenten in mehreren oder allen Phasen anfallen – wie oben gesagt wurde. Es kann nicht angegeben werden, wie sich die Gesamtkosten einer Komponente auf die verschiedenen Phasen verteilen. Die Verantwortlichen müssen dazu selbst gründliche Überlegungen anstellen.

Wer ist verantwortlich? Die Entscheidung, ein Produkt der Standardsoftware zu entwickeln und auf den Markt zu bringen, ist für ein Softwarehaus so schwerwiegend, daß alle Verantwortlichen (Projektleiter, Direktion, Aufsichtsrat) einverstanden sein sollten. Wenn hohe Kosten budgetiert werden müssen, so muß man auch hohe Erträge erwarten. Die Voraussage der Erträge ist mit großer Unsicherheit verbunden. Man sollte versuchen, auf mehreren, von einander unabhängigen Wegen vorzugehen. Prognosen der eigenen Marketing- und Vertriebsspezialisten sollen durch mindestens zwei Gutachten externer Marketingberater oder Marktforschungsinstitute ergänzt werden, wenn es sich um Projekte handelt, deren Größe für das Softwarehaus nicht unbedeutend ist.

Kostentabelle für Softwarehersteller								
Kostenkomponente	Charakteristik: *E = einmalige, W = wiederkehrende, A = ausgabewirksame, I = interne Kosten*				Fälligkeit: *F = Feinplanung, R = Realisierung, E = Einführung, N = Nutzung*			
	E	W	A	I	F	R	E	N
Produktion (Personalkosten):								
– Entwicklung Standardsoftware	E			I	F			
– Realisieren Standardsoftware	E			I		R	E	
– Entwicklung Individualsoftware	E			I	F			
– Realisierung Individualsoftware	E			I		R	E	
– allgemeine Personalkosten		W		I	F	R	E	N
– Wartung und Weiterentwicklung		W		I		(R)	(E)	N
Vertrieb (Personalkosten):								
– Werbung		W	A	I	F	R		N
– Akquisition		W		I	F	R		N
– Auftragsabwicklung (kommerziell)		W		I	F	R		N
– Einführungsunterstützung	E			I			E	
– Reisespesen		W	A	I	F	R	E	N
Hardware und Betriebssoftware:								
– Benützung eigener Hardware		W		I	F	R	E	N
– Benützung externer Hardware		W	A				E	N
– Maschinenbedienung (Operating)		W		I	F	R	E	N
– Benützung eigener Betriebs-SW		W		I	F	R	E	N
– Benützung externer Betriebs-SW		W	A				E	N
– Wartung		W	A	I	F	R	E	N
Infrastruktur:								
– Benützung aller Einrichtungen		W		I	F	R	E	N
– Wartung		W	A	I	F	R	E	N
Energie, Datenverkehr, Material:								
– elektr. Energie, Heizung, Kühlung		W	A		F	R	E	N
– Datenübertragung, Telefonspesen		W	A		F		E	N
– Papier, Formulare		W	A		F	R	E	N
– Datenträger (Bänder, Disketten)		W	A		F	R	E	N
– Farbtücher, Farbbänder		W	A		F	R	E	N
Ausbildung:								
– eigene Informatiker		W	A	I	(F)			N
– eigenes Hilfspersonal		W	(A)	I				N
– Personal des Kunden	E			I			E	
Sonstiges:								
– Management und Verwaltung		W		I	F	R	E	N
– organisat. Maßnahmen (Ablauforg.)	E			I	F			
– Erstellen der Dokumentation	E			I		R		
– allgemeine Entwicklungskosten	E	(W)	A	I	F	R	E	
– Sicherheitsmaßnahmen (Diverses)	E	(W)	(A)	I	F	(R)		(N)
– Nebenkosten (Reisespesen u.ä.)		W	A	I	F		E	
– externe Beratung	E		A		F			
– Personalsuche		W			(F)			(N)
– Fachliteratur		W			(F)			N
– Versicherungen		W			E	R	E	N

22.2 Kostentabelle für Softwarehersteller mit Charakteristik und Fälligkeit der Komponenten

Wie geht man vor?

Im folgenden wird ein Weg gezeigt, wie Anwender mit geringem Aufwand ein Kostenbudget erstellen können. Das Vorgehen im Softwarehaus ist sehr ähnlich, man hat dort natürlich die andersartigen Charakteristiken und Fälligkeiten der Kostenkomponenten zu berücksichtigen.

Die erste Budgetierung (zu Beginn der Feinplanung) wurde bereits im Kapitel 4 skizziert und als Beispiel in der Tabelle 4.7 dargestellt. Für die zweite Budgetierung (gegen Ende dieser Phase) geht man vor wie folgt:

- Zuerst hat man zu entscheiden, ob und wie weit auch die internen Kosten berücksichtigt werden sollen.
- Dann erfolgt die Zusammenstellung der wiederkehrenden Kosten. Dafür verwendet man eine Tabelle, wie sie das Bild 22.3 darstellt. Die einzelnen Kostenkomponenten werden gruppiert und charakterisiert. Dann schätzt man, welche Beträge in welchen Zeiträumen anfallen werden. Es ist zweckmäßig, als Zeitraum jeweils Kalendermonate einzuführen. Aus der Aufstellung ergibt sich dann für jeden Monat des Projektes, welche wiederkehrenden Kosten budgetiert werden müssen.
- Als nächstes faßt man in einem weiteren Formular (»Budgetierung und Kostenüberwachung«, siehe Tabelle 22.4) die einmaligen Kosten (Investitionen) und die wiederkehrenden Kosten zusammen und erhält damit für jeden Monat des Projektes die zu erwartenden Ausgaben. Damit ist das Budget vollständig entworfen und kann von der Geschäftsleitung geprüft und genehmigt werden.
- Im weiteren Verlauf des Projektes ist die Kostenüberwachung dann eine ständige Aufgabe des Projektleiters, der alle eintreffenden Rechnungen prüft und visiert, allenfalls auch die internen Kosten aufnimmt und die bezahlten Beträge monatlich dem Budget gegenüberstellt. Das Formular mit der Kostenüberwachung legt er monatlich seinem Bericht an die Projektkommission bei.

Beispiele für die Anwendung der beiden Budgetierungsformulare sind im folgenden Abschnitt der Fallstudie in den Tabellen 22.5 und 22.6 zu finden.

Die Budgetierung und die Kostenüberwachung gehören zu einem geordneten Projektablauf. Ein Projekt ohne sorgfältige Beachtung dieser beiden Glieder ist fragwürdig und kann böse Überraschungen bringen. Aber die Kostenüberwachung sollte flexibel durchgeführt werden. Die Zahlungstermine können sich nach vorne oder hinten verschieben. Die Beträge dürfen sich in kleinen Grenzen ändern, ohne daß gleich Alarm zu schlagen ist. Es kommt vor, daß manche Projektleiter Ausgaben tätigen, nur damit das genehmigte Budget für einen bestimmten Zeitraum »ausgenützt« wird. Das ist blanker Unsinn und zeugt von Unverstand auf einigen Ebenen des Unternehmens.

Hilfsmittel

Die Arbeiten des Projektleiters werden erleichtert, wenn er für die Budgetierung und Kontrolle der Kosten einen Personal Computer mit einem Programm der Ta-

Aufstellung der wiederkehrenden Kosten

Kostenkomponente	**Charakteristik:** *A=ausgabewirksam* *I=intern*	**Kostenperiode:** *von* *bis* *Monat* *Monat*	**Kosten pro Monat** DM
Hardware:			
– Miete	A	Zeitraum	Betrag
– Wartung	A	Zeitraum	Betrag
– Bedienung	I	Zeitraum	Betrag
Software:			
– Lizenzgebühren Stand.-SW	A	Zeitraum	Betrag
– Wartung	A I	Zeitraum	Betrag
– Weiterentwicklung	A I	Zeitraum	Betrag
Infrastruktur:			
– Räume	I	Zeitraum	Betrag
– Wartung	A	Zeitraum	Betrag
Energie, Datenverkehr etc.:			
– Strom, Heizung, Kühlung	A	Zeitraum a	Betrag
		Zeitraum b	Betrag
– Datenübertragung, Telefon	A	Zeitraum	Betrag
– Papier, Formulare	A	Zeitraum	Betrag
– Farbtücher, Farbbänder	A	Zeitraum	Betrag
Sonstiges:			
– organisat. Maßnahmen	I	Zeitraum	Betrag
– Sicherheitsmaßnahmen	I	Zeitraum	Betrag
– Datenerfassung	I	Zeitraum x	Betrag
		Zeitraum y	Betrag
– Nebenkosten	A	Zeitraum	Betrag
– Fachliteratur	A	Zeitraum	Betrag
– Versicherungen	A	Zeitraum	Betrag
– Management, Verwaltung	I	Zeitraum	Betrag

Kostenübersicht

Zeitraum von Monat – bis Monat	*ausgabewirksam* DM	*intern* DM	*Gesamtkosten* DM
Zeitraum 1	Betrag	Betrag	Betrag
Zeitraum 2	Betrag	Betrag	Betrag
Zeitraum 3	Betrag	Betrag	Betrag
Zeitraum 4	Betrag	Betrag	Betrag
usw.	usw.	usw.	usw.

Datum: Autor:

22.3 Aufstellung und Kostenübersicht für die wiederkehrenden Kosten

bellenkalkulation einsetzt. Die Musterformulare 22.3 und 22.4 können dafür als Anregung und die Tabellen 22.5 und 22.6 als Beispiele dienen.

Firma *Projekt*	**Budgetierung und Kostenüberwachung**			*Seite* *Datum*
Zeitraum (Monat) und Kostenkomponente	Budget DM	kumuliert DM	effektiv DM	kumuliert DM
Monat 1:				
– einmalige Kosten A	Betrag		Betrag	
– einmalige Kosten B	Betrag		Betrag	
– einmalige Kosten C	Betrag		Betrag	
– wiederkehrende Kosten	Betrag		Betrag	
– Monatstotal	Betrag	Betrag	Betrag	Betrag
Monat 2:				
– einmalige Kosten A	Betrag		Betrag	
– einmalige Kosten B	Betrag		Betrag	
– einmalige Kosten C	Betrag		Betrag	
– wiederkehrende Kosten	Betrag		Betrag	
– Monatstotal	Betrag	Betrag	Betrag	Betrag
usw.				

22.4 Die Ergebnisse der Budgetierung werden in dieses Formular eingetragen, das auch der späteren Kostenüberwachung dient.

Fallstudie IGEL: Budget für Realisierung und Einführung

Im letzten Monat der Feinplanung setzten sich die Herren Dr.Kulack und Biermann zusammen, um für die Phasen der Realisierung und Einführung das Kostenbudget zu erstellen. Sie hatten mit der Direktion zunächst eine kurze Besprechung, in der Herr Peter Zapfel den Wunsch aussprach, die Kostenrechnung möglichst vollständig erstellen zu lassen. Daraus folgte der Entscheid, auch interne Kosten in die Budgetierung und Kostenüberwachung aufzunehmen. Es sollten von den internen Kosten die Personalkosten der Informatiker und ihrer Chefs, der Datenerfasserinnen und des Operateurs berücksichtigt werden. Die internen Kosten für Räume, Lager, Sekretariatsarbeiten und ähnliches sollten als Gemeinkosten das Projekt nicht belasten. Weiters sollte berücksichtigt werden, daß in der F*Z*G die Personalkosten grundsätzlich zu den wiederkehrenden Kosten gerechnet werden, auch wenn sie einmalige Zahlungen (wie Gratifikationen, Jubiläumsgeschenke und ähnliches) enthalten.

Anhand dieser Grundlagen, der Lieferverträge und einiger Offerten für Beschaffungen der Infrastruktur erstellte Herr Biermann das Budget, wie es in den Tabellen 22.5 und 22.6 dargestellt ist.

Das Budget wurde der Projektkommission vorgelegt und Herr Peter Zapfel genehmigte es ohne Einwand im Namen der Direktion. Zur Kostenkontrolle stellte die Projektkommission die Forderung, Herr Biermann habe zur monatlichen Sitzung dieses Gremiums jeweils das auf den aktuellen Stand nachgeführte Überwachungsformular vorzulegen.

F*Z*G IGEL	**Aufstellung der wiederkehrenden Kosten** (ausgabenwirksame Kosten und Personalkosten Informatik)	Seite 1/1 30.4.1995

Kostenkomponente	**Charakteristik:** *A=ausgabewirksam* *I=intern*	**Kostenperiode:** *von bis* *Monat Monat*	**Kosten pro Monat** DM
Hardware:			
– Wartung	A	ab 1.6.1995	1.700
		ab 1.12.1995	2.900
– Bedienung	I	ab 1.6.1995	4.200
Software:			
– Wartung	I	ab 1.6.1995	21.000
– Weiterentwicklung	I		
Infrastruktur:			
– Wartung	A	ab 1.11.1995	1.200
Energie, Datenverkehr etc.:			
– Strom, Heizung, Kühlung	A	1.6.–30.9.1995	3.800
		1.10.95–31.3.1996	2.400
– Datenübertragung, Telefon	A	ab 1.6.1995	3.200
– Papier, Formulare	A	ab 1.6.1995	1.000
– Farbtücher, Farbbänder	A	ab 1.6.1995	500
Sonstiges:			
– Datenerfassung	I	ab 1.6.1995	2.300
– Nebenkosten, Reisespesen	A	ab 1.6.1995	5.000
– Fachliteratur	A	ab 1.6.1995	300
– Versicherungen	A	ab 1.6.1995	400
– Management, Verwaltung	I	ab 1.6.1995	18.000
– Personalk., Gratifikationen	I	Dezember 1995	49.800

Kostenübersicht

Zeitraum von Monat – bis Monat	*ausgabewirksam* DM	*intern* DM	*Gesamtkosten* DM
Juni bis September 1995 je	15.900	45.500	61.400 (4x)
Oktober 1995	14.500	45.500	60.000
November 1995	15.700	45.500	61.200
Dezember 1995	16.900	95.300	112.200
Total Juni bis Dezember 1995			479.000

Datum: 30. April 1995 Autoren: Kulack, Biermann

*22.5 Aufstellung und Kostenübersicht für die wiederkehrenden Kosten im Projekt IGEL der F*Z*G*

F*Z*G IGEL	**Budgetierung und Kostenüberwachung** 1.6.1995 bis 31.12.1995 (ausgabewirksame Kosten und Personalkosten Informatik)			Seite 1/1 30.4.1995
Zeitraum (Monat) und Kostenkomponente	Budget DM	kumuliert DM	effektiv DM	kumuliert DM
Juni 1995				
– Hardware Peripherie 2.Lieferung	104.000			
– Standardsoftware FICO 8-8-8	39.000			
– externe Programmierung	9.000			
– Honorar IFAD: Fr.Fink (Mai)	6.000			
– Datenträger	4.000			
– wiederkehrende Kosten	61.400	223.400		
Juli 1995				
– Standardsoftware EIKA 8-8-8	22.000			
– externe Programmierung	6.000			
– Elektroinstallation VOLTA AG	2.500			
– Notstromaggregat Siemens	2.900			
– Klimageräte Electrolux VOLTA AG	13.500			
– Verkabelungssystem Telewire AG	80.000			
– wiederkehrende Kosten	61.400	188.300		
August 1995				
– Hardware Peripherie 3.Lieferung	11.500			
– Standardsoftware STORESY	17.000			
– externe Programmierung	11.000			
– Möbel IKEA	29.000			
– Feuerlöscher, Brandmeldesystem	8.500			
– wiederkehrende Kosten	61.400	138.400		
September 1995				
– Standardsoftware PERSY5	9.000			
– externe Programmierung	13.000			
– Sicherheitszone BETONBAU AG	36.000			
– wiederkehrende Kosten	61.400	119.400		
Oktober 1995				
– externe Programmierung	5.000			
– Ausbildung Benutzer (Kurs Göbel)	16.000			
– Datenträger	4.000			
– Hilfsmaschinen (Verpacker u.a.)	22.200			
– wiederkehrende Kosten	60.000	107.200		
November 1995				
– externe Programmierung	5.000			
– Beratung FICOSO für Einführung	12.000			
– Datenerfassung (extern, FICOSO)	4.500			
– wiederkehrende Kosten	61.200	82.700		
Dezember 1995				
– externe Programmierung	3.000			
– Beratung FICOSO für Einführung	3.000			
– wiederkehrende Kosten	112.200	118.200		
Gesamtkosten Juni–Dezember 1995		**977.600**		

*22.6 Budgetierung und Formular zur Kostenüberwachung im Projekt IGEL der F*Z*G*

Merksätze

- Der Einsatz der Informatik bei einem Anwender verursacht meist erhebliche Kosten. Diese müssen budgetiert und kontrolliert werden, damit die nötigen Mittel rechtzeitig bereitgestellt werden können.
- Das gleiche gilt, wenn ein Softwarehaus ein neues Produkt entwickeln, produzieren und vertreiben will. Hier beträgt jedoch der Aufwand für ein Projekt einen beachtlichen Teil des Gesamtumsatzes. Eine falsche Budgetierung der Kosten und eine Überschätzung der möglichen Erträge könnten gefährlich sein.
- Kosten können einmalig oder wiederkehrend und ausgabenwirksam oder intern sein. Diese Eigenschaften beeinflussen die Budgetierung.
- Bei einem Anwender muß zu Beginn der Budgetierung entschieden werden, ob die internen Kosten nicht oder teilweise zu berücksichtigen sind. Bei einem Softwarehaus werden sie immer zur Gänze in das Budget und in die Kontrolle einbezogen.
- Das Kostenbudget eines Anwenders wird vom Projektleiter erstellt und von der Geschäftsleitung genehmigt.
- Im Softwarehaus müssen die Budgets für Kosten und Erträge von allen Verantwortlichen gemeinsam beraten, erstellt und genehmigt werden. Von einer möglichst korrekten Prognose hängt die Prosperität des Unternehmens ab.
- Das Vorgehen der Budgetierung vollzieht sich in folgenden Schritten: Entscheid über Einbeziehung der internen Kosten - Ermittlung der wiederkehrenden Kosten - Aufteilung der wiederkehrenden Kosten auf definierte Zeiträume (Beispiel: Monate) - Zusammenzug der einmaligen und der wiederkehrenden Kosten je Zeitraum (Beispiel: Monate) - Vorlage und Genehmigung des Budgets.
- Der Projektleiter führt schließlich aufgrund des Budgets laufend die Kostenkontrolle durch und orientiert monatlich seine übergeordnete Stelle (Projektkommission, Geschäftsleitung) über das Ergebnis.
- Budgetierung und Kostenüberwachung gehören zu jedem geordneten Projektablauf.

Ergebnisse

Die in diesem Kapitel beschriebenen Tätigkeiten ergeben:

- Es ist entschieden, in welchem Maß die internen Kosten in die Rechnung einbezogen werden.
- Die wiederkehrenden Kosten wurden gruppiert und bestimmten Zeiträumen zugeordnet. Dort wurden sie mit den einmaligen Kosten der Zeiträume verbunden.
- Das Budget der Phase »Feinplanung« wurde erstellt und wird laufend überwacht.
- Das Budget für die nachfolgenden Phasen wurde erstellt und von der Geschäftsleitung genehmigt.

Literatur

BOEHM, B. W.: Wirtschaftliche Software-Produktion.

WARNECKE, J.: Wirtschaftlichkeitsrechnung für Ingenieure.

23. Werkzeuge

Wenn man automatisieren will, muß man wissen, was man automatisieren will.

Papier, Bleistift und Radiergummi sind die wichtigsten Werkzeuge in der Feinplanung überall dort, wo man mangels besserer Hilfsmittel rein manuell arbeiten muß. Doch man hat Möglichkeiten, sich die Arbeit zu vereinfachen und erleichtern: Es gibt einige Werkzeuge, die in dieser Phase eingesetzt werden können. Dabei ist zu bedenken, daß Werkzeuge immer von einer Hand geführt werden müssen, die wiederum durch Fachkenntnisse und Kreativität gesteuert wird. Wenn etwas automatisiert werden soll, muß bekannt sein, was automatisiert werden soll und auf welche Weise das zu geschehen hat. Werkzeuge sind sekundär, Fachkenntnisse und Kreativität kommen zuerst! Die Fachkenntnisse soll dieses Buch vermitteln, die Kreativität kann der Leser auf Grund seiner Kenntnisse und Fähigkeiten entwickeln, die Werkzeuge werden im folgenden besprochen.

Die einfachsten Werkzeuge kommen zuerst: Formulare und Checklisten. Dann folgt die Besprechung der Möglichkeiten einer geeigneten Werkzeugmaschine: des Personal Computers. Abgeschlossen wird mit einer Vision für die Zukunft: CASE (Computer Aided Systems Engineering) als umfassende Systemwerkstatt.

Formulare

Formulare kennt man als bedruckte Papiere, die zunächst freie Plätze enthalten, in die Informationen eingetragen werden können. Ist letzteres geschehen, hat man *ausgefüllte* Formulare vor sich. Mehr muß hier wohl nicht erläutert werden, denn jedermann hat im täglichen Leben genügend oft mit Formularen zu tun. Formulare haben einige gute Eigenschaften und diese sind gewichtig:

1. Sie sichern die Vollständigkeit der benötigten Informationen.
2. Sie vermeiden die Aufnahme nicht benötigter Informationen.
3. Sie stellen die Informationen einheitlich dar.

Bei der Feinplanung leisten Formulare gute Dienste. Einige Beispiele: Tätigkeitslisten, Programmverzeichnisse, Programmspezifikationen, Testpläne, Testfalltabellen. Um Formulare zu entwerfen und zu drucken, gibt es geeignete Software für Personal Computer. Dazu steht weiter unten Näheres.

Checklisten

Eine Checkliste ist ein Verzeichnis, das alle Tätigkeiten aufführt, die getan werden müssen, um einen bestimmten Zustand zu erreichen. Die Listen können erweitert werden mit Angaben, wer für die einzelnen Tätigkeiten verantwortlich ist, wie groß deren Aufwand sein wird, wann sie abgeschlossen sein müssen und in welcher Reihenfolge sie zu erledigen sind. Auch in der Feinplanung ist die Verwendung von Checklisten von Vorteil. Das gilt nicht allgemein für jeden Mitarbeiter in einem Projekt, wohl aber für den Projektleiter, für die Leiter von Arbeitsgruppen, für den Chefprogrammierer und für weitere Beteiligte mit der Verantwortung für eine größere Anzahl von Aktivitäten.

Eine Checkliste für eine vollständige Feinplanung ist im Anhang 2 enthalten. Mit ihrer Hilfe kann relativ einfach und sicher eine persönliche Checkliste für die verschiedenen Funktionsträger im Projekt erstellt werden, indem alles nicht Zutreffende gestrichen wird und allenfalls nötige Ergänzungen vorgenommen werden.

Verzeichnisse

Für die Feinplanung ist zu empfehlen, eine Reihe von Verzeichnissen anzulegen und diese dann weiterhin nachzuführen. Ein derartiges Verzeichnis wurde bereits eingehend behandelt: der Datenkatalog (siehe Kapitel 8). Ein weiteres Beispiel ist das Programmverzeichnis. Es enthält alle Programme, die zur Realisierung eines Anwendungssystems erstellt werden müssen (siehe Kapitel 9). Man kann je nach Bedarf und je nach Größe des jetzt vorzubereitenden Systems weitere Verzeichnisse einführen für: Datenbankstrukturen, Subroutinen, Funktionen, Programme, Bildschirmformate, Listenbilder, Hilfetexte, Programmbeschreibungen, Bedienungsanleitungen, Kommunikationskanäle, Übertragungsprotokolle, und für alles weitere, für das der Übersicht wegen ein Verzeichnis nützlich scheint.

Mit den erwähnten Verzeichnissen legt man den Grundstein für ein späteres *Repository*. Es gibt für diesen Begriff noch kein treffendes deutsches Wort. Die englische Erklärung im »Oxford Dictionary« lautet folgendermaßen: *repository (n.) place where things are stored or may be found.* (Man beachte das reizvolle Wörtchen *or* in dieser Definition.) Ein Repository ist eine *Ablage*, in der alle Elemente eines Informationssystems und die Beziehungen zwischen diesen Elementen *abgelegt* ***und*** *gefunden* werden können. Beispiele für Elemente sind: Variablen, Dateien, Subroutinen, Programme. Beispiele für Beziehungen sind: »ist enthalten in«, »verwendet«, »wird verwendet von«. Ein heute verfügbares Repository, dessen Entwicklung mehr als zehn Jahre gedauert hat, definiert und verwendet über 500 Arten solcher Elemente und Beziehungen!

Repositories enthalten dreierlei: den *Datenkatalog* (siehe Kapitel 8), *Enzyklopädien* des Software-Engineering (Informationsobjekte wie Funktionen und Programme und deren Zusammenhänge, die für Anwendungen eingesetzt werden) und einen *Dokumentationsteil*, der das Projekt- und Softwaremanagement sowie die Anwendungsdokumentation (das sind »schwach strukturierte« Objekte) erfaßt. Es ist sinnvoll, Repositories gemäß dem Entity-Relationship-Modell in Datenbanken zu verwalten. Man kann dafür die gleiche Art relationaler Datenbanken einsetzen, die man auch für Anwendungssysteme verwendet. Nur werden dann die gespeicherten Objekte nicht eine Anwendung betreffen, sondern das Informationssystem selbst. Repositories sind die Datenbanken, mit denen CASE arbeitet (siehe unten).

Doch von der Zukunft zurück in die Realität der Gegenwart: Es ist eine wichtige Aufgabe der Projektleitung und der fachlich führenden Mitarbeiter im Projekt, Verzeichnisse als Hilfsmittel anzulegen und nachzuführen. Sie sind bei der Realisierung der Anwendung, beim Test, bei der Einführung und bei der Wartung der Software unentbehrlich. Im folgenden sei die Minimalanforderung bei mittelgroßen Anwendungssystemen skizziert. Große System brauchen mehr. Die mit einem Stern (*) gekennzeichneten Verzeichnisse könne bei kleinen Anwendungssystemen weggelassen werden. Folgende Verzeichnisse sind zu führen:

- Anwendungen (*)
- Datenkatalog
- Dateien
- Programme (getrennt für Dialogprogramme, Batchprogramme, Subroutinen und Funktionen),
- Benutzermenüs (*)
- Bildschirmmasken
- Listenbilder
- Hilfetexte
- Bedienungsanleitungen
- Programmbeschreibungen in der Systemdokumentation
- Lieferanten-Dokumentation
- Benutzer (*)
- Benutzerschulung (*)
- Bildschirmarbeitsplätze (*)
- Informationssender (*)
- Informationsempfänger (*)
- Kommunikationssysteme/Protokolle/Kanäle (*)
- Lieferanten aller Art (*)

Diese und weitere, ähnliche Verzeichnisse werden nach Bedarf und persönlicher Intuition innerhalb der Projektgruppe angelegt. In den meisten Fällen müssen sie derzeit noch manuell verwaltet werden, da Repositories erst für große Informationsvorhaben sinnvoll sind. Es ist aber zweckmäßig, die manuelle Verwaltung trotzdem mit einem möglichst geeigneten Hilfsmittel (Beispiel: Textsystem auf PC) zu unterstützen.

Maschinelle Werkzeuge

Als maschinelle Werkzeuge für die Arbeiten in der Feinplanung bieten sich an:

- *Personal Computer:* Ein oder mehrere PCs können innerhalb der Projektgruppe für die unten beschriebenen Verwendungen eingesetzt werden. Um die Kommunikation zwischen den verschiedenen Beteiligten in größeren Teams zu erleichtern, ist eine Vernetzung empfehlenswert.

- *Büroautomation:* Steht während der Feinplanung bereits ein größerer zentraler Computer oder ein Client/Server-System zur Verfügung, so kann man diese als Werkzeuge einsetzen. Eine oder mehrere Workstations treten dann an die Stelle der Personal Computer. Als besonderer Vorteil ist dann der Einsatz einer Datenbank für das Projekt (Beispiel: Repository) zu sehen.

Diese Hardware muß durch zweckentsprechende Software ergänzt werden. Im wesentlichen sind es Funktionen der Büroautomation, die man einsetzen kann. Sie werden im folgenden beleuchtet.

Textverarbeitung

Das Resultat der Feinplanung ist ein vielfältiges Gedankengut, das zum großen Teil in schriftlicher Form dargestellt werden muß. Deshalb wird die Textverarbeitung benützt zur Erstellung der Berichte und Protokolle, der Bestellungen, Reklamationen, Korrespondenzen und des größten Teiles der Dokumentation (Systemhandbuch, Benutzerhandbuch und weiteres). Hat man nur einfache Verzeichnisse zu erstellen oder ist der Datenkatalog im ersten Entwurf nicht allzu umfangreich, so kann man auch für solche Dokumente die Textverarbeitung verwenden.

Formularerstellung

Mit den üblichen Textverarbeitungssystemen kann man meistens nur mit Mühe Formulare gestalten und erstellen. Dafür gibt es eigene Software, die einfach im Gebrauch und komfortabel im Ergebnis ist. Man kann damit beliebige Kästen zeichnen, sie mit den verschiedensten Arten von Strichen umranden und mit verschiedenen Schriften füllen. Das Resultat ist jeweils ein Formular, das graphisch gut aussieht und nach Wunsch verwendet werden kann. Beispiele für solche Formulare sind:

- Tätigkeitsliste (Bild 4.4),
- Lieferschein (Bild 7.1),
- Programmverzeichnis (Bild 9.1),
- Programmspezifikation (Bild 10.2).

Auch einfache Zeichnungen kann man anfertigen: Datenmodell (Bild 7.9).

Tabellenkalkulation

Personal Computer und Workstations der Büroautomation bieten die Möglichkeit, mit spezieller Software in bewährter Weise Tabellen zu berechnen. Bei der Feinplanung sind sie in einigen Anwendungen sehr zweckmäßig, zum Beispiel:

- *Budgetierung und Kostenkontrolle* sind ja das eigentliche Spezialgebiet dieser Software. Also wird man sie in erster Linie auch hier für diesen Zweck einsetzen. Einige Muster können als Anregung den Bildern 4.7 und 22.3 bis 22.6 entnommen werden.

- *Arbeitsvorbereitung und Belastungsplanung* werden mit Tabellenkalkulation einfach und übersichtlich. Das Verfahren *Programm-Verteilungs-Plan* ist direkt auf die Möglichkeiten solcher Programme zugeschnitten. Es ist im Kapitel 9 beschrieben, die Bilder 9.3 bis 9.6 zeigen das Vorgehen.
- *Aufwandsrechnungen* werden mehrfach und mit geänderten Prämissen durchgeführt, was mit der Tabellenkalkulation mühelos möglich ist. Ein Beispiel für derartige Berechnungen ist die *Function Point Analysis*, die zur analytischen Bestimmung des Programmieraufwandes dient und im Kapitel 9 beschrieben wurde.

Graphik

Die genannten Werkzeuge bieten sich immer auch dafür an, sie für graphische Darstellungen einzusetzen. Solche Graphiken können ihre Daten aus manueller Eingabe beziehen, sie können diese aber auch aus anderen Programmen übernehmen, zum Beispiel aus einer Tabellenkalkulation. Darüber hinaus können sie am Bildschirm durch weiteres Zeichnen oder mit Zusatztexten ergänzt werden. Anschließend können sie als selbständiges Bild ausgedruckt oder mit einem Plotter gezeichnet werden. Eine andere Möglichkeit ist eine direkte Übernahme durch das Textsystem in auszudruckende Schriftstücke. Werden Graphiken maschinell erstellt, hat man vor allem drei Vorteile:

1. Sie sehen ansprechend aus.
2. Wenn Daten unmittelbar aus einem Rechenprogramm übernommen werden, entfallen Übertragungsfehler.
3. Sie lassen sich mit wenig Aufwand ändern.

Als Nachteil ist hinzunehmen, daß das Erstellen der ersten Fassung eines Bildes mehr Arbeit macht, als das manuelle Zeichnen. Einige Anwendungsbeispiele für Graphiken im Feinkonzept:

- *Balkendiagramme* für die Terminplanung (Bild 3.1 und Bild 4.5),
- *Funktionsdiagramme* wie die Darstellung des Programmieraufwandes (Bild 9.2),
- *Organigramme* für Aufbauorganisationen, die ja gerne und oft geändert werden (Bild 4.3),
- *Petri-Netze* als Spezialmethode für die Problemanalyse (Bild 10.1) und
- *allgemeine Zeichnungen*, wie sie im Kapitel 6 mehrfach dargestellt sind.

»Kleine« Datenbanksysteme (kDBS)

Für Personal Computer und Systeme der Büroautomation gibt es Datenbank- und -verwaltungssysteme, die für kleine und mittlerer Dateigrößen vielen Zwecken dienen. Sie werden im folgenden als »kleine Datenbanksysteme« (abgekürzt: kDBS) bezeichnet. Das Einsatzgebiet solcher »kleiner« Datenbanksysteme liegt für die Feinplanung in der Verwaltung von Verzeichnissen jeder Art und im Prototyping. Sie können von erfahrenen Benutzern ohne Programmierung direkt angewandt werden. Da sie aber auch mit Sprachen der 4. Generation programmierbar sind, können

Programme erstellt werden, die dann jedermann die Benützung mit allem nötigen Komfort ermöglichen.

Über Verzeichnisse wurde oben bereits einiges gesagt. Es ist natürlich von Vorteil, Verzeichnisse nicht in Listen auf Papier führen zu müssen, sondern in einem Computer gespeichert zu haben. Alle Änderungen und Druckausgaben in beliebiger, verschiedener Form sind dann kein Problem.

- Man könnte zum Beispiel einen *Datenkatalog* zunächst auf einem Personal Computer mit einem kDBS anlegen und dann später, wenn das große Produktionssystem zur Verfügung steht, auf dieses übertragen.
- Ein anderes Beispiel: Die *Dokumentation* des Projektes ist oft umfangreich. Die Organisation der Bibliothek muß in der Feinplanung eingerichtet werden. Ein kDBS mit einem Literaturverwaltungsprogramm ist dafür das geeignete Werkzeug.
- Eine *Verwaltung aller EDV-Geräte* ist einzurichten. Sie schließt alle Hardwareteile samt Peripherie (Bildschirmterminals, Drucker) ein. Ein kDBS eignet sich dafür.
- Das gleiche gilt für die *Verwaltung der Kommunikationseinrichtungen*, insbesondere aller Komponenten der Verkabelung (siehe Kapitel 16).
- In größeren Projekten ist die *Ausbildungsplanung* eine umfangreiche Aufgabe, für die ein kDBS hilfreich sein kann.

Für den *Einsatz im Prototyping* sind »kleine« Datenbanksysteme besonders gut geeignet. Da geht es allerdings gar nicht darum, irgendwelche Datenbestände zu verwalten. Aber die kDBS geben die Möglichkeit, schnell ein großes Anwendungsprogramm zu simulieren. Die kDBS sind einfach zu programmieren und stellen Generatoren für Bildschirmmasken und Listen zur Verfügung. Dadurch hat man ein Mittel in der Hand, um den zukünftigen Benutzern ohne großen Aufwand Bilder und Listen zeigen zu können, mit denen sie später arbeiten werden. Das gibt ihnen die Möglichkeit, das Geschaute zu beurteilen und Verbesserungswünsche anzubringen. Man kann im Hintergrund kleine Dateien mit einigen wenigen Datensätzen bereitstellen und die Datenverwaltung und die Bedienung ausprobieren lassen. Daraus ergeben sich für die Benutzer und für die Informatiker Erfahrungen mit dem zukünftigen System, obwohl dieses noch gar nicht existiert. Der Aufwand für die Herstellung eines solchen Prototyps ist bescheiden: etwa in einem Tag ist er erstellt. Für alle wichtigeren Dialogverarbeitungen lohnt sich das, da ein Prototyp die Mitwirkung des Benutzers bei der Programmentwicklung außerordentlich fördert.

Solche Prototypen können in der Regel nicht direkt weiter zum späteren Anwendungsprogramm ausgebaut werden, da beide auf ganz unterschiedlichen Voraussetzungen beruhen. Aber eine Neuprogrammierung für das definitive Anwendungssystem ist sehr viel leichter und schneller, wenn man einige wichtige Voraussetzungen schon in der Praxis erprobt hat. Einiges wird man unmittelbar aus dem Prototyp ableiten können, zum Beispiel die *Fehlerbehandlung*.

Es ist auch zweckmäßig, einen Prototyp zur *Ausbildung* einzusetzen. So können zukünftige Benutzer in der Bedienung des Anwendungssystems am Bildschirm mit dem Prototyp als Simulation geschult werden. Wenn sie dann nach der Übernahme des neuen Systems mit ihrer Arbeit am Bildschirm beginnen, haben sie bereits eigene praktische Kenntnisse.

Spezialaufgaben für Personal Computer

Die PCs in der Projektgruppe oder bei den Anwendern sollen bei Bedarf auch für Spezialaufgaben eingesetzt werden. Hierzu einige Anregungen:

- *Rechnen:* Es gibt in der Systementwicklung und besonders bei der Vorbereitung der Programmspezifikationen Lösungsideen, die rechnerisch entwickelt und überprüft werden müssen. Beispiele sind: alle Algorithmen, Prüfziffern, Numerierungssysteme, kryptographische Verfahren, mathematische Modelle (insbesondere Prognosemodelle).
- *EAN-Code:* Sind Abläufe vorzubereiten, in denen maschinenlesbare Codes eingesetzt werden sollen, zum Beispiel der EAN-Code, kann man solchen Code zum Ausprobieren und Testen mit einem Personal Computer vorbereiten.
- *Netzplantechnik:* Große Informatikprojekte werden manchmal mit Hilfe der Netzplantechnik durchgeführt. Es gibt Programme dafür, die auf Personal Computern laufen.
- *Dialoganleitung für Schadenfälle:* Für das Sicherheitskonzept kann ein Dialogsystem entwickelt werden, das im Schadenfall durch ein Frage-Antwort-Verfahren dem Krisenstab das zweckmäßige Vorgehen schrittweise angibt. Ein solches Verfahren müßte in der Feinplanung entwickelt und auf einem unabhängigen Personal Computer realisiert werden.

Diese Hinweise können beliebig ergänzt werden. Auf jeden Fall sollen den Projektgruppen einige Personal Computer zur Verfügung stehen, was immer sie dann mit diesen machen werden. Hier kann man einmal eine Ausnahme machen und Bürogeräte beschaffen, ohne daß die Anforderungen an diese schon genau bekannt sind. Der bescheidene Preis und die vielfältige Einsatzmöglichkeit der Personal Computer in Informatikprojekten gestatten das.

CASE

Die Abkürzung CASE hat zweierlei Bedeutung: eine umfassendere meint damit *Computer Aided Systems Engineering*, die speziellere hingegen *Computer Aided Software Engineering*. Damit ist die Computerunterstützung für die Entwicklung ganzer (Informatik-) Systeme oder - bescheidener - der Softwareentwicklung gemeint. Der Begriff entstand in den 80er Jahren, es wurden viele Bücher über CASE geschrieben und hunderte Produkte entwickelt, die es realisieren sollen.

CASE im Sinne von Computer Aided Software Engineering stellt eine Technik zur Verfügung, mit deren Hilfe komplexe Anwendungssysteme interaktiv entwikkelt und produziert werden können. Die Technik umfaßt Methoden, Software, Hardware und Dokumentation. Der Anwender wird in die Entwicklung mit einbezogen.

Die verschiedenen Produkte, die heute als CASE angeboten werden unterscheidet man noch nach zwei Klassen:

- *Upper CASE:* Werkzeuge dieser Gruppe unterstützen die frühen Entwicklungsphasen der Software, wie Problemanalyse, Datenmodellierung und Programmspezifikation.
- *Lower CASE:* Diese Werkzeuge gehören zu den späten Phasen der Softwareentwicklung, wie Programmentwurf, Codierung und Test. Es sind also im wesentlichen Programmierwerkzeuge, die bei exakt gegebenen Voraussetzungen »automatisch« einen Programmcode (zum Beispiel in Cobol) erstellen.

Von einer brauchbaren CASE-Umgebung wird vieles erwartet: Man wünscht aufeinander abgestimmte Werkzeuge mit einheitlicher Benutzeroberfläche, die durchgängig und lückenlos die verschiedenen Phasen unterstützen. Solche Werkzeuge benötigen eine Datenbasis, die als Datenbank alle Elemente eines Informationssystems oder zumindest eines Softwaresystems enthält. Solche Datenbanken wurden geschaffen, man nennt sie *Repositories.* Weiter oben in diesem Kapitel sind sie erklärt worden. An CASE-Umgebungen werden folgende vier Anforderungen gestellt:

1. Der gesamte Projektablauf soll mit allen seinen Arbeitsschritten geplant und überwacht werden können.
2. Die kreative Entwicklungsarbeit soll unterstützt werden und für die Entwicklung soll eine ausgereifte Methode zur Verfügung stehen. Der Entwurf soll von der Implementation getrennt sein: Er soll auf einer logischen Ebene erfolgen, die von der Hardware und Software der Realisierung unabhängig ist.
3. Alle Ergebnisse sollen in einer Datenbank abgelegt und auf Übereinstimmung und Vollständigkeit geprüft werden.
4. Die Ergebnisse sollen automatisch in effiziente, lauffähige Programme umgesetzt werden. Es sollen außerdem die Datenstrukturen, Bildschirmmasken, Listenbilder und die System- und Anwenderdokumentation generiert werden.

Die heutigen Werkzeuge sind noch heterogen und unterstützen lediglich Teilbereiche der Gesamtentwicklung. Für die Entwicklung und Realisierung von Systemen der Informatik gibt es noch kein genormtes oder einheitliches Verfahren. In anderen Bereichen der Technik sind solche Verfahren hingegen längst selbstverständlich: Auf der ganzen Welt werden Elektromotoren oder vorgespannte Betonbrücken oder Druckrohrleitungen genau gleich berechnet. In der Informatik ist das nicht so und daraus resultiert das Problem, gute Werkzeuge für jeden Zweck verfügbar zu machen.

Eine Grundregel muß klar sein: Wenn man etwas automatisieren will, muß man wissen, was man automatisieren will. Man braucht also Kenntnisse, um Informatikprojekte durchzuführen; diese müssen umfassend sein und niemand kann sie durch CASE ersetzen. Wenn die Kenntnisse erworben sind und Methoden enthalten, die von CASE unterstützt werden: ***dann*** kann man CASE als Werkzeug einsetzen. Hier nochmals das bekannte Gleichnis: Wenn sich jemand eine Motorsäge kauft, so ist er noch kein Holzfäller – aber einem erfahrenen Holzfäller kann eine Motorsäge großartige Dienste leisten.

In den erforderlichen Grundkenntnissen liegt auch die größte Hemmschwelle für den Einsatz von CASE. Große und erfahrene Anwender haben auf CASE verzichtet und mit konventionellen Verfahren ihre Informatiksysteme entwickelt, weil der Aufwand für Ausbildung, Schulung und Praxis beim Einsatz von CASE nicht tragbar erschien und die Realisierung unzulässig (um Jahre) verzögert hätte.

Es gibt andererseits viele Gründe für CASE. Die Datenmodellierung und die gesamte Problemanalyse sind eine große Arbeit. CASE hat den Zweck, diese Arbeiten zu erleichtern und dann automatisch Programme zu erstellen. Dem mittelgroßen und kleinen Anwender steht jedoch eine andere Möglichkeit viel näher: Standardsoftware muß und wird immer mehr die Individualprogramme verdrängen. Hierhin führt für solche Anwender der Weg! Der Einsatz von CASE betrifft vor allem Softwarehersteller und große Anwender, diese müssen sich damit auseinandersetzen.

Eine sehr angesehene Tageszeitung in Zürich hat im Jahre 1992 folgende Aussage eines ebenfalls sehr angesehenen Informatikers veröffentlicht: »Mit CASE konnte die Produktion und Entwicklung von Software mit Hilfe des Computers – und wenn es auch nur ein PC war – automatisiert werden.« Kein Satz konnte 1992 noch mehr falsch sein als dieser. Aber die Entwicklung deutet darauf hin, daß nach und nach wirklich gute Werkzeuge auf den Markt kommen und zumindest für große Softwareentwickler hilfreich sein werden. Diesen sei empfohlen, die Veröffentlichungen der Anbieter sorgsam zu beobachten.

Fallstudie IGEL: Zurück an den Anfang.

Schon im ersten Monat der Feinplanung haben in der F*Z*G die Herren Dr. Kulack, Biermann, Süßkind und Vredestein miteinander die Fragen der Werkzeuge besprochen. Herrn Biermann stand damals ein Personal Computer zur Verfügung, der schon einigermaßen veraltet war: Arbeitsspeicher und Magnetplatte waren voll ausgelastet und nicht erweiterungsfähig. Man beschloß, einen Beschaffungsantrag für drei neue Personal Computer zur Projektabwicklung zu stellen. Diese drei Maschinen sollten bei den Herren Dr.Kulack, Biermann und Vredestein (Mitbenützung Herr Süßkind) aufgestellt werden. Ein einfaches Netzwerk sollte die drei Geräte verbinden. Das Bild 23.1 zeigt den Beschaffungsantrag.

Man besprach auch die klassischen Hilfsmittel und beschloß, soweit wie möglich alle Formulare, Verzeichnisse, Checklisten, Graphiken in den Speichern der Personal Computer zu führen und nur bei Bedarf (Weitergabe nach außen, zum Beispiel an die Projektkommission) auszudrucken.

In einer Projektsitzung kam auch das Thema CASE zur Sprache. Herr Trutschka erläuterte, daß das Softwarehaus FICOSO AG. bei der Entwicklung seiner Standardsoftware mit Erfolg das CASE-System »Seven Dwarfs« einsetze. Für einfache Dialogprogramme und auch für viele Batchanwendungen sei es ein geradezu geniales Hilfsmittel, um schnell zu lauffähigen Programmen zu kommen. Allerdings sei der Schulungsaufwand etwas zeitraubend und teuer. Für die Programmierung der Individualprogramme im Hause F*Z*G würde er es noch nicht empfehlen. Erstens wäre die Schulung im Verhältnis zur Realisierung der Programme zu anspruchsvoll und zweitens wurde bereits ein CASE-Nachfolgesystem »Twelve Dwarfs« angekündigt, das eine ganz neue Benutzeroberfläche mitbringen soll. Man einigte sich darüber, daß man vorläufig CASE im Projekt IGEL noch nicht einsetzen wolle. Herr Trutschka wurde aber gebeten, die Projektgruppe über neue Entwicklungen laufend zu orientieren.

F*Z*G Projekt IGEL	**Beschaffungsantrag an die Direktion**	Name: Kulack Datum: 5.11.94
Gegenstand	3 Stk. Personal Computer »Taiwan 505«, 8 MB + 120 MB, 3 Stk. Ink-Jet-Drucker »Sister 550«, 1 Stk. Netzwerk »Smallfast« 3 Ex. Betriebssystem MS-DOS/Windows Software: 3 Ex. Textsystem »Writer«, 3 Ex. Tabellenkalkulation »Tulpe 1-2-3« 1 Ex. Datenbank »Basis V« 1 Ex. Grafiksystem »Dresden Sketch« 2 Ex. Compiler »C++«	
Kosten	DM 36.000,–	
Lieferant	Personal Store AG, Düsseldorf	
Begründung	Die Systeme sollen die Systementwicklung IGEL unterstützen. Sie werden der Projektgruppe zur Verfügung gestellt.	
Wirtschaftlichkeit	Unentbehrliches Hilfsmittel: Einsparung an Arbeitszeit mindestens 200 Arbeitstage (ca. 64.000.– DM)	
***Zusatzfragen** (Bitte lückenlos mit Ja oder Nein beantworten):* – Wurden Konkurrenzofferten eingeholt? Ja – Entspricht der Antrag der besten Variante? Ja – Sind die Kosten im Jahresbudget genehmigt? Ja – Sind allfällige Folgekosten (z.B. für Wartung, Betrieb) geringer als DM 2.000,– pro Jahr? Ja – Sind die Mitarbeiter mit dieser Beschaffung einverstanden? Ja – Sind die Vorgesetzten einverstanden? Ja – Kommt das gewählte Produkt aus Ländern des EWR? Nein		
Falls Zusatzfragen mit «Nein« beantwortet werden mußten, nähere Begründung der Auswahl: – Im EWR ist kein entsprechendes Produkt zu ähnlichen Kosten erhältlich.		
Bemerkungen: Für die Durchführung des Projektes ist diese Beschaffung sehr wünschenswert. Nach Projektabschluß können die Systeme für Zwecke der Geschäftsabwicklung weiter verwendet werden. Ein Anschluß an das System CS/200 ist vorgesehen.		
Antragsteller, Abteilung, Kostenstelle, Datum: Kulack, Informatik (Projekt IGEL), KS 1007, 5. November 1994		

23.1 Beschaffungsantrag für drei Personal Computer und verbindendes Netz als Hilfsmittel zur Projektabwicklung

Merksätze

- Neben Bleistift und Papier sind wichtige Werkzeuge: Formulare, Checklisten, Verzeichnisse (Repositories und andere) sowie Personal Computer und Einrichtungen der Büroautomation.
- Repositories enthalten den Datenkatalog, Enzyklopädien der Programme und Funktionen und Dokumentation. Sie werden als Datenbanken realisiert.
- Setzt man maschinelle Werkzeuge (Personal Computer oder Systeme der Büroautomation) ein, gehört entsprechende Software dazu: Textverarbeitung, Formularsysteme, Tabellenkalkulation, Graphik, »kleine« Datenbanken.
- Die »kleinen« Datenbanken auf Personal Computern können für ein Prototyping eingesetzt werden. Dieses hilft dem Benutzer bei der Anwendungsentwicklung und in der Ausbildung.
- CASE (»Computer Aided Systems Engineering, bzw. Software Engineering«) ist der Sammelbegriff für viele Verfahren der Computerunterstützung für die System-, bzw. Softwareentwicklung. Es soll die Entwicklung automatisieren.
- »Upper CASE« unterstützt frühe Entwicklungsphasen der Software (Problemanalyse, Datenmodellierung, Programmspezifikation). »Lower CASE« hilft in späten Phasen, wie Programmentwurf, Codierung und Test.
- Die heutigen Werkzeuge des CASE sind heterogen. Sie unterstützen verschiedene Teilbereiche der Gesamtentwicklung von Systemen oder Software.
- Wenn man automatisieren will, so muß man wissen, ***was*** man automatisieren will.

Ergebnisse

Das Ergebnis nach dem Studium dieses Kapitels ist ein Überblick darüber, welche Werkzeuge man für die Feinplanung einsetzen kann: Formulare, Checklisten, Verzeichnisse und vor allem Personal Computer (oder Workstations der Büroautomation in einem Netz) für Texte, Graphiken, Tabellenkalkulation, kleine Datenbanksysteme und Spezialaufgaben. Sind die entsprechenden Hilfsmittel noch nicht vorhanden, so müssen sie – je nach Bedarf – beschafft werden. So wird unter Umständen ein Beschaffungsantrag aus den hier angestellten Überlegungen resultieren, zum Beispiel für einen oder mehrere Personal Computer.

Literatur

TORNSDORF, H., TORNSDORF, M.: PC für Einsteiger. Vom Rechnerkauf bis zum praktischen Einsatz.

HRUSCHKA, P.: Mein Weg zu CASE.

BECKER, M., EBNER, M.: Planen und Entscheiden mit Operations Research.

BERG, R. ET AL.: Netzplantechnik.

24. Am Ziel: Das Feinkonzept ist erstellt

Das Feinkonzept wird sinngemäß gegliedert und dem Entscheidungsträger präsentiert. Dieser entscheidet, wie es weitergehen soll.

Am Schluß der Feinplanung stehen zwei Arbeiten: erstens muß die schriftliche Darstellung aller Ergebnisse zusammengestellt und ergänzt werden und zweitens sind die Ergebnisse dem Entscheidungsträger und den Anwendern zu präsentieren. Aufgrund der Präsentation und nach einem Einblick in die schriftlichen Unterlagen fällen die Verantwortlichen ihren Entscheid: grünes Licht für die Realisierung oder Rückweisung des Konzeptes an die Projektgruppe zur weiteren Bearbeitung.

Das Feinkonzept als Dokument

Letzten Endes liegt eine große Menge beschriebenen Papiers vor: Systemhandbuch, Benutzerhandbuch, Sicherheitskonzept, vielfältige Pläne und Texte. Der größte Teil des Feinkonzeptes ist während der einzelnen Schritte dieser Phase entstanden und muß jetzt noch zweckmäßig gegliedert und zusammengestellt, allenfalls auch redigiert und ergänzt werden.

Im folgenden wird eine Gliederung und Einteilung für die einzelnen Schriftstücke vorgeschlagen. Die untenstehende Unterteilung schlägt Bände (oder Ordner) und Kapitel vor. Bände werden dort mit Buchstaben, Kapitel mit Strichen bezeichnet.

A) *Feinkonzept, Allgemeines:* Dieser allgemeine Teil enthält die unveränderliche Dokumentation des Feinkonzeptes. Es sind jene Teile, die später im Betrieb kaum wieder gelesen werden.
   - Beschreibung der Ausgangssituation und ihrer Änderungen nach Abschluß des Grobkonzeptes,
   - Beschreibung der Projektorganisation und ihrer Tätigkeiten, Protokolle und Berichte der Arbeiten in der Projektgruppe,
   - Hardware und Betriebssoftware,
   - Arbeitsgebiete und Beschaffung der Anwendungssoftware,
   - Programmverzeichnis mit Aufwandschätzung und Aufgabenverteilung,
   - Programmier-Arbeitsplan mit Terminvorgaben,
   - Budgetierung, Kosten-/Aufwandkontrolle der Feinplanung,
   - Personaleinstellungen, Stellenbesetzungen (Stellenbeschreibungen, Anstellungsverträge),
   - Anträge an die Geschäftsleitung und deren Entscheidungen.

B) *Systemhandbuch:* Dieses Buch ist zunächst ein Konzept, das in der Folge realisiert wird. Während des produktiven Betriebes wird es als Handbuch dienen. Es ist für das neue Informationssystem die wichtigste Informationsquelle und Arbeitsunterlage der Informatiker. Die meisten Kapitel müssen laufend nachgeführt werden und den aktuellen Stand widerspiegeln.

- Soll-Lösung (Arbeitsgebiete, Materialfluß, Informationsfluß, Mengen und Häufigkeiten),
- Datenmodell (Übersicht und detailliert),
- Datenkatalog,
- Verzeichnis der Dateien,
- Struktur der Datensätze,
- Programmverzeichnis,
- Spezifikation für jedes Programm (inkl. Prüfkriterien der Eingabe, Algorithmen, Bildschirmmasken, Listenbilder)
- Spezifikation der Parametrisierungen und der Programmänderungen für jedes Programm der Standardsoftware,
- interne Normen (Normblätter),
- Testplanung (Vorgehen, Ablauf, Testdaten),
- Numerierungssysteme, Prüfziffern, Algorithmen,
- Planung der Datenübernahme (Verfahren, Programme),
- Schulungsplan (Ausbildung der Informatiker, der Benutzer und des Managements),
- Texte allgemeiner Art (für Meldungen, Briefe, Rechnungen, Mahnungen und Kleingedrucktes),
- verschiedene spezifische Details.

C) *Organisatorisches Konzept:* Hierin ist die Planung aller betroffenen Arbeitsabläufe enthalten. Das Ergebnis sind die von der Geschäftsleitung genehmigten Weisungen an das ausführende Personal.
- Übersicht Materialfluß,
- Übersicht Informationsfluß,
- verbale Erklärung jedes einzelnen Arbeitsablaufes, mit detailliertem Material- und Informationsfluß je Gruppe von Transaktionen,
- Formularentwürfe,
- Organisation der Datenerfassung,
- Weisungen an das ausführende Personal.

D) *Sicherheitskonzept:* Eine detaillierte Besprechung des Sicherheitskonzeptes ist im Kapitel 20 enthalten.
- Allgemeines: Sicherheitschef, Risikofaktoren, Störungseinfluß auf Fachabteilungen und Arbeitsgebiete, Arten der Störungen,
- vorbeugende Sicherheitsmaßnahmen: Übersicht, Sicherheitsmaßnahmen im Rechenzentrum, Sicherheitsmaßnahmen in den Fachabteilungen,
- Maßnahmen bei Ausfällen: Krisenstab, Maßnahmen in der EDV, Maßnahmen in den Fachabteilungen,
- Notfallorganisation der Fachabteilungen,

- Checklisten: Tagesendverarbeitungen (Sicherstellungen), Wiederanlaufverfahren,
- Vorgehen bei Programmänderungen,
- Anhang: Adressen, Telefonnummern, Standorte, Störungsprotokoll, Datensicherungsprotokoll, Änderungsdienst des Sicherheitskonzeptes, Verteiler.

E) *Infrastrukturplan:* Nähere Angaben zur Infrastruktur findet man im Kapitel 18. Die Datenkanäle und das Datennetz wurden im Kapitel 16 erörtert. Die meisten Unterlagen haben die Form von Graphiken, Plänen und Konstruktionszeichnungen. Diese werden durch Kurzbeschreibungen ergänzt.
- Hardware-Übersicht,
- Aufstellungspläne für Maschinenräume,
- Raumplan mit Datensteckdosen, Raumliste,
- Plan der Verteilerübersicht,
- Pläne der Kabelanschlüsse an den Verteilern,
- Verkabelungspläne,
- Entwurf einer Notstromversorgung,
- Plan der Notbeleuchtung,
- Klimaanlage: Berechnung und Entwurfspläne,
- Pläne der Doppelböden,
- Baupläne für Sicherheitszone und Archiv,
- Einrichtungspläne für Archiv und Bibliothek,
- Skizzen der Transportwege,
- Pläne für Brandmeldeanlage und Schutzgasanlage,
- Aufstellungsorte für Feuerlöscher,
- Feuerlöscher: Bedienungsanleitung,
- Feuerlöscher: Wartungsjournal,
- Prospekte der ausgewählten Möbel,
- Offert- und Evaluationsunterlagen,
- Bestellungen und Lieferverträge,
- Lieferantenverzeichnis.

F) *Benutzerhandbuch:* Für das Benutzerhandbuch wird im Feinkonzept nur ein erster Teil erstellt, der Rest kommt während der Realisierung und Einführung hinzu. Als erster Teil wird ein Auszug aus dem allgemeinen Teil und aus dem Systemhandbuch in Kurzform erstellt.
- Hardware und Betriebssoftware,
- Arbeitsgebiete und Beschaffung der Anwendungssoftware,
- Datenmodell,
- Datenkatalog,
- Verzeichnis der Dateien,
- Struktur der Datensätze,
- Programmverzeichnis,
- Programmspezifikation,

} Jedes Buch enthält nur diejenigen Teile, die den Empfänger direkt betreffen.

- interne Normen,
- Numerierungssysteme, Prüfziffern, Algorithmen,
- allgemeine Texte.
- In den späteren Phasen kommen hinzu: Programmkontrollblätter, Bedienungsanleitungen, Fehlermeldungen mit Ursachen und Maßnahmen, Testergebnisse, Erfahrungen.

Diese Einteilung des Feinkonzeptes muß – wie jede organisatorische Lösung und ihr schriftlicher Niederschlag – den Gegebenheiten angepaßt, das heißt entsprechend gekürzt oder auch ausführlicher gestaltet werden.

Die *Aufbewahrung und Verteilung* der verschiedenen Teile des Feinkonzeptes kann folgendermaßen vorgenommen werden:

- Das Original des gesamten Werkes kommt ins Archiv. Eine Kopie davon wird in einem Depot außer Haus gelagert.
- Alle Teile des Feinkonzeptes außer dem Sicherheitskonzept werden in die Bibliothek der Informatikabteilung gestellt und sind für alle Informatiker zugänglich.
- Das Sicherheitskonzept ist beim Sicherheitsbeauftragten deponiert.
- Die Geschäftsleitung erhält zum Abschluß der Feinkonzeption eine vollständige Kopie aller Teile als Beilage zur Entscheidungsunterlage. Dieses Exemplar wird später jedoch nicht aktualisiert.
- Die Benutzer erhalten während der Ausbildung für ihren Arbeitsablauf ein für sie persönlich zusammengestelltes Exemplar des Benutzerhandbuches, das ihr spezielles Arbeitsgebiet betrifft. Ergänzt wird dieses mit den Weisungen aus dem organisatorischen Konzept.

Präsentation vor der Entscheidungsinstanz

Am Ende der Feinplanung muß entschieden werden, wie es weitergehen soll. Die Geschäfts- oder Abteilungsleitung wird auf Antrag der Projektgruppe die »Realisierung« und »Einführung« als nächste Phasen zur Bearbeitung freigeben oder veranlassen, daß das Feinkonzept nochmals überarbeitet wird, wenn sie mit dem Ergebnis nicht einverstanden ist. Bei einem Anwender geht es jetzt nicht um einen Grundsatzentscheid, ob das Projekt weiterzuführen ist, sondern um die Genehmigung, wie das gemacht werden soll: um Details, um Ausführungswege. Bei der Erstellung von Standardsoftware in einem Softwarehaus wird jedoch jetzt erst definitiv entschieden, ob ein Projekt weitergeführt, geändert oder eingestellt werden soll.

Was dient den Verantwortlichen als Entscheidungsgrundlage? Der Umfang des Feinkonzeptes ist beträchtlich, es füllt einige Ordner. Der Inhalt ist detailliert und besteht aus unzähligen Einzelheiten. Deshalb eignet sich das Feinkonzept allein nicht als Entscheidungsgrundlage.

Das Projektteam muß deshalb die wichtigsten Punkte des Inhalts, soweit sie nicht ohnehin aus dem Grobkonzept schon bekannt sind, in eine Präsentationsunterlage umarbeiten. Der Umfang kann etwa 30 Folien für einen Hellraumprojektor betragen. Die Folien sollen auch in gedruckter Form zur Verfügung gestellt werden. Anhand dieser Folien kann der Projektleiter der Entscheidungsinstanz das Feinkonzept vorstellen – als Überblick in summarischer Form. Er muß ausdrücklich auf Abweichungen gegenüber dem Grobkonzept hinweisen, alle wichtigen Erkenntnisse nennen und erläutern, welche Engpässe und Schwierigkeiten erwartet werden. Das Entscheidungsgremium erhält zusätzlich ein vollständiges Exemplar des Feinkonzeptes, in dem es allenfalls Details nachlesen kann. Die Präsentation kann wie folgt aufgebaut werden:

- Zielsetzung für das Feinkonzept,
- Ausgangssituation gemäß Grobkonzept (Hardwarekonfiguration, Hardwarelieferant, Arbeitsgebiete/Software/Hersteller, Verträge, Kostenrahmen, Termine),
- Änderungen gegenüber der Ausgangssituation mit Begründung,
- Projektorganisation im Feinkonzept, Erfahrungen aus der Mitarbeit der Benutzer,
- Individualsoftware: Überblick über Programmverzeichnis und erwarteten Aufwand, Aufgabenverteilung,
- Überblick der zukünftigen Ablauforganisation, Erläuterung der Weisungen, die vom Entscheidungsträger genehmigt werden müssen,
- Testplanung,
- Planung der Datenübernahme,
- Sicherheitskonzept,
- Archiv- und Bibliotheksorganisation,
- Infrastrukturplan mit Kostenübersicht,
- erwartete Schwierigkeiten und kritische Abschnitte der nächsten Phasen,
- Kostenvorschau bis zur Übernahme (Realisierung, Test, Einführung der neuen Ablauforganisation, Schulung und Instruktion, Infrastruktur),
- Antrag auf Genehmigung der Phasen Realisierung und Einführung.

Diese Gliederung der Präsentation gilt für Anwender. Für ein Softwarehaus ist es anders: Dort entfallen die Betrachtungen zur Individualsoftware. Zusätzlich muß eine detaillierte Wirtschaftlichkeitsrechnung mit Marktprognosen, Produktions-, Werbe- und Vertriebskosten gezeigt werden.

Nach der Schlußpräsentation und der Beantwortung allfälliger Zusatzfragen sollten die Verantwortlichen innerhalb von *zwei Wochen* ihren *Entscheid* fällen: Zustimmung oder Rückweisung.

Präsentation vor der Belegschaft

Alle Anwender oder die ganze Belegschaft sollten jetzt über den Stand des Projektes und über die Ergebnisse der Feinplanung informiert werden. Dies geschieht in Form einer Präsentation. Sie findet nach der Genehmigung des Feinkonzeptes statt. So kann man Maßnahmen und Vorgehensweisen bekanntgeben, die bereits bewilligt sind und eingeführt werden, wenn keine begründeten Einsprüche erfolgen. Auch nach dieser Abschlußveranstaltung sollen die Mitarbeiter jedoch immer noch die Möglichkeit haben, zu dem Angekündigten Stellung zu beziehen, Fragen zu stellen,

Einspruch zu erheben oder Verbesserungen vorzuschlagen. Diese sollen nun aber in schriftlicher Form unmittelbar an den Projektleiter gerichtet werden.

Der Inhalt dieser Präsentation umfaßt alle Ergebnisse der Feinplanung in Form einer Übersicht, ohne Details. (Beispiel: Es ist nicht nötig, einzelne Programmspezifikationen zu besprechen. Hingegen ist ein Überblick über das Datenmodell für alle wichtig.) Die Informatiker können hier dieselben Unterlagen verwenden, die sie auch der Direktion gezeigt haben. Die mündlichen Erklärungen sollen jedoch vereinfacht und verkürzt werden. Für alle zukünftigen Benutzer muß die Teilnahme obligatorisch sein, denn die Informationen über das Feinkonzept gehören zu ihrer Schulung.

Fallstudie IGEL: Das Teilprojekt wird abgeschlossen.

Im Mai 1995 war die Zeit gekommen, den Abschluß der Feinkonzeption an die Hand zu nehmen. Frau Fink und die Herren Dr. Kulack, Biermann und Vredestein zogen sich zu einer dreitägigen Klausur in das Konferenzzimmer der Verkaufsabteilung zurück. Dort wurde das gesamte Schriftgut geordnet, geprüft, ausgewählt und ergänzt und zum Urexemplar des Feinkonzeptes zusammengestellt. Es ergaben sich sechs Ordner mit mehr als 1600 Seiten – man war über diesen Umfang zunächst erschrocken. Frau Fink beruhigte ihre Kollegen, nannte die Zahl eine übliche Größe und wies darauf hin, daß ja niemand dies alles lesen und verstehen müsse. Für die Schlußpräsentation werde sie einen geeigneten Auszug erstellen, da käme man sicher mit 30 bis 40 Folien aus.

So geschah es und am 26. Mai, einem Freitag, fand um 14 Uhr die Schlußpräsentation vor Frau und Herrn Zapfel und den Abteilungsleitern statt. Die Präsentation – Frau Fink hatte sie ausgearbeitet und Herr Dr. Kulack trug sie vor – war anschaulich und wurde mit Interesse verfolgt.

Herr und Frau Zapfel zogen sich mit den Abteilungsleitern zu einer Besprechung zurück, um den Entscheid vorzubereiten. Alle, die an der Präsentation teilgenommen hatten, trafen sich nach einer kurzen Pause wieder. Der Firmeninhaber, Herr Peter Zapfel, gab den Entscheid der Geschäftsleitung bekannt: ***Das Projekt solle wie geplant und vorgeschlagen weitergeführt werden. Das Budget sei genehmigt.*** Dann dankte Herr Zapfel allen, die an der Feinplanung beteiligt waren. Der Umfang, die Vollständigkeit und die Qualität der Arbeit habe alle Mitglieder der Geschäftsleitung beeindruckt. Man danke im besonderen Herrn Dr. Kulack, der als Dirigent seine begabten Orchestermusiker ausgezeichnet geführt habe, um die Symphonie »Feinkonzept« zum Klingen zu bringen. Dieser bedankte sich für das Lob und bat die Mitglieder der Gruppe IGEL, ein paar Worte über ihre Erfahrungen in diesem Projekt oder über ihre Erwartungen für die Zukunft zu sagen. Hier ein Ausschnitt der Aussagen:

- Josip Trutschka (Chefprogrammierer der FICOSO): »Wir haben unseren Terminplan um einen Monat überschritten, aber dafür auch schon einiges für die Realisierung geleistet. Die zukünftigen Benutzer haben gut mit uns zusammen gearbeitet.«

- Ignaz Frosch (Werkmeister *Spedition und Transport*): »Eines ist mir klar geworden: Auf Knopfdruck allein geht gar nichts. Jedes Detail der Verarbeitung muß im Programm stecken.«
- Demian Märkel (Chefbuchhalter): »Das neue System FICO 8-8-8 für das Rechnungswesen ist komfortabel und benutzerfreundlich, teilweise richtig luxuriös. Was mir Sorgen macht, ist die Datenübernahme. Unser heutiges Programm ist noch brauchbar, der Computer auch. Ich war gegen einen Wechsel, aber ich schließe mich der Mehrheit an. Das neue Datenbankkonzept und die Integration der verschiedenen Gebiete leuchtet uns allen ein. Besonders gefällt mir das neue Sicherheitskonzept, da waren wir bis jetzt wohl etwas sorglos. Für die Datenübernahme muß ich die Hilfe von Herrn Trutschka haben!«
- Geza Kästel (Abteilungsleiter *Verkauf und Marketing*): »Computer kosten sehr viel Geld. Aber die neue Auftragsabwicklung muß her, so schnell wie möglich. Schon jetzt habe ich kaum mehr einen Überblick über unsere Absatzgebiete. Die Umsätze in Übersee schwanken anscheinend völlig regellos. Keiner kann mir sagen, warum.«
- Jacqueline Fink (stellv. Projektleiterin): »Wir hatten in der Feinkonzeption eine gute Zusammenarbeit, auch in hektischen Situationen. Ich möchte mich besonders bei Herrn Biermann bedanken: Von ihm habe ich viel gelernt. In stürmischen Situationen muß man zuerst in aller Ruhe die Ursachen der Probleme analysieren und dann entsprechend handeln. Eine Computereinführung ist auch eine soziologische Aufgabe!«
- Attila Süßkind (Programmierer): »Ich arbeite hier überhaupt sehr gern. Wenn Sie mich nach den Gründen fragen: Erstens kann ich in Ruhe arbeiten, ich kann mein Telefon abschalten, ich habe ein schönes Büro und vom Fenster Aussicht auf eine Ulme mit einem Vogelnest – und zweitens kann ich selbständig arbeiten. Man sagt mir, was ich tun soll, aber nicht, wie ich es machen muß.«
- Paul Biermann (Chefprogrammierer): »Ach, daß der Mensch so häufig irrt und nie recht weiß, was kommen wird! Ich danke allen für alles. Und ich wünsche mir, daß wir weiterhin so schön miteinander arbeiten.«
- Ing. Willi Swoboda (Kommerzialrat, stellv. Direktor, Leiter der Außenstelle Wien-Schwechat): »Ich zitiere Nestroy: Überhaupt hat der Fortschritt das an sich, daß er viel größer ausschaut, als er wirklich ist. – Hoffen wir das Beste. Und herzlichen Dank allen, die uns in Wien helfen.«
- Dr. Wladimir Kulack (Abteilungsleiter *Organisation/Informatik*): »Meine Lieben, nur keine Angst! Was wir hinter uns gebracht haben, war viel mehr von Intuition und Phantasie abhängig, als was vor uns liegt. Unser Freund Vredestein würde sagen: Wir sind über dem Berg, jetzt geht es bergab. Spaß beiseite: Die Realisierung wird von Technik und Handwerk bestimmt. Dafür sind wir ausgebildet. Wir sind nicht mehr von Visionen und glücklichen Eingebungen abhängig. Mit unserem Feinkonzept können wir auch zufrieden sein, es ist die beste Grundlage für die nächsten Schritte!«

Damit wurde die letzte Sitzung der Feinplanung abgeschlossen. Als einziges Traktandum blieb noch die Präsentation der Belegschaft zu erledigen, die für den übernächsten Montag geplant wurde. Dann begab man sich gemeinsam zum Bootshaus der Familie Zapfel, wo ein festliches Buffet auf alle wartete.

Jetzt ist es soweit: Der Leser muß von der *Feinkost Zapfel GmbH (F*Z*G)*, von der Fallstudie und der Projektgruppe *IGEL* Abschied nehmen. Was wird weiter geschehen? Wie wird die Informatik der F*Z*G im Jahre 1997 funktionieren? Kleine Schwierigkeiten wird es geben. Einige Dialogprogramme werden unpraktisch sein, verschiedene Stapelverarbeitungen werden einige Male »abstürzen«. Aber eines ist sicher: Es wird keine Katastrophe geben. In kurzer Zeit wird das neue Informationssystem das sein, was es sein soll: *ein brauchbares Werkzeug, über das schon gar nicht mehr gesprochen wird.*

Merksätze

- Am Ende der Feinplanung liegt eine große Menge beschriebenen Papiers vor: *das Feinkonzept.*
- Das Feinkonzept wird nicht am Ende der Phase erstellt, es entsteht fortlaufend während der Arbeiten. Jetzt muß es gegliedert und ergänzt werden.
- Man unterteilt das Feinkonzept in mehrere Bände: Allgemeiner Teil, Systemhandbuch, organisatorisches Konzept, Sicherheitskonzept, Infrastrukturplan und Benutzerhandbuch.
- Das Feinkonzept wird dem Entscheidungsträger präsentiert. Dies ist meist die Geschäftsleitung. Als Entscheidungsunterlage wird ein Auszug aus dem Feinkonzept erstellt.
- Der Entscheidungsträger beschließt die Weiterführung des Projektes gemäß den Vorschlägen der Projektgruppe oder verlangt Änderungen oder Erweiterungen des Konzeptes.
- Auch den Anwendern im weiten Sinn, das heißt allen betroffenen und interessierten Mitgliedern der Belegschaft, wird das Feinkonzept präsentiert.

Ergebnisse

Die Feinplanung ist abgeschlossen, das Feinkonzept ist erstellt. Das Ergebnis wird durch den Entscheid belohnt, die Arbeit wie geplant mit der Realisierung fortzusetzen. Ein denkwürdiger Meilenstein des Projektes ist erreicht. Es ist an der Zeit, allen Beteiligten bei einer Abschlußfeier Dank zu sagen.

Literatur

VAN STEENIS, H.: Informationssysteme – Wie man sie plant, entwickelt und nutzt.

PRICE, J.: How to Write a Computer Manual.

Anhang 1 – Verzeichnis der Vorlagen und Muster

Im folgenden Verzeichnis sind alle Textstellen und Bilder angegeben, die bei der Feinplanung als Vorlagen nützlich sein können. Die Nummern mit Punkt bezeichnen Bilder. Die Hinweise auf Textstellen erfolgen mit Angabe der Kapitelnummer und des Titels des Abschnittes.

Thema	Bild	Seite
Information und Schulung		
– Information der Belegschaft (Kapitel 21, Information der Belegschaft)		365
– Gliederung des Feinkonzeptes (Kapitel 21, Die Dokumentation der Feinplanung)		370
– Textgestaltung (Kapitel 21, Textgestaltung und -formulierung)		371
– Schulungsplan	21.1	375
– Ordnung in Archiv und Bibliothek	21.2	376
Budgetierung und Kostenkontrolle		
– Kostentabelle für Anwender	22.1	381
– Kostentabelle für Softwarehersteller	22.2	383
– Wiederkehrende Kosten	22.3 22.5	385 387
– Budgetierung und Kostenüberwachung (Formular)	22.4 22.6	386 388
Werkzeuge		
– Beschaffungsantrag	23.1	400
– Verzeichnisse der Feinplanung (Kapitel 23, Verzeichnisse)		393
Das Feinkonzept als Dokument		
– Feinkonzept Gesamtdokumentation (Kapitel 24)		403
– Feinkonzept, allgemeiner Teil (Kapitel 24)		403
– Systemhandbuch (Kapitel 24)		403
– Organisatorisches Konzept (Kapitel 24)		404
– Sicherheitskonzept (Kapitel 24)		404
– Infrastrukturplan (Kapitel 24)		405
– Benutzerhandbuch (Kapitel 24)		405
– Präsentation (Entscheidungsunterlage) des Feinkonzeptes vor der Entscheidungsinstanz (Kapitel 24)		407

Anhang 2 – Checkliste

In der folgenden Checkliste sind alle Tätigkeiten angegeben, deren Ausführung in der Feinplanung erforderlich sein kann. Die Checkliste soll als Grundlage für die persönliche Arbeitsplanung der Projektmitarbeiter dienen. Der Projektleiter, die Projektkommission und alle Beteiligten mit Führungsaufgaben können der Checkliste jene Tätigkeiten entnehmen, die sie bzw. ihre Gruppe betreffen und eine Checkliste für ihren eigenen Wirkungskreis erstellen. In mittleren und kleinen Informatikprojekten können etliche aufgeführte Tätigkeiten entfallen. Das Feinkonzept soll der gestellten Aufgabe adäquat sein und nichts Nötiges vergessen, aber auch nichts Unnötiges einschließen. Für ersteres sorgt die Checkliste; das Unnötige muß der Projektleiter wegstreichen.

Die Checkliste enthält rund 300 Tätigkeiten, die in 20 Gruppen eingeteilt sind. Die Reihenfolge der Gruppen entspricht etwa der zeitlichen Aufeinanderfolge der genannten Arbeiten. Innerhalb der Gruppen wiederum entspricht die Aufeinanderfolge der Tätigkeiten ungefähr ihrer zeitlichen Sequenz.

Die Spaltenbezeichnungen der folgenden Tabelle sollen hier zum besseren Verständnis kurz erläutert werden:

- *Tätigkeit:* Die Tätigkeiten sind fortlaufen numeriert.
- *Bezeichnung der Tätigkeit:* Sie definiert, welche Arbeit ausgeführt werden soll.
- *Bedingung:* Hier werden gegebenenfalls Nummern aus der ersten Spalte aufgeführt. Diese geben an, welche Tätigkeiten vor Beginn der aktuellen Tätigkeit abgeschlossen sein sollten.
- *Ausführung:* Gibt an, welche Stelle oder welcher Stelleninhaber für die Ausführung der Tätigkeit am besten geeignet ist. Wichtig ist dabei: In der Feinplanung eines bestimmten Projektes ist der Ausführende mit Namen anzugeben! – Folgende Abkürzungen werden hierbei verwendet:
  - *AGr* Arbeitsgruppe
  - *Anw* Anwender
  - *Ben* Benutzer
  - *ChP* Chefprogrammierer
  - *EB* externer Berater
  - *GL* Geschäftsleitung
  - *HWL* Hardware-Lieferant
  - *Inf* Informatiker
  - *LA* Leiter Arbeitsgruppe
  - *PA* Personalabteilung
  - *PGr* Projektgruppe
  - *PK* Projektkommission
  - *PL* Projektleiter
  - *Rev* Revisor
  - *SB* Sicherheitsbeauftragter
- *Kapitel/Seite:* Kapitel und Seite sind verzeichnet. Dort sind nähere Erläuterungen zur betreffenden Tätigkeit zu finden.

Tätigkeit	Bezeichnung der Tätigkeit	Bedingung	Ausführung	Kapitel/ Seite
1	**Vorbereitungsarbeiten**			
1.01	Projektleiter ernennen (Der Projektleiter hat die Voraussetzungen für die Feinplanung zu überprüfen. Sind einige nicht erfüllt, verlangt er von der Geschäftsleitung Entscheide oder Weisungen)		GL	4/47
1.02	Existiert eine Informatikstrategie?		PL	2/21
1.03	– Wenn nein: Grundsatzentscheide fordern		PL/GL	2/15
1.04	Muß von Strategie abgewichen werden?	1.02	PL	2/15
1.05	– Wenn ja: Einverständnis der Geschäftsleitung	1.04	PL/GL	2/15
1.06	Ist Sollkonzept vorhanden?		PL	2/16
1.07	Wurden mehrere Varianten untersucht?	1.06	PL	2/16
1.08	Liegt das Pflichtenheft vor?	1.07	PL	2/16
1.09	Wurden mehrere Angebote evaluiert?	1.08	PL	2/16
1.10	Hat Geschäftsleitung entschieden?	1.09	PL	2/16
1.11	Sind alle Verträge abgeschlossen?	1.10	PL	2/17
1.12	Schriftl. Auftrag für Feinplanung da?	1.10	PL	3/32
1.13	Ist Hardwarekonfiguration bekannt?	1.10	PL	3/38
1.14	Ist Betriebssystem bestimmt?	1.10	PL	3/27
1.15	Sind Programmiersprachen festgelegt?	1.10	PL	3/27
1.16	Sind alle Anwendungsgebiete bekannt?	1.06	PL	3/28
1.17	Erster Entwurf Datenmodell vorhanden?	1.06	PL	3/38
1.18	Verzeichnis wichtiger Transaktionen?	1.06	PL	3/28
1.19	Sind Mengen und Häufigkeiten bekannt?	1.06	PL	3/28
1.20	Anforderungen an Infrastruktur klar?	1.06	PL	3/28
1.21	Sind Prioritäten und Termine gesetzt?	1.12	PL	3/28
1.22	Sind Termine realistisch?	1.12	PL	3/29
1.23	Sind Aufwand und Kosten genehmigt?	1.12	PL	4/59
1.24	Ist das Budget einzuhalten?	1.12	PL	4/54
1.25	Ist die Projektorganisation vorbereitet?	1.12	PL	4/50
1.26	Sind beteiligte Personen benannt?	1.25	PL	4/61
1.27	Sind Zwischenlösungen notwendig?	1.06	PL	3/28
1.28	Sind Sofortmaßnahmen nötig?	1.06	PL	3/28
1.29	Grobkonzept gründlich studieren, insbesondere Organisationsschema und Materialfluß (Ist) und Informationsfluß (Ist)	1.06	PL	1/16

Tätigkeit	Bezeichnung der Tätigkeit	Bedingung	Ausführung	Kapitel/ Seite
1.30	Start der Feinplanung. Dieser Teil des Projektes kann nur dann begonnen werden, wenn die gestellten Fragen beantwortet und allfällige mit diesen zusammenhängende Probleme gelöst sind.		PL	3/28
2	**Projektorganisation**			
2.01	Projektmitarbeiter Informatik bestimmen	1.30	PL	4/45
2.02	Mitarbeiter aus Fachbereichen auswählen	1.30	PL/GL	5/66
2.03	Projektkerngruppe bilden	2.01	PL	4/45
2.04	Arbeitsgruppen (Anwendungen) bilden	2.02	PL	5/68
2.05	Arbeitsgruppe »Informatik« bilden	2.03	PL	4/46
2.06	Leiter der Arbeitsgruppen benennen	2.04	PL	5/69
2.07	Projektkommission bilden	1.30	PL/GL	4/49
2.08	Spezialisten beiziehen (Revision- und Treuhandstelle, Betriebsrat, Datenschutz, Sicherheitsbeauftragte, Post, Hardwarelieferanten, Softwarelieferanten, Baufirmen, Installationsfirmen	2.03	PL	4/46
2.09	Entwurf/Darstellung Aufbauorganisation	div.	PL	4/47
2.10	Strukturieren des Projektes, Definieren der Projektziele	1.30	PL	4/48
2.11	Formulieren der Aufgaben: Verantwortungen und Kompetenzen schriftlich niederlegen	1.30	PL	4/48
2.12	Obiges genehmigen lassen	2.11	PL/GL	4/49
2.13	Bereitstellen der Arbeitsmittel und Werkzeuge (Personal Computer, Formulare, Diagramme, evtl. CASE)	2.12	PL/LA	4/52 23/391
2.14	Tätigkeits- und Terminplanung	2.13	PL/LA	4/53
2.15	Kostenplanung für die Feinplanung	2.14	PL	4/54
2.16	Regeln für Gruppenarbeit aufstellen (Arbeitszeiten, Termine, Arbeitsorte, Arbeitsmethoden, Form der Dokumentation)	2.12	PL/LA	5/69
2.17	Sitzungen (PGr, AGr) vorbereiten (Traktandenliste, Einladungen)	2.16	PL/LA	5/69
2.18	Sitzungstermine aufeinander abstimmen	2.12	PL	5/70

Tätigkeit	Bezeichnung der Tätigkeit	Bedingung	Ausführung	Kapitel/ Seite
2.19	Projektsitzungen und Sitzungen der Arbeitsgruppen periodisch durchführen und leiten (Protokoll der letzten Sitzung genehmigen, Terminüberwachung, Besprechung fertiggestellter Arbeiten, Durchführung Gruppenarbeit, Verteilen neuer Aufgaben, Festlegen nächster Sitzungstermin, Erstellen Protokoll)	2.17	PGr AGr	4/51
2.20	Sitzungen der Arbeitsgruppen: Leiter führt Tagebuch, erstellt Dokumentation, informiert den Projektleiter	2.19	LA	5/69
2.21	Sitzungen der Arbeitsgruppen: Informatiker erfassen Anforderungen der Benutzer, dokumentieren laufend, stellen Einhaltung der Normen sicher	2.19	Agr	5/71
2.22	Laufende Projektabwicklung: Tätigkeiten auslösen, Durchführung überwachen, Qualität sicherstellen, Überwachung der Termine und Kosten, Informationsaustausch, Monatsbericht, Dokumentation	2.12	PL/LA PGr AGr PK	4/51
3	**Ausbildung, Schulung, Information**			
3.01	Schulung der Informatiker planen	1.30	PL	21/367
3.02	Schulung der Benutzer in den AGr planen: Informatikstrategie, Umfang und Inhalt des Projektes, Produkte HW und SW, Projektorganisation, Datenkatalog, Datenbank, Datenübertragung, Programmspezifikationen, Ablauforganisationen, Bildschirmmasken, Listen, Zugriffsberechtigungen	1.30	PL/LA	21/368
3.03	Schulung des Managements planen	1.30	PL/PK	21/368
3.04	Ausbildungsplan erstellen	div.	PL	21/375
3.05	Ausbildung durchführen, Kurse besuchen	3.04	alle	21/367
3.06	Information der Belegschaft: Wahl der Form, Wahl der Zeitpunkte	1.30	PL/PK	21/365
3.07	Information der Belegschaft durchführen	3.06	PGr	21/366
3.08	Laufende Information der Geschäftsleitung	1.30	PK	21/367
3.09	Informatikwissen in den AGr laufend an Benutzer vermitteln	2.22	Inf	5/71
3.10	Anwendungswissen in den Agr laufend an Informatiker vermitteln	2.22	Be	5/71
4	**Datenkatalog, Datenmodell, Datenbank**			
4.01	Entscheiden, was Datenkatalog enthalten soll	1.30	Inf	8/121

Tätigkeit	Bezeichnung der Tätigkeit	Bedingung	Ausführung	Kapitel/ Seite
4.02	Entscheiden, ob Datenkatalog maschinell oder manuell geführt werden soll	4.01	Inf	8/123
4.03	Falls Datenkatalogsystem verfügbar: mehrere Produkte evaluieren und auswählen. (Einverständnis Inf, PL, PK)	4.02	PGr	8/131
4.04	Datenelemente mit Namen versehen, Format festlegen, Bedeutung definieren	4.02	AGr	8/121
4.05	Für wichtige Datenelemente Beschreibung erstellen: Name, Format, Bedeutung, Kalenderdatum Erstellung, Autor, Eigentümer, Erklärung der Bedeutung, Einheit, zulässige Werte, Grenzwerte, Plausibilitätskriterien. Für Codes: alle Bedeutungen. Für Prüfziffern: Methode, Rechenformeln. Querverweise über Vorkommen in Dateien und Programmen.	4.04	AGr	8/129
4.06	Datenelemente in Gruppen einteilen und alphabetisch ordnen.	4.05	AGr	8/121
4.07	Datenkatalog aufbauen, muß mindestens alle Datenelemente enthalten.	4.06	AGr PGr	8/121
4.08	Projektmitarbeiter über Datenkatalog orientieren	4.07	ChP	8/132
4.09	Entwurf Datenmodell: Sammeln zusammengehöriger Datenelemente	4.07	Inf	7/98
4.10	– Bilden der Normalformen (UNF, NF1, NF2, NF3)	4.09	Inf	7/100
4.11	– Optimierung	4.10	Inf	7/108
4.12	– Darstellung, Beschreibung	4.11	Inf	7/109
4.13	»Ideale Datenbank« dokumentieren	4.12	Inf	7/110
4.14	Analyse: Wie weit kann die ideale Datenbank realisiert werden? Welche Abstriche müssen gemacht werden?	4.13	Inf PGr	7/110
4.15	Wenn Standard-SW und Individual-SW gemeinsam eingesetzt werden: Schnittstellenproblem für gemeinsame Datenbasis studieren und lösen.	4.13	Inf	7/110
4.16	Datenbankentwurf wird von den Informatikern diskutiert, genehmigt, dokumentiert	4.14 4.15	Inf	7/115
4.17	Datenbankentwurf wird den Projektmitarbeitern (PGr, AGr, PL, PK) präsentiert und erklärt	4.16	ChP	7/115
4.18	Datenbankentwurf wird genehmigt	4.17	PL/PK	7/115

Tätigkeit	Bezeichnung der Tätigkeit	Bedin-gung	Ausfüh-rung	Kapitel/ Seite
5	**Programmplanung, Aufwandschätzung**			
5.01	Programmverzeichnis für jede Anwendung erstellen:	1.16	ChP	9/138
5.02	– Programmnamen festlegen	1.16	ChP	9/138
5.03	– Bezeichnung und Art bestimmen	5.02	ChP	9/138
5.04	– Methode für Aufwandschätzung wählen	1.16	PL	9/143
5.05	– Falls analytische Methode: Gewichte für einzelne Funktionen festlegen, Gewicht (Punkte) je Programm bestimmen, Kurve Punkte/Aufwand herstellen, Kurve nach Ergebnissen laufend anpassen, Aufwand aus Punkten bestimmen	5.04	PGr	9/145
5.06	Planungshilfsmittel für Arbeitsverteilung bereitstellen (Planungstafel, Tabellenkalkulation)	5.01	ChP	9/147
5.07	Programmierarbeit auf Programmierer verteilen (Spezialkenntnisse ausnützen, individuelle Leistung berücksichtigen, ausgewogene Belastungen)	5.06	ChP	9/147
5.08	Planung und Belastung mit Betroffenen besprechen	5.07	PL ChP	9/151
5.09	Kapazitätsengpässe behandeln (Überzeit, zusätzliches Personal, verlängerte Durchlaufzeit)	5.08	PL ChP	9/151
5.10	Planung nach oben (PL, PK) präsentieren	5.09	ChP	9/157
5.11	Programmverzeichnis definitiv erstellen	5.10	ChP	9/155
5.12	Programmierverteilungsplan definitiv erstellen	5.11	ChP	9/156
6	**Programmspezifikationen erstellen**			
6.01	Software-Qualitätskriterien besprechen		Inf	10/160
6.02	Darstellungsmöglichkeiten bewerten (natürlichsprachlich, semiformal, formal)		Inf	10/161
6.03	Darstellungsmöglichkeit wählen	6.02	ChP	10/162
6.04	Mit Benutzer Ausgangslage analysieren: Was hat man heute?	5.01	Inf	10/168
6.05	Gewünschte Ergebnisse definieren: Was soll in jedem einzelnen Programm eingegeben, gespeichert, ausgerechnet, ermittelt, ausgegeben werden?	6.04	Ben Inf	10/168
6.06	Petri-Netze studieren, für oder gegen Verwendung entscheiden, evtl. einsetzen	6.05	ChP Inf	10/163
6.07	Entscheidungstabellen evtl. einsetzen	6.05	Inf	10/168

Tätigkeit	Bezeichnung der Tätigkeit	Bedingung	Ausführung	Kapitel/ Seite
6.08	Formular »Programmspezifikation« vorbereiten	6.03	ChP	10/165
6.09	Obiges Formular je Programm ausfüllen	6.08	Inf	10/166
6.10	Funktionsbeschreibungen detaillieren, wenn nötig: Algorithmen, Formeln, Regeln niederschreiben	6.09	Inf Ben	10/167
6.11	Bildschirmmasken entwerfen	6.08	Ben	15/243
6.12	Listendarstellungen entwerfen	6.08	Ben	15/260
6.13	Hilfetexte entwerfen	6.10	Inf	21/371
6.14	Fehlermeldungen entwerfen	6.10	Inf	21/371
6.15	feste Texte entwerfen	6.10	Ben	21/371
6.16	»Kleingedrucktes« entwerfen	6.10	Ben	21/371
6.17	Vorentwurf Benutzerdokumentation	6.10	Inf	10/170
6.18	Testvorgaben erstellen	6.10	Inf	10/171
6.19	Programmspezifikationen genehmigen	6.10	Ben	10/171
7	**Normung**			
7.01	Interne Normung planen	1.30	PL	13/218
7.02	Namen normen: Länge, Form, Bedeutung	7.01	Inf	13/219
7.03	Bilder normen: Titel, Suchbegriff, Weiterführung	7.01	Inf	13/219
7.04	Listen normen: Titel, Darstellung	7.01	Inf	13/220
7.05	Terminalbedienung normen: Menüs, Ablauf, Steuerung	7.01	Inf	13/220
7.06	Fehlermeldungen normen	7.01	Inf	13/221
7.07	Hilfetexte normen	7.01	Inf	13/222
7.08	Dokumentation normen	7.01	Inf	13/222
7.09	Formular »Normblatt« entwerfen	7.01	Inf	13/223
7.10	Beschlossene Normen dokumentieren	7.09	Inf	13/223
7.11	Verwalter für Normen benennen	7.01	PL	13/223
7.12	Vor-/Nachteile Normung in AGr besprechen	7.01	PL	13/224
7.13	Normen genehmigen lassen	7.09	PL/PK	13/224
7.14	Standort Normensammlung festlegen	7.01	PL	13/223
7.15	Normblätter verteilen oder im Computer speichern	7.09	ChP	13/223
8	**Entwurf der Bildschirmmasken und Listen**			
8.01	Verzeichnis aller Dialogabläufe erstellen	6.10	ChP	15/257
8.02	Jeden Dialogablauf einzeln planen	8.01	AGr	15/257
8.03	Verzeichnis aller Bilder erstellen	8.01	ChP	10/170

Tätigkeit	Bezeichnung der Tätigkeit	Bedingung	Ausführung	Kapitel/ Seite
8.04	Jedes Bild einzeln entwerfen	8.02	AGr	15/243
8.05	Bildentwürfe prüfen, evtl. korrigieren	8.04	Inf	15/243
8.06	Verzeichnis aller Druckausgaben erstellen	6.10	ChP	10/170
8.07	Jedes Listenbild einzeln entwerfen	8.06	AGr	15/260
8.08	Listenbilder prüfen, evtl. korrigieren	8.07	Inf	15/260
8.09	Entscheiden, welche Papierformate intern verwendet werden sollen	1.30	ChP PL	15/261
8.10	Papier für externe Listen wählen (Format, Qualität)	8.06	PL/PK	15/263
8.11	Konstante Texte entwerfen	8.08	Ben	15/263
8.12	Ausgabeformulare entwerfen	8.08	AGr	15/263
8.13	Für Ausgaben nach außen: Genehmigung der GL einholen	8.12	PL/PK	15/269
8.14	Papier- und Formularbestellungen vorbereiten	8.13	PL	15/269
9	**Numerierung, Prüfziffern**			
9.01	Objekte bestimmen, die mit Identifikationsschlüsseln ausgestattet werden müssen	4.16	Inf AGr	14/236 7/97
9.02	Bestimmen, welche Schlüssel rein numerisch sein können	9.01	AGr	14/230
9.03	Werden zwei Schlüsselsysteme nebeneinander beim selben Objekt benötigt?	4.16	AGr Inf	14/231
9.04	Form und Länge (Nummernbereich) der einzelnen Schlüssel festlegen	9.02	Inf	14/231
9.05	Für jeden Schlüssel Belegung des Bereiches festlegen	9.04	Inf AGr	14/232
9.06	Festlegen, welche Schlüssel mit Prüfziffern ausgestattet werden	9.05	Inf PL/PK	14/232
9.07	Falls Prüfziffern: Verfahren festlegen	9.06	ChP	14/233
9.08	Regelungen dokumentieren	9.07	AGr	14/236
9.09	Regelungen genehmigen	9.08	PK	14/236
10	**Planung der neuen Ablauforganisation**			
10.01	Entwurf der Ablauforganisation im Grobkonzept studieren		AGr PGr	11/182
10.02	Jedes Arbeitsgebiet in Tätigkeitskomplexe unterteilen	10.01	AGr	11/183
10.03	– Tätigkeitskomplexe analysieren	10.02	AGr	11/185
10.04	– Arbeitsteilung planen	10.03	AGr	11/185
10.05	– Tätigkeiten zwischen Computer und Benutzer aufteilen	10.04	AGr	11/185

Tätigkeit	Bezeichnung der Tätigkeit	Bedingung	Ausführung	Kapitel/ Seite
10.06	– Arbeitsanweisungen erstellen	10.05	AGr	11/189
10.07	Planen der Ablaufsteuerung: Methode wählen (meist: Ergebnisfelder)	10.01	PGr	11/190
10.08	Ablauforganisation dokumentieren	10.06	AGr	11/186
10.09	Genehmigung einholen und erteilen	10.08	AGr Anw	11/194
11	**Teststrategie, -planung, -vorbereitung**			
11.01	Teststrategie entwickeln:	6.19	ChP	12/205
11.02	– Testverfahren wählen (Kombination von Black Box und White Box empfohlen)	6.19	ChP PL	12/201
11.03	– Testprinzipien aufstellen, Lieblingsfehler der Anwendungsprogrammierer berücksichtigen	11.02	ChP PGr	12/203
11.04	– Teststrategie dokumentieren	11.03	PGr	12/205
11.05	Testplanung vornehmen: Was ist zu testen? (Spezifikationen, einzelne Module, Modulverbindungen: ganze Programme, Gesamtsystem)	11.04	ChP Inf	12/206
11.06	– Reihenfolge der Testobjekte bestimmen	11.05	Inf	12/206
11.07	– Testvoraussetzungen bestimmen	11.05	Inf	12/206
11.08	– Tests terminieren	11.06	ChP	12/206
11.09	– Teilnehmer bestimmen	11.08	PL	12/206
11.10	– Testpläne erstellen	11.09	PGr	12/206
11.11	Testvorbereitung: Testdaten (allgemein) vorbereiten	11.10	Anw	12/206
11.12	– Testfalltabellen erstellen	11.11	Inf	12/207
11.13	– Eingabedaten für die einzelnen Testfälle spezifizieren	11.12	AGr	12/208
11.14	– Sollwerte der Testergebnisse bestimmen	11.13	AGr	12/209
11.15	– Testumgebung vorbereiten (Formularmuster für Betriebsphase, Prüfprogramme, Dummyprogramme, universelle Fehlerroutinen)	11.14	Inf	12/209
11.16	Alle Testvorbereitungen und Testregeln aufschreiben	11.15	PGr AGr	12/209
12	**Hardwarekonfiguration überprüfen**			
12.01	Externe Speicher: Einteilung erstellen, Reserve vorsehen	4.18 6.19	Inf	16/272
12.02	Zentrale Drucker: Belastung an Spitzentagen ermitteln, Leistung überprüfen	8.08	Inf	16/272
12.03	Sicherstellungen zeitlich planen	6.19	ChP	16/272

Tätigkeit	Bezeichnung der Tätigkeit	Bedingung	Ausführung	Kapitel/ Seite
12.04	– Zulässige Dauer festlegen	6.19		16/272
12.05	– Leistung der Maschinen für Sicherstellungen überprüfen	12.04		16/272
12.06	Benutzerperipherie: Anzahl und Standorte sowie Bauart der Bildschirmterminals festlegen	10.09	AGr	16/273
12.07	– Anzahl und Standorte der Terminaldrucker festlegen	12.06	AGr	16/274
12.08	– Zuordnung der Drucker zu Bildschirmterminals planen	12.07	AGr	16/274
12.09	Terminalbelastung ermitteln	6.19	Inf	16/285
12.10	Antwortzeiten bestimmen	12.09	Inf	16/285
12.11	Computerleistung überprüfen	12.10	HWL	16/285
12.12	Evtl. neue Hardwarekonfiguration dokumentieren, zeichnen	12.01 12.11	PGr	16/286
12.13	Evtl. Zusatzbestellungen genehmigen	12.12	PK	16/286
12.14	Ergänzende Bestellungen erstellen	12.13	PGr	16/286
12.15	Vertragsänderungen vornehmen	12.14	PL/HWL	16/286
13	**Verkabelung planen**			
13.01	Verkabelungsspezialist beiziehen	12.06	PL/PK	16/276
13.02	Verkabelungssystem auswählen	13.01	PGr/EB	16/280
13.03	Leiterarten bestimmen	13.02	PGr/EB	16/277
13.04	Baluns und Umwandler bestimmen	13.03	PGr/EB	16/279
13.05	Kabelführung bestimmen	13.01	PGr	16/279
13.06	Kabelkanäle prüfen/planen	13.05	PGr	16/280
13.07	Standorte für Verteiler festlegen	13.05	PGr	16/281
13.08	Verteilerübersicht zeichnen	13.07	PGr	16/281
13.09	Verteiler entwerfen (Kabelanschlußtabellen, Verbindungstabellen)	13.08	PGr/EB	16/282
13.10	Räume und Datensteckdosen bezeichnen (numerieren)	12.06	PGr AGr	16/281
13.11	Gesamtnetz entwerfen und dokumentieren	13.10	PGr/EB	16/283
13.12	Auftrag/Bestellung für Verkabelung an Spezialunternehmen	13.11	PL/PK	16/280

Tätigkeit	Bezeichnung der Tätigkeit	Bedingung	Ausführung	Kapitel/ Seite
14	**Rahmenorganisation planen: Personal**			
14.01	Mitarbeiter für folgende Funktionen im Informatikbetrieb benennen: Programmwartung, Organisation/Analyse, Systembetreuung, Datenverwaltung, Maschinenbedienung, Disposition, Datenerfassung, Koordination in den Fachabteilungen, Datenschutz, Sicherheit, Ausbildung, Verwaltung Datennetz, Archivierung, Management	6.10 12.09	PL/PK	17/300
14.02	Personalaufwand schätzen (Teilzeit)	14.01	PGr	17/299
14.03	Zuteilung der Funktionen an Personen	14.02	PGr	17/300
14.04	Stellenbeschreibungen erstellen	14.01	PGr	17/304
14.05	Personalbeschaffung im Hause	14.03	PGr	17/302
14.06	Personalrekrutierung von außen	14.04	PL/PA	17/302
14.07	Dreistufiges Auswahlverfahren: 1. Beurteilung der Bewerbung 2. Einholen und Beurteilen Referenzen 3. Vorstellungsgespräche und Auswahl	14.06	 PL/PA PL/PA PGr	17/303
14.08	Anstellung durch Personalabteilung	14.07	PA	17/305
14.09	Sicherheitsüberprüfung	14.07	PA/SB	17/305
14.10	Aufbauorganisation Informatik planen und dokumentieren	14.02	PL	17/300
14.11	Genehmigung beantragen, erteilen	14.10	PL/PK	17/308
15	**Rahmenorganisation planen: Infrastruktur**			
15.01	Standortwahl für Systeme und Büros	13.12	PGr/PK	18/312
15.02	Raumzuteilung entwerfen	15.01	PGr	18/312
15.03	Aufstellungspläne für Maschinen/Möbel	15.02	PGr	18/312
15.04	Energieversorgung planen	15.01	PGr	18/313
15.05	Direktleitung vorsehen	15.01	PGr	18/313
15.06	Notstromversorgung planen	15.01	PGr	18/314
15.07	Notbeleuchtung planen	15.02	PGr	18/315
15.08	Klimatisierung planen	15.02	PGr	18/315
15.09	Verkabelung planen (wie Pkt.13)	15.02	PGr/EB	18/316
15.10	Doppelboden prüfen/planen	15.02	HWL/PL	18/316
15.11	Sicherheitszone planen (Baumaßnahmen, Brandmelder, Feuerlöscher, Schutzgas)	15.02	PGr	18/316
15.12	Möbel und Lagergestelle planen	15.02	PGr/LA	18/318

Tätigkeit	Bezeichnung der Tätigkeit	Bedingung	Ausführung	Kapitel/ Seite
15.13	Beschaffung und Bestellung von Hilfsmaschinen vorbereiten: Trenn-, Verpackungs-, Kopiermaschinen, Aktenvernichter, Telefon, Fax, Videokonferenz	15.02	PGr	18/319
15.14	Entscheiden, was anzuschaffen ist	div.	PL/PK	18/311
15.15	Pläne zeichnen	15.14	PGr	18/311
15.16	Planungstabelle mit Kosten erstellen	15.14	PGr	18/321
15.17	Planung genehmigen lassen	15.16	PL/PK	18/320
15.18	Bestellungen erteilen	15.17	PGr	18/322
15.19	Beschaffung Verbrauchsmaterial planen	1.30	PGr	22/381
16	**Datenübernahme vorbereiten**			
16.01	Verzeichnis der zu übernehmenden Datenbestände erstellen	4.18	PGr ChP	19/327
16.02	Notwendige Umwandlungen feststellen	16.01	PGr	19/326
16.03	Feststellen, welche zusätzlichen Daten manuell erfaßt werden müssen	16.01	PGr AGr	19/326
16.04	Plausibilitäts- und Verträglichkeitskriterien bestimmen	16.03	AGr	19/326
16.05	Spezifikationen für die Übernahmeprogramme ausarbeiten	16.04	Inf	19/327
16.06	Übernahmeprogramme erstellen	16.05	Inf	19/328
16.07	Übernahmeprogramme testen	16.06	Inf	19/330
16.08	Provisorische Datenübernahmen durchführen	16.07	Inf	19/330
16.09	Zeit- und Terminplan für Übernahme erstellen	16.07	ChP PL	19/333
16.10	Mitarbeiter für Leitung und Durchführung der Übernahme bestimmen	16.09	PL	19/330
16.11	Schriftliche Weisung für definitive Datenübernahme erstellen	16.10	ChP	19/333
17	**Sicherheitskonzept**			
17.01	Sicherheitsbeauftragter wird ernannt	1.30	GL	20/341
17.02	Gefahren erkennen und bewerten: Mensch, Elementarereignisse, techn. Defekte	1.30	alle	20/338
17.03	Gefährdete Objekte erkennen, gewichten: Hardware, Software, Datenbestände, Personal, Infrastruktur, Ablauforganisation, Vermögen und Ertrag	17.02 1.30	alle	20/339

Tätigkeit	Bezeichnung der Tätigkeit	Bedingung	Ausführung	Kapitel/ Seite
17.04	Vorbeugende Sicherheitsmaßnahmen diskutieren und bewerten: – organisatorisch: Sicherheitskonzept, Sicherheitszone, Ordnung, Bewachungsdienst, Schulung, Personaleinstellung, Sicherstellungen, Sicherung der Datenträger, Paßwörter, Sicherheits-Handbuch – baulich: Gebäude, Räume, Inneneinrichtung feuersicher, Klimaanlage gesichert, Geräuschpegel niedrig, Zugänge feuerhemmend und einbruchsicher, keine Kennzeichnung der Maschinenräume, Doppelböden, Stromversorgung, Brandschutz – EDV-technisch: Sicherstellungen, Paßwörter, Kryptographie, interne Normen, gute Dokumentation	17.03	 PGr PK SB	20/341 20/343 20/343
17.05	Maßnahmen zur Begrenzung von Schadenfällen diskutieren und bewerten: Anweisungen für Benutzer, Anweisungen für Operateure, Störungsprotokoll, Krisenstab, Maßnahmen zur Wiederherstellung, Ersatzanlage, Ersatzbetrieb ohne EDV, Versicherungen, Katastrophenplan	17.03	PGr PK SB	20/344
17.06	Auswahl der adäquaten Sicherheitsmaßnahmen und Antrag auf Genehmigung	17.02 17.03	PL/PK	20/346
17.07	Entscheid darüber, welche Maßnahmen durchgeführt werden und welche nicht durchgeführt werden	17.06	PK/GL	20/346
17.08	Erstellen des schriftlichen Sicherheitskonzeptes	17.07	SB	20/346
17.09	Genehmigen des Sicherheitskonzeptes	17.08	PK/GL Rev	20/346
18	**Revision, Treuhandstelle**			
18.01	Entscheid: Wird Revisionsstelle zur Feinplanung beigezogen?	1.30	PK/GL	20/349
18.02	Interne oder externe Revisionsstelle?	18.01	PK/GL	20/350
18.03	Auftrag an Revisionsstelle	18.02	GL	20/350
18.04	Formulieren der Anforderungen der Revisionsstelle	18.03	Rev	20/350
18.05	Sicherheitskonzept beurteilen	17.08	Rev	20/350
18.06	Gestaltung von Kontrollen und Abstimmungen in den Arbeitsabläufen	10.09	Rev	20/350
18.07	Mitwirkung bei Testplanung	18.03	Rev	20/350

Tätigkeit	Bezeichnung der Tätigkeit	Bedin-gung	Ausfüh-rung	Kapitel/ Seite
18.08	Mitwirkung bei Anwenderschulung	18.03	Rev	20/350
18.09	Erstellen Revisionskonzept	18.03	Rev	20/350
18.10	Präsentieren der Anforderungen der Revisionsstelle	18.09	Rev	20/350
19	**Bibliothek und Archiv**			
19.01	Archiv einrichten, Standort bestimmen	1.30	PGr	21/372
19.02	Verwaltung des Archivs regeln	19.01	PL	21/373
19.03	Bibliothek einrichten, Standort bestimmen	1.30	PGr	21/372
19.04	Verwaltung der Bibliothek regeln	19.03	PL	21/373
19.05	Ordnungssystem für Archiv und Bibliothek wählen und einrichten	19.02 19.04	PL	21/373
19.06	Archivordnung schriftlich festlegen	19.05	PGr	21/376
19.07	Bibliotheksordnung schriftlich festlegen	19.05	PGr	21/376
20	**Ergebnisse dokumentieren, Abschluß**			
20.01	Gliederung Feinkonzept planen	1.30	PGr	24/403
20.02	Arbeitsordner einrichten	1.30	PGr	24/403
20.03	Über gute Textgestaltung orientieren	2.05	PL	21/371
20.04	Dokumentation »Feinkonzept« wird fortlaufend erstellt			21/369
20.05	Schlußpräsentation: Entscheidungsunterlage (Auszug aus dem Feinkonzept) vorbereiten	20.04	PGr PK	24/407
20.06	Schlußpräsentation vorbereiten (Folien, Papierkopien)	20.05	PGr	24/406
20.07	Schlußpräsentation vor Entscheidungsinstanz durchführen	20.06	PGr PK	24/407
20.08	Über weiteres Vorgehen entscheiden	20.07	GL	24/407
20.09	Information der Belegschaft (Präsentation)	20.08	PGr	24/407
20.10	Auflösen der Projektorganisation für die Feinplanung	20.08	PL	4/55

Anhang 3 – Literaturverzeichnis

Literaturangaben in Kurzfassung sind am Ende jedes Kapitels zu finden. Vollständige Angaben findet man im folgenden. Die einzelnen Quellen sind alphabetisch nach den Familiennamen der jeweils ersten Verfasser geordnet.

BEA, F. X., SCHWEITZER, M.: Planung. UTB, Stuttgart, 1988.
BECKER, M., EBNER, M.: Planen und Entscheiden mit Operations Research. Industrielle Organisation, Zürich, 1983.
BECKER, M., HABERFELLNER, R., LIEBETRAU, G.: EDV-Wissen für Anwender. Industrielle Organisation, Zürich, 1989.
BECKER, M., TARSCHISCH, H. (HRSG.): Mikroelektronik. Industrielle Organisation, Zürich, 1991.
BERG, R. ET AL.: Netzplantechnik. Industrielle Organisation, Zürich, 1973.
BOEHM, B. W.: Wirtschaftliche Software Produktion. Forkel, Wiesbaden, 1986.
BRATHWAITE, K. S.: Analysis, Design and Implementation of Data Dictionaries. McGraw-Hill, New York, 1988.
DAMODERAN, L. ET AL.: Designing Systems for People. NCC, Manchester, 1980.
DISSMANN, S., ZURWEHN, V.: Software-Praktikum. Teubner, Stuttgart, 1988.
DAENZER, W. F., HUBER, F. (HRSG.): Systems Engineering. Industrielle Organisation, Zürich, 1992.
DIN DEUTSCHES INSTITUT FÜR NORMUNG E.V. (HRSG.): Software-Entwurf, Programmierung, Dokumentation, Schaltzeichen: Normen Informationsverarbeitung 4. Beuth, Berlin, Köln, 1985.
DIN DEUTSCHES INSTITUT FÜR NORMUNG E.V. (HRSG.): DIN 66234: Bildschirmarbeitsplätze, Teil B. Beuth, Berlin, 1988.
ELZER, P. F.: Management von Softwareprojekten. Informatik-Spektrum 12 (1989)4, Springer, Berlin, 1989.
ENGESSER, H. (HRSG.): Duden Informatik. Duden, Mannheim/Wien/Zürich, 1988.
FRICK, P., LAUBNER, F.: Empfehlungen zum Dialog- und Bildschirmdesign. IBM Deutschland GmbH, 1983.
FRÜHAUF, K., SANDMAYR, H., LUDEWIG, S.: Software-Projektmanagement und -Qualitätssicherung. Teubner, Stuttgart, 1988.
GLASL, F.: Organisationsentwicklung. Haupt, Bern, 1975.
GROCHLA, E.: Unternehmungsorganisation. Rowohlt, Reinbek, 1972.
GRUPP, B.: Methoden der Ist-Aufnahme und Problemanalyse. Forkel, Wiesbaden, 1987.
HANSEN, H. R.: Wirtschaftsinformatik I. Fischer, Stuttgart, 1987.
HARRISON, F. L.: Advanced Project Management. Gower Publishing, Aldershot, 1981.
HARSCHNECK, A.: Einführung in die Programmierlogik. Forkel, Wiesbaden, 1985.

HEILMANN, H., REUSCH, N.: Datensicherheit und Datenschutz. Forkel, Wiesbaden, 1984.

HEINRICH, L. J., BURGHOLZER, P.: Systemplanung II. Oldenbourg, München, 1986.

HRUSCHKA, P.: Mein Weg zu CASE. Hanser, München, 1991.

IBM DEUTSCHLAND: Das IBM Verkabelungssystem und das IBM Token-Ring Netzwerk. IBM Deutschland GmbH, Stuttgart, 1986.

KÄLIN, K., MÜRI, P.: Sich und andere führen. Ott Verlag, Thun, 1985.

KERSTEN, H.: Einführung in die Computersicherheit. Oldenbourg, München, 1991.

KOREIMANN, D. S.: Leitfaden für das Datenbankmanagement. Forkel, Wiesbaden, 1987.

KÜPPER, H. U.: Ablauforganisation. UTB, Stuttgart, 1981.

LATTMANN, CH.: Die verhaltenswissenschaftlichen Grundlagen der Führung des Mitarbeiters. Haupt, Bern, 1981.

LAUBNER, H.: Empfehlungen zum Dialog- und Bildschirmdesign. IBM Deutschland GmbH. IBM Form GE 12-1603.

LUTZ, J. H., BURGHOLZER, P.: Systemplanung I, II. Oldenbourg, München, 1987.

MADAUSS, B.: Projekt-Management. Poeschel, Stuttgart, 1984.

MARCH, S. T.: Entity-Relationship Approach. North-Holland, Amsterdam, 1988.

MARTIN, J.: Einführung in die Datenbanktechnik. Hanser, München, 1987.

MCMENAMIN, ST. M., PALMER, J. F.: Strukturierte Systemanalyse. Hanser, München, 1988.

MERTENS, P.: Aufbauorganisation der Datenverarbeitung. Gabler, Wiesbaden, 1985.

MERTENS, P. (HRSG.): Lexikon der Wirtschaftsinformatik. Springer, Berlin, 1987.

MÜLLER-ETTRICH, G.: Effektives Datendesign. Müller, Köln, 1989.

POMBERGER, G.: Softwaretechnik und Modula-2. Hanser, München, 1984.

PRICE, J.: How to Write a Computer Manual. Cummings, Menlo Park, 1984.

REMBOLD, U. (HRSG.): Einführung in die Informatik für Naturwissenschaftler und Ingenieure. Hanser, München, 1987.

RYSKA, H.: Kryptographische Verfahren in der Datenverarbeitung. Springer, Berlin, 1980.

SACHS, O.: Verkabelung mit Strategie und Hierarchie, in Bull-Magazin Nr. 40, 1990.

SANDMAYR, H.: Nutzen und Grenzen von CASE. Bulletin SEV/VSE 80(1989)17, Zürich, 1989.

SCHLEICHER, R.: Formulare auf Glas. HMD 19(1982)106. Forkel, Wiesbaden, 1982.

SCHNEIDER, H.-J.: Lexikon der Informatik und Datenverarbeitung. Oldenburg, München, 1991.

SCHUPPENHAUER, R.: Grundsätze für eine ordnungsmäßige Datenverarbeitung. IdW-Verlag, Düsseldorf, 1984.

SCHWEIZERISCHE TREUHAND- UND REVISIONSKAMMER: Revisionshandbuch der Schweiz. Zürich, 1979.

SIKORA, H., STEINPARZ, F. X.: Computer und Kommunikation. Hanser, München, 1988.

TORNSDORF, H., TORNSDORF, M.: PC für Einsteiger. Vom Rechnerkauf bis zum praktischen Einsatz. Becker, Düsseldorf, 1992.

TWIEHAUS, J.: Der Schlüssel zur Computer Software. Econ, Düsseldorf, Wien, 1988.

TWIEHAUS, H. J., DOSTAL, W.: Computerberufe – Berufe und Bildung in der Datenverarbeitung. Droemer, München, 1985.

ULRICH, H.: Betriebswirtschaftliche Organisationslehre. Haupt, Bern, 1949.

VAN STEENIS, H.: Informationssysteme – wie man sie plant, entwickelt und nutzt. Hanser, München, 1992.

VERBAND DER DATENVERARBEITUNGSFACHLEUTE (VDF): Berufe der Wirtschaftsinformatik. Poeschel, Stuttgart, 1988.

VETTER, M.: Aufbau betrieblicher Informationssysteme mittels konzeptioneller Datenmodellierung. Teubner, Stuttgart, 1990.

WALSH, D. A.: Anleitung zur Software-Dokumentation. Hanser, München, 1972.

WARD, P. T.: System development without pain. Yourdon, New York, 1984.

WARNECKE, J.: Wirtschaftlichkeitsrechnung für Ingenieure. München, 1980.

WEDEKIND, H.: Systemanalyse. Hanser, München, 1973.

WEITZEL, W.: Der Schlüssel zur Computer Orgware. Econ, Düsseldorf, 1988.

WEYER, N., PÜTTER, N.: Organisation und Technik der Datensicherung. Datakontext, Köln, 1983.

WILLMER, H., BALZERT, H.: Fallstudie einer industriellen Software-Entwicklung. BI-Wissenschaftsverlag, Mannheim, 1984.

WYSOCKI, K.: Grundlagen des betriebswirtschaftlichen Prüfungswesens. Berlin und Frankfurt/M., 1975.

ZBINDEN, H.: Betriebsorganisation für jedermann. Verlag des Schweizerischen Kaufmännischen Vereins, Zürich, 1973.

ZEHNDER, C. A.: Informationssysteme und Datenbanken. Teubner, Stuttgart, 1985.

Anhang 4 – Glossarium

ABC-Analyse
Bei der Lagerhaltung von Artikeln kann das Phänomen beobachtet werden, daß eine geringe Anzahl von Artikeln (die Artikelmenge A) einem großen Teil der Lagerbewegungen unterliegt. Andererseits unterliegt eine relativ große Anzahl von Artikeln (die Artikelmenge C) nur sehr wenigen Lagerbewegungen. Dazwischen liegt eine Artikelmenge B mit einer mittleren Anzahl von Lagerbewegungen. Diese Unterteilung, die mit beliebigen Grenzen zwischen den Mengen vorgenommen werden kann, gab der Analyse ihren Namen. Die ABC-Analyse wird nicht nur in der Lagerwirtschaft, sondern auch für vielfältige Entscheidungsprozesse der Betriebswissenschaft verwendet.

Ablauforganisation
Sie regelt den → Arbeitsablauf im Betriebsgeschehen, der aus einer Reihe von Tätigkeiten besteht. Deren Zusammenwirken und Aufeinanderfolge ist meistens nicht beliebig oder gleichgültig. Die Tätigkeiten sind auf verschiedene Weise voneinander abhängig, ihre Folge heißt Arbeitsablauf.

Ablaufsteuerung
Die Steuerung des Arbeitsablaufes und die Verknüpfung von Tätigkeiten an den Schnittstellen → Benutzer - Computer, Computer - Benutzer und Benutzer - Benutzer soll in den Computer gelegt werden. (Siehe Kapitel 11.)

Abnahmeerklärung
Die A. ist ein Dokument, in dem ein Kunde bestätigt, daß ein → System seinen Anforderungen entspricht und er es vom Lieferanten übernimmt. Spezialfall: Ein → Anwender bestätigt, daß ein Softwaremodul die erwarteten Funktionen erbringt und für den produktiven Betrieb übernommen wird.

Abnahmeprüfung
In dieser prüft ein Kunde oder → Anwender, ob ein ihm geliefertes → System die gestellten Anforderungen erfüllt. Ist das der Fall, unterzeichnet der Kunde oder Anwender hierauf die → Abnahmeerklärung.

ABS
(Abk. für »Anti-Blockier-System«) Sicherheits-Bremssystem für Automobile. Durch eine Computersteuerung wird erreicht, daß keines der gebremsten Räder auf der Unterlage gleitet. Das Fahrzeug bleibt während des Bremsens lenkbar.

Algorithmus
Als A. bezeichnet man eine Verarbeitungsvorschrift. Sie muß so genau und detailliert gegeben sein, daß die einzelnen Verarbeitungsschritte und ihre Aufeinanderfolge - auch unter Bedingungen - vollständig klar sind. Jedes funktionierende Programm stellt einen Algorithmus dar.

ANSI
ist die Abkürzung für »American National Standards Institute«, die Normierungsinstitution der USA.

Anwender
Damit wird in diesem Buch eine *Institution* bezeichnet, die mit Hilfe der → Informatik Aufgaben löst. Beispiele: Die Buchhaltung, die Produktion, der Vertrieb, die Girozentrale sind Anwender. Der Begriff »Anwender« soll nicht mit dem Begriff → »Benutzer« verwechselt werden.

Anwender zweiter Art
Als Anwender zweiter Art bezeichnet man die Zielgruppe von Personen oder Stellen, für die ein großer Teil des Informatikaufwandes betrieben wird. Sie stehen trotzdem als Empfänger von Resultaten (meist auf bedrucktem Papier) nur am Rande der → Informationssysteme: Kunden als Empfänger von Rechnungen und Mahnungen, Bürger als Empfänger von Steuerbescheiden und Gebührenverfügungen, Verbraucher als Empfänger von Elektrizitätsrechnungen. Da sie in Informatikprojekten gar nicht vertreten sind, müssen in der → Feinplanung ihre Rechte und Interessen berücksichtigt werden.

Arbeitsablauf
Als A. bezeichnet man die Folge von Arbeiten, die zur Erfüllung einer Aufgabe geleistet werden müssen. Die zeitlichen Anforderungen (Reihenfolge, Gleichzeitigkeit) an die Arbeiten sind zu berücksichtigen.

Arbeitsanweisung
Arbeitsanweisungen sind schriftliche Ausführungsrichtlinien, die sehr detailliert sein können. Sie ergänzen zum Teil mündliche Instruktionen für neue Mitarbeiter und dienen als Gedächtnisstütze bei selten ausgeführten Tätigkeiten oder wenn Zahlen zu benützen sind.

Assoziation, gerichtete
Die Beziehung zwischen zwei → Entitätsmengen nennt man Assoziation. Wird die Beziehung einer Entitätsmenge in Bezug auf eine andere angegeben, so ist die Assoziation »gerichtet«. Eine Assoziation ergibt sich daraus, daß man definiert, wieviele → Entitäten aus einer Entitätsmenge EM2 einer Entität in EM1 zugeordnet werden können. Beispiele siehe in Bild 6.2.

Attribut
(Engl.: Entity Property) Bei → relationalen Datenbanken heißt in einer → Relation die Bezeichnung einer → Domäne »Attribut«. Oder: Die Überschrift einer Kolonne in einer Tabelle heißt Attribut. Als Beispiel kann Bild 6.7 dienen: Das Wort »Preis« ist das Attribut der dritten Domäne in der Relation »Artikel«. Attribute sind ausgewählte Eigenschaften, die einen → Entitätstyp beschreiben. Der Inhalt eines Attributes heißt → Ausprägung.

Aufbauorganisation
Die A. eines Unternehmens entsteht dadurch, daß die vielen Einzelaufgaben eines Betriebes auf verschiedene Aufgabenträger oder Stellen verteilt werden. Die Befugnisse der Stellen werden geregelt. Mehrere Stellen werden zu größeren Organisationseinheiten zusammengefaßt (Gruppen, Abteilungen). Die Leitung der Einheiten wird bestimmt, die gegenseitigen Beziehungen werden festgelegt. Die A. wird durch Organigramme und Stellenbeschreibungen dokumentiert.

Ausprägung
Als A. bezeichnet man den Inhalt eines oder mehrerer Datenelemente oder Felder, im weiteren Sinne eine konkrete Eigenschaft eines konkreten → Objektes. Beispiel: Die Ausprägung der Eigenschaft »Heinos Haarfarbe« ist »blond«.

Balun
Ein B. ist ein sog. Übertrager, den man zwischen → Zweidrahtleitungen und → Koaxialkabel schaltet, um die beiden Arten von → Datenleitungen miteinander zu verbinden. Er paßt die elektrischen Eigenschaften beider Leitungsarten einander an.

Bedeutung
Die → Ausprägung oder der Inhalt eines Datenelementes ist nur dann sinnvoll, wenn ihr oder ihm eine Bedeutung zugeordnet wird. Die Bedeutung eines Datenelementes wird durch seine Stellung im Hauptspeicher oder Datensatz bestimmt und durch seinen → Namen ausgedrückt.

Benutzer
Als B. bezeichnet man eine Person, die mit einem Computer arbeitet. Der B. arbeitet meist an einem Bildschirmterminal, an einer → Work Station oder an einem → Personal Computer und läßt vom Rechner Aufgaben lösen. Der B. geht selbst mit dem Computer um, während ein → Anwender nur mittelbar seine Arbeiten vom Computer durchführen läßt.

Benutzerdokumentation
Sie umfaßt alle schriftlichen Unterlagen, die das Äußere eines → Informationssystems beschreiben: Bedienungsanweisungen, Fehlerkommentare, Einsatzpläne, Sicherheitsmaßnahmen in Verantwortung des → Benutzers, allgemeine Richtlinien.

Benutzerhandbuch
Das B. enthält die → Benutzerdokumentation. Es ist ein Teil des → Feinkonzeptes.

Benutzersicht
Als B. bezeichnet man die individuelle Betrachtungsweise eines → Benutzers für eine → Relation. Verschiedene Benutzersichten entstehen

durch die Auswahl ganz bestimmter Kolonnen (→ Domänen) und/oder ganz bestimmter Zeilen (→ Tupel) aus einer vollständigen Relation.

Bilder auf Bildschirmen
Man unterscheidet fünf Arten: Auswahlbilder, Eingabebilder, Ausgabebilder, Textbilder und kombinierte Bilder. Sie dienen zur Auswahl von Funktionen oder → Objekten, zur Ein- und Ausgabe von → Daten und/oder zur Anzeige von feststehenden Texten.

Black Box
Als B. B. bezeichnet man ein → Objekt, das nur hinsichtlich seiner Eingangs- und Ausgangsgrößen betrachtet wird, wobei der innere Aufbau und die innere Wirkungsweise des Objektes unbeachtet bleiben.

Black Box Methode
Die B. B. M. ist ein Testverfahren, bei der nur das Eingabe-Ausgabe-Verhalten des Prüflings ohne Beachtung seiner inneren → Struktur getestet wird. Im Gegensatz dazu wird diese bei der → White Box Methode sehr wohl beachtet und die Testfälle werden entsprechend angelegt.

Bottom Up
Ein Bottom Up Verfahren löst zuerst alle Details, bevor in höhere hierarchische Ebenen vorgestoßen wird. Bei der Programmierung oder beim → Testen beginnt man bei dieser Methode zuerst mit denjenigen Funktionen, die selbst keine anderen Bausteine benötigen. Dasselbe wiederholt man auf allen Stufen: Funktionen vereinigt man zu Modulen, Module zu Subsystemen und Subsysteme zum Gesamtsystem. Die → Top Down Methode geht umgekehrt vor.

CAD
Abkürzung für Computer Aided Design, engl. für Computerunterstützter Entwurf (von Konstruktionen).

CASE
hat zwei Bedeutungen:
- »Computer Aided Systems Engineering« bedeutet die Unterstützung der Entwicklung ganzer (Informations-) → Systeme durch Computer,
- »Computer Aided Software Engineering« bedeutet die Unterstützung der Softwareentwicklung durch Computer.

CASE stellt Methoden zur Verfügung, mit deren Hilfe Systeme oder Anwendungen mit dem Computer interaktiv entwickelt werden können.

- *Upper CASE:* Werkzeuge dieser Gruppe unterstützen die frühen Entwicklungsphasen der Software, wie Problemanalyse, → Datenmodellierung und → Programmspezifikation.
- *Lower CASE:* Werkzeuge unter diesem Titel dienen den späten Phasen der Softwareentwicklung, wie Programmentwurf, Codierung und → Test.

Checkliste
Als C. bezeichnet man ein → Verzeichnis, das alle Tätigkeiten aufführt, die getan werden müssen, um einen bestimmten Zustand eines → Systems zu erreichen.

CIM
Abkürzung für »Computer Integrated Manufacturing«, engl. für »Fabrikation mit integrierter Computerunterstützung«. Dabei werden von der Konstruktion bis zur Produktion zur Computerunterstützung die selben Datenstrukturen eingesetzt.

Code
Als C. bezeichnet man unter anderem eine Abbildungsvorschrift, die jedem Zeichen aus einem begrenzten Zeichenvorrat eine bestimmte Bedeutung zuweist.

Data Dictionary
→ Datenkatalog.

Daten
sind Werte (Zahlen, Worte) in Form von Zeichen oder Zeichenkombinationen als Grundgrößen der Datenverarbeitung. Ein einzelnes »Datum« nennt man Datenelement.

Datenanalyse
Als D. bezeichnet man ein Verfahren zur Ordnung von Datenbeständen. Es beginnt bei der Sammlung zusammengehöriger → Daten, führt

in einem Normalisierungsprozeß (→ Normalisierung) bis zur sogenannten »dritten → Normalform«, auf den noch eine Optimierung folgt. Das Ergebnis ist ein relationales → Datenmodell, auf dem die Informatiklösung aufgebaut werden kann.

Datenbank
Eine Datenbank faßt alle Datenbestände eines Bereiches zusammen. Sie ermöglicht Verknüpfungen der → Daten und ist von Anwendungsprogrammen unabhängig. Der Zugriff auf die Datenbestände ist unter Verwendung der verschiedensten Abfragekriterien möglich. Jede D. ist Teil eines → Informationssystems, das → Daten von der Datenbank anfordert, auswertet, verarbeitet und ihr wiederum Daten zur Speicherung übergibt.

Datenbank, relationale
Relationale → Datenbanken werden entsprechend dem Relationenmodell aufgebaut. Dabei werden die → Daten in Form von zweidimensionalen Tabellen gespeichert. Diese Tabellen nennt man → Relationen. Verschiedene Funktionen, wie → »Join« oder → »Projektion«, gestatten eine Kombination oder Spaltung der Tabellen.

Datenbild
Der Zustand eines → Objektes wird durch die → Ausprägungen seiner wesentlichen Eigenschaften angegeben. Bildet man ein Objekt in einem → Informationssystem ab, so werden die Ausprägungen als → Daten gespeichert. Die Gesamtmenge dieser Daten oder Ausprägungen in einem bestimmten Zeitpunkt kann man als Datenbild bezeichnen.

Datenelement-Beschreibung
Manche Datenelemente müssen detailliert beschrieben werden. Dies geschieht durch eine D., in der zum Beispiel ergänzende Erklärungen zur → Bedeutung, Bezeichnungen der Maß-, Währungs- oder Verpackungseinheiten, zulässige Werte und Grenzwerte eingetragen werden.

Datenerfassung
Zur D. rechnet man die Eingabe großer Mengen von → Daten in kurzer Zeit. Die Eingabe erfolgt manuell über Tastaturen.

Datenkatalog
Der Datenkatalog (engl. Data dictionary) ist ein Verzeichnis mit Informationen über Umfang, → Struktur, → Format, Verwendung und anderer Eigenschaften der → Daten, die in einem Datenbestand vorhanden sind. Datenkataloge werden meist in einem Computer gespeichert und verwaltet. Siehe auch Kapitel 8.

Datenleitung
Die D. dient der Übertragung der → Daten zwischen einem zentralen Computer und seiner Peripherie an den Arbeitsplätzen oder dem Aufbau von → Datennetzen. Man verwendet drei Arten: → Zweidrahtleitungen, → Koaxialkabel und → Glasfaserkabel. Es ist möglich, bei der → Datenübertragung von einer Leitungsart auf eine andere überzugehen, wenn man geeignete Geräte einschaltet: → Baluns oder → Umwandler.

Datenmodell
Als D. bezeichnet man ein Schema, nach dem die → Daten eines Datenbestandes geordnet und strukturiert werden.

Datennetz
Ein D. umfaßt alle Maschinen, Geräte und Anlagen für die → Datenübertragung zwischen beliebig entfernten Orten. Man unterscheidet zwischen Lokalen Datennetzen (LAN, Local Area Network) mit hoher Leistung für kleine Entfernungen und Datenfernübertragungsnetzen (WAN, Wide Area Network) mit geringerer Leistung für große Entfernungen.

Datennetzverwaltung
Die Verwaltung der → Datennetze obliegt einem Spezialisten, der die Datenübertragungsanlagen überwacht und dokumentiert. Er analysiert Fehlerzustände und behebt Ausnahmesituationen.

Datenschutz
Der D. befaßt sich mit dem Schutz persönlichkeitsbezogener → Daten gegen deren Mißbrauch.

Datenübernahme
Als D. bezeichnet man denjenigen Vorgang, bei dem die Datenbestände eines (alten) → Informationssystems in Datenbestände eines anderen (neuen) Informationssystems umgewandelt und übergeführt werden. Die D. kann als Sonderfall der → Datenübertragung angesehen werden.

Datenübertragung
ist der Transport von → Daten von einem → Informationssystem oder Gerät (Sender) mit Hilfe eines Mediums (Datenkanal, Datenträger) zu einem anderen Informationssystem oder Gerät (Empfänger) über beliebig große Entfernungen. Sender und Empfänger sind meist Terminals oder Computer, die Datenkanäle Drahtkabel, Lichtleiter oder drahtlose Nachrichtenverbindungen.

Datenverwaltung
Die D. in einem Unternehmen umfaßt die Verantwortung für den Datenbestand (Aktualität, Richtigkeit, Sicherheit), die Durchführung von Organisationsarbeiten, das Beheben von Fehlern und die → Dokumentation des Datenbestandes.

Defaultwert
Ein D. ist die → Ausprägung eines → Datenelementes oder eines Parameters, die ein → Informationssystem von sich aus einsetzt, wenn der → Benutzer nicht eine andere Ausprägung eingibt.

Detailkonzept
Das Wort »Detailkonzept« ist ein Synonym für → »Feinkonzept«.

Dialog
Im Zusammenhang mit → Informationssystemen bezeichnet man als Dialog einen Ablauf, bei dem der → Benutzer zur Abwicklung einer Arbeitsaufgabe in einem oder in mehreren Schritten → Daten eingibt und jeweils eine Rückmeldung über die Verarbeitung dieser Daten erhält (nach DIN 66234).

Dialoganlage
Als D. bezeichnet man einen Computer, der zum interaktiven Betrieb in Zusammenarbeit mit einem oder mehreren → Benutzern ausgerüstet ist. Eingabe, Verarbeitung und Ausgabe vollziehen sich in einem Wechselspiel dialogartig zwischen dem → Benutzer an einem Bildschirmterminal und dem Computer.

Dialogprogramm
Dialogprogramme ermöglichen den Dialogbetrieb (→ Dialog) von Computern. Die Programme müssen so ausgelegt sein, daß der Computer auf jede mögliche Eingabe des Benutzers sinnvoll reagiert.

Dieselaggregat
Ein D. besteht aus einem Dieselmotor und einem Generator für Wechsel- oder Gleichstrom. Es wird zur Notstromversorgung eingesetzt.

DIN
war ursprünglich die Abkürzung für »Deutsche Industrie-Normen«. Heute ist es Name und Kennzeichen für die Gemeinschaftsarbeit des Deutschen Normenausschusses.

Disposition
Zur D. gehören alle Planungsarbeiten, die während des Betriebes eines → Informationssystems zu leisten sind: zeitliche Einteilung für Stapelverarbeitungen und Sicherstellungen, Planung der Installation neuer Versionen der System- und Anwenderprogramme, Planung größerer Arbeiten der → Datenerfassung, Maschinenreservationen für Wartungs- oder Umbauarbeiten, Einsatz von Hilfsmaschinen, Einsatzpläne für Mitarbeiter, Verwaltung von Verbrauchsmaterial und andere.

Dokumentation
Als D. bezeichnet man die Beschreibung eines → Systems (eines → Informationssystems, eines Anwendungsprogrammes, einer → Ablauforganisation usw.). Die Dokumentation der → Feinplanung bzw. der Feinkonzeption heißt → »Feinkonzept«. Die Dokumentation eines geplanten, aber noch nicht realisierten Systems bezeichnet man als »Spezifikation«.

Domäne
Eine D. ist Teil einer → Relation. Stellt man sich eine Relation als Tabelle vor, so entspricht eine D. einer Kolonne dieser Tabelle. Siehe auch Bild 6.7.

EAN
Abkürzung für »Europäische Artikelnummer«. Der EAN-Code ist auf vielen Verpackungen von Waren aufgedruckt und kann dort maschinell gelesen werden. Er identifiziert den Hersteller und die Produktebezeichnung.

Einführung
Als E. bezeichnet man diejenige Phase eines Informatikprojektes, bei der das → Informationssystem in den produktiven Betrieb eingeführt wird. Sie folgt auf die Phase → »Realisierung« und geht schließlich in die Phase »Nutzung« über.

Einstiegsbild
Als E. bezeichnet man das erste Bild, das einem → Benutzer auf seinem Bildschirm angezeigt wird, nachdem er mit einem Paßwort seine Zugriffsberechtigung nachgewiesen hat. Der Benutzer will jetzt seine Arbeit mit dem System beginnen. Das Einstiegsbild hat ihm den Weg zur gewünschten Funktion anzugeben.

Entität
Als E. bezeichnet man ein reales → Objekt oder eine gedankliche Abstraktion. Eine E. ist abgrenzbar und gehört einem begrenzten → System an. Beispiele: Mitarbeiter Rolf Huber, Artikel Kochbutter.

Entitätsmenge
(Engl.: Entity Set) Wird ein → Entitätstyp durch konkrete → Entitäten besetzt, so ergibt sich eine E.

Entitätstyp
Man verallgemeinert konkrete → Entitäten zu einem Entitätstyp. Ein Entitätstyp wird durch die Zuordnung von → Attributen im Detail beschrieben. Die Zuordnung von Attributen zu Entitätstypen ist zwingend. Beispiele für Entitätstypen: Mitarbeiter, Artikel.

Entscheidungstabellen
E. sind ein Hilfsmittel zur Darstellung von Entscheidungssituationen. Sie werden zur Programmanalyse bei komplexen logischen Abhängigkeiten eingesetzt. E. bestehen aus vier Teilen: Bedingungen, Aktionen, Regeln und Ausführungssignalen. (Siehe auch Kapitel 10.)

Erfolgskontrolle
In der Nutzungsphase eines → Informationssystems soll als E. laufend geprüft werden, ob sich der erwartete Nutzen eingestellt hat. Dieser wurde im → Grobkonzept prognostiziert.

Evaluation
In der E. wird aus einer Menge von Lösungen (Offerten, Angeboten) die beste ausgewählt und dann zur Realisierung vorgeschlagen. Man verwendet ein »Mehrfilter-Verfahren« mit drei Stufen: In der ersten Stufe werden Lösungen ausgeschieden, die aus grundsätzlichen Erwägungen nicht in Frage kommen. In der zweiten Stufe werden Lösungen ausgeschieden, die Muß-Kriterien nicht erfüllen. In der dritten Stufe werden die verbliebenen Lösungen nach spezifischen Einflußgrößen gewichtet und bewertet. Die Lösung, die einen hohen Nutzen bei günstigen → Kosten verspricht, wird gewählt.

Feinkonzept
Alle Arbeiten der → Feinplanung eines → Informationssystems werden dokumentiert. Die → Dokumentation heißt Feinkonzept.

Allgemeiner Teil: Es wird empfohlen, das Feinkonzept in einige Teile zu gliedern. Der allgemeine Teil enthält vor allem die Voraussetzungen und Anforderungen als unveränderliche Dokumentation.

Weitere Teile: → Systemhandbuch, → Organisatorisches Konzept, → Sicherheitskonzept, → Infrastrukturplan, → Benutzerhandbuch.

Feinkonzeption
Das Wort »Feinkonzeption« ist ein Synonym für → »Feinplanung«.

Feinplanung
Die Feinplanung, mit der sich dieses Buch eingehend beschäftigt, ist eine unentbehrliche und arbeitsintensive Phase jedes Informatikprojektes. Sie folgt auf die Phase → »Grobkonzeption« und bereitet die Phase → »Realisierung« vor. In der F. müssen alle wesentlichen Teile eines zukünftigen → Informationssystems, sowie dessen → Infrastruktur und Rahmenorganisation in allen Einzelheiten geplant werden. Das Ergebnis ist ein schriftliches → Feinkonzept.

Format
Das F. eines Datenelementes (→ Daten) gibt an, welchem Typ dieses angehört (alphanumerisch, numerisch, logisch etc.) und welche Länge (Anzahl Bytes, Anzahl Stellen) es besitzt.

Formulare
Sie dienen während der → Feinplanung als einfaches Werkzeug für Programmverzeichnisse, Programmspezifikationen, Testpläne und viele andere Anwendungen.

Function Point Analysis
Die F. P. A. ist das gebräuchlichste analytische Verfahren zur Schätzung des → Programmieraufwandes.

Gefahr
Gefahren haben ihren Ursprung in Gefahrenquellen (technische Defekte, Elementarereignisse, Personal) und bedrohen die gefährdeten → Objekte (Hardware, Software, Datenbestände, Personal, → Infrastruktur, → Ablauforganisation, Vermögen und Ertrag). Die Bedrohung kann zu einem → Schadenfall führen.

Glasfaserkabel
G. werden zur → Datenübertragung verwendet. Diese erfolgt in dünnen Glasfasern mittels extrem kurzer Laserlichtimpulse.

Grobkonzept
Das G. ist die → Dokumentation der Phase Grobkonzeption, die der → Feinplanung vorausgeht. Ihr wesentlicher Inhalt besteht aus einem → Sollkonzept, einem → Pflichtenheft mit Anforderungskatalog, dem Ergebnis der → Evaluation und einem Vorschlag für bestimmte Produkte, mit denen die Realisierung des → Informationssystems vollzogen werden soll.

Grobkonzeption
Als G. bezeichnet man alle Arbeiten zur Erstellung eines → Grobkonzeptes.

Hardcopy
Als H. bezeichnet man die Kopie eines Bildes am Bildschirm auf Papier. Meist wird es durch einen Drucker erstellt.

Häufigkeit
Als H. bezeichnet man die Anzahl von Vorgängen (→ Transaktionen) in einer Zeiteinheit. Beispiel: Anzahl Bestellungen pro Woche.

Identifikationsschlüssel
Ein I. identifiziert ein → Objekt oder einen Datensatz oder ein → Tupel. Er kann aus einem → Attribut (Datenfeld) bestehen, oder aus mehreren Attributen zusammengesetzt sein.

Individualsoftware
Zur I. gehören alle Anwendungsprogramme, die für einen einzelnen → Anwender entsprechend seinen individuellen Anforderungen erstellt werden.

Informatik
ist die Wissenschaft, Technik und Anwendung der Informationsverarbeitung und der → Systeme zur Verarbeitung, Speicherung und Übertragung von → Information. Sie umfaßt Theorie, Methodik, Analyse, Entwurf und Konstruktion, Anwendung und Auswirkung des Einsatzes. (Aus: Informatik-Spektrum (1991)14, »Gemeinsame Stellungnahme der Fakultätentage Elektrotechnik und Informatik ...«)

Informatikstrategie
Die I. regelt das Grundsätzliche für die → Informatik eines Unternehmens. Man unterscheidet »Gestaltung« (Ziele: Rationalisierung? Wertschöpfung?; eigene Informatik oder → Outsourcing? Art der einzusetzenden → Informationssysteme: zentrale oder dezentrale Lösungen? Standard- oder → Individualsoftware?) und »Dimensionierung« (Systemgrößen? Wieviel Computer-Arbeitsplätze? Welche → Datennetze?). Die I. muß der allgemeinen Unternehmensstrategie untergeordnet werden.

Information
Information besteht aus → Daten, denen Bedeutungen zugeordnet werden, die sich auf ein bestimmtes → Objekt beziehen. Informationen werden in die Form von Nachrichten gekleidet, die zum Teil neue Sachverhalte angeben, zum Teil redundante → Information enthalten. Redundante Information erhöht die Sicherheit von Nachrichten.

Informationsfluß
Der I. beschreibt die Bewegung von → Information in ein → System hinein, zwischen den verschiedenen Elementen eines Systems, und aus dem System hinaus. Als System kann man sich hier z.B. ein Unternehmen denken, als Elemente die einzelnen Stellen oder Abteilungen.

Informationssystem
Dieser Begriff ist nicht eindeutig definiert und wird von verschiedenen namhaften Autoren sehr unterschiedlich interpretiert. Duden: »System zur Speicherung, Wiedergewinnung, Verknüpfung und Auswertung von Informationen. Ein I. besteht aus einer Datenverarbeitungsanlage, einem Datenbanksystem und den Auswertungsprogrammen.« Grochla: »Ein I. ist ein nach organischen, technischen oder organisatorischen Prinzipien zusammengefaßtes Ganzes von Informationsbeziehungen zwischen Informationseinheiten.« Hansen: »Ein I. besteht aus einer Menge von Menschen und Maschinen, die Informationen erzeugen und/oder benutzen und die durch Kommunikationsbeziehungen miteinander verbunden sind.« Wenn in diesem Buch von Informationssystemen zu lesen ist, sind damit rechnergestützte Informationssysteme gemeint, also Systeme die aus (Computer-) Hardware, Software, Datenübertragungseinrichtungen, → Benutzern, → Ablauforganisationen und → Infrastruktur bestehen und der Speicherung, Bearbeitung und Darstellung von Informationen dienen.

Infrastruktur
Die I. von → Informationssystemen umfaßt eine Reihe von Umgebungs- und Zusatzeinrichtungen: Gebäude, Räume, Energie- und Notstromversorgung, Klimatisierung, → Datenleitungen, bauliche Einrichtungen, Feuerschutz, Möbel, Hilfsmaschinen.

Infrastrukturplan
Der I. ist derjenige Teil des → Feinkonzeptes, in dem alle Pläne für die zukünftige → Infrastruktur (inklusive Datenverbindungen) dokumentiert sind.

Initialisierung
Bevor Informatikprojekte in Gang gesetzt werden, sind Vorarbeiten zu leisten. Diese Vorarbeiten faßt man mit dem Begriff I. zusammen. Die wichtigsten Tätigkeiten in dieser Vorphase sind eine grobe Situationsanalyse und eine grobe Zielformulierung. Das Resultat kann ein Projektantrag für eine Vorstudie sein.

Insellösung
Wenn eine Computeranwendung ohne Verbindungen zu anderen Computeranwendungen realisiert wird, bezeichnet man sie als Insellösung. Auf die Datenbestände einer Insellösung kann nur von dieser selbst zugegriffen werden. Einen Gegensatz dazu bildet die → »integrierte Lösung«.

Integrierte Lösung
Als i. L. bezeichnet man den Aufbau und Einsatz eines → Informationssystems, das mehrere Anwendungen gemeinsam erschließt. Auf die Datenbestände kann von allen Anwendungen oder Subsystemen aus zugegriffen werden. Einen Gegensatz dazu bildet die → »Insellösung«.

ISBN
Abkürzung für International Standard Book Number. Form: ISBN L-VVVVV-NNNNN-P. Dabei geben an: L das Land oder die Sprache, VVVVV den Verlag, NNNNN eine Nummer für das Buch, P die → Prüfziffer.

ISO
ist die Abkürzung für »International Standards Organization« (d.h. Internationale Organisation für Normung).

Ist-Zustand
Der I. gibt die aktuelle Lösung einer organisatorischen Aufgabe an. Er wird in einer Situationsanalyse ermittelt und hat in der Regel Stärken und Schwächen.

Jahrhundertproblem der Informatik
Als J. bezeichnet man (nach Max Vetter) den Umstand, daß in vielen Unternehmen nicht bekannt ist, welche Betriebsdaten gespeichert sind oder wie man auf sie zugreifen kann.

Join
Als J. bezeichnet man eine Operation in → relationalen Datenbanken, bei der eine Kombination von → Relationen bewerkstelligt wird.

Man kann so → Daten aus verschiedenen Tabellen miteinander kombinieren.

Kabelkanal
Der K. dient der Verlegung von Leitungen in Gebäuden und Liegenschaften. Er besteht meist aus Kunststoffrohren, die den darin verlegten Kabeln mechanischen Schutz gewähren.

Koaxialkabel
K. werden zur → Datenübertragung verwendet. Sie bestehen aus einem äußeren Leiter, der einen konzentrisch innen liegenden Leiter vollständig umschließt und damit abschirmt. Beide Leiter sind durch eine feste Isolation (aus Kunststoff) getrennt.

Kontrollpfad
Ein K. ist jede mögliche Anweisungsfolge in einem Programm, das heißt jeder mögliche Ablauf des Programmes, der unter Einbeziehung oder Auslassung von Gruppen zwangsweise hintereinander ablaufender Befehle zustande kommen kann. Die Anzahl von Kontrollpfaden ist meist sehr hoch, da sie durch die Kombination aller Verzweigungen und Schleifenbildungen entsteht.

Kontrollprogramm
Ein K. dient nicht unmittelbar für die Bearbeitung innerhalb einer Anwendung. Es ist vielmehr ein Programm zur Steuerung eines Computersystems. In dieser Funktion kann es ein Anwendungsprogramm aufrufen.

Kosten
Die für die → Informatik eines Unternehmens anfallenden Kosten können eingeteilt werden wie folgt:
- *einmalige* Kosten betreffen die Investitionen,
- *wiederkehrende* Kosten fallen laufend an,
- *ausgabenwirksame* Kosten entstehen durch Forderungen von Außenstehenden,
- *interne* Kosten entstehen durch das eigene Personal und die sogenannten Gemeinkosten.

Mandant
Ein M. ist ein Auftraggeber, im weiteren Sinn ein Kunde oder Klient.

Maschinenbedienung
Die M. umfaßt alle Tätigkeiten, die den physischen Betrieb eines → Informationssystems sicherstellen: Versorgung der zentralen Drucker, Durchführen von Datensicherstellungen, Bedienung verschiedener Ein- und Ausgabegeräte, Reaktion bei Systemstörungen, Archivierung der Datenträger, Zutrittskontrollen, Verwaltung von Verbrauchsmaterial, Verantwortung für Klima, Ordnung und Sauberkeit im Maschinenraum.

Materialfluß
Als M. bezeichnet man die Bewegung von Material von außen in ein → System hinein, zwischen den einzelnen Elementen eines Systems, und vom System hinaus nach außen. (→ Informationsfluß.)

Matrix-Projektorganisation
In einer M. arbeiten die Beteiligten zum Teil in ihrer angestammten Fachabteilung und Tätigkeit, zum Teil im → Projekt. Sie dienen demnach zwei Herren: einerseits ihrem Linienvorgesetzten und andererseits dem → Projektleiter. Die → Feinplanung in Informatikprojekten wird meist mit dieser Organisationsform durchgeführt.

Mehrfilter-Verfahren
Eine Methode der → »Evaluation«.

Mengen
Als Mengen bezeichnet man in der Datenverarbeitung (im Gegensatz zur Mathematik) die Mächtigkeit von Beständen. Beispiel: Die Anzahl von Datensätzen in einer Kundendatei nennt man »Menge Kunden«.

Menü
Menüs werden auf Bildschirmen angezeigt. Aus ihnen kann der → Benutzer eine Funktion (ein Anwendungsprogramm) auswählen, die als nächste ausgeführt werden soll.

Metadatenbank
In einer M. werden nicht Betriebsdaten einer Anwendung gespeichert, sondern sie enthält Angaben zu den → Namen der Datenelemente und anderer → Objekte. Eine M. enthält → Daten über Daten.

Modulo-11-Verfahren
Dies ist ein einfache Methode für den Einsatz und die Verwendung von → Prüfziffern. Siehe auch ein Beispiel im Kapitel 14.

Name
Alle Elemente eines → Informationssystems (Beispiele: externe Speicher, Datenträger, Übertragungskanäle, Hauptspeicheradressen, Datenelemente, Dateien, Funktionen, Programme) werden durch Zuordnung eines Namens eindeutig gekennzeichnet.

Netzplantechnik
Die N. ist ein Verfahren zur Planung und Überwachung von → Projekten mit Hilfe eines graphisch-rechnerischen Verfahrens. Das Verfahren wird oft durch Computer unterstützt. Meist wird die N. nur für große Projekte eingesetzt.

Norm
Als N. bezeichnet man eine Regel oder Richtlinie. Normen dienen der Vereinheitlichung in verschiedenen Gebieten, unter anderem in der Technik und Wirtschaft. Sie werden dort eingeführt, wo eine Mannigfaltigkeit unwirtschaftlich oder unsinnig wäre.

Normalform
Man hat für die → Relationen in → relationalen Datenbanken sogenannte N. definiert, die bei der → Normalisierung schrittweise durch Transformationen erreicht werden. Im Kapitel 6 findet man die Definitionen hiefür.

Normalisierung
Beim Entwurf einer → relationalen Datenbank unterwirft man die Datensammlung einem Normalisierungsprozeß. Dieser führt die Datenbestände als → Relationen von einer ungeordneten Form mindestens bis zur »dritten → Normalform«. Das Ziel dieses Vorganges ist, einen Datenbestand so gut zu strukturieren, daß er einerseits redundanzfrei (→ Redundanz) ist, andererseits alle denkbaren Operationen ermöglicht.

Normblatt
Als N. bezeichnet man ein → Formular, das zur einheitlichen → Dokumentation von Normen (→ Norm) verwendet wird.

Numerierungssystem
In der → Informatik werden vielfach Nummern als → Schlüssel für → Objekte (Beispiel: Datensätze) benützt. Man muß Nummern nach gewissen Regeln zuteilen. Werden die Nummern willkürlich (fortlaufend oder nach einem Zufallsprinzip) zugeteilt, bilden sie einen »nichtsprechenden« Schlüssel. Dem gegenüber stehen »sprechende« Schlüssel, die die Zugehörigkeit des betreffenden Objektes zu einer bestimmten Gruppe erkennen lassen.

Nummer
Eine N. besteht aus einer oder mehreren Ziffern. Sie wird zum Identifizieren von → Objekten benützt. Beispiele: Kundennummer, Artikelnummer.

Nutzung
Ist ein Informatikprojekt erfolgreich abgeschlossen worden, so hat es die Phase der N. erreicht, es ist in produktivem Betrieb. (→ »Erfolgskontrolle«.)

Objekt
Unter einem O. versteht man eine Größe, die durch einen → Namen benannt oder durch einen → Schlüssel identifiziert werden kann oder die als Gruppe zusammenhängender → Daten von Programmen bearbeitet werden kann. Im engeren Sinn der »objektorientierten Programmierung« bezeichnet man als O. einen Informationsträger, der einen im Laufe der Zeit veränderbaren Zustand besitzt und auf Nachrichten in vorbestimmter Weise reagiert.

Organisatorisches Konzept
Das o. K. ist derjenige Teil des → Feinkonzeptes, in dem die Planung der neu gestalteten Arbeitsabläufe dokumentiert ist.

Outsourcing
Als O. bezeichnet man ein Vorgehen, Dienstleistungen für das eigene Unternehmen nach außen zu vergeben. Auf dem Gebiet der → Informatik wird O. dann betrieben, wenn man die Informationsverarbeitung zum Teil an Fremdfirmen überträgt, zum Beispiel an Computerlieferanten oder externe Rechenzentren.

Personal Computer
Eigenständiges Computersystem, das für den persönlichen Bedarf eines einzelnen, selbständigen → Benutzers zur Verfügung steht.

Personalrekrutierung
Eine P. wird während der → Feinplanung notwendig, wenn nicht alle Funktionen im zukünftigen Betrieb des → Informationssystems mit vorhandenen Mitarbeitern ausgefüllt werden können. Die P. besteht aus Personalsuche, Auswahl und Anstellung.

Petri-Netz
Als P. bezeichnet man ein Modell zur Beschreibung und Analyse von Abläufen. P. eignen sich zur Beschreibung dynamischer → Systeme, zum Beispiel von → Ablauforganisationen. Ein P. ist ein gerichteter Graph mit zwei Arten von Knoten: aktiven und passiven Knoten. (Siehe auch Kapitel 10.)

Pflichtenheft
In einem Informatikprojekt wird vom zukünftigen → Anwender ein P. erstellt, um den Anbietern das → Sollkonzept und die Anforderungen an die zukünftige Hardware und Software sowie weitere Wünsche mitzuteilen. Für die Anbieter ist das P. die Grundlage für die Ausarbeitung ihrer Angebote.

Phasenkonzept
Allgemein übliches Vorgehensmodell für die Bearbeitung von Informatikprojekten. Der Ablauf wird in zeitlich aufeinanderfolgende Phasen unterteilt. Das hat den Zweck, → Projekte in überblickbaren Etappen abzuwickeln, über die einzeln entschieden wird. Dadurch werden die Risiken im Projekt vermindert.

Plausibilitätskontrolle
Die P. wird bei der Dateneingabe und → Datenübernahme angewandt. Sie schließt → Daten von der Eingabe aus, wenn ihr Wert unmöglich oder unwahrscheinlich ist. Die → Ausprägung eines Datenfeldes ist dann plausibel, wenn sie – für sich allein betrachtet – möglich sein kann. Siehe auch → »Verträglichkeit«.

Primärschlüssel
Jedes → Tupel in einer → Relation wird durch einen P. eindeutig identifiziert. (→ »Identifikationsschlüssel«)

Programmieraufwand
Als P. bezeichnet man die erforderliche Arbeitszeit für den Entwurf, die Codierung, den → Test und die → Dokumentation von Programmen. Für die Schätzung des P. gibt es drei Methoden: Schnellschätzung, Schätzung nach Zeilenzahl oder analytische Verfahren. Von der ersten bis zur dritten Methode steigt der Aufwand für die Schätzung. Das Ergebnis ist in jedem Fall ungenau.

Programmierung
Die P. ist ein Teil der Phase → »Realisierung« in Informatikprojekten. In dieser Phase werden die Programme erstellt (kodifiziert und getestet) und die Programmänderungen und Parametrisierungen der → Standardsoftware werden durchgeführt. Gleichzeitig wird die → Rahmenorganisation verwirklicht. Die »Realisierung« folgt auf die Phase → »Feinplanung«. Auf die »Realisierung« folgt die Phase → »Einführung«.

Programmspezifikation
Die P. ist ein schriftliches Dokument, in dem detailliert angegeben wird, was ein Programm zu leisten hat.

Programmverzeichnis
Ein P. ist eine Liste aller Programme, die in einem Informatikprojekt erstellt oder eingesetzt werden müssen. Es enthält für jedes Programm einen → Namen und eine Bezeichnung. Das P. kann ergänzt werden mit zusätzlichen Angaben, wie Autor, geschätztem Aufwand, Termin und ähnlichem mehr.

Programmwartung
Die P. umfaßt alle Tätigkeiten, die an (Anwendungs-) Programmen vorzunehmen sind, damit sie möglichst lange Zeit eingesetzt werden können: Beheben von Fehlern, Änderungen wegen geänderter Anforderungen, Erweiterungen wegen zusätzlicher Bedürfnisse.

Projekt
Ein P. ist ein Arbeitsvorhaben, für das organisatorische Maßnahmen erforderlich sind. Es hat ein definiertes Ziel und ist zeitlich begrenzt. Ein

P. hat die Charakteristik der Einmaligkeit oder Besonderheit und ragt über Routinetätigkeiten hinaus.

Projektgruppe
Als P. bezeichnet man das Team, das die Arbeiten eines → Projektes ausführt. Ein → Projektleiter führt die Projektgruppe.

Projektion
Als P. bezeichnet man eine Operation in → relationalen Datenbanken, bei der eine → Relation in zwei selbständige Relationen gespalten wird. Man kann dadurch → Daten in einer Tabelle auf mehrere Tabellen aufteilen.

Projektkommission
Die P. ist die Kontroll- und Entscheidungsinstanz in einer Projektorganisation. Sie ist der Geschäftsleitung unterstellt. Der → Projektleiter ist der P. direkt unterstellt.

Projektleiter
Der P. führt die → Projektgruppe während der Dauer einer Projektphase. Er trägt die Verantwortung für die Erreichung des Zieles, die Einhaltung des Budgets und der Termine. Er muß belastbar sein und über gute fachliche und persönliche Voraussetzungen verfügen. Der P. ist der → Projektkommission unterstellt.

Projektleitung, geteilte
In großen → Projekten können die Anforderungen so vielfältig sein, daß sie ein → Projektleiter allein nicht bewältigen kann. In solchen Fällen kann die Projektleitung geteilt und durch zwei Personen ausgeübt werden. Diese teilen die Aufgaben und sorgen für eine reibungslose Verständigung unter einander.

Projektorganisation
Die Projektorganisation besteht aus:
- der → *Aufbauorganisation*, bestehend aus Projektkommission, Projektleiter, Projektgruppe und evtl. Arbeitsgruppen, und
- der → *Ablauforganisation*, mit welcher die Tätigkeiten der Beteiligten geregelt und koordiniert werden.

Prototyping
Das P. ergänzt bei der Durchführung von Informatikprojekten das → Phasenkonzept. Die Idee wurde vom Maschinen- und Apparatebau übernommen, wo oftmals vor dem Serienfabrikat ein Prototyp hergestellt wird. In der → Informatik verwendet man als Prototyp einer Anwendung ein vereinfachtes Programm, das aber bereits die Möglichkeiten des Endproduktes erkennen läßt. Dadurch kann der zukünftige → Benutzer leichter in den Entwicklungsprozeß mit einbezogen werden.

Prozeß
Als P. bezeichnet man jeden Vorgang, bei dem ein beliebiges → System von einem Zustand in einen anderen Zustand übergeht.

Prüfziffer
Die P. ist eine Ziffer innerhalb einer Nummer, die keinen Datenwert enthält, sondern ausschließlich Prüfzwecken dient. Solche Prüfziffern werden verwendet, um Fehler bei der → Datenübertragung oder Dateneingabe weitgehend zu verhindern.

Rahmenorganisation
Die R. umfaßt alle Maßnahmen, um die personellen, materiellen und organisatorischen Voraussetzungen für die Inbetriebnahme eines → Informationssystems zu schaffen.

Realisierung
Die R. ist diejenige Phase eines Informatikprojektes, bei der alle Tätigkeiten, die in der → Feinplanung vorbereitet worden sind, in die Tat umgesetzt werden. Es wird programmiert, getestet, verdrahtet, verbunden, angeschlossen, gebaut.

Redundanz
Als R. bezeichnet man jenen Teil einer Nachricht, der keine → Information vermittelt und eigentlich überflüssig ist. Redundante Teile sorgen jedoch dafür, daß eine Nachricht auch noch verstanden werden kann, wenn sie Fehler enthält (Beispiel: Druckfehler). Die R. in Datenbeständen bedeutet die Doppel- oder Mehrfachspeicherung eines Faktums. Sie ist grundsätzlich unerwünscht, muß aber aus praktischen Gründen manchmal in Kauf genommen werden. Wird sie in solchen Fällen bewußt vorgesehen, spricht man von »kontrollierter R.«.

Relation
Relationen sind die Tabellen einer → relationalen Datenbank, man kann darunter auch deren Dateien verstehen. In diesen Tabellen werden z.B. → Entitäten als Zeilen oder Datensätze gespeichert.

Relationship
Relationships sind Beziehungen zwischen → Entitäten, das heißt Beziehungen zwischen verschiedenen → Objekten im → Datenmodell.

Repository
Ein R. nimmt alle → Namen in einem → Informationssystem auf. Es besteht aus einem → Datenkatalog für alle Namen, einer Enzyklopädie zur Beschreibung aller Programmteile und ihrer Zusammenhänge und einer → Dokumentation zur Beschreibung aller Anwendungen.

Revision
Im EDV-Bereich überwacht die R. die Einhaltung der Grundsätze ordnungsmäßiger Buchführung und ordnungsmäßiger Datenverarbeitung. Die Kontrollen durchleuchten das gesamte Betriebsgeschehen und bilden eine umfassende Überwachung des ganzen → Systems.

Risiko
Als R. bezeichnet man die Wahrscheinlichkeit dafür, daß eine → Gefahr zu einem → Schadenfall führt. Durch vorbeugende → Sicherheitsmaßnahmen kann ein bestehendes Risiko verkleinert werden.

Schadenfall
Ein Sch. ist ein Ereignis, bei dem infolge einer → Gefahr an einem oder mehreren gefährdeten Objekten ein Schaden eingetreten ist. Durch geeignete vorbeugende Maßnahmen kann der Schaden begrenzt werden.

Schlüssel
In der → Informatik werden vielfach Nummern als Schlüssel für → Objekte (Beispiel: Datensätze) benützt. Die Schlüssel identifizieren die Objekte eindeutig. Man muß Nummern nach gewissen Regeln zuteilen. Werden die Nummern willkürlich (fortlaufend oder nach einem Zufallsprinzip) zugeteilt, bilden sie einen »nichtsprechenden« Schlüssel; ein solcher Schlüssel sagt gar nichts aus. Dem gegenüber stehen »sprechende« Schlüssel, die die Zugehörigkeit des betreffenden Objektes zu einer bestimmten Gruppe erkennen lassen.

Sekundärschlüssel
Ein S. (Synonym: Fremdschlüssel) in einer Datei oder → Relation weist auf die Verbindung eines Datensatzes bzw. einer → Entität mit einem anderen Datensatz bzw. einer anderen Entität in einer anderen Datei bzw. Relation hin. Im Gegensatz zum → Primärschlüssel dient er nicht zur Identifizierung.

Sicherheitskonzept
Ein S. ist das schriftliche Dokument, in dem alle → Gefahren und gefährdeten Objekte aufgeführt und alle durchzuführenden Sicherheitsmaßnahmen festgelegt werden. Es ist ein Teil des → Feinkonzeptes.

Sicherheitsmaßnahmen, vorbeugende
Vorbeugende Sicherheitsmaßnahmen bewirken, daß ein bestehendes → Risiko minimiert wird und eine → Gefahr in den meisten Fällen ohne Folgen bleibt.

Situationsanalyse
Die S. hat das Ziel, Probleme zu erkennen, Mängel und deren Ursachen festzustellen, sowie Lösungen aufzuzeigen.

Softwarehaus
Ein S. ist ein Unternehmen, das sich mit der Herstellung und dem Vertrieb von Softwareprodukten für andere beschäftigt.

Softwarequalität
Die S. wird durch eine Reihe von Kriterien bestimmt. Die wichtigsten sind: Testbarkeit, Zuverlässigkeit, Korrektheit, Robustheit, Funktionsabdeckung, Effizienz, Sicherheit, Wartungsfreundlichkeit, Benutzerfreundlichkeit, Verständlichkeit und andere mehr. Es können nicht alle Kriterien in gleichem Maße erfüllt werden. (Siehe auch Kapitel 10.)

Sollkonzept
Ein S. im Bereich der → Informatik ist die → Dokumentation eines Lösungsvorschlages für ein → Informationssystem. Es kann als fachte-

chnischer Teil des → Grobkonzeptes angesehen werden.

Spezifikation
Als S. bezeichnet man die → Dokumentation eines → Systems, bevor dieses in Wirklichkeit besteht.

SQL
(engl. Abkürzung für »Structured Query Language«) ist eine dialogorientierte Sprache zur einfachen Abfrage → relationaler Datenbanken für einfachere Auswertungen.

Standardsoftware
Zur S. gehören alle Anwendungsprogramme die für mehrere → Anwender entsprechend ihren gemeinsamen, standardisierten Anforderungen erstellt werden.

Stapelbetrieb
Im Stapelbetrieb werden vom Computer eine Reihe gleichartiger → Transaktionen in automatischer Abfolge ohne äußeren Eingriff durch den → Benutzer oder das Bedienungspersonal durchgeführt. Vom Augenblick der Auftragserteilung an den Computer an hat der Benutzer keine Möglichkeit, auf den Arbeitsverlauf einzuwirken.

Struktur
Allgemein bezeichnet man eine Gliederung oder einen Aufbau als S. Eine Datenstruktur gibt an, nach welchem Schema → Daten und Datenbestände geordnet bzw. gegliedert werden. Als strukturierte Programmierung bezeichnet man eine Programmiermethode, bei der eine gegebene Aufgabe in Teilaufgaben zerlegt wird, die im Programm möglichst übersichtlich, nach Teilfunktionen gegliedert kodiert wird.

System
Als S. bezeichnet man eine Menge von Elementen, die gegenüber ihrer Umgebung abgegrenzt ist. Die einzelnen Elemente stehen in bestimmten Beziehungen zueinander. Steht ein S. mit seiner Umgebung über Schnittstellen in Verbindung, so spricht man von einem *offenen System*. Bestehen keine Verbindungen zur Umgebung, nennt man es *geschlossenes System*.

Systembetreuung
Zur S. im Sinne der Ausführungen dieses Buches gehören alle Tätigkeiten, die zum einwandfreien Betrieb eines → Informationssystems notwendig sind: Einsatzplanung und Pflege der Hard- und Software, Verwalten der → Dokumentation, Beheben fehlerhafter Zustände, Betreuung der → Datenbank und andere.

Systemdokumentation
Die S. umfaßt alle schriftlichen Unterlagen, die das Innere eines → Informationssystemes beschreiben: Hardware, Betriebssystem, → Datenmodell, Anwendungssoftware. Sie ist die wichtigste Arbeitsunterlage für die beteiligten Informatiker.

Systemhandbuch
Das S. ist derjenige Teil des → Feinkonzeptes, in dem das → Datenmodell und die Programmspezifikationen sowie weitere Details für die spätere Realisierung dokumentiert sind.

Systemkonsole
Als S. bezeichnet man die Bedienungseinrichtungen an der Zentraleinheit eines mittelgroßen oder großen Computersystems. Sie besteht meist aus einer Bildschirmstation mit Tastatur und (langsamen) Drucker für → Hardcopies oder aus Tasten und Anzeigeelementen an der Zentraleinheit selbst.

Task force
Als Task force bezeichnet man ein Team von Mitarbeitern, die einem → Projekt für eine beschränkte Zeitdauer zugeteilt werden und die sich ausschließlich mit diesem Projekt beschäftigen.

Tätigkeitsliste
Eine T. ist ein wichtiges Hilfsmittel für die Planung und Überwachung der Arbeiten in einem Team. In diese Liste werden alle Arbeiten und Tätigkeiten eingetragen, die zu verrichten sind. Für jede Tätigkeit wird ein Termin für die Fertigstellung und ein verantwortlicher Bearbeiter eingetragen. Ist die Arbeit erledigt, wird dies vermerkt.

Test
Als T. bezeichnet man das Überprüfen des Verhaltens von Programmen anhand der Spezifikationen, wobei man sich mit einer Teilmenge von Fragestellungen begnügt. Ein Test kann nur die Anwesenheit von Fehlern beweisen, nicht jedoch deren Abwesenheit.

Testplanung
Die T. legt folgendes fest: Reihenfolge der → Tests für die verschiedenen Module und Programme, Schaffen der Voraussetzungen (Beispiel: Beschaffen der Testdaten), Terminierung der Tests, Bestimmen der Teilnehmer an den Tests. Die Testplanung wird in den Arbeitsgruppen während der → Feinplanung erstellt.

Teststrategie
Als T. bezeichnet man schriftlich niedergelegte Grundsätze für das Durchführen von → Tests.

Testvorbereitung
Zur Testvorbereitung gehören das Vorbereiten der Testdaten, das Beschreiben der Sollwerte für die Testresultate und das Vorbereiten der Testumgebung. Die Testumgebung simuliert die zukünftige Betriebsumgebung so gut wie möglich.

Testvorgaben
Die T. werden schriftlich niedergelegt und enthalten: Regeln für das Testen, Testdaten und Testpläne, zu erreichende Ergebnisse.

Top Down
Bei einem Top Down Vorgehen wird das Umfassende, Grobe zuerst behandelt und erst danach das Feine, das Detail. Im speziellen Fall des Programmierens werden zuerst die hierarchisch höchsten Module erstellt (und getestet) und erst danach die Module niederer Stufen. Das Verfahren → Bottom Up geht umgekehrt vor.

Transaktion
Als Transaktion bezeichnet man im Dialogbetrieb den Aufruf und die Durchführung einer Systemfunktion. Beispiel: Ändern einer Kundenadresse, Neuaufnahme eines Artikels in die Artikeldatei.

Tupel
Als T. bezeichnet man im relationalen → Datenmodell die Zeile einer → Relation. Das Tupel entspricht dem Datensatz bei konventionellen Dateien.

Twinax-Kabel
T. sind → Koaxialkabel mit zwei Innenleitern.

UIC-Wagennummer
UIC ist die Abkürzung für »Union internationale des chemins de fer«. Die UIC hat eine einheitliche Numerierung aller Eisenbahnwagen vereinbart, die im internationalen Verkehr eingesetzt werden. Die Wagennummer enthält einerseits Angaben über den Eigentümer und die Wagengattung und andererseits eine Ordnungsnummer, die den Wagen eindeutig identifiziert.

Umwandler
Der Begriff U. hat viele Bedeutungen. Im Zusammenhang mit → Datenübertragungen bezeichnet man als U. eine Einrichtung, die den Übergang zwischen → Glasfaserkabeln und elektrischen → Datenleitungen (→ Zweidrahtleitung, → Koaxialkabel) ermöglicht. Dort werden elektrische Impulse in Lichtsignale umgewandelt und umgekehrt.

Verifikation
Mit V. bezeichnet man den Beweis der Korrektheit von Programmen. Diese ist meistens nur mit erheblichen Schwierigkeiten durchzuführen, in vielen Fällen ist sie sogar unmöglich. Man ist deshalb praktisch gezwungen, sich mit einem → Test zu begnügen.

Verkabelungssystem
Als V. bezeichnet man die einheitliche und zusammenpassende Ausrüstung von Datenübertragungselementen aller Art: Kabel, Stecker, Abdeckplatten, → Verteiler, → Baluns, Verteilerleisten, Verbindungskabel, Gehäuse, Rahmen usw. Verkabelungssysteme sind noch nicht genormt. Es werden aber von verschiedenen Herstellern Systeme angeboten, bei denen alle Elemente miteinander verträglich sind.

Verteiler
Sogenannte V. bilden die Knotenpunkte in → Datennetzen. Sie gestatten die Verbindung

von → Datenleitungen und sind als Schalttafeln ausgebildet.

Verträglichkeit
Die → Ausprägung eines Datenfeldes ist dann verträglich, wenn sich in den Beziehungen zu den Ausprägungen anderer Datenfelder einer → Datenbank keine Unmöglichkeit ergibt. Verträglichkeitsprüfungen können → Plausibilitätsprüfungen wirkungsvoll ergänzen.

Vertragsverhandlungen
In Informatikprojekten, die größere Investitionen oder Anschaffungen zur Folge haben, werden nach dem Entscheid für eine konkrete Lösung am Ende der Grobkonzeption Vertragsverhandlungen mit den zukünftigen Lieferanten der Hardware, Software und allenfalls der → Infrastruktur erforderlich. Sie haben die Geschäftsabwicklung des Informatikprojektes juristisch einwandfrei festzulegen.

Verzeichnis
Als V. bezeichnet man eine Liste, in der verschiedene → Objekte mit bestimmten Eigenschaften aufgeführt werden. Beispiel: Programmverzeichnis einer Anwendung.

Wasserfallmethode
Die W. ist eine Variante des phasenweisen Vorgehens in → Projekten. Im Gegensatz zum üblichen → Phasenkonzept wird nach Abschluß jeder Phase nicht ohne weiteres zur nächsten Phase weitergegangen, sondern es werden ein oder zwei bereits bearbeitete Phasen in Frage gestellt, nochmals überprüft und ihre Ergebnisse wenn nötig modifiziert.

White Box Methode
Dies ist eine Testmethode für Programme, bei der im Gegensatz zur → Black Box Methode die innere Struktur des Prüflings beachtet wird. Die Testfälle werden entsprechend angelegt. Es wird derart getestet, daß jedes Modul und jede Funktion mindestens einmal aufgerufen werden, daß jeder Zweig mindestens einmal durchlaufen wird und daß möglichst viele → Kontrollpfade geprüft werden.

Wirtschaftlichkeitsrechnung
Als W. bezeichnet man in einem → Projekt die Gegenüberstellung von voraussichtlichen → Kosten zu voraussichtlichem Nutzen. Da man einmalige und laufende Kosten berücksichtigen muß, ist es ratsam, alle Kosten auf laufende oder jährliche Kosten umzurechnen. Beim Nutzen werden meistens auch nicht quantifizierbare Nutzenkomponenten (sog. »Imponderabilien«, Beispiele: höhere Lieferbereitschaft, weniger Ladenhüter) berücksichtigt.

Work Station
Als W.S. bezeichnet man einen Kleincomputer, der einem → Benutzer an dessen Arbeitsplatz zur alleinigen Verfügung steht. Die W.S. gleicht somit weitgehend einem → Personal Computer, verfügt jedoch über höhere Rechenleistung, mehr Speicherkapazität, komfortablere Peripherie (Beispiel: große Grafikbildschirme für → CAD) und meist auch über den Anschluß an ein → Datennetz oder einen Großcomputer. Im letzteren Fall kann die W. S. → Daten von außen beziehen und danach bearbeiten und aufbereiten, wie es den individuellen Wünschen des Benützers entspricht.

Zahl
Eine natürliche Zahl besteht aus einer oder mehreren Ziffern und gibt an, wieviele Exemplare eines → Objektes in einer Menge vorhanden sind.

Zugriffsberechtigung
→ Benutzer von → Informationssystemen dürfen nur dann auf → Daten oder Programme zugreifen, wenn sie dazu berechtigt sind. Die Zugriffsberechtigung hat der Benutzer durch Eingabe eines Paßwortes nachzuweisen.

Zweidrahtleitung
Die Z. ist diejenige → Datenleitung, die am einfachsten gebaut und zu verlegen ist. Sie besteht aus zwei verdrillten, isolierten Kupferleitungen, die nach außen abgeschirmt sind. Man kann mit ihnen bis zu 1 Mbit/s bis 5 km weit übertragen. In einem Kabel können mehrere Zweidrahtleitungen zusammengefaßt sein.

Anhang 5 – Sachwortverzeichnis

Online-Recherche – Neue Wege zum Wissen der Welt

Eine praktische Anleitung zur effizienten Nutzung von Online-Datenbanken

von Peter Horvath

1994. XVI, 187 Seiten. Gebunden.
ISBN 3-528-05392-5

Aus dem Inhalt: Entstehung von Datenbanken, Online-Diensten u. a. in den letzten 20 Jahren – Das Retrieval – Bibliographische Hilfsmittel und Online-Recherche – Vorstellung von Datenbankverzeichnissen – Technische Voraussetzungen: Vom Modem bis Datex-P – Beispiele für Online-Recherchen – Adressen und Literatur.

Online-Datenbanken stellen dem Anwender heutzutage einen gigantischen Wissensfundus zur Verfügung. Das Buch zeigt auf, wie man das Instrument der Online-Recherche effektiv nutzen kann, um gesuchte Informationen schnell und gewinnbringend zu finden. Ferner stellt das Buch zahlreiche Datenbanken und deren Wissenspotential vor. Technische Voraussetzungen werden ebenso erläutert wie bibliographische Hilfsmittel und Retrieval-Verfahren.

Über ein Adressenverzeichnis sowie über ein Glossar kann sich der Leser wichtige Fachbegriffe erschließen.

GPSR Compliance

The European Union's (EU) General Product Safety Regulation (GPSR) is a set of rules that requires consumer products to be safe and our obligations to ensure this.

If you have any concerns about our products, you can contact us on ProductSafety@springernature.com

In case Publisher is established outside the EU, the EU authorized representative is:

Springer Nature Customer Service Center GmbH
Europaplatz 3
69115 Heidelberg, Germany

Kolibri 360 GmbH
Ferdinand-Jühlke-Straße 7
99095 Erfurt, Deutschland
produktsicherheit@kolibri360.de